"十二五"普通高等教育本科国家级规划教材

固体废物
处置与资源化

（第三版）

蒋建国　岳东北　田思聪　颜　枫　编著

化学工业出版社

·北京·

内容简介

本书遵循固体废物产生、收运、贮存、利用、处理和处置的全过程管理原则，全面讲述固体废物资源化和处理处置的新理论、新技术和管理体系。本书共分 9 章，内容包括固体废物的环境问题及其管理，固体废物的产生、特征及采样方法，固体废物的收集、运输及转运系统，固体废物的压实、破碎、分选及脱水处理技术，危险废物的固化/稳定化处理技术，固体废物的生物处理技术，固体废物热化学处理技术，固体废物焚烧处理技术，固体废物填埋处置技术。书中还配有大量例题和习题。

本书充分体现基础理论和工程实践相结合的特点，既可供高等院校环境专业师生教学使用，也可供相关科研、工程和管理人员作为专业参考资料和培训教材。

图书在版编目(CIP)数据

固体废物处置与资源化/蒋建国等编著. —3 版. —北京： 化学工业出版社， 2022.10（2024.7 重印）

ISBN 978-7-122-42002-2

Ⅰ.①固… Ⅱ.①蒋… Ⅲ.①固体废物处理-教材②固体废物利用-教材 Ⅳ.①X705

中国版本图书馆 CIP 数据核字（2022） 第 148378 号

责任编辑：董　琳
责任校对：王　静
装帧设计：关　飞

出版发行：化学工业出版社
　　　　　（北京市东城区青年湖南街 13 号　邮政编码 100011）
印　　装：北京科印技术咨询服务有限公司数码印刷分部
787mm×1092mm　1/16　印张 25　字数 717 千字
2024 年 7 月北京第 3 版第 4 次印刷

购书咨询：010-64518888　　　　售后服务：010-64518899
网　　址：http://www.cip.com.cn
凡购买本书，如有缺损质量问题，本社销售中心负责调换。

定　　价：86.00 元

前言

随着我国城市化、工业化进程的高速发展，固体废物产生量逐年递增，且固体废物种类和性质更趋复杂，由此引发的环境问题也日益突出。我国对固体废物的管理工作非常重视，于 1995 年颁布了《中华人民共和国固体废物污染环境防治法》（简称《固废法》），并于 2005 年对《固废法》做出了首次修订，使固体废物管理逐渐走向法制化轨道。党的十八大以来，国家高度重视固体废物污染环境防治工作，《中共中央国务院关于全面加强生态环境保护坚决打好污染防治攻坚战的意见》中明确提出："加快制定和修改土壤污染防治、固体废物污染防治、长江生态环境保护、海洋环境保护、国家公园、湿地、生态环境监测、排污许可、资源综合利用、空间规划、碳排放权交易管理等方面的法律法规"。因此，我国于 2020 年再次修订了《固废法》，有利于依法推动打好污染防治攻坚战、健全最严格最严密的生态环境保护法律制度和强化公共卫生法治保障。

固体废物污染防治作为多学科交叉的综合性研究方向，涉及生活垃圾、工业固体废物、危险废物和农业固体废物的处理处置与资源化、法规标准和管理体系等多个研究领域。固体废物处置与资源化是高等学校环境科学与工程专业的必修课，教学体系日趋完善，为培养我国固体废物污染防治的专业人才打下了坚实基础。清华大学作为国内最早开设固体废物处置与资源化相关专业基础课的院校之一，编著者根据多年从事教学、科研和工程实践工作所积累的经验和知识，并参考国内外相关资料和多位专家的意见，分别于 2008 年和 2012 年编著出版了《固体废物处置与资源化》的第一版和第二版，并分别纳入了"十一五"和"十二五"普通高等教育本科国家级规划教材。

近年来，为深入贯彻落实强化生态文明建设，推动减污降碳协同增效目标，我国相继颁布了《"十四五"时期"无废城市"建设工作方案》《关于"十四五"大宗固体废弃物综合利用的指导意见》和《"十四五"循环经济发展规划》等政策文件。因此，固体废物处置与资源化的研究进展和市场格局发生了深刻变化。首先，生活垃圾源头分类正在强力推进，生活垃圾处置从卫生填埋过渡到以焚烧发电为主，工业固废和农业固废资源化水平显著提升，危险废物处置能力大幅提升且管理标准日趋严格；其次，信息化、在线监测和监管技术被广泛地应用在固体废物处理处置与管理中；再次，生活垃圾卫生填埋、生活垃圾焚烧、工业固体废物贮存和填埋、危险废物名录等相关技术规范和标准也相继更新。鉴于此，从 2021 年开始，编著者在第二版教材基础上进行了大量的更新和完善，以期能够通过此书的出版优化我国固体废物处置与资源化工程领域的教学工作，促进我国固体废物处理处置的技术和管理发展。

本书继续秉承固体废物"三化原则"以及循环经济、可持续发展和"无废城市"的理念，遵循固体废物的产生、收运、贮存、利用、处理和处置的全过程管理原则编排章节，力求全面地讲述固体废物资源化和处理处置的新理论、新技术和管理体系。增加和修订的内容主要包括：合并和调整了部分章节内容，使得本书的结构和条理更加紧凑清晰；更新了固体废物管理体系和标准，以及垃圾焚烧和卫生填埋的污染控制标准；补充了生活垃圾分类收集标准和现状、工业固废的资源化技术、垃圾焚烧发电厂的信息化和在线监测等；删减了部分过时的内容。本书在内容设置上，充分体现了基础理论和工程实践相结合的特点，尽量融入国际先进的管理理念和前瞻性技术，旨在满足我国高等院校本科生和研究生培养和教学的需要，同时兼顾科研、工程和管理人员作为专业参考资料和培训教材的需要。

为帮助读者学习，本书配有课件，需要者可关注微信公众号"化工帮 CIP"，回复"固体废物处置与资源化（第三版）"即可获取。

本书的编著得到清华大学环境学院固体废物控制教研所的大力支持，得到化学工业出版社的协助出版，再次谨向他们以及其他各位同仁致以诚挚的谢意！

虽然各位编著者全力以赴，但限于水平和时间，书中不妥和疏漏之处难免。恳请广大读者不吝赐教。

蒋建国，岳东北，田思聪，颜枫

2022 年 5 月于清华园

第一版前言

随着我国城市化、工业化进程的高速发展和人口的迅速增长，固体废物产生量逐日递增，且其性质更趋复杂，由此引发的环境问题也日益突出。近十几年来我国对固体废物的管理工作越来越重视，特别是1995年颁布实施了《中华人民共和国固体废物污染环境防治法》，使固体废物的管理纳入了法制化轨道。2005年，国家又对该法进行了修订，为我国深入开展固体废物管理工作奠定了更为权威的基础。但从总体上看，我国固体废物的处理处置任务还很艰巨，固体废物的处置和资源化技术水平相比发达国家还有很大的差距，管理水平也有待提高，特别是针对我国固体废物特点的处理处置及资源化技术和管理体系等方面的系统研究还有很大的发展空间。

固体废物管理作为多学科交叉的综合性研究方向，涉及生活垃圾、工业固体废物、农业废物和危险废物的处理处置与资源化、管理体系建立以及相关法规标准制定等多个研究领域。近年来，我国开设固体废物相关专业课程的院校数量与日俱增，出版与之相关的专业手册和教材的数量与水平也有了显著的提高，教学体系日趋完善，这都为我国固体废物管理的进一步发展打下了更坚实的基础。作为国内最早开设与固体废物处理处置与资源化有关的专业基础课的院校之一，笔者根据多年从事教学、科研和工程实践工作所积累的经验和知识，并参考国内外相关资料与多位专家的意见，于2005年编辑出版了《固体废物处理处置工程》一书。经过教学实践，同时鉴于国内外固体废物管理水平的提高和处理处置技术的发展，笔者深感到需要进一步完善和提高该书的架构体系来满足当前的迫切需要。于是，从2006年开始，作为教育部立项的"十一五"国家级规划教材，笔者秉承"十年树木，百年树人"的精神，在原有教材内容基础上进行了大量的完善和更新，编著了《固体废物处置与资源化》教材，以期能够通过此书的出版为促进我国固体废物的管理、处理处置和资源化方向的长远发展略尽微薄之力。

本书内容既包括对固体废物进行管理和污染控制的处理处置技术，也包括对固体废物作为可再生资源进行利用的各类资源化技术。因此，在全书编写顺序上，遵循固体废物的产生、收运、贮存、利用、处理和处置的全过程管理原则编排章节，并结合减量化、资源化、无害化的"三化原则"以及循环经济和可持续发展的理念组织内容；在内容设置上，为满足研究型人才培养的需要，充分体现基础理论和工程实践相结合的特点，同时为适应国际发展和培养高水平管理人才的需要，尽量融入国际上先进的和前瞻性的技术内容。本书的编著旨在满足我国高等院校专科生、本科生和研究生培养和教学的需要，同时兼顾科研、工程和管理人员作为专业参考资料的需要。

本书的编写得到清华大学环境科学与工程系固体废物控制研究所的大力支持，李国鼎、聂永丰、白庆中、王伟、王洪涛、李金惠、袁光裕等教授为本书的编写提供了很多宝贵的建议和许多珍贵资料，张妍、杜雪娟、陈懋喆、娄志颖、黄云峰、张唱、吴时要、王岩等参加了部分章节的文字整理和图片绘制工作，在此谨向他们致以诚挚谢意。最后由衷感谢化学工业出版社的协助出版以及其他各位同仁的鼎力支持，使此书能够顺利完成。

由于笔者水平所限，书中定有不当和疏漏之处，敬请读者同行不吝赐教。

蒋建国
2007年11月于清华园

第二版前言

随着我国城市化、工业化进程的高速发展和人口的迅速增长，固体废物产生量逐日递增，且其性质更趋复杂，由此引发的环境问题也日益突出。近十几年来我国对固体废物的管理工作越来越重视，特别是 1995 年颁布实施的《中华人民共和国固体废物污染环境防治法》，使固体废物的管理纳入了法制化轨道。2005 年，国家又对该法进行了修订，为我国深入开展固体废物管理工作奠定了更为权威的基础。但从总体上看，我国固体废物的处理处置任务还很艰巨，固体废物的处置和资源化技术水平相比发达国家还有很大的差距，管理水平也有待提高，特别是针对我国固体废物特点的处理处置及资源化技术和管理体系等方面的系统研究还有很大的发展空间。

固体废物管理作为多学科交叉的综合性研究方向，涉及生活垃圾、工业固体废物、农业废物和危险废物的处理处置与资源化、管理体系建立以及相关法规标准制定等多个研究领域。近年来，我国开设固体废物相关专业课程的院校数量与日俱增，出版与之相关的专业手册和教材的数量与水平也有了显著的提高，教学体系日趋完善，这都为我国固体废物管理的进一步发展打下更坚实的基础。作为国内最早开设与固体废物处理处置与资源化有关的专业基础课的院校之一，笔者根据多年从事教学、科研和工程实践工作所积累的经验和知识，并参考国内外相关资料与多位专家的意见，于 2008 年编著出版了《固体废物处置与资源化》（"十一五"国家级规划教材）一书。经过几年的教学实践，同时鉴于国内外固体废物管理水平的提高和处理处置技术的发展，特别是我国于 2009 年颁布实施《循环经济促进法》后，在固体废物管理领域密集出台了一批与生活垃圾、工业固体废物、大宗固体废物、废弃电器电子产品、污水厂剩余污泥等资源化利用相关的政策和规划，在危险废物和污染场地等方面的管理也出现了一系列新问题需要解决，鉴于此，笔者深感到需要进一步完善和提高该书的架构体系来满足当前的迫切需要。于是，从 2011 年开始，笔者在原有教材内容基础上进行了大量的完善和更新，以期能够通过此书的出版为促进我国固体废物的管理、处理处置和资源化方向的长远发展略尽微薄之力。

本书为《固体废物处置和资源化》（第二版），其内容既包括对固体废物进行管理和污染控制的处理处置技术，也包括对固体废物作为可再生资源进行利用的各类资源化技术。因此，在全书编写顺序上，遵循固体废物的产生、收运、贮存、利用、处理和处置的全过程管理原则编排章节，并结合减量化、资源化、无害化的"三化原则"以及循环经济和可持续发展的理念组织内容；在内容设置上，为满足研究型人才培养的需要，充分体现基础理论和工程实践相结合的特点，同时为适应国际发展和培养高水平管理人才的需要，尽量融入国际上先进的管理理念和前瞻性的技术内容。本书的编著旨在满足我国高等院校专科生、本科生和研究生培养和教学的需要，同时兼顾科研、工程和管理人员作为专业参考资料和培训教材的需要。

本书的编著得到清华大学环境学院固体废物控制研究所的大力支持，在此谨向他们致以诚挚谢意。由衷感谢化学工业出版社的协助出版以及其他各位同仁的鼎力支持，使此书能够顺利完成。

由于笔者水平有限，书中定有不当和疏漏之处，敬请读者同行不吝赐教。

蒋建国

2012 年 9 月于清华园

目录

1 固体废物的环境问题及其管理 001

1.1 固体废物的定义及鉴别 / 001
1.1.1 固体废物的定义 / 001
1.1.2 固体废物的鉴别 / 002
1.1.3 固体废物的二重性 / 003
1.2 固体废物的分类 / 003
1.2.1 生活垃圾 / 003
1.2.2 工业固体废物 / 005
1.2.3 危险废物 / 006
1.2.4 农业固体废物 / 008
1.2.5 其他废物 / 009
1.3 固体废物的污染特点及其环境影响 / 009
1.3.1 固体废物对环境潜在污染的特点 / 009
1.3.2 固体废物对环境的影响 / 010
1.3.3 固体废物对人体健康的影响 / 012
1.4 我国固体废物的产生和管理现状 / 013
1.4.1 我国固体废物管理的历史及发展 / 013
1.4.2 我国城市生活垃圾的产生和管理现状 / 013
1.4.3 我国工业固体废物的产生及处理现状 / 016

1.4.4 我国危险废物的产生及处理现状 / 017
1.5 固体废物的管理原则 / 018
1.5.1 "三化"基本原则 / 018
1.5.2 全过程管理原则 / 019
1.5.3 循环经济理念下的固体废物管理原则 / 020
1.5.4 面向可持续发展的固体废物管理原则 / 022
1.5.5 "无废城市"管理理念 / 023
1.6 我国固体废物管理体系 / 024
1.6.1 固体废物管理的法律法规 / 024
1.6.2 固体废物环境管理制度 / 026
1.6.3 固体废物管理的系统 / 029
1.7 我国固体废物环境管理标准体系 / 029
1.7.1 固体废物分类标准 / 030
1.7.2 固体废物鉴别方法标准 / 030
1.7.3 固体废物污染控制标准 / 031
1.7.4 固体废物综合利用法规标准 / 032
讨论题 / 033

2 固体废物的产生、特征及采样方法 034

2.1 固体废物产生量及预测 / 034
2.1.1 城市生活垃圾产生量及预测 / 034
2.1.2 工业固体废物产生量及预测 / 038
2.2 固体废物的物理及化学特性 / 039
2.2.1 固体废物的物理特性 / 039
2.2.2 固体废物的化学特性 / 042
2.2.3 危险废物特性及鉴别试验方法 / 047
2.2.4 危险废物判定规则 / 054
2.3 固体废物的采样方法 / 054
2.3.1 采样统计方法 / 055
2.3.2 单一随机采样法 / 057

2.3.3 分层随机采样法 / 057
2.3.4 系统随机采样法 / 057
2.3.5 阶段式采样法 / 058
2.3.6 权威性采样法 / 058
2.3.7 混合采样法 / 058
2.3.8 不同废物贮存形态的取样方法 / 059
2.3.9 我国生活垃圾采样标准 / 060
2.3.10 我国用于鉴别固体废物危险特性的采样方法 / 062
讨论题 / 063

3 固体废物的收集、运输及转运系统

3.1 固体废物的收集方式与生活垃圾分类
    收集 / 066
3.1.1 收集方式 / 066
3.1.2 国外生活垃圾分类收集概况 / 066
3.1.3 我国生活垃圾分类收集的发展历程 / 067
3.1.4 我国生活垃圾分类收集现状及发展
    趋势 / 068
3.2 固体废物收运系统及其分析方法 / 071
3.2.1 废物收运系统分类 / 071
3.2.2 拖曳容器系统分析方法 / 073
3.2.3 固定容器系统分析方法 / 076
3.3 固体废物收集路线及规划设计 / 080
3.3.1 固体废物收集路线的规划 / 081
3.3.2 固体废物收集路线的设计 / 081
3.4 固体废物的运输 / 086

3.4.1 车辆运输 / 086
3.4.2 船舶运输 / 087
3.4.3 管道运输 / 087
3.4.4 危险废物运输的特殊要求 / 089
3.5 固体废物转运系统 / 089
3.5.1 垃圾转运的必要性 / 089
3.5.2 转运站分类 / 090
3.5.3 不同类型转运站介绍 / 091
3.5.4 转运站选址 / 095
3.5.5 转运站配置要求 / 096
3.5.6 转运站环境保护与劳动安全卫生 / 098
3.5.7 转运站工艺设计 / 098
3.6 固体废物收运系统的优化 / 099
讨论题 / 101

4 固体废物的压实、破碎、分选及脱水处理技术

4.1 概述 / 103
4.2 固体废物的压实技术 / 103
4.2.1 压实原理 / 103
4.2.2 压实机械 / 105
4.2.3 压实器的选择 / 106
4.2.4 填埋场的压实 / 107
4.3 固体废物的破碎技术 / 107
4.3.1 概述 / 107
4.3.2 破碎机械 / 109
4.3.3 特殊破碎技术 / 111
4.4 固体废物的分选技术 / 113
4.4.1 分选的定义及评价指标 / 113

4.4.2 筛分 / 114
4.4.3 重力分选 / 116
4.4.4 磁选技术 / 120
4.4.5 浮选技术 / 122
4.4.6 半湿式破碎分选技术 / 123
4.4.7 淋洗技术 / 124
4.5 固体废物的脱水技术 / 125
4.5.1 固体废物的含水率及水的分布形态 / 125
4.5.2 高含水固体废物浓缩技术 / 127
4.5.3 高含水固体废物调质技术 / 129
4.5.4 高含水固体废物机械脱水技术 / 130
讨论题 / 135

5 危险废物固化/稳定化处理技术

5.1 概述 / 136
5.1.1 固化/稳定化的定义 / 136
5.1.2 固化/稳定化技术的特点及其应用 / 136
5.1.3 固化/稳定化技术对不同危险废物的
    适应性 / 138
5.2 固化/稳定化技术所涉及的基本原理 / 139
5.2.1 化学反应原理 / 139
5.2.2 包容原理 / 140
5.2.3 吸附原理 / 140
5.2.4 氧化还原解毒原理 / 140

5.2.5 超临界流体原理 / 142
5.3 水泥固化技术 / 143
5.3.1 基本理论 / 143
5.3.2 水泥固化的影响因素 / 145
5.3.3 水泥固化工艺介绍 / 146
5.3.4 水泥固化技术的应用 / 147
5.4 塑性材料包容技术 / 148
5.4.1 热固性塑料包容 / 148
5.4.2 热塑性材料包容 / 148
5.5 熔融固化技术 / 150

5.5.1 定义及其技术种类 / 150
5.5.2 原位熔融固化技术 / 150
5.5.3 异位熔融固化技术 / 152

5.6 高温烧结技术 / 155
5.6.1 烧结原理 / 155
5.6.2 影响烧结的因素 / 156
5.6.3 烧结窑炉类型 / 156
5.6.4 烧结技术 / 156
5.6.5 烧结中的重金属行为 / 157

5.7 地质聚合物固化/稳定化技术 / 157
5.7.1 概述 / 157
5.7.2 地质聚合物合成原理 / 158
5.7.3 地质聚合物主要特点 / 159
5.7.4 影响地质聚合物性能的因素 / 160
5.7.5 地质聚合物固化/稳定化技术的应用 / 161

5.8 化学稳定化处理技术 / 162
5.8.1 概述 / 162

5.8.2 化学稳定化技术的基本原理 / 163
5.8.3 氢氧化物化学稳定化技术 / 165
5.8.4 硫化物化学稳定化技术 / 166
5.8.5 硅酸盐化学稳定化技术 / 167
5.8.6 碳酸盐化学稳定化和加速碳酸化技术 / 168
5.8.7 磷酸盐化学稳定化技术 / 170
5.8.8 共沉淀稳定化技术 / 171
5.8.9 无机及有机螯合物化学稳定化技术 / 172

5.9 固化/稳定化产物性能的评价方法 / 173
5.9.1 概述 / 173
5.9.2 固化/稳定化处理效果的评价指标 / 174
5.9.3 固体废物的浸出机理 / 175
5.9.4 浸出率的定义及浸出试验 / 177
5.9.5 国内外固体废物标准浸出毒性方法及其应用 / 179

讨论题 / 182

6 固体废物生物处理技术 ————————————— 184

6.1 概述 / 184
6.1.1 固体废物的生物处理 / 184
6.1.2 有机废物生物处理过程的基本原理 / 185

6.2 固体废物生物处理的典型技术 / 187
6.2.1 固体废物的堆肥化技术 / 187
6.2.2 固体废物的厌氧消化技术 / 189
6.2.3 固体废物的其他生物处理技术 / 190

6.3 堆肥化原理及其影响因素分析 / 192
6.3.1 堆肥化原理 / 192
6.3.2 堆肥化过程温度变化规律 / 194
6.3.3 堆肥化生物动力学基础 / 195
6.3.4 堆肥化的影响因素及其控制 / 196

6.4 堆肥化工艺 / 204
6.4.1 概述 / 204
6.4.2 典型堆肥工艺 / 204
6.4.3 典型的机械堆肥工艺流程 / 206

6.5 堆肥产品及其腐熟度评价 / 207
6.5.1 堆肥产品的质量要求和标准 / 207
6.5.2 堆肥产品腐熟度评价方法 / 208
6.5.3 堆肥的功效及其利用 / 212
6.5.4 堆肥产品中重金属的影响及其控制 / 213

6.6 厌氧消化原理及其影响因素 / 214
6.6.1 厌氧消化产沼的机理及途径 / 214
6.6.2 厌氧消化产沼的生物化学过程 / 216

6.6.3 厌氧消化的影响因素及其控制 / 217

6.7 厌氧消化处理工艺 / 219
6.7.1 低固体厌氧消化技术 / 219
6.7.2 高固体厌氧消化技术 / 220
6.7.3 典型厌氧消化处理技术和工艺 / 222

6.8 厌氧消化反应器种类及其性能评价 / 223
6.8.1 厌氧消化反应器种类 / 223
6.8.2 厌氧消化反应器性能评价指标 / 225
6.8.3 不同消化反应器的比较 / 225

6.9 有机废物单相厌氧消化处理系统 / 226
6.9.1 一阶段完全混合湿式处理系统 / 226
6.9.2 一阶段干式处理系统 / 228

6.10 有机废物两相厌氧消化处理系统 / 231
6.10.1 无微生物滞留的两阶段"湿-湿"处理工艺 / 231
6.10.2 有微生物滞留的两阶段"湿-湿"处理工艺 / 233
6.10.3 两阶段厌氧消化工艺水解段的影响因素及控制 / 234
6.10.4 有机垃圾水解液气化技术及其影响因素 / 236

6.11 序批式处理系统 / 238
讨论题 / 239

7 固体废物热化学处理技术

7.1 固体废物热解处理技术 / 242
7.1.1 概述 / 242
7.1.2 热解原理及其影响因素 / 243
7.1.3 热解工艺类型及其在固体废物处理中的
　　　应用 / 245
7.2 固体废物熔融处理技术 / 251
7.2.1 概述 / 251
7.2.2 废物熔融技术工艺过程 / 251
7.2.3 燃料热源熔融技术 / 252

7.2.4 电热源熔融技术 / 254
7.2.5 高温等离子体熔融技术 / 256
7.3 污泥热干化处理技术 / 259
7.3.1 概述 / 259
7.3.2 污泥干化特性及影响因素 / 260
7.3.3 污泥干化工艺 / 262
7.3.4 污泥热干化设备 / 264
7.3.5 污泥干化工艺中的安全问题 / 273
讨论题 / 275

8 固体废物焚烧处理技术

8.1 焚烧技术及其发展 / 276
8.1.1 焚烧技术的定义及特点 / 276
8.1.2 焚烧技术的历史及发展 / 277
8.1.3 固体废物焚烧厂选址 / 279
8.2 固体废物的焚烧特性及原理 / 280
8.2.1 固体废物的三组分 / 280
8.2.2 固体废物的热值 / 280
8.2.3 固体废物焚烧和燃烧的关系 / 281
8.2.4 固体废物焚烧的原理 / 281
8.3 焚烧效果的评价及影响因素 / 283
8.3.1 焚烧效果的评价指标 / 283
8.3.2 影响焚烧效果的主要因素 / 285
8.4 焚烧主要参数及热平衡计算 / 286
8.4.1 焚烧空气量及烟气量 / 286
8.4.2 焚烧烟气温度 / 290
8.4.3 焚烧系统热平衡计算 / 290
8.5 典型焚烧系统及工作原理 / 294
8.5.1 机械炉床式焚烧炉 / 294
8.5.2 旋转窑式焚烧炉 / 299
8.5.3 流化床式焚烧炉 / 302

8.5.4 模组式固定床焚烧炉（控气式焚
　　　烧炉） / 304
8.6 焚烧烟气污染物及其控制 / 306
8.6.1 焚烧烟气组成及其控制标准 / 306
8.6.2 粒状污染物控制技术 / 308
8.6.3 氮氧化物控制技术 / 308
8.6.4 酸性气体控制技术 / 310
8.6.5 重金属控制技术 / 313
8.6.6 二噁英和呋喃控制技术 / 315
8.7 焚烧灰渣及其处理处置 / 318
8.7.1 焚烧产生灰渣的种类 / 318
8.7.2 焚烧灰渣的收集及输送 / 319
8.7.3 焚烧灰渣的处理处置及再利用 / 319
8.8 垃圾焚烧系统信息化 / 320
8.8.1 信息化在垃圾焚烧厂的应用 / 320
8.8.2 垃圾焚烧厂的信息化系统构架 / 321
8.8.3 生活垃圾焚烧烟气排放连续监测
　　　系统 / 322
讨论题 / 323

9 固体废物填埋处置技术

9.1 填埋处置技术及其发展 / 325
9.1.1 固体废物处置的定义 / 325
9.1.2 固体废物最终处置原则 / 326
9.1.3 填埋处置的历史与发展 / 326
9.1.4 填埋处置的目的及特点 / 328
9.1.5 生物反应器填埋场及其发展 / 329
9.2 填埋处置技术分类 / 331
9.2.1 惰性填埋法 / 331

9.2.2 生活垃圾卫生填埋法 / 332
9.2.3 一般工业固体废物贮存和填埋场 / 335
9.2.4 危险废物安全填埋法 / 336
9.3 填埋场总体规划及场址选择 / 339
9.3.1 填埋场总体规划 / 339
9.3.2 填埋场选址的依据、原则和要求 / 340
9.3.3 填埋场选址步骤 / 342
9.3.4 填埋场库容和规模的确定 / 342

9.4 填埋场防渗系统 / 343

9.4.1 填埋场防渗技术类型 / 343

9.4.2 国内外填埋场防渗层典型结构 / 344

9.4.3 填埋场防渗层铺装及质量控制 / 346

9.5 地表水和地下水控制系统 / 348

9.5.1 地表水控制系统构成及要求 / 349

9.5.2 地表水排洪系统设计 / 350

9.5.3 地下水控制系统 / 353

9.6 填埋气体的产生、迁移及控制 / 354

9.6.1 废物稳定化基本原理 / 354

9.6.2 填埋气体的组成特性 / 356

9.6.3 填埋气体产生量计算 / 358

9.6.4 填埋场气体的迁移 / 361

9.6.5 填埋气体收集系统 / 364

9.6.6 填埋气体处理和利用 / 367

9.7 填埋场渗滤液的产生及控制 / 368

9.7.1 渗滤液产生量计算 / 368

9.7.2 渗滤液水质特性 / 370

9.7.3 渗滤液调节池 / 373

9.7.4 渗滤液处理技术 / 373

9.7.5 填埋场中水及污染物的迁移 / 375

9.8 填埋场封场及运行管理 / 378

9.8.1 填埋场终场覆盖与场址修复 / 378

9.8.2 填埋场环境保护措施 / 380

9.8.3 填埋场环境监测 / 381

9.8.4 填埋场信息化管理 / 382

讨论题 / 382

附录 384

附录1 单位换算 / 384

附录2 典型难溶化合物的溶度积 / 384

附录3 填埋场中12种微量气体组分的物理特性参数 / 386

附录4 在298K时各主要物质的生成热 / 386

附录5 各种气体的平均定压比热容 / 387

参考文献 388

1

固体废物的环境问题及其管理

如果说人类的历史是一部能与质转换应用的历史，那么自有人类活动以来，这种能与质的转换过程便有固体废物产生。因此，废物处理的问题从人类社会形成之初就已经存在，只是在过去的社会里，由于人口少、资源消耗低、固体废物的产生量不多且性质单纯、环境的自然净化能力远远大于废物的污染负荷，因此过去的人类活动的历史并没有出现所谓的固体废物与环境污染的问题。然而，随着今天社会的高度工业化、劳动密集、人口过度集中以及城市化进程的加快，固体废物产生量逐日递增，且其性质日益复杂。因此，目前我们所面临的固体废物问题，已不再是单纯的"何处处理"，且要做到"如何处理"，才能对固体废物进行充分的资源化利用并避免其对环境造成公害。

1.1 固体废物的定义及鉴别

1.1.1 固体废物的定义

所谓废物是人类在日常生活和生产活动中对自然界的原材料进行开采、加工、利用后，不再需要而废弃的东西，由于废物多数以固体或半固体状态存在，通常又称为固体废物。但是，由于历史上人们对"固体"和"废物"的概念及其范畴认识的差异，造成了对固体废物的种类及其数量统计上的巨大差异，因此，对固体废物制定明确和统一的定义就显得尤其重要。

1995年我国首次颁布实施的《中华人民共和国固体废物污染环境防治法》（以下简称《固废法》）中明确提出了固体废物的法律定义：固体废物是指在生产建设、日常生活和其他活动中产生的污染环境的固态、半固态废物质。

2005年修订后的《固废法》对"固体废物"又有了新的诠释：固体废物是指在生产、生活和其他活动中产生的丧失原有利用价值或者虽未丧失利用价值但被抛弃或者放弃的固态、半固态和置于容器中的气态的物品、物质以及法律、行政法规规定纳入固体废物管理的物品、物质。

2020年对《固废法》进行了第二次修订，对两类特殊情况进行了规定与说明：①经无害化加工处理，并且符合强制性国家产品质量标准，不会危害公众健康和生态安全，或者根据固体废物鉴别标准和鉴别程序认定为不属于固体废物的除外；②液态废物的污染防治适用于本法，但是排入水体的废水的污染防治适用有关法律，不适用于本法。

从上述法律定义可以看出，固体废物主要来源于人类的生产和消费活动，人们在开发资源和制造产品的过程中，必然产生废物；任何产品经过使用和消耗后，最终将变成废物。物质和能源消耗量越多，废物产生量就越大。

从广义上讲，废物按其形态有气态、液态和固态之分。气态和液态的污染成分主要是混入或掺进一定容量的水（或液态物质）或气体之内，因而分别称为废水、污水、废液或废气、尾气等。对于这样一些废物，通常纳入水环境或大气环境的管理体系，并且分别有专项法规作为执法依据，如《中华人民共和国水污染防治法》和《中华人民共和国大气污染防治法》。相对来说，固态的废物称为固体废物，包括所有经过使用而被弃置的固态或半固态杂物，甚至还包括具有一定毒性的液体或气体的物质。《固废法》定义的危险废物中则明确包含液态废物和置于容器中的气态废物的污染防治。

《固废法》对贮存、利用和处置也作出了明确定义。贮存是指将固体废物临时置于特定设施或者场所中的活动。利用是指从固体废物中提取物质作为原材料或者燃料的活动。处置是指将固体废物焚烧和用其他改变固体废物的物理、化学、生物特性的方法，达到减少已产生的固体废物数量、缩小固体废物体积、减少或者消除其危险成分的活动，或者将固体废物最终置于符合环境保护规定要求的填埋场的活动。

1.1.2 固体废物的鉴别

固体废物的鉴别是确定固体废物和非固体废物管理界限的方法和手段，是各级环保部门实施环境管理的重要依据。我国于 2006 年制定了《固体废物鉴别导则（试行）》，明确了固体废物定义、范围以及固体废物与非固体废物的鉴定等，对我国固体废物鉴别和管理发挥了重要作用。但是，随着固体废物管理工作的深入开展和固体废物种类的日益增多，现行《固体废物鉴别导则（试行）》逐渐显现出诸多弊端，难以满足当前环境管理工作的需要，主要表现在：规则笼统、判断性不强、操作性不强，缺乏明确的区分界限，缺乏明确的判断规则。

固体废物种类繁多、性质复杂，因此，为了统一各个检验机构或鉴别机构鉴别固体废物的尺度，保证鉴别质量和鉴别结果的公正和可靠，环境保护部与国家质量监督检验检疫总局联合发布《固体废物鉴别标准　通则》（GB 34330—2017）。该标准在《固体废物鉴别导则（试行）》基础上进一步明确了固体废物的判定原则、程序和方法。我国固体废物产生量 90％ 以上的固体种类都能在该标准中找到，操作性强。该标准是我国首次制定的关于固体废物的鉴别标准，具有强制执行的效力，适用于物质（或材料）和物品（包括产品、商品）的固体废物鉴别。液态废物的鉴别适用于本标准；放射性废物的鉴别、固体废物的分类、对于有专用固体废物鉴别标准的物质的固体废物鉴别不适用于本标准。

（1）依据产生来源的固体废物鉴别

下列四类产生来源的物质属于固体废物：①丧失原有使用价值的物质；②生产过程中产生的副产物；③环境治理和污染控制过程中产生的物质；④其他来源，包括法律禁止使用的物质、国务院环境保护行政主管部门认定为固体废物的物质。

（2）利用和处置过程中的固体废物鉴别

在任何条件下，固体废物按照以下任何一种方式利用或处置时，仍然作为固体废物管理：①以土壤改良、地块改造、地块修复和其他土地利用方式直接施用于土地或生产施用于土地的物质（包括堆肥），以及生产筑路材料；②焚烧处置（包括获取热能的焚烧和垃圾衍生燃料的焚烧），或用于生产燃料，或包含于燃料中；③填埋处置；④倾倒、堆置；⑤国务院环境保护行政主管部门认定的其他处置方式。

利用固体废物生产的产物同时满足下述条件的，不作为固体废物管理，按照相应的产品管理：①符合国家、地方制定或行业通行的被替代原料生产的产品质量标准；②符合相关国家污染物排放（控制）标准或技术规范要求，包括该产物生产过程中排放到环境中的有害物质限值和该产物中有害物质的含量限值；③有稳定、合理的市场需求。

（3）不作为固体废物管理的物质

下列四类物质不作为固体废物管理：①任何不需要修复和加工即可用于其原始用途的物质，或者在产生点经过修复和加工后满足国家、地方制定或行业通行的产品质量标准并且用于其原始用途的物质；②不经过贮存或堆积过程，而在现场直接返回到原生产过程或返回其产生过程的物质；③修复后作为土壤用途使用的污染土壤；④供实验室化验分析用或科学研究用固体废物样品。

按照以下方式进行处置后的物质不作为固体废物管理：①金属矿、非金属矿和煤炭采选过程中直接留在或返回到采空区的符合《一般工业固体废物贮存和填埋污染控制标准》（GB 18599—2020）中第Ⅰ类一般工业固体废物要求的采矿废石、尾矿和煤矸石，但是带入除采矿废石、尾矿和煤矸石以外的其他污染物质的除外；②工程施工中产生的按照法规要求或国家标准要求就地处置的物质。

（4）不作为液态废物管理的物质

下列三类物质可不作为液态废物管理：①满足相关法规和排放标准要求可排入环境水体或者市政污水管网和处理设施的废水、污水；②经过物理处理、化学处理、物理化学处理和生物处理等废水处理工艺处理后，可以满足向环境水体或市政污水管网和处理设施排放的相关法规和排放标准要求的废水、污水；③废酸、废碱中和处理后产生的满足上述任意一条要求的废水。

1.1.3　固体废物的二重性

固体废物具有鲜明的时间和空间特征，同时具有"废物"和"资源"的二重特性。从时间角度看，固体废物仅指相对于目前的科学技术和经济条件而无法利用的物质或物品，随着科学技术的飞速发展，矿物资源的日趋枯竭，自然资源滞后于人类需求，昨天的废物势必又将成为明天的资源。从空间角度看，废物仅仅相对于某一过程或某一方面没有使用价值，而并非在一切过程或一切方面都没有使用价值，某一过程的废物，往往是另一过程的原料。例如，高炉渣可以作为水泥生产的原料、电镀污泥可以回收高附加值的重金属产品、城市生活垃圾中的可燃性部分经焚烧后可以发电、废旧塑料通过热解可以制油、有机垃圾可以作为生物质废物进行利用等。所以固体废物又有"放错地方的资源"之称。

1.2　固体废物的分类

固体废物有多种分类方法，既可根据其组分、形态、来源等进行划分，也可根据其危险性、燃烧特性等进行划分，目前主要的分类方法有：

① 根据其来源分为生活垃圾、工业固体废物、农业固体废物等；

② 按其化学组成可分为有机废物和无机废物；

③ 按其形态可分为固态废物（例如玻璃瓶、报纸、塑料袋、木屑等）、半固态废物（如污泥、油泥、粪便等）和液态（气态）废物（如废酸、废油与有机溶剂等）；

④ 按其对环境和人类的危害程度可分为危险废物和一般废物；

⑤ 按其燃烧特性可分为可燃废物（通常指1000℃以下可燃烧者，如废纸、废塑料、废机油等）和不可燃废物（通常在1000℃焚烧炉内仍无法燃烧者，例如金属、玻璃、砖石等）。

依据《固废法》对固体废物的分类，将其分为生活垃圾、工业固体废物和危险废物等三类进行管理，2005年修订后的《固废法》还对农业废物进行了专门要求，另外，放射性废物和灾害性废物虽然不属于《固废法》管理的范围，但有其特殊性，本节也作简要介绍。

1.2.1　生活垃圾

生活垃圾（municipal solid waste）是指在日常生活中或者为日常生活提供服务的活动中产生的固体废物以及法律、行政法规规定视为生活垃圾的固体废物。在该定义中，生活垃圾包括了城市生活垃圾和农村生活垃圾。《固废法》规定：城市生活垃圾应当按照环境卫生行政主管部门的规定，在指定的地点放置，不得随意倾倒、抛撒或者堆放，农村生活垃圾污染环境防治的具体办法，由地方性法规规定。

根据目前我国环卫部门的工作范围，城市生活垃圾包括：居民生活垃圾、园林废物、机关单位排放的办公垃圾、街道清扫废物、公共场所（如公园、车站、机场、码头等）产生的废物等。在实际收集到的城市生活垃圾中，还可能包括有部分小型企业产生的工业固体废物和少量危险废物（如废打火机、废漆、废电池、废日光灯管等），由于后者具潜在危害，需要在相应的法规特别是管理工作中逐步制定和采取有效措施对之进行分类收集和进行适当的处理处置。此外，在城市的维护和建设过程中会产生大量的建筑垃圾和余土，由于这类废物性质较为稳定，一般由环卫部门的淤泥渣土（或建筑垃圾）办公室按相关规定单独收运和处置。

从上述分析可以看出，城市生活垃圾包括的废物种类很多，我国目前还没有统一的分类方法，以下以美国的分类方法为例对其进行介绍。

(1) 街道垃圾 (street refuse) 街道垃圾是经由人工从街道、人行道或公共场所（如公园、车站、码头）等地所扫集的废物，其最普遍的组成物是落叶、泥沙与纸张等。

(2) 一般垃圾 (rubbish) 一般垃圾泛指城市垃圾中含水分少的固体废物，分为可燃性与不可燃性垃圾，大部分来自商店、学校、家庭、办公或机关，其典型组成见表1-1。

表1-1 一般垃圾的典型组成

组　　成	质量分数/%			
	范　　围	典型代表	美国加利福尼亚州	美国马里兰州
食物类	2～26	14	8.3	27.4
纸类	15～45	34	35.8	15.5
木板	3～15	7	10.9	13.0
塑料	2～8	5	6.9	4.6
纤维	0～4	2	2.5	2.3
橡胶	0～2	0.5	2.0	0.4
皮革	0～2	0.5	0.7	1.3
玻璃	4～16	8	7.5	10.3
空罐	2～8	6	5.1	8.0
金属类	1～4	2	2.2	1.2
陶器	1～3	1.5	0.8	1.1
砖石	0～5	3	2.1	3.2

① 可燃组分。其组成大都为纸张、木材、木屑、破木、橡胶类、塑料类、花草、树叶等含有机化学成分（organic compound）的废物。此种废物虽为有机物，但因水分少且稳定性高，故不易腐化，可闲置较长时间，另外其发热值较高，通常不需其他辅助燃料即可燃烧，这两点是该类垃圾有别于厨余垃圾的特点。

② 不可燃组分。其组成大都为金属类、空铁罐、陶瓷、玻璃等，在普通焚烧炉（小于1000℃）无法燃烧，其成分大都为无机物（nonorganics）。

(3) 厨余垃圾 (garbage, kitchen wastes) 组成物大都为菜肴与馊水等易于腐败的有机物，其主要来源为家庭厨房、餐厅、饭店、食堂、市场及其他与食品加工有关的行业。由于厨余垃圾含有极高的水分与有机物，故很容易腐坏而产生恶臭，通常不作久存而于隔天即清除运走。2020年新修订后的《固废法》第四章规定：将厨余垃圾交由具备相应资质条件的单位进行无害化处理；禁止利用未经无害化处理的厨余垃圾饲喂畜禽。

(4) 废弃车辆 (abandoned vehicles) 其组成物大都为不可燃的金属类或玻璃物，另有少部分为塑料与橡胶类。该类废物清除常需靠政府有关单位负责，因其体积过于庞大且来源极为分散。

（5）工程拆除垃圾（demolition wastes） 其组成主要为工程或建筑物拆除的废料，如混凝土块、废木材、废管道、砖石等。

（6）建筑垃圾（construction wastes） 此类废物指住宅、大厦、铺路等施工过程产生的残余废料，包括泥土、石子、混凝土、砖块、瓦片与电线等。

（7）动物尸体（animal carcass） 2014年修订的《中华人民共和国环境保护法》第49条规定：对畜禽粪便、尸体和污水等废弃物进行科学处置，防止污染环境。

1.2.2 工业固体废物

工业固体废物（industrial solid waste）是指在工业生产活动中产生的固体废物。我国工业固体废物主要来源于以下19类行业：采掘业，食品、烟草及饮料制造业，纺织业，皮革、毛皮、羽绒及制造业，造纸及纸制品业，印刷业、记录媒介的复制，石油加工及炼焦业，化工原料及化学品制造，医药制造业，化学纤维制造业，橡胶制品业，塑料制品业，非金属矿物制造业，黑色金属冶炼及压延工业，有色金属冶炼及压延工业，金属制品业，机械、电气、电子设备制造，电力、煤气及水的生产供应，其他行业。根据工业固体废物产生行业，主要分为以下几类。

（1）冶金工业固体废物 冶金工业固体废物主要包括各种金属冶炼或加工过程中所产生的废渣，如高炉炼铁产生的高炉渣、平炉（转炉/电炉）炼钢产生的钢渣、铜镍铅锌等有色金属冶炼过程产生的有色金属渣、铁合金渣及提炼氧化铝时产生的赤泥等。其中钢铁冶金渣和有色金属冶金渣是冶炼渣中主要的两大类，根据国家发展改革委发布的《大宗固体废物综合利用实施方案》的统计数据，2019年我国冶炼渣产生量约为4.1亿吨，其中黑色金属冶炼和压延加工业产生量为3.6亿吨，有色金属冶炼和压延加工产生量为3132.3万吨。目前，主要利用途径有再选回收有价元素、生产渣粉用于水泥和混凝土、建筑和道路材料等，综合利用率约88.6%。

（2）能源工业固体废物 能源工业固体废物主要包括燃煤电厂产生的粉煤灰、炉渣、烟道灰、采煤及洗煤过程中产生的煤矸石等。

近年来，随着我国燃煤电厂快速发展，粉煤灰产生量逐年增加，2019年产生量达到5.4亿吨，利用量达到4.1亿吨，综合利用率约76%，主要利用方式有生产水泥、混凝土及其他建材产品和筑路回填、提取矿物高值化利用等。煤矸石是煤炭开采和洗选加工过程中产生的固体废弃物，占煤炭产量的18%左右。据统计，2019年我国煤矸石产生量约4.8亿吨，综合利用率约60.4%，主要利用方式为煤矸石发电、生产建材产品、筑基铺路、土地复垦、塌陷区治理和井下充填换煤等。

（3）石油化学工业固体废物 石油化学工业固体废物主要包括石油及加工工业产生的油泥、焦油页岩渣、废催化剂、废有机溶剂等，化学工业生产过程中产生的硫铁矿渣、酸（碱）渣、盐泥、釜底泥、精（蒸）馏残渣以及医药和农药生产过程中产生的医药废物、废药品、废农药等。

（4）矿业固体废物 矿业固体废物主要包括采矿废石和尾矿，废石是指各种金属、非金属矿山开采过程中从主矿上剥离下来的各种围岩，尾矿是指在选矿过程中提取精矿以后剩下的尾渣。

尾矿是目前我国产生量最大的固体废物，主要包括黑色金属尾矿、有色金属尾矿、稀贵金属尾矿和非金属尾矿。2019年，我国尾矿产生量约10.3亿吨，其中主要为有色金属矿和黑色金属矿，分别占到44.5%和42.5%左右，而当年尾矿综合利用率仅约27%，利用途径主要有再选、生产建筑材料、回填、复垦等。受资源品位低、利用成本高、经济效益差、利用技术缺乏等问题制约，目前我国尾矿仍以堆存为主，尾矿库安全隐患问题突出。

（5）轻工业固体废物 轻工业固体废物主要包括食品工业、造纸印刷工业、纺织印染工业、皮革工业等工业加工过程中产生的污泥、废酸、废碱以及其他废物。

(6) 其他工业固体废物 主要包括机加工过程产生的金属碎屑、电镀污泥、建筑废料以及其他工业加工过程产生的废渣和工业副产石膏等。其中，工业副产石膏包括脱硫石膏、磷石膏、氟石膏、钛石膏、盐石膏等。

工业固体废物来源广泛、种类多、产生量大，不同类型的工业固体废物对环境和人类的危害特性差异也非常显著，当其危害特性达到危险废物的特性标准时则按照危险废物管理（见 1.2.3 节），否则根据《一般工业固体废物贮存和填埋污染控制标准》（GB 18599—2020）按照一般工业固体废物管理。该标准定义一般工业固体废物是指未被列入《国家危险废物名录》或者根据国家规定的 GB 5085 鉴别标准和 GB 5086 及 GB/T 15555 鉴别方法判定不具有危险特性的工业固体废物。该标准又根据其危害特性的差异，把一般工业固体废物分为第Ⅰ类一般工业固体废物和第Ⅱ类一般工业固体废物来进行管理。第Ⅰ类一般工业固体废物是指按照 HJ 557 规定方法获得的浸出液中，任何一种特征污染物、浓度均未超过《污水综合排放标准》（GB 8978—1996）最高允许排放浓度（第二类污染物最高允许排放浓度按照一级标准执行），且 pH 值在 6～9 范围之内的一般工业固体废物。第Ⅱ类一般工业固体废物是指按照 HJ 557 规定方法获得的浸出液中有一种或一种以上的特征污染物浓度超过 GB 8978 最高允许排放浓度，或 pH 值在 6～9 范围之外的一般工业固体废物。

1.2.3 危险废物

危险废物（hazardous waste）的特性通常包括急性毒性、易燃性、反应性、腐蚀性、浸出毒性和疾病传染性。危险废物的术语是在 20 世纪 70 年代初得到社会认可的。在 70 年代中期以后，这一术语广为流行。但是，这时对危险废物的定义仍然不明确。美国环保局于 1976 年国会通过《资源保护和回收法》（RCRA）后，又花了 4 年的时间，对危险废物作出如下的定义："危险废物是固体废物，由于不适当的处理、贮存、运输、处置或其他管理方面，它能引起或明显地影响各种疾病和死亡，或对人体健康或环境造成显著的威胁。"

联合国环境规划署（UNEP）在 1985 年 12 月举行的危险废物环境管理专家工作组会议上，对危险废物作出了如下定义："危险废物是指除放射性以外的那些废物（固体、污泥、液体和用容器装的气体），由于它们的化学反应性、毒性、易爆性、腐蚀性或其他特性引起或可能引起对人类健康或环境的危害。不管它是单独的或与其他废物混在一起，不管是产生的或是被处置的或正在运输中的，在法律上都称为危险废物。"

我国《固废法》中规定："危险废物是指列入国家危险废物名录或者根据国家规定的危险废物鉴别标准和鉴别方法认定的具有危险特性的废物。"

危险废物由于其特有的性质，对环境的污染严重，危害显著，因此，对它的严格管理具有特殊意义。例如，20 世纪 50 年代和 70 年代发生在日本的"水俣病"和"痛痛病"事件以及 20 世纪 70 年代末发生在美国的"腊夫运河事件"都曾震惊世界。类似对危险废物管理不当造成的严重教训在国内外均有不少。因而，1984 年联合国环境规划署把危险废物的污染危害列为全球性环境问题之一。

由于处置危险废物在征地、投资、技术、环保等方面的困难，有不法厂商千方百计将自己的危险废物向其他国家转移，致使接受国深受其害。1976 年 7 月 10 日，意大利北部小城 SEVESO 一家生产 2,4,5-三氯苯酚（TCP）的工厂发生了爆炸事故。这个事故在几年后成为引起一场关于二噁英问题和危险废物越境迁移问题国际论争的导火索。该化学工厂爆炸产生了约 2.0kg 的二噁英，造成了周围 $1810hm^2$ 土地的污染。在现场清理过程中，收集了 20 万立方米污染严重的土壤和 41 罐反应残渣，这些污染土壤和反应残渣的净化，约需耗资 2 亿美元。1 年后废物被转移到法国，1985 年又被转移到瑞士的巴塞尔，并以 250 万美元的价格进行了焚烧处理。

这一事件引起了国际社会的高度重视，1989 年 3 月联合国环境规划署颁布了《控制危险废物越境转移及其处置巴塞尔公约》，并于 1992 年 5 月 5 日正式生效。到 1995 年 9 月的第三次缔约国会议，缔约国达到 92 个。2020 年 10 月 17 日，第十三届全国人民代表大会常务委员会第二十二次会议决定：批准 2019 年 5 月在日内瓦召开的《控制危险废物越境转移及其处置巴塞尔公约》缔约方会议第十四次会议通过的《〈巴塞尔公约〉缔约方会议第十四次会议第 14/12 号决定对〈巴塞尔公约〉附件二、附件八和附件九的修正》。

《控制危险废物越境转移及其处置巴塞尔公约》列出了"应加以控制的废物类别"共 45 类，"须加特别考虑的废物类别"共 2 类。1998 年 1 月 4 日，我国国家环境保护总局、国家经济贸易委员会、对外贸易经济合作部和公安部联合颁布，并于 1998 年 7 月 1 日实施了《国家危险废物名录（环发［1998］89 号）》，规定我国危险废物共分为 47 大类。2008 年 8 月 1 日我国国家环境保护部与国家发展和改革委员会第 1 号令颁布实施了修订后的《国家危险废物名录》，规定危险废物共分为 49 大类，增加了 HW48"有色金属冶炼废物"和 HW49"其他废物"。2016 年修订的《国家危险废物名录》删除了 HW41~44，增加了 HW50"废催化剂"，将危险废物调整为 46 大类别、479 种（362 种来自原名录，新增 117 种），并增加了《危险废物豁免管理清单》。2021 年修订的《国家危险废物名录》（以下简称《名录》），规定我国危险废物仍为 46 大类别，但种类调整为 467 种，见表 1-2。

表 1-2　国家危险废物名录废物类别汇总

废物类别	行业来源	废物类别	行业来源
HW01 医疗废物	卫生，非特定行业	HW14 新化学药品废物	非特定行业
HW02 医药废物	化学药品原药制造，化学药品制剂制造。兽用药品制造，生物、生化制品的制造	HW15 爆炸性废物	炸药及火工产品制造，非特定行业
HW03 废药物、药品	非特定行业	HW16 感光材料废物	专用化学产品制造，印刷，电子元件制造，电影，摄影扩印服务，非特定行业
HW04 农药废物	农药制造，非特定行业	HW17 表面处理废物	金属表面处理及热处理加工
HW05 木材防腐剂废物	锯材、木片加工，专用化学产品制造，非特定行业	HW18 焚烧处置残渣	环境治理
HW06 有机溶剂废物	基础化学原料制造	HW19 含金属羰基化合物废物	非特定行业
		HW20 含铍废物	基础化学原料制造
HW07 热处理含氰废物	金属表面处理及热处理加工	HW21 含铬废物	毛皮鞣制及制品加工，印刷，基础化学原料制造，铁合金冶炼，金属表面处理及热处理加工，电子元件制造
HW08 废矿物油	天然原油和天然气开采，精炼石油产品制造，涂料、油墨、颜料及相关产品制造，专用化学产品制造，船舶及浮动装置制造，非特定行业	HW22 含铜废物	常用有色金属矿采选，印刷，玻璃及玻璃制品制造，电子元件制造
HW09 油/水、烃/水混合物或乳化液	非特定行业	HW23 含锌废物	金属表面处理及热处理加工，电池制造，非特定行业
		HW24 含砷废物	常用有色金属矿采选
HW10 多氯（溴）联苯类废物	非特定行业	HW25 含硒废物	基础化学原料制造
		HW26 含镉废物	电池制造
HW11 精（蒸）馏残渣	精炼石油产品的制造，炼焦制造，基础化学原料制造，常用有色金属冶炼，环境管理业，非特定行业	HW27 含锑废物	基础化学原料制造
		HW28 含碲废物	基础化学原料制造
HW12 染料、涂料废物	涂料、油墨、颜料及相关产品制造，纸浆制造，非特定行业	HW29 含汞废物	天然原油和天然气开采，贵金属矿采选，印刷，基础化学原料制造，合成材料制造，电池制造，照明器具制造，通用仪器仪表制造，基础化学原料制造，多种来源
HW13 有机树脂类废物	基础化学原料制造，非特定行业		
		HW30 含铊废物	基础化学原料制造

废物类别	行业来源	废物类别	行业来源
HW31 含铅废物	玻璃及玻璃制品制造,印刷,炼钢,电池制造,工艺美术品制造,废弃资源和废旧材料回收加工业,非特定行业	HW37 有机磷化合物废物	基础化学原料制造,非特定行业
HW32 无机氟化物废物	非特定行业	HW38 有机氰化物废物	基础化学原料制造
		HW39 含酚废物	炼焦,基础化学原料制造
HW33 无机氰化物废物	贵金属矿采选,金属表面处理及热处理加工,非特定行业	HW40 含醚废物	基础化学原料制造
		HW45 含有机卤化物废物	基础化学原料制造,非特定行业
HW34 废酸	精炼石油产品的制造,基础化学原料制造,钢压延加工,金属表面处理及热处理加工,电子元件制造,非特定行业	HW46 含镍废物	基础化学原料制造,电池制造,非特定行业
		HW47 含钡废物	基础化学原料制造,金属表面处理及热处理加工
HW35 废碱	精炼石油产品的制造,基础化学原料制造,毛皮鞣制及制品加工,纸浆制造,非特定行业	HW48 有色金属冶炼废物	常用有色金属冶炼,贵金属冶炼
		HW49 其他废物	环境治理,非特定行业
HW36 石棉废物	石棉采选,基础化学原料制造,水泥及石膏制品制造,耐火材料制品制造,汽车制造,船舶及浮动装置制造,非特定行业	HW50 废催化剂	基础化学原料制造,农药制造,化学药品原料药制造,兽用药品制造,生物药品制品制造,环境治理业,非特定行业

《名录》除列出了废物类别和行业来源外,还详细列出了废物代码和危险废物的名称以及危险特性。根据《名录》的规定:凡列入《名录》的废物类别都属于危险废物,列入国家危险废物管理范围,但对于来源复杂的废物,其危险特性存在例外的可能性,也就是《名录》中废物代码标注以"*"的废物,规定所列此类危险废物的产生单位确有充分证据证明,所产生的废物不具有危险特性的,该特定废物可不按照危险废物进行管理。未列入《名录》的废物类别需进行鉴别,高于鉴别标准的属危险废物,列入国家危险废物管理范围,低于鉴别标准的,不列入国家危险废物管理范围。具体鉴别标准参见第2.2.3节"危险废物特性及鉴别试验方法"。此外,《名录》附录中列出了32项《危险废物豁免管理清单》,这32类废物在所列的豁免环节且满足相应的豁免条件时,可以按照豁免内容的规定实行豁免管理。

1.2.4 农业固体废物

1995年制定的《固体法》没有对农业废物(agriculture waste)的处置提出要求,也没有将农村生活垃圾纳入管理体系。随着农业产业化发展和农村生活水平的提高,农业废物和农村生活垃圾所造成的污染问题已经开始显现。对城乡垃圾的区别对待,不仅使农村生活垃圾处于无序堆放的状态,还导致城市生活垃圾向农村转移,造成垃圾围城、土壤和水源污染、农村卫生条件恶化。为了逐步消除农村固体废物污染,改善农村卫生条件,将农村固体废物纳入固体废物污染防治体系是非常必要的。因此,2005年修订后的《固废法》规定,"从事种植、畜禽养殖、水产养殖等农业生产活动的单位和个人,应当对生产过程中产生的秸秆、畜禽粪便、淤泥以及其他农业固体废物进行综合利用;不能利用的,按照国家有关环境保护规定收集、贮存、处置,防止污染环境",明确了农业废物的主要类型及管理要求,同时,将"城市生活垃圾污染环境的防治"一节修改为"生活垃圾污染环境的防治",使管理覆盖面扩大到农村,并明确"农村生活垃圾污染环境防治的具体办法,该节由地方性法规规定",将农业废物和农村生活垃圾纳入了固体废物污染防治体系进行管理。

2020年修订的《固废法》对农业固体废物进行了明确的规定:农业固体废物是指在农业生

产活动中产生的固体废物。《固废法》提出了如下一些要求：产生秸秆、废弃农用薄膜、农药包装废弃物等农业固体废物的企业事业单位和其他生产经营者，应当采取回收利用等措施，防止污染环境；从事畜禽规模养殖应当按照国家有关规定收集、贮存、利用或者处置养殖过程中产生的畜禽粪污，防止污染环境；鼓励和引导有关企业事业单位和其他生产经营者依法收集、贮存、运输、利用、处置农业固体废物，防止污染环境。

农业废物中产生量最大的是农作物秸秆。我国是农业大国，农作物秸秆具有数量大、种类多和分布广的特点。据统计，我国 2020 年农作物秸秆可收集量超过 9 亿吨，综合利用率超过 82%，利用方式主要包括秸秆肥料化（秸秆还田）、饲料化（秸秆养畜）、基料化、原料化和燃料化等。

《关于全面推进农村垃圾治理的指导意见》规定了到 2020 年的任务：①因地制宜建立"村收集、镇转运、县处理"的模式，有效治理农业生产生活垃圾、建筑垃圾、农村工业垃圾等；②全国 90% 以上村庄的生活垃圾得到有效治理，实现有齐全的设施设备、有成熟的治理技术、有稳定的保洁队伍、有长效的资金保障、有完善的监管制度；③农村畜禽粪便基本实现资源化利用；④农作物秸秆综合利用率达到 85% 以上；⑤农膜回收率达到 80% 以上；⑥农村地区工业危险废物无害化利用处置率达到 95%。

1.2.5 其他废物

（1）放射性废物 由于放射性废物（radioactive wastes）在管理方法和处置技术等方面与其他废物有着明显的差异，大多数国家都不将其包含在危险废物范围内。我国的《固废法》也没有涉及放射性废物的污染控制。但随着核能和核技术在各个领域得到广泛利用，核能和核技术开发利用方面的安全问题以及放射性污染防治问题也随之日益突出，为此，我国于 2003 年颁布实施了《中华人民共和国放射性污染防治法》，该法对放射性固体废物的管理和处置进行了明确的规定。

放射性同位素含量超过国家规定限值的固体、液体和气体废物，统称为放射性废物。从处理和处置的角度，按比活度和半衰期将放射性废物分为高放长寿命、中放长寿命、低放长寿命、中放短寿命和低放短寿命等五类。低、中水平放射性固体废物在符合国家规定的区域实行近地表处置，高水平放射性固体废物和 α 放射性固体废物实行集中的深地质处置。禁止在内河水域和海洋上处置放射性固体废物。

（2）灾害性废物 灾害性废物（disaster wastes）主要是指突发性事件特别是自然灾害（如海啸、地震等）造成的固体废物，其主要特点是产生不可预见、产生量大、组分特别复杂，若处置不及时会有潜在的传播疾病的隐患。目前对灾害性废物的收运和处理处置的研究还相当缺乏，需要和相应的应急系统一并考虑，才能起到最好的效果。

1.3 固体废物的污染特点及其环境影响

1.3.1 固体废物对环境潜在污染的特点

固体废物的固有特性及其对环境的潜在污染危害决定了对其进行管理和污染控制的管理方法和管理体制。固体废物对环境潜在污染的特点有以下几个方面。

（1）产生量大、种类繁多、成分复杂 如前所述，我国的固体废物污染控制已成为环境保护领域的突出问题之一。随着工业生产规模的扩大、人口的增加和居民生活水平的提高，各类固体废物的产生量也逐年增加。据统计，全国工业固体废物的产生量在 2020 年已经达到 36.8 亿多吨。随着我国城市化进程和居民生活水平的逐步提高，2020 年全国城市垃圾清运量已经超过 2.35 亿吨，而城市垃圾有效处理率还不足 70%。城市人均日产垃圾量超过 1.0kg，接近工业发达国家的水平，在这个意义上说，我国已经处在超前污染的状态。

固体废物的来源十分广泛，例如，工业固体废物包括工业生产、加工，燃料燃烧，矿物采、选，交通运输等行业，以及环境治理过程所产生和丢弃的固体和半固体的物质。另外，从固体废物的分类，我们可以大致了解固体废物组成的复杂状态。除在城市垃圾中包含了几乎所有日常生活中接触到的物质以外，危险废物的种类将随着科学技术的发展而难以作出超前的划定。

(2) 其他处理过程的终态，污染环境的源头　在废气的治理过程中，利用洗气、吸附或除尘等技术将存在于气相中的粉尘或可溶性污染物（如酸性气体）转移或转化为固体物质。同样，在水处理工艺中，无论是采用物化处理技术（如混凝、沉淀、超滤等）还是生物处理技术（如好氧生物处理、厌氧生物处理等），在水得到净化的同时，总是将水体中的无机和有机污染物质以固相的形态分离出来，因而产生大量的污泥或残渣。从这个意义上讲，可以认为废气治理或水处理的过程，实际上都是将环境中的污染物转化为比较难于扩散的形式，将液态或气态的污染物转变为固态的污染物，降低污染物质向环境迁移的速率。由于固体废物对环境的危害影响需通过水、气或土壤等介质方能进行，因此，固体废物既是废水和废气处理过程的"终态"，又是污染水、大气、土壤等的"源头"，也正是由于这一特点，对固体废物的管理既要尽量避免和减少其产生，又要力求避免和减少其向水体、大气以及土壤环境的排放。最终处置需要解决的就是废物中有害组分的最终归宿问题，也是控制环境污染的最后步骤。最终处置对于具有永久危险性的物质，即使在人工设置的隔离功能到达预定工作年限以后，处置场地的天然屏障也应该保证有害物质向生态圈中的迁移速率不致引起对环境和人类健康的威胁。

(3) 所含有害物呆滞性大、扩散性小　固体废物具有呆滞性和不可稀释性，通常其产生的有毒有害组分进入水、气和土壤环境的释放速率很慢。水在土壤中的运移速度为几毫米/天～几十米/天，远远小于大气气流和地表水流的运动速度。土壤对污染物有吸附作用，导致土壤污染物的迁移速度比土壤水慢很多，大约为土壤水运移速度的 $1/(1\sim500)$。

(4) 污染物滞留期长、危害性强　固体废物除直接占用土地和空间外，其对环境的危害影响需要通过水、气或土壤等介质才能进行。以固态形式存在的有害物质向环境中的扩散速率相对比较缓慢，例如渗滤液中的有机物和重金属在黏土层中的迁移速率，大约在每年数厘米的数量级上，其对地下水和土壤的污染需要经过数年甚至数十年后才能显现出来。与废水、废气污染环境的特点相比，固体废物污染环境的滞后性非常强，但一旦发生了固体废物对环境的污染，其后果将非常严重，因此，固体废物对环境的影响具有长期性、潜在性和不可恢复性。

1.3.2　固体废物对环境的影响

正是由于固体废物如上的诸多特点，一旦对环境的潜在污染变为现实，而要消除这些污染往往需要耗费较大的代价。具体来说，固体废物对环境介质可能造成的污染危害表现在以下几个方面。

(1) 对土地的影响　固体废物的堆放需要占用土地，据估计，每堆积 1 万吨废渣约需占用土地 $0.067\mathrm{hm}^2$。我国 2020 年全国工业固体废物的产生量约为 36.8 亿吨，历年累积堆存的工业固体废物量超过 600 亿吨，堆存占地约 200 万公顷。我国许多城市的近郊也常常是城市生活垃圾的堆放场所，形成垃圾围城的状况。固体废物的任意露天堆放，不但占用一定土地，而且其累积的存放量越多，所需的面积也越大，如此一来，势必使可耕地面积短缺的矛盾加剧。

随着我国经济发展和人们生活水平的提高，固体废物的产生量会越来越大，如不加以妥善管理，固体废物侵占土地的问题会变得更加严重。即使是固体废物的填埋处置，若不着眼于场地的选择评定以及场基的工程处理和封场后的科学管理，废物中的有害物质还会通过不同途径而释入环境中，乃至对生物包括人类产生危害。

(2) 对水体的影响　固体废物对水体的污染途径有直接污染和间接污染两种：前者是把水体作为固体废物的接纳体，向水体直接倾倒废物，从而导致水体的直接污染；而后者是固体废物在堆积过程中，经过自身分解和雨水浸淋产生的渗滤液流入江河、湖泊和渗入地下而导致地表和地下水的污染。

历史上，世界范围内有不少国家直接将固体废物倾倒于河流、湖泊或海洋，甚至将后者当成处置固体废物的场所之一。例如，美国仅在1968年就向太平洋、大西洋和墨西哥湾倾倒固体废物4800多万吨。而发生在20世纪50年代的国际上最著名的公害病之一的"水俣病"，就是由于工业废物向水体的排放所造成的。该病是由甲基汞引起的神经系统疾病，由于这种病最初发生在日本熊本县的水俣市，由此而得名"水俣病"。最初关于水俣病的报道是在1956年5月，据调查，从1953年前后开始就有此类患者出现，1962年首先从工厂的废渣中检测出了甲基汞。1966年7月该工厂停止生产有机汞，1968年废除了乙醛生产线。据调查，汞在鱼贝类体内的富集浓度最高为1966年的80mg/kg，1971年降低为4mg/kg。1991年3月止，被确认水俣病患者的人数达2248人，死亡1004人。1974～1989年共处理总汞含量超过25mg/kg的底泥151万立方米，清除后总汞浓度降低到平均4.65mg/kg。《水俣公约2013》要求缔约国自2020年起，禁止生产及进出口含汞产品。就我国而言，截至2020年，每年仍有超过100t的工业固体废物排入环境，其中约有1/3直接排入天然水体，成为地表水和地下水的重要污染源之一。

固体废物弃置于水体，将使水质直接受到污染，严重危害水生生物的生存条件，并影响水资源的充分利用。此外，堆积的固体废物经过雨水的浸渍和废物本身的分解，其渗滤液和有害化学物质的转化和迁移，将对附近地区的河流及地下水系和资源造成污染。

(3) 对大气的影响 固体废物在堆存和处理处置过程中会产生有害气体，若不加以妥善处理，将对大气环境造成不同程度的影响。例如，露天堆放和填埋的固体废物会由于有机组分的分解而产生沼气，一方面沼气中的氨气、硫化氢、甲硫醇等的扩散会造成恶臭的影响，另一方面沼气的主要成分甲烷气体是一种温室气体，其温室效应是二氧化碳的21倍，而甲烷在空气中含量达到5%～15%时很容易发生爆炸，对生命安全造成很大威胁。例如，1995年10月27日，位于北京市昌平县阳坊镇的某公司员工宿舍发生了剧烈爆炸，造成三人严重烧伤，其中一人烧伤面积达95%，3度烧伤面积达65%。究其原因是该员工宿舍紧靠一垃圾堆放场，该堆放场是利用一个废弃的取沙坑对城市生活垃圾进行简易处置，垃圾中的有机物经过一段时间的腐化，产生大量的沼气，由于填埋场没有进行防渗处理，四周土质疏松，透气性好，造成沼气通过土层进入室内并富集，遇明火发生爆炸。

另外，固体废物在焚烧过程中会产生粉尘、酸性气体、二噁英等，也会对大气环境造成污染。堆放的固体废物中的细微颗粒、粉尘等可随风飞扬，从而对大气环境造成污染。据研究表明：当4级以上的风力时，在粉煤灰或尾矿堆表层的粒径为1～1.5cm以上的粉末将出现剥离，其飘扬的高度可达20～50m以上，在季风期间可使平均视程降低30%～70%。

(4) 对土壤和生物群落的影响 固体废物及其渗滤液中所含有害物质会改变土壤的性质和土壤结构，并将对土壤中微生物的活动产生影响。这些有害成分的存在，不仅有碍植物根系的发育和生长，而且还会在植物体内积蓄，通过食物链危及人体健康。

例如，1943～1953年间，在美国纽约州尼加拉市的一段废弃运河的河床上，两家化学公司填埋处置了大约21000t、80余种化学废物。从1976年开始，当地居民家中的地下室发现了有害物质的浸出，同时还发现在当地居民中有癌症、呼吸道疾病、流产等多发现象。当地政府对约900户居民采取紧急避难措施，并对处置场地实施了污染修复工程，前后共耗资约1.4亿美元。该事件就是国际上很有名的"腊夫运河事件"，它是国际上危险废物污染环境的典型案例，不仅带来了美国危险废物管理政策上的重大变化，而且给世界各国在危险废物最终处置问题上敲响了警钟。后来，又据美国EPA调查，到1977年为止，美国全国约有75万个企业将其所产生的6000万吨危险废物分别在5万多个填埋场进行了处置，随时都有可能发生第二个"腊夫运河事件"。针对这种状况，美国国会于1980年通过了《综合环境响应、赔偿与责任法》，即《超级基金法》，又于1984年颁布了《危险及固体废物修正案》，在该修正案中规定，危险废物不能直接进行陆地处置，并要求新建安全填埋场必须采取双衬层防渗措施。

此外，生物群落特别是一些水生动物的休克死亡，可以认为是固体废物处置场释出污染物质的前兆。例如在雨季，填埋场产生的渗滤液会通过地表径流或地下水进入江河湖泊，引起大量鱼群死亡。这类危害效应可从个体发展到种群，直到生物链，并将导致受影响地区营养物循环的改变或产量降低。

1.3.3　固体废物对人体健康的影响

固体废物，特别是危险废物，在露天存放、处理或处置过程中，其中的有害成分在物理、化学和生物的作用下会发生浸出，含有害成分的浸出液可通过地表水、地下水、大气和土壤等环境介质直接或间接被人体吸收，从而对人体健康造成威胁。图 1-1 表示出固体废物进入环境的途径，以及其中化学物质对人类造成感染并致疾病的途径。

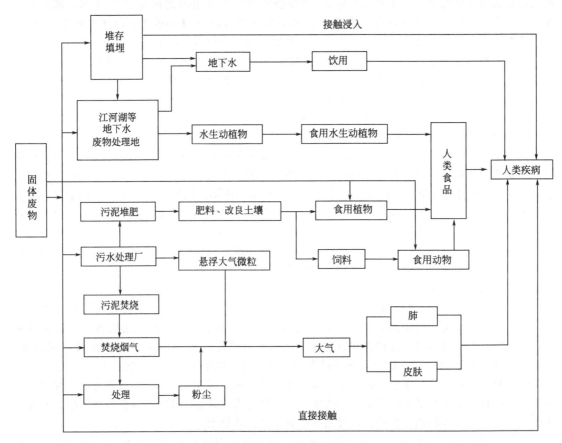

图 1-1　固体废物致人疾病的途径

根据物质的化学特性，当某些不相容物相混时，可能发生不良反应，包括热反应（燃烧或爆炸）、产生有毒气体（砷化氢、氰化氢、氯气等）和产生可燃性气体（氢气、乙炔等）。例如，1993 年 8 月 5 日，深圳市清水河危险品仓库发生了震惊中外的爆炸事件，造成 15 人死亡，数十人受伤，仓库区十余座库房受损，经济损失严重。事故的原因主要是不同化学品的混合堆放贮存，该事故暴露了我国危险品管理的严重缺陷，同时，爆炸产生的 20000 多吨危险废物也给深圳市造成了潜在的环境危害。

另外，若人体皮肤与废强酸或废强碱接触，将发生烧灼性腐蚀作用。若误吸收一定量农药，能引起急性中毒，出现呕吐、头晕等症状。贮存化学物品的空容器，若未经适当处理或管理不善，能引起严重中毒事件。化学废物的长期暴露会产生对人类健康有不良影响的恶性物质。

20世纪30~70年代，国内外不乏因工业废渣处理不当，其中毒性物质在环境中扩散而引起祸及居民的公害事件。如20世纪50~60年代发生在日本富山县的由于含镉废渣排入土壤而引起的"痛痛病"事件，前面已经提及的美国纽约州腊夫运河河谷土壤污染事件，发生在我国的锦州镉渣露天堆积污染井水事件等。不难看出，这些公害事件已给人类带来灾难性后果。尽管近10多年来，严重的污染事件发生较少，但固体废物污染环境对人类健康的潜在危害和影响是难以估量的。

1.4 我国固体废物的产生和管理现状

1.4.1 我国固体废物管理的历史及发展

在我国，随着社会、工业和经济的高速发展，固体废物的环境污染控制问题已成为环境保护领域的突出问题之一。由于生产技术和管理水平不能满足国民经济急速发展的要求，相当一部分资源没有得到充分、合理的利用，而变成了固体废物。对固体废物进行妥善管理是实现固体废物资源化利用和无害化处置的重要途径。但我国的固体废物管理和处理处置工作起步较晚，与水污染控制和大气污染控制相比，其对环境的污染控制问题在相当一段时间内没有得到应有的重视，存在着管理法规不健全、资金投入不足、缺少成套的处理处置技术以及缺乏足够数量的管理和技术人才等问题。在现有处理处置技术中，技术水平普遍偏低，远远不能满足固体废物污染控制的需要。

从这个意义上来说，为了保护、改善和提高我国的环境质量，实现可持续发展的社会经济，对固体废物实行全面管理和安全处理处置已成为当务之急。自20世纪90年代初开始，固体废物管理问题逐渐受到重视，国家也逐步加大了对固体废物管理和处理处置技术研究开发的投资力度，并于1995年首次颁布实施了《中华人民共和国固体废物污染环境防治法》，并且随着人们对固体废物的管理和资源化利用要求的进一步提高，我国于2005年和2020年又颁布了修订后的《固废法》。该法的实施将我国固体废物处理处置工作纳入了法制化管理的轨道，对我国固体废物污染防治和资源化利用工作起到了积极的推进作用，不仅使我国固体废物的污染控制和资源化利用从无到有，逐步形成一系列覆盖范围较广、涉及内容较全的管理制度，同时也使我国工业固体废物的综合利用水平、城市生活垃圾和危险废物的资源化利用和无害化处置水平逐年得以提高。与此同时，与我国的工业化、城市化发展速度以及人民生活的需求相比，目前的固体废物管理水平还处于发展阶段，固体废物管理问题依然非常突出，固体废物污染环境的形势仍然严峻。随着我国经济的发展、社会的进步、人民生活水平以及环境意识的提高，人们对固体废物管理和资源化利用的要求将会更高，这些都会为今后我国固体废物的处理处置和资源化技术的发展提供推动力和奠定更好的基础。

1.4.2 我国城市生活垃圾的产生和管理现状

随着中国城市化进程的加快和人民生活水平的不断提高，城市生活垃圾产生量增加很快，2006年以前，我国城市生活垃圾产生量平均以每年5.4%的速度快速增长，2006年后城市生活垃圾产生量增速放缓，平均增加率维持在3.6%左右（见图1-2和图1-3）。

据统计，1999年底时全国664个城市生活垃圾清运量约1.14亿吨，建成各类生活垃圾处理设施695座，全年生活垃圾处理量为7241.1万吨，处理率为63%左右。到2020年，全国城市生活垃圾清运量已达到2.35亿吨，根据已建成的垃圾处理设施数量和处理能力测算，无害化处理率已达99.7%。历史上，我国大量城市生活垃圾露天堆放或简易填埋，对环境造成巨大危害，近年来，该状况得到了显著改善，但直到2020年，全国城市生活垃圾中仍有大约0.3%的比例

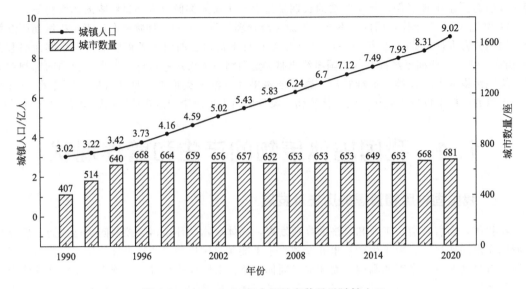

图 1-2　1990～2020 年中国城市数量及城镇人口

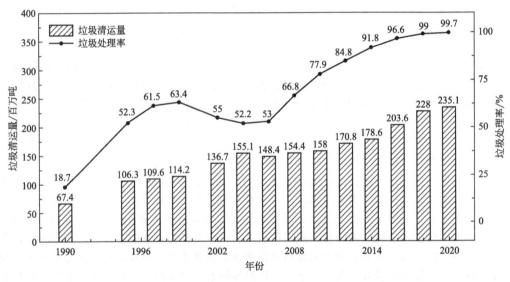

图 1-3　1990～2020 年中国城市垃圾清运量及处理率

采用堆放和简易填埋的方式进行处理。城市生活垃圾处理已成为影响人们生存环境和可持续发展的重要因素。

　　受经济发展水平的限制和认识的局限，中国城市生活垃圾处理起步晚，起点低，经历了一个曲折的发展过程。中国城市生活垃圾处理起步于 20 世纪 80 年代，在 1990 年前，全国城市生活垃圾处理率还不足 2%。第一批垃圾处理设施始建于 20 世纪 80 年代中后期，处理技术以堆肥为主。20 世纪 80 年代末期，针对中国生活垃圾亟待处理的实际情况，垃圾处理技术改为卫生填埋为主。进入 20 世纪 90 年代以来，卫生填埋处理技术水平和建设标准不断提高，并且随着中国国民经济和城市建设的发展，垃圾焚烧处理也开始受到重视。一些沿海经济比较发达的城市，通过利用外国政府贷款，引进国外技术和设备建设垃圾焚烧厂，国内众多企业和科研院校也纷纷投入到中小规模的垃圾焚烧设备的开发中，并建设了一批小型垃圾焚烧厂，但其中大多数已建的焚烧设备技术不成熟，问题较多，烟气处理不能满足新的排放标准，难于正常运行。20 世纪 90 年代后期，由于国家实行基础设施投资倾斜政策，中国城市生活垃圾处理事业得到了迅速发展，全国垃圾处理设施数量和规模增长很快。

如图 1-4 所示，到 2010 年，我国有各类生活垃圾处理设施 628 座，处理能力达到 38.8 万吨/日，实际集中处理量约为 1.23 亿吨，城市生活垃圾无害化处理率达到 77.9%。其中，生活垃圾卫生填埋场有 498 座，实际处理垃圾量为 9598 万吨/年，约占垃圾处理总量的 60.7%；城市生活垃圾焚烧厂有 104 座，实际垃圾处理量为 2317 万吨/年，约占垃圾处理总量的 14.7%；城市生活垃圾堆肥厂只有 11 座，其处理量仅为 181 万吨/年，只占垃圾处理总量的 2.5% 左右。

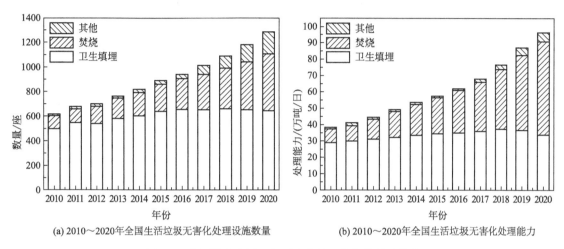

(a) 2010～2020 年全国生活垃圾无害化处理设施数量　　(b) 2010～2020 年全国生活垃圾无害化处理能力

图 1-4　我国城市生活垃圾无害化处理设施数量及能力

到 2020 年，我国有各类生活垃圾处理设施 1287 座，处理能力达到 96.35 万吨/日，实际集中处理量约为 2.35 亿吨，城市生活垃圾无害化处理率达到 99.7%。其中，生活垃圾卫生填埋场 644 座，实际处理垃圾量为 7771.5 万吨/年，约占垃圾处理总量的 33.1%；城市生活垃圾焚烧厂 463 座，实际垃圾处理量为 14607.6 万吨/年，约占垃圾处理总量的 62.3%；城市生活垃圾堆肥厂 180 座，其处理量仅为 1073.2 万吨/年，只占垃圾处理总量的 4.6% 左右。从发展趋势来看，生活垃圾焚烧处理规模在过去 10 年大幅增加，已经成为最主要的生活垃圾处理方式，并且在未来还将持续增长；卫生填埋场和堆肥处理厂的数量和处置能力虽然在平稳增长，但处理量占比逐渐降低，未来将会处于萎缩状态。

近年来，我国城市生活垃圾收运网络日趋完善，垃圾处理能力不断提高，城市环境总体上有了较大改善。但由于城镇化快速发展，城市生活垃圾产生量激增，垃圾处理能力相对不足，一些城市面临"垃圾围城"的困境，严重影响城市环境和社会稳定。2011 年 4 月 19 日，国务院批转住房和城乡建设部等 16 个部门《关于进一步加强城市生活垃圾处理工作的意见》（国发［2011］9 号）（以下简称《意见》）。《意见》是具有里程碑意义的一个重要文件，是生活垃圾处理工作的纲领性文件。《意见》提出了生活垃圾减量化的途径，在切实提高生活垃圾无害化处理能力的基础上，加强产品生产和流通过程管理，减少过度包装，倡导节约和低碳的消费模式，从源头控制生活垃圾的产生。《意见》列出了生活垃圾资源化的方式，要求坚持发展循环经济，推动生活垃圾分类工作，提高生活垃圾中废纸、废塑料、废金属等材料回收利用率，提高生活垃圾中有机成分和热能的利用水平，全面提升生活垃圾资源化利用工作。《意见》还要求切实控制城市生活垃圾产生，全面提高城市生活垃圾处理能力和水平，强化监督管理，加大政策支持力度。力争到2015 年，全国城市生活垃圾无害化处理率达到 80% 以上，50% 的设区城市初步实现餐厨垃圾分类收运处理，城市生活垃圾资源化利用比例达到 30%。意见同时规定，到 2030 年，全国城市生活垃圾基本实现无害化处理，全面实行生活垃圾分类收集、处置；城市生活垃圾处理设施和服务向小城镇和农村延伸，城乡生活垃圾处理接近发达国家平均水平。

1.4.3 我国工业固体废物的产生及处理现状

表 1-3 列出了 2001～2020 年我国的工业固体废物产生及处理处置状况。由此可见，随着工业生产规模的扩大，工业固体废物的年产生量逐年递增，从 2001 年的 8.87 亿吨迅速增长到 2020 年的 36.8 亿吨，年平均增长率约为 7.8%，固体废物产生量的增长率与工业产值的增加相接近。

表 1-3 2001～2020 年我国工业固体废物产生及处理处置状况

年度	产生量/万吨	综合利用量/万吨	综合利用率/%	贮存量/万吨	处置量/万吨	排放量/万吨
2001	88746	47285	53.3	30166	14489	2894
2002	94509	50061	53	30040	16618	2635
2003	100428	56040	55.8	27667	17751	1941
2004	120030	67796	56.5	26012	26635	1762
2005	134449	76933	57.2	27876	31259	1655
2006	151541	92601	61.1	22398	42883	1302
2007	175632	110311	62.8	24119	41350	1197
2008	190127	123482	64.9	21883	48291	782
2009	203943	138186	67.8	20926	47488	710
2010	240944	161772	67.1	23918	57264	498
2011	326204	195215	59.8	60377	70465	433
2012	332509	202462	60.9	59786	70745	144
2013	330859	205916	62.2	42634	82969	129
2014	329254	204330	62.1	45033	80388	59
2015	331055	198807	60.1	58365	73034	56
2016	314557	184096	58.5	62599	65522	32
2017	338529	181187	53.5	78397	79798	73
2019	386751	206159	53.3	93141	94316	159
2020	367546	203798	55.4	80798	91749	113

注："综合利用量"和"处置量"指标中含有综合利用和处置往年量。

尽管近年来加强了对工业固体废物的管理，但仍有 20% 左右的废物没有得到妥善的处理，只是在企业内部临时贮存。据国家环保局统计，到 2020 年止，全国累积堆存的工业固体废物已达 600 亿吨，占地约 200 万公顷。有些大型企业虽然建起了填埋场，但由于没有采取严格的防渗措施和缺乏科学的管理，仍存在污染地下水的情况。此外，每年还有超过 100 万吨的工业固体废物排入环境，其中约有 1/3 直接排入天然水体，成为地表水和地下水的重要污染源之一。

2000 年以后，国家对固体废物的管理越来越重视，固体废物的再生利用得到了较大的发展。在 2000 年之前，工业固体废物的综合利用率不足 45%；进入 2000 年后，工业固体废物的综合利用率逐年提高。到 2015 年，我国工业固体废物的综合利用率已经超过了 60%。但是，历年堆存的工业固体废物量仍然居高不下，维持在每年 5 亿吨以上。

据中国环境统计年报数据显示，2010 年全国工业固体废物产生量为 240944 万吨，其中，工业固体废物综合利用量 161772 万吨，工业固体废物贮存量 23918 万吨，工业固体废物处置量 57264 万吨，工业固体废物排放量 498 万吨。到 2020 年，全国工业固体废物产生量为 367546 万吨，其中，工业固体废物综合利用量 203798 万吨，工业固体废物贮存量 80798 万吨，工业固体废物处置量 91749 万吨，工业固体废物排放量 59 万吨。近 10 年，我国工业固体废物的排放量显著降低，有利于减缓对于环境的污染，而且工业固体废物综合利用量逐年上涨，提供了大量资源综合利用产品，促进了煤炭、化工、电力、钢铁、建材等行业高质量发展。但是，由于工业固体废物产生量的快速上涨，综合利用率始终维持在 50%～65%，未能有所突破，导致每年仍有 5 亿～9 亿吨工业固体废物只能暂时堆存，占用土地资源，存在生态环境安全隐患。

1.4.4　我国危险废物的产生及处理现状

中国是一个危险废物产生大国。但在1995年以前，中国没有危险废物产生量的统计数据。以1995年作为基准年的全国固体废物申报登记结果表明：1995年全国共产生危险废物2561.63万吨。在这一总量中，未包括我国香港、澳门以及台湾地区的危险废物量，也未包括混入居民生活垃圾中的危险废物和众多科研院所、高等院校产生的危险废物。2020年，全国共产生危险废物7281.87万吨，随着城市建设的迅速发展，特别是新冠疫情爆发以来，医院的病床数和医疗废物的产量还会随之不断增长。从历史情况来看，我国大量危险废物长期堆存或无序排放，未得到有效利用处置，成为危害当地群众身体健康和周边环境的"顽疾"。可以预见，随着我国经济的快速发展，危险废物产生量持续增长的趋势难以改变。

我国危险废物具有产生源分布广泛、产生量相对集中的特点。危险废物来自几乎国民经济的所有行业。危险废物产生源数目最多的工业行业分别是非金属矿物制造业（占总数的11.23%）、化学原料及化学制品制造业（占6.53%）、金属制造业（占5.67%）、机械制造业（占5.10%）等。从产生量来看，仅化学原料及化学品制造业产生的危险废物就占了危险废物产生总量的40.05%。

从危险废物产生源规模和性质看，大型、特大型企业在数量上仅占4.2%，中型企业占10.1%，而小型企业在数量上占到67.5%；县级以上企业仅占25.3%，乡镇（包括街道）企业已占到39.1%。从地区分布看，危险废物产生源数量最多的地区是浙江省（占总数的23.0%）、河南省（占19.7%）、广东省（占11.0%）和黑龙江省（占6.4%）。

我国正处于经济高速发展的阶段，工业固体废物的产生量增加较快，而工业危险废物在工业固体废物中占有7%以上的比例，其产生量仍然会随着工业固体废物的增长而不断增长。根据2020年中国环境统计年报数据显示（见表1-4），在工业固体废物产生量中危险废物产生量为7282万吨，比上年增加10.7%，危险废物综合利用量8074万吨，比上年增加35.2%。

表1-4　2001～2020年我国工业固体废物中危险废物的产生及处理处置状况

年度	工业固体废物产生量/万吨	其中：危险废物的产生、排放及利用情况					
		产生量/万吨	综合利用量/万吨	综合利用率/%	贮存量/万吨	处置量/万吨	排放量/万吨
2001	88746	952	442	46.4	307	229	2.1
2002	94509	1000	392	39.2	383	242	1.7
2003	100428	1170	427	36.5	423	375	0.3
2004	120030	995	403	40.5	343	275	1.1
2005	134449	1162	496	42.7	337	339	0.6
2006	151541	1084	566	52.2	267	289	20.0
2007	175632	1079	650	60.2	154	346	0.1
2008	190127	1357	819	60.4	196	389	0.07
2009	203943	1430	831	58.1	219	428	1.5
2010	240944	1587	—	—	—	—	—
2011	326204	3431	1773	51.7	824	916	—
2012	332509	3465	2005	57.8	847	698	—
2013	330859	3157	1700	53.8	811	701	—
2014	329254	3634	2062	56.7	691	929	—
2015	331055	3976	2050	51.6	810	1174	—
2016	314557	5347	2824	52.8	1158	1606	—
2017	338529	6937	4043	58.3	871	2552	—
2019	386751	6581	5973	90.7	—	—	—
2020	367546	7282	8074	—	—	—	—

重要危险废物是对环境和人体健康有较大危害的危险废物，主要包括废油、多氯联苯（PCBs）、铬渣、砷渣等。废油中含有 3,4-苯并芘（强致癌物）、多氯联苯（PCBs）、锌及酚类化合物等多种毒性物质。如不妥当处理，将造成严重的环境污染。PCBs 是一组化学性质稳定的氯代烃类化合物，绝大部分用于电力电容器的浸渍剂，此外还用于涂料、农药、塑料的添加剂等。我国自 1965 年开始生产 PCBs，到 1975 年为止，共生产 10000 余吨，其中三氯联苯 9000t，主要用于电力电容器浸渍剂，五氯联苯 1000 余吨，用作涂料添加剂等。此外，我国引进的电力设备中还带进约 6000t PCBs，所以总共约有 16000t PCBs 分散在我国各地区和城市。由于 PCBs 在自然界难以降解，长期存留且可通过食物链浓缩聚集，对人类存在潜在的危害，被公认为是全球性极为严重的污染物之一，已被各国禁止生产和使用。

经过多年的努力，我国已基本形成了较为完善的危险废物污染防治法规体系，以《固废法》为基础，相关行政法规、部门规章、标准规范及规范性文件相配套的危险废物污染防治法律法规体系基本形成。危险废物经营许可、转移联单、应急预案、经营情况报告等相关制度得到积极推行，如全国持危险废物经营许可证的单位由 2006 年的不足 900 家上升到 2010 年的 1500 多家，危险废物转移联单运行量 2010 年已达上百万份。

"十一五"期间，国家级和 31 个省级固体废物管理中心陆续建成，67 个市级环保部门成立了市级固体废物管理中心，我国危险废物管理和技术支持体系初步形成，各级固体废物管理中心成为危险废物管理的重要力量。在此基础上，我国危险废物规范化利用处置数量和能力显著提升，据统计，2010 年全国持危险废物经营许可证的单位年利用处置能力达到 2325 万吨（其中，医疗废物年处置能力 59 万吨），与 2006 年相比较提高 2.26 倍，实际利用处置危险废物（不含铬渣）约 840 万吨，与 2006 年相比提高 1.8 倍。截至 2019 年底，全国各省（市、区）颁发的危险废物（含医疗废物）经营许可证共 4195 份，全国危废持证单位核准能力达 12896 万吨/年。2019 年，全国工业危废产生量为 8126 万吨，综合利用处置量 7539 万吨，综合利用处置率 93%。危险废物安全处置工艺技术和产业发展水平有了显著提高。

我国危险废物污染防治工作起步晚、基础薄弱、历史欠账多。我国危险废物产生量居高不下，随着经济的快速发展，危险废物产生量持续增长的趋势难以改变。我国大型危险废物产生单位配套的危险废物贮存、利用和处置设施不健全，危险废物无害化利用和处置整体水平不高，部分利用处置设施超标排放，技术和运行管理达到国际先进水平的危险废物利用处置单位屈指可数。另外，我国目前危险废物的管理还存在危险废物利用处置能力区域不平衡、结构不合理的现象，新建危险废物焚烧和填埋处置设施选址难，以及危险废物产生单位自行利用处置危险废物的设施水平参差不齐等突出问题，使得我国危险废物污染防治的压力在相当长的时间内依然巨大，隐患依然突出，形势依然严峻。

1.5　固体废物的管理原则

固体废物的有效管理是环境保护的一项重要内容，《固废法》首先确立了固体废物管理的"三化"基本原则，同时确立了对固体废物进行全过程管理的原则。近年来，根据上述原则逐渐形成了按照循环经济模式对固体废物进行管理的基本框架。

1.5.1　"三化"基本原则

《固废法》第三条规定："国家对固体废物污染环境的防治，实行减少固体废物的产生、充分合理利用固体废物和无害化处置固体废物的原则"。这样就从法律上确立了固体废物污染防治的"三化"基本原则，即固体废物污染防治的"减量化、资源化、无害化"，并以此作为我国固体废物管理的基本技术政策。

（1）减量化原则 "减量化"是指通过采用合适的管理和技术手段减少固体废物的产生量和排放量。实现固体废物减量化实际上包括两方面内容，首先要从源头上解决问题，这也就是通常所说的"源削减"；其次，要对产生的废物进行有效的处理和最大限度的回收利用，以减少固体废物的最终处置量。

目前固体废物的排放量十分巨大，例如我国工业固体废物年产生量在 36.8 亿吨以上，城市垃圾年产生量在 2.35 亿吨以上。如果能够采取措施，最小限度地产生和排放固体废物，就可以从"源头"上直接减少或减轻固体废物对环境和人体健康的危害，可以最大限度地合理开发利用资源和能源。减量化的要求，不只是减少固体废物的数量和减少其体积，还包括尽可能地减少其种类、降低危险废物的有害成分的浓度、减轻或清除其危险特性等。减量化是对固体废物的数量、体积、种类、有害性质的全面管理，应积极开展清洁生产工艺。因此减量化是防止固体废物污染环境的优先措施。就国家而言，应当改变粗放经营的发展模式，鼓励和支持开展清洁生产，开发和推广先进的生产技术和设备，充分合理地利用原材料、能源和其他资源。

（2）资源化原则 "资源化"是指采取管理和工艺措施从固体废物中回收物质和能源，加速物质和能源的循环，创造经济价值的广泛的技术方法。

从便于固体废物管理的观点来说，资源化的定义包括以下三个范畴：①物质回收，即从处理的废物中回收一定的二次物质如纸张、玻璃、金属等；②物质转换，即利用废物制取新形态的物质，如利用废玻璃和废橡胶生产铺路材料，利用炉渣生产水泥和其他建筑材料，利用有机垃圾生产堆肥等；③能量转换，即从废物处理过程中回收能量，以生产热能或电能，例如通过有机废物的焚烧处理回收热量，进一步发电，利用垃圾厌氧消化产生沼气，作为能源向居民和企业供热或发电。

（3）无害化原则 "无害化"是指对已产生又无法或暂时尚不能综合利用的固体废物，采用物理、化学或生物手段，进行无害或低危害的安全处理、处置，达到消毒、解毒或稳定化，以防止并减少固体废物对环境的污染危害。

在固体废物的无害化处理中，已有多种技术得到了应用，如固体废物的焚烧处理技术、危险废物的稳定化/固化处理技术、有机废物的热处理技术、固体废物填埋处置技术等。

1.5.2 全过程管理原则

固体废物的污染控制与其他环境问题一样，经历了从简单处理到全面管理的发展过程。在初期，世界各国都把注意力放在末端治理上。在经历了许多事故与教训之后，人们越来越意识到对固体废物实行首端控制的重要性，于是出现了"从摇篮到坟墓（cradle-to-grave）"的固体废物全过程管理的新概念。目前，在世界范围内取得共识的解决固体废物污染控制问题的基本对策是避免产生（clean）、综合利用（cycle）和妥善处置（control）的"3C 原则"。

《固废法》也确立了对固体废物进行全过程管理的原则，即对固体废物的产生、收集、运输、利用、贮存、处理和处置的全过程及各个环节都实行控制管理和开展污染防治。

对危险废物而言，由于其种类繁多，性质复杂，危害特性和方式各有不同，则应根据不同的危害特性与危害程度，采取区别对待、分类管理的原则，即对具有特别严重危害性质的危险废物，要实行严格控制和重点管理。因此，《固废法》中提出了危险废物的重点控制原则，并提出较一般废物更严格的标准和更高的技术要求。

以危险废物的全过程管理为例，其管理体系如图 1-5 所示。

固体废物从产生到处置可分为五个连续或不连续的环节进行控制。其中，采取有效的清洁生产工艺是第一个阶段，在这一阶段，通过改变原材料、改进生产工艺和更换产品等，来控制减少或避免固体废物的产生。在此基础上，对生产过程中产生的固体废物，尽量进行系统内的回收利用，这是管理体系的第二个阶段。当然，在各种生产和生活活动中不可避免地要产生固体废物，建立和健全与之相适应的处理处置体系也是必不可少的，但在很多情况下，清洁生产技术的采用

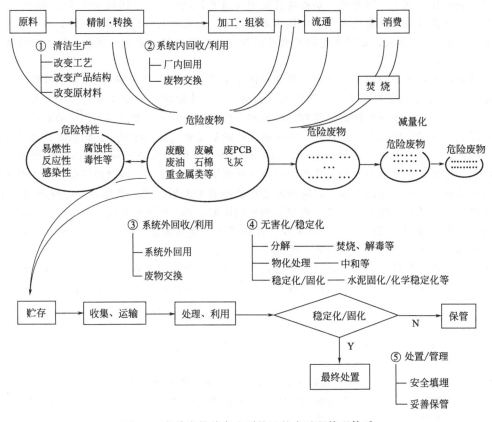

图 1-5　危险废物从产生到处置的全过程管理体系

和系统内的回收利用，作为首端控制措施显得尤为重要。

对于已产生的固体废物，则通过第三阶段——系统外的回收利用（如废物交换等）、第四阶段——无害化/稳定化处理、第五阶段——处置/管理来实现其安全处理处置。在最终处置/管理阶段的前面还包括浓缩、压实等减容减量处理。

在固体废物的全过程管理原则中，对源头的生产，尤其是工业生产的生产工艺（包括原材料和产品结构等）进行改革与更新，尽量采用"清洁生产工艺"显得更为重要。

1.5.3　循环经济理念下的固体废物管理原则

2005 年修订的《固废法》将循环经济理念融入相关政府对固体废物的管理中，并指出"实施循环经济战略，是实现固体废物减量化、资源化、无害化的根本出路"。因此，在固体废物管理和污染控制方面，需要体现循环经济的理念，主要是赋予政府责任，为推进固体废物循环利用创造基础、提供激励。为此，《固废法》规定"国家促进循环经济发展，鼓励、支持开展清洁生产，减少固体废物的产生量"。在政府责任方面，《固废法》还规定"国务院有关部门、县级以上地方人民政府及其有关部门编制城乡建设、土地利用、区域开发、产业发展等规划，应当统筹考虑固体废物的综合利用和无害化处置"，以及"国家鼓励单位和个人优先购买再生产品和可重复利用产品"。此外，还针对报废产品、包装的回收，规定了生产者责任。

所谓循环经济（circular economy），是一种以物质闭环流动为特征的经济模式，一改传统的以单纯追求经济利益为目标的线性（资源—产品—废物）经济发展模式，借鉴生态学原理和规律，将经济、社会生活的每个环节与自然生态的各个要素有机地结合成一个整体，运用生态学规律指导人类社会的经济活动，使物质和能源在"资源—产品—废物—资源"的封闭循环过程中得到最大限度的合理、高效和持久的利用，并把经济活动对自然环境的影响降低到尽可能小的程度，从而形成"低开采、高利用、低排放"的新型经济发展模式，实现可持续发展所要求的环境与经济的双赢。

因此，循环经济是一种运用生态学规律指导人类社会经济活动的发展理念，该体系下要求所有物质和能源能够通过不断的经济循环体得到合理和持久的利用，从而将人类经济活动对自然的影响尽可能降低到最低限度。循环经济倡导建立与自然和谐的经济发展模式，以低开采、高利用、低排放为特征，要求人类经济活动形成"资源—产品—再生资源"的正反馈。针对固体废物管理，需要综合运用生态学、环境学、经济学的理论作为管理规划的基础，强调循环再生原则和废物最小量化原则，在统计区域或者不同区域层面之间建立"链"式管理模式（见图1-6）。

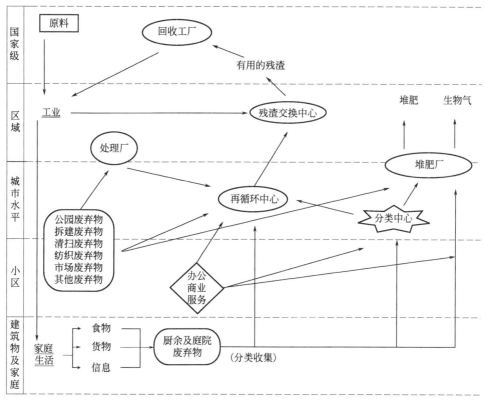

图 1-6 "链"式固体废物管理模式示意

（1）循环再生原则　循环再生原则是循环经济理念下固体废物管理中必须遵循的重要调控原则之一。其基本思想就是要在城市的生态系统内部形成一套完整的生态工艺流程。在这个生态工艺流程中，要求每一组分既是下一组分的"源"，又是上一组分的"汇"，即在系统中不再有"因"和"果"之分，也没有"资源"和"废物"之分。所有的物质都将在其中得到循环往复和充分利用。

循环再生原则包括生态系统内物质循环再生、能量梯级利用、时间生命周期、气候变化周期，以及信息反馈、关系网络、因果效应等循环。

（2）废物最小化原则　废物最小化原则包括两层含义：其一是降低城市生活和生产过程中产生的废物，使其最小化；其二是降低资源的损耗，如城市管网系统中因管道渗漏而造成的损耗。废物最小量化的目标之一就是要实现人类资源需求的最小化，这就意味着在人类生产生活过程中尽量减少资源利用，同时最大限度地循环再利用，更大程度地依赖修理而不是替换。

废物最小化原则需要大量的创新，包括延长产品寿命、消除商店内的商品积压、减少和再利用大型发电厂的废热等。废物最小化原则必须应用于产品的整个生命循环周期中，而不是仅仅强调于循环环节或结尾环节，因而目标控制必须应用到原料开采、生产、产品使用、处理和循环再利用。

释放到环境中的废物最小化就意味着要在全社会范围进行更大程度的物资回收、循环和再利用，我们不仅需要寿命更长的产品，也要保证这些产品能通过简单的维修后继续使用，同时要能够获得一些必要的闲置的部件。

循环经济理念下的固体废物管理要求将再生利用原则和废物最小化原则运用于人类社会生产生活的各个环节中，包括"资源提取—生产—加工—装配—消费—固体废物贮存—收运—处理—最终处置"的整个过程（见图1-7）。

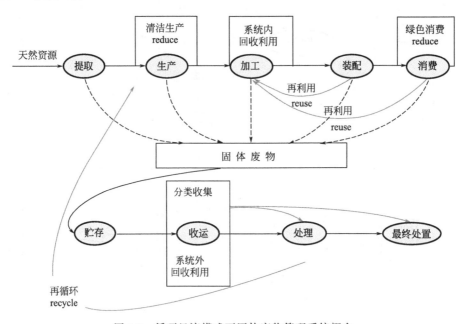

图 1-7 循环经济模式下固体废物管理系统概念

对于社会生产过程中产生的固体废物来说，循环经济要求对其从产生到处置的整个过程实行全程管理。

对于生活消费领域产生的固体废物来说，首先应通过实施绿色消费，从源头上减少固体废物的产生。对于不可避免产生的生活垃圾，由于其中包含废纸、废塑料、废玻璃、废金属、废橡胶等多种可回收利用的组分，资源化价值较大，因此应将其中可回收利用部分与其他垃圾分离开来，并进行再生利用。否则垃圾混合收集的做法将导致垃圾中有用部分和无用部分混杂在一起，从而使其中的有用部分受到不同程度的污染，给资源回收带来巨大障碍。另外，对于城市生活垃圾中的可降解有机部分，可以通过厌氧消化或堆肥等处理方式，变废为宝，达到造福社会，同时又不污染环境的目的。

1.5.4 面向可持续发展的固体废物管理原则

可持续发展是指在不牺牲未来几代人需求的前提下，满足我们这代人需要的发展。可持续发展的内涵包括：发展是可持续发展的前提，全人类的共同努力是实现可持续发展的关键，公平性是实现可持续发展的度量，社会的广泛参与是可持续发展实现的保证，生态文明是实现可持续发展的目标，可持续发展的实施以适宜的政策和法律体系为条件。

中国正处在社会主义初级阶段，是世界上最大的发展中国家。我国的人口大量增加、资源过度消耗、环境污染严重、生态平衡遭到破坏，这些问题都严重地制约着我国经济的发展和人民生活质量的提高。面对人口、资源、环境方面的国情，我国现代化建设必须实施可持续发展战略，正确处理经济发展同人口、资源、环境的关系。

在可持续发展理念下，固体废物不应该是人类发展的必然附属物，以福利量衡量发展是"减量化"的根本途径，"资源化"应融入经济发展体系中，全社会应公平地参与固体废物管理，并延伸固体废物管理的权限。固体废物管理需要在经济上是可接受的。固体废物处理过程中所有的成本应该得到补偿，包括对可能造成的环境和人类健康损害的补偿、为了消除可能造成的任何风险所需的基础设施建设；固体废物处理过程中需要节约所有处理成本；固体废物处理过程中需要创造人类活动与环境相和谐的机制。固体废物管理需要在政策上被社会所接受。在固体废物处理过程中，个人与集体的利益应该充分考虑并协调，平衡利益与负担，所有相关当事人有权参与信息分享和讨论，优化信息获取渠道和处理过程安全性。

1.5.5 "无废城市"管理理念

"无废城市"是以创新、协调、绿色、开放、共享的新发展理念为引领，通过推动形成绿色发展方式和生活方式，持续推进固体废物源头减量和资源化利用，最大限度减少填埋量，将固体废物环境影响降至最低的城市发展模式。"无废城市"并不是没有固体废物产生，也不意味着固体废物能完全资源化利用，而是一种先进的城市管理理念，旨在最终实现整个城市固体废物产生量最小、资源化利用充分、处置安全的目标，需要长期探索与实践。现阶段，要通过"无废城市"建设试点，统筹经济社会发展中的固体废物管理，大力推进源头减量、资源化利用和无害化处置，坚决遏制非法转移倾倒，探索建立量化指标体系，系统总结试点经验，形成可复制、可推广的建设模式。开展"无废城市"建设试点是深入落实党中央、国务院决策部署的具体行动，是从城市整体层面深化固体废物综合管理改革和推动"无废社会"建设的有力抓手，是提升生态文明、建设美丽中国的重要举措。

2018年12月29日，国务院办公厅印发《"无废城市"建设试点工作方案》（国办发［2018］128号）（以下简称《方案》）。《方案》强调，要坚持绿色低碳循环发展，以大宗工业固体废物、主要农业废弃物、生活垃圾和建筑垃圾、危险废物为重点，实现源头大幅减量、充分资源化利用和安全处置。为稳步推进"无废城市"建设试点工作，《方案》还提出了加强组织领导、加大资金支持、严格监管执法、强化宣传引导等保障措施。《方案》明确了如下六项重点任务。

① 强化顶层设计引领，发挥政府宏观指导作用。建立"无废城市"建设指标体系，发挥导向引领作用；优化固体废物管理体制机制，强化部门分工协作；加强制度政策集成创新，增强试点方案系统性；统筹城市发展与固体废物管理，优化产业结构布局。

② 实施工业绿色生产，推动大宗工业固体废物贮存处置总量趋零增长。全面实施绿色开采，减少矿业固体废物产生和贮存处置量；开展绿色设计和绿色供应链建设，促进固体废物减量和循环利用；健全标准体系，推动大宗工业固体废物资源化利用；严格控制增量，逐步解决工业固体废物历史遗留问题。

③ 推行农业绿色生产，促进主要农业废弃物全量利用。以规模养殖场为重点，以建立种养循环发展机制为核心，逐步实现畜禽粪污就近就地综合利用；以收集、利用等环节为重点，坚持因地制宜、农用优先、就地就近原则，推动区域农作物秸秆全量利用；以回收、处理等环节为重点，提升废旧农膜及农药包装废弃物再利用水平。

④ 践行绿色生活方式，推动生活垃圾源头减量和资源化利用。以绿色生活方式为引领，促进生活垃圾减量；多措并举，加强生活垃圾资源化利用；全面落实生活垃圾收费制度，推行垃圾计量收费；开展建筑垃圾治理，提高源头减量及资源化利用水平。

⑤ 提升风险防控能力，强化危险废物全面安全管控。筑牢危险废物源头防线，夯实危险废物过程严控基础。完善危险废物相关标准规范。

⑥ 激发市场主体活力，培育产业发展新模式。提高政策有效性，发展"互联网＋"固体废物处理产业，积极培育第三方市场。

1.6 我国固体废物管理体系

固体废物污染环境的防治工作是环境保护的一项重要内容。但由于固体废物污染环境的滞后性和复杂性，人们对固体废物污染防治的重视程度尚不如对废水和废气那样深刻，长期以来尚未形成一个完善的、有效的固体废物管理体系。只是在 1995 年《固废法》颁布之后我国才初步形成了固体废物的管理体系，并且随着国内外形势的发展和人们对固体废物认识的提高，固体废物的管理体系得到了进一步的发展和完善，特别是 2005 年和 2020 年颁布修订后的《固废法》，进一步巩固和加强了我国固体废物管理体系的健康发展。

1.6.1 固体废物管理的法律法规

我国固体废物环境管理的法律法规体系主要包括法律、行政法规和部门规章，以下分别介绍。

(1) 法律 《固废法》是固体废物环境管理的基本法，1995 年《固废法》颁布后，相对完善、有效的固体废物管理体系基本形成。根据形势发展的需要，《固废法》进行了修订并于 2005 年颁布实施，这进一步促进了我国固体废物管理体系的健康发展。相对于 1995 年《固废法》，2005 年修订的主要内容包括：根据实际情况扩大了固体废物的调整范围，将农业固体废物纳入管理范围之内；完善相关的法律责任，包括增加监督管理部门法律责任；扩大法律责任范围并且加重了处罚力度；增加了承担法律责任的种类，包括排除危害、赔偿损失、恢复原状；更加鼓励提供相关法律援助，通过法律援助使受害人有能力对自己所遭受的环境损失得到补偿；由致害者承担举证责任证明其行为与损害结果无关，使举证责任更具有可操作性并能保护受害人利益；对环境监测机构的服务提出了管理要求；确定了污染者依法负责的原则、生产者延伸责任制度、信息公开制度等。

党的十八大以来，党中央高度重视固体废物污染环境防治工作。《中共中央国务院关于全面加强生态环境保护坚决打好污染防治攻坚战的意见》中明确提出，加快修改固体废物污染防治方面的法律法规。固体废物污染环境防治是打好污染防治攻坚战的重要内容，事关人民群众生命安全和身体健康，新冠肺炎疫情发生以来，党中央统筹推进疫情防控和经济社会发展工作，强调要坚定不移打好污染防治攻坚战，强化公共卫生法治保障。因此，2020 年再次修订了《固废法》，此次全面修改是依法推动打好污染防治攻坚战的迫切需要，是健全最严格最严密生态环境保护法律制度和强化公共卫生法治保障的重要举措。

此次修改固废法坚持以人民为中心的发展思想，贯彻新发展理念，突出问题导向，总结实践经验，回应人民群众期待和实践需求，健全固体废物污染环境防治长效机制，用最严格制度最严密法治保护生态环境，主要作了以下修改。

① 明确固体废物污染环境防治坚持减量化、资源化和无害化原则。

② 强化政府及其有关部门监督管理责任。明确目标责任制、信用记录、联防联控、全过程监控和信息化追溯等制度，明确国家逐步实现固体废物零进口。

③ 完善工业固体废物污染环境防治制度。强化产者责任，增加排污许可、管理台账、资源综合利用评价等制度。

④ 完善生活垃圾污染环境防治制度。明确国家推行生活垃圾分类制度，确立生活垃圾分类的原则。统筹城乡，加强农村生活垃圾污染环境防治。规定地方可以结合实际制定生活垃圾具体管理办法。

⑤ 完善建筑垃圾、农业固体废物等污染环境防治制度。建立建筑垃圾分类处理、全过程管理制度。健全秸秆、废弃农用薄膜、畜禽粪污等农业固体废物污染环境防治制度。明确国家建立电器电子、铅蓄电池、车用动力电池等产品的生产者责任延伸制度。加强对过度包装、塑料污染的治理力度。明确污泥处理、实验室固体废物管理等基本要求。

⑥ 完善危险废物污染环境防治制度。规定危险废物分级分类管理、信息化监管体系、区域性集中处置设施场所建设等内容。加强危险废物跨省转移管理，通过信息化手段管理、共享转移数据和信息，规定电子转移联单，明确危险废物转移管理应当全程管控、提高效率。

⑦ 健全保障机制。增加保障措施一章，从用地、设施场所建设、经济技术政策和措施、从业人员培训和指导、产业专业化和规模化发展、污染防治技术进步、政府资金安排、环境污染责任保险、社会力量参与、税收优惠等方面全方位保障固体废物污染环境防治工作。

⑧ 严格法律责任。对违法行为实行严惩重罚，提高罚款额度，增加处罚种类，强化处罚到人，同时补充规定一些违法行为的法律责任。

2020年全球突发新冠肺炎疫情，疫情防控对固体废物管理提出了新要求。因此《固废法》根据有关方面的意见，切实加强医疗废物特别是应对重大传染病疫情过程中医疗废物的管理，增加了以下规定。

① 明确医疗废物按照国家危险废物名录管理，县级以上地方人民政府应当加强医疗废物集中处置能力建设。

② 明确监管职责，县级以上人民政府卫生健康、生态环境等主管部门应当在各自职责范围内加强对医疗废物收集、贮存、运输、处置的监督管理，防止危害公众健康、污染环境。

③ 突出主体责任，医疗卫生机构应当依法分类收集本单位产生的医疗废物，交由医疗废物集中处置单位处置；医疗废物集中处置单位应当及时收集、运输和处置医疗废物；医疗卫生机构和医疗废物集中处置单位应当采取有效措施，防止医疗废物流失、泄漏、渗漏、扩散。

④ 完善应急保障机制，重大传染病疫情等突发事件发生时，县级以上人民政府应当统筹协调医疗废物等危险废物收集、贮存、运输、处置等工作，保障所需的车辆、场地、处置设施和防护物资；有关主管部门应当协同配合，依法履行应急处置职责。

⑤ 要求各级人民政府按照事权划分的原则安排必要的资金用于重大传染病疫情等突发事件产生的医疗废物等危险废物应急处置。

党的十九届四中全会决定中提出，普遍实行垃圾分类制度。因此《固废法》针对生活垃圾分类主要作了以下规定。

① 明确国家推行生活垃圾分类制度，生活垃圾分类坚持政府推动、全民参与、城乡统筹、因地制宜、简便易行的原则。

② 要求县级以上地方政府加快建立分类投放、分类收集、分类运输、分类处理的生活垃圾管理系统，实现生活垃圾分类制度有效覆盖，并建立生活垃圾分类工作协调机制，加强和统筹生活垃圾分类管理能力建设。

③ 强调各级政府及其有关部门应当组织开展生活垃圾分类宣传，教育引导公众养成生活垃圾分类习惯，督促和指导生活垃圾分类工作。

④ 规定产生生活垃圾的单位、家庭和个人应当依法履行分类投放义务。任何单位和个人都应当依法在指定的地点分类投放生活垃圾，不得随意倾倒、抛撒、堆放或者焚烧。地方政府建立生活垃圾处理收费制度，要遵循产生者付费、差别化管理原则。

⑤ 强调县级以上地方政府应当统筹生活垃圾公共转运、处理设施与收集设施有效衔接，加强分类收运体系和再生资源回收体系在规划、建设、运营等方面的融合。

⑥ 规定有害垃圾、厨余垃圾处理和生活垃圾分类经费保障、违法行为处罚等内容。

中央深改委第十次会议审议通过的《关于进一步加强塑料污染治理的意见》对有力有序有效治理塑料污染作了部署。因此《固废法》针对过度包装主要作了以下规定。

① 明确有关部门要加强产品生产和流通过程管理，避免过度包装。

② 明确包装物的设计、制造应当遵守国家有关清洁生产的规定，要求组织制定有关标准防止过度包装造成环境污染。

③ 强调生产经营者应当遵守限制商品过度包装的强制性标准，避免过度包装。市场监督管理部门和有关部门应当加强对过度包装的监督管理。

④ 要求生产、销售、进口依法被列入强制回收目录的包装物的企业，应当按照规定对包装物进行回收。

⑤ 规定电子商务、快递、外卖等行业应当优先采用可重复使用、易回收利用的包装物，优化物品包装，减少包装物的使用，并积极回收利用包装物。商务、邮政等主管部门应当加强监督管理。

⑥ 明确国家鼓励和引导消费者使用绿色包装和减量包装。

《固废法》针对塑料污染治理主要作了以下规定。

① 明确国家依法禁止、限制生产、销售和使用不可降解塑料袋等一次性塑料制品。

② 要求商品零售场所开办单位、电子商务平台企业和快递企业、外卖企业按照规定向商务、邮政等主管部门报告塑料袋等一次性塑料制品的使用、回收情况。

③ 规定国家鼓励和引导减少使用塑料袋等一次性塑料制品，推广应用可循环、易回收、可降解的替代产品。此外，固废法还对旅游、住宿等行业按照规定推行不主动提供一次性用品和未遵守限制商品过度包装的强制性标准、禁止使用一次性塑料制品规定的处罚等作了规定。

(2) 行政法规　行政法规主要由国务院制定，近几年针对固体废物环境管理的迫切需要，出台了数部与固体废物环境管理相关的行政法规，包括：《建设项目环境保护管理条例》《医疗废物管理条例》《危险废物经营许可证管理办法》《废弃电器电子产品回收处理管理条例》《关于进一步加强城市生活垃圾处理工作的意见》《污染场地土壤环境管理暂行办法》《加快推进再生资源产业发展的指导意见》。其中，《建设项目环境保护管理条例》与固体废物环境管理相关，其他几部行政法规都与固体废物环境管理直接有关。

(3) 部门规章　部门规章主要由国务院组成部门负责制定，到目前为止，仅由生态环境部负责制定的环境保护规章就有 100 部左右。另外，住房和城乡建设部、国家发展改革委等部门也有一些与环境保护相关的部门规章出台，其中部分与固体废物环境管理有关的规章包括：《废弃危险化学品污染环境防治办法》《危险废物转移联单管理办法》《畜禽养殖污染防治管理办法》《电子废物污染环境防治管理办法》《危险废物出口核准管理办法》《防治多氯联苯电力装置及其废物污染环境的规定》《防止尾矿污染环境管理规定》《化学品首次进口及有毒化学品进出口环境管理规定》《固体废物进口管理办法》《废弃电器电子产品处理基金征收使用管理办法》《报废机动车回收管理办法》。

1.6.2　固体废物环境管理制度

根据固体废物的特点以及我国国情，《固废法》对我国固体废物的管理规定了一系列有效的制度。这些管理制度包括以下内容。

(1) 将循环经济理念融入相关政府责任　《固废法》第三条规定："国家推行绿色发展方式，促进清洁生产和循环经济发展。国家倡导简约适度、绿色低碳的生活方式，引导公众积极参与固体废物污染环境防治"。在政府责任方面，法律规定："县级以上地方人民政府应当加快建立分类投放、分类收集、分类运输、分类处理的生活垃圾管理系统，实现生活垃圾分类制度有效覆盖"（第四十三条）；"国家鼓励单位和个人优先购买再生产品和可重复利用产品"（第一百条）。此外，针对报废产品、包装的回收，《固废法》还规定了生产者责任。2018 年修正后的《循环经济促进法》进一步强化了这一理念。

(2) 污染者付费原则和相关付费规定　污染者付费原则是我国环境保护的一项基本制度，

《中华人民共和国环境保护法》第二十八条明确规定："排放污染物超过国家或者地方规定的污染物排放标准的企业事业单位，依照国家规定缴纳超标准排污费，并负责治理。"因此，该项制度的建立对促进排污单位加强经营管理、节约和综合利用资源、治理污染等方面起着十分重要的作用。

由污染者承担污染治理的费用，已经是当代环境保护的一项关键原则。尽管不同地区、不同时期对不同类型的废物处置可能采取不同收费方法和支出渠道，但根本依据都出于这项原则。对于生活垃圾处置，《固废法》规定："县级以上地方人民政府应当按照产生者付费原则，建立生活垃圾处理收费制度。县级以上地方人民政府制定生活垃圾处理收费标准，应当根据本地实际，结合生活垃圾分类情况，体现分类计价、计量收费等差别化管理，并充分征求公众意见。生活垃圾处理收费标准应当向社会公布。生活垃圾处理费应当专项用于生活垃圾的收集、运输和处理等，不得挪作他用"（第五十八条）。对于危险废物处置，《固废法》规定："重点危险废物集中处置设施、场所退役前，运营单位应当按照国家有关规定对设施、场所采取污染防治措施。退役的费用应当预提，列入投资概算或者生产成本，专门用于重点危险废物集中处置设施、场所的退役。具体提取和管理办法，由国务院财政部门、价格主管部门会同国务院生态环境主管部门规定"（第八十八条）。

（3）产品、包装的生产者责任制度　借鉴日本、德国、欧盟、美国等国家和地区以及我国台湾省在固体废物减量和回收利用方面的成功经验，《固废法》在《清洁生产促进法》企业责任的基础上，明确规定："产品和包装物的设计、制造，应当遵守国家有关清洁生产的规定。国务院标准化主管部门应当根据国家经济和技术条件、固体废物污染环境防治状况以及产品的技术要求，组织制定有关标准，防止过度包装造成环境污染""生产、销售、进口依法被列入强制回收目录的产品和包装物的企业，应当按照国家有关规定对该产品和包装物进行回收"（第六十八条），明确确立了生产者责任制度。同时，《固废法》进一步强调："电子商务、快递、外卖等行业应当优先采用可重复使用、易回收利用的包装物，优化物品包装，减少包装物的使用，并积极回收利用包装物。县级以上地方人民政府商务、邮政等主管部门应当加强监督管理。"

（4）工业固体废物和危险废物申报登记制度　《固废法》对工业固体废物和危险废物的申报登记进行了规定。第三十六条规定："产生工业固体废物的单位应当建立健全工业固体废物产生、收集、贮存、运输、利用、处置全过程的污染环境防治责任制度，建立工业固体废物管理台账，如实记录产生工业固体废物的种类、数量、流向、贮存、利用、处置等信息，实现工业固体废物可追溯、可查询，并采取防治工业固体废物污染环境的措施"。第七十八条规定："产生危险废物的单位，应当按照国家有关规定制定危险废物管理计划；建立危险废物管理台账，如实记录有关信息，并通过国家危险废物信息管理系统向所在地生态环境主管部门申报危险废物的种类、产生量、流向、贮存、处置等有关资料。"

申报登记制度是国家带有强制性的规定，通过申报登记制度的实施，可以使环境保护主管部门掌握工业固体废物和危险废物的种类、产生量、流向以及对环境的影响等情况，有助于防止工业固体废物和危险废物对环境的污染。

（5）固体废物建设项目环境影响评价制度　为了实施可持续发展战略，预防因规划和建设项目实施后对环境造成不良影响，促进经济、社会和环境的协调发展，必须对建设项目进行环境影响评价，因此，我国已于2003年颁布实施了《中华人民共和国环境影响评价法》。为加强固体废物建设项目的管理，《固废法》第十八条明确规定："建设产生、贮存、利用、处置固体废物的项目，应当依法进行环境影响评价，并遵守国家有关建设项目环境保护管理的规定。"

（6）固体废物污染防治设施的"三同时"制度　《中华人民共和国环境保护法》第二十六条规定："建设项目中防治污染的设施，必须与主体工程同时设计、同时施工、同时投产使用。防治污染的设施必须经原审批环境影响报告书的环境保护行政主管部门验收合格后，该建设项目方可投入生产或者使用。"因此，建设项目的防治污染设施必须与主体工程同时设计、同时施工和同时投产使用，也即"三同时"制度。因此，《固废法》也明确规定："建设项目的环境影响评价文件确定需要配套建设的固体废物污染环境防治设施，应当与主体工程同时设计、同时施工、同时投产使用。建设项目的初步设计，应当按照环境保护设计规范的要求，将固体废物污染环境防治内容纳入环境影响评价文件，落实防治固体废物污染环境和破坏生态的措施以及固体废物污染环境防治设施投资概算。"

(7) 固体废物环境污染限期治理制度 《固废法》规定："违反本法规定，造成固体废物污染环境事故的，除依法承担赔偿责任外，由生态环境主管部门依照本条第二款的规定处以罚款，责令限期采取治理措施；造成重大或者特大固体废物污染环境事故的，还可以报经有批准权的人民政府批准，责令关闭。"实行"固体废物环境污染限期治理制度"是为了解决重点污染源污染环境问题，是一种有效防治固体废物污染环境的措施。限期治理就是抓住重点污染源，集中有限的人力、财力和物力，解决最突出的问题。对经限期治理逾期未完成治理任务的企业事业单位，除依照国家规定加收超标准排污费外，可以根据所造成的危害后果处以罚款，或者责令停业、关闭。

(8) 固体废物进口审批制度 《固废法》第二十三条、第二十四条和第八十九条都明确规定："禁止中华人民共和国境外的固体废物进境倾倒、堆放、处置""国家逐步实现固体废物零进口""禁止经中华人民共和国过境转移危险废物"。因此，我国颁布了《固体废物进口管理办法》《国家限制进口的可用作原料的废物名录》。《固体废物进口管理办法》规定了废物进口的三级审批制度、风险评价制度和加工利用单位定点制度；在其补充规定中，又规定了废物进口的装运前检验制度。废物进口审批制度的实施，有效地遏制了曾受到国内外瞩目的"洋垃圾入境"的势头，维护了国家尊严和主权，防止了境外固体废物对我国的污染。

(9) 危险废物行政代执行制度 《固废法》第七十九条规定："产生危险废物的单位，应当按照国家有关规定和环境保护标准要求贮存、利用、处置危险废物，不得擅自倾倒、堆放"。第一百一十三条规定："违反本法规定，危险废物产生者未按照规定处置其产生的危险废物被责令改正后拒不改正的，由生态环境主管部门组织代为处置，处置费用由危险废物产生者承担；拒不承担代为处置费用的，处代为处置费用一倍以上三倍以下的罚款"。本规定中所指的"行政代执行制度"是一种行政强制执行措施，以确保危险废物能得到妥善和适当的处置，而处置所涉及的费用则由危险废物产生者承担，也符合"谁污染谁治理"的基本原则。

(10) 危险废物经营单位许可证制度 为提高我国危险废物管理和技术水平的提高，保证危险废物的严格控制，避免危险废物污染环境的事故发生，《固废法》第八十条规定："从事收集、贮存、利用、处置危险废物经营活动的单位，必须按照国家有关规定申请领取经营许可证。许可证的具体管理办法由国务院制定。"这一规定说明并非任何单位和个人都能从事危险废物的收集、贮存、处理、处置等经营活动，必须具备达到一定要求的设施、设备，又要有相应的专业技术能力等条件的单位，才能从事危险废物的收集、贮存、处理、处置活动。

(11) 危险废物转移报告单制度 为保证危险废物的运输安全，防止危险废物的非法转移和非法处置，保证危险废物的安全监控，防止危险废物污染事故的发生，需要建立危险废物转移报告单制度。因此，《固废法》第八十二条规定："转移危险废物的，应当按照国家有关规定填写、运行危险废物电子或者纸质转移联单。跨省、自治区、直辖市转移危险废物的，应当向危险废物移出地省、自治区、直辖市人民政府生态环境主管部门申请。移出地省、自治区、直辖市人民政府生态环境主管部门应当及时商经接受地省、自治区、直辖市人民政府生态环境主管部门同意后，在规定期限内批准转移该危险废物，并将批准信息通报相关省、自治区、直辖市人民政府生态环境主管部门和交通运输主管部门。未经批准的，不得转移。"

(12) 固体废物从业人员培训与考核制度 由于固体废物的有害特性，需要对从事固体废物处理处置的人员进行专业的培训和考核，以防止产生难以预料的环境污染和人身健康危害。因此，《固废法》第九十三条规定："国家采取有利于固体废物污染环境防治的经济、技术政策和措施，鼓励、支持有关方面采取有利于固体废物污染环境防治的措施，加强对从事固体废物污染环境防治工作人员的培训和指导，促进固体废物污染环境防治产业专业化、规模化发展。"

1.6.3 固体废物管理的系统

固体废物管理是运用环境管理的理论和方法，通过法律、经济、技术、教育和行政等手段，鼓励废物资源化利用和控制固体废物污染环境，促进经济与环境的可持续发展。我国固体废物管理体系是以环境保护主管部门为主，结合有关的工业主管部门以及城市建设主管部门，共同对固体废物实行全过程管理。《固废法》对各个主管部门的分工有着明确的规定。

（1）国务院和县级以上人民政府有关部门　国务院和县级以上人民政府有关部门是指国务院、各地人民政府下属有关部门，如工业、农业和交通等部门。《固废法》第七条规定："地方各级人民政府对本行政区域固体废物污染环境防治负责"。第十三条规定："县级以上人民政府应当将固体废物污染环境防治工作纳入国民经济和社会发展规划、生态环境保护规划，并采取有效措施减少固体废物的产生量、促进固体废物的综合利用、降低固体废物的危害性，最大限度降低固体废物填埋量"。其主要工作包括：对所管辖范围内的有关单位的固体废物污染环境防治工作进行监督管理；对造成固体废物严重污染环境的企事业单位进行限期治理；制定防治工业固体废物污染环境的技术政策，组织推广先进的防治工业固体废物污染环境的生产工艺和设备；组织、研究、开发和推广减少工业固体废物产生量的生产工艺和设备，限期淘汰产生严重污染环境的工业固体废物的落后生产工艺、落后设备；制定工业固体废物污染环境防治工作规划；组织建设工业固体废物和危险废物贮存、处置设施。

（2）县级以上环境保护主管部门　《固废法》第九条规定："国务院生态环境主管部门对全国固体废物污染环境防治工作实施统一监督管理。国务院发展改革、工业和信息化、自然资源、住房城乡建设、交通运输、农业农村、商务、卫生健康、海关等主管部门在各自职责范围内负责固体废物污染环境防治的监督管理工作"。其主要工作包括：指定有关固体废物管理的规定、规则和标准；建立固体废物污染环境的监测制度；审批产生固体废物的项目以及建设贮存、处置固体废物的项目的环境影响评价；验收、监督和审批固体废物污染环境防治设施的"三同时"及其关闭、拆除；对与固体废物污染环境防治有关的单位进行现场检查；对固体废物的转移、处置进行审批、监督；进口可用作原料的废物的审批；制定防治工业固体废物污染环境的技术政策，组织推广先进的防治工业固体废物污染环境的生产工艺和设备；制定工业固体废物污染环境防治工作规划；组织工业固体废物和危险废物的申报登记；对所产生的危险废物不处置或处置不符合国家有关规定的单位实行行政代执行审批、颁发危险废物经营许可证；对固体废物污染事故进行监督、调查和处理。

（3）国务院建设行政主管部门和县级以上地方人民政府环境卫生行政主管部门　《固废法》第九条规定："地方人民政府生态环境主管部门对本行政区域固体废物污染环境防治工作实施统一监督管理。地方人民政府发展改革、工业和信息化、自然资源、住房城乡建设、交通运输、农业农村、商务、卫生健康等主管部门在各自职责范围内负责固体废物污染环境防治的监督管理工作"。其主要工作包括：组织制定有关城市生活垃圾管理的规定和环境卫生标准；组织建设城市生活垃圾的清扫、贮存、运输和处置设施，并对其运转进行监督管理；对城市生活垃圾的清扫、贮存、运输和处置经营单位进行统一管理。

1.7　我国固体废物环境管理标准体系

环境污染控制标准是各项环境保护法规、政策以及污染物处理处置技术得以落实的基本保障。近年来，各国都致力于制定更加严格、科学和合理的固体废物环境污染控制标准，提高固体废物综合利用效率。为了防治固体废物污染环境和提高固体废物综合利用效率，中国也制定了一系列管理措施，加强对固体废物的监测和管理，与固体废物有关的政策体系和国家标准基本形成。生态环境部负责制定有关污染控制、环境保护、分类、监测方面的标准，住房和城乡建设部负责制定有关垃圾清扫、运输、处理和处置的标准。概括起来讲，我国所颁布的与固体废物有关的标准主要分为固体废物分类标准、固体废物监测标准、固体废物污染控制标准和固体废物综合利用标准四类。

1.7.1　固体废物分类标准

这类标准主要包括生态环境部与国家发展和改革委员会 2021 年 3 月 31 日联合颁布的修订后的《国家危险废物名录》，国家环境保护总局 2007 年颁布的修订后的《危险废物鉴别标准》。

《国家危险废物名录》共涉及 46 类废物（见表 1-2），其中编号为 HW01～HW18 的废物名称具有行业来源特征，是以来源命名，即产生自《国家危险废物名录》中的这些类别来源的废物均为危险废物，纳入危险废物管理；编号为 HW19～HW40，HW45～HW47 的废物名称具有成分特征，是以危害成分命名，但在《国家危险废物名录》中未限定危害成分的含量，需要一定的鉴别标准鉴别其危害程度；编号 HW50"废催化剂"是 2021 年修订后《国家危险废物名录》新增加的废物，该类废物的认定需要根据具体情况由国家权威机构组织专家进行确定。随着经济和科学技术的发展，《国家危险废物名录》还需要不定期修订。

2007 年颁布的《危险废物鉴别标准》（GB 5085.1～7—2007）是对 1996 年颁布的《危险废物鉴别标准》（GB 5085.1～3—1996）的修订，在腐蚀性鉴别、急性毒性初筛和浸出毒性鉴别的基础上又增加了易燃性鉴别和反应性鉴别 2 个标准，另外，第 6 个标准对毒性物质含量鉴别进行了明确规定，2019 年修订的第 7 个标准《通则》（GB 5085.7—2019）则明确规定了危险废物的鉴别程序、危险废物混合后判定规则及危险废物处理后判定规则。

1.7.2　固体废物鉴别方法标准

这类标准包括已经制定颁布的《固体废物浸出毒性测定方法》（GB/T 15555.1～12—1995）、《城市污水处理厂污泥检验方法》（CJ/T 221—2005）、《危险废物鉴别标准》（GB 5085.1～6—2007）（GB 5085.7—2019）、《固体废物浸出毒性浸出方法》（HJ/T 299～300—2007）（GB 5086.1—1997）（HJ/T 557—2010）、《危险废物鉴别技术规范》（HJ 298—2019）、《工业固体废物采样制样技术规范》（HJ/T 20—1998）等。另外，住房和城乡建设部制定颁布的《生活垃圾采样和分析方法》（CJ/T 313—2009）、《生活垃圾卫生填埋场环境监测技术要求》（GB/T 18772—2017）也属于这类标准。这类标准主要包括固体废物的样品采制、样品处理，以及样品分析方法的标准。

《固体废物浸出毒性测定方法》（GB/T 15555.1～12—1995）规定了固体废物浸出液中总汞、铜、锌、铅、镉、砷、六价铬、总铬、镍、氟化物以及浸出液腐蚀性的测定方法。其中，GB/T 15555.3—1995、GB/T 15555.6—1995 和 GB/T 15555.9—1995 已经废止。《城市污水处理厂污泥检验方法》（CJ/T 221—2005）适用于城市污水处理厂污泥监测、市政排水设施及其他相关产业污泥等的监测。该标准制定了污泥的物理指标、化学指标及微生物指标的分析技术操作规范，共含 24 个检测项目、54 个检测分析方法。

关于浸出液的制备规定了两种不同的方法：《固体废物　浸出毒性浸出方法　翻转法》（GB 5086.1—1997）和《固体废物　浸出毒性浸出方法　水平振荡法》（HJ/T 557—2010）。不同的方法其操作程序和使用范围有很大差异，翻转法主要适用于固体废物中无机污染物（氰化物、硫化物等不稳定污染物除外）的浸出毒性鉴别，水平振荡法适用于固体废物中有机污染物的浸出毒性鉴别与分类。2007 年国家环境保护总局颁布了《固体废物　浸出毒性浸出方法　硫酸硝酸法》

（HJ/T 299—2007）和《固体废物浸出毒性浸出方法　醋酸缓冲溶液法》（HJ/T 300—2007），前者适用于固体废物及其再利用产物以及土壤样品中有机物和无机物的浸出毒性鉴别，后者适用于固体废物及其再利用产物中有机物和无机物的浸出毒性鉴别（但不适用于氰化物的浸出毒性鉴别）。对于非水溶性液体的样品，两标准都不适用。需要特别指出的是，采用旧标准的浸出毒性方式测得的固体废物的浸出浓度，可以对照表 2-15 的标准值进行对比判断；采用新标准的浸出毒性方法测出的浸出浓度可以照表 2-16 的标准值进行比较判断。虽然新标准颁布后相关的旧标准即废止，但由于我国在该方面的大量研究成果都是基于旧标准开展的工作，为便于比较，本书将新旧标准同时列出讨论。

《危险废物鉴别标准——急性毒性初筛》（GB 5085.2—2007）附录 A《危险废物急性毒性初筛试验方法》规定了危险废物急性毒性初筛的样品制备、试验方法；《工业固体废物采样制样技术规范》（HJ/T 20—1998）规定了工业固体废物采样制样方案设计、采样技术、制样技术、样品保存和质量控制；《生活垃圾采样和分析方法》（CJ/T 313—2009）规定了城市生活垃圾样品的采集、制备和分析方法。

《生活垃圾卫生填埋场环境监测技术要求》（GB/T 18772—2017）是对《生活垃圾填埋场环境监测技术要求》（GB/T 18772—2008）的修订，该标准规定了生活垃圾卫生填埋场大气污染物监测、填埋气体监测、渗滤液监测、填埋物外排水监测、地下水监测、噪声监测、填埋物监测、苍蝇密度监测、封场后的填埋场环境监测的内容和方法。适用于生活垃圾卫生填埋场，不适用于工业固体废弃物及危险废弃物填埋场。

1.7.3　固体废物污染控制标准

这类标准是固体废物管理标准中最重要的标准，是环境影响评价、三同时、限期治理、排污收费等一系列管理制度的基础。

固体废物污染控制标准分为三大类，一类是废物处置控制标准，即对某种特定废物的处置标准、要求。目前，这类标准有《含氰废物污染控制标准》（GB 12502—1990）、《含多氯联苯废物污染控制标准》（GB 13015—2017）。这一标准规定了不同水平的含多氯联苯废物的允许采用的处置方法。另外《城市垃圾产生源分类及其排放》（CJ/T 368—2011）中有关城市垃圾排放的内容应属于这一类。这一标准中规定了对城市垃圾收集、运输和处置过程的管理要求。

第二类标准是固体废物利用污染控制标准，这类标准主要有：《建筑材料用工业废渣放射性物质限制标准》（GB 6763—2000）、《农用污泥中污染物控制标准》（GB 4284—2018）。《农用污泥中污染物控制标准》（GB 4284—2018）提出了污泥中主要污染物（如镉、汞、铅、铬、砷、硼、铜、锌、镍、矿物油、苯并 [a] 芘）在农用中的控制标准。如镉在 A 级污染产物中最高容许含量为 3mg/kg 干污泥，在 B 级污染产物中最高容许含量为 15mg/kg 干污泥；标准同时还强调了污泥每年用量不超过 7.5t/hm²（以干污泥计），连续使用不应超过 5 年，并配有监测方法。

第三类标准则是固体废物处理处置设施控制标准，目前已经颁布或正在制定的标准大多属这类标准，如：《生活垃圾填埋场污染控制标准》（GB 16889—2008）、《生活垃圾焚烧污染控制标准》（GB 18485—2014）、《一般工业固体废物贮存和填埋污染控制标准》（GB 18599—2020）、《危险废物填埋污染控制标准》（GB 18598—2019）、《危险废物焚烧污染控制标准》（GB 18484—2020）、《危险废物贮存污染控制标准》（GB 18597—2001）。这些标准中都规定了各种处置设施的选址、设计与施工、入场、运行、封场的技术要求和释放物的排放标准以及监测要求。这些标准在制定完成并颁布后将成为固体废物管理的最基本的强制性标准。在这之后建成的处置设施如果达不到这些要求将不能运行，或被视为非法排放；在这之前建成的处置设施如果达不到这些要求将被要求限期整改，并收取排污费。

另外，针对医疗废物的收运和处置过程的污染控制有一系列标准，如：《医疗废物转运车技术要求（试行）》（GB 19217—2003）、《医疗废物焚烧炉技术要求》（试行）（GB 19218—2003）、

《医疗废物集中处置技术规范（试行）》（环发［2003］206号）、《医疗废物专用包装物、容器标准和警示标识规定》（环发［2003］188号）。

近几年，针对城镇污水处理厂污泥的处理处置颁布了一系列标准，其中，《城镇污水处理厂污泥处置-分类》（CJ/T 239—2007）对污泥处置按污泥的消纳方式进行分类，该标准对污泥处置方式分为4种类型：第1种类型为污泥土地利用，包括农用、园林绿化、土地改良；第2种类型为污泥填埋，包括单独填埋、混合填埋和特殊填埋；第3种类型为污泥建筑材料利用，包括制水泥添加料、制砖、制轻质骨料和制其他建筑材料；第4种类型为污泥焚烧，包括单独焚烧、与垃圾混合焚烧、利用工业锅炉焚烧和送火力发电厂焚烧。在此基础上，配套的标准包括：《城镇污水处理厂污泥泥质》（GB 24188—2009）、《城镇污水处理厂污泥处理　单独焚烧用泥质》（GB/T 24602—2009）、《城镇污水处理厂污泥处置　农用泥质》（CJ/T 309—2009）、《城镇污水处理厂污泥处置　混合填埋用泥质》（GB/T 23485—2009）、《城镇污水处理厂污泥处置　园林绿化用泥质》（GB/T 23486—2009）、《城镇污水处理厂污泥处置　制砖用泥质》（GB/T 25031—2010）、《城镇污水处理厂污泥处置　土地改良用泥质》（GB/T 24600—2009）。

1.7.4　固体废物综合利用法规标准

根据《固废法》的"三化"原则，固体废物的资源化利用非常重要。为了促进循环经济发展，提高资源利用效率，保护和改善环境，实现可持续发展，在2009年1月1日出台了《中华人民共和国循环经济促进法》，并在2018年重新修订。生态环境部、发展和改革委员会、工业和信息化部等部委近年来密集出台了一批固体废物综合利用的法规标准文件，主要包括：《固体废物进口管理办法》《"无废城市"建设试点工作方案》《"十四五"时期"无废城市"建设工作方案》《关于"十四五"大宗固体废弃物综合利用的指导意见》《"十四五"循环经济发展规划》等。这些法规文件有利于坚持节约资源和保护环境基本国策，遵循"减量化、再利用、资源化"原则，着力建设资源循环型产业体系，加快构建废旧物资循环利用体系，深化农业循环经济发展，全面提高资源利用效率，提升再生资源利用水平，建立健全绿色低碳循环发展经济体系，为经济社会可持续发展提供资源保障。

《固体废物进口管理办法》明确规定了国家将固体废物进口规范化，实行登记与资质认定制度，只对可进行原料利用的废弃物有条件放行，严格控制进口固体废物的接受与处理单位、运输范围、处理方式。禁止境外的固体废物进境倾倒、堆放、处置，禁止固体废物转口贸易，禁止进口危险废物。国务院环境保护行政主管部门对加工利用进口废五金电器、废电线电缆、废电机等环境风险较大的固体废物的企业实行定点企业资质认定管理。

为全面贯彻党的十九大和十九届二中、三中全会精神，制定了《"无废城市"建设试点工作方案》。规定到2020年，系统构建"无废城市"建设指标体系，探索建立"无废城市"建设综合管理制度和技术体系，试点城市在固体废物重点领域和关键环节取得明显进展，大宗工业固体废物贮存处置总量趋零增长、主要农业废弃物全量利用、生活垃圾减量化资源化水平全面提升、危险废物全面安全管控，非法转移倾倒固体废物事件零发生，培育一批固体废物资源化利用骨干企业。通过在试点城市深化固体废物综合管理改革，总结试点经验做法，形成一批可复制、可推广的"无废城市"建设示范模式，为推动建设"无废社会"奠定良好基础。

《中共中央国务院关于深入打好污染防治攻坚战的意见》明确提出要稳步推进"无废城市"建设，为指导地方做好"十四五"时期"无废城市"建设工作，在总结改革试点经验基础上，制定了《"十四五"时期"无废城市"建设工作方案》。提出将推动100个左右地级及以上城市开展"无废城市"建设，到2025年，"无废城市"固体废物产生强度较快下降，综合利用水平显著提升，无害化处置能力有效保障，减污降碳协同增效作用充分发挥，基本实现固体废物管理信息"一张网"，"无废"理念得到广泛认同，固体废物治理体系和治理能力得到明显提升。

为深入贯彻落实党的十九届五中全会精神，进一步提升大宗固废综合利用水平，全面提高资源利用效率，推动生态文明建设，促进高质量发展，制定了《关于"十四五"大宗固体废弃物综合利用的指导意见》。提出到 2025 年，煤矸石、粉煤灰、尾矿（共伴生矿）、冶炼渣、工业副产石膏、建筑垃圾、农作物秸秆等大宗固废的综合利用能力显著提升，利用规模不断扩大，新增大宗固废综合利用率达到 60％，存量大宗固废有序减少。大宗固废综合利用水平不断提高，综合利用产业体系不断完善；关键瓶颈技术取得突破，大宗固废综合利用技术创新体系逐步建立；政策法规、标准和统计体系逐步健全，大宗固废综合利用制度基本完善；产业间融合共生、区域间协同发展模式不断创新；集约高效的产业基地和骨干企业示范引领作用显著增强，大宗固废综合利用产业高质量发展新格局基本形成。

为深入贯彻党的十九大和十九届二中、三中、四中、五中全会精神，按照党中央、国务院决策部署，制定了《"十四五"循环经济发展规划》。提出到 2025 年，循环型生产方式全面推行，绿色设计和清洁生产普遍推广，资源综合利用能力显著提升，资源循环型产业体系基本建立。废旧物资回收网络更加完善，再生资源循环利用能力进一步提升，覆盖全社会的资源循环利用体系基本建成。资源利用效率大幅提高，再生资源对原生资源的替代比例进一步提高，循环经济对资源安全的支撑保障作用进一步凸显。到 2025 年，主要资源产出率比 2020 年提高约 20％，单位 GDP 能源消耗、用水量比 2020 年分别降低 13.5％、16％左右，农作物秸秆综合利用率保持在 86％以上，大宗固废综合利用率达到 60％，建筑垃圾综合利用率达到 60％，废纸利用量达到 6000 万吨，废钢利用量达到 3.2 亿吨，再生有色金属产量达到 2000 万吨，其中再生铜、再生铝和再生铅产量分别达到 400 万吨、1150 万吨和 290 万吨，资源循环利用产业产值达到 5 万亿元。

以上相关文件的出台，为各种固体废物综合利用的规范和技术标准的出台确定了方向，今后将根据技术的成熟程度陆续制定有关各种固体废物综合利用的标准。

讨论题

1. 1995 年颁布的《固废法》中对"固体废物"的定义为：指在生产建设、日常生活和其他活动中产生的污染环境的固态、半固态废物质。2005 年修订后的《固废法》对"固体废物"的定义调整为：是指在生产、生活和其他活动中产生的丧失原有利用价值或者虽未丧失利用价值但被抛弃或者放弃的固态、半固态和置于容器中的气态的物品、物质以及法律、行政法规规定纳入固体废物管理的物品、物质。请分析这两个定义的区别和联系。请从我国对固体废物法律定义的变化上分析国家对固体废物管理政策的变化。
2. 请简要分析固体废物的鉴别程序。
3. 请简要分析工业固体废物和工业源危险废物的关系。
4. 《危险废物名录》的特点是什么？
5. 请分析被列入《危险废物豁免管理清单》的废物还是危险废物吗？为什么？
6. 放射性废物属于固体废物吗？为什么？
7. 请说明固体废物的"三化"管理原则的具体含义。
8. 固体废物的"三化"管理原则和全过程管理原则是否矛盾？为什么？
9. 请简要分析固体废物的"三化"管理原则和循环经济管理理念下固体废物管理的区别和联系。
10. 固体废物的二重性是指什么？如何理解？
11. 固体废物的主要环境影响有哪些？请简要说明。
12. 农村生活垃圾、人畜粪便和农业废弃物是社会主义新农村建设中突出的环境问题，请根据循环经济的固体废物管理理念，针对你家乡农村的特点，提出这三类废弃物管理的方案。
13. 固体废物主要包括哪些种类？请分别举例说明。
14. 请简要分析"无废城市"的提出对固体废物的管理有何促进作用？
15. 请简要分析把农村生活垃圾和农业废物纳入《固废法》管理的重要意义。
16. 根据《固废法》的规定，我国对固体废物的管理有哪些具体的制度？
17. 请简要分析我国固体废物管理的环境标准体系，不同标准体系的特点是什么？

固体废物的产生、特征及采样方法

固体废物的管理体系包括对其实行从产生到处置的全面管理过程，为了保证处理处置的效果及综合利用的实施，达到从根本上控制固体废物污染环境的目的，最有效的措施就是最大限度地减少固体废物的产生量。作为其首要环节是搞清固体废物的来源和数量，其次是对废物进行鉴别和分类，并标明废物的特性、有害成分的含量，以及在运输、处理和处置过程中应注意的事项等，为后续管理措施的制定提供基础资料和依据。

2.1 固体废物产生量及预测

对固体废物产生量的计算在固体废物管理中是十分重要的，它是保证收集、运输、处理、处置以及综合利用等后续管理能够得以正常实施和运行的依据。只有搞清了固体废物的来源和数量，才能对其进行合理的鉴别和分类，并根据废物的数量和管理指标进行环境经济预测，进而制定相应的处理处置对策。由于城市生活垃圾和工业固体废物的产生特性有较大的差别，需要分别进行讨论。

2.1.1 城市生活垃圾产生量及预测

城市生活垃圾的产生量随社会经济的发展、物质生活水平的提高、能源结构的变化以及城市人口的增加而增加，准确预测城市生活垃圾的产生量，对制定相应的处理处置政策至关重要。

估算城市生活垃圾产生量的通用公式为：

$$Y_n = y_n P_n \times 10^{-3} \times 365 \tag{2-1}$$

式中，Y_n 为第 n 年城市生活垃圾产生量，t/a；y_n 为第 n 年城市生活垃圾的产率或产出系数，kg/(人·d)；P_n 为第 n 年城市人口数，人。

从式(2-1)中不难看出，影响城市生活垃圾产生量的主要因素是垃圾产率和城市人口数。其中，垃圾产率受多种因素的影响，包括收入水平、能源结构、消费习惯等。城市人口的变化要同时考虑机械增长率（如移民、城市化等）和自然增长率的影响，机械增长率可以根据当地的规划进行计算，而自然增长率的预测有不同的方法，本章讨论的人口增长率除特殊说明则都指自然增长率。图2-1所示为典型应用于工程规划时，利用人口数与垃圾产率对垃圾产生量进行预测的流程。

一般而言，运用统计与数理模式对人口数进行预测主要有算术增加法（arithmetic growth method）、几何增加法（geometric growth method）、饱和曲线法（saturated curve method）、最小平方法（minimum square method）以及曲线延长法（curve extension method）五种预测模式。

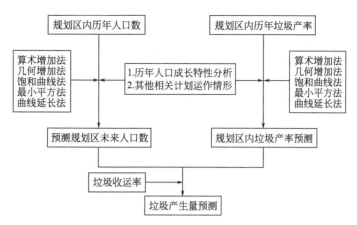

图 2-1 利用人口数与垃圾产率预测垃圾产生量流程

五种预测模式的特性说明见表 2-1。

表 2-1 人口预测模式特性说明

方法	说 明	适 用 状 况
算术增加法	假设人口增长呈一定的比例常数直线增加	适用于短期预测(1~5 年),其结果常有偏低的趋势
几何增加法	假设未来人口增长率与过去人口几何增加率相等	适用在短期(1~5 年)或新兴城市,若预测时间过长常有偏高现象
饱和曲线法	假设人口增长过程中:初期较快,中期平缓,终期饱和。如将整个增长过程以曲线表示,则呈 S 形曲线	适于较长期的预测,也是目前较常用的方法
最小平方法	以每年平均增加人口数为基础,根据历史资料以最小平方法进行预测	本法与算术增加法略同,但该法较精确
曲线延长法	根据历史人口增长情形配合未来城市发展条件,并参考上述方法以延长原有人口增长曲线	适合新兴城市

(1) 算术增加法 假定未来每年人口增加率,与过去每年人口增加率的平均值相等,据此以等差级数推算未来人口,适用于较古老的城市,推测结果常有偏低的现象,其计算可以下式表示:

$$P_n = P_0 + nr \tag{2-2}$$

$$r = \frac{P_0 - P_t}{t} \tag{2-3}$$

式中,P_n 为 n 年后的人口数,人;P_0 为现在人口数,人;n 为推测年数,年;r 为每年增加人口数,人/年;P_t 为现在起 t 前人口数,人;t 为过去的年数。

(2) 几何增加法 假定未来每年人口增加率,与过去每年人口几何增加率相等,据此以等比级数推算未来人口,适用于新兴城市,但若预测时间过长常会偏高。其计算式:

$$P_n = P_0 \exp(kn) \tag{2-4a}$$

$$k = \frac{\ln P_0 - \ln P_t}{t} \tag{2-4b}$$

式中,P_n、P_0、P_t、t、n 同上式;k 为几何增加常数。

(3) 饱和曲线法 假定城市人口数不可能无止境地增加,一定时间后将达到饱和状态,其人口增加状态呈 S 曲线状,又称饱和曲线法。本法为 1838 年 P. E. Verlust 所提出,其计算式:

$$P = \frac{K}{1 + m e^{qn}} \tag{2-5}$$

或
$$\ln\left(\frac{K}{P}-1\right)=qn+\ln m \tag{2-6}$$

式中，P 为推测人口数，以千人计；n 为基准年起至预测年所经过年数；K 为饱和人口数，以千人计；m，q 为常数（q 为负值）。

本法因与城市人口动态变化规律较接近，国际上应用较普遍。

(4) 最小平方法　最小平方法是以每年平均增加人口数为基础，根据历年统计资料以最小平方法推测人口变化的方法。其计算式如下：

$$P_n=an+b \tag{2-7a}$$

$$a=\frac{N\sum n_i P_{n_i}-\sum n_i \sum P_{n_i}}{N\sum n_i^2-\sum n_i \sum n_i} \tag{2-7b}$$

$$b=\frac{\sum n_i^2 P_{n_i}-\sum n_i P_{n_i} \sum n_i}{N\sum n_i^2-\sum n_i \sum n_i} \tag{2-7c}$$

式中，n 为年数，年；a，b 为常数，计算方法分别见式(2-7b) 和式(2-7c)；P_n 为 n 年的人口数；N 为用以分析人口数据（P_{n_i}，n_i）的组数。

(5) 曲线延长法　根据过去人口增长情形，考察该城市的地理环境、社会背景、经济状况，以及考虑将来可能出现的发展趋势，并参考其他相关城市的变化情形进行预测，将历史人口记录的变化曲线进行延长，并求出预测年度的人口。

【例 2-1】　设某城市历年人口数和垃圾产率统计见表 2-2，试计算：(1) 利用最小平方法回归垃圾产率 [kg/(人·d)] 与年份的关系，并以此推估至 2026 年各年的垃圾产率；(2) 预测至 2026 年该城市每日垃圾产生量。

表 2-2　某城市历年人口数和垃圾产率统计

年份	垃圾产率/[kg/(人·d)]	人口数/人	年份	垃圾产率/[kg/(人·d)]	人口数/人
2011	0.75	11875	2016	1.03	11289
2012	0.81	11899	2017	1.05	11280
2013	0.85	11603	2018	1.08	11218
2014	0.93	11450	2019	1.09	11126
2015	0.98	11293			

解：

① 按照最小平方法计算垃圾产率，公式如下：

$$W=aY+b$$

式中，W 为垃圾产率，[kg/(人·d)]；Y 为年份；a，b 为常数，计算方法见式(2-7b)、式(2-7c)。

$$a=\frac{N\sum Y_i W_i-\sum Y_i \sum W_i}{N\sum Y_i^2-\sum Y_i \sum Y_i}$$

$$b=\frac{N\sum Y_i^2 W_i-\sum W_i Y_i \sum Y_i}{N\sum Y_i^2-\sum Y_i \sum Y_i}$$

代入已知数据（$N=9$），可得

$$a=0.0445$$
$$b=88.715$$

即 $W=0.0445Y-88.715$

代入 $Y_i = 2020 \sim 2031$，求得各年代的 W_i 结果，如表 2-3 所示。

表 2-3　某城市每人每日垃圾产率

年度	每人每日垃圾产率 /[kg/(人·d)]	年度	每人每日垃圾产率 /[kg/(人·d)]	年度	每人每日垃圾产率 /[kg/(人·d)]
2011	0.75	2018	1.08	2025	1.40
2012	0.81	2019	1.09	2026	1.44
2013	0.85	2020	1.18	2027	1.49
2014	0.93	2021	1.22	2028	1.53
2015	0.98	2022	1.26	2029	1.58
2016	1.03	2023	1.31	2030	1.62
2017	1.05	2024	1.35	2031	1.66

注：本表垃圾产率的预测没有考虑推广源头减量（如垃圾分类等）的因素。

② 根据表 2-4 采用曲线延长法预测的人口数变化，与表 2-3 所预测的人均垃圾产率，两者相乘即为所求，结果见表 2-5。

表 2-4　某城市人口统计预测　　　　　　　　　　　　　　单位：人

年度	算术增加法	几何增加法	饱和曲线法	最小平方法	曲线延长法
2011	11875	11875	11875	11875	11875
2012	11899	11899	11899	11899	11899
2013	11603	11603	11603	11603	11603
2014	11450	11450	11450	11450	11450
2015	11293	11293	11293	11293	11293
2016	11289	11289	11289	11289	11289
2017	11280	11280	11280	11280	11280
2018	11218	11218	11218	11218	11218
2019	11126	11126	11126	11126	11126
2020	11034	10906	11603	10961	11107
2021	10942	10802	11507	10864	11007
2022	10850	10700	11422	10766	10909
2023	10758	10599	11347	10669	11814
2024	10665	10499	11280	10572	10722
2025	10573	10400	11221	10474	10632
2026	10481	10301	11168	10377	10543
2027	10389	10204	11122	10279	10457
2028	10297	10107	11080	10182	10371
2029	10205	10012	11043	10084	12288
2030	10113	9917	11010	9987	10205
2031	10021	9823	10980	9890	10124

表 2-5　某城市每日垃圾产生量预测

年度	人口值 /人[1]	垃圾产率/[kg/(人·d)]	产生量 /(t/d)	年度	人口值 /人[1]	垃圾产率/[kg/(人·d)]	产生量 /(t/d)
2011	11875	0.75	8.91	2022	10909	1.26	13.74
2012	11899	0.81	9.64	2023	11814	1.31	15.48
2013	11603	0.85	9.86	2024	10722	1.35	14.47
2014	11450	0.93	10.65	2025	10632	1.40	14.88
2015	11293	0.98	11.07	2026	10543	1.44	15.18
2016	11289	1.03	11.63	2027	10457	1.49	15.58
2017	11280	1.05	11.84	2028	10371	1.53	15.87
2018	11218	1.08	12.12	2029	12288	1.58	19.41
2019	11126	1.09	12.13	2030	10205	1.62	16.53
2020	11107	1.18	13.11	2031	10124	1.66	16.80
2021	11007	1.22	13.43				

① 人口值采用曲线延长法进行预测。

注：若推动资源回收措施，预估值将随其落实程度而减少。

2.1.2　工业固体废物产生量及预测

工业固体废物产生量的预测经常采用"废物产生因子法"进行，"废物产生因子"也称"废物产率"。所谓废物产率，即废物产生源单位活动强度所产生的废物量，将预测的生产能力乘上废物产率，即可预测固体废物的产生量。

由于废物产率是根据过去的调查资料经计算后得出的代表性平均值，由于可能的抽样调查误差，对废物产生量进行短期预测时，通常可以忽略废物产率由于工艺技术改良或生产过程变化所造成的影响。

在工业发达国家，工业固体废物的产生量大约以每年 2%～4% 的速度增长，按废物产生量大小的排序为：冶金、煤炭、火力发电三大行业，其次为化工、石油、原子能工业等。我国工业固体废物的增长率约为 5%，按产生量的大小排序，尾矿居于首位，其次是煤矸石、炉渣、粉煤灰、冶炼废渣和化工废渣等，按行业划分，产生固体废物最多的行业是采矿业，其次是钢铁工业和热电业。

工业固体废物的产生量与产品的产值或产量有密切关系，这个关系可以由以下公式表示：

$$P_t = P_r M \tag{2-8}$$

式中，P_t 为固体废物产生量，t 或万吨；P_r 为固体废物的产率，t/万元 或 t/万吨；M 为产品的产值或产量，万元或万吨。

采用这个公式计算工业固体废物的产生量时，必须有以下两个假设：

① 相同产业采用相同的技术，而且在预测期间内没有技术改造，即投入系数一定；

② 各产业的工业固体废物量 P_t 与产值或产量成正比，即产出系数一定。

固体废物的产率可以通过实测法或物料衡算法求得。

(1) 实测法求固体废物产率　根据生产记录得到每班（或每天或每周、每月、每年）产生的固体废物量以及相应周期内的产品产值（或产量），由下式求出 P_{r_i} 值：

$$P_{r_i} = \frac{P_{t_i}}{M_i} \tag{2-9a}$$

为了保证数据的准确性，一般要在正常运行期间测量若干次，取其平均值。

$$P_r = \frac{1}{n} \sum_{i=1}^{n} P_{r_i} \tag{2-9b}$$

在进行全国性工业固体废物统计调查时，全量调查是很困难的，一般采用随机抽样调查的方式求解 P_r。

(2) 物料衡算法求固体废物产率　对某生产过程所使用的物料情况进行定量分析，根据质量守恒定律，在生产过程中投入系统的物料总质量应等于该系统产出物料的总质量，即等于产品质量与物料流失量之和。

其物料衡算公式的通式可以表示为：

$$\sum P_{投入} = \sum P_{产品} + \sum P_{流失} \tag{2-10}$$

式中，$\sum P_{投入}$ 为投入系统的物料总量；$\sum P_{产品}$ 为系统产品的质量；$\sum P_{流失}$ 为系统的物料和产品的流失总量。

这个物料衡算通式既适用于生产系统整个过程的总物料衡算，也适用于生产过程中的任何一个步骤或某一生产设备的局部衡算。不管进入系统的物料是否发生化学反应，或化学反应是否完全，该通式总是成立的。

在应用物料衡算法时，要注意不能把流失量和废物量混为一谈。流失量包括废物量（废水、废气、废渣）和副产品，因此，废物量只是流失量的一部分。

对于系统中没有发生化学变化的生产过程，其物料衡算比较简单，因为物料进入系统后，其分子结构并没有发生变化，只是形状、温度等物理性质发生了变化。对于系统中发生了化学反应的生产过程，则其物料衡算应根据化学计量式（stoichiometry）进行物料衡算。

【例 2-2】 某黄磷厂生产 1t 黄磷需要磷矿石 9.339t、焦炭 1.551t、硅石 1.557t，除得到 0.356t 的副产品磷铁外，还产生 2.824t 气体和 0.135t 粉尘，其余均以废渣形式排出。求黄磷的产渣率。

解： 已知投入物料量　磷矿石：9.339t　产品量　黄　磷：1.000t　流失量　气　体：2.824t

焦　炭：1.551t

硅　石：1.557t

磷　铁：0.356t

粉　尘：0.135t

根据式(2-10)：

$$\sum P_{流失} = \sum P_{投入} - \sum P_{产品}$$
$$= (9.339 + 1.551 + 1.557) - 1.000$$
$$= 11.447(t)$$

又知：

$$\sum P_{流失} = P_{气} + P_{铁} + P_{尘} + P_{渣}$$
$$P_{渣} = \sum P_{流失} - P_{气} - P_{铁} - P_{尘}$$
$$= 11.447 - 2.824 - 0.356 - 0.135$$
$$= 8.132(t)$$

黄磷的产渣率为 8.132（t/t 产品）。

工业固体废物的产生量或产率还可以采用经验公式计算。由于工业固体废物来源复杂，种类繁多，计算公式和方法也不尽相同。应该注意的是，随着生产工艺和使用原材料的改变，经验公式中的各种参数也会发生变化，在实际计算中不能盲目使用。

2.2　固体废物的物理及化学特性

固体废物的性质主要包括物理、化学、生物化学及感观性能。感观性能是指废物的颜色、臭味、新鲜或者腐败的程度等，往往可直接判断。

2.2.1　固体废物的物理特性

固体废物的物理特性一般指下列四种性质：物理组成（physical composition）、粒径（particle size）、含水率（moisture）、容积密度（bulk density）。

(1) 物理组成　固体废物的物理组成受到多种因素的影响。以城市生活垃圾为例，自然环境、气候条件、城市发展规模、居民生活习性（饮食结构）、家用燃料（能源结构）以及经济发展水平等都将对其组成产生不同程度的影响，故各国、各城市甚至各地区产生的城市生活垃圾组成都有所不同。一般来说，工业发达国家垃圾成分是有机物多、无机物少，不发达国家无机物多、有机物少；我国南方城市较北方城市有机物多，无机物少。

表 2-6、表 2-7 列出不同国家和地区较典型的城市生活垃圾组成，供比较参考。

表 2-6　不同国家和地区城市生活垃圾的平均组成　单位：%（质量分数）

组成	美国	英国	日本	法国	荷兰	意大利	比利时	中国香港	中国深圳市
餐厨垃圾	19.1	37.7	43.4	34.1	28.9	49.8	46.0	40.9	65.2
纸类	49.8	38.0	37.8	38.6	30.1	20.2	29.5	26.9	11.2
金属	9.0	9.1	4.1	9.1	3.6	3.0	2.0	3.2	1.1
玻璃	8.9	9.2	7.0	9.1	12.0	7.2	3.9	3.2	3.4
塑料	5.0	2.5	7.2	4.5	4.8	4.8	8.8	20.4	13.5
其他	8.2	3.5	0.5	4.5	20.5	15.0	9.8	5.4	5.6
平均含水量	25.2	25.0	23.0	3.5	24.8	30.3	27.8	28.1	54.9
含热量/(kJ/kg)	11630.3	9766.2	10237.1	9303.8	8372.4	7348.2	7060.9	8000.2	5290.1

表 2-7　英国与中东及亚洲城市生活垃圾组成比较　单位：%（质量分数）

组成	英国	亚洲城市	中东城市	组成	英国	亚洲城市	中东城市
蔬菜	28	75	50	织物	3	3	3
纸类	37	2	16	塑料	2	1	1
金属	9	0.1	5	其他	12	12.7	23
玻璃	9	0.2	2	质量/[kg/(d·人)]	0.854	0.415	1.060

(2) 粒径　对于固体废物的前处理，如筛选或磁分离（magnetic separator），废物粒径大小往往是个重要参数，它决定了使用设备规格或容量，尤其对于可回收资源再利用的废物，此粒径特性更显得重要。通常粒径的表达方式是以粒径分布（particle size distribution，PSD）表示，因废物组成复杂且大小不等，很难以单一大小来表示，况且几何形状也不一样，因此，只能通过筛网（screen）的网"目"（mesh）代表其大小。

"目"指颗粒大小和孔的直径，一般用在 $1in^2$（1in＝25.4mm）筛网面积内有多少个孔来表示。如 120 目筛，也就是说在 $1in^2$（1in＝25.4mm）面积内有 120 个孔。以此类推，10 目指直径 $1651\mu m$（或 1.651mm）的颗粒或孔径，12500 目指直径 $1\mu m$ 的颗粒或孔径。

图 2-2 与图 2-3 表示废物粒径分布。

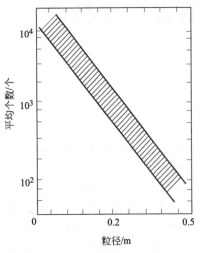

图 2-2　废物粒径分布（个数）

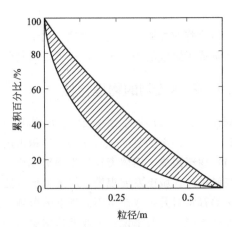

图 2-3　废物粒径分布（百分比）

(3) 含水率　含水率定义为：废物在 105℃±1℃温度下烘干 2h（依水分含量而定）后所失

去的水分量，烘干至恒重或最后两次称量的误差小于规定值，否则须再烘干，此值常以单位质量的样品所含水的质量分数表示，即

$$含水率（\%）=\frac{最初质量-烘干后质量}{最初质量}\times100\%\qquad(2\text{-}11)$$

固体废物含水率受气候、季节与区域状况的影响而有很大差异，例如表 2-8 所示为典型城市生活垃圾中主要组分的含水率。

表 2-8 典型城市垃圾中主要组分的含水率

成　分	含水率/%		成　分	含水率/%	
	范围	典型		范围	典型
餐厨垃圾	50～80	70	庭园修剪物	30～80	60
纸张	4～10	6	竹木	15～40	20
纸板	4～8	5	玻璃	1～4	2
塑料	1～4	2	金属罐头	2～4	3
纺织品	6～15	10	非铁金属	2～4	2
橡皮	1～4	2	铁金属	2～6	3
皮革	8～12	10	泥土、灰烬、砖	6～12	8

（4）容积密度　容积密度也称容重。废物密度为决定运输或贮存容积的重要参数，由于废物组成成分复杂，其求法都是以各组分的平均值来计算，例如：

废物组成	质量/kg	密度/(kg/m³)	体积/m³	废物组成	质量/kg	密度/(kg/m³)	体积/m³
餐厨垃圾	150	290	0.52	庭园修剪物	100	105	0.95
纸张	450	85	5.29	竹木	50	240	0.21
纸板	100	50	2.00	金属空罐	50	90	0.56
塑料	100	65	1.54	总质量=1000kg		体积=11.07m³	

该废物的容积密度为：

$$容积密度=\frac{1000}{11.07}=90.33（kg/m^3）$$

表 2-9 列出典型废物的容积密度。

表 2-9 典型废物的容积密度

成　分	容积密度/(kg/m³)		成　分	容积密度/(kg/m³)	
	范围	典型		范围	典型
餐厨垃圾	130～480	300	金属、罐头	50～160	90
纸张	30～130	80	非铁金属	60～240	160
纸板	30～80	50	铁金属	130～1120	320
塑料	30～130	60	泥土、灰烬、石砖	320～1000	480
纺织品	30～100	60	城市生活垃圾		
橡皮	100～200	120	未压缩	90～180	130
皮鞋	100～260	160	已压缩	180～450	300
庭园修剪物	60～220	100	污泥	1000～1200	1050
竹木	130～320	240	废酸碱液	1000	1000
玻璃	160～480	200			

【例 2-3】 设某废物经检测单位采样分析后得知其物理组成及含水率如下，试计算此废物的水分和容积密度。

成　分	质量分数/%	含水量/%	成　分	质量分数/%	含水量/%
餐厨垃圾	18.13	85	玻璃	8.69	2
纸张	12.15	20	金属罐头	5.34	3
塑料类	26.35	3	泥土、灰渣等	7.99	9
竹木	21.35	25			

解： 计算如下。

成　分	质量分数/%	含水量/%	水分质量/kg	成　分	质量分数/%	含水量/%	水分质量/kg
餐厨垃圾	18.13	85	15.4	玻璃	8.69	2	0.17
纸张	12.15	20	2.43	金属罐头	5.34	3	0.16
塑料类	26.35	3	0.79	泥土、灰渣等	7.99	9	0.72
竹木	21.35	25	5.33	总质量＝100kg		水分质量＝25.00kg	

故该废物的水分约为 25％（质量分数）。利用表 2-9 计算容积密度，则：

组　分	质量分数/%	容积密度/(kg/m³)	体积/m³	组　分	质量分数/%	容积密度/(kg/m³)	体积/m³
餐厨垃圾	18.13	300	0.0604	玻璃	8.69	200	0.043
纸张	12.15	50	0.243	金属罐头	5.34	90	0.059
塑料类	26.35	60	0.439	泥土、灰渣等	7.99	480	0.0166
竹木	21.35	240	0.089	总质量＝100kg		体积＝0.95m³	

该废物的容积密度为：

$$容积密度 = \frac{100}{0.95} = 105.3 \ (kg/m^3)$$

2.2.2 固体废物的化学特性

固体废物的化学性质主要包括以下项目：挥发分（volatiles）、灰分（ash）、固定碳（fixed-carbon）、闪火点（flashing point）与燃点（ignition point）、热值（或燃烧热值）（heating value）、灼烧损失量（ignition loss）、元素成分（chemical elements）、毒性浸出性质（toxicity leaching characterization）。

通常将水分、可燃分（挥发分＋固定碳）与灰分合称为三成分，而将水分、挥发分、固定碳与灰分合称四成分。主要分析项目包括水分、挥发分、固定碳、灰分与发热值等五项。

(1) 挥发分 挥发分指物体在标准温度试验时，呈气体或蒸气而散失的量。ASTM 试验法，是将定量样品（已除去水分）置于已知质量的铂金坩埚内，于无氧燃烧室内加热（600℃±20℃）所散失的量。

(2) 灰分 对垃圾进行分类，将各组分破碎至 2mm 以下，取一定量在 105℃±5℃下干燥 2h，冷却后称量（P_0），再将干燥后的样品放入电炉中，在 800℃下灼烧 2h，冷却后再在 105℃±5℃下干燥 2h，冷却后称量（P_1）。典型废物的灰分值如表 2-10 所示。

表 2-10　典型废物的灰分

成　分	灰分/%		成　分	灰分/%	
	范围	平均		范围	平均
餐厨垃圾	2~8	5	玻璃	96~99	98
纸张	4~8	6	金属罐头	96~99	98
纸板	3~6	5	非铁金属	90~99	96
塑料	6~20	10	铁金属	94~99	98
纺织品	2~4	2.5	泥土、灰烬、砖	60~80	70
橡皮	8~20	10	城市生活垃圾	10~20	17
皮革	8~20	10	泥污(干)	20~35	23
庭园修剪物	2~6	4.5	废油	0~0.8	0.2
竹木	0.6~2	1.5			
稻壳	5~15	13			

各组分的灰分:

$$I_i(\%)=\frac{P_1(\text{kg})}{P_0(\text{kg})}\times100 \tag{2-12a}$$

干燥垃圾灰分:

$$I(\%)=\sum_{i=1}^{n}\eta_i I_i \tag{2-12b}$$

一般废物的灰分可分为下列三种形态:①非熔融性;②熔融性;③含有金属成分。

测定灰分可预估可能产生的熔渣量及排气中粒状物含量,并可依灰分的形态类别选择废物适用的焚烧炉,若含过多的金属则不宜焚化。若废物含 Na、K、Mg、P、S、Fe、Al、Ca、Si 等,因焚化过程中的高温氧化环境极易发生化学反应,而产生复杂的熔渣,如 Na_2CO_3、Na_2SO_4、NaCl 等,其熔点(melting point,MP)分别为:$MP(Na_2SO_4)=884℃$;$MP(Na_2CO_3)=851℃$;$MP(NaCl)=800℃$。

但以上三种化合物,任两种或三种在某些比例下结合,则可形成熔点较低的混合物,如:

$$MP(47\% Na_2SO_4+53\% Na_2CO_3)=845℃$$

$$MP(62\% Na_2CO_3+38\% NaCl)=633℃$$

$$MP(65\% Na_2SO_4+35\% NaCl)=633℃$$

$$MP(NaCl+Na_2CO_3+Na_2SO_4)=612℃$$

由于不同化合物的形成而导致熔渣熔点的降低,使其在焚烧时在炉排上熔融,从而阻碍排灰。若熔渣中含 Na_2SO_4,在流化床焚烧炉内处理时,由于炉内采用石英砂作为载体,则两者在高温下反应会形成黏稠状的硅酸钠玻璃,更会降低流化程度而破坏原有焚烧效果。

(3) 固定碳　固定碳是除去水分、挥发性物质及灰分后的可燃烧物。

$$固定碳(\%)=100-(含水率+灰分+挥发性物质) \tag{2-13}$$

【例 2-4】　某废物经标准采样混配后,置于烘炉内量得有关的质量(不包含坩埚)如下:①原始样品质量 25.00g;②加热至 105℃后质量 23.78g;③以上样品加热至 600℃后质量 15.34g;④加热至 600℃的样品继续加热至 800℃后质量 4.38g。试求此废物的水分、灰分、挥发分与固定碳各为多少?

解:

$$水分=\frac{初重-加热(105℃)后重}{初重}=\frac{25.00-23.78}{25.00}\times100\%=4.88\%$$

$$挥发分 = \frac{原来重-加热(600℃)后重}{初重} = \frac{23.78-15.34}{25.00} \times 100\% = 33.76\%$$

$$灰分 = \frac{加热(800℃)后残余的质量}{初重} = \frac{4.38}{25.00} \times 100\% = 17.56\%$$

$$固定碳 = 100 - (水分+灰分+挥发性物质)$$
$$= 100 - (4.88+17.56+33.76) = 43.80\%$$

(4) 闪火点与燃点 缓慢加热废物至某一温度，如出现火苗，即闪火而燃烧，但瞬间熄灭，此温度就称为闪火点（flash point）。但如果温度继续升高，其所发生的挥发组分足以继续维持燃烧，而火焰不再熄灭，此时的最低温度称为着火点（ignition point）或燃点。有两种方法测定此种废物性质。

① Tag 闭杯法（ASTM D56）。利用 Tag 闪火点试验装置所测闪火点，称为 Tag 闭杯法闪火点（Tag closed cup），简称为 TCC。此法适用于闪火点低于 80℃ 的废物。

② P-M 闭杯法（CNS-41-K18 或 ASTM-E502，ASTM-D93）。此为测定较高闪火点的方法，称为 Pensky-Martens 闭杯法装置（Pensky-Martens closed test），简称 P-M 法。

我国对于闪火点的测定方法可以参考《闪点的测定 宾斯基-马丁闭口杯法》（GB/T 261—2021），具体步骤参考本书 2.2.3。

一般常见可燃物质的闪火点与燃点如表 2-11 所示。

表 2-11 一般常见可燃物质的闪火点与燃点

可燃物质	闪火点/℃	燃点/℃	可燃物质	闪火点/℃	燃点/℃
硫黄	207	245	汽油	38.2	425~480
碳	85~103	345	酒精	17.6	422±5
固定碳（烟煤）	92~125	410	天然气	—	682~748
固定碳（亚烟煤）	95~173	465	乙炔类	—	305~600
固定碳（无烟煤）	89~188	450~601	乙烷类	—	440~530
纸类	40~65	420~500	乙烯类	—	470~630
竹木	55~90	320~380	氢气	—	575~590
塑料类	75~115	530~820	甲烷	—	630~750
橡胶类	89~102	730~950	一氧化碳	—	610~660
煤油	37.8	460~590			

(5) 热值 热值（或发热值）为表示废物燃烧时所放出的热量，用以考虑计算焚烧炉的能量平衡及估算辅助燃料所需量。垃圾的热值与含水率及有机物含量、成分等关系密切，通常有机物含量越高，热值越高，含水率越高，则热值越低。垃圾的热值又分为高位热值（higher heating value，H_H）和低位热值（lower heating value，H_L）。高位热值是垃圾单位干重的发热量；低位热值是单位新鲜垃圾燃烧时的发热量，又称有效发热量，净发热值。低位热值＝高位热值－水分凝结热。典型废物的热值如表 2-12 所示。

表 2-12 典型废物的热值

成 分	单位热值/(kcal/kg)	成 分	单位热值/(kcal/kg)
餐厨垃圾	1100	庭园修剪物	1600
纸张	4000	竹木	4500
纸板	3900	玻璃	40
塑胶	7800	金属罐头	200
纺织品	4200	非铁金属	—
橡皮	5600	铁金属	—
皮革	4200	泥土、灰烬、砖	—

注：若为混合废物，则取平均值。

废物的热值可用量热计直接测量，也可根据废物的组分或元素组成计算，具体方法如下。

① 测量法。利用热值测定仪进行测量。当废物在有氧条件下加热至氧弹周遭的水温不再上升时，此时固定体积水所增加的热量即为定量废物燃烧所放出的热量。

② 理论估算法。固体废物的热值在化学上称为"燃烧热（heat of combustion）"，因此，可以利用燃烧热的计算原理估算废物的热值。只要知道废物的化学组成（如丙烯或己糖等），就可以利用元素组成（如碳、氢、氧等）从理论上估算废物的 H_H 或 H_L。设反应式：

$$aA + bB \longrightarrow cC + dD$$

上述反应式的反应热（heat of reaction）为产物热熵与反应物热熵之差：

$$\Delta H^{\ominus} = cH_C^{\ominus} + dH_D^{\ominus} - aH_A^{\ominus} - bH_B^{\ominus} \tag{2-14}$$

式中，$\Delta H^{\ominus}$ 为标准状态下的反应热；$H_A^{\ominus}$、$H_B^{\ominus}$、$H_C^{\ominus}$ 及 $H_D^{\ominus}$ 为化合物 A、B、C 及 D 在标准状态下的热熵。

一般元素的热熵在 25℃（或 298K）时设定为零，因此，一个化合物的热熵即等于其生成热：

$$(\Delta H_f^{\ominus})_{i,298} = H_{i,298}^{\ominus} \tag{2-15}$$

将式(2-15) 代入式(2-14) 中，式(2-14) 变为：

$$\Delta H_{298}^{\ominus} = c(\Delta H_f^{\ominus})_C + d(\Delta H_f^{\ominus})_D - a(\Delta H_f^{\ominus})_A - b(\Delta H_f^{\ominus})_B \tag{2-16}$$

由式(2-16) 可以看出，只要得到反应物及产物在标准状态下的形成热，即可求得标准状态下的反应热。如果反应物超过两个，可以用下列公式求得：

$$\Delta H_{298}^{\ominus} = \sum_p n_p (\Delta H_f^{\ominus})_p + \sum_r n_r (\Delta H_f^{\ominus})_r \tag{2-17}$$

式中，r、p 分别表示反应物（reactant）与产物（product）。

若焚烧温度为 T 时，则燃烧反应热为：

$$\Delta H_T^{\ominus} - \Delta H_{298}^{\ominus} + \int_{298}^{T} \Delta C_p dT \tag{2-18}$$

式中，T 为热力学温度，K；ΔC_p 为产物及反应物的热容量之差，$\Delta C_p = \sum n_p C p_p - \sum n_r C p_r$。

如果反应物及产物的热容量皆以 $\alpha + \beta T + \gamma T^2$ 表示，则 ΔC_p 为：

$$\Delta C_p = \Delta \alpha + (\Delta \beta) T + (\Delta \gamma) T^2 \tag{2-19}$$

式中，$\Delta \alpha = \sum n_p \alpha_p - \sum n_r \alpha_r$；$\Delta \beta = \sum n_p \beta_p - \sum n_r \beta_r$；$\Delta \gamma = \sum n_p \gamma_p - \sum n_r \gamma_r$。

温度 T 的反应热则变成

$$\Delta H_T^{\ominus} = \Delta H_{298}^{\ominus} + \Delta \alpha (T - 298) + \frac{1}{2} \Delta \beta (T^2 - 298^2) + \frac{1}{3} \Delta \gamma (T^3 - 298^3) \tag{2-20}$$

反应热或燃烧热是科学界使用的名称，但是一般工程或商业应用时，通常以单位质量的总（高）发热值（gross or higher heating value）或净（低）热值（net or lower heating value）表示。根据定义，总（高）发热值参考状态下燃烧产物的水为液态，而低热值的水是水蒸气，两者的差异则为蒸发燃料及产物中水分所需的热量。

③ 利用元素组成进行计算。利用元素组成计算废物热值的方法很多，在这些方法中，以 Dulong 公式最普遍与简单 [见式(2-21)]，但由于这种方法估算废物热值的误差过大，故工业界常改以 Wilson 式 [见式(2-22)、式(2-23)] 估算高热值或低热值（kcal/kg）：

$$H_L = 81C + 342.5\left(H - \frac{O}{8}\right) + 22.5S - 5.85(9H + W) \tag{2-21}$$

式中，C、H、O、S 为废物的元素组成，kg/kg；W 为废物的含水量，kg/kg。

$$H_H = 7831 m_{C_1} + 35932\left(m_H - \frac{m_O}{8}\right) + 2212 m_S - 3546 m_{C_2} + 1187 m_O - 578 m_N \tag{2-22a}$$

式中，m_{C_1} 及 m_{C_2} 分别为有机碳及无机碳的质量分数，此式误差约为 5%。

部分有害废物中氯的含量很高，也必须考虑氯的影响，式(2-22a)则变成：

$$H_H = 7831 m_{C_1} + 35932 \left(m_H - \frac{m_O}{8} - \frac{m_{Cl}}{35.5} \right) + 2212 m_S - 3546 m_{C_2} + 1187 m_O - 578 m_N - 620 m_{Cl}$$

$$(2\text{-}22b)$$

式中，m_{C_1} 为氯的质量分数。

净（低）热值可由下列公式求得：

$$H_L = H_H - 583 \times \left[m_{H_2O} + 9 \left(m_H - \frac{m_{Cl}}{35.5} \right) \right] \tag{2-23}$$

式中，H_L 为净（低）热值，kcal/kg；m_{H_2O} 为水分的质量分数。

【例 2-5】 某废液的化学组成为含摩尔分数 30% 的甲醇（CH_3OH）与 70% 的己烷（C_6H_{14}），且由相关手册查得有关成分的生成热与比容系数为：$CH_3OH(l) = -57.04\text{kcal/mol}$；$C_6H_{14}(l) = -47.52\text{kcal/mol}$；$H_2O(g) = -57.80\text{kcal/mol}$；$CO_2(g) = -94.05\text{kcal/mol}$。试估算该废液于 25℃ 时的燃烧热（或热值）。

解：

假设废物焚烧后产生的水为水汽，且

$$CH_3OH + \frac{3}{2}O_2 \longrightarrow CO_2 + 2H_2O \qquad \Delta H_1 = -152.61\text{kcal/mol}$$

$$C_6H_{14} + \frac{19}{2}O_2 \longrightarrow 6CO_2 + 7H_2O \qquad \Delta H_2 = -921.38\text{kcal/mol}$$

$$\begin{aligned} \Delta H_1 &= \Delta H_{CO_2} + 2\Delta H_{H_2O} - \Delta H_{CH_3OH} \\ &= (-94.05) + 2 \times (-57.80) - (-57.04) \\ &= -152.61(\text{kcal/mol}) \\ \Delta H_2 &= 6\Delta H_{CO_2} + 7\Delta H_{H_2O} - \Delta H_{C_6H_{14}} \\ &= 6 \times (-94.05) + 7 \times (-57.80) - (-47.52) \\ &= -921.38(\text{kcal/mol}) \end{aligned}$$

又　$152.61 \times 0.3 + 921.38 \times 0.7 = 690.75(\text{kcal/mol})$

且该废物的平均分子量为：$0.3 \times 32 + 0.7 \times 86 = 69.8$

换算成以质量表示的发热值为：

$$\frac{690.75}{69.8} \times 10^3 = 9896(\text{kcal/kg})$$

【例 2-6】 设某城市生活垃圾元素组成分析结果如下：碳 15.6%（其中含有机碳为 12.4%，无机碳 3.2%），氢 6.5%，氧 14.7%，氮 0.4%，硫 0.2%，氯 0.2%，水分 39.9%，灰分 22.5%。试根据其元素组成估算该废物的高位热值和低位热值。

解：

由式(2-21a)知：

$$\begin{aligned} H_H &= 7831 m_{C_1} + 35932 \left(m_H - \frac{m_O}{8} \right) + 2212 m_S - 3546 m_{C_2} + 1187 m_O - 578 m_N \\ &= \frac{1}{100} \times \left[7831 \times 12.4 + 35932 \times \left(6.5 - \frac{14.7}{8} \right) + 2212 \times 0.2 - 3546 \times 3.2 + 1187 \times 14.7 - 578 \times 0.4 \right] \\ &= 2709.5(\text{kcal/kg}) \end{aligned}$$

另由式(2-22)知：

$$\begin{aligned} H_L &= H_H - 583 \times \left[m_{H_2O} + 9 \left(m_H - \frac{m_{Cl}}{35.5} \right) \right] = 2709.5 - \frac{583}{100} \times \left[39.9 + 9 \times \left(6.5 - \frac{0.2}{35.5} \right) \right] \\ &= 2136.1(\text{kcal/kg}) \end{aligned}$$

（6）灼烧损失量 灼烧损失量（ignition loss）通常作为检测废物焚烧后灰渣（也是一种废物）的品质，当然也与灰分性质有某种程度的关系，特别是与焚烧炉的燃烧性能有关。测定方法是将灰渣样品置于800℃±25℃高温下加热3h，称其前后质量，并根据下式计算：

$$灼烧损失量（\%）=\frac{加热前质量-加热后质量}{加热前质量}\times100\%\qquad(2\text{-}24)$$

一般设计优良的焚烧炉的灰渣灼烧损失量约在5%以下。

（7）元素成分 废物的元素成分有多方面的作用，如判断其化学性质，确定废物的处理工艺，焚烧后二次污染物的预测，或有害成分的判断依据等。所以在专业的环境工程上废物的元素成分的分析便成了一个极重要的工作，一般元素成分包括碳、氢、氧、氮、硫、氯与重金属（如铅、镉、汞等）。

表2-13列举了不同来源的典型废物元素组成及其热值。表2-14是美国典型城市生活垃圾物理组分的元素组成及其热值。

表2-13 不同来源的典型废物元素组成（湿基，%）及其热值　　单位：kcal/kg

项目	城市生活垃圾		医院垃圾		工业区废物		
	A	B	A	B	A	B	C
水分	54.0	39.9	29.3	42.2	39.0	35.0	59.7
灰分	16.9	8.5	33.6	5.22	17.8	8.8	11.9
可燃分	29.1	29.8	37.1	52.6	48.2	56.3	28.2
碳	14.9	12.3	20.9	23.9	26.6	26.9	13.9
氢	2.0	2.0	2.77	4.45	5.67	4.8	2.3
氧	11.5	14.7	13.1	23.2	15.5	23.1	11.4
氮	0.4	0.4	0.36	0.66	0.34	0.78	0.5
硫	0.2	0.2	0.04	0.37	0.06	0.52	0.1
有机氯	0.1	0.2	0	0.08	0	0.10	0.1
碳氮比（C/N）	57	42	58	40	78	35	47
高位热值	2035	1785	2294	3863	2696	3965	1861
低位热值	1732	1523	1968	3370	2156	3494	1603

表2-14 美国典型城市生活垃圾物理组分的元素组成（湿基，%）及其热值

单位：kcal/kg

物　质	C	H	O	N	Cl	S	水分	灰分	高位热值
混合垃圾	27.5	3.7	20.6	0.45	0.5	0.83	23.2	23.4	2684
瓦楞纸	36.79	5.08	35.41	0.11	0.12	0.23	20	2.26	3513
新闻报纸	36.62	4.66	31.76	0.11	0.11	0.19	25	1.55	3463
杂志	32.93	4.64	32.85	0.11	0.13	0.21	1	13.13	3037
其他纸	32.41	4.51	29.91	0.31	0.61	0.19	23	9.06	3046
塑料	56.43	7.79	8.05	0.85	3.00	0.29	15	8.59	6438
橡胶	43.09	5.37	11.57	1.34	4.97	1.17	10	22.49	4686
木	41.20	5.03	34.55	0.24	0.09	0.07	16	2.82	3852
织物	37.23	5.02	27.11	3.11	0.27	0.28	25	1.98	3665
庭院垃圾	23.29	2.93	17.54	0.89	0.15	0.15	45	10.07	2225
餐厨垃圾	17.93	2.55	12.85	1.13	0.38	0.06	60	5.10	1814

2.2.3　危险废物特性及鉴别试验方法

如前所述，危险废物是指具有毒性、易燃性、易爆性、反应性、腐蚀性和感染性等危险特性

的一类废物，毒性又包括急性毒性和浸出毒性等。它不仅存在于工业固体废物中，同时也存在于生活垃圾中（如废电池、废日光灯管等）。对危险废物进行鉴别和分类，有利于固体废物的管理和处理处置方案的确定，对于保证处理处置设施的安全，降低处置费用，防止环境污染有着重要的意义。

危险废物的特性主要包括物理特性、化学特性及生物特性，反映这些特性的特征指标包括：与有毒有害物质释放到环境中的速率有关的特性；有毒有害物质在环境中迁移转化及富集的环境特征；有毒有害物质的生物毒性特征。所依据的主要参数包括：有毒有害物质的溶解度、挥发度、相对分子质量、饱和蒸汽压、在土壤中的滞留因子、空气扩散系数、土壤/水分配系数、降解系数、生物富集因子、致癌性反应系数及非致癌性参考剂量等。这些参数值可从有关化学手册、联合国环境署管理的国际潜在有毒化学品登记数据库 IPRTC、美国国家环保局综合信息资源库 IRIS 等中查到。对于新出现的化学品和危险废物，其参数可用估值方法确定。

(1) 急性毒性 急性毒性（acute toxicity）一般是指一次性投给试验动物的毒性物质，其半致死量小于规定值的毒性。

我国《危险废物鉴别标准——急性毒性初筛》（GB 5085.2—2007）对《危险废物鉴别标准——急性毒性初筛》（GB 5085.2—1996）进行了修订，用《化学品测试导则》中指定的急性经口毒性试验、急性经皮毒性试验和急性吸入毒性试验取代了原标准附录中的"危险废物急性毒性初筛试验方法"，并且对急性毒性初筛鉴别值进行了调整。有符合下列条件之一的则属于危险废物，具体规定如下。

① 口服毒性半数致死量 LD_{50}（median lethal dose）：是经过统计学方法得到的一种物质的单一计量，可使青年白鼠口服后，在 14d 内死亡一半的物质计量。标准规定经口摄入：固体 $LD_{50} \leqslant$ 200mg/kg，液体 $LD_{50} \leqslant$ 500mg/kg。

② 皮肤接触毒性半致死量 LD_{50}：是使白鼠的裸露皮肤持续接触 24h，最可能引起这些试验动物在 14d 内死亡一半的物质计量。标准规定经皮肤接触的 $LD_{50} \leqslant$ 1000mg/kg。

③ 吸入毒性半数致死浓度 LC_{50}：是使雌雄青年白鼠连续吸入 1h，最可能引起这些试验动物在 14d 内死亡一半的蒸气、烟雾和粉尘的浓度。标准规定蒸气、烟雾或粉尘吸入 $LC_{50} \leqslant$ 10mg/L。

(2) 浸出毒性 浸出毒性（leaching toxicity）是指固态的危险废物遇水浸沥，其中有害的物质迁移转化，污染环境，浸出的有害物质的毒性称为浸出毒性。根据《危险废物鉴别标准 浸出毒性鉴别》（GB 5085.3—1996）的规定，浸出液中任何一种危害成分的浓度超过表 2-15 所列的浓度值，则该废物是具有浸出毒性的危险废物。

表 2-15　浸出毒性鉴别标准值① （GB 5085.3—1996）

序号	项　目	浸出液的最高允许浓度/(mg/L)	序号	项　目	浸出液的最高允许浓度/(mg/L)
1	有机汞	不得检出	8	锌及其化合物(以总锌计)	50
2	汞及其无机化合物(以总汞计)	0.05	9	铍及其无机化合物(以总铍计)	0.1
3	铅(以总铅计)	3	10	钡及其化合物(以总钡计)	100
4	镉(以总镉计)	0.3	11	镍及其化合物(以总镍计)	10
5	总铬	10	12	砷及其无机化合物(以总砷计)	1.5
6	六价铬	1.5	13	无机氟化物(不包括氟化钙)	50
7	铜及其化合物(以总铜计)	50	14	氰化物(以 CN⁻ 计)	1.0

① 适用于任何生产过程及生活所产生的固态的危险废物的浸出毒性鉴别。

2007 年国家颁布了修订后的浸出毒性鉴别标准《危险废物鉴别标准 浸出毒性鉴别》（GB 5085.3—2007），修订后标准在原标准 14 个鉴别项目的基础上，增加了 37 个鉴别项目，新增项目主要是有机类毒性物质。表 2-16 是修订后的浸出毒性鉴别标准值，和表 2-15 相比，该标准除新增鉴别项目，原有的指标值也有很大的变化，如重金属铜、锌、镉、铅的浸出浓度限值分别由 50mg/L、50mg/L、0.3mg/L、3mg/L 增加到 100mg/L、100mg/L、1mg/L、5mg/L。

表 2-16　浸出毒性鉴别标准值 (GB 5085.3—2007)

序号	危害成分项目	浸出液中危害成分浓度限值/(mg/L)	分析方法
无机元素及化合物			
1	铜(以总铜计)	100	附录 A、B、C、D
2	锌(以总锌计)	100	附录 A、B、C、D
3	镉(以总镉计)	1	附录 A、B、C、D
4	铅(以总铅计)	5	附录 A、B、C、D
5	总铬	15	附录 A、B、C、D
6	铬(六价)	5	GB/T 15555.4—1995
7	烷基汞	不得检出①	GB/T 14204—1993
8	汞(以总汞计)	0.1	附录 B
9	铍(以总铍计)	0.02	附录 A、B、C、D
10	钡(以总钡计)	100	附录 A、B、C、D
11	镍(以总镍计)	5	附录 A、B、C、D
12	总银	5	附录 A、B、C、D
13	砷(以总砷计)	5	附录 C、E
14	硒(以总硒计)	1	附录 B、C、E
15	无机氟化物(不包括氟化钙)	100	附录 F
16	氰化物(以 CN⁻ 计)	5	附录 G
有机农药类			
17	滴滴涕	0.1	附录 H
18	六六六	0.5	附录 H
19	乐果	8	附录 I
20	对硫磷	0.3	附录 I
21	甲基对硫磷	0.2	附录 I
22	马拉硫磷	5	附录 I
23	氯丹	2	附录 H
24	六氯苯	5	附录 H
25	毒杀芬	3	附录 H
26	灭蚁灵	0.05	附录 H
非挥发性有机化合物			
27	硝基苯	20	附录 J
28	二硝基苯	20	附录 K
29	对硝基氯苯	5	附录 L
30	2,4-二硝基氯苯	5	附录 L
31	五氯酚及五氯酚钠(以五氯酚计)	50	附录 L
32	苯酚	3	附录 K
33	2,4-二氯苯酚	6	附录 K
34	2,4,6-三氯苯酚	6	附录 K
35	苯并[α]芘	0.0003	附录 K、M
36	邻苯二甲酸二丁酯	2	附录 K
37	邻苯二甲酸二辛酯	3	附录 L
38	多氯联苯	0.002	附录 N
挥发性有机化合物			
39	苯	1	附录 O、P、Q
40	甲苯	1	附录 O、P、Q
41	乙苯	4	附录 P
42	二甲苯	4	附录 O、P
43	氯苯	2	附录 O、P
44	1,2-二氯苯	4	附录 K、O、P、R
45	1,4-二氯苯	4	附录 K、O、P、R
46	丙烯腈	20	附录 Q
47	三氯甲烷	3	附录 Q
48	四氯化碳	0.3	附录 Q
49	三氯乙烯	3	附录 Q
50	四氯乙烯	1	附录 Q

① "不得检出"指甲基汞<10ng/L，乙基汞<20ng/L。

实际上，修订前后不同物质浸出浓度限值的变化与浸出液的制备方法的变化也有很大关系。《危险废物鉴别标准　浸出毒性鉴别》（GB 5085.3—1996）的浸出毒性鉴别标准采用的浸出液制备方法参考《固体废物浸出毒性浸出方法》（GB 5086.2—1997），该标准方法包括翻转法和水平振荡法（参见第5.9.5节的相关内容），前者适用于废物中无机污染物（氰化物、硫化物等不稳定污染物除外）的浸出毒性鉴别，亦适用于危险废物贮存、处置设施的环境影响评价。后者是固体废物的有机污染物浸出毒性浸提程序及其质量保证措施，适用于固体废物中有机污染物的浸出毒性鉴别与分类。GB 5085.3—2007的浸出毒性鉴别标准采用的浸出液制备方法参考《固体废物浸出毒性浸出方法　硫酸硝酸法》（HJ/T 299—2007）和《固体废物浸出毒性浸出方法　醋酸缓冲溶液法》（HJ/T 300—2007）（参见第5.9.5节的相关内容），前者以硝酸/硫酸混合溶液为浸提剂，模拟废物在不规范填埋处置、堆存或经无害化处理后废物的土地利用时，其中的有害组分在酸性降水的影响下，从废物中浸出而进入环境的过程。后者以醋酸缓冲溶液为浸取剂，模拟工业废物在进入卫生填埋场后，有害组分在渗滤液的影响下，从废物浸出的过程。

实际上，废物中不同有害组分的浸出浓度与不同的浸出毒性方法（也就是浸出液的制备方法）有很大的关系，同一种废物采用不同的浸出毒性方法，其有害组分的浸出浓度也会有很大的差异。不同的国家其浸出毒性方法都有差异，表6-15是国内外常用的浸出毒性方法的比较，可以看出，不同国家采用的浸出毒性方法，其实验用废物样品量、浸取剂的特性、液固比、萃取时间和萃取温度等都有差异，有些差异还较为显著。因此，在科学研究和实际应用时，应充分考虑不同浸出毒性方法对废物中有害成分浸出浓度的影响。

(3) 易燃性　易燃性（ignitability）一般是指闪点低于定值的废物由于摩擦、吸湿、点燃或由于自发的化学变化会产生发热或着火，或点燃后的燃烧会持续进行的性质。闪点（flash point）则是指在标准大气压（101.3kPa）下，液体表面上方释放出的易燃蒸气与空气完全混合后，可以被火焰或火花点燃的最低温度。该定义适用于液态危险废物，对于固态危险废物和气态危险废物的易燃性可参考标准《危险废物鉴别标准——易燃性鉴别》（GB 5085.4—2007）的具体规定。

标准GB 5085.4—2007针对固体废物的不同形态将其细分为液态易燃性危险废物、固态易燃性危险废物和气态易燃性危险废物，并有不同的鉴别标准。规定符合下列三种情形之一的固体废物，属于易燃性危险废物。

① 液态易燃性危险废物。闪点温度低于60℃（闭杯试验）的液体、液体混合物或含有固体物质的液体。

该类固体废物的易燃性采用宾斯基-马丁闭口闪点试验仪进行测定，方法概要如下。将试样倒入试验杯中，在规定的速率下连续搅拌，并以恒定速率加热试样。以规定的温度间隔，在中断搅拌的情况下，将火源引入试验杯开口处，使试样蒸气发生瞬间闪火，且蔓延至液体表面的最低温度，此温度为环境大气压下的观察闪点，再用公式修正到标准大气压下的闪点。详细试验步骤和仪器规格可以参考GB/T 261—2021。

本试验的目的在于通过测定废物的闪点鉴别其易燃性。美国RCRA规定闪火点等于或低于140℉（60℃）为易燃性的有害废物。表2-17列出了常见危险物质的熔点、沸点与闪点。研究表明，常见有机化合物的闪点与熔点和沸点存在着较强的正相关性，尤其通过建立沸点与闪点之间的定量关系，可以在工程上实现对相应有机危险废物闪点的有效计算。

表2-17　常见危险物质的熔点、沸点与闪点　　　　　　单位：℃

名称	熔点	沸点	闪点
苯	5.51	80.09	−11
四氯化碳	−22.6	76.8	—
1,2-二氯苯	−17.5	180～183	66
六氯苯	231.0	326.0	242

名称	熔点	沸点	闪点
硝基苯	6.0	210.9	88
吡啶	42.0	115.3	20
1,2,4-三氯苯	17.0	213.0	105
艾特拉津	175.0	—	—
艾氏剂	104.0	—	66
氯丹	—	175.0	56
迪氏剂	150.0	175~176	—
双环戊二烯	32.9	116.6	32
六氯环戊二烯	9.9	239.0	—
氯乙烷	−138.7	12.3	−50
氯甲烷	−97.0	−23.7	−46
二氯甲烷	−96.0	39.75	—
氯仿	−63.5	61.26	—
氯苯	−45.0	131.7	28
苯酚	40.85	181.9	79

② 固态易燃性危险废物。在标准温度和压力（25℃，101.3kPa）下因摩擦或自发性燃烧而起火，经点燃后能剧烈而持续地燃烧并产生危害的固态废物。

该类易燃性固体废物的实验方法按照《易燃固体危险货物危险特性检验安全规范》（GB 19521.1—2004）规定进行，将粉状或颗粒状样品紧密地装入模具，模具的顶上按放不渗透、不燃烧、低导热的底板，把设备倒置，拿掉模具，对于糊状物质则铺放在不燃烧的表面上，做成250mm的绳索状，剖面约100mm²，燃烧试验在通风橱中从一端将制备好的样品点燃，试验中有一次或多次燃烧时间<45s或燃烧速率>2.2mm/s，则属于固态易燃性危险废物。

③ 气态易燃性危险废物。在20℃，101.3kPa 状态下，在与空气的混合物中体积百分比≤13％时可点燃的气体，或者在该状态下，不论易燃下限如何，与空气混合，易燃范围的易燃上限与易燃下限之差≥12％的气体。

该类易燃性固体废物的实验方法按照《易燃气体危险货物危险特性检验安全规范》（GB 19521.3—2004）规定进行，试验在一个金属保护罩内的反应管中进行，反应管的顶部有一根可切断气体混合物排出的管子，反应管的一头是圆柱且带有点火用的火花塞（距管底约50mm，能提供每个火花10J的能量）、气体混合物进气口、检测火焰蔓延的2个热电偶（1个在点火系统旁边、1个在管子顶部），用流量计控制气体流速，充分混合待测气体混合物，同时关闭气体入口，在点火前打开反应管出口使得气体混合物的压力等同于大气压力。在该试验中，若火焰在火花塞周围开始燃烧，然后熄灭，且重复5次试验中有1次火焰升起，或火焰在管以10~50cm/s的速度缓慢升起，或火焰在管中以很快的速度升起，则属于气态易燃性危险废物。

（4）腐蚀性 腐蚀性（corrosivity）是指采用指定的标准方法、或根据规定程序批准的等效方法测定其溶液、固体或半固体浸出液的 pH 值小于或大于特定值，或者其对钢材的腐蚀速率大于特定值，则该废物具有腐蚀性。

根据我国标准《危险废物鉴别标准——腐蚀性鉴别》（GB 5085.1—2007）的规定，符合下列条件之一的固体废物，属于腐蚀性危险废物。

① 按照《固体废物腐蚀性测定——玻璃电极法》（GB/T 15555.12—1995）制备的浸出液，pH 值≥12.5，或者 pH 值≤2.0，则该类固体废物是具有腐蚀性的危险废物。腐蚀性的测定采用玻璃电极法（pH 值的测定范围为0~14）进行测定。本试验方法适用于固态、半固态的固体废

物的浸出液和高浓度液体的 pH 值的测定。

② 在 55℃条件下，对标准《优质碳素结构钢》（GB/T 699—2015）中规定的 20 号钢材的腐蚀速率≥6.35mm/a，则该类固体废物是具有腐蚀性的危险废物。腐蚀性速率测定按照标准《金属材料实验室均匀腐蚀全浸试验方法》（JB/T 7901—2001）进行。

(5) 反应性　反应性（reactivity）通常是指在常温、常压下不稳定，极易发生激烈的化学反应，遇火或水反应猛烈，在受到摩擦、撞击或加热后可能发生爆炸，或产生有毒气体的性质。

属于此类的危险废物具有化学不稳定性，或者极端反应性，能与空气或水或其他化学剂（例如酸、碱）起强烈的反应。含有氰化物或硫化物，可产生有毒气体、蒸气或烟雾。在常温常压下或加热时可发生爆炸。

我国《危险废物鉴别标准——反应性鉴别》（GB 5085.5—2007）规定符合下列任何条件之一的固体废物属于反应性危险废物。

① 具有爆炸性质。包括三种情况：a. 常温常压下不稳定，在无引爆条件下，易发生剧烈变化；b. 标准状态下，易发生爆轰或爆炸性分解反应；c. 受强起爆剂作用或在封闭条件下加热，能发生爆轰或爆炸反应。

上述标准中提到的爆炸（explosion）和爆轰（detonation）有一定的区别：前者指在极短的时间内，释放出大量能量，产生高温，并放出大量气体，在周围形成高压的化学反应或状态变化的现象；后者指以冲击波为特征，以超音速传播的爆炸。冲击波传播速度通常能达到上千到数千米每秒，且外界条件对爆速的影响较小。

爆炸性危险废物的鉴别主要依据专业知识，在必要时可按照标准《民用爆炸品危险货物危险特性检验安全规范》（GB/T 19455—2004）中第 6.2 和 6.4 条规定进行试验和判定。

② 与水或酸接触产生易燃气体或有毒气体。包括三种情况：a. 与水混合发生剧烈化学反应，并放出大量易燃气体和热量；b. 与水混合能产生足以危害人体健康或环境的有毒气体、蒸气或烟雾；c. 在酸性条件下，每千克氰化物废物分解产生≥250mg 氰化氢气体，或者每千克含硫化物废物分解产生≥500mg 硫化氢气体。

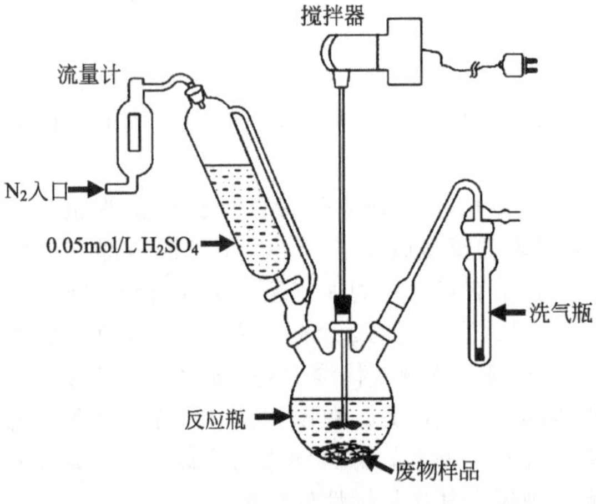

上述第一种情况的测定实验方法可以按照标准《遇水放出易燃气体危险货物危险特性检验安全规范》（GB 19521.4—2004）中第 5.51 和 5.5.2 条规定进行试验和判定。第二种情况主要依据专业知识和经验来判断。

第三种情况采用在装有定量废物的封闭体系中加入一定量的酸，将产生的气体吹入洗气瓶，测定被分析物。实验装置如图 2-4。

采用 500mL 的三颈圆底烧瓶（带 24/40 磨口玻璃接头）和 50mL 刻度的洗气瓶，搅拌装置转速约 30r/min，等压分液漏斗带均压管、24/40 磨口玻璃接头和聚四氟乙烯套管。具体分析步骤为：向刻度洗气瓶中加入 50mL 0.25mol/L 的 NaOH 溶液，用试剂水

图 2-4　测定废物中氰化物或硫化物释放的实验装置

稀释至液面高度；封闭测量系统，用转子流量计调节氮气流量为 60mL/min；向圆底烧瓶中加入 10g 待测废物，并加入足量硫酸使烧瓶半满；搅拌 30min 后关闭氮气，分别测定洗气瓶中的氰化物和/或硫化物的含量。经该实验方法测定的固体废物试样中氰化物或硫化物含量由式(2-25)和式(2-26)计算。

$$总有效\ HCN/H_2S(mg/kg) = RS \qquad (2\text{-}25)$$

式中，R 为 HCN/H_2S 的比释放率，mg/(kg·s)；S 为测量时间，s。

$$R=\frac{XL}{WS} \tag{2-26}$$

式中，X 为洗气瓶中 HCN/H_2S 的浓度，mg/L；L 为洗气瓶中溶液的体积，L；W 为取用的废物总量，kg。

③ 废弃氧化剂或有机过氧化物。包括两种情况：a. 极易引起燃烧或爆炸的废弃氧化物；b. 对热、震动或摩擦极为敏感的含过氧基的废弃有机过氧化物。

上述标准中第一种情况按照标准《氧化性危险货物危险特性检验安全规范》（GB 19452—2004）的规定进行。第二种情况按照标准《有机过氧化物危险货物危险特性检验安全规范》（GB 19521.12—2004）的规定进行。

(6) 感染性 感染性（infectivity）一般是指带有微生物或寄生虫，能致人体或动物疾病的废物。典型具有感染性的危险废物为医疗废物，2003 年我国颁布实施的《医疗废物管理条例》明确规定，医疗废物是指医疗卫生机构在医疗、预防、保健以及其他相关活动中产生的具有直接或者间接感染性、毒性以及其他危害性的废物。

医疗废物由于携带病菌的数量巨大，种类繁多，具有空间传染、急性传染、交叉传染和潜伏传染等特性，其危害性很大，因此，在《国家危险废物名录》中 HW01 号废物即为医疗废物。《医疗废物管理条例》将医疗废物分为下列种类。

① 感染性废物。感染性废物是指携带病原微生物，具有引发感染性疾病传播危险的医疗废物，包括以下几种。

a. 被病人血液、体液、排泄物污染的物品，包括：棉球、棉签、引流棉条、纱布及其他各种敷料；一次性使用卫生用品、一次性使用医用用品及一次性医疗器械；废弃的被服；其他被病人血液、体液、排泄物污染的物品。

b. 医疗机构收治的隔离传染病病人或者疑似传染病病人产生的生活垃圾。

c. 病原体的培养基、标本和菌种、毒种保存液。

d. 各种废弃的医学标本。

e. 废弃的血液、血清。

f. 使用后的一次性使用医疗用品及一次性医疗器械视为感染性废物。

② 病理学废物。病理学废物是指诊疗过程产生的人体废物和医学实验动物尸体等，包括以下几种。

a. 手术及其他诊疗过程中产生的废弃的人体组织、器官等。

b. 医学实验动物的组织、尸体。

c. 病理切片后废弃的人体组织、病理切块等。

③ 损伤性废物。损伤性废物是指能够刺伤或者割伤人体的废弃的医用锐器，包括以下几种。

a. 医用针头、缝合针。

b. 各类医用锐器，包括：解剖刀、手术刀、备皮刀、手术锯等。

c. 载玻片、玻璃试管、玻璃安瓿等。

④ 药物性废物。药物性废物是指过期、淘汰、变质或者被污染的废弃的药品，包括以下几种。

a. 废弃的一般性药品，如：抗生素、非处方类药品等。

b. 废弃的细胞毒性药物和遗传毒性药物，包括：致癌性药物，如硫唑嘌呤、苯丁酸氮芥、苯氮芥、环孢霉素等；可疑致癌性药物，如：丝裂霉素、阿霉素等；免疫抑制剂。

c. 废弃的疫苗、血液制品等。

⑤ 化学性废物。化学性废物是指具有毒性、腐蚀性、易燃易爆性的废弃的化学物品，包括以下几种。

a. 医学影像室、实验室废弃的化学试剂。

b. 废弃的过氧乙酸、戊二醛等化学消毒剂。

c. 废弃的汞血压计、汞温度计。

⑥ 其他废物。其他废物包括与感染性物质接触的废弃医疗器材，及其他经主管机关认定对人体或环境具有危害的废物。但是，其他根据食品卫生管理法规定应予以销毁的，以及根据传染病防治条例、家畜传染防治条例的规定须予以烧毁、掩埋、消毒的废物不在此范围内。

除了以上特性外，危险废物的其他特性还可能包括：生物积累性（bioaccumulation）；致突变性、致癌性或畸胎性（mutagenicity、carcinogenicity or teratogenicity，MCT）；放射性（radioactivity）等。生物累积性是指污染组分随时间在生物组织上累积，浓度增加而对生物造成危害。致突变性、致癌性或畸胎性是指废物能使遗传基因结构产生永久性改变，或诱发癌症，或导致后代的躯体或官能缺陷者。换句话说，带有 MCT 特性的废物，能造成生物遗传学上的、病理学上的，或后代生理学上的病变。有关放射性的规定见第 1.2.5 节中相关内容。

2.2.4 危险废物判定规则

我国于 2019 年发布的《危险废物鉴别标准——通则》（GB 5085.7—2019）关于混合危险废物和处理危险废物的规定如下。

(1) 危险废物混合后判定规则

① 具有毒性、感染性中一种或两种危险特性的危险废物与其他物质混合，导致危险特性扩散到其他物质中，混合后的固体废物属于危险废物。

② 仅具有腐蚀性、易燃性、反应性中一种或一种以上危险特性的危险废物与其他物质混合，混合后的固体废物经鉴别不再具有危险特性的，不属于危险废物。

③ 危险废物与放射性废物混合，混合后的废物应按照放射性废物管理。

(2) 危险废物利用处置后判定规则

① 仅具有腐蚀性、易燃性、反应性中一种或一种以上危险特性的危险废物利用过程和处置后产生的固体废物，经鉴别不再具有危险特性的，不属于危险废物。

② 具有毒性危险特性的危险废物利用过程产生的固体废物，经鉴别不再具有危险特性的，不属于危险废物。除国家有关法规、标准另有规定的外，具有毒性危险特性的危险废物处置后产生的固体废物，仍属于危险废物。

③ 除国家有关法规、标准另有规定的外，具有感染性危险特性的危险废物利用处置后，仍属于危险废物。

(3)《国家危险废物名录》相关规定

我国已将明确具有毒性、腐蚀性、易燃性、反应性或者感染性一种或者几种危险特性，以及不排除具有危险特性，可能对生态环境或者人体健康造成有害影响的固体废物（包括液态废物）列入《国家危险废物名录》，将其按照危险废物进行管理。该名录将根据实际情况实行动态调整，最新修订并于 2021 年 1 月 1 日起施行的《国家危险废物名录》共计列入 46 大类来源于不同行业的 467 种危险废物；被列入名录附录《危险废物豁免管理清单》中的危险废物在所列的豁免环节，且满足相应的豁免条件时，可以按照豁免内容的规定实行豁免管理。例如，重大传染病疫情期间产生的医疗废物，其运输和处置环节可按事发地的县级以上人民政府确定的处置方案进行，不必按照危险废物管理。

2.3 固体废物的采样方法

就统计观点而言，固体废物采样分析是从大量废物中取出少量代表性样品，由这些少量样品分析所得的数据，推测出整体废物的性质。因此利用科学统计方法将有助于提供采样的准确性。

所谓代表性样品是指具有下列特性的样品:

① 代表该废物采样群体的性质与化学组成;

② 具有与该废物采样群体相同的分布比率。

大多数的废物都呈不均匀状态,因此不能以一个样品作为代表该废物整体性质的"代表性样品",除非该废物为均匀状态,否则代表性样品并不意味着一个样品就代表整体废物的性质。比较准确的方法是收集并分析一个以上的样品,多个样品所产生的代表性数据,才可用以说明该废物的平均性质与组成。

2.3.1 采样统计方法

一般统计分析中常用的术语有:

(1) 算术平均值 (x_m) 若 n 为测定次数,x_i 为第 i 次测定值,则

$$x_m = \frac{1}{n} \sum_{i=1}^{n} x_i \qquad (2\text{-}27)$$

(2) 偏差 (deviation) (d_i)

$$d_i = x_i - x_m \qquad (2\text{-}28)$$

(3) 平均偏差 ($\bar{d}_i$)

$$\bar{d}_i = \frac{1}{n-1} \sum_{i=1}^{n} d_i = \frac{1}{n-1} \sum_{i=1}^{n} (x_i - x_m) \qquad (2\text{-}29)$$

(4) 平均偏差绝对值 ($|\bar{d}_i|$)

$$|\bar{d}_i| = \frac{1}{n-1} \sum_{i=1}^{n} |\bar{d}_i| = \frac{1}{n-1} \sum_{i=1}^{n} |x_i - x_m| \qquad (2\text{-}30)$$

(5) 标准偏差 (standard deviation) (σ)

$$\sigma = \left[\frac{1}{n-1} \sum_{i=1}^{n} (x_i - x_m)^2 \right]^{\frac{1}{2}} \qquad (2\text{-}31)$$

(6) 差异 (variance) (σ^2)

$$\sigma^2 = \frac{1}{n-1} \sum_{i=1}^{n} (x_i - x_m)^2 \qquad (2\text{-}32)$$

(7) 置信区间 (confidence interval) 实验组的真实平均值 (true mean) μ 的存在范围,可用下式表示

$$x_m - t(\phi, \alpha) \frac{\sigma}{\sqrt{n-1}} < \mu < x_m + t(\phi, \alpha) \frac{\sigma}{\sqrt{n-1}} \qquad (2\text{-}33)$$

式中,$\phi = n-1$,为自由度 (degree of freedom);$(1-\alpha)$ 为置信系数 (confidence coefficient);t 为 t 分布,见表 2-18。

表 2-18 采样统计方法中统计 t 值表

ϕ \ α	0.9	0.8	0.7	0.6	0.5	0.4	0.3	0.2	0.1	0.05	0.02	0.01	0.001
1	0.158	0.315	0.510	0.727	1.000	1.376	1.963	3.078	6.314	12.706	31.821	63.657	636.619
2	0.142	0.249	0.445	0.617	0.816	1.061	1.386	1.886	2.920	4.303	6.965	9.925	31.598
3	0.137	0.227	0.424	0.584	0.765	0.978	1.250	1.638	2.353	3.182	4.541	5.841	12.941
4	0.134	0.211	0.414	0.569	0.741	0.941	1.190	1.533	2.132	2.776	3.747	4.604	8.610
5	0.132	0.207	0.408	0.569	0.727	0.920	1.156	1.476	2.015	2.571	3.365	4.032	6.859
6	0.131	0.205	0.404	0.553	0.718	0.906	1.134	1.440	1.943	2.447	3.143	3.707	5.959
7	0.130	0.203	0.402	0.549	0.711	0.896	1.119	1.415	1.895	2.365	2.998	3.499	5.405

ϕ \ α	0.9	0.8	0.7	0.6	0.5	0.4	0.3	0.2	0.1	0.05	0.02	0.01	0.001
8	0.130	0.292	0.399	0.546	0.706	0.889	1.108	1.397	1.860	2.306	2.866	3.355	5.041
9	0.129	0.291	0.398	0.543	0.703	0.883	1.100	1.383	1.833	2.262	2.821	3.250	4.781
10	0.129	0.290	0.397	0.542	0.700	0.879	1.093	1.372	1.812	2.228	2.764	3.169	4.587
11	0.129	0.290	0.396	0.540	0.691	0.876	1.083	1.363	1.796	2.201	2.718	3.106	4.437
12	0.128	0.299	0.395	0.539	0.695	0.873	1.083	1.356	1.782	2.179	2.681	3.055	4.318
13	0.128	0.299	0.394	0.538	0.694	0.870	1.079	1.350	1.771	2.160	2.650	3.012	4.221
14	0.128	0.298	0.393	0.537	0.692	0.868	1.076	1.345	1.761	2.145	2.624	2.977	4.140
15	0.128	0.298	0.393	0.536	0.691	0.866	1.074	1.341	1.753	2.131	2.602	2.947	4.073
16	0.128	0.298	0.392	0.535	0.690	0.865	1.071	1.337	1.746	2.120	2.583	2.921	4.015
17	0.128	0.267	0.392	0.534	0.689	0.863	1.069	1.333	1.740	2.110	2.567	2.898	3.965
18	0.127	0.267	0.392	0.534	0.688	0.862	1.067	1.330	1.734	2.101	2.552	2.878	3.922
19	0.127	0.297	0.391	0.533	0.688	0.860	1.066	1.328	1.729	2.093	2.539	2.861	3.883
20	0.127	0.297	0.391	0.533	0.687	0.859	1.064	1.325	1.725	2.086	2.528	2.845	3.850
21	0.127	0.297	0.391	0.532	0.686	0.858	1.063	1.323	1.721	2.080	2.518	2.831	3.822
22	0.127	0.296	0.390	0.532	0.686	0.858	1.061	1.321	1.717	2.074	2.508	2.819	3.792
23	0.127	0.296	0.390	0.532	0.685	0.857	1.060	1.319	1.714	2.069	2.500	2.807	3.767
24	0.127	0.296	0.390	0.531	0.685	0.856	1.050	1.318	1.711	2.064	2.492	2.797	3.745
25	0.127	0.296	0.390	0.531	0.684	0.856	1.058	1.316	1.708	2.606	2.485	2.787	3.725
26	0.127	0.296	0.390	0.531	0.684	0.855	1.058	1.315	1.706	2.056	2.479	2.779	3.707
27	0.127	0.286	0.389	0.531	0.684	0.855	1.057	1.314	1.703	2.052	2.473	2.771	3.690
28	0.127	0.286	0.389	0.530	0.683	0.854	1.056	1.313	1.701	2.048	2.467	2.763	3.674
29	0.127	0.286	0.389	0.530	0.683	0.854	1.055	1.311	1.699	2.045	2.462	2.756	3.659
30	0.127	0.286	0.389	0.530	0.683	0.854	1.055	1.310	1.697	2.042	2.457	2.750	3.646
40	0.126	0.285	0.388	0.529	0.681	0.851	1.050	1.303	1.684	2.021	2.423	2.740	3.551
60	0.126	0.284	0.387	0.527	0.679	0.848	1.046	1.296	1.671	2.000	2.390	2.660	3.460
120	0.126	0.284	0.386	0.526	0.677	0.845	1.041	1.289	1.658	1.980	2.358	2.617	3.373
∞	0.126	0.283	0.355	0.524	0.674	0.842	1.036	1.282	1.645	1.960	2.326	2.576	3.291

【例 2-7】 设欲测废物某性质，取 10 次数据，求得平均值为 50.31，而标准偏差为 0.23，试决定在 95% 置信系数下该性质的范围。

解：

$$\alpha = 1 - 0.95 = 0.05$$

$$\phi = 10 - 1 = 9$$

由表 2-18 可知：

$$t(9, 0.05) = 2.26$$

$$50.31 - 2.26 \frac{0.23}{\sqrt{9}} < \mu < 50.31 + 2.26 \frac{0.23}{\sqrt{9}}$$

$$50.31 - 0.17 < \mu < 50.31 + 0.17$$

$$50.14 < \mu < 50.48$$

在采样过程中，欲取得高准确度的采样，有下列两种方法：

(1) 群体中取得适当数量的样品　由样品标准偏差 (σ) 的计算公式：

$$\sigma = \left(\frac{\sum d_i^2}{n-1} \right)^{\frac{1}{2}} \tag{2-34}$$

式中，d_i 为偏差；n 为采取样品量。

可以看出，当样品量（n）增加时，样品标准偏差（σ）降低，亦即准确度增加。

（2）取得最大物理量（最大质量或体积）的样品　取得最大物理量的样品可降低样品间的差异，即降低样品标准偏差（σ），增加采取样品的数量和大小，可增加采样准确度。

根据废物贮存方式与贮存容器的不同，可使用不同的采样形态，常用的采样方法包括：单一随机采样、分层随机采样、系统随机采样、阶段式采样、权威采样、混合采样。以下分别说明几种不同采样类型的适用性及其优缺点。

2.3.2　单一随机采样法

（1）采样方法　将所有废物划分成相当数量的假想格子，依序给予连续编号，随机选出一组号码，再从这组号码所代表的格子取出样品，再随机选择所要采集的样品。

（2）特性　废物中的任一点都有同等的机会被取出，且以随机方式取出适量样品。

单一随机采样的优点是简单、准确度高。该法适用于：化学性质呈现不规则的非均态，且维持固定状态的废物；无任何或很少相关污染物分布资料的废物。

2.3.3　分层随机采样法

（1）采样方法　若废物的污染性质很明显地分割成数层，且层与层之间性质差异很大，而每一层内的差异性很小，并至少可取出 2～3 个样品时，则在每一层中，分别以单一随机采样法采集样品；若清楚了解每层的差异程度，则以其差异程度，依各层废物量的分布比例大小，分别于各层取出相当比例的样品量。

（2）特性　分层随机采样依据各层显著的差异性，分别根据其差异程度的大小，取出不同比例的样品数，能很准确地反映废物性质分布的状况。

该方法适合在以下情况下采用：明确了解废物中污染物的分布情形，且其分层现象很明显；经费不足，仅能取少数样品的情况。

该方法的特点是：当对废物分布情况的估测准确时，其准确度和精确度都较单一取样更高，并且能了解各层废物的性质分布状况，但是，若废物分层现象不明显，且估测错误时，则会降低其准确度。

2.3.4　系统随机采样法

（1）采样方法　在废物中随机取出第一个样品，其后于一定空间或时间间隔下，依序取出其他样品，即将全体所有的个体依次编号，设定固定间隔，每隔若干号抽取一号。样本数与母体数的关系，根据间隔的划分而定，间隔大时样品数小，间隔小时样本数大。例如每隔 20 个号码或时间取 1 个样品，则总样品数占母体数的 5%，同样，每隔 100 个取得一个，则样本数为全体的 1%。若母体个数为 N，所要采样样本总数为 n 时，取 $I = n/N$ 称为抽样间隔（sampling interval），若 I 不为整数，则用四舍五入法取整数。至于样本个体依次为 S，$2S$，$3S$，…，而这些样本在全体中的位置，则可用下列公式求得：

$$K = (S-1)I + f \tag{2-35}$$

式中，K 为样本个体在全体中的位置（在全部母体已依次编号的情况下）；S 为等间隔的样品顺序位次；I 为间隔大小；f 为第一个抽取样品在全部母体中所占的位置。

（2）特性　第一个样本随机取出后，其余的样本则依一定规则取出。该方法适用于采样人员非常了解该废物的特性，确知该废物中的主要污染物质呈任意分布或只有缓和的层化现象。

系统随机采样法易于确认和收集样品，有时可得到较高的精确度，若污染物质分布较均匀时，则可得更高的准确度。若污染物质的分布呈现未知的趋势或循环周期时，则会降低其准确度。进行废物评估时，通常不采用此方法。

【例 2-8】 设某废物采样工作经评估后拟采用"系统随机采样法"，其第一次（每季采一次）取样是编号 2 的样品，若抽样间隔为 5，则第四次取样时（如以时间为间隔的第四季度）取样样品编号应是多少？

解：

采用式(2-35)，由题意可知：

$$I = 5, \quad f = 2, \quad S = 4$$

则

$$K = (S-1)I + f$$
$$= (4-1) \times 5 + 2$$
$$= 17$$

故第四次取样是编号 17 的样品。

2.3.5 阶段式采样法

(1) 采样方法 阶段式抽样是先由一个原始 N 个单位（一单位中含有多个样品）中抽取 n 个单位的随机样本，称为主要（或第一段）抽样单位（primary sampling unit，PSU），而再从 n 个单位中的第 i 个被选的主要单位再选 m 个单位，称为次要（或第二段）抽样单位（secondary sampling unit，SSU），而主要抽样单位当中皆含 M 个单位，若就只进行至次要抽样单位中分析，则称为两段式采样，若继续由次要抽样单位抽取更小单位进行采样，则为三段式采样，三段以上的采样，称为多段式采样（multistage sampling）。

(2) 特性 阶段式采样法采样手续方便，可依需要分阶段实施采样工作。该法的缺点是误差较大，整理分析较繁杂。

2.3.6 权威性采样法

(1) 采样方法 由对所采集废物的性质非常清楚的人员决定并选择样品。

(2) 特性 整个采样过程完全由一个人决定，人为因素较强。因此，该法仅适用于采样人员对废物性质确实了解的情况。也正因为如此，权威性采样法虽然较简单、方便，但容易出现错误的判断，数据的有效性比较可疑。进行废物评估时，通常不采用此方法。

2.3.7 混合采样法

(1) 采样方法 将由废物收集而来的一些随机样品，混合成单一样品，再分析此单一混合样品的相关污染物。常用的方法有二分法、四分法与井字法。

① 二分法。将废物堆等分，各等分取适量样品再均混后等分，再从各等分取适量样品，如此重复至适当的样品量。

② 四分法。将废物堆十字均分为四小堆，取对角的两小堆，均混后再十字均分为四小堆，如此重复至适当的样品量。

③ 井字法。将废物堆井字均分为九小堆，各小堆等取适量样品，均混后再井字均分为九小堆，如此重复至适当的样品量。

(2) 特性 混合采样法样品间的分散性较小，可减少样品采集数量。但由于一组样品仅产生一个分析数据，即 n 很小，而 σ 和 t 很大，这样容易降低废物中污染物的"代表性"，为弥补这种情形，可以收集并分析较多数量的混合样品，从而使结果更具代表性，但却抵消了混合采样可能节省的经费。

综合以上讨论（见表 2-19）可知，当要采集废物样品时，若无任何或很少相关污染物分布的资料时，最好采用单一随机采样法，若有较详细相关资料时，则要考虑采用分层随机采样法或系统随机采样法。

表 2-19　固体废物不同采样方法的比较

采样方法	优　　点	缺　　点
简易随机采样	(1)方法简单 (2)因易估算族群总值及采样误差,准确度、精确度高	(1)采样样品较为分散 (2)所需采样人力及经费较大
分层随机采样	(1)若每层内的差异度越小,可得更高精确度(比简易随机要高) (2)可求得各层的估算值	(1)样品数据资料的整理、推算工作,会比简易随机繁琐 (2)族群分布为未知倾向时会降低准确度及精确度
系统随机采样	(1)依随机方式只需采取一个,其余依序,故较方便 (2)污染物质分布均匀时,可得高准确度	(1)族群分布为未知倾向时会降低准确度 (2)样本个体成周期循环,而若又与采样样品间隔相近时误差会较大
阶段式采样	(1)采样手续较方便 (2)可阶段实施采样工作	(1)误差较大 (2)整理分析较繁杂
权威判断采样	简易、方便	由于错误的判断,误差可能很大,无法估算族群平均数及采样标准偏差
混合采样	综合简易随机采样及阶段式采样优点	为求更具代表性,需采集较多个别样品,人力经费并没有显著节省

2.3.8　不同废物贮存形态的取样方法

(1) 大型容器取样法　对贮放于大型容器中的废物,取样方法可以根据废物组成分布的差异性、不均匀性及样品取得难易度、贮存容器的不同而进行选择,但其基本原则都是为了取得容器内每一点的样品。下列几种取样方式适合于容器取样口不受限制的情况。

① 三度空间单一随机取样。将容器根据假想的三度空间格子结构划分。

a. 将废物顶层表面划分成等面积的格子,每格大小约与取样器大小一致;若容器较大,则可取较取样器大的格子;若为圆柱形容器,则可划分成不同同心圆,再细分成等面积的格子。

b. 将容器高度划分为等距离水平高度,此距离至少须大于取样器所需的垂直空间。每一水平层以数字标出。

c. 以乱数表或乱数产生器决定取样位置。

② 二度空间单一随机取样。对收集较小数量的样品,此法能提供较精确的取样。步骤如下:

a. 同三度空间单一随机取样法,将废物顶层划分成等面积的格子,格子大小约相当于取样器大小。

b. 利用乱数表或乱数产生器,选择取样格子。

c. 用适当的取样器,自所选择格子由顶端到底端,垂直取出整个长度的样品。

(2) 敞开车辆取样法　在废物上方划分假想格子,在交叉点利用螺旋钻或适合的采样器取出样品。

(3) 贮槽(坑)内废物的取样法

① 开放式贮槽。以三度空间单一随机取样法取样,可不受限制取得样品。

② 开放式贮槽,且已知或已假设废物组成的分布。可用二度空间单一随机取样法取样。

③ 取样口受限制的贮槽。此类贮槽限制了取样位置,因此,必须取得充分的样品量来说明废物垂直方向可能存在的差异,以取得样品的代表性。在一密闭的贮槽,样品取得只经由一个孔,槽内部分位置无法取得样品,如此所得样品仅代表取得区域而非整体,除非贮槽内的样品是均匀的。

④ 取样口受限制，且废物内成分分布情况未知的贮槽。可估计槽内废物倒出所需时间，在倾出过程中，随机选择时间采取一系列样品。

⑤ 可对各层分别以二度空间单一随机取样法或三度空间单一随机取样法取样。

(4) 废物堆取样法 废物样品取得难易与废物堆大小有关，也是决定取样方法的主要因素。

① 若废物堆的每一位置都可取得样品时，可用三度空间单一随机取样法取样。

② 若废物堆过大，不易取得各位置的样品时，须配合废物堆移走的时间来取样，估计废物堆移走所需卡车数量，任取所需卡车负载数量的样品。

③ 对小型废物堆，取样器可用简易的铲、匙类；对中型废物堆，取样器可用挖掘工具，如锄、镐类。

(5) 填埋场取样法 填埋场的取样方法可用三度空间随机取样法，若填埋场含有几个单元，则必须对每一单元作三度空间随机取样。

【例2-9】 若拟在某废物填埋场采样检测该废物的某性质，由检测人员采用四分法采样，并获得如下共 7 次的数据：15.3，14.6，17.8，13.2，14.1，15.4，15.8。试评估此数据若在95％可信度下，该性质值能否介于平均值的±5％以内，若不可以，应如何处理？

解：

$$平均值 \ x_m = \frac{15.3+14.6+17.8+13.2+14.1+15.4+15.8}{7} = 15.17$$

95％置信系数，$\alpha = 1-0.95 = 0.05$

自由度 $\phi = n-1 = 7-1 = 6$

标准偏差：

$$\sigma = \left[\frac{1}{n-1} \sum_{n=1}^{7} (x_i - x_m)^2 \right]^{0.5}$$

$$= \left\{ \frac{1}{6} \left[(15.3-15.17)^2 + (14.6-15.17)^2 + (17.8-15.17)^2 + (13.2- \right. \right.$$

$$\left. \left. 15.17)^2 + (14.1-15.17)^2 + (15.4-15.17)^2 + (15.8-15.17)^2 \right] \right\}^{0.5}$$

若可信度在 95％内，查表 2-18 得 $t = 2.447$，则由式（2-33）知：

$$15.17 \pm 2.447 \times \frac{1.457}{\sqrt{6}} = 15.17 \pm 1.455（或 15.17 \pm 9.59\%）= 13.72 \sim 16.63$$

由此可知，采样次数无法满足在 95％可信度下，该性质值能介于平均值的 ±5％ 以内，因此除非降低可信度，或增加采样次数（n），否则无法满足要求。

2.3.9 我国生活垃圾采样标准

国家环境保护总局 1998 年实施的国家标准《固体废物浸出毒性浸出方法 翻转法》（GB 5086.1—1997）附录 A 对生活垃圾的采样制样方法进行了明确规定，该标准根据垃圾不同的产生源对采样方法进行划分，包括：居民生活垃圾采样、非居民生活垃圾采样、垃圾运输车采样以及堆存场和填埋场的生活垃圾采样，并对样品制备和质量保证进行了具体规定。主要的一次样品采样方法介绍如下。

(1) 居民生活垃圾采样

① 简单随机采样法。

a. 抽签法。把批（确定时空条件下的一定质量的生活垃圾）中的全部收集点、站、箱等进行编号，同时把号码写在制片上；掺和均匀后，从中随机抽取规定份样数量的纸片，抽中的号码，就是应采样的收集点、站、箱的编号。

b. 随机数字表法。把批中的全部收集点、站、箱等进行编号，有多少收集点、站、箱就编多少号，最大编号是几位数，就使用随机数字表的几栏（或几行），并把几栏（或几行）并在一起使用。然后从随机数字表的任意一栏、任意一行数字开始数，可以向任何方向数过去，碰到小于或等于最大编号的数码就记下来，直到采够规定的份样数量为止。采中的号码，就是应采样的收集点、站、箱等的编号。生活垃圾采样是不重复采样，使用随机数字表时，碰到已抽过的数码就不要它，再继续往下找。

② 等距采样法（系统采样法）。将批的全部收集点、站、箱等按一定（方向或区域）顺序排列起来，每隔一个采样间隔就采一个收集点、站、箱等，共采规定份样数量个。份样间的间隔按下式算出：

$$T \leqslant \frac{m_0}{m} \tag{2-36}$$

式中，T 为采样间隔（小数进整数），个；m_0 为批中的收集点、站、箱等总个数，个；m 为规定份样数量。

③ 分层采样法。把确定的份样户数根据燃煤户、半燃煤户、不燃煤户三种户型的比例进行加权分配，户型户数份样数按下式计算：

$$n_i \geqslant n \frac{N_i}{\sum\limits_{i=1}^{3} N_i} \tag{2-37}$$

式中，n_i 为第 i 户型最少应采居民户数（小数进整数），户；n 为最少应采居民户数，户；N_i 为第 i 户型的居民总户数，户。

应采户型收集点、站、箱等数按下式计算：

$$m_i \geqslant \frac{n_i}{k_i} \tag{2-38}$$

式中，m_i 为第 i 户型应采收集点、站、箱数（小数进整数），个；n_i 为第 i 户型应采最少居民户数，户；k_i 为第 i 户型收集点、站、箱平均服务居民户数，户。

份样量确定为采样点的每一个收集点、站、箱在 24h 内收集的生活垃圾（要防止捡拾人员从中拾走任何组分）。全部生活垃圾收集点、站、箱都可作为采样点，可按随机确定采样点。在每个采样点上，对 24h 内收集到的生活垃圾按要求进行组分分类，分别称量、记录、计算，在此基础上，可进行二次样品的采集。每年至少采样 12 次，可以每月至少采 1 次，也可每季度连续采样最少 3 天。应避开大风、雨、雪天气。

（2）非居民生活垃圾采样

① 简单随机采样法。

a. 抽签法。把批中的全部网点、单位等进行编号，同时把号码写在纸片上；掺和均匀后，从中随机抽取规定份样数量的纸片，抽中的号码，就是应采样的网点、单位的编号。

b. 随机数字表法。把批中的全部网点、单位等进行编号，有多少网点、单位就编多少号，最大编号是几位数，就使用随机数字表的几栏（或几行），并把几栏（或几行）并在一起使用。然后从随机数字表的任意一栏、任意一行数字开始数，可以向任何方向数过去，碰到小于或等于最大编号的数码就记下来，直到采够规定的份样数量为止。采中的号码，就是应采样的网点、单位的编号。

② 等距采样法（系统采样法）。将批的全部网点、单位等按一定（方向或区域）顺序排列起来。每隔一个采样间隔就采一个网点、单位，共采规定份样数量个。其间隔计算同式(2-34)。

③ 分层采样法。把确定的份样数，根据网点、单位的类型或大小按比例进行加权分配，确定各种类型网点、单位份样数，按式(2-35)计算。

对于餐饮服务行业，最少采样份样数应不少于服务网点总数的 0.5% 个；对于医院，最少采样数不少于医院总数的 5%个；对于科研、文教、卫生（医院除外）事业单位，最少采样份样数应不于于各个部门单位总数的 1%个。

份样量确定为采样点的每一个单位在 24h 内收集的生活垃圾（要防止捡拾人员从中拾走任何组分）。批中的全部网点、单位都可作为采样点，可按随机确定采样点。在每个采样点上，对 24h 内收集到的生活垃圾按要求进行组分分类，分别称量、记录、计算，在此基础上，可进行二次样品的采集。每年至少采样 12 次，可以每月至少采 1 次，也可每季度连续采样最少 3 天。应避开大风、雨、雪天气。

(3) 垃圾运输车采样 对多台垃圾车，应分两阶段采样。首先从全部垃圾车 N_0 个中随机抽取 n_1 台，然后再从 n_1 台中的每一台采 n_2 个份数。

推荐当 $N_0 \leqslant 6$ 时，取 $n_1 = N_0$；当 $N_0 > 6$ 时，n_1 按下式计算：

$$n_1 \geqslant 3 \times \sqrt[3]{N_0} \text{（小数进整数）} \tag{2-39}$$

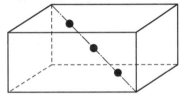

图 2-5 立体对角线确定采样点

推荐第二阶段采样数 $n_2 \geqslant 3$，即从 n_1 台车中每台车上随机最少采取上、中、下三个份样，每个份样量最少为 10kg。

份样的采取，原则上应从垃圾车装卸过程中新露出的断面上随机定点采份样。在垃圾车上采样时，可采用立体对角线布点法确定上、中、下三个采样点（采样位置）。图 2-5 为采用立体对角线确定采样点的方法，该图中共有 4 条对角线，可按简单随机采样法的抽签法，随机确定一条对角线，按上、中、下三点采样。

(4) 堆存场和填埋场的生活垃圾采样

a. 抽签法。把可作为采样点的全部点进行编号，同时把号码写在纸片上，掺和均匀后，从中随机抽取规定数量的纸片，抽中的号码就是应采样的编号。

b. 随机数字表法。把可作为采样点的全部点进行编号，有多少采样点就编多少号，最大编号是几位数，就使用随机数字表的几栏（或几行），并把几栏（或几行）并在一起使用。然后从随机数字表的任意一栏、任意一行数字开始数，可以向任何方向数过去，碰到小于或等于最大编号的数码就记下来，直到采够规定的份样数量为止。采用的号码，就是应采样的点编号。

按照生活垃圾批量大小，按表 2-20 确定最少份样数，每个份样量最少为 20kg。

表 2-20 批量与最少份样数

批量大小/t	≤5	5～50	50～500	500～5000	5000～5 万	5 万～50 万	50 万～100 万	≥100 万
最少份样数/个	5	10	20	30	40	50	60	70

2.3.10 我国用于鉴别固体废物危险特性的采样方法

《危险废物鉴别技术规范》（HJ 298—2019）对适用于该标准的固体废物（包括生产、生活和其他活动中产生的固体废物，环境事件涉及的固体废物和液态废物）的危险特性鉴别中，样品的采集和检测，以及检测结果判断等过程的技术要求做出了规定。其中的样品采集部分对采样对象、份样数、份样量的确定，采样的时间和频次，以及采样方法进行了详细说明。不同废物的采样方法如下。

(1) 生产工艺过程产生的固体废物 生产工艺过程产生的固体废物应在固体废物排（卸）料口按照下列方法采集。

① 由卸料口排出的固体废物。采样过程应预先清洁卸料口，并适当排出固体废物后再采集样品。采样时，采用合适的容器接住卸料口，根据需要采集的总份样数或该次需要采集的份样数，等时间间隔接取所需份样量的固体废物。每接取一次固体废物，作为 1 个份样。

② 板框压滤机。将压滤机各板框顺序编号，用《工业固体废物采样制样技术规范》（HJ/T 20—1998）中的随机数表法抽取与该次需要采集的份样数相同数目的板框作为采样单元采取样品。采样时，在压滤脱水后取下板框，刮下固体废物。每个板框内采取的固体废物，作为1个份样。

（2）堆存状态固体废物采样

① 散状堆积固态、半固态废物。对于堆积高度小于或者等于0.5m的散状堆积固态、半固态废物，将固体废物堆平铺为厚度为10～15cm的矩形，划分为5N个（N为所需采样的总份样数，下同）面积相等的网格，顺序编号；用HJ/T 20中的随机数表法抽取N个网格作为采样单元，在网格中心位置处用采样铲或锹垂直采取全层厚度的固体废物。每个网格采取的固体废物，作为1个份样。

对于堆积高度大于0.5m的散状堆积固态、半固态废物，应分层采取样品；采样层数应不小于2层，按照固态、半固态废物堆积高度等间隔布置；每层采取的份样数应相等。分层采样可以用采样钻或者机械钻探的方式进行。

② 敞口贮存池或不可移动大型容器中的固体废物。将容器（包括建筑于地上、地下、半地下的）划分为5N个面积相等的网格，顺序编号。

a. 液态废物。用HJ/T 20中的随机数表法抽取N个网格作为采样单元采取样品。对于无明显分层的液态废物，采用玻璃采样管或者重瓶采样器进行采样。将玻璃采样管或者重瓶采样器从网格的中心位置处垂直缓慢插入液面至容器底；待采样管/采样器内装满液态废物后，缓缓提出，将样品注入采样容器。对于有明显分层的液态废物，采用玻璃采样管或者重瓶采样器进行分层采样。每采取一次，作为1个份样。

b. 固态、半固态废物。固体废物厚度小于2m时，用HJ/T 20中的随机数表法抽取N个网格作为采样单元采取样品。采样时，在网格的中心位置处用土壤采样器或长铲式采样器垂直插入固体废物底部，旋转90°后抽出。每采取一次固体废物，作为1个份样。

固体废物厚度大于或等于2m时，用HJ/T 20中的随机数表法抽取$\dfrac{N+1}{3}$（四舍五入取整数）个网格作为采样单元采取样品。采样时，应分为上部（深度为0.3m处）、中部（1/2深度处）、下部（5/6深度处）三层分别采取样品。每采取一次，作为1个份样。

③ 小型可移动袋、桶或其他容器中的固体废物。将各容器顺序编号，用HJ/T 20中的随机数表法抽取N个容器作为采样单元采取样品。根据固体废物性状，分别使用长铲式采样器、套筒式采样器或者探针进行采样。每个采样单元采取1个份样。当容器最大边长或高度大于0.5m时，应分层采取样品，采样层数应不小于2层，各层样品混合作为1个份样。

如样品为液态废物，将容器内液态废物混匀（含易挥发组分的液态废物除外）后打开容器，将玻璃采样管或者重瓶采样器从容器口中心位置处垂直缓缓插入液面至容器底；待采样管/采样器内装满液体后，缓缓提出，将样品注入采样容器。

④ 封闭式贮存池、不可移动大型容器或槽罐车中的固体废物。贮存于封闭式贮存池、不可移动大型容器或槽罐车中的固体废物应尽可能在卸除固体废物过程中采取样品。如不能在卸除固体废物过程中采样，则从贮存池、容器上部开口采集样品。如存在卸料口，则同时在卸料口采集不少于1个份样。

讨论题

1. 据统计，某城市2020年的人口数量为20万，生活垃圾产生量平均为200t/d。根据该城市的经济发展和城市化进程，预计到2025年该城市的人口数量会增加到22万，为控制生活垃圾的过分增加，规划控制垃圾的人均产生量在2025年为1.1kg/d。请选择合适的计算方法，预测该城市在2021～2030年期间各年的人口规模、生活垃圾产生量及垃圾产率。

2. 请分别说明固体废物的水分、挥发分、固定碳、可燃分和灰分的含义，以及相互间的关系。

3. 某电镀企业产生了 500kg 污泥，经测定其中重金属 Cd 的浸出浓度为 0.15mg/L，请你分析这些污泥需要按照危险废物处理还是按照一般工业废物进行处理。

4. 请说明名录危险废物和特性危险废物的区别和联系。

5. 以下废物是否为危险废物，为什么？被三氯乙烷污染的土壤；表面附上氢氧化钠的干的滤饼；水溶液含 20％甲醇，它的闪点低于 60℃；浓硫酸。

6. 名录危险废物和土壤混合后，它还是危险废物吗？特性危险废物和土壤混合后，它还是危险废物吗？为什么？

7. 危险废物经处理后的残渣还是危险废物吗？为什么？请举例说明。

8. 为搞清楚某行业产生废物的性质变化规律，经评估后拟采用"系统随机采样法"，每周采样一次，其第一次采样编号为 3 的样品，若抽样间隔为 3，则第 11 次取样时取样编号应为多少？

9. 某废物采样工作经评估后拟采用"系统随机采样法"采样，样品编号按月份排序，每季度采样一次，第一次取样编号为 2，则第 3 次取样样品的编号应为多少？

10. 某城市生活垃圾的化学组成为 $C_{60.0}H_{25.4}O_{37.5}N_{7.8}S_{5.6}Cl$，其水分含量为 45.6％，灰分含量为 14.3％。请估算该废物的高位热值和低位热值。

11. 修订后的《危险废物鉴别标准——浸出毒性鉴别》（GB 5085.3—2007）对于主要重金属的浸出浓度的限值都比 GB 5085.3—1996 的限值高，是否说明新的浸出毒性标准比原有标准放宽了？为什么？

12. 请说明危险废物的主要特性，并请简要分析各特性的定义及分析方法。

13. 某学校拟对其产生的生活垃圾进行采样分析，请你根据学校生活垃圾产生的特点，制定一个采样的方案。

14. 对垃圾取样进行有机组分全量分析的结果见下表，请确定垃圾中有机组分的化学组分表达式（考虑 C、H、O、N、S）。

有机物种类	组 分/kg					
	C	H	O	N	S	灰分
餐厨	1.30	0.17	1.02	0.07	0.01	0.14
办公纸	13.92	1.92	14.08	0.10	0.06	1.92
包装板纸	2.51	0.34	2.54	0.02	0.01	0.28
塑料	4.14	0.50	1.57	—	—	0.69
织物	0.99	0.12	0.56	0.08	—	0.05
橡胶	0.39	0.05	—	0.01	—	0.05
皮革制品	0.24	0.03	0.05	0.04	—	0.04
庭院废物	3.11	0.39	2.47	0.22	0.02	0.29
竹木	0.79	0.10	0.68	—	—	0.02

3

固体废物的收集、运输及转运系统

固体废物的收集与运输是连接废物产生源和废物处理处置设施的重要环节，在固体废物管理体系中占有非常重要的地位。此工作不仅能简化后续处理的程序，减少处理设备的耗损，如焚烧处理的焚烧炉寿命，还能同时完成资源回收工作。但是固体废物收集和清运工作的成本往往是整个处理工作成本中最高的，如生活垃圾处理中其收运成本占了总成本的 60%～80% 左右，因此废物的收集和运输工作的管理优劣决定了废物处理处置成本高低的关键。因此，如何提高固体废物的收运效率，对于降低固体废物处理处置成本、提高综合利用效率、减少最终处置的废物量都具有重要意义。

废水和废气都具有流动性，其收集和运输相对比较简单。固体废物由于其所固有的非均质特性，它的收集和运输要比废水和废气复杂和困难得多。另外，无论是工业废水还是城市污水，只是由于成分的不同而导致处理方法的不同，其收集方式并没有根本的区别。而生活垃圾与工业固体废物，尤其是危险废物，无论是收集和运输方式，还是管理方法、处理处置技术都有着原则的区别，需要分别加以研究。

目前，世界各国对于工业固体废物的管理大都遵循"谁污染、谁治理"的原则。所以，大量产生固体废物的企业均设有处理设施、堆放场或处置场，收集与运输的工作也都由产生废物的单位自行负责。对那些没有处理处置能力的生产单位，或企业本身没有能力自行处置的废物，则由政府指定的专门机构负责统一管理。近年来，我国在开展工业固体废物申报登记和各种处理处置技术研究的基础上，提出了对各类危险废物实行区域性集中管理的技术政策，从而保证了各类危险废物无害化管理的实施；同时，还大力推广废物交换，提倡和鼓励固体废物的综合利用；对于各类废物的收集、运输和处理处置也逐步推行许可证制度和转移联单制度等，在固体废物全过程管理的进程中迈出了一大步。

根据《固废法》的定义，生活垃圾是指在日常生活中或者为日常生活提供服务的活动中产生的固体废物，以及法律、行政法规规定视为生活垃圾的固体废物。由此可见，生活垃圾除包括居民生活垃圾外，还包括为居民生活服务而产生的商业垃圾、建筑垃圾、园林垃圾、粪便以及电子商务、快递和外卖等行业产生的包装废弃物等。这些垃圾的收集基本上属于集团活动。也就是说，分别由某一个部门专门作为经常性工作加以管理。商业垃圾与建筑垃圾由产生单位根据国家规定清运，园林垃圾和粪便则由环卫部门负责定期清运，电子商务、快递和外卖等行业应采用可重复使用、易回收利用的包装物，优化物品包装，减少包装废弃物的产生并对此进行回收。对于居民家庭产生的生活垃圾，由于发生源分散、总产生量大、成分复杂，收集工作十分困难，因此在世界上任何国家的城市管理中，都是一个不可忽视的问题。

本章重点讨论废物的收集、运输、转运及收运系统。

3.1 固体废物的收集方式与生活垃圾分类收集

3.1.1 收集方式

固体废物的收集主要有混合收集和分类收集两种形式。另外，根据收集的时间，又可以分为定期收集和随时收集。

(1) 混合收集 混合收集是指统一收集未经任何处理的原生废物的方式。这种收集方式历史悠久，应用也最广泛。混合收集的主要优点是收集费用低，简便易行；缺点是各种废物相互混杂，降低了废物中有用物质的纯度和再生利用的价值，同时也增加了各类废物的处理难度，造成处理费用的增大。从当前的趋势来看，该种方式正在逐渐被淘汰。

(2) 分类收集 分类收集是指根据废物的种类和组成分别进行收集的方式。分类收集的主要优点是：可以提高废物中有用物质的纯度，有利于废物的综合利用；同时，通过分类收集，还可以减少需要后续处理处置的废物量，从而降低整个管理的费用和处理处置成本。对固体废物进行分类收集时，一般应遵循如下原则。

① 工业废物与生活垃圾分开。由于工业废物和生活垃圾的产生量、性质以及发生源都有较大的差异，其管理和处理处置方式也不尽相同。一般来说，工业废物的发生源集中、产生量大、可回收利用率高，而且危险废物也大都源自工业废物；而生活垃圾的发生源分散、产生量相对较少、污染成分也以有机物为主。因此，对工业废物和生活垃圾实行分类，有利于大批量废物的集中管理和综合利用，可以提高废物管理、综合利用和处理处置的效率。

② 危险废物与一般废物分开。由于危险废物具有可能对环境和人类造成危害的特性，一般需要对其进行特殊的管理，对处理处置设施的要求和设施建设费用、运行费用都要比一般废物高得多。对危险废物和一般废物实行分类，可以大大减少需要特殊处理的危险废物量，从而降低废物管理的成本，并能减少和避免由于废物中混入有害物质而在处置过程中对环境产生潜在的危害。

③ 可回收利用物质与不可回收利用物质分开。固体废物作为人类对自然资源利用的产物，其中包含大量的资源，这些资源的可利用价值的大小，取决于它们的存在形态，即废物中资源的纯度。废物中资源的纯度越高，利用价值就越大。对废物中的可回收利用物质和不可回收利用物质实行分类，有利于固体废物资源化的实现。

④ 可燃性物质与不可燃性物质分开。固体废物是一种成分复杂的非均质体系，很难将其完全分离为若干单一的物质。在多数情况下，将其分离为若干具有相同性质的混合物较为容易。对于大批量产生的固体废物，如生活垃圾，常用的处理处置方法有：焚烧、堆肥和填埋等。将废物分为可燃与不可燃，有利于处理处置方法的选择和处理效率的提高。不可燃物质可以直接填埋处置，可燃物质可以采取焚烧处理，或将其中的可堆腐物质进行堆肥或消化产气处理。

(3) 定期收集 定期收集是指按固定的时间周期对特定废物进行收集的方式。定期收集是常规收集的补充手段，其优点主要表现为：可以将暂存废物的危险性减小到最低程度；可以有计划地使用运输车辆；有利于处理处置规划的制定。定期收集方式适用于危险废物和大型垃圾（如废旧家具、废旧家用电器等耐久消费品）的收集。

(4) 随时收集 对于产生量无规律的固体废物，如采用非连续生产工艺或季节性生产的工厂产生的废物，通常采用随时收集的方式。

3.1.2 国外生活垃圾分类收集概况

世界各国的城市管理官员和许多专家一直在为寻找生活垃圾的出路而努力。尽管人们发现城市生活垃圾填埋与焚烧是生活垃圾处理的有效方式。但焚烧设备的投资与运行费用过大，许多发展中国家的城市无力担负。填埋的运行费用较小，但由于土地资源日趋贫乏，要找到合适的填埋场地已越来越困难。

人们逐渐认识到，解决城市生活垃圾的出路在于减少生活垃圾的产生量，并对生活垃圾进行回收利用。西方发达国家曾投入大量的人力物力研究生活垃圾机械分选工艺技术。研究结果表明，任何一种先进的生活垃圾分选工艺，都离不开最后一道关键工序：人工手选。这使人们明确地认识到，城市生活垃圾分类收集是生活垃圾分类的最佳工艺，是实现生活垃圾减量化和资源化的最优选择。

生活垃圾分类收集为有效地实现废物的再利用和最大程度的废品回收提供了重要条件。生活垃圾来源广泛、成分复杂，除了一般意义上的生活垃圾外，还包括餐厨垃圾、建筑垃圾、医疗垃圾、工业固体废物、危险废物、废弃电器电子产品、大件垃圾等，这些都为生活垃圾的分类收集造成了很大难度。目前，发达国家均在不同程度上开始了生活垃圾分类收集，采用分类收集方式收集生活垃圾后，对生活垃圾收集设施及其规划提出了更高的要求。

发达国家的生活垃圾分类收集工作一般从有毒有害垃圾和大件垃圾的分类收集开始，目前有的按可燃、不可燃分，有的按资源、非资源分。生活垃圾的全面分类收集需要居民的全面配合，同时要求配置全面的生活垃圾分类收运处理系统，是一项长期艰难的工作。发达国家全面开展生活垃圾分类收集工作已有30～40年历史，积累了大量经验，取得了显著成效。日本早在1989年就开始进行生活垃圾分类回收，并通过制定一系列的法规和政策，确立了"环境立国"的发展战略，以建设"最适量生产、最适量消费、最小量废弃"的经济，这些都使得日本生活垃圾分类回收成果显著，成为了世界各国争相学习的榜样。德国1991年就实施了《包装废弃物管理法》，强制性要求包装产品的生产商、销售商必须负责其产品包装的回收以及再利用或再循环其中的有效部分。法国在20世纪90年代初也制定了《包装条例》，通过立法形式要求商品生产者承担部分回收利用废旧包装物的费用。2000～2018年部分发达国家城市生活垃圾回收利用率变化情况见图3-1。

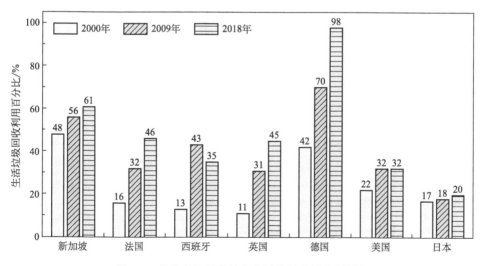

图 3-1　部分发达国家城市生活垃圾的回收利用率

3.1.3　我国生活垃圾分类收集的发展历程

我国生活垃圾分类收集大致可分为五个阶段。

(1) 简单回收阶段　20世纪50年代中期，我国开展了废纸、废铁、废牙膏皮等可回收垃圾的回收利用，建立了大批国营回收站点，取得了可观的垃圾回收效益。但当时只是针对有价值物品的回收，并没有从垃圾最终处置方面考虑，生活垃圾仍长时间采用混合收集方式。

(2) 生活垃圾分类处理处置提出阶段 改革开放后，我国城市化进程大幅度加速，居民生活水平提高，可回收物品的经济效益相对降低。一方面，大量有回收价值的垃圾被混合收集、混合处理也带来了拾荒者的问题。另一方面，混合收集和垃圾的不规范处理带来了大量的环境问题。因此，我国在 20 世纪 80 年代提出了垃圾的分类处理处置，但由于宣传不到位以及相关法律法规的缺失，垃圾分类在我国并未得到有效推广。

(3) 生活垃圾分类收集第一轮推广阶段 直到 2000 年，国家建设部确定北京、上海、广州、南京、深圳、杭州、厦门、桂林 8 座城市作为"生活垃圾分类收集试点城市"，生活垃圾分类收集工作再次启动。虽然这一阶段的推广未能最终成功，但积累了宝贵的经验，并在工业垃圾、建筑垃圾、大件生活垃圾的回收利用方面取得了较好的成绩。

(4) 生活垃圾分类收集新一轮推广阶段 2009 年开始，社会上反焚烧浪潮兴起，引发了生活垃圾处置和回收问题的大讨论。这次讨论对生活垃圾焚烧未形成最终的定论，但垃圾源头分类均被各方看作是源头减量和提高焚烧安全性的重要手段。在此背景下，政府启动了新一轮的垃圾分类收集处理工作。

(5) 生活垃圾强制分类阶段 2017 年 3 月，国家发改委、住建部联合发布了《生活垃圾分类制度实施方案》，其中提出从全国 46 个重点示范城市开始逐步实施强制垃圾分类，标志着我国生活垃圾分类"强制时代"的来临。2020 年 4 月第二次修订通过的《中华人民共和国固体废物污染环境防治法》提出设立生活垃圾分类制度，并坚持政府推动、全民参与、城乡统筹、因地制宜、简便易行的原则。

3.1.4 我国生活垃圾分类收集现状及发展趋势

目前我国生活垃圾分类已进入强制分类阶段。在顶层设计、立法保障等基础上，截至 2020 年底，据住建部统计我国地级及以上城市全部制定出台垃圾分类实施方案，全面启动了生活垃圾分类工作。2021 年 5 月，发改委和住建部印发《"十四五"城镇生活垃圾分类和处理设施发展规划》，其中对"十三五"时期生活垃圾分类工作进行了总结，提到 46 个重点城市生活垃圾分类小区覆盖率达到 86.6%，基本建成了生活垃圾分类投放、分类收集、分类运输、分类处理系统。全国生活垃圾分类收运能力约 50 万吨/日，餐厨垃圾处理试点工作稳步推进，厨余垃圾处理能力有较大提升。

对于垃圾分类的具体措施和推进情况，2017 年发布的《生活垃圾分类制度实施方案》中提出各城市要结合本地实际制定具体的分类办法，规定了有害垃圾必须作为强制分类的类别之一，再选择确定易腐垃圾、可回收垃圾等强制分类类别。2019 年 11 月，住建部发布《生活垃圾分类标志》最新版标准，其中生活垃圾的类别被调整为可回收物、有害垃圾、厨余垃圾和其他垃圾 4 个大类和 11 个小类。据此，2017 年以来我国地级及以上城市根据实际情况，逐步制定了详细的适合生活垃圾分类的管理办法和条例。表 3-1 总结了我国部分典型城市的生活垃圾分类相关政策制定和工作进展，并对发布实施时间及工作进展进行梳理。

表 3-1 我国部分典型城市生活垃圾分类相关政策和工作进展

地区	名称	时间	垃圾分类工作进展（截至 2020 年底）
厦门	《厦门经济特区生活垃圾分类管理办法》	2017.08.25 通过 2017.09.10 施行	生活垃圾分类收集实现全覆盖，全市 3000 余个居住小区全部实现分类收集、分类运输和分类处理，小区覆盖率达 100%
广州	《广州市生活垃圾分类管理条例》	2018.03.30 通过 2018.07.01 施行	构建"1+2+3+N"生活垃圾分类政策体系，深入推进教育、医疗、酒店、快递、物业等行业 12 项垃圾源头减量专项行动，生活垃圾回收利用率超 38%

地区	名称	时间	垃圾分类工作进展(截至2020年底)
上海	《上海市生活垃圾管理条例》	2019.01.31 通过 2019.07.01 施行	全程分类体系基本建成,干垃圾焚烧和湿垃圾资源化利用总能力显著提升,2020年基本实现原生生活垃圾零填埋。垃圾分类实效趋于稳定,"四分类"垃圾实现可回收物回收量、有害垃圾分出量、湿垃圾分出量增长,干垃圾处置量减少
青岛	《青岛市生活垃圾分类管理办法》	2019.11.18 通过 2020.01.06 施行	市区全部居民小区(4534个)及公共机构(2059个)已实现生活垃圾分类设施全覆盖;分类收运基本覆盖市区,分类处理体系基本建立
北京	《北京市生活垃圾管理条例》	2019.11.27 通过 2020.05.01 施行	北京市持续建立健全垃圾分类投放、收集、运输、处理体系,大力开展"桶""车""站""楼"全链条设施设备改造提升。厨余垃圾分出量稳步增加,其他垃圾减量明显
苏州	《苏州市生活垃圾分类管理条例》	2019.11.29 通过 2020.06.01 施行	全市共推进"三定一督"小区4113个,覆盖率达87.4%。市级19家单位具有垃圾分类行业管理职能,均出台相关行业标准、措施并组织实施。坚持垃圾分类收运"四不同"(不同人员、不同车辆、不同要求、不同去向)原则,全面架牢垃圾分类前后衔接工作链
深圳	《深圳市生活垃圾分类管理条例》	2019.12.31 通过 2020.09.01 施行	全市3823个小区和1716个城中村实现了分类覆盖,实现"三增一减",可回收物、厨余垃圾、有害垃圾的分类回收量实现不同幅度的增长,其他垃圾量下降

生活垃圾分类的推广工作涉及方方面面,不光是要通过社会各个层面倡导和宣传,还要改造收运系统,建立完整而畅通的各类垃圾的物流通道,并建立与垃圾分类相配套的法规及鼓励政策。经过多年的实践探索,我国垃圾分类试点工作呈现的主要特点是不刻意追求分类的种类过多过细,由简入繁,以干湿分类为主,较重视社区物业工作,同时注意收运系统的同步改造,抓紧进行各类垃圾的最终处置和回收设施的建设,取得了初步成效。下面重点介绍北京市和深圳市生活垃圾强制分类具体现状和经验。

(1) 北京市生活垃圾分类收集 2002年北京市人民政府规定,居住小区、大厦和工业区的生活垃圾分类按照"大类粗分,厨余垃圾就地处理"的原则进行,确定生活垃圾分类和处理"政府推动、市场运作、公众参与、科技支撑"的指导方针。2004年5月,北京市制订并发放了《北京市城市生活垃圾分类指导手册》。2007年,北京市对垃圾收集和处理进行三项调整:一是将垃圾收集、运输、处理责任全部下放到区县;二是统一垃圾处理费用标准,理顺垃圾处理经费管理机制;三是建立垃圾产生区向垃圾处理区缴纳经济补偿费的机制。同时明确在分类方法上仍然按照"大类粗分"的原则,分为可回收物、厨余垃圾和其他垃圾三类。2008年5月,北京市政府将垃圾分类引入物业服务之中。2010年5月,北京市政府对垃圾卫生填埋场、焚烧厂建设和运行等标准一一明确。文件规定,让居民尽可能实行垃圾分类回收,不做强制性要求。2011年11月18日,北京市人民代表大会常务委员会通过了《北京市生活垃圾管理条例》,为在北京市全面推广生活垃圾分类收集奠定了法律基础。

2019年11月27日北京市通过对《北京市生活垃圾管理条例》(以下简称"北京条例")的修订,并于2020年5月1日正式施行。北京条例中明确生活垃圾分为厨余垃圾、可回收物、有害垃圾、其他垃圾四大基本类别,并且首次明确单位和个人是生活垃圾分类投放的责任主体,北京生活垃圾分类进入强制时代。北京条例中还针对不同行业提出了一系列新规。例如,餐饮外卖行业不主动提供一次性餐具,快递采用电子运单并减少包装材料使用,旅馆酒店不主动提供一次性用品,超市集市不提供超薄塑料袋且不免费提供塑料袋等。

在条例和诸多措施的保障下,北京市生活垃圾分类治理体系已基本建立。截至2021年5月1日北京市生活垃圾强制分类实施一年时,据北京市城管委统计,北京居民垃圾分类知晓率达到98%,参与率达到90%,准确投放率在85%左右。与实施前相比,北京市居民家庭厨余垃圾分出量3878t/d，增长了11.6倍；可回收物分出量4382t/d，增长了46％；家庭厨余垃圾分出率从实施前的1.41％提高并稳定在20％左右；生活垃圾回收利用率达到37.5％。

强制分类实施以来，北京市生活垃圾减量效果明显。2020年全市生活垃圾日均清运量2.2万吨，比2019年的2.77万吨下降20.42％。2021年前4个月日均生活垃圾清运量2.06万吨，比2020年下降6.36％，比2019年下降25.6％，日减量7100余吨。减量效果相当于少建了2座日处理3000t规模的垃圾焚烧厂，仅拆迁、土建等一次性投资就节省200多亿元，既节约了土地资源，也从源头上减少了环境污染和碳排放，具有显著的经济效益、环境效益和社会效益。

(2) 深圳市生活垃圾分类收集 深圳市是我国最早实施生活垃圾强制分类的城市之一。2000年，深圳市被建设部确定为全国首批8个生活垃圾分类收集试点城市之一，并于2013年成立了全国首个生活垃圾分类管理专职机构，至2014年底共创建了1643个生活垃圾分类示范单位（小区），2015年8月1日起深圳市施行《深圳市生活垃圾分类和减量管理办法》，标志着生活垃圾分类从试点跨入全面推行，其中提出加快完善全链条、全覆盖的分类投放、分类收集、分类运输、分类处理系统，推进有害垃圾、大件垃圾、园林绿化垃圾、果蔬垃圾、废弃织物、年花年桔、餐厨垃圾共七类垃圾的分流分类收运处理工作。

2018年3月，深圳市颁布《深圳市生活垃圾强制分类工作方案》，将原先七类垃圾扩展至八大类，提出将玻金塑纸、有害垃圾、大件垃圾、废旧织物、年花年桔、绿化垃圾、果蔬垃圾、餐厨垃圾等分类分流垃圾的单独收运处理，并对各类垃圾收集、处理的覆盖率和处理能力提出了具体要求。

2019年1月，深圳市颁布了《深圳市全面推进生活垃圾强制分类行动方案（2019—2020）》，将原先八大类分类分流垃圾体系拓宽到九大类，增加厨余垃圾类别，要求2019年底前，全市机关企事业单位和公共场所要全面实行垃圾分类，全面推广"集中分类投放＋定时定点督导"模式，实现全市厨余垃圾分类全覆盖，生活垃圾回收利用率达到30％以上。

2019年12月，深圳市颁布《深圳市生活垃圾分类管理条例》，要求在2020年9月1日起在大分类细分流的基础上正式推行覆盖全民的生活垃圾强制分类政策，将生活垃圾分为可回收物、厨余垃圾、有害垃圾、其他垃圾四类，加强生活垃圾分类管理。同时还规定了楼层撤桶、定时定点、限制一次性用具、沥油去袋、拆袋投放等细化的分类政策。截至2021年9月，深圳市生活垃圾分类回收处置量实现了"三增一减"：可回收物日均分类回收量增长34.3％；有害垃圾日均分类回收量增长28.2％；厨余垃圾日均分类回收量增长90.4％；其他垃圾日均处置量下降6.1％。截至2021年底，深圳市生活垃圾回收利用率已经达到45％，生活垃圾分流分类回收量达到0.96万吨/d，其他垃圾量1.54万吨/d，市场化再生资源量达到0.73万吨/d。

经过不断的发展和完善，深圳市以"可回收物、厨余垃圾、有害垃圾和其他垃圾"四分类为基础，对量大且集中的餐厨垃圾、绿化垃圾、果蔬垃圾实行大分流收运处理；对家庭产生的有害垃圾、可回收物、厨余垃圾、废旧家具、年花年桔和废旧织物进行细分类，初步建成全覆盖的分流分类体系。

我国近几年在强制生活垃圾分类取得阶段性成绩的同时，生活垃圾分类工作在推进过程中仍然存在很多的不足和改进空间。部分地区片面地强调将厨余垃圾分出量的增长作为垃圾分类工作的考核指标，这不仅会导致部分基层部门为追求指标而采用一些不合理的手段，而且背离了垃圾分类工作希望实现"源头减量"的初衷。同时，厨余垃圾在分类收运后大量集中，与之配套的资源化处理技术设施及消纳能力却严重不足，与其他垃圾混收混运现象也时有发生，这种停留在表面并未贯穿整个垃圾分类处理链条的现象，极大程度降低民众对垃圾分类的信心与积极性，不利于垃圾分类的广泛推进。

垃圾分类的实施能有效实现垃圾的源头减量，推动可回收资源的循环利用，是提振固废全产业链以及助力城市生态文明建设的关键环节。在国家发改委、住建部印发的《"十四五"城镇生活垃圾分类和处理设施发展规划》（以下简称"规划"）中，对"十四五"期间生活垃圾分类工作的推进提出了进一步部署。规划针对垃圾分类的前端，提出了要规范垃圾分类投放方式，参照《生活垃圾分类标志》，结合实际，设置规范的垃圾分类投放标志；进一步健全分类收集设施，推进收集能力与收集范围内人口数量、垃圾产生量相协调。针对中间收运转运环节，规划提出了要加快完善分类转运设施，有效衔接分类投放端和分类处理端，加大监管力度，防止生活垃圾"先分后混""混装混运"。针对垃圾分类的后端分类处理，规划提出了要全面推进生活垃圾焚烧设施建设，有序开展厨余垃圾处理设施建设，健全可回收物资源化利用设施，加强有害垃圾分类和处理等具体任务。该规划是推动实施生活垃圾分类制度，实现垃圾减量化、资源化、无害化处理的基础保障，对推动生态文明建设实现新进步、社会文明程度得到新提高具有重要意义。

3.2 固体废物收运系统及其分析方法

3.2.1 废物收运系统分类

废物收运系统根据其操作模式被分为两种类型：①拖曳容器系统（hauled container system，HCS）；②固定容器系统（stationery container system，SCS）。前者的废物存放容器被拖曳到处理或处置地点，倒空废物，然后将空容器拖回到原来的地方或者其他地方。而后者的废物存放容器除非要被转移到路边或者其他地方进行倾倒，否则将被固定在废物产生或投放处。

对固体废物的收集过程进行系统分析与优化，可以节省大量的人力、物力和运行费用。对收运系统的分析是通过研究不同收集方式所需要的车辆、工作人员数量和所需工作日数，建立一套数学模型，在大量积累经验数据的基础上，可以推测在系统状况发生变化时，对于设备、人力和运转方式的需求程度。与固体废物收集有关的行为可以被分解为四个操作单元：①收集（pickup）；②拖曳（haul）；③卸载（at-site）；④非生产（off-route）。下面分别按照拖曳容器系统和固定容器系统进行说明。

(1) 拖曳容器系统 拖曳容器系统的操作程序示意图见图3-2。比较传统的收集方式如图3-2(a) 所示，用牵引车从收集点将已经装满废物的容器拖曳到转运站或处置场，清空废物后再将空容器送回至原收集点。然后，牵引车开向第二个废物收集点重复上述操作。显然，采用这种运转方式的牵引车的行程较长。经过改进的运转方式如图3-2(b) 所示，牵引车在每个收集点都用空容器交换该点已经装满废物的容器，与前面的运转方式相比，消除了牵引车在两个收集点之间的空载运行。

① 收集。收集（P_{hcs}）的定义取决于所选用的收运系统的类型。如果拖曳容器系统以常规方式操作 [见图3-2(a)]，收集过程涉及从一个容器被倒空废物后驾车到下一个容器放点所花费的时间，再加上将倒空的容器安放到规定位置所花费的时间。如果拖曳容器系统以交换容器模式操作 [见图3-2(b)]，收集则包括抬起一个装满废物的容器，在它被倾空废物后，把空容器放置到下一个废物容器安放地点所要求的时间。

② 拖曳。拖曳（h）的定义也由所选用的收运系统的类型来决定。对于拖曳容器系统，拖曳所指的时间是收集车辆到达倾倒废物的地点 [例如转运站、MRF（废品回收站）或者废物处置场] 所必需的时间。该时间开始于一个装满废物的容器被装载到废物收集车上，并持续到从废物收集车离开废物倾倒地点后到达倾空的容器要被重新放置的地方所用的所有时间。拖曳的时间不包括花在废物收集地点容器卸载的时间。

③ 卸载（at-site）。现场这个单元操作涉及了在拖曳容器系统中的废物被卸载（例如转运站、MRF或者垃圾处置场）并且包括了把废物从容器或者收集车上卸载以及在此之前等待所花费的时间。

④ 非生产（off-route）。非生产（W）单元操作也指离线操作，主要是指非生产行为中所花

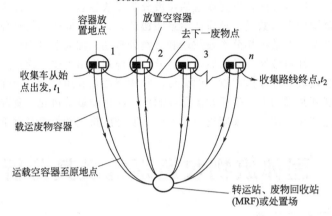

(a) 传统运转方式

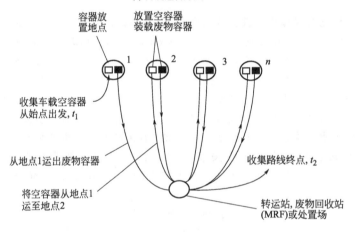

(b) 改进运转方式(交换容器方式)

图 3-2　拖曳容器系统操作程序示意

去的时间，很多与"离线"时间有关的操作行动有时是必要或者固有的。因此，花在离线行为的时间可被分为两类：必要的和不必要的。在实践中，必要和不必要的离线时间需要被平等分配在整个操作过程中并要求同时考虑。

必要时间包括花在每天早晚登记报到和离开的时间、不可避免的交通阻塞的时间以及设备维修保养的时间等。不必要的离线时间包括花在用餐时间、违规的喝咖啡休息时间以及违规的亲朋聊天时间等。

(2) 固定容器系统　固定容器系统的操作程序示意图见图 3-3。这种运转方式是用大容积的运输车到各个收集点收集废物，最后一次卸到转运站。由于运输车在各站间只需要单程行车，所以与拖曳容器系统相比，收集效率更高。但该方式对设备的要求较高。例如，由于在现场需要装卸废物，容易起尘，要求设备要有较好的机械结构和密闭性。此外，为保证一次收集尽量多的废物投放点，收集车的容积要足够大，并应配备废物压缩装置。

① 收集。对于固定容器系统，收集（P_{scs}）涉及装载收集空容器所花费的时间，这个时间从停车要装载第一个容器的废物开始算，以最后一个将要倾空的容器里的废物被装载上车来结束。在收集操作过程中的具体任务取决于收集车的类型和所选用的收集方法。

② 拖曳。对于固定容器系统，拖曳涉及了到达垃圾收集车要被倾空的地点（转运站、MRF或者废物处置场）所要求的时间，从公路上的最后一个容器被倾空的时间或者收集车被装满的时

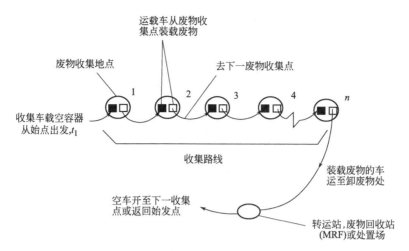

图 3-3 固定容器系统操作程序示意

间开始计算，并持续了从收集车离开废物倾倒地点一直到它到达下一个收集路段的第一个要被倾空的容器所在地。拖曳的时间不包括收集车辆卸载废物所花费的时间。

③ 卸装。现场这个单元操作涉及了在固定容器系统中的废物被卸载（例如转运站、MRF 或者废物处置场）并且包括了把废物从容器或者收集车上卸载以及在此之前等待所花费的时间。

④ 非生产。同拖曳容器系统。

3.2.2 拖曳容器系统分析方法

拖曳容器系统运输一次废物所需总时间等于容器收集、废物卸载和非生产时间的总和，可以由下式表示：

$$T_{hcs}=P_{hcs}+s+h \tag{3-1}$$

式中，T_{hcs} 为拖曳容器系统运输一次废物所需总时间，h/次；P_{hcs} 为装载时间（收集时间），h/次；s 为处置场停留时间，h/次；h 为拖曳时间（运输时间），h/次。

由于拖曳容器系统的收集时间和现场卸载废物的时间是相对固定的，拖曳时间取决于拖曳速度和路程的大小。一项对各种类型的收集车的大量数据资料的分析（见图 3-4）表明，拖曳时间 h 可近似由下式表示：

$$h=a+bx \tag{3-2}$$

式中，h 为运输时间，h；a 为经验速度常数，h；b 为经验速度常数，h/km；x 为平均往返行驶距离，km。

因为一些废物收集所在地点处在给定的服务区内，所以从服务区中心到废物容器放置地的平均往返拖曳路程可以用在式(3-2) 中。拖曳常数的确定将在本节的例题中说明。将式(3-2) 中的 h 的表达式代入式(3-1) 中，则每次的时间可以表示如下：

$$T_{hcs}=P_{hcs}+s+a+bx \tag{3-3}$$

拖曳容器系统每次的收集时间 P_{hcs} 为：

$$P_{hcs}=p_c+u_c+d_{bc} \tag{3-4}$$

式中，P_{hcs} 为每次的装载时间（收集时间），h；p_c 为装载废物容器所需时间，h；u_c 为卸空容器所需时间，h；d_{bc} 为两个容器收集点之间的行驶时间，h。

如果在两容器之间的平均行驶时间未知，那么这个时间可以由式(3-2)计算。容器与容器之间的路程可以用往返拖曳路程代替，拖曳时间涉及的常量可以用 24km/h（见图 3-4）。

拖曳容器系统中考虑非生产时间因子 W 在内的以每天每辆车计的往返次数可以用下式确定：

$$N_d = \frac{H(1-W)-(t_1+t_2)}{T_{hcs}}$$ (3-5)

式中，N_d 为每天往返次数，次/d；H 为每日工作时间，h/d；W 为非生产因子，以百分数表示；t_1 为每天从分派车站驾驶到第一个容器服务区所用的时间，h；t_2 为每天从最后一个容器服务区到分派车站所用的时间，h；T_{hcs} 为每次时间，h/次。

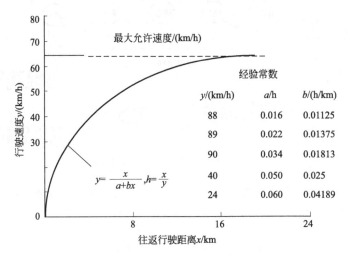

图 3-4　收集车辆的行驶速度与往返距离间的关系

根据式(3-5)，假定离线行为可以发生在一天中的任何时间。图 3-4 和表 3-2 给出了可以用在为各种类型拖曳容器系统中对式(3-5) 的求解的数据。式(3-5) 中的非生产因子从 0.10~0.40；0.15 是大多数操作情况中常用的参数。

表 3-2　用在各种不同收运系统中计算设备和人力需求的典型数据

收集数据		压实比	抬起容器和放下空容器要求的时间/(h/次)	倾空容器中废物所需时间/(h/容器)	现场时间/(h/次)
车辆	装载方式				
拖曳容器系统					
吊装式垃圾车	机械	—	0.067		0.053
自卸式垃圾车	机械	—	0.40		0.127
自卸式垃圾车	机械	2.0~4.0[①]	0.40		0.133
固定容器系统					
压缩式垃圾车	机械	2.0~2.5		0.008~0.05[②]	0.10
压缩式垃圾车	人工	2.0~2.5		—	0.10

①该容器可用于固定压缩机。②要求的时间随容器尺寸变化。

从式(3-5) 计算得到的每天往返次数，可以与每天（或每周）要求的往返次数相比较，后者可以用下式计算：

$$N_d = \frac{V_d}{cf}$$ (3-6)

式中，N_d 为每天的往返次数，次/d；V_d 为平均每天收集的垃圾量，m^3/d；c 为容器平均尺寸，$m^3/$次；f 为加权平均的容器利用率。

容器利用率定义为容器容积被废物占据的分数。因为这个因子会由于容器的尺寸大小而变化，所以在式(3-6) 中用到了容器加权利用率。加权因子通过用各个尺寸容器的数目乘以它们相应的利用率得到的乘积，再用容器总数目去除而得到。

【例 3-1】 速度常数的测定。在不同的往返距离下的车辆平均行驶速度见下表。计算距离处置场 15km 处的速度常数 a 和 b 以及往返行驶时间。

往返路程 x/km	平均行驶速度 y/(km/h)	行驶时间 $(h=x/y)$/h	往返路程 x/km	平均行驶速度 y/(km/h)	行驶时间 $(h=x/y)$/h
3.2	27	0.12	25.6	64	0.40
8.0	45	0.18	32.0	68	0.47
12.8	52	0.25	40.0	72	0.56
19.2	58	0.33			

解：

① 将图 3-4 的拖曳速度公式改成线性形式。原拖曳速度公式（直角双曲线）是

$$y=\frac{x}{a+bx}$$

等式的线性形式是

$$\frac{x}{y}=h=a+bx$$

② 描点 x/y，即如下显示的与往返的路程相对应的总拖曳时间。

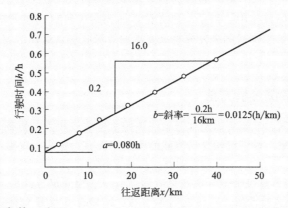

③ 确定拖曳-时间常数 a 和 b。

当 $x=0$ 时，$a=$ 截距 $=0.080$（h）

$b=$ 斜率 $=0.2h/16km=0.0125$（h/km）

④ 距离 15km 的处置场的往返行驶时间。

往返行驶时间 $h=a+bx$

$$=0.080h+(0.00125h/km)\times(2\times15km)$$

$$=0.455(h)$$

注：在求要求行驶到处置场的垃圾堆置地所用的时间时，行使次数应该与收集车往返卸载地点的次数近似相同。在工作时间中得到的拖曳时间数据将包括交通阻塞、天气条件等因素的影响。

【例 3-2】 拖曳容器系统分析。从一新建工业园区收集垃圾，根据经验从车库到第一个容器放置点的时间（t_1）以及从最后一个容器放置点到车库的时间（t_2）分别为 15min 和 20min。假设容器放置点之间的平均行驶时间为 6min，工业园到垃圾处置场的单程距离为 25km（垃圾收集车最高行驶速度为 88km/h），试计算每天能清运的垃圾容器的数量及实际工作时间（每天工作时间 8h，非工作因子为 0.15）。

解：

① 计算装载时间

$$P_{hcs}=p_c+u_c+d_{bc}$$

$$p_c + u_c = 0.40 \text{ (h)}, \quad d_{bc} = 0.1 \text{ (h)}, \quad P_{hcs} = 0.4 + 0.1 = 0.5 \text{ (h)}$$

② 每趟运输时间

$$T_{hcs} = (P_{hcs} + s + a + bx)$$

处置场停留时间

$$s = 0.133 \text{ (h)}$$

$$a = 0.016 \text{h}, b = 0.01125 \text{(h/km)}$$

$$T_{hcs} = 0.5 + 0.133 + 0.016 + 0.01125 \times (25 \times 2) = 1.21 \text{(h)}$$

③ 每天能够清运垃圾容器的数量

$$N_d = \frac{H(1-W) - (t_1 + t_2)}{T_{hcs}} = \frac{8 \times (1 - 0.15) - (0.25 + 0.33)}{1.21}$$

$$= \frac{6.8 - 0.58}{1.21} = 5.14 \text{ (次/d)}$$

$$N_d = 5 \text{ (次/d)}$$

④ 每天实际工作时间

$$5 = \frac{H(1 - 0.15) - 0.58}{1.21}$$

$$H = 7.80 \text{ (h)}$$

注：在部分要求设备和人力的地方，大容器的用处和减少了的收集频率应该予以调查。如果假设没有离线行为发生在 t_1 和 t_2 的时间内，那么理论上 5.21 次/d 这个值便可以应用。而且，5 次/d 只能用在实际操作中。但是，比方说，如果每天可以完成的次数是 5.8，那么通过多付给司机工资从而延长工作时间来完成每天 6 次的垃圾收运，这样的做法在经济上是可行的，废物收运效率也会提高。

3.2.3　固定容器系统分析方法

由于装载过程的不同，下面将固定容器系统按照机械装载和人工装载分开讨论。

(1) 机械装载收集车　对于机械自动装载的收集车而言，完成一次操作的时间表示为：

$$T_{scs} = P_{scs} + s + a + bx \tag{3-7}$$

式中，T_{scs} 为固定容器系统往返一次的总时间，h；P_{scs} 为固定容器系统装载时间，h；s 为处置场停留时间，h；a 为经验常数，h；b 为经验常数，h/km；x 为平均往返行驶路程，km。

在拖曳容器系统中，如果没有其他信息，那么从服务区中心到垃圾处置场的平均往返路程可以用在式(3-7) 中。

拖曳容器系统中式(3-7) 式(3-3) 的唯一区别是收集时间不同。对固定容器系统，收集时间由下式给出：

$$P_{scs} = C_t u_c + (n_p - 1) d_{bc} \tag{3-8}$$

式中，P_{scs} 为固定容器系统装载时间，h；C_t 为每趟清运的垃圾容器数，个；u_c 为收集一个容器中的废物所需时间，h；n_p 为每趟清运所能清运的废物收集点数；d_{bc} 为两个废物收集点之间的平均行驶时间，h。

$n_p - 1$ 表示垃圾收集车在容器所在地之间往返的次数比容器所在地的数目少 1。在拖曳容器系统的情况下，如果在容器所在地之间的交通时间未知，那么它可以通过式(3-2) 算出，此时，该式中两容器之间的路程替换为往返拖曳路程，而拖曳时间常数用 24km/h（见图 3-4）。

每次收集所能够倾空的容器的数目直接与收集车容积和可以达到的压实率有关。每次收集的容器数量可以下式计算：

$$C_t = \frac{Vr}{cf} \tag{3-9}$$

式中，V 为垃圾车容积，m^3；r 为垃圾车压缩系数；c 为废物容器容积，m^3；f 为废物容器容积利用系数。

每天要求的收集次数可以用下式求出：

$$N_d = \frac{V_d}{Vr}$$ （3-10）

式中，N_d 为每天要求的收集次数，次/d；V_d 为平均每天需收集的废物总量，m^3。

考虑到非生产因子 W，每天要求的工作时间可以表示如下：

$$H = \frac{(t_1 + t_2) + N_d T_{scs}}{1 - W}$$ （3-11）

式中，t_1 为从始点到第一个废物收集点的行驶时间，h；t_2 为从最后一个废物收集点的"近似地点"到终点的行驶时间，h。

在定义 t_2 时，我们用到了"近似地点"这个名词，那是因为在固定容器系统中收集车一般都会在最后的路线上废物被倾倒后直接开回到分派车站。如果从废物处置场（或转运站）到分派车站的交通时间少于平均往返拖曳时间的一半，t_2 可以被假设为零。如果废物处置场（或转运点）到分派车站的时间比从最后一个收集地点到堆置场的时间长，时间 t_2 可假设等于从垃圾堆置场到分派车站所用时间与平均往返拖曳时间的一半的差值。

每天往返次数取整后，每天的次数和车辆尺寸大小的经济组合可以由式（3-11）的分析来确定。要确定要求的垃圾车容量，可以将式（3-11）中的 N_d 代入两个或三个不同的值然后确定每次的有效收集次数。然后，通过连续试算，用式（3-8）和式（3-9）为 N_d 的每个值确定相应的垃圾车要求容量。如果垃圾车的有效尺寸比要求值小，那么用该尺寸反推所要求的每天实际值。这样最经济有效的组合就可以被选出来。

【例 3-3】 拖曳容器系统和固定容器系统的比较。在一商业区拟建一废物回收站（MRF）。环卫部门想用拖曳容器系统，但担心收集运行费用。试确定 MRF 距离商业区的最大距离，使得拖曳容器系统每周的收集费用不高于固定容器系统。假定每一系统只使用一名工人，以下数据供参考，为简化起见，行驶时间 t_1 和 t_2 包括在非工作因子中。

（1）拖曳容器系统
① 废物量：225m³/周；② 容器大小：6m³；③ 容器容积利用系数：0.67；
④ 容器装载时间：0.033h；⑤ 容器卸载时间：0.033h；
⑥ 速度常数：$a = 0.022h$，$b = 0.014h/km$；⑦ 处置场停留时间：0.053h；
⑧ 间接费用：2400 元/周；⑨ 运行费用：90 元/h。

（2）固定容器系统
① 废物量：225m³/周；② 容器大小：6m³；③ 容器容积利用系数：0.67；
④ 废物收集车容积：22.5m³；⑤ 废物收集车压缩系数：2；
⑥ 废物容器卸载时间：0.05h；⑦ 速度常数：$a = 0.022h$，$b = 0.014h/km$；
⑧ 处置场停留时间：0.10h；⑨ 间接费用：4500 元/周；⑩ 运行费用：120 元/h。

（3）废物收集点特征
① 容器收集点之间的平均距离：0.16km；
② 两种系统在收集点间的速度常数均为：$a' = 0.06h$，$b' = 0.042h/km$。

解：
（1）拖曳容器系统
① 确定每周需要运输废物的次数，式（3-6）

$$N_w = \frac{V_w}{cf} = \frac{225}{6 \times 0.67} = 56 \text{（次/周）}$$

② 拖曳容器系统的平均装载时间，式（3-4）

$$P_{hcs} = p_c + u_c + d_{bc} = p_c + u_c + a' + b'x$$
$$= 0.033 + 0.033 + 0.060 + 0.042 \times 0.16 = 0.133 \text{（h）}$$

③ 每周需要的工作天数 T_w

$$T_w = \frac{N_w(P_{hcs} + s + a + bx)}{H(1-W)}$$

$$= \frac{56 \times (0.133 + 0.053 + 0.022 + 0.014x)}{8 \times (1-0.15)} = (1.71 + 0.115x) \text{（天/周）}$$

④ 每周运行费用

$$Q = 90 \times 8 \times (1.71 + 0.115x) = (1231.2 + 82.8x) \text{（元/周）}$$

（2）固定容器系统

① 每次清运的容器数，式（3-9）

$$C_t = \frac{Vr}{cf} = \frac{22.5 \times 2}{6 \times 0.67} = 11.19 \text{（个/次）（取 11 个/次）}$$

② 装载时间，式（3-8）

$$P_{scs} = C_t(u_c) + (n_p - 1)(d_{bc}) = C_t(u_c) + (n_p - 1)(a' + b'x)$$

$$= 11 \times 0.05 + (11-1) \times (0.06 + 0.042 \times 0.16) = 1.22 \text{（h）}$$

③ 每周需要的运输次数，式（3-10）

$$N_w = \frac{V_w}{Vr} = \frac{225}{22.5 \times 2} = 5 \text{（次）}$$

④ 确定每周的需要的时间 T_w

$$T_{w(scs)} = \frac{N_w[P_{scs} + (s + a + bx)]}{H(1-W)}$$

$$= \frac{5 \times 1.22 + 5 \times (0.10 + 0.022 + 0.014x)}{8 \times (1-0.15)} = (0.99 + 0.010x) \text{（天/周）}$$

⑤ 每周运行费用

$$Q = 120 \times 8 \times (0.99 + 0.010x) = (950.4 + 9.60x) \text{（元/周）}$$

（3）系统之间的比较

① 确定费用相等时的最大往返距离

$$2400 + (1231.2 + 82.8x) = 4500 + (4950.4 + 9.60x)$$

$$73.2x = 1819.2$$

$$x = 24.9 \text{(km)（单程距离约 12.5km）}$$

② 每周总费用对往返距离作图

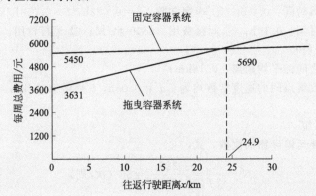

注：上图中的曲线显示了由拖曳容器系统和固定容器系统比较而得到的特性。在大多数情况下，拖曳容器系统的容器大小要大于 $6m^3$，且压缩倍数会大于废物收集车，因此，其实际运行效果和本例会呈现相反的结果。

(2) 人工装载车 如果 H 表示每天的工作时间而且每天完成的往返次数已知，那么收集操作的有效时间可以用式(3-11) 算出。一旦每次的收集时间已知，那么每次可被收集的废物收集点的数量可以由下式算出：

$$N_p = \frac{60 P_{scs} n}{t_p} \tag{3-12}$$

式中，N_p 为每次清运的废物收集点数；P_{scs} 为装载时间，h；n 为工人数量；t_p 为每个废物收集点装载时间（收集时间），人次·min；60 为从小时到分钟的换算系数，60min/h。

每个收集点的收集时间 t_p 取决于在容器位置之间行驶要求的时间、每个收集点的容器数目以及分散收集点占总收集点的百分数，以下式表示：

$$t_p = d_{bc} + k_1 C_n + k_2 P_{RH} \tag{3-13}$$

式中，t_p 为每个收集点的平均收集时间，人次·min；d_{bc} 为花在两容器处的平均交通时间，h；k_1 为与每容器收集时间有关的常数，min；C_n 为在每个收集地点处的容器的平均数目；k_2 为与从住户分散点收集废物所需要时间有关的常数，min；P_{RH} 为分散收集点的百分比，%。

废物收集工作量与分散收集点之间的关系如图 3-5 所示。

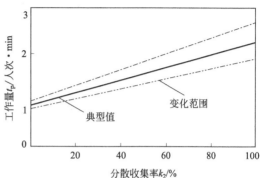

图 3-5 废物收集工作量与分散收集点之间的关系（2 人作业组）

式(3-13) 和表 3-3 的数据可以被用来计算每个收集地点的时间，但是如果可能的话，还是提倡用地形实测的方法，因为住宅区收集操作颇具变化性。

表 3-3 一个工人工作时装载时间与收集点容器数量的关系

每个收集点服务容器数（或箱数）	每个收集点装载时间 t_p/人次·min
1～2	0.50～0.60
3 个以上	0.92

当每次收集点数目已知时，则可根据下式计算收集车的尺寸：

$$V = \frac{V_p N_p}{r} \tag{3-14}$$

式中，V_p 为每个收集点收集废物的量，m³；N_p 为往返一次清运的废物收集点数；r 为垃圾车压缩系数。

【例 3-4】 住宅收运系统设计。一高级别墅住宅区，拥有 1000 户居民，请为该区设计垃圾收运系统。对两种不同的人工收运系统进行评价。第一种系统是侧面装运垃圾车，配备一个工人；第二种系统是车尾装运垃圾车，配备两个工人。试计算垃圾收集车的大小，并比较不同收运系统所需要的工作量。以下参数供参考：①每个垃圾收集点服务居民数量：3.5 人；②人均垃圾产生量：1.1kg/(人·d)；③容器中垃圾密度：120kg/m³；④每个垃圾收集点设置容器：2个 120L 的容器和 1.5 个硬纸箱（平均 75L）；⑤收集频率：1 次/周；⑥收集车压缩系数：$r=2.5$；⑦往返运输距离：$x=56.4$km；⑧每天工作时间：$H=8$h；⑨每天运输次数：$N_d=2$；⑩始发点（车库）至第一收集点时间 $t_1=0.3$h；⑪最后一个收集点至车库的时间 $t_2=0.4$h；⑫非生产因子 $W=0.15$；⑬速度常数 $a=0.016$h，$b=0.011$h/km；⑭处置场停留时间 $s=0.10$h。

解：

① 装载时间

用式(3-11)，考虑非生产因子，每天需要的时间

$$H = \frac{(t_1 + t_2) + N_d(P_{scs} + s + a + bx)}{1 - W}$$

则：

$$P_{scs} = \frac{H(1-W) - (t_1 + t_2)}{N_d - (s + a + bx)}$$

$$= \frac{8 \times (1 - 0.15) - (0.3 + 0.4)}{2 - (0.1 + 0.016 + 0.018 \times 35)}$$

$$= 3.05 - 0.75 = 2.30 \ (h)$$

② 每个收集点需要的装载时间，式(3-13)

a. 一个工人　　　　$t_p = 0.92$ （工人·min/收集点）

b. 两个工人　　　　$t_p = d_{bc} + k_1 C_n + k_2 P_{RH}$ （使用了经验数值）

　　　　　　　　　$= 0.72 + 0.18C_n = 0.72 + 0.18 \times 3.5 = 1.35$ （工人·min/收集点）

③ 能收集的废物收集点的数量，式(3-12)

a. 一个工人　　　　$N_p = \dfrac{60 P_{scs} n}{t_p} = 60 \times 2.3 \times \dfrac{1}{0.92} = 150$ （个）

b. 两个工人　　　　$N_p = \dfrac{60 P_{scs} n}{t_p} = 60 \times 2.3 \times \dfrac{2}{1.35} = 204$ （个）

④ 每周每个收集点产生的垃圾量

$$V = 1.1 \times 3.5 \times \frac{7}{120} = 0.225 \ (m^3)$$

⑤ 需要的垃圾车的容量，式(3-14)

a. 一个工人　　　　$V = \dfrac{V_p N_p}{r} = 0.225 \times \dfrac{150}{2.5} = 13.5$ （m^3）（用14m^3 的垃圾车）

b. 两个工人　　　　$V = \dfrac{V_p N_p}{r} = 0.225 \times \dfrac{204}{2.5} = 18.4$ （m^3）（用18m^3 的垃圾车）

⑥ 每周需要运输次数

a. 一个工人　　　　$N_w = 1000 \times \dfrac{1}{150} = 6.67$ （次/周）

b. 两个工人　　　　$N_w = 1000 \times \dfrac{1}{204} = 4.90$ （次/周）

⑦ 需要的工作量

a. 一个工人

$$1.0 \times \frac{6.67 \times 2.3 + 7 \times (0.10 + 0.016 + 0.011 \times 56.4)}{(1 - 0.15) \times 8} = 3.02 (工日/周)$$

b. 两个工人

$$2.0 \times \frac{4.9 \times 2.3 + 5 \times (0.10 + 0.016 + 0.011 \times 56.4)}{(1 - 0.15) \times 8} = 4.41 (工日/周)$$

注：从计算结果可以看出，一人组收集垃圾需要的工作量比二人组收集垃圾需要的工作量大约少25%，该结果也说明了目前的趋势是使用一个收集车配备一名工人收集垃圾。

3.3　固体废物收集路线及规划设计

一旦装备和劳动力的要求被确定下来，就必须设计收集路线以便收集者和装备能够有效地利用。通常，收集线的规划包括一系列的实验。没有一套通用规则能被应用在所有的情形。因此，收集车辆的路线设计在目前仍然是一个需要研究的过程。在进行一般收集路线规划设计时，需要尽量考虑以下因素。

① 必须确定现行的有关收集点和收集频率的政策和法规。

② 现行的收运系统的运行参数例如工作人员的多少和收集装置的类型要进行调整。

③ 在任何可能的情况下，必须对收集路线进行规划，以便路线能开始和结束在主干道，用地形和物理的障碍物作为收集路线的边界。

④ 在山区，收集路线要开始在最高处，然后随着装载量的增加逐渐下山。

⑤ 收集路线应该设计成最后一个收集容器离处置点最近。

⑥ 在交通拥挤处产生的垃圾必须在一天当中尽可能早地收集。

⑦ 能产生大量垃圾的产生源必须在一天中的第一时段收集。

⑧ 如果可能的话，那些垃圾产生量小且有相同收集频率的分散收集点应该在一趟或一天中收集。

3.3.1 固体废物收集路线的规划

通常，建立收集路线的步骤包括：（第1步）准备一张当地地图，能够表示垃圾产生源的数据与信息；（第2步）数据分析，如果需要的话，准备数据摘要的表格；（第3步）初步的收集路线设计；（第4步）对初步路线进行评估，然后通过成功的试验运行完善收集路线。

从本质上说，第1步对所有类型的收运系统都是一样的，因为第2、第3和第4步在拖曳容器收运系统和固定容器收运系统中的应用是不一样的，所以每一步都应该分别讨论。

值得注意的是，在第4步中准备好的收集路线将交给垃圾收集车司机，由他们在规定区域中将其实施。根据在此区域中实施的经验，他们将修改收集路线以满足当地特殊的情况。在大多数情况下，收集路线的设计是依据在城市的某一区域长期工作所获得的运行经验。下面将讨论路线设计时应考虑的因素。

3.3.2 固体废物收集路线的设计

（1）收集路线设计——第1步　在一张有商业区、工业区和居民区分布的地图上，标出如下垃圾收集点的数据：位置、收集频率、收集容器的数量。如果在商业与工业区使用机械装载的固定容器收运系统，在每一个垃圾收集点上也应该标出可能收集的垃圾量。对于居民区的垃圾产生源，通常假定每个垃圾产生源要收集的垃圾量几乎是相等的。一般情况下只是标注每个街区的房屋数量。

由于收集路线的设计包括一系列连续的试验，所以一旦基本数据已经标注在地图上，就应该使用路线图了。依据区域的大小和收集点的数量，这块区域应该再概略地细分成功能相当的区域（例如居民区、商业区和工业区）。对那些收集点数小于20～30的区域，这一步可以省略。对那些大一点的区域，有必要再把功能相当的区域进一步细分成小区域，考虑垃圾产生率和收集频率等因素。

（2）收集路线设计——第2、3和4步（拖曳容器收运系统）　第2步，在一张电子数据表格上输入以下信息：收集频率，次/周；收集点数量；收集容器总数；收集次数，次/周；在一周中每天要收集的垃圾数量。然后，确定在一周中要多次收集的收集点数量（例如，从周一到周五或周一、周三和周五），再将数据填入表格。按照每周需要的最高收集次数（例如5次/周）的收集点进行列表。最后，分配每周一次的收集点的容器的数量，以便每天清空的容器的数量与每个收集日相平衡。一旦了解了这些信息，就可以设计出初步的收集路线。

第3步，使用第2步的信息，收集路线的设计可以如下描述：从分派站开始（或者是垃圾收集车停靠的地方），收集路线应该能在一个收集日里将所有的收集点连接起来。下一步是修改基本路线使之能包括其他额外的收集点。每一天的收集路线都应该设计成开始和终止于分派站。垃圾收集的操作应该符合当地的生活方式，要考虑前面引用的方针和本地特殊情况的限制。

第4步，当初步的收集路线设计出来后，就可以计算出每两个容器之间的平均行驶距离。如果收集路线相差超过15%，就应该重新设计，以使每两个收集点间行驶相同的距离。通常，大部分的收集路线都要经过试验运行才能最终确定下来。当使用超过一辆垃圾车的时候，每一个服务区的收集路线都要设计出来，每辆车的工作量应该是平衡的。

（3）收集路线设计——第2、3和4步（固定容器机械装载收运系统） 第2步，在一张电子数据表格上输入以下信息：收集频率，次/周；收集点数量；总废物量，m^3，m^3/周；在一周中每天要收集的垃圾数量。然后，确定在一周中要多次收集的收集点数量（例如，从周一到周五或周一、周三和周五）并将数据填入表格。按照每周需要最多收集次数（例如5次/周）的收集点进行列表。最后，用垃圾车的有效容量（垃圾车容量×压缩率）来确定每星期只清理一次的地区能处理的垃圾量。分配好垃圾收集的量以便每次垃圾收集的量和清空容器的量能与每条垃圾收集路线相平衡。一旦已经了解了这些信息就可以设计出初步的收集路线。

第3步，一旦前述的工作已经完成，收集路线的设计就可以如下进行：从分派站开始（或者是垃圾收集车停靠的地方），收集路线应该能在一个收集日里将所有的收集点连接起来。针对将要被收集的垃圾量对基本收集线路进行设计。

下一步修改这些基本收集线路来包含其他垃圾收集点以满足装载量。这些修改应该保证每一条收集路线都能服务同一区域。在那些已经被细分的并且每天都要清理的大区域，需要在每个细分的区域确定基本线路；在某些情况下，要根据每天清理的次数来确定收集路线。

第4步，当收集路线已经被设计出来，垃圾的收集量和每条路线的拖曳距离应该确定下来。在某些情况下，需要重新调整收集路线与工作量的平衡。当收集路线已经确定后，应该把它们画到主图上。

【例3-5】 工业园垃圾收集路线设计。附图是为这个工业园设计的拖曳容器收运系统和固定容器收运系统。总共有28个收集点和32个容器。总的垃圾收集量是212m^3。这些地图和信息将作为收集路线设计的第一步的准备。假设应用以下条件：（1）一周2次的收集频率的容器必须在周三和周五收集；（2）一周3次的收集频率的容器必须在周一、周三和周五收集；（3）容器可以在它们放置的十字路口的任意一边装载；（4）每天都要在分派站开始和结束；（5）对拖曳收运系统来说，收集应该安排在周一到周五；（6）拖曳容器是交换了而不是重新返回它原来的放置地点；（7）对于固定容器收运系统来说，收集应该是每周四天（周一、周二、周三和周五），每天一趟；（8）对于固定容器收运系统，垃圾车应该采用容积27m^3和压缩率是2的自卸压缩车。

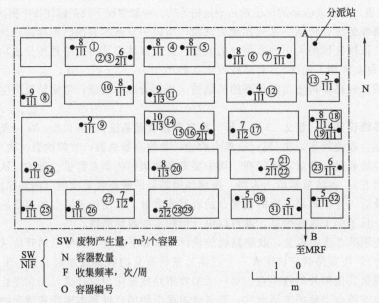

解：

（1）拖曳容器收运系统

① 使用服务区域地图（收集路线设计的第 2 步）上提供的数据为垃圾收集建一张摘要的表格。下方为摘要表格和条目的简要描述。

a. 每周收集 3 次需要的收集点和容器的数量在第一行中。像在问题陈述中一样，这些容器应该在周一、周三和周五清空。

b. 每周收集 2 次需要的收集点和容器的数量在第二行中。这些容器应该在周二和周五清空。

c. 每周收集 1 次并且必须清空的所需要的额外的容器数量在第三行中。要清空的容器数量被分配以达到每个工作日能清空相当数量的容器。

d.

收集频率 /（次/周）	收集点 数目	容器总 数目	趟数 /（趟/周）	容器数（每天有相同收集频率）				
				周一	周二	周三	周四	周五
3	3	3	6	2	—	2	—	2
2	3	4	8		4			4
1	22	25	25	6	4	6	8	2
总计	28	32	40	8	8	8	8	8

注：在拖曳容器收运系统中每一个容器在相应的路线中被清空。

② 通过连续的试验来设计一周中每天平衡的收集路线（收集路线设计的第 3 和第 4 步）。收集路线会根据不同的解而发生变化，但是 11 和 20 号容器必须在周一、周三和周五收集，17、27、28 和 29 号容器必须在周二和周五收集。最佳的解应该满足每天装载相同数量的容器和走相同的距离。

下表列出了每周的收集路线和行驶距离。除了每条路线第一个清空的容器之外，表中列出了每个容器到 B 点和 B 点到每个容器的距离。对第一个容器，表中列出了该点到分派站的举例和该点到 B 点的举例。

收集容器 的次序	周一		周二		周三		周四		周五	
	容器编号	距离	容器编号	距离	容器编号	距离	容器编号	距离	容器编号	距离
	A-1	1.9	A-7	0.3	A-3	1.8	A-2	1.8	A-13	0.5
1	1-B	3.4	7-B	1.4	3-B	2.7	2-B	2.7	13-B	1.5
2	B-8-B	6.3	B-10-B	5.4	B-9-B	4.7	B-6-B	3.9	B-5-B	5.0
3	B-11-B	4.3	B-14-B	4.3	B-4-B	5.4	B-18-B	1.8	B-11-B	4.3
4	B-20-B	3.0	B-17-B	2.8	B-11-B	4.3	B-15-B	2.9	B-17-B	2.8
5	B-22-B	1.3	B-26-B	3.7	B-12-B	2.7	B-16-B	2.9	B-20-B	3.0
6	B-30-B	1.7	B-27-B	3.3	B-20-B	3.0	B-24-B	4.9	B-27-B	3.3
7	B-19-B	2.1	B-28-B	2.4	B-21-B	1.3	B-25-B	4.3	B-28-B	2.4
8	B-23-B	1.4	B-29-B	2.4	B-31-B	0.3	B-32-B	0.5	B-29-B	2.4
	B-A	1.5	B-A	1.5	B-A	1.5	B-A	1.5	B-A	1.5
总距离		27.1		27.6		27.7		27.2		26.9

注：距离的单位是 km。

（2）固定容器收运系统

① 使用服务区域地图（收集路线设计的第 2 步）上提供的数据为垃圾收集建一张摘要的表格。

a. 每周收集三次需要的收集点和容器的数量在第一行中。这些容器应该在周一、周三和周五清空。

b. 每周收集两次需要的收集点和容器的数量在第二行中。这些容器应该在周二和周五清空。

c. 每周收集一次并且必须清空的所需要的额外的容器的数量在第三行中。注意每天能够收集的垃圾的最大量是 $54m^3$ [$27m^3 \times 2$（压缩率）]。

收集频率 /（次/周）	收集点 数目	总垃圾量 /（m³/周）	容器数（每天有相同收集频率）			
			周一	周二	周三	周五
3	2	39	17	—	17	17
2	4	37	—	24	—	24
1	22	136	53	44	52	29
总计	28	212	70	68	69	70

② 通过连续的试验并根据收集垃圾量对一周中每天的收集路线进行平衡设计（收集路线设计的第 3 和第 4 步）。固定容器收运系统的收集路线会发生变化，但是 11 和 20 号容器必须在周一、周三和周五收集，17、27、28 和 29 号容器必须在周二和周五收集。同样，最佳的解应该满足每天装载相同数量的容器和运行相同的距离。

下表列有每周的收集路线和行驶距离。从 A 点（分派站）到 B 点的行驶距离包括从 A 点到第一个垃圾收集点的距离、每条收集路线的行驶距离和从最后一个收集点到 B 点的距离。

容器的 次序	周一		周二		周三		周五	
	容器编号	m³	容器编号	m³	容器编号	m³	容器编号	m³
1	5	6.1	2	4.6	7	5.4	13	3.8
2	4	6.1	3	4.6	6	7.6	11	6.9
3	1	6.1	10	6.1	11	6.9	17	5.4
4	9	6.9	24	6.9	15	4.6	18	6.1
5	9	6.9	25	3.1	16	4.6	19	3.1
6	11	6.9	26	6.1	20	6.1	23	4.6
7	14	7.6	28	3.8	30	3.8	20	5.4
8	20	6.1	29	3.8	31	5.4	27	3.8
9			27	5.4	222	5.4	28	3.8
10			17	5.4	31	3.8	29	3.8
11			12	3.1			32	3.8
总计		52.8		52.8		52.8		52.8
总距离		5.8		6.7		5.2		6.4

注：总距离的单位是 km。在这个例子中固定容器收运系统的经济优势是显而易见的。但是，如果使用容积 $9m^3$ 以上的容器，固定容器收运系统就不能再使用了。

（4）收集路线设计——第 2、3 和 4 步（固定容器手工装载收运系统） 第 2 步，估计收运系统在运行过程中每天在服务区内会产生的垃圾总量。用垃圾车的有效容量（垃圾车容量×压缩率）确定每趟平均收集垃圾的居民数。

第 3 步，一旦前述的工作已经完成，收集路线的设计就可以如下进行：从分派站（车库）开始设计收集路线，要求在每条收集路线中包括所有的收集点。这些路线应该满足最后一个收集点离处置点最近。

第4步，当收集路线设计出来后，要确定实际的容器密度和每条路线拖曳距离。每天的劳动量需求应该与每天的工作时间进行核对。在一些情况下需要重新调整收集路线以使其与工作量平衡。当收集路线已经确定后，应该把它们画到主图上。

【例3-6】 居民区垃圾收集路线设计。一居民区的分布如下图，请为其设计垃圾收集路线。服务区域的地图将作为垃圾收集线路的第一步而准备好。假设应用以下一些条件。

（1）常数

① 每户的居民数：3.5；② 固体废物的收集率：1.6kg/(人·d)；③ 收集频率：1次/周；④ 收集服务的类型：路边；⑤ 收集工人数：1人；⑥ 收集车的容量：21.4m³；⑦ 收集车中垃圾的密度：320kg/m³。

（2）收集路线的特点

① 在大街上没有反向转弯；② 在右手行驶的街道上每一面都进行收集。

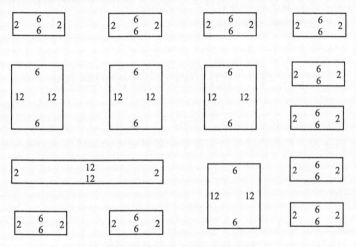

2,6,12为每一街区沿街的住户数量

解：

① 详述确定收集路线需要的数据（收集线路设计的第2步）

a. 确定能够产生垃圾的居民总数。

$$居民户数=10\times16+4\times36+1\times28=332（户）$$

b. 确定每周收集的垃圾量。

$$每周的垃圾体积=\frac{332\times3.5\times1.6\times7}{320}=40.3（m³）$$

c. 确定每周需要的运输次数。

$$每周收集次数=\frac{40.3}{21.4}=1.88；采用2趟。$$

d. 确定每趟能够服务的平均户数。

$$每趟服务户数=\frac{332}{2}=166$$

② 采用上面的数据作为指导，通过连续的试验来设计收集线路（收集路线设计的第3步）。在下面的线路图中列出两个典型的收集路线。

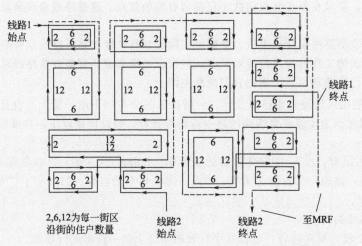

注：图中点线所显示的收集路线交叠的多少能直观地评价收集线路的效率，一个问题是确定是否可以设计没有一处交叠的收集路线。

3.4　固体废物的运输

固体废物的运输方式主要有车辆运输、船舶运输、管道输送等。其中，历史最长、应用最广泛的运输方式是车辆运输，而管道输送则是近年来发展起来的运输方式，在一些工业发达国家已部分实现实用化。

3.4.1　车辆运输

采用车辆运输方式时，要充分考虑车辆与收集容器的匹配、装卸的机械化、车身的密封、对废物的压缩方式、转运站类型、收集运输路线以及道路交通情况等。

为了提高收集运输的效率，降低劳动强度，首先需要考虑收运过程的装卸机械化，而实现装卸机械化的前提是收运车辆与收集容器的匹配；车身的密封主要是为了防止运输过程中废物泄漏对环境造成污染，尤其是运输危险废物的车辆对其密封的要求更高；废物的压缩主要与车辆的装载效率有关。

车辆的装载效率（η）可以用下式表示：

$$\eta = \frac{垃圾质量}{空车质量} \tag{3-15}$$

影响车辆装载效率的因素主要有：废物的种类（成分、含水率、容重、尺寸等）、车厢的容积与形状、容许装载负荷、压缩方式、压缩比。

η 值随废物和车辆种类的不同而变化，因此，用 η 值评价车辆的装载效率时，必须限定相同废物和相同车型。

显而易见，车辆的压缩能力越强，废物的减容率越高，装载量也就越多。但是，压缩装置本身的质量也会降低车辆原有的装载能力。废物的压缩比通常用 ξ 表示，以下式表示：

$$\xi = \frac{\gamma_f}{\gamma_p} \tag{3-16}$$

式中，γ_f 为废物的自由容重，kg/m^3；γ_p 为压缩后容重，kg/m^3。

其中，压缩后容重 γ_p 表示为：

$$\gamma_p = \frac{W}{V} \tag{3-17}$$

式中，W 为装载废物质量，kg；V 为车厢容积，m^3。

根据当地的经济、交通、垃圾组成特点、垃圾收运系统的构成等实际情况，各国各城市都开发使用与其适应的各种类型垃圾运输车。根据国外经验，尽管垃圾运输车种类不同，但规定一律配置专用设备，以实现在不同情况下城市垃圾装卸车的机械化和自动化。

近年来，我国环卫部门在之前引进配置国外机械化、自动化程度较高的垃圾运输车的基础上，开发研制了一系列适合国内具体情况的专用垃圾运输车。目前国内常使用的垃圾运输车包括简易自卸式运输车、活动斗式运输车、侧装式密封运输车、后装压缩式垃圾运输车、集装箱半挂式转运车等。

3.4.2 船舶运输

船舶运输适用于大容量的废物运输，在水路交通方便的地区应用较多。船舶运输由于装载量大、动力消耗小，其运输成本一般比车辆运输和管道运输要低。但是，船舶运输一般需要采用集装箱方式，所以，对中转码头以及处置场码头必须配备集装箱装卸装置。另外，在船舶运输过程中，特别要注意防止由于废物泄漏对河流的污染，在废物装卸地点尤其需要注意。图 3-6 是我国某废物转运站采用集装箱船从市区往填埋场运送垃圾。

图 3-6　某废物转运站用船舶运输垃圾

3.4.3 管道运输

管道运输分为空气输送和水力输送两种类型。与水力输送比较，空气输送的速度要大得多，但所需动力和对管道的磨损也较大，而且在长距离输送时容易发生堵塞。水力输送在安全性和动力消耗方面优于空气输送，主要问题是水源的保障和输送后水处理的费用。

管道输送的特点是：①废物流与外界完全隔离，对环境的影响较小，属于无污染型输送方式，同时，受外界的影响也较小，可以实现全天候运行；②输送管道专用，容易实现自动化，有利于提高废物运输的效率；③由于是连续输送，有利于大容量、长距离的输送；④设备投资较大；⑤灵活性小，一旦建成，不易改变其路线和长度；⑥运行经验不足，可靠性尚待进一步验证。

(1) 空气输送　空气输送分为真空方式和压送方式两种。

真空方式的特点是：①适用于从多个产生源向一点的集中输送，最适于城市垃圾的输送；②产生源增加时，只需增加管道和排放口，不用增加收集站的设备；③系统总体呈负压，废物和气体不会向外泄漏，投入端不需要特殊的设备；④不利的方面是，由于负压的限度（实际上最大可达 -0.5kgf/cm^2），不适于长距离输送。

真空输送通常采用的条件是：管径 $\phi 400\sim600\text{mm}$，流速 $20\sim30\text{m/s}$。真空输送的能力主要取决于管道和风机，对于每天垃圾产生量为 $10\sim15\text{t}$ 的住宅区，输送距离的限度在 $1.5\sim2.0\text{km}$ 的范围。

图 3-7 为楼宇垃圾管道输送的流程图。在垃圾收集区域设置室内或室外垃圾投放口，垃圾投入垃圾投放口，暂时存放在排放阀顶部的贮存室内。垃圾收集站内的引风机运行产生真空负压，所有垃圾在风力的作用下以 20m/s 以上的速度经管道被抽运至收集站。在收集站内垃圾与空气分离，垃圾经压缩后进入集装箱，由专用车辆运往处理场。传送废物的气流经过除尘、除臭等净化装置处理达标后排放，渗滤液集中收集并按规定进行处理。垃圾收集过程可通过电脑程序控制完全实现自动化操作。该系统也可通过增设投放口或智能识别控制系统，实现垃圾的分类收运。

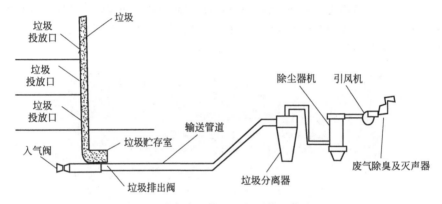

图 3-7　楼宇真空收运垃圾系统工作流程

压送方式适用于废物供应量一定、长距离、高效率的输送，多用于收集站到处理处置设施之间的输送。与真空输送比较，接收端的分离贮存装置可以简单化，但由于投入口和管道对气密性要求较高，系统总体的构造比较复杂。此外，由于距离较长，在实际运行中存在管道堵塞以及因停电等事故造成停运后，重新启动时有困难等问题。因此，为了保证输送的高效、安全，最好在输送前对废物进行破碎处理。

压送方式的运行条件是：当输送能力为 $30\sim120\text{t/d}$ 时，管径选择 $\phi 500\sim1000\text{mm}$，输送距离最大可达 7km。

(2) 水力输送　水力输送的最大优势在于改善废物在管道中的流动条件，水的密度约相当于空气的 800 倍，可以实现低速、高浓度的输送，从而使输送成本大大降低。

水力输送的最大问题是废物中的有害物质溶解于水中，使得水的后续处理成为关键问题，其费用也对总体输送费用的影响较大。另外，水力输送在技术上的可靠性和设计精度等方面也存在一定的问题，目前仍处于研究阶段，尚未实现实用化。

从废物管理上说，固体废物转移和运输的基本要素是指方式、工具以及影响废物长距离运输的附属设备。通常，由小型垃圾收集车收集到的垃圾将会转给较大的垃圾车以便进行长距离的运输，将垃圾送到废物回收站或是处置场。垃圾运输和转运系统一般还担负着将废物回收站的可回收利用的垃圾转运到回收厂或者是垃圾焚烧发电厂，而将剩余不可利用的垃圾运输到填埋场的任务。

3.4.4　危险废物运输的特殊要求

危险废物的主要运输方式是公路运输，因而载重汽车的装卸作业是造成危险废物污染环境的重要环节，另外，负责运输的汽车司机必然担负着不可推卸的重大责任。在该运输系统中，符合要求的一般控制方法如下。

① 危险废物的运输车辆须经过主管单位检查，并持有有关单位签发的许可证，负责运输的司机应通过培训，持有证明文件。

② 承载危险废物的车辆须有明显的标志或适当的危险符号，以引起关注。

③ 载有危险废物的车辆在公路上行驶时，须持有运输许可证，其上应注明废物来源、性质和运往地点。此外，在必要时须有专门单位人员负责押运工作。

④ 组织危险废物的运输单位，在事先须作出周密的运输计划和明确的行驶路线，其中包括废物泄漏情况下的有效的应急措施。

为保证危险废物运输的安全无误，我国也采用危险废物转移联单管理办法。危险废物产生单位在转移危险废物前，须按照国家有关规定报批危险废物转移计划，经批准后，产生单位向移出地环境保护行政主管部门申请领取联单。危险废物产生单位应如实填写危险废物的名称、数量、特性、形态、包装方式等信息。危险废物运输单位按照国家有关危险物品运输的规定，将危险废物安全运抵联单载明的接受地点。接受单位应当将联单第一联、第二联副联自接受危险废物之日起 10 日内交付产生单位，联单第一联由产生单位自留存档，联单第二联副联由产生单位在 2 日内报送移出地环境保护行政主管部门；接受单位将联单第三联交付运输单位存档；将联单第四联自留存档；将联单第五联自接受危险废物之日起 2 日内报送接受地环境保护行政主管部门。

3.5　固体废物转运系统

3.5.1　垃圾转运的必要性

在城市垃圾收运系统中，转运是指从各分散收集点较小的收集车清运的垃圾转载到大型运输车辆，并将其远距离运输至垃圾处理利用设施或处置场的过程。转运站就是指上述转运过程的建筑设施与设备。

只要城市垃圾收集的地点距处理地点不远，用垃圾收集车直接运送垃圾是最常用而且经济的方法。但随着城市的发展，已越来越难以在市区垃圾收集点附近找到合适的地方来设立垃圾处理厂或垃圾处置场。而且从环保与环卫角度看，垃圾处理点不宜离居民区和市区太近。因此，城市垃圾要经较长距离的转运将是必然的趋势。

通常，当处置场远离收集路线时，究竟是否设置转运系统往往取决于经济状况。这取决于两个方面：一方面是有助于垃圾收运的总费用降低，即由于长距离大吨位运输比小车运输的成本低或由于收集车一旦取消长距离运输能够腾出时间更有效地收集；另一方面是对转运站、大型运输工具或其他必需的专用设备的大量投资会提高收运费用。下面就运输的三种方式：拖曳容器系统、固定容器系统和设置转运站转运，进行经济比较。

三种运输方式的费用可以用下列方程表示：

拖曳容器运输方式　　　　　　　　$Q_1 = q_1 x$　　　　　　　　　　　　　　　(3-18a)

固定容器运输方式　　　　　　　　$Q_2 = q_2 x + b_2$　　　　　　　　　　　　(3-18b)

设置转运站运输方式　　　　　　　$Q_3 = q_3 x + b_3$　　　　　　　　　　　　(3-18c)

式中，$Q_1 \sim Q_3$ 为运输方式的总运输费；x 为运距；$q_1 \sim q_3$ 为各运输方式的单位运费；b_2 为设置固定容器所需增加的投资分期偿还费和管理费；b_3 为设置转运站后，增添的基建投资分期偿还费和操作管理费。

一般情况下，$q_1 > q_2 > q_3$，$b_3 > b_2$。从例 3-2 和例 3-5 中分析结果可以看出，固定容器系统的时间和经济效益明显优于拖曳容器系统。简单地说，利用大容量的容器来长距离拖运大量的垃圾比利用小容量容器长距离拖运同样多的垃圾更加经济。关于转运操作的经济效益可以通过例 3-7 来验证。

【例 3-7】 运输设备选择的经济性比较。利用操作费用，分别求出单纯拖曳容器系统和固定容器系统与使用了垃圾中转的系统相比，从城市将垃圾运输到填埋处置场的收支效益平衡点（即在何种情况下，使用垃圾中转与不使用垃圾中转的费用一样）。以下数据已知：①拖曳容器系统使用的车辆容为 6.1m³，费用为 150 元/h；②固定容器系统使用的器具容积为 15.3m³，费用为 240 元/h；③转运站运输设备容积为 80.3m³，费用为 240 元/h；④转运站的运行费用为 21.6 元/m³。

解：

① 将拖曳费用转化为元/(m³·min)。

a. 拖曳系统卡车：0.408 元/(m³·min)；

b. 固定系统压缩机：0.259 元/(m³·min)；

c. 转运站运输设备：0.049 元/(m³·min)。

② 对三种运输方式的每立方码费用对往返时间作图，可以得到下图：

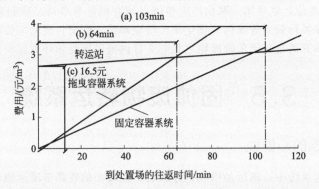

③ 利用第 2 步所作图求出垃圾拖曳容器系统和固定容器系统的收支平衡点。

a. 拖曳容器系统为 64min；

b. 固定容器系统为 103min。

所以，如果采用一个固定容器系统并且到垃圾处置场的往返时间大于 103min 的话，使用垃圾转运站将比较合理。

3.5.2　转运站分类

转运站是一种将垃圾从小型收集车装载（转载）到大型专用运输车，以形成单车运输经济规模、提高运输效率的设施。国内外城市垃圾转运站的形式是多种多样的，它们的主要区别是工艺流程、主要转运设备及其工作原理和对垃圾的压实效果（减容压实程度）、环保性等因素的不同。根据转运处理规模、转运作业工艺流程和转运设备对垃圾压实程度等的不同，转运站可分为多种类型。

(1) 按转运能力分类　转运站的设计日转运垃圾能力，可按其规模进行分类，划分为小型、中小型、中型和大型。①小型转运站：转运规模 <50t/d；②中小型转运站：转运规模 50~150t/d；③中型转运站：转运规模 150~450t/d；④大型转运站：转运规模 >450t/d。

(2) 按有无压缩设备及压实程度分类　根据国内垃圾转运技术现状及发展趋势，转运技术及配套机械设备可按转运容器内的垃圾是否被压实及其压实程度，划分为无压缩直接转运与压缩式间接转运两种方式。

① 无压缩直接转运。无压缩直接转运是采用垃圾收集车将垃圾从垃圾收集点或垃圾收集站直接运送至垃圾处理厂（场）的运输方式。

② 压缩式间接转运。采用往复式推板将物料压入装载容器。与刮板式填装作业相比，往复式推压技术对容器内的垃圾施加更大的挤压力，容器内垃圾密实度最大可达 800kg/m³ 以上。压缩式一般采用平推式（或直推式）活塞动作，大型以上的转运站多采用压缩式。

（3）按压缩设备作业方式分类　目前，国内外采用的压入装箱工艺按压缩设备作业方式分别可分为水平压缩转运和竖直压缩转运两种。

① 水平压缩是利用推料装置将垃圾推入水平放置的容器内，容器一般为长方体集装箱，然后开启压缩机，将垃圾往集装箱内压缩。

② 竖直压缩即是将垃圾倒入垂直放置的圆筒型容器内，压缩装置由上至下垂直将垃圾压缩，垃圾在压缩装置重力和机械力同时作用下得到压缩，压缩比较大，压缩装置与容器不接触，无摩擦。

（4）按大型运输工具不同分类

① 公路运输。公路转运车辆是最主要的运输工具，使用较多的公路转运车辆有半拖挂转运车、车厢一体式转运车和车厢可卸式转运车等。车厢可卸式转运车是目前国内外广泛采用的垃圾转运车，无论在山区还是在填埋场，它都表现出了优良和稳定的性能。该种转运车的垃圾集装箱轻巧灵活、有效容积大，净载率高、垃圾密封性好。该种车型由于汽车底盘与垃圾集装箱可自由分离、组合，在压缩机向垃圾集装箱内装垃圾时，司机和车辆不需要在站内停留等候，提高了转运车和司机的效率，因而设备投资和运行成本均较低，维修保养也更方便。

② 铁路运输。当需要远距离大量输送城市垃圾时，铁路运输是最有效的解决方法。特别是在比较偏远的地区，公路运输困难，但却有铁路线，且铁路附近有可供填埋场地时，铁路运输方式就比较实用。铁路运输城市垃圾常用的车辆有：设有专用卸车设备的普通卡车，有效负荷 10～15t；大容量专用车辆，有效负荷 25～30t。

③ 水路转运。通过水路可廉价运输大量垃圾，因此也受到人们的重视。水路垃圾转运站需要设在河流或者运河边，垃圾收集车可将垃圾直接卸入停靠在码头的驳船里。需要设计良好的装载和卸船的专用码头。

④ 气力输送转运。最近几年，国外在建设新型的公寓类建筑物时采用了一种新型的生活垃圾收集输送系统，即采用管道气力输送转运系统。该系统主要由中心转运站、管道和各种控制阀等组成。中心转运站内装有若干台鼓风机、消声器、手动及自动控制阀、空气过滤阀、垃圾压缩机、集装箱以及其他辅助设施等。管道线路上装有进气口、截流阀、垃圾卸料阀、管道清理口等。

（5）按有无分拣功能分类　按转运站是否设计分拣回收单元，可将转运站分为带分拣处理压缩转运站和无分拣处理压缩转运站两类。

3.5.3　不同类型转运站介绍

根据装载运输车的方式不同，转运站可以被分为三种常见类型：①直接装载；②先贮存再装载；③将直接装载和贮存后再装载相结合的类型（见图 3-8）。

（1）直接装载型转运站　在直接装载型转运站里，收集车把收集到的垃圾直接倒入大型的运输车中，以便把垃圾运到最终的处置场，或将垃圾倒入压缩机中压缩后再进入运输车，或者把垃圾压缩成垃圾块后运抵处置场［见图 3-8(a)］。在许多情况下，垃圾中可回收利用的部分被筛选出来后，剩下的垃圾被倒入平板车，然后被推入运输工具。可以被临时贮存在平板车中的垃圾的体积称为该转运站的临时储量或紧急储量。

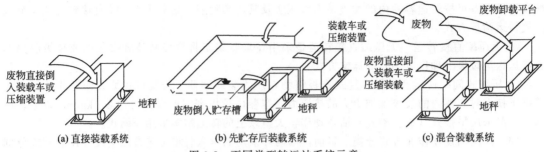

图 3-8　不同类型转运站系统示意

(a) 垃圾未经处理直接倒入一个无顶篷的车厢,然后运到压缩
工具进行压缩或直接运到运输工具将垃圾运走;(b) 垃圾从收集车被转运到一个贮存台,然后
经过贮存台被倒入无顶篷的车厢、压缩工具或运输工具;(c) 一部分垃圾直接倒入
无顶篷的车厢,另一部分垃圾先在贮存台上进行筛选,去除其中可回收的部分后,
再将剩余的垃圾倒入无顶篷的车厢与前面的一部分垃圾一同进入压缩工具或运输工具

① 大型无压缩直接装载型转运站。在大型的直接装载转运站里,从收集车收集到的固体废物往往直接被倒入运输工具。因此,这类转运站往往建有两层。收集车将垃圾倒在收集平台上的运输拖车后,平台便可以升起(见图 3-9),空的运输拖车停在斜坡的末端,随着平台的下降,又到了收集车的下方(见图 3-10)。在一些直接装载的转运站里,当运输拖车已经满了或者运输拖车开往最终处置场还未回到转运站的时候,收集车往往将垃圾倒入平板车厢作为临时贮存,然后再倒入运输拖车。

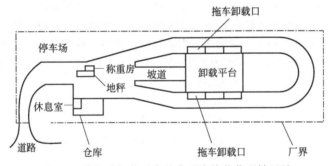

图 3-9　带抬升卸载平台的典型直接装载型转运站

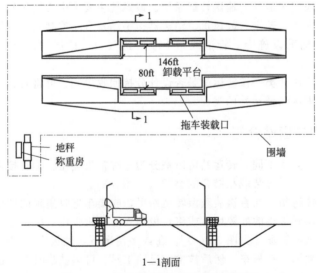

1—1 剖面

图 3-10　大型无压缩直接装载型转运站

② 大型可压缩直接装载型转运站。在上述大型转运站中，目前一个显著的变化就是用压缩装置代替了以往使用的无顶篷不可压缩的车厢来作为盛装垃圾的容器。这些压缩器械可以直接把垃圾压入垃圾拖车或者用来压缩成垃圾块。带压缩的直接装载型转运站的操作基本类似于不带压缩的直接装载型转运站，只是它使用固定容器作为将垃圾压入垃圾拖车的工具。

在带压缩的直接装载型转运站中，垃圾常被压缩成垃圾块（见图3-11），收集车收集到的垃圾直接被倾倒到垃圾平台或者压缩收集坑。在筛选完其中的可回收利用部分后，由车辆将垃圾推上平台送入垃圾压缩器。被压缩后的垃圾块可以通过半拖车被运送到最终的处置场。因为压缩出来的垃圾块在部分膨胀后的尺寸仍然稍稍小于拖车的内部尺寸，使运输车得到了最大效益的利用，所以运输的费用就可降到最低。

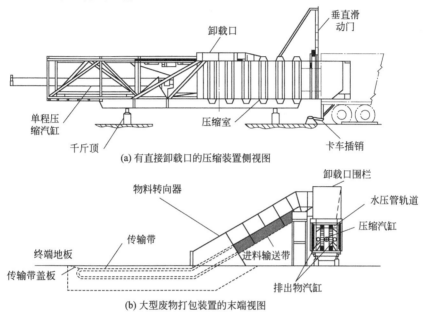

图 3-11　转运站中将垃圾压缩成垃圾块的压缩器械

③ 中小型可压缩直接装载型转运站。图3-12所示的是一种典型的中等规模的可压缩直接装载型转运站。卡车经过称重后进入转运站的指定卸载地点，譬如一个独立的与压缩机相连的储料斗或者矩形的垃圾收集坑。每一个垃圾收集坑都配备一个液压传动栅，以便把收集到的垃圾推入收集坑另一端的压缩机的储料斗。如果暂时没有空的垃圾拖车，收集车往往将垃圾倒入平板车厢作为临时贮存，然后被送往压缩机。

（2）先贮存再装载型转运站　在这种先贮存再装载的转运站里，垃圾先被倒入一个贮存坑，然后通过各种辅助器械，将坑内的垃圾装入运输工具。直接装载型转运站和先贮存再装载型转运站的差别在于后者带有一定的贮存垃圾的能力（通常为1～3d）。

① 大型无压缩先贮存再装载型转运站。图3-13是先贮存再装载型转运站的示意图。在这个转运站里，所有的收集车在进入转运站前都沿着指定路线到一个电子秤处称重。另外，电子秤管理者还会记录下卸载的公司名称、专用卡车的证明和进入时间。然后工作人员会指导司机从主入口的东侧或西侧进入封闭的转运站。进入后，司机倒车使收集车与垃圾收集坑的边沿成50°角，然后将收集车中的固体废物倒入收集坑，最后空车驶出转运站。

在收集斗另一边有两台桶状的提升机，它们可以将可能损坏运输拖车的垃圾提走。剩下的垃圾经过收集斗后进入停在下层的垃圾拖车内。当达到最大限重时，提升机的操作员将会示意卡车司机。于是装满了垃圾的拖车被拖出装载区，并且金属网格罩将盖在拖车的顶部，以防止在拖运的过程中有纸片或者其他的废物散落出来。

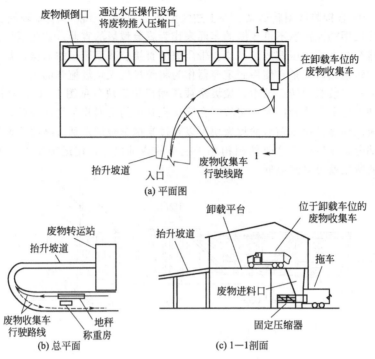

(a) 平面图

(b) 总平面

(c) 1—1剖面

图 3-12　具有固定压缩装置的封闭式中型直接装载型转运站

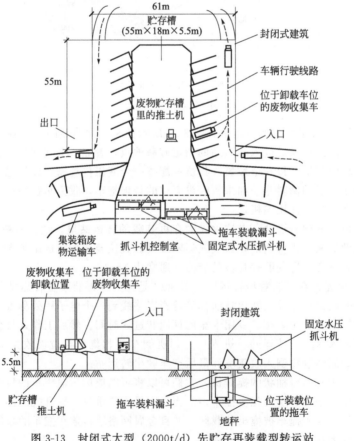

图 3-13　封闭式大型（2000t/d）先贮存再装载型转运站

② 中型带预处理和压缩装置的先贮存再装载型转运站。在图 3-14 所示的转运站中，垃圾首先被倒入一个垃圾收集坑内，然后从收集坑被推入一个传送系统，送到垃圾粉碎机。经过粉碎后，难压缩的金属被去除，剩余的垃圾被压入运输拖车运送到最终的处置场。

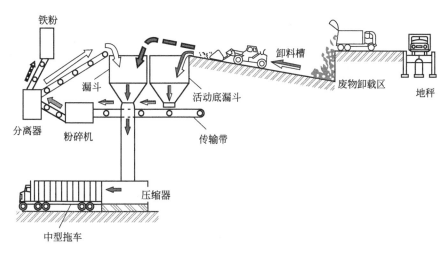

图 3-14　具有预处理和压缩装置的先贮存再装载型转运站

(3) 直接装载和先贮存后装载相结合型转运站　在一些转运站，直接装载和卸货后再装载的方法是结合使用的。通常，这种多功能的处理设施比单一用途的处理设施可以服务更多的用户。一个多功能的转运站同样可以建立起一个垃圾回收利用系统。图 3-15 所示是可同时满足为普通市民服务和为不同垃圾收集代理商服务而设计的多功能的垃圾转运站。

转运站的操作过程如下：所有希望使用转运站的用户（包括普通市民和商家）必须进入称重检查室接受检查；大型商业垃圾车经过称重后，司机会拿到一张盖章后的商业客户凭证；然后司机将车驶入卸载区，把车内的所有垃圾倾倒入运输拖车；最后空车返回称重室，经过再次的称重后，司机返还商业客户凭证，并根据计算出的垃圾重量结算。

由转运站人员负责卸下所有可回收利用的废物。如果装载的废物中含有预先确知数量的可回收利用废物，则司机将进入某种特定类型车辆的免费通道，而通过这种类型的车辆将废物送去进行后续回收利用。当卸载完所有的可回收利用资源后，司机将行驶至卸载平台并卸载下所有其他废物。

如果所装载的废物中不含有可回收利用废物，司机将直接驶至公共卸载区域。这个区域是与直接装载区域隔离开的，中间通过商业运输车辆和 2 个 12m 的拖车装载漏斗口来连接。卸载区域中所积累的废物通过一个橡胶装载器定期推入中转拖车的装载漏斗中。有时候，一些其他类别的物质将从公众所使用的卸载区域中得到回收。

3.5.4　转运站选址

固体废物可以从产生地直接运往处置场，也可以经过转运站运输。但是，在大部分情况下，为了避免或减少处理处置过程对环境和健康造成危害，一般要求将固体废物处理处置设施建立在与城市居民区或工业区有一定距离的地方。在这种情况下，将垃圾直接从分散的产生地点直接运输到处置场是不经济的，甚至是不可能的。因此，通常是将收集到的废物先运到转运站，然后再集中运送到处理处置设施。从这个意义上来说，转运是城市垃圾收集运输系统中的一个重要环节。

对于城市垃圾来说，其转运站一般建议建在小型运输车的最佳运输距离之内。在选择转运站的位置时，要注意以下几个问题：

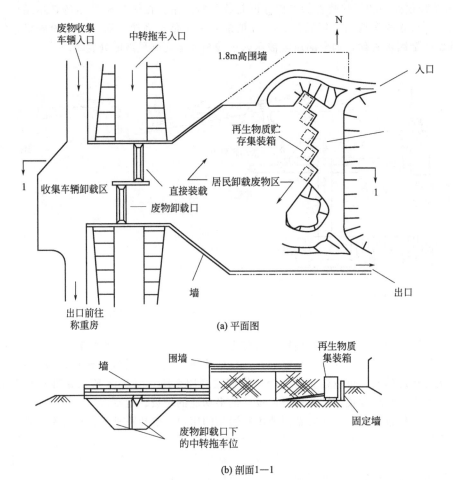

(a) 平面图

(b) 剖面1—1

图 3-15　带废物回收系统的直接装载和先贮存再装载相结合的转运站

① 转运站选址应符合城镇总体规划和环境卫生专业规划的基本要求;

② 转运站的位置应在生活垃圾收集服务区内人口密度大、垃圾排放量大、易形成转运站经济规模的地方;

③ 转运站选址不宜邻近广场、餐饮店等群众日常生活聚集场合;

④ 在具备铁路运输或水路运输条件,且运距较远时,宜设置铁路或水路运输垃圾转运站。

3.5.5　转运站配置要求

(1) 与运输方式有关的设置要求　在大中城市通常设置多个垃圾转运站。每个转运站必须根据需要配置必要的主体工程设施及相关辅助设施,如称重计量系统、受料及供料系统、压缩转运系统、除尘脱臭系统、污水处理系统、自控及监控系统以及道路、给排水、电气、控制系统等。

根据《生活垃圾转运站技术规范》(CJJ/T 47—2016),对设置转运站的要求与垃圾的运输方式(公路、铁路、水路)有关,分述如下。

① 公路中转站配置要求。城市垃圾转运站的设置数量和规模取决于收集车的类型、收集范围和垃圾转运量,一般对于中小型转运站每 0.7~1km² 设置一座,一般在靠近服务区域中心或生活垃圾产量多且交通运输方便的地方设置,其用地面积根据日转运规模确定,见表3-4。

表 3-4　城市垃圾转运站设置标准

类型		设计转运量/(t/d)	用地面积/m²	与相邻建筑间距/m	绿化隔离带宽度/m
大型	Ⅰ类	≥1000,≤3000	≥15000,≤3000	≥30	5~10
	Ⅱ类	≥450,<1000	≥1000,<15000	≥20	5~10
中型	Ⅲ类	≥150,<450	≥4000,<10000	≥15	5~10
小型	Ⅳ类	≥50,<150	≥1000,<4000	≥10	≥3
	Ⅴ类	<50	≥500,<1000	≥8	≥3

注：1. 表内用地面积不包括垃圾分类和堆放作业用地。

2. 用地面积中包含沿周边设置的绿化隔离带用地。

3. 城市垃圾转运站的转运量可按公式计算。

4. 当选用的用地指标为两个档次的重合部分时，可采用下档次的绿化隔离带指标。

5. 二次转运站宜偏上限选用用地指标。

② 铁路中转站配置要求。当垃圾处理场距离市内收集点路程大于 50km 时，可设置铁路运输转运站。转运站必须设置装卸垃圾的专用站台以及与铁路系统衔接的调度、通信、信号等系统。

③ 水路中转站配置要求。水路转运站配置要有供卸料、停泊、调档等使用的岸线，还应有陆上空地作为作业区。陆上面积用以安排车道、大型装卸机械、仓储、管理等项目的用地。岸线长度应根据装卸量、装卸生产率、船只吨位、河道允许船只停泊档次等因素确定。码头岸线由停泊岸线和附加岸线组成。当日装卸量在 300t 以内时，按表 3-5 选取。

表 3-5　水路运输转运站岸线计算表

船只吨位/t	停泊档次	停泊岸线/m	附加岸线/m	岸线折算系数/(m/t)
30	二	110	15~18	0.37
30	三	90	15~18	0.30
30	四	70	15~18	0.24
50	二	70	18~20	0.24
50	三	50	18~20	0.17
50	四	50	18~20	0.17

注：作业制度按每日一班制；附加岸线系拖船的停泊岸线。

当日装卸量超过 300t 时，水路转运站岸线长度采用下式计算，并与表 3-5 结合使用。

$$L = Qq + I \qquad (3-19)$$

式中，L 为水路转运站岸线计算长度，m；Q 为转运站垃圾日装卸量，t；q 为岸线折算系数，m/t，见表 3-5；I 为附加岸线长度，m，见表 3-5。

水路转运站综合用地按每米岸线配备不少于 15~20m² 的陆上作业场地，周边还应设置宽度不小于 5m 的绿化隔离带。

水路中转站还应有陆上空地作为作业区。陆上面积用以安排车道、大型装卸机械、仓储、管理等项目的用地。所需陆上面积按岸线规定长度配置，一般规定每米岸线配备不少于 40m² 的陆上面积。

(2) 转运站机械设备配置要求

① 应依据转运站规模类型配置相应的机械设备。中小型以下规模的转运站，宜配置刮板式压缩设备；中型及大型以上的转运站，宜采用活塞式压缩设备。

② 多个同一工艺类型的转运车间或工位的配套机械设备，应选用同一类型、规格，以提高站内机械设备的通用性和互换性，并便于转运站的建造和运行维护。

③ 转运站机械设备的工作能力应按日有效运行时间不大于 4h 考虑，使其与转运站车间（工

位）的设计规模（t/d）相匹配，以保持转运站可靠的转运能力并留有调整余地。

3.5.6 转运站环境保护与劳动安全卫生

城市垃圾转运站操作管理不善，常给环境带来不利影响，引起附近居民的不满。故大多数现代化及大型垃圾转运站都采用封闭形式，注意规范作业，并采取一系列环保措施。

① 转运站应通过合理布局建（构）筑物、设置绿化隔离带、配备污染防治设施和设备等多种措施，对转运过程产生的二次污染进行有效防治。

② 要结合垃圾转运车间（工位）的工艺设计，强化在卸装垃圾等关键位置的通风、降尘、除臭措施；大型以上转运站必须设置独立的抽排风/除臭系统。

③ 配套的运输车辆必须有良好的整体密封性能，以避免渗液滴漏、尘屑撒落、臭气散逸。

④ 通过减振、隔声等措施，将转运作业过程产生的噪声控制在《城市区域噪声标准》GB 3096 允许的范围内。

⑤ 根据转运站所在地区水环境质量要求和污水收集、处理系统等具体条件，选择恰当的污水排放、处理形式，使其达到国家有关现行标准及当地环境保护部门的要求。

a. 转运站生活污水经化粪池排入临近市政排水管网集中处理。

b. 转运作业过程产生的垃圾渗沥液及清洗车辆、设备的生产污水，在获得有关主管部门同意后可排入临近市政排水管网集中处理；否则，应将其预处理至达到国家现行标准的要求后再排入临近市政排水管网；或用车辆、管道等将渗沥液等输送到污水处理厂（场）。

⑥ 在转运站的相应位置设置交通管制指示、烟火管制提示等安全标志。

a. 机械设备的旋转件、启闭装置等零部件应设置防护罩或警示标志；

b. 填装、起吊、倒车等工序的相关设施、设备上应设置警示、警报装置。

⑦ 转运站一般均设有防火措施。

⑧ 在转运站内必须设置杀虫灭害设施及装置。

3.5.7 转运站工艺设计

在规划和设计转运站时，应考虑以下几个因素：①每天的转运量；②转运站的结构类型；③主要设备和附属设施；④对周围环境的影响。

假定某转运站要求：①采用挤压设备；②高低货位方式卸料；③机动车辆运输。其工艺设计如下：垃圾车在货位上的卸料台卸料，倾入低货位上的压缩机漏斗内，然后将垃圾压入半拖挂车内，满载后由牵引车拖运，另一辆半拖挂车装料。

根据该工艺与服务区的垃圾量，可计算应建造多少高低货位卸料台和配备相应的压缩机数量，需合理使用多少牵引车和半拖挂车。

(1) 卸料台数量（A） 该垃圾转运站每天的工作量可按下式计算：

$$E = k_1 Y_n / 365 = k_1 y_n P_n \times 10^{-3} \tag{3-20}$$

式中，E 为每天的工作量，t/d；Y_n 为第 n 年预测垃圾产生量，t/a；P_n 为服务区的居民人数，人；y_n 为人均垃圾产率，kg/(人·d)；k_1 为垃圾产量变化系数，一般为 1.3～1.4。

一个卸料台工作量的计算公式为：

$$F = t_1 / (t_2 k_t) \tag{3-21}$$

式中，F 为卸料台 1 天接受的清运车数，辆/d；t_1 为转运站 1 天的工作时间，min/d；t_2 为 1 辆清运车的卸料时间，min/辆；k_t 为清运车到达的时间误差系数。

则所需卸料台数量为：

$$A = \frac{E}{WF} \tag{3-22}$$

式中，W 为清运车的载重量，t/辆。

（2）压缩设备数量（B）

$$B = A \tag{3-23}$$

（3）牵引车数量（C） 为一个卸料台工作的牵引车数量，按公式计算为：

$$C_1 = t_3 / t_4 \tag{3-24}$$

式中，C_1 为牵引车数量；t_3 为大载重量运输车往返的时间；t_4 为半拖挂车的装料时间。

其中，半拖挂车装料时间的计算公式为：

$$t_4 = t_2 n k_t \tag{3-25}$$

式中，n 为 1 辆半拖挂车装料的清运垃圾车数量；t_2 为 1 辆清运车的卸料时间，min/辆；k_t 为清运车到达的时间误差系数。

因此，该转运站所需的牵引车总数为：

$$C = C_1 A \tag{3-26}$$

（4）半拖挂车数量（D） 半拖挂车是轮流作业，一辆车满载后，另一辆装料，故半拖挂车的总数为：

$$D = (C_1 + 1) A \tag{3-27}$$

3.6 固体废物收运系统的优化

为了提高废物的收运效率，使总的收运费用达到最小可能值，各废物产生源（或转运站）如何向各处置场或处理厂合理分配和运输垃圾量是值得探讨的问题。此类收运路线的优化问题实际上是寻找一条从收集点到转运站或处理处置设施的最优路线。对一个区域系统或一个大的城区，确定一条优化的宏观运输路线，对整个垃圾收运和处理处置系统的效率和成本都会产生较大的影响。这类问题在数学上称为分配问题，这里采用线性规划的数学模型对此进行讨论。

假设废物产生源（或转运站）的数量为 N，接收废物的处理厂或处置场的数量为 K，并且在废物产生源（或转运站）和废物处理厂或处置场之间没有其他处理设施，为确定最优的运输路线，可以通过总的收运费用达到最小来计算。所应满足的约束条件为：

① 每个处置场的处置能力是有限的；

② 处置的废物总量应等于废物的产生总量；

③ 从每个废物产生源运出的废物量应大于或等于零。

目标函数：

$$f(X) = \sum_{i=1}^{N} \sum_{k=1}^{K} X_{ik} C_{ik} + \sum_{k=1}^{K} \left(F_k \sum_{i=1}^{N} X_{ik} \right) \tag{3-28}$$

约束条件：

$$\sum_{i=1}^{N} X_{ik} \leqslant B_k \qquad 对于所有的 k \tag{3-29}$$

$$\sum_{k=1}^{K} X_{ik} = W_i \qquad 对于所有的 i \tag{3-30}$$

$$X_{ik} \geqslant 0 \qquad 对于所有的 i \tag{3-31}$$

式中，X_{ik} 为单位时间内从废物产生源 i 运到处置场 k 的废物量；C_{ik} 为单位数量废物从废物产生源 i 运到处置场 k 的费用；F_k 为处置场 k 处置单位数量废物的费用；W_i 为废物产生源 i 单位时间内所产生的废物总量；B_k 为 k 处置场的处置能力；N 为废物源的数量；K 为处置场的数量。

在目标函数中，第一项是运输费用，第二项为处置费用。由于各处置场的规格、造价与运行费之间的差异，不同处置场的处置费用也会有所不同。

【例 3-8】 假设某城市近郊有 3 座垃圾处置场，每座处置场的处置能力分别为 600t/d、500t/d 和 700t/d，城区建有 3 座垃圾转运站，每座转运站转运垃圾的量分别为 400t/d、400t/d 和 300t/d（如下图所示），如何调运各个转运站的垃圾量才能使其总运输费用最小？

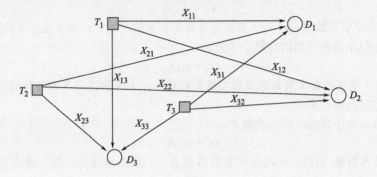

解：

① 约束条件：根据每一转运站运往各个处置场的转运量与每一转运站的转运量的关系，有

$$X_{11}+X_{12}+X_{13}=400$$
$$X_{21}+X_{22}+X_{23}=400$$
$$X_{31}+X_{32}+X_{33}=300$$
$$X_{ij} \geqslant 0 \quad (i=1 \sim 3, \ j=1 \sim 3)$$

根据每一处置场接受来自各个转运站的转运垃圾量与每一处置场的处置量的关系，有

$$X_{11}+X_{21}+X_{31} \leqslant 600$$
$$X_{12}+X_{22}+X_{32} \leqslant 500$$
$$X_{13}+X_{23}+X_{33} \leqslant 700$$
$$X_{ij} \geqslant 0 \quad (i=1 \sim 3, \ j=1 \sim 3)$$

② 目标函数：使总转运费用最小，即

$$f(X)=X_{11}C_{11}+X_{21}C_{21}+X_{31}C_{31}+X_{12}C_{12}+X_{22}C_{22}+X_{32}C_{32}+X_{13}C_{13}+X_{23}C_{23}+X_{33}C_{33}$$
$$+F_1(X_{11}+X_{21}+X_{31})+F_2(X_{12}+X_{22}+X_{32})+F_3(X_{13}+X_{23}+X_{33})$$

求解这个数学模型，得出各个垃圾转运量（X_{ij}），就可得出一个使总转运费用最小的最优调运方案。

为求解上述问题，可以利用求解线性规划模型的常用方法——单纯形法来求解。

如果在废物源和处置场之间还有转运站或其他处理设施，则宏观路线的确定会变得更加复杂。在这种系统中，废物源产生的废物可以送到转运站，也可以直接送到处置场，而转运站的废物必须送到处置场。在中间处理过程中产生的废物流的变化也必须加以计算。

设有 N 个废物源，J 个转运站，K 个处置场，处置场和转运站的处理处置费用分别为 F_j 和 F_k。这个系统的目标函数可以用下列数学式来表示：

$$f(X)=\sum_{i-1}^{N}\sum_{j=1}^{J}C_{ij}X_{ij}+\sum_{i-1}^{N}\sum_{k=1}^{K}C_{ik}X_{ik}+\sum_{j=1}^{J}\sum_{k=1}^{K}C_{jk}X_{jk}+\sum_{j=1}^{J}F_j\sum_{i=1}^{N}X_{ij}+$$
$$\sum_{k=1}^{K}F_k\left(\sum_{i=1}^{N}X_{ik}+\sum_{j=1}^{J}X_{jk}\right) \tag{3-32}$$

该目标函数的约束条件为：

① 在废物源 i 产生的废物量 W_i 必须等于由 i 运往 J 个转运站和 K 个处置场的废物总量。

$$\sum_{j=1}^{J}\sum_{i=1}^{N}X_{ij}+\sum_{k=1}^{K}\sum_{i=1}^{N}X_{ik}=W_i \tag{3-33}$$

② 转运站 j 的处理能力 B_j 必须大于或等于运往 j 的废物总量。

$$\sum_{i=1}^{N} X_{ij} \leqslant B_j \qquad 对于所有 j \qquad (3\text{-}34)$$

③ 从废物源 i 和转运站 j 运往处置场 k 的废物量必须小于或等于处置场 k 的处置能力 B_k。

$$\sum_{i=1}^{N} X_{ik} + \sum_{j=1}^{J} X_{jk} \leqslant B_k \qquad 对于所有的 k \qquad (3\text{-}35)$$

④ 转运站 j 处理后残余的废物量必须等于从 j 运往处置场的废物量。

$$P_j \sum_{i=1}^{N} X_{ij} = \sum_{k=1}^{K} X_{jk} \qquad 对于所有的 j \qquad (3\text{-}36)$$

⑤ 从所有废物源运往转运站或处置场的废物量，或从转运站运往处置场的废物量必须大于或等于零。

$$X_{ij} \geqslant 0, \ X_{ik} \geqslant 0, \ X_{jk} \geqslant 0 \qquad 对于所有的 i、j、k \qquad (3\text{-}37)$$

式中，C_{ij} 为将单位数量废物从废物产生源 i 运送到转运站 j 的费用；C_{jk} 为将单位数量废物从转运站 j 运送到处置场 k 的费用；C_{ik} 为将单位数量废物从废物产生源 i 运送到处置场 k 的费用；X_{ij} 为在单位时间内从废物产生源 i 运送到转运站 j 的废物数量；X_{jk} 为在单位时间内从转运站 j 运送到处置场 k 的废物数量；X_{ik} 为在单位时间内从废物产生源 i 运送到处置场 k 的废物数量；B_j 为转运站 j 的处理能力；B_k 为处置场 k 的处置能力；F_j 为转运站 j 处理单位数量废物所需的费用；F_k 为处置场 k 处置单位数量废物所需的费用；P_j 为转运站 j 处理后残渣占原废物的比例，对于储运站，$P_j = 1.0$，对于焚烧炉，$P_j = 0.1 \sim 0.2$。

在影响条件过分复杂的情况下，由于线性规划方法造成的误差太大，可以使用简单的网格计算法。在 X-Y 坐标网格纸上，将相应区域划分成很多面积相等的方格，然后根据居民人口估算出固体废物的产生量。在此之前，应确定转运站与废物处置场的地点。首先判断明显不适当的地点，例如市区中心、风景区、饮用水源保护区等，然后利用反复试探的方法得到最佳的综合方案。

垃圾的运输费用占垃圾处置总费用的很大比例，因而场址的选择，应充分考虑最大限度地减少运费。在整个地区基本上处于平原的条件下，运输的费用就仅取决于路程的长短。可以根据本地区各部分的地理位置和垃圾产生量的分布情况，计算出处置场的理论最佳选址，以使得垃圾运输的总吨-公里数为最小。

讨论题

1. 请说明生活垃圾收运系统一般应包括的主要阶段，并请简要分析各阶段的主要特点。
2. 固体废物的收集方式主要有哪些？固体废物分类收集一般应遵循的主要原则是什么？
3. 从下列表格中的数据确定速度常数 a 和 b。

平均行驶速度 y /(km/h)	往返距离 x/km		
	A	B	C
16	1.44	1.6	1.76
32	4.64	4.96	7.36
40	6.4	7.68	12.8
46.4	8.8	10.4	25.6
48	9.6	11.2	33.6
56	12.8	16.8	
62.4	16.0	25.6	
64	17.6	32.0	
72	24.8		
80	44.8		

4. 在垃圾收集工人和官员之间发生了一场纠纷，争执的中心是关于收集工人非工作时间的问题。收集工人说他每天的非工作时间不会超过 8h 工作日的 15％，而官员则认为收集工人每天的非工作时间肯定超过了 8h 工作日的 15％。请你作为仲裁者对这一纠纷作出公正的评判，下列数据供你评判时参考：收运系统为拖曳容器系统；从车库到第一个收集点以及从最后一个收集点返回车库的平均时间分别为 20min 和 15min，行驶过程中不考虑非工作因素；每个容器的平均装载时间为 6min；在容器之间的平均行驶时间为 6min；在处置场卸垃圾的平均时间为 6min；收集点到处置场的平均往返距离为 16km，速度常数 a 和 b 分别为 0.004h 和 0.0125h/km；放置空容器的时间为 6min；每天清运的容器数量为 10 个。

5. 一较大居民区，每周产生的垃圾总量大约为 460m³，每栋房子设置 2 个垃圾收集容器，每个容器的容积为 154L。每周用人工收运垃圾车收集 1 次垃圾，垃圾车的容量为 27m³，配备 2 名工人。试确定垃圾车每次往返的行驶时间以及需要的工作量。处置场距离居民区 24km；速度常数 a 和 b 分别为 0.022h 和 0.01375h/km；容器利用效率为 0.7；垃圾车压缩系数为 2；每天工作时间按 8h 考虑。

6. 市政府拟在某处新建一高级住宅区，该区有 800 套别墅。假定每天往处置场运送垃圾 2 趟或 3 趟，请你为该住宅区设计垃圾收运系统（两种不同收运系统进行比较）。下列数据供参考：垃圾产生量 0.025m³/（户·d）；每个收集点设置垃圾箱 2 个；75％为路边集中收集，25％为户后分散收集；收集频率 1 次/周；垃圾收集车为后箱压缩车，压缩系数为 2.5；每天按工作 8h 计；每车配备 2 名工人；居民点到最近处置场的往返距离为 36km；速度常数 a 和 b 分别为 0.08h 和 0.0156h/km；处置场停留时间为 0.083h。

7. 某城市近郊共有三座垃圾处置场，城区建有四座转运站负责转运全市收集的生活垃圾，转运站往处置场运送的垃圾量和垃圾单位运价如下表所示，不计处置场的处置费用，请计算怎样调运各个转运站的垃圾量才能使其总运输费用最低。

项　　　目		D_i			$W_i/(t/d)$
		D_1	D_2	D_3	
T_i	T_1	8.3	3.3	7.8	400
	T_2	10.8	10.8	6.8	300
	T_3	10.8	3.8	4.8	200
	T_4	5.8	8.8	9.8	200
$B_i/(t/d)$		500	600	600	

　　注：表中数字为从各转运站到各处置场的垃圾单位运价（元/t）。

8. 建设转运站的主要作用是什么？是否一定要建设转运站？

9. 转运站的主要种类有哪些？请简要分析不同类型转运站的特点及其适用性。

10. 在对转运站特别是大型转运站进行选址时要注意哪些问题？为什么？

11. 请根据你学校不同场所产生废物的特点，制订一份废物分类收集的方案建议书。

12. 某城镇 2020 年人口规模 35 万，人口发展预测到 2030 年为 52 万，该城市 2020 年的人均日产垃圾量为 0.85t/（人·d），根据国内同类城市的经验，人均日产垃圾增长率为 2％，并且当人均垃圾日产量达到 1.0kg/（人·d）时将保持不变。现拟在该城市建设一座转运站转运所有的垃圾，假设该转运站采用挤压设备、高低货位方式装卸料、机动车辆运输，转运站的作业过程为：垃圾车在货位上卸料台卸料，倾入低货位上的压缩机漏斗内，然后将垃圾压入半拖挂车（集装箱）内，满载后由牵引车拖运，另一个半拖挂车（集装箱）装料。请根据该工艺与服务区的垃圾量，计算应建多少高低货位卸料台和配套相应的压缩机数量，需合理使用多少台牵引车和半拖挂车（集装箱）。该转运站建成后应能满足该城市 2030 年发展的需要。

13. 垃圾真空管道收集方式相对于传统车辆收集方式有何特点？能否发展成为垃圾收集的重要方式？

4

固体废物的压实、破碎、分选及脱水处理技术

4.1 概　述

固体废物种类繁多、组成复杂，其形状、大小、结构、性质等均有很大的差异。因此，为使物料性质满足后续处理或最终处置的工艺要求，提高固体废物资源回收利用的效率，往往需对其进行预先的处理，这些预处理技术（或前处理技术）主要包括压实、破碎、分选、脱水等单元操作。

由于处理工艺不同，固体废物预处理的目的也有差异。

对于以填埋为主的废物，通常将废物进行压实处理以降低废物的体积，压实过程可以在废物收集车或专用压实器中进行，也可以在填埋场进行。压实后的废物可以减少运输量和运输费用，在填埋时可以占据较小的空间和体积，提高填埋场的使用效率。

对于以焚烧或堆肥为主的废物，则不需要进行压实处理，此时，可以对其进行破碎、分选等，以使物料粒度均匀、大小适宜，将有利于焚烧的进行，也有利于堆肥化的效率。

对于污水处理厂的污泥、餐厨垃圾、厌氧消化残渣（沼渣）等含水率较高的固体废物，在对其进行资源回收利用时，除破碎和分选等工艺外，还需要进行脱水处理以减少废物体积，便于其运输和处置，实现不同物料分别回收利用的目的。为改善废物的脱水性能，提高其资源利用效率，通常需要在脱水之前对其进行调质和浓缩处理。

总之，在固体废物的处理处置中，压实、破碎、分选、脱水等是重要的预处理工艺。本章主要介绍固体废物的压实、破碎、分选和脱水处理技术，在讲述脱水处理技术的部分，将同时介绍高含水有机废物的调质和浓缩等辅助处理手段。

4.2　固体废物的压实技术

4.2.1　压实原理

（1）压实概念　压实是通过外力加压于松散的固体物上，以缩小其体积、增大密度的一种操作方法。通过压实处理可以减少固体废物的运输和处理体积，从而减少运输和处置费用。以城市垃圾为例，在压实之前其容重通常在 $0.1 \sim 0.6 \mathrm{t/m^3}$ 的范围，当通过压实器或一般压实机械作用以后，其容重可提高到 $1 \mathrm{t/m^3}$ 左右，若是通过高压压缩，其容重还可达到 $1.125 \sim 1.38 \mathrm{t/m^3}$，

而体积则可减少至原体积的 $1/10 \sim 1/3$。因此，在固体废物进行填埋处理前，常需加以压实处理。

(2) 压实程度的度量　评价固体废物压实的效果可以通过密度、孔隙率和孔隙比、体积减少百分比以及压缩比和压缩倍数等不同的参数来表示。

多数固体废物可以设想为由各种颗粒和颗粒之间充满空气的空隙所构成的集合体。由于空隙较大，同时颗粒多有吸附能力，所以可以认为几乎所有水分都吸附在固体颗粒中，而不存在于空隙中，这样固体废物的总体积就等于颗粒体积加上空隙体积，而固体废物的总质量等于颗粒质量加上水分质量，即

固体废物总体积 $\qquad\qquad\qquad V_m = V_s + V_v \qquad\qquad\qquad$ (4-1a)

固体废物总质量 $\qquad\qquad\qquad W_m = W_s + W_w \qquad\qquad\qquad$ (4-1b)

式中，V_m、V_s、V_v 分别为固体废物体积、固体颗粒体积、空隙体积；W_m、W_s、W_w 分别为固体废物总质量、固体颗粒质量、水分质量。

固体废物的湿密度 ρ_w 和干密度 ρ_d，可分别用式(4-2a) 和式(4-2b) 表示，即

$$\rho_w = \frac{W_m}{V_m} \qquad\qquad\qquad (4\text{-}2a)$$

$$\rho_d = \frac{W_s}{V_m} \qquad\qquad\qquad (4\text{-}2b)$$

实际上，废物收运及处理过程中测定的物料质量常包括水分，故一般所称的固体废物容重都指的是其湿密度。压实前后固体废物密度值及其变化率大小，是度量压实效果的重要参数。

固体废物的空隙比 e 和空隙率 ε 可分别由式(4-3a) 和式(4-3b) 表示：

$$e = \frac{V_v}{V_s} \qquad\qquad\qquad (4\text{-}3a)$$

$$\varepsilon = \frac{V_v}{V_m} \qquad\qquad\qquad (4\text{-}3b)$$

固体废物压实后压缩比 r 和压缩倍数 n 可分别由式(4-4a) 和式(4-4b) 表示：

$$r = \frac{V_f}{V_m} \quad (r \leqslant 1) \qquad\qquad (4\text{-}4a)$$

$$n = \frac{V_m}{V_f} \quad (n \geqslant 1) \qquad\qquad (4\text{-}4b)$$

式中，V_m 为压实前废物的体积，m^3；V_f 为压实后废物的体积，m^3。

显然，压缩比和压缩倍数互为倒数。n 值越大，说明废物的压实倍数越高，其压实效果也越好，工程上以使用压实倍数 n 值更为普遍。

(3) 压实影响因素　压实是国外普遍采用的一种固体废物预处理方法。一些工厂自己进行最终处置操作，在废物送去填埋处置之前，先在自设的压实器压实。一些工厂自己不处置废物，在废物交付给废物处置承包商之前，也需在厂内将废物压实并装入容器，以减少运输和处置费用。在多数情况下，压实器和盛装容器由承包商提供。有时，在固体废物进行焚烧处理之前也需进行压实，其减容程度以不影响物料在炉内的充分燃烧为宜。

影响压实效果的因素很多，在垃圾填埋场对垃圾进行压实时，影响垃圾压实作业的主要参数有垃圾的组分情况、含水率、垃圾层厚度、机械滚压次数、碾压速度等。垃圾组成的多样性决定了其物理性状的复杂性。因为垃圾组成非常复杂，既有不变形的坚硬固体废物，如石块、玻璃，也有弹性和韧性较好的竹木、金属、胶带，更有力学性状特殊的厨余垃圾等等，固体间隙和固体内部还被空气和水分所填充，所以典型的生活垃圾是固-液-气三者组成的范性散体。

在填埋场中，作用在垃圾上的压力与垃圾的平均密度之间的关系如图 4-1 所示。图示的带

状区域数据通过大量重复性试验得出。从图上分析可知，机械的压力愈大，垃圾体压实密度愈大，减容的效果愈好。

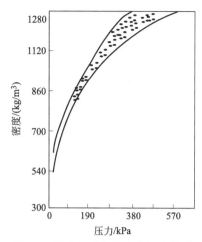

图 4-1　压力与废物密度之间的关系

在填埋垃圾压实过程中，垃圾组分之间由于内聚力和摩擦力的存在，抵抗着外来载荷的作用，其变形过程大致可分为三个阶段。

① 垃圾组分之间的大空隙被填没。此时，较大的空气空隙和部分空隙水在作用力下排挤出来，产生较大的不可逆变形，即塑性变形。随着变形量的增加，组分间的接触点也不断增加，阻力随之增大，只有当压力大于阻力时形变才可继续产生。

② 垃圾体不可逆蠕变。当外压继续增加时，组分间的空隙和部分结合水被挤出，使得垃圾体内部更加靠近而产生新的变形。如果此时压力足够大，即在一定的压力下保持，变形仍然可以极其微小地进行，此即垃圾体的不可逆蠕变过程。在此过程中，垃圾体的弹性变形受内聚力和摩擦力的影响逐渐表现出来；卸载时，弹性变形的恢复也是逐渐消失的，并有明显滞后恢复现象。

③ 垃圾体的范性变形。当垃圾组分相互充分接触时，在足够大压力作用下，垃圾体组分大量的内部结合水被排挤出来，部分组分破碎，发生固体范性变形。

适于压实减容处理的固体废物有垃圾、松散废物、纸带、纸箱及某些纤维制品等。对于那些可能使压实设备损坏的废物，如大块的木材、金属、玻璃等则不宜采用压实处理；某些可能引起操作问题的废物，如焦油、污泥或液体物料也不宜压实处理。

4.2.2　压实机械

压实机械分固定式和移动式两类。固定式压实机械一般设置在废物收集站或中间转运站使用，使用较为普遍；移动式压实机械一般安装在卡车上，当接受废物后立即进行压实操作，随后运往处置场地。废物压实机械按压力大小可分为高压、中压和低压机械；按压缩容器大小可分为大型、中型和小型压缩机；按压缩物料种类可分为金属类压缩机械和非金属类压缩机械等。以下介绍几种典型压实器的工作原理。

(1) 水平式压实器　图 4-2 为水平式压实器示意图。该装置具有一个可沿水平方向移动的压头，先把废物送入料斗，然后压头在手动或光电装置控制下把废物压进一个钢制容器内。该容器一般是正方形或长方形的。当容器完全装满时，压实器的压头完全缩回。装满压实废物的容器可以吊装到重型卡车上运走，再把另一个空容器连接在压实器上，再进行下次压实操作。垃圾转运站中使用的带水平压头的卧式压实器就属于该类型。

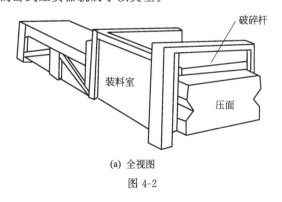

(a) 全视图

图 4-2

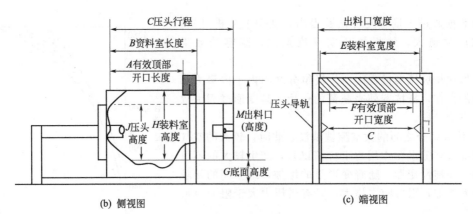

图 4-2 水平式压实器示意

（b）侧视图　　　　　　　　　　（c）端视图

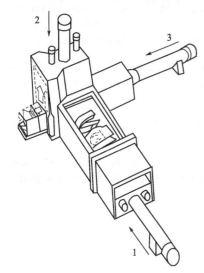

图 4-3 三向垂直式压实器示意

1,2,3—压头

（2）三向垂直式压实器　图 4-3 为三向垂直式压实器示意图，该装置主要适于压实松散金属类固体废物，它具有三个互相垂直的压头，操作时，首先把金属类废物放置于容器斗内，然后依次启动压头 1、2、3，逐步将固体废物压实成为密实的块体。压缩后废物块的尺寸一般为 200～1000mm。

金属类压实机械一般采用液压装置将松散的金属挤压成一定密实度的金属块。国产金属类压缩机械均采用电液压控制，且有电动、手动和半自动等操作方式。机械各运动件均采用液压驱动，工作平稳、噪声小、性能可靠、维修方便、生产效率高。

（3）回转式压实器　图 4-4 为回转式压实器示意图。该装置的压头铰连在容器的一端，借助液压缸驱动。这种压实器适于压实体积较小的重量较轻的固体废物。后装式压缩式垃圾车即采用回转式压缩器的原理工作。

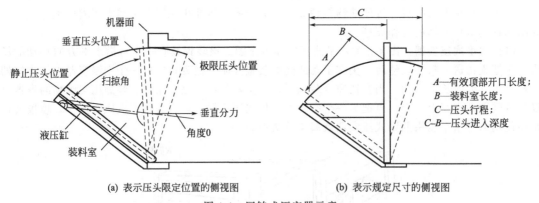

（a）表示压头限定位置的侧视图　　（b）表示规定尺寸的侧视图

图 4-4 回转式压实器示意

4.2.3　压实器的选择

为了最大限度减容，获得较高的压缩比，应尽可能选择适宜的压实器。影响压实器选择的因素很多，除废物的性质外，主要应从压实器性能参数进行考虑。

（1）装载面的面积　装载面的面积应足够大，以便容纳要处理的最大件的废物。压实器的装载面的面积一般为 0.765～9.18m²。

(2) 循环时间 所谓循环时间是指压头的压面从装料箱把废物压入容器，然后再完全缩回到原来位置，准备接受下一次装载废物所需的时间。循环时间变化范围很大，通常为 20～60s。如果希望压实器接受废物的能力强，则要选择短循环时间的压实器。这种压实器是按每个循环操作压实较少数量的废物而设计的，重量较轻，其成本可能比长时间压实器低，但牢固性差，其压实比也不一定高。

(3) 压面压力 压实器压面压力通常根据某一具体压实器的额定作用力这一参数来确定。额定作用力作用在压头的全部高度和宽度上。固定式压实器的压面压力一般为 1.0～35kg/cm²。

(4) 压面的行程 压面的行程是指压面压入容器的深度。压头进入压实容器中越深，装填得越有效、越干净。为防止压实废物填满时反弹回装载区，要选择行程长的压实器，现行的各种压实容器的实际进入深度为 10.2～66.2cm。

(5) 体积排率 体积排率也即处理率，它等于压头每次压入容器的可压缩废物体积与每小时机器的循环次数之积，通常要根据废物产生率来确定。

(6) 压实器与容器匹配 压实器应与容器匹配，最好是由同一厂家制造，这样才能使压实器的压力行程、循环时间、体积排率以及其他参数相互协调。如果二者不相匹配，如选择不可能承受高压的轻型容器，在压实操作的较高压力下，容器很容易发生膨胀变形。

此外，在选择压实器时，还应考虑与预计使用场所相适应，要保证轻型车辆容易进入装料区和容器装卸提升位置。

为便于选择，一些国家制定了压实器的选择规格，如美国国家固体废物管理委员会根据各种标准规定了固体废物压实器的典型规格。

4.2.4 填埋场的压实

为了有效利用填埋场库容，压实机械是填埋场运行管理中最重要的机械之一。填埋场压实机械的生产效率计算公式为：

$$P_\text{压} = \frac{60(b-c)hLK_1}{\left(\dfrac{L}{v}+t_n\right)n} \tag{4-5}$$

式中，$P_\text{压}$ 为压实机械生产效率，m³/h；b 为滚压宽度，m；c 为相邻两次压实的搭接宽度，m；h 为垃圾层厚度，m；K_1 为时间利用系数；L 为碾压地段长度，m；v 为机械行驶速度，m/min；t_n 为转头时间，min；n 为在同一地点的碾压次数。

为提高压实机械的生产率，必须做好作业前的一切准备工作，保证机械状况良好，力求垃圾的含水率保持在 40%～50% 范围之内，待压垃圾层的厚度应在 0.5～0.7m 之间，并选定高效率的运行路线（如纵向行驶路线），采用合理的运行速度，此外还应该采取以下措施。

① 合理控制重压量。压实机械每两次行程中应有一定的重压量，一般保持在厚度 0.3m 左右，过小会影响压实质量，过大则影响生产率。因此，行驶路线应准确，与上一个形成的搭接不宜过大。

② 经常注意压实度。在作业过程中，应经常地测试或者凭经验估计实际达到的密实度。如果达到规定要求，即可停止碾压。实际操作过程中，为保证压实质量，应该遵守压实机械最佳行程次数的要求。

4.3 固体废物的破碎技术

4.3.1 概述

(1) 破碎的目的 固体废物的破碎是利用外力克服固体废物之间的内聚力使大块固体废物分

裂成小块的过程，磨碎则是使小块的废物颗粒分裂成细粉的过程。固体废物经破碎后，可达到下述目的。

① 破碎可以使颗粒不均匀的固体废物变得均匀一致，从而可提高焚烧、堆肥和资源化等作业的稳定性和处理效率。例如，破碎的供料大大增加了物料的表面积，从而更利于它完全而迅速地燃烧。

② 经过破碎的废物，由于消除了较大的空隙，不仅尺寸均匀，而且质地均匀，在填埋过程中更容易压实，其有效容重（等于废物质量与废物和覆盖土总体积之比）较未破碎废物可增加25%～60%，这显然可增加填埋场的使用年限。越来越多的工程经验还表明，城市固体废物在破碎填埋时，由于消除了臭味、不利于老鼠和昆虫的繁殖以及不会助长火势等原因，因而可以不用覆盖土层。

③ 固体废物破碎后其体积减少，便于运输、贮存和填埋，有利于加速土地还原利用。

④ 固体废物破碎后，有利于将联生在一起的不同组分的物料进行分离，利于提取有用成分和提高其用作原材料的价值。

(2) 破碎的方法　固体废物的破碎方法很多，主要有冲击破碎、剪切破碎、挤压破碎、摩擦破碎四种，此外还有专用的低温破碎和湿式破碎。

① 冲击破碎有重力冲击和动冲击两种形式。重力冲击是使废物落到一个硬的表面上，就像瓶子落到混凝土上使它破碎一样。

动冲击是使废物碰到一个比它硬的快速旋转的表面时而产生的冲击作用，在动冲击过程中，废物是无支承的，冲击力使破碎的颗粒向各个方向加速，如锤式破碎机利用的就是动冲击的原理。

② 剪切破碎是指在剪切作用下使废物破碎，剪切作用包括劈开、撕破和折断等。

③ 挤压破碎是指使废物在两个相对运动的硬面之间挤压作用下破碎。

④ 摩擦破碎是指使废物在两个相对运动的硬面摩擦作用下破碎。如碾磨机是借助旋转磨轮沿环形底盘运动来连续摩擦、压碎和磨削废物。

⑤ 低温破碎是指利用塑料、橡胶类废物在低温下脆化的特性进行破碎。

⑥ 湿式破碎是指利用湿法使纸类、纤维类废物调制成浆状，然后加以利用的一种方法。

由于固体废物的成分复杂，种类繁多，性质各异，因此研制了多种类型的破碎机械。用于固体废物的破碎机械往往综合了上述几种破碎方法的优点，兼有冲击作用、剪切作用、挤压作用、摩擦作用中的两种或两种以上的功能。在选择破碎机械时，既要考虑待处理废物的种类，又要考虑后续处理工艺的要求。用于固体废物的破碎机有锤式破碎机、剪断破碎机、压破机、颚式破碎机等。

(3) 破碎设备技术指标　在进行破碎设备的设计时，主要应考虑两方面的技术指标：一是破碎比；二是单位动力消耗。

① 破碎比。破碎比是指给料粒度与破碎后产品的粒度之比，用以说明破碎过程的特征及鉴别破碎设备破碎的效率。破碎机的动力消耗和处理能力都与破碎比有关。破碎比包括极限破碎比和真实破碎比。

极限破碎比 (i) 用废物破碎前的最大粒度 (D_{max}) 与破碎后的最大粒度 (d_{max}) 的比值来确定，计算如下：

$$i = \frac{D_{max}}{d_{max}} \tag{4-6a}$$

真实破碎比 (i) 用废物破碎前的平均粒度 (D_{cp}) 与破碎后的平均粒度 (d_{cp}) 的比值来确定，计算如下：

$$i = \frac{D_{cp}}{d_{cp}} \tag{4-6b}$$

② 单位动力消耗。单位动力消耗是指单位质量破碎产品的能量消耗，用以判别破碎机消耗的经济性。

一般情况下，废物破碎设备的单位动力消耗可根据经验数据来确定，在经验数据不足的情况下，可以根据 Kick 定律来计算：

$$E = c\ln\frac{D}{d}$$ (4-7)

式中，E 为单位动力消耗，$kW \cdot h/t$；c 为动力消耗常数，$kW \cdot h/t$；D 为废物原始尺寸；d 为废物最终尺寸。

4.3.2 破碎机械

固体废物预处理中常采用的破碎机械有冲击式破碎机、剪切式破碎机、辊式破碎机和颚式破碎机等，以下分别介绍。

(1) 冲击式破碎机 冲击式破碎机的工作原理是：投入破碎机的物料，靠装在中心轴上并绕中心轴高速旋转的旋转刀（或称冲击刀、转子或锤）的猛烈冲击作用而受到第一次破碎；然后物料从旋转刀获得能量高速飞向机壁（或固定破碎板）而受到第二次破碎；在冲击过程中弹回的物料再次被旋转刀击碎，难于破碎的物料，被旋转刀和固定板挤压而剪断。属于冲击式破碎机的有锤式破碎机和反击式破碎机。

① 锤式破碎机。锤式破碎机是工矿企业中常用的一种破碎设备，图 4-5 是锤式破碎机的工作原理示意图。锤式破碎机是利用冲击摩擦和剪切作用对固体废物进行破碎的。它有一个电动机带动的大转子，转子上铰接着一些重锤，重锤以铰链为轴转动，并随转子一起旋转，就像转子上还有许多锯片。破碎机有一个坚硬的外壳，其一端有一块硬板，通常称为破碎板。进入供料口的固体废物借助高转速的重锤冲击作用被打碎，并被抛射到破碎板上，通过颗粒和破碎板之间的冲击作用，颗粒与颗粒之间的摩擦作用，以及锤头引起的剪切作用，使废物磨成更小的尺寸。

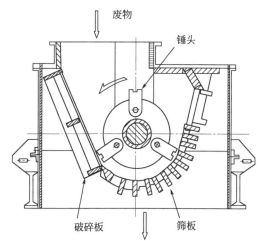

图 4-5　锤式破碎机的工作原理示意

锤式破碎机适于处理矿业废物、硬质塑料、干燥木制废物以及废弃的金属家用器物。在用于处理木制废物时，要使用像刀子一样的可以摆动的锤头，锤头工作时，对着一块多孔板或由多孔棒组成的箅子，使破碎的木渣通过板孔或箅子。

废物经锤式破碎机破碎后，由于尺寸减少而密度增加，几种废物破碎前后的相对密度变化列于表 4-1。从表 4-1 可以看出，破碎处理可以使废物的相对密度增加 2～10 倍。

表 4-1　固体废物破碎前后的相对密度对比

废物种类	破碎前相对密度	破碎后相对密度	倍速	废物种类	破碎前相对密度	破碎后相对密度	倍速
金属（家用电器等）	0.1～0.2	1～1.2	5～10	塑料类	0.1	0.2～0.3	2～3
木质类（家具等）	0.05	0.2～3.0	5～6	瓦砾类	0.5	1～1.5	2～3

锤式破碎机的特点是可用于破碎大型固体废物，如电冰箱、洗衣机及废旧汽车等。一台 BJD 式普通大型废物破碎机的功率一般为 125～600hp，转速 450～1500r/min，处理能力为 7～55t/h，可使废物破碎到 50mm；一台 BJD 式金属大型废物破碎机的功率为 500～2000hp，转速为 575～

585r/min，处理能力为 20～40 台（废车）/h。

锤式破碎机的缺点是噪声大，震动大，故需采取隔离和防震措施。

② 反击式破碎机。反击式破碎机又称水平撞击型破碎机，是一种高效破碎设备，主要通过高速旋转的锤片对物料产生很强的碰撞作用来完成破碎功能。该型破碎机具有破碎比大、适应性广、构造简单、安全方便、易于维护等特点，可以破碎中硬、软、脆、韧性、纤维性物料，主要应用在水泥、火电、玻璃、化工、建材、冶金等部门。

(2) 剪切式破碎机 剪切式破碎机是以剪切破碎作用为主的破碎机械。该型破碎机具有固定刀刃和可动刀刃或全为可动刀刃，工作时借固定刃与可动刃或可动刃与可动刃之间的剪切力作用，使废物破碎。剪切式破碎机可分为往复式和旋转式两种类型。

① 往复式剪切破碎机。往复式剪切破碎机的优点是：由于没有撞击力，机体底座容易制造；工作时灰尘、噪声和震动都较小；没有爆炸的危险。其缺点是：破碎后的垃圾尺寸较大；不太适合大容量的处理；破碎后的废物不太利于分类处理。

图 4-6 是 Von Roll 型往复式剪断破碎机示意图。它由两个复式钢架构成，两钢架之间活动联结，打开时呈 V 形。固定机架上有七个平行的钢制部件，间隔 30cm，上面均有螺栓固定的刀刃，看上去像一排大剪刀。活动机架具有两段三尺耙形构件，其上端用十字形构件刚性连接，下端装在一根转轴上，齿的宽度和间隙与固定机架上的相对应，齿的边缘也装有剪刀，共有六个刀刃。

该机的处理能力因废物种类而异，一般为 80～150m³/h。这种机械适于破碎松散状的废物，如废弃的大段木材、塑料以及电冰箱、车身框架等金属制品，连 200mm 厚的普通钢材也可以剪断。

② 旋转式剪切破碎机。旋转式剪切破碎机的工作原理如图 4-7 所示。该型破碎机一般有 3～5 个回转刃和 1～2 个固定刃。废物通过高速旋转的回转刃和机架上固定刃间的挟持作用而被剪断破碎。该机适于家用厨余类废物的破碎。其缺点是当废物中混入异物时容易发生故障。

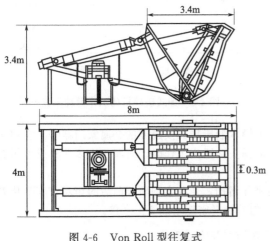

图 4-6 Von Roll 型往复式
剪断破碎机示意

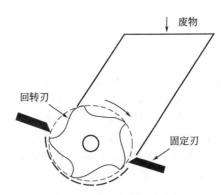

图 4-7 旋转式剪切破碎机
工作原理

(3) 辊式破碎机 辊式破碎机是通过挤压作用破碎固体废物的。辊式破碎机适于破碎脆性和韧性的物料，如玻璃、金属等，但不宜破碎大块或坚硬的物料。经辊式破碎机破碎后的物料，可用螺旋分选机作进一步分离。该型破碎机结构简单、成本低廉、工作可靠，安装和维修都比较方便。其不足之处是生产效率比较低，破碎产品粒度不够均匀，破碎比不大。该型破碎机广泛应用于中、小型工矿企业，在固体废物与资源回收行业，可主要用于呈黏湿性，同时夹杂玻璃块、废包装品等生活垃圾的处理，以及对焚烧灰渣的破碎处理等。

辊式破碎机有多种形式：按辊子表面形状可分为平滑表面辊式破碎机、齿形表面破碎机等；按辊子数目可分为单辊、双辊和多辊破碎机；按辊子安装方法可分为一个辊子轴承活动、另一辊子轴承固定和两个辊子轴承都是活动的。

目前，在工业生产上应用较多的是一个辊子轴承活动、另一个辊子轴承固定的光滑辊面双辊破碎机。

(4) 颚式破碎机 颚式破碎机是一种间歇式工作的破碎机械，主要用于中等硬度以上废物的粗碎和中碎，其工作原理是：物料被夹在固定颚板和可动颚板之间，借助于可动颚板周期性地靠近或离开固定颚板，使物料受到挤压、劈裂和弯曲作用而破碎，破碎后物料靠自身的重力从下部排出。该型破碎机广泛应用于选矿、建材、化工等工业部门，适宜于工业固体废物的处理。颚式破碎机的特点是结构简单，不易堵塞，工作可靠，制造容易，维修方便，破碎比为 3～10，但生产率低，破碎比小，产品粒度不均匀。

根据可动颚板的摆动特征，颚式破碎机可分为简单摆动型、复杂摆动型和综合摆动型等三种。简单摆动式颚式破碎机可动颚板悬挂轴与偏心轴分开，可动颚板仅作简单摆动，破碎物料以压碎为主；复杂摆动式颚式破碎机悬挂轴与偏心轴合一，可动颚板既作摆动，又作旋转运动，因此除有压碎、折断作用外，还有磨削作用。

图 4-8 为复杂摆动型颚式破碎机工作原理。送入破碎腔中的物料，当连杆在偏心轴的带动下向上运动时，肘板使可动颚板靠近固定颚板，破碎室中的固体废物受到挤压、劈裂和弯曲的联合作用而破碎。当连杆向下运动时，可动颚板借助拉紧弹簧的恢复力离开固定颚板，已被破碎的废物在重力作用下，经排料口排出。

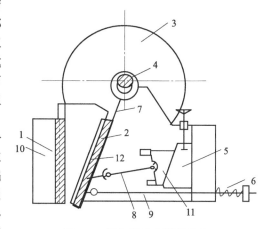

图 4-8 复杂摆动式颚式破碎机工作原理示意

1—固定颚板；2—可动颚板；3—飞轮；4—偏心轴；5—滑块调整装置；6—弹簧；7—连杆；8—肘板；9—拉杆；10—机体；11—楔铁；12—衬板

4.3.3 特殊破碎技术

前述破碎设备在常温和干式状态下工作，具有噪声大、震动强、产生粉尘多、污染环境以及过量消耗动力等缺点，以下所介绍的低温破碎和湿式破碎技术很好地解决了上述问题，其破碎处理后更有利于提高后续的分选操作效果。

(1) 低温破碎

① 原理和流程。低温破碎（或称冷冻破碎）技术，是利用一些固体废物中所具有的各种材质在低温的脆性温差，控制适宜温度以使不同材质变脆，然后进行破碎，再进一步进行分选。该技术适宜于处理在常温下难于破碎或难于分离的固体废物，如汽车轮胎、包覆电线、塑料薄膜、家用电器、废电子产品等。

低温冷冻破碎分选的工艺流程如图 4-9 所示。固体废物先通过预冷装置，再送进装满液氮的浸没冷却装置，冷脆性物料在该装置中迅速脆化，经由高速冲击破碎机破碎后，再经皮带运输机送往不同的分选设备。

低温破碎所需动力为常温破碎的 1/4 左右，噪声约降低 7dB，震动减轻 1/5～1/4。

② 低温破碎的应用。对于塑料的低温破碎，根据不同种类塑料脆化点的不同，可以通过温度的控制将其分别破碎，例如，聚氯乙烯（PVC）的脆化点为 −20～−5℃，聚乙烯（PE）的脆化点为 −135～−95℃，聚丙烯（PP）的脆化点为 0～20℃。对于含有这三种材料的混合物，只

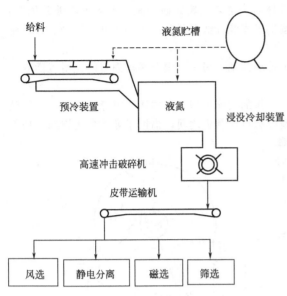

图 4-9　低温冷冻破碎分选工艺流程

需控制适宜温度，就可以将它们破碎，并进行分选。

对于聚氯乙烯合成材料再生利用的各种机械粉碎法中，以在 $-60℃$ 的液氮中进行低温破碎效果最佳。在该温度下聚氯乙烯变脆，易于破碎到所需的粒度，此时，被处理塑料中的金属仍保有塑性，不致破坏，可以将其分离出去。

对于极难破碎的并且塑性极高的氟塑料废物，采用液氮低温破碎，能够获得碎块和高分散度的粉末。

可以利用低温破碎从混合物中回收金属，例如，美国某研究机构对有色金属混合物、废轮胎、包覆电线电缆等废物进行液氮低温选择破碎实验表明：从 2.5cm 以上产物中可回收 97% 的铜、100% 的铝（不含锌），从 2.5cm 以下产物中可回收 2.8% 的铜、100% 的锌（不含铝），说明低温破碎能进行选择性的分离破碎。

③ 低温破碎的特点。与常温破碎相比，低温破碎具有下列特点：破碎后的同一种物料尺寸大体一致，形状好、便于分离；复合材料经过低温破碎，分离性能好，资源的回收率和回收的材质的纯度都比较高；冷媒一般采用无毒和无爆炸性液氮，并且原料易于得到。

低温破碎技术中常用的液氮的制备问题是影响该技术发展的重要因素，为达到理想的破碎效果，所需的液氮量较大（见表 4-2），因而费用昂贵。在目前的情况下，低温破碎技术还只适用于在常温下难于破碎的合成材料，如塑料、橡胶等。

表 4-2　不同垃圾低温（$-120\sim-60℃$）破碎的液氮耗量比较

分　类	破碎废物	每吨垃圾所需液氮量/kg	三种垃圾所需液氮比
A	生活垃圾	2190	7.3
B	不含厨余垃圾的生活垃圾	1170	3.9
C	塑料、橡胶类废物	300	1

(2) 湿式破碎

① 原理和设备。湿式破碎技术是利用纸类在水力作用下发生浆化，因而可将废物处理与制浆造纸结合起来的技术。湿式破碎技术适宜于处理含大量纸类的固体废物。

图 4-10 是用于垃圾制浆的一种湿式破碎机，由美国 Black-Clawson 公司研制。此种设备为一圆形立式转筒装置，底有许多筛眼，转筒内装有六只破碎刀，将含纸类的废物投入转筒内，因受大水量的激流搅动和破碎刀的破碎形成浆状，浆体由底部筛孔流出，经固液分离器把其中的残渣分出，纸浆送到纤维回收工段，经过洗涤、过筛，分离出纤维素。在破碎机内未能粉碎和未通过筛板的金属、陶瓷类物质从机器的侧口排出，通过提斗送到传送带上，在传送过程中用磁选器将铁和非铁类物质分开。

② 湿式破碎技术的特点。湿式破碎技术在处理废物时具有以下优点：垃圾中的纸类、纤维素、矿物质、有机残渣等均可利用；废物在液相中处理，不会滋生蚊蝇，不会挥散出臭味，卫生条件较好；操作过程无噪声，无爆炸危险。

湿式破碎技术仅适宜于废物中纸类含量高或垃圾经风力分选而回收的纸类。

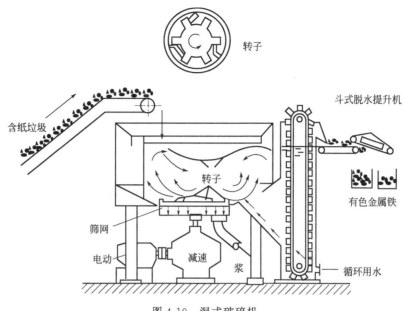

图 4-10 湿式破碎机

4.4 固体废物的分选技术

4.4.1 分选的定义及评价指标

(1) 分选的定义 分选是通过一定的技术将固体废物分成两种或两种以上的物质，或分成两种或两种以上的粒度级别的过程。由于固体废物所包含的各种成分性质不一，其处理与回收操作方法具有多样性，使得分选过程成为固体废物预处理中最为重要的操作工序。通过分选可以将有用的成分选出来加以利用，将有害的成分分离出来，防止其对处理设施或设备的损害。例如，废物堆肥前进行分选可以去除非堆肥化物质，提高堆肥化效率和堆肥产品的质量；固体废物焚烧前分选可以回收部分有用物质，去除部分不燃物质，从而可提高物料的热值，保证燃烧过程顺利进行。

分选的基本原理是利用物料的某些性质为识别标志，然后用机械或电磁的分选装置加以选别，达到分离的目的。例如磁性和非磁性的识别、粒径大小的识别、浮选性能的识别等。根据这一原理形成了多种多样的分选机械，包括：手工拣选、筛选、风力分选、跳汰机、浮选、溜槽、摇床、色别分选、磁选、涡流分选、静电分选、磁液分选等。

本节着重介绍筛选、重力分选、磁选和浮选四类。

(2) 分选效果的评价指标 评价分选效果的好坏可采用不同的指标来评定，常用的指标有：回收率、纯度和综合效率。

所谓回收率指的是单位时间内某一排料口中排出的某一组分的量与进入分选机的此组分量之比。对于最简单的二级分选设备，如果以 x、y 代表两种物料，x 在两个排出口被分为 x_1、x_2，y 在两个排出口被分为 y_1、y_2，则在第一排出口 x 及 y 的回收率为：

$$R_{x_1} = \frac{x_1}{x_1 + x_2} \times 100\% \tag{4-8a}$$

$$R_{y_1} = \frac{y_1}{y_1 + y_2} \times 100\% \tag{4-8b}$$

式中，R_{x_1} 为在第一排出口物料 x 的回收率，%；R_{y_1} 为在第一排出口物料 y 的回收率，%。

但用回收率的概念不能完全说明分选效果，还应该考虑某一组分物料在同一排出口排出物所占的分数，即纯度。则在第一排出口 x 及 y 的纯度为：

$$P_{x_1} = \frac{x_1}{x_1 + y_1} \times 100\% \tag{4-9a}$$

$$P_{y_1} = \frac{y_1}{x_1 + y_1} \times 100\% \tag{4-9b}$$

式中，P_{x_1} 为在第一排出口物料 x 的纯度，%；P_{y_1} 为在第一排出口物料 y 的纯度，%。

回收率又因分选方法的不同而又有不同的含义。如对筛分来说，回收率又称为筛分效率。理想的分选设备既要有高的回收率，也需要有高的纯度，在计算时，一般采用综合效率 E 来表示：

$$E(x,y) = \left| \frac{x_1}{x_0} - \frac{y_1}{y_0} \right| \times 100\% = \left| \frac{x_2}{x_0} - \frac{y_2}{y_0} \right| \times 100\% \tag{4-10}$$

4.4.2 筛分

(1) 筛分的概念及分类 筛分技术是利用筛子将松散的固体废物分为两种或多种粒度级别的分选方法。筛分也称筛选。

为了使不同粒度的物料通过筛面分离，必须使物料和筛面之间具有适当的相对运动，使物料松散并按颗粒大小分层，形成粗粒位于上层、细粒位于下层的规则排列，细粒通过筛孔分离。细粒小于筛孔尺寸 3/4 的颗粒很容易通过筛面而筛出，称为"易筛粒"；粒度大于筛孔尺寸 3/4 的颗粒通过筛面而筛出的难度增大，而且粒度越接近筛孔尺寸就越难筛出，称为"难筛粒"。

根据操作条件的不同，筛分可分为干法筛分和湿法筛分两种。根据在工艺过程中完成任务的不同，筛选可分为以下五类。

① 准备筛分。将固体废物按料粒度分为若干级别，各级别送下一步工序分别进行处理。

② 预先筛分。预先筛分是物料送入破碎机之前，将小于破碎机排料口宽度的细粒级筛分出去，提高破碎作业的效率，防止过度破碎和节省能源。

③ 检查筛分。检查筛分是对经破碎机破碎后的废物进行筛分，将粒度大于排料口尺寸的"超粒"筛出，送回破碎机再度破碎。

④ 脱水或脱泥筛分。用筛分方法脱去废物中所含的部分水分或泥质。

⑤ 选择筛分。利用物料中有用成分在各粒级中的分布，或者性质上的显著差异所进行的筛分。

(2) 筛分效果评价指标 筛分效果的好坏利用筛分效率来评价。所谓筛分效率是指筛下的产品质量与入筛废物中所含小于筛孔尺寸的颗粒质量之比，用百分数表示，即

$$\eta = \frac{Q_1}{Q\alpha} \times 100\% \tag{4-11}$$

式中，η 为筛分效率，%；Q_1 为筛下的产品质量，t；Q 为入筛固体废物质量，t，$Q = Q_1 + Q_2$；Q_2 为筛上的产品质量，t；α 为入筛废物中所含小于筛孔尺寸的颗粒含量。

在实际筛分过程中测定 Q_1 和 Q 是比较困难的，为了便于计算，定义 β 为筛上产品中小于筛孔尺寸的物料含量，那么，入筛废物中小于筛孔尺寸的物料质量 $Q\alpha$ 可表示为：

$$Q\alpha = Q_1 + Q_2\beta \tag{4-12}$$

式中，β 为筛上产品中所含小于筛孔尺寸的颗粒含量。

将式(4-12)代入式(4-11)得：

$$\eta = \frac{\alpha - \beta}{\alpha(1-\beta)} \times 100\% \tag{4-13}$$

与其他分选装置一样，筛子不可能达到100％的筛分效率。换句话说，有些小于筛孔尺寸的物料颗粒可能未透过筛孔而作为排出物排出，因此筛出物的质量Q_1总是小于$Q\alpha$。为了达到较高的筛分效率，往往使运行成本增加很多，因此大部分筛分装置的效率为85％～95％。

(3) 筛分效果影响因素 筛分效率和许多因素有关。

① 废物的粒度和形状。如果给料中的颗粒粒度比筛孔尺寸小得多，则通过较容易，筛分效率就高。如果颗粒的粒度虽较筛孔小，但两者相差不多，则通过较困难，筛分效率就低。多面和球面的颗粒容易筛分，而片状和针状颗粒最难筛分。

② 废物的含水率。颗粒之间的表面水分对筛分效率影响很大。颗粒间的水分分为吸附水分、薄膜水分、楔形水分和空隙水分。颗粒间的粒度较细、泥质含量较多且筛分粒度较小时，水分对筛分效率的影响就较大。吸附水分及薄膜水分对筛分的影响较小。当水分含量增加，将出现楔形水分。楔形水分使颗粒之间或颗粒与网丝之间产生内聚力。颗粒的粒度越小，颗粒之间的接触点及单位体积内颗粒之间的内聚力的影响就越大，以致形成颗粒团聚体，堵塞筛孔，使筛分作用完全停止。当水分含量继续增加，全部楔形水分及粗毛细管水分均已充满，多余的水分将以空隙水分的形式存在，颗粒之间的内聚力减少。颗粒团聚体松散成单体颗粒，又变得容易筛分。

当废物中含水率低时，属于干法筛分，筛分效率较高；当含水率增加到5％～8％时，筛分效率大大降低；当含水率增加到10％～14％以上时，出现了空隙水分，变为湿法筛分，筛分效率又将增高。

③ 筛孔形状。在正常情况下，采用方形筛孔，筛面的有效面积较大，筛分效率较高；当筛分粒度较小且水分较高时，宜采用圆孔，以避免方形孔的四角附近发生颗粒粘接从而堵塞筛孔；长方形筛孔适于筛分粒度较小且片状颗粒较小的物料，当长方形筛孔用于湿法筛分时，可使长孔方向垂直于物料在筛面上的运动方向，以利于水分及细粒级往下排出。

④ 筛面及筛子的参数。筛面的参数对筛分效率影响很大，在生产量及物料沿筛面运动速度恒定的情况下，筛面宽度越大，料层厚度越薄；长度越大，筛分时间将越长。通常筛面长度与宽度之比为2.5～3。当难筛粒级的含量较多时，可以适当增大筛孔尺寸，并相应降低筛分效率以提高生产量。

筛子的倾角要选择合适，倾角过大，颗粒通过筛孔困难，物料沿筛面方向运动速度过高，致使筛分效率降低；倾角过小，生产量随之减小。

振动筛的振幅及频率必须使筛面产生足够的加速度，使卡在筛孔中的颗粒可以跳出来，以防筛面堵塞，筛分效率降低。

⑤ 筛子的操作。给料必须稳定，沿筛面宽度的给料要均匀，给料方向最好顺着物料沿筛面的运动方向。

无论是城市垃圾、工矿业固体废物，还是农业固体废物，在资源综合利用之前，一般都需要进行筛分处理。如铬渣在做玻璃着色剂之前，必须破碎、筛分、加工成40目的物料后方能使用。

(4) 筛分机械 常用的筛分机械有固定筛、圆筒筛、振动筛、平面摇动筛、弧形筛和棒条筛，前三种是常用的筛分设备。

① 固定筛。固定筛由许多平行排列的钢棒条（格条）组成，其位置一般固定不动，倾斜一定的角度，角度应大于物料与筛面的摩擦角。筛面倾角与物料的温度有关，一般为30°～55°。固定筛又称格筛或棒条筛。

固定筛的结构简单，不需动力，适用于粗筛作业，但筛分效率较低，只有60％～70％，容易被块状物堵塞，需要经常清扫。

② 圆筒筛。圆筒筛是一个倾斜的圆筒，圆筒的侧壁上开有许多筛孔，圆筒置于若干辊子上，通过辊子的滚动而运动，固体废物则在圆筒筛内不断滚翻，较小的物料颗粒最终进入筛孔筛出。

圆筒的转动速度很慢，一般为 $10\sim15r/min$，因此不需要很大的动力，这种筛分的优点是不容易堵塞。

③ 振动筛。振动筛是利用筛网的振动频率对密度不同的颗粒进行分级的设备。振动筛具有长方形的筛面，安装于筛箱上。筛箱及筛面在激振装置作用下，产生圆形、椭圆形或直线轨迹的振动。通过振动的作用使筛面上的物料松散，使物料沿筛面向前运动，细粒级物料透过料层下落并通过筛孔排出。

根据激振方式的不同，振动筛分为惯性振动筛和共振筛。

惯性振动筛是通过由不平衡的旋转所产生的离心惯性力，使筛箱产生振动的一种筛分设备。惯性振动筛的转速很高，筛分效率可达 80%，适于处理粒度为 $0.1\sim15mm$ 的细粒物料，还可筛分潮湿和黏性物料。主要缺点是电动机振动大，寿命受影响，振幅不能太大，不宜处理粗粒物料。

共振筛是利用连杆上装有弹簧的曲柄连杆机构驱动，使筛子在共振状态下进行筛分。当电动机带动装在下机体上的偏心轴转动时，轴上的偏心使连杆作往复运动。连杆通过该端的弹簧将作用力传给筛箱，与此同时下机体也受到相反的作用力，使筛箱和下机体沿着倾斜方向振动。该型振动筛具有筛分效率高、生产能力大、耗电少、结构简单紧凑等特点，适用于中、细碎物料的筛分，最大给料粒度可达 $150mm$。

振动筛在选矿、煤炭等工业部门应用相当广泛，在固体废物处理方面，主要用于有一定硬度和弹性的颗粒物的分选，如城市垃圾的一次分选和二次分选。

4.4.3 重力分选

(1) 概述 不同粒度和密度的固体颗粒组成的物料在流动介质中运动时，由于它们性质的差异和介质流动方式的不同，其沉降速度也不同。重力分选就是根据固体颗粒间密度的差异，以及在运动介质中所受的重力、流体动力和其他机械力不同而实现按密度分选的过程。

重力分选的方法很多，它们共同的特点是：①固体颗粒间必须存在密度（或粒度）的差异；②分选过程在运动介质中进行；③在重力、流体动力、颗粒间摩擦力的综合作用下，固体颗粒群松散并按密度（或料度）分层；④分好层的物料在运动介质的托运下达到分离。

常用的分选介质有空气、水、重液（密度比水大的液体）、悬浮液等。

根据分选介质和作用原理上的差异，重力分选可分为风力分选、重介质分选、跳汰分选、溜槽分选、摇床分选等。

(2) 重力分选的原理 各种重力分选过程都是以固体颗粒在分选介质中沉降规律为基础的。根据固体废物在分选介质中沉降末速度的差异可以将其分离。

① 物体在介质中的重力和介质阻力。颗粒在介质中的运动速度受自身重力和介质的阻力二者的合力作用的影响。

a. 重力。在重力分选过程中，固体颗粒处于介质中，其受到的重力是指颗粒在介质中的重量，其值可用下式表示：

$$G=V(\delta-\Delta)g \tag{4-14}$$

式中，G 为颗粒在介质中的重力，$10^{-5}N$；V 为颗粒的体积，cm^3；δ 为颗粒的密度，g/cm^3；Δ 为介质的密度，g/cm^3；g 为渣粒在真空中的重力加速度，cm/s^2。

对于球形体，$V=\dfrac{\pi d^3}{6}$，其在介质中受到的重力为：

$$G=V(\delta-\Delta)g=\frac{\pi d^3}{6}(\delta-\Delta)g \tag{4-15}$$

式中，d 为球体的直径，cm。

式(4-15) 中的 d 为颗粒的直径，作近似计算时，d 代表矿粒的粒度。

从式(4-15)可以看出，颗粒在介质中受到的重力随颗粒粒度和密度的增加而增加，随介质密度的增加而减小。

b. 介质阻力。颗粒对介质作相对运动时，作用于颗粒上并与颗粒的相对运动方向相反的力，称为介质阻力，简称阻力。球形体在介质中运动受到的阻力可用下式表示：

$$R = \varphi d^2 v^2 \Delta \tag{4-16}$$

式中，φ 为阻力系数；v 为颗粒在介质中的运动速度，cm/s。

上式称为阻力通式，适用于各种不同的球体。阻力系数 φ 值在不同情况下是不相同的，它与表征介质流动状态的雷诺数 $Re\left(Re = \dfrac{dv\Delta}{\mu}\right)$ 有关，雷诺数是无量纲量，可以用其数值大小来衡量液体流动状态。Re 大时为紊流，小时为层流。如果需要求出介质阻力，需要知道阻力系数 φ 与 Re 之间的关系。通过实验已求出阻力系数与雷诺数之间的关系 $\varphi = f(Re)$ 曲线。根据该曲线可以计算出不同粒度的颗粒在介质中受到的阻力。

c. 惯性阻力和黏性阻力。一般认为，介质作用于颗粒上的阻力有两种：惯性阻力和黏性阻力。当颗粒较大或以较大的速度运动时，会形成紊流，产生阻力，称为惯性阻力；当颗粒较小或以较慢速度运动时，会形成层流，产生阻力，称为黏性阻力。

对于较大颗粒在介质中的运动，介质对颗粒所产生的惯性阻力可以用惯性阻力公式表示：

$$R_N = \frac{\pi}{16} d^2 v^2 \Delta \tag{4-17}$$

式中，R_N 为介质的惯性阻力；($\pi/16$) 为从 $\varphi = f(Re)$ 曲线计算出的 φ 值。

由此可见，介质的惯性阻力跟颗粒与介质的相对运动速度的平方、颗粒粒度的平方、介质的密度成正比，而与介质的黏度无关。此式亦称牛顿阻力公式。它适用于粒度 1.5mm 以上的颗粒，没有考虑介质的黏性阻力。对于粒度在 0.2mm 以下的颗粒，当其处于较小运动速度时，介质的阻力主要是黏性阻力，惯性阻力可以忽略不计。此时，球形颗粒在介质中运动所受的阻力可用黏性阻力公式表示：

$$R_s = \pi d v \mu \tag{4-18}$$

式中，R_s 为介质的黏性阻力；d 为颗粒粒度；v 为颗粒与介质的相对运动速度；μ 为介质的黏度。

式(4-18)亦称斯托克阻力公式。它表明，介质的黏性阻力与颗粒粒度、颗粒与介质的相对运动速度、介质的黏度成正比，而与介质的密度无关。

颗粒在介质中作沉降运动时，形状和取向的影响可以通过形状系数加以考查。形状系数可以根据下式求出：

$$x = \frac{v_{0矿}}{v_{0球}} \qquad v_{0矿} = \frac{v_{0球}}{x} \tag{4-19}$$

式中，x 为颗粒的形状系数；$v_{0矿}$ 为颗粒在介质中的自由沉降末速度，cm/s；$v_{0球}$ 为与颗粒同体积、同密度的球体在介质中的自由沉降末速度，cm/s。

将式(4-19)代入式(4-16)~式(4-18)中即可得出介质对颗粒沉降的阻力公式：

阻力通式
$$R = \varphi d^2 \left(\frac{v}{x}\right)^2 \Delta \tag{4-20}$$

牛顿阻力公式
$$R_N = \frac{\pi}{16} d^2 \left(\frac{v}{x}\right)^2 \Delta \tag{4-21}$$

斯托克阻力公式
$$R_s = 3\pi d \left(\frac{v}{x}\right) \mu \tag{4-22}$$

可见，形状系数小的颗粒介质阻力要大些，反之阻力就小些。表 4-3 为不同颗粒形状的形状系数 x 值。

表 4-3 不同颗粒形状的形状系数 x 值

颗粒形状	球形	浑圆形	多角形	长方形	扁平形
形状系数	1.0	0.72~0.91	0.67~0.83	0.59~0.72	0.48~0.59

② 物体在介质中的沉降速度。颗粒在介质中的沉降是重力分选的基本行为。密度和粒度不同的颗粒，将根据其在介质中沉降速度不同而分离。当颗粒在介质中浓度比较小，沉降时受周围颗粒和器壁的干涉可以忽略不计时，称为自由沉降，反之称为干涉沉降。对于粒度大、沉降速度快的颗粒，在静止介质中沉降时，开始速度为零，介质对颗粒的阻力也为零。此时，颗粒在重力作用下作加速度沉降。随着时间的增加，颗粒的沉降速度和介质作用于颗粒的阻力都在增加，使沉降加速度迅速减少，最后减少到零。此时颗粒就以等速度沉降，这个速度叫做沉降末速度，通常以 v_0 表示。此时 $G=R$，亦即

$$V(\delta-\Delta)g = \varphi d^2 \left(\frac{v}{x}\right)^2 \Delta \tag{4-23a}$$

设颗粒为球体，则有：

$$\frac{\pi d^3}{6}(\delta-\Delta)g = \frac{\pi}{16}d^2 \left(\frac{v_0}{x}\right)^2 \Delta \tag{4-23b}$$

解方程式得：

$$v_0 = 51.1x \sqrt{\frac{d(\delta-\Delta)}{\Delta}} \tag{4-24}$$

对于粒度小、沉降速度慢的颗粒，在静止介质中的沉降末速度可以按同样道理导出，即 $G=R$ 时

$$\frac{\pi d^3}{6}(\delta-\Delta)g = 3\pi d \left(\frac{v_0}{x}\right)^2 \mu \tag{4-25a}$$

$$v_0 = 54.5x \frac{d^2(\delta-\Delta)}{\mu} \tag{4-25b}$$

从式(4-24)、式(4-25b)可知，在一种介质中颗粒的粒度和密度越大，沉降末速度越大。如果粒度相同，则密度大的沉降末速度大。从两式还可以知道，颗粒的形状系数大，沉降末速度也大，反之则小；对于粒度小、沉降速度慢的颗粒来说，其沉降速度还随介质黏度的增大而减小。

上述自由沉降末速度公式，是在静止介质中的自由沉降条件下导出的，在实际重力分选过程中，颗粒是在运动的介质中按粒子群发生干涉沉降，其沉降末速度一般小于自由沉降末速度。

(3) 重力分选的方法

① 风选。风选又叫气流分选，其作用是将轻物料从重物料中分离出来。风选的基本原理是气流能将较轻的物料向上带走或水平带向较远的地方，而重物料则由于上升气流不能支持它而沉降或由于足够的惯性在水平方向抛出较近的距离。两种情况如图 4-11 所示。后一种情况下，气流由水平方向吹入，故又称为"水平气流风选"，前者则叫"竖向气流风选"。

被气流带走的轻物料还必须从气流中分离出来，一般可用旋流器达到分离的目的。

无论是竖向气流风选，还是水平气流风选，分离效果都与物料的密度有关。固体废物各组分的密度差别大，则各组分颗粒的沉降速度差别也就大，分离效果也好；反之，则很难进行风选分离。影响固体颗粒的沉降速度的因素很多，除颗粒的密度之外，颗粒的大小和形状也起重要的作用，因此，风选的分离效果有时不够理想。为提高分离效果，还必须采取其他辅助措施。如城市垃圾风选，多采用破碎、筛选、风选的联合流程，即便如此，也很难将各类废物按密度分开。目前，许多国家都把风选作为城市垃圾处理的一种粗分手段，把密度相差较大的有机组分和无机组分分开。

② 重介质分选。重介质分选亦称沉浮分选。这种方法是利用密度适宜的重液体做分选介质，

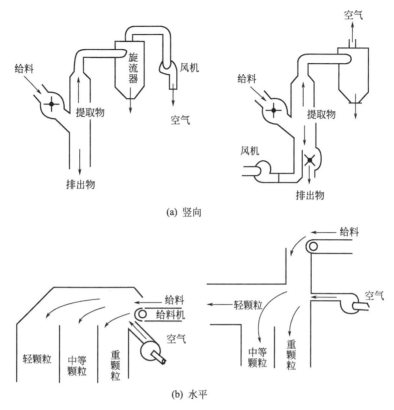

(a) 竖向

(b) 水平

图 4-11　竖向和水平风选工作示意

当把破碎的固体废物放入重液中时，密度比液体大的颗粒下沉，而密度较液体轻的颗粒上浮，从而达到分离的目的。适于重介质分选方法的重介质的密度一般为 $1.25 \sim 3.4 \mathrm{g/cm^3}$。

重介质分选适于分离密度相差较大的固体颗粒，如果待分离的固体颗粒的密度相差不大，则分离比较困难。图 4-12 为重介质分离器分选的工艺流程。国外用此法从混合废物中回收金属铝，已达到实用的程度。

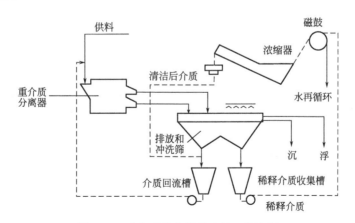

图 4-12　重介质分离器分选的工艺流程

③ 摇床分选。摇床分选是在一个倾斜的床面上，借助床面的不对称往复运动和薄层斜面水流与上述运动相结合的综合作用过程。当密度、粒度、形状不同的废物供入往复振动的具有格条

（来复条）的床面时，废物颗粒在重力、水流冲力、床面摇动产生的惯性力以及摩擦力的综合作用下，将物料按密度松散分层，同时，不同密度的颗粒以不同的速度，沿纵向和横向运动。由于不同颗粒的速度偏离摇动方向的角度不同，最终不同密度的颗粒在床面上呈扇形分布，从而达到分离。密度小的轻料在水的作用下上浮，流过格条从摇床的下端排出。

此种方法适于金属混合废物中回收密度差别较大的各种金属及合金。

④ 跳汰分选。跳汰分选是在垂直变速介质流中按密度分选固体废物的一种方法，适宜于处理密度差较大的粗粒固体废物。根据分选介质，跳汰分选为三种：分选介质是水，称为水力跳汰；若为空气，称为风力跳汰；个别情况有用重介质的，则称为重介质跳汰。固体废物分选多用水力跳汰。

水力跳汰是一种湿式分选方法，跳汰机分选原理如图 4-13 所示。该法是将磨碎的固体物输入跳汰机，废物颗粒在筛网上形成床层。由于传动机构的强迫振动，在跳汰机内形成周期性的垂直交变水流。在上升水流作用下，床层松散，固体颗粒按密度、粒度和形状不同而逐渐分层。在下降水流作用阶段，床层逐渐紧密，固体颗粒继续运动并分层，直至大部分颗粒沉到筛网上，停止运动；下降流结束，分层终止，此时完成一个循环（即一个跳汰周期）。如此反复运动，密度大的颗粒集中于底层，密度小的颗粒集中于上层。上层轻物料被水平水流带到机外成为轻产物；下层重物料透过筛板或通过特殊的排料装置排出成为重产物。

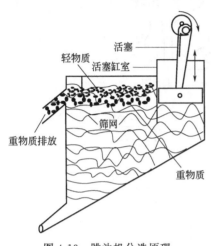

图 4-13　跳汰机分选原理

在固体废物处理过程中，对于混合金属的分离、回收，跳汰分选往往同其他分选方法结合使用。跳汰分选作为整个工艺流程的一个分选工序，对于在筛分和分级操作中没有得到回收的细粒金属产品来说，是一种较好的分选方法。

图 4-14 为美国金属分离回收的综合流程，已成功地用于回收金属合金、黄铜、铜、铅、锌、铬、铁、银、金、锡、碳化硅和磨料等多种有用材料。

该处理方法首先把废物送入颚式破碎机破碎，经破碎得到的尺寸较小的颗粒再送入球磨机磨碎，球磨后的产品进入螺旋筛选机过筛分级，产品的尺寸一般为 0.48～0.64cm，筛选出的粗产品如不干净，还要送入跳汰机去除杂质，干净的金属产品通过跳汰机侧面出口排出，由跳汰机排出的细料再送入摇床进一步处理。

4.4.4　磁选技术

(1) 磁选原理　磁选是利用固体废物中各种组分的磁性差别，在不均匀磁场中进行分选的一种分选方法。磁选是在磁选机中进行的，其原理如图 4-15 所示。固体废物中的各组分按磁性可分为强磁性组分、中磁性组分、弱磁性组分和非磁性组分。当固体废物通过磁选机时，由于各组分的磁性不同，它们所受到的磁力作用也就不相等。磁性较强的颗粒在不均匀磁场作用下被磁化，在磁场吸引力的作用下被吸在磁选机的圆筒上，并随之被转筒带至非磁性区的排料端排出。磁性差的或非磁性颗粒，由于所受的磁场作用力很小，仍留在物料中，随物料排出，从而达到有效的分离。

磁选技术是一种重力和磁力联合作用的分选过程。各种物质在重力作用下按密度差异分离，在磁场作用下按磁性差异分离，因此磁选过程不仅可以将磁性和非磁性物质分离，也可以将非磁性物质按密度差异分离。

磁选是固体废物预处理的一种方法，在固体废物的处理、处置和利用中占有特殊的地位。磁

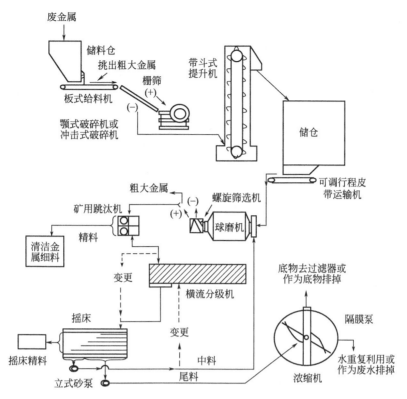

图 4-14　金属分离回收综合流程

选的作用有：①回收利用黑色金属；②保护后续设备免遭损坏；③提供净化无铁非磁性物料；④减少焚烧处理和填埋处置的废物数量。

(2) 磁选设备　磁选设备包括磁选机、磁力脱水槽、磁分析器、预磁器及脱磁器等。在固体废物处理上，磁选机是主要的磁选设备。

磁选机的种类很多，分类方法也很多，通常根据磁场强度的强弱把磁选机分为弱磁场磁选机和强磁场磁选机。前者的最大磁场强度为 1600Oe(1Oe＝79.5775A/m)，适于强磁性废物的分选，后者的最大磁场强度为 4000Oe，适于弱磁性废物的分选。

磁选机也可按给料方式进行分类，从下方供料的称上浮型磁选机，从上方供料的称磁轮型磁选机。图 4-16 是上浮型磁选机工作原理图。经破碎的固体废物由带式输送机送入，经过磁选机的下部磁场时，在磁力作用下，磁性废物颗粒被吸附在磁选机的传送带上，随滚筒转动到非磁性区卸下，非磁性颗粒不受磁场力的作用，随带式输送机输出而同磁性颗粒分离。图 4-17 是上方供料的磁轮型磁选机，分选原理与上浮型磁选机大体相同。

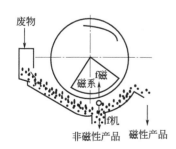

图 4-15　磁选过程示意

图 4-16　上浮型磁选机工作原理

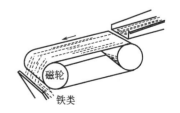

图 4-17　上方供料的磁轮型磁选机

4.4.5 浮选技术

(1) 浮选原理 浮选是在固体废物与水形成的悬浮液中加入浮选剂，依据不同物料表面性质的差异，一部分可浮性好的颗粒被通入水中的微气泡吸附（黏附），形成密度小于水的气浮体上浮至液面，另一部分物料仍留在料浆内，把液面上泡沫刮出，形成泡沫产物，从而达到物料分离的目的。

浮选方法所分离的物质与其密度无关，主要取决于其表面特性的差异。固体废物各组分在浮选过程中对气泡黏附的选择性，是由固体颗粒、水、气泡组成的三相界面间的物理化学特性所决定的：有些颗粒的表面疏水性较强，容易黏附在气泡上；另一些颗粒表面亲水，不易黏附在气泡上。颗粒能否附着在气泡上的关键在于能否最大限度地提高被浮颗粒表面的疏水性。为改变颗粒表面的亲水性，最有效的办法是采用各种不同的浮选药剂。

根据浮选工艺的特点，在处理固体废物时，主要用来分离密度相差不大的固体颗粒，如从焚烧残渣中回收有用的金属等。

(2) 浮选药剂 浮选药剂对调整颗粒的可浮性起主要作用，因此，在浮选工艺中，必须正确地选择。浮选药剂的种类很多，根据其在浮选中的作用，可以分为以下五类。

① 捕收剂。能够选择性地作用于固体废物颗粒表面，使颗粒表面疏水的有机物质，常用的有异极性、非极性油类捕收剂和两性捕收剂三类；

② 起泡剂。能够使浮选过程产生大量而稳定的气泡，常用的有松油，二号浮选油、甲酚酸、重吡酸、重吡啶等，也可用其他有机废物代替；

③ 活化剂。主要用来提高被抑制颗粒的浮游活性，常用的有无机盐类、酸类、硫化钠等；

④ 抑制剂。其作用是削弱捕收剂与某些颗粒表面的作用，抑制这些颗粒的可浮性，使捕收剂更好地吸附所需要分离的物质，常用的有石灰、氰化钾（钠）、重铬酸钾、硫酸锌、硫化钠等；

⑤ 调整剂。其主要作用是调整料浆的 pH 值，调整料浆的分散与团聚，以加强捕收剂的选择吸附作用，使之有利于浮选过程的完成，常用的有石灰、碳酸钠、苛性钠、硫化钠、硫酸等。

(3) 浮选机械 浮选机是实现浮选工艺过程的主要装置。浮选机的结构与效率，是影响浮选指标的重要因素。浮选机除应具有工作连续可靠、耐磨、耗电少、构造简单等良好的机械性能外，还应该具有充气，搅拌，调节料浆液、料浆循环量及充气量，连续排出泡沫产品及槽内残留料浆的作用。在选矿生产实践中，应用最广泛的是机械搅拌式浮选机，主要有叶轮式机械搅拌机和棒型浮选机。

图 4-18 为棒型机械搅拌浮选机的示意图。该型浮选机是在瓦尔曼型自吸和充气两用浮选机的基础上改进设计成的。它由一排金属制的长方形浮选槽组成，槽体之间用螺栓连接。每个浮选槽均由槽体 1、轴承 2、斜棒叶轮 3、稳流器 4 以及刮板、凸台和传动装置所组成。吸入槽除上述部件外，在其中空轴的下端还有提浆叶轮 6、压盖（凸台）、底盘等部件，吸入槽除起浮选作用外，还兼有吸浆能力。其工作原理是利用棒轮回转时所产生的负压，经中空轴吸入空气，并弥散形成气泡。在棒轮强烈搅拌与抛射作用下，使空气泡与料浆

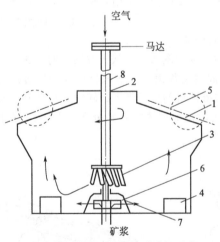

图 4-18　棒型机械搅拌浮选机示意
1—槽体；2—轴承体；3—棒轮；4—稳流器；
5—刮板；6—提浆叶轮；7—凸台；8—中空轴

充分混合，经捕收剂作用的有用颗粒，选择性地附着于气泡上，上浮至料浆面，由刮板刮入产品

槽内，从而完成分选作业。这种浮选机适于选别各种黑色和有色金属颗粒，一般用于粗选、精选、扫选和反浮选作业。叶轮式机械搅拌浮选机的工作原理大体相同，主要差别是靠叶轮回轮产生负压吸入空气。

(4) 浮选工艺过程　浮选工艺主要包括下列过程。

① 浮选前料浆的调制。主要是废物的破碎、磨碎等，以得到粒度适宜、单体基本解离的颗粒，其料浆浓度必须适合浮选工艺的要求。

② 加药调整。浮选过程中加入药剂的种类和数量、加药地点和加药方式等对浮选效果有重大影响，应根据欲选颗粒的性质通过试验确定。

③ 充气和搅拌。在浮选机内对调制好的料浆进行充气和搅拌，形成大量的弥散气泡，提供颗粒和气泡相碰撞接触的机会，根据所产生气泡对颗粒的吸附特性，可以达到一定的分离效果。

固体废物中含有两种或两种以上的有用物质，其浮选方法有以下两种。

① 优先浮选。将固体废物中有用物质依次选出，成为单一物质产品。

② 混合浮选。将固体废物中有用物质共同选出为混合物，然后再把混合物中有用物质依次分离。

(5) 浮选的应用　浮选是固体废物分选的一种重要技术，成功的应用有从粉煤灰中回收炭、从煤矸石中回收硫铁矿、从焚烧炉渣中回收金属等。

浮选技术的主要缺点是有些工业固体废物浮选前需要破碎和磨碎到一定的细度。浮选时要消耗一定数量的浮选药剂，易造成环境污染或增加配套的净化设施。因此，在生产实践中究竟采用哪一种分选方法，应根据固体废物的性质，经技术经济综合比较后确定。

4.4.6 半湿式破碎分选技术

(1) 原理　由日本通商产业省工业技术院开发的半湿式破碎分选技术是一种专用于垃圾处理的技术，利用半湿式破碎分选技术可以将垃圾中有利用价值的各种物质充分回收。城市垃圾中各种组分的耐剪切、耐压缩、耐冲击性能差异很大，例如：纸类在有适量水分存在时强度降低；玻璃类受冲击时容易破碎成小块；蔬菜类废物耐冲击、耐剪切性能均差，很容易破碎。根据这些差异，采用半湿法（加少量水），在特制的具有冲击、剪切作用的装置里，对废物作选择性破碎，使其变成不同粒径的碎块，然后通过网眼大小不同的筛网加以分选。此种技术不单有物料的选择性破碎过程，而且还有物质的分选过程，故称为半湿式选择性破碎分选。

(2) 分选机械　半湿式破碎分选机是把破碎机械和筛分机械构成一体同时进行破碎、分选的一种机械装置。图4-19是半湿式破碎分选机的结构示意图。该型分选机械由两种不同孔眼筛网的回转滚筒组成，筛网安装在滚筒内，与第一筛网和第二筛网分别对应安装有不同转速的刮板。

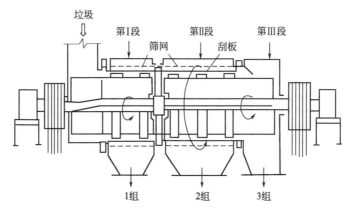

图 4-19　半湿式破碎分选机构造示意

分选装置分为三段：Ⅰ、Ⅱ两段装设筛网，第Ⅲ段不设筛网。各段筛网的孔径、滚筒和刮板的相对运动速度、刮板的构造与配置的情况等都可根据需要确定。

从滚筒的轴向起端投入垃圾使其在滚筒内沿轴的方向前进，根据垃圾中各组分耐冲击、耐压缩和耐剪切力的不同，将其分别破碎并依次通过筛网排到滚筒外部。物料的选择破碎和分选分三级进行。

① 物料投入后，刮板首先将垃圾组分中的玻璃、陶瓷、厨余等性质脆而易碎的物质破碎成细碎片，通过第Ⅰ阶段的筛网分离出去。分出的第1组物质采用磁力、风力分选设备分别去除废铁、玻璃、塑料等得到堆肥原料。从选出的第1组物料中可以分别去除废铁、玻璃、塑料，得到纯度为80%的厨余垃圾，可以作为堆肥原料或消化产气的原料。

② 剩余垃圾进入滚筒第Ⅱ阶段，继续受到刮板的冲击和剪切作用，具有中等强度的纸类物质被破碎，从第Ⅱ阶段筛网排出。分出的第2组物质采用分选设备先去除长形物，然后用风力分选器将密度大一些的厨余类和密度小的纸类分开。从第2组物料中可回收纯度为85%～95%的纸类废物。

③ 残余的垃圾在滚筒内继续受到刮板的冲击和剪切作用而破碎，从滚筒的末端排出，其主要成分为金属、塑料、纤维、木材、橡胶、皮革等物质。第3组物质的分选设备由磁选机和剪切式破碎机组成，剪切式破碎机把原料剪切到符合热分解要求的粒度，然后可利用其密度差，进一步将金属类和非金属类分开。从第3组物料中可将难分选的塑料类废物选出，其纯度达95%以上，回收的废铁纯度也可达到98%。

处理过程中，可以使用含水率50%的垃圾，也可以在第Ⅱ阶段以喷雾方式加入少量水，使纸类强度下降，扩大纸类与其他残余物质的强度差别，因而能容易地把纯度比较高的纸类物质在第Ⅱ阶段分选出来。

(3) 技术特点 半湿式选择破碎分选具有以下特点：①破碎和分选作业通过一台机械完成，同时分选出成分不同的物料；②相对于一般破碎机械，其动力消耗较低，约为 $2kW \cdot h/t$ 垃圾，处理费用低；③对不同组分的物料的回收效率和回收纯度都很高，提高了后续处理和利用的价值；④分选过程中，金属、塑料、橡胶、布类基本保持原形，有利于回收利用，而且对刮板的磨损小；⑤对厨余垃圾的分选特别有效，具有选择性分选厨余垃圾的功能，可克服混合垃圾分选的困难，为厨余垃圾的堆肥化和纸类的回收利用创造有利条件。

4.4.7 淋洗技术

土壤淋洗技术（soil washing）将污染土壤或沉积物挖出，过筛去除大的卵石、碎屑和砂砾，然后用水或溶剂对剩余土壤或沉积物进行洗涤，并对洗出液进行处理的一种清除土壤或沉积物污染的处理技术。净化污染土壤或沉积物的土壤淋洗技术从矿物处理技术发展而来，其关键设备可以通用，这也使得土壤淋洗技术可以有效处理大量污染的土壤或沉积物。图4-20为污染土壤淋洗技术的工艺流程。

土壤淋洗的目的是把污染土壤或沉积物分离为两个物流：清洁组分和污染组分。通过淋洗处理，污染土壤或沉积物的体积可以大大降低。由于不同污染物与土壤颗粒结合的表面电荷的差异，无机污染物一般与土壤中的细颗粒相结合，而有机污染物一般与腐殖质或土壤中的有机碳部分相结合。因此，利用淋洗技术从污染土壤或沉积物中分离出细颗粒或腐殖质，剩余的粗颗粒（沙子或砂砾）就是相对清洁的。对于大多数土壤，其粗颗粒部分占大部分，这就使得需进一步处理的细颗粒的土壤量大大降低。

把土壤分为"粗""细"两部分可依靠土壤的密度和颗粒大小的差异来进行。土壤淋洗技术是一个工艺，不是单个的装置。根据土壤性质的差异可以采用不同的工艺组合，例如，可以利用矿物筛分离粒径大于6mm的颗粒，可以利用离心分离器分离粒径小于45μm的颗粒，还可以利用密度介质分离器分离土壤中低密度的腐殖质。

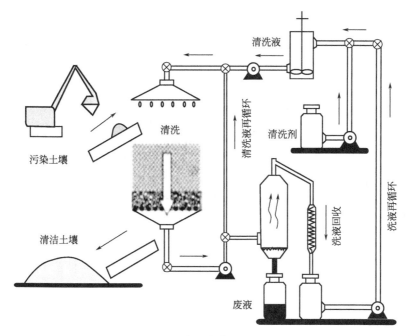

图 4-20　污染土壤淋洗工艺流程

　　矿业工艺中常见的分离方法，如螺旋浓缩和泡沫浮选技术也可用于土壤淋洗工艺，例如，在德国的一个重金属锌污染场地治理中，使用泡沫浮选技术能显著提高锌从污染土壤中的去除率。土壤淋洗技术已成功用来处理重金属、挥发性有机物污染的土壤和沉积物，研究也表明，该技术对复合污染土壤，如杀虫剂、重金属和挥发性有机物等污染的土壤的处理非常有效。

4.5　固体废物的脱水技术

　　环境污染治理工程中常见的高含水固体废物包括市政污泥、餐厨垃圾和沼渣等，该类废物容易腐化发臭，且往往含有有机污染物、寄生虫卵、致病微生物及重金属离子等多种有害组分。采用技术手段将水分与固体成分分离而分别加以处理，是高含水固废有效处置与资源化利用的必要环节。针对不同废物的特性运用调质和浓缩技术可改变废物中水分的分布形态，改善其脱水性能。例如，经过调质、浓缩和脱水处理，可将污水处理厂的污泥含水率从 99.3％左右降至60％～80％，体积降至 1/15～1/10。本节分别就固体废物中水的分布形态，以及高含水固体废物的浓缩、调质和脱水技术进行介绍。

4.5.1　固体废物的含水率及水的分布形态

　　（1）含水率与含固率　固体废物含水量用含水率来表示，即单位质量的固体废物所含水分的质量分数。固体物质在单位质量固体废物中所含的质量分数称为含固率。不同类型固体废物的含水率存在较大差异，如城市污水厂剩余污泥含水率为 99.2％～99.5％，初沉污泥含水率为96％～98％，密度接近 1kg/L，其状态几乎为液体；而污泥脱水泥饼含水率则为 75％～85％，其状态表现为柔软的半固态。餐厨垃圾的含水率通常为 70％～80％，而餐厨垃圾厌氧消化沼渣的含水率则为 60％～70％。在固体废物脱水过程中，体积、质量及其中干固体含量之间的关系，可用式（4-26）进行换算：

$$\frac{w_1}{w_2}=\frac{W_1}{W_2}=\frac{100-p_2}{100-p_1}=\frac{C_2}{C_1} \tag{4-26}$$

式中，p_1、p_2 为固体废物含水率，%；w_1、W_1、C_1 分别为含水率为 p_1 时的固体废物体积、质量及固体物浓度；w_2、W_2、C_2 分别为含水率为 p_2 时的固体废物体积、质量及固体物浓度。

对于污泥而言，式(4-26) 适用于含水率在 65% 以上的污泥。因为含水率低于 65% 的污泥体积由于固体颗粒的弹性，不再收缩。污泥含水率与污泥体积的关系曲线如图 4-21 所示。

当污泥的含水率降低到污泥颗粒之间的空隙不再被水填满时，就形成泥饼。除了有些固结外，泥饼的体积大体保持不变。泥饼的体积可用式(4-27) 计算：

$$w=\frac{W_s}{(1-\varepsilon)\gamma_s\rho_w} \tag{4-27}$$

式中，w 为泥饼体积，L；W_s 为污泥中干固体质量，kg；ρ_w 为水的密度，kg/L；γ_s 为干固体相对密度；ε 为污泥孔隙率，一般为 40%~50%。

(2) 水分的分布形态 高含水固体废物中固态物质与水分的相互作用较为复杂，与水的亲和力强弱有异。该类废物中所含水分形式，一般认为有四种形态，即表面吸附水、间隙水、毛细结合水和内部结合水。现以污泥为例，将水分的四种分布形态说明如下。

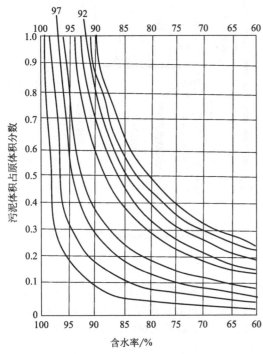

图 4-21 污泥含水率与污泥体积的关系曲线

① 表面吸附水。污泥属于凝胶，是由絮状的胶体颗粒集合而成。污泥的胶体颗粒很小，与其体积相比，表面积很大，由于表面张力的作用，吸附的水分也就很多。胶体颗粒全部带有相同性质的电荷，相互排斥，妨碍颗粒的聚集、长大，而保持稳定状态，因而表面吸附水用普通的浓缩或脱水方法去除比较困难。

② 间隙水。间隙水是指大小污泥颗粒包围着的游离水分，不与固体直接结合，因而很容易分离，只需在浓缩池中控制适当的停留时间，利用重力作用，就能将其分离出来。间隙水一般要占污泥中总含水量的 65%~85%，这部分水就是污泥浓缩的主要对象。

③ 毛细结合水。将一根直径细小的管子插入水中，在表面张力的作用下，水在管内上升使水面达到一定高度，这一现象叫毛细现象。水在管内上升的高度与管子半径成反比，就是说管子半径越小，毛细力越大，上升高度越高，毛细结合水就越多。污泥由高度密集的细小固体颗粒组成，在固体颗粒接触表面上，由于毛细力的作用，形成毛细结合水，毛细结合水约占污泥中总含水量的 15%~25%。由于毛细水和污泥颗粒之间的结合力较强，浓缩作用不能将毛细水分离，需借助较高的机械作用力和能量，如真空过滤、压力过滤和离心分离才能去除这部分水分。

④ 内部结合水。内部结合水是指包含在污泥中微生物细胞体内的水分，含量与污泥中生物细胞体所占的比例有关。一般初沉污泥内部结合水较少，二沉污泥中内部结合水较多。这种内部结合水与固体结合得很紧密，要去除这部分水分，必须破坏细胞膜，使细胞液渗出，由内部结合水变为外部液体。为了去除这种内部结合水，可以通过好氧菌或厌氧菌的作用进行生物分解，或其他物理化学措施。内部结合水含量不多，内部结合水和表面吸附水一起只占污泥中总含水量的 10% 左右。

4.5.2 高含水固体废物浓缩技术

高含水固体废物浓缩的主要目的和意义在于减少其体积，降低后续处理单元或构筑物的压力，提高常见物理化学或生物化学手段对废物的处理处置效率。不同高含水固体废物的浓缩技术在原理和操作上具有共通性，以下以污泥为对象，对浓缩技术及其相应工艺与设备进行介绍。

污泥浓缩去除的对象是污泥中的自由水和部分间隙水。污泥浓缩的主要方法有重力浓缩、气浮浓缩、离心浓缩、带式浓缩机浓缩和转鼓机械浓缩。

(1) 污泥重力浓缩 重力浓缩是应用最多的污泥浓缩法。重力浓缩是利用污泥中的固体颗粒与水之间的相对密度差来实现泥水分离的。用于重力浓缩的构筑物称为重力浓缩池。重力浓缩的特征是区域沉降，在浓缩池中有 4 个基本区域。

① 澄清区。为固体浓度极低的上层清液；

② 阻滞沉降区。在该区悬浮颗粒以恒速向下运动，一层沉降固体从区域底部形成；

③ 过渡区。特征是固体沉降速率减小；

④ 压缩区。在该区由于污泥颗粒的集结，下一层的污泥支撑着上一层的污泥，上一层的污泥压缩下一层的污泥，污泥中间隙水被排挤出来，固体浓度不断提高，直至达到所要求的底流浓度并从底部排出。

重力浓缩本质上是一种沉淀工艺，属于压缩沉淀。通常对于污水厂来说，初沉池污泥的相对密度平均为 1.02～1.03，污泥颗粒本身的相对密度约为 1.3～1.5，初沉污泥易于实现重力浓缩；活性污泥的相对密度约在 1.0～1.005 之间，活性污泥絮体本身的相对密度约为 1.0～1.01，当处于膨胀状态时，其相对密度甚至小于 1，因而活性污泥一般不易实现重力浓缩。

重力浓缩池设计时，污泥固体表面负荷应符合规定要求。初沉污泥的固体表面负荷一般采用 90～150kg/(m²·d)，二沉池污泥含水率为 99.2%～99.6%时，二沉污泥固体表面负荷一般采用 10～30kg/(m²·d)，污泥浓缩时间不小于 12h。在污水处理厂中，一般将初沉污泥和二沉污泥混合后采用重力浓缩，这样可以提高重力浓缩池的浓缩效果，重力浓缩池固体表面负荷取决于两种污泥的比例，运行负荷一般 50～90kg/(m²·d)。重力浓缩池的主要控制因素是固体通量，浓缩池的体积依据固体通量进行计算。浓缩池的设计参数一般通过污泥静沉试验取得。

重力浓缩可以分为间歇式和连续式两种，间歇式重力浓缩池（见图 4-22）主要用于小型污水处理厂，连续式重力浓缩池（见图 4-23）主要用于大、中型污水处理厂。

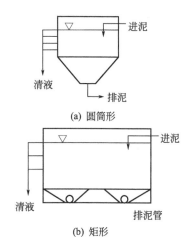

图 4-22 间歇式重力浓缩池

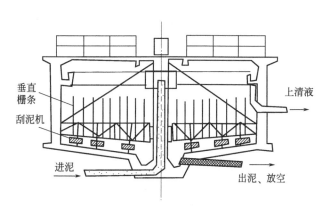

图 4-23 连续式重力浓缩池（圆柱形）

目前重力浓缩池仍是城市污水处理厂污泥浓缩的主要技术。虽然该工艺技术成熟、构造简单、运行管理方便，但占地面积大、卫生条件差。不进行曝气搅拌时，在池内可能发生污泥的厌氧消化，污泥上浮，从而影响浓缩效果，这种厌氧状态还使污泥已吸收的磷释放，重新进入污水之中。安装在重力浓缩池中心的水下轴承易出故障，搅拌栅易腐蚀，常造成停池检修。重力浓缩后的污泥含固率低，特别是对于剩余活性污泥的重力浓缩，一般浓缩后污泥含固率不超过4%，含固率低使后续处理构筑物容积增大，增加投资和运行成本，随着污水处理工艺的发展和污水处理标准的提高，特别是对脱氮除磷要求的提高，使重力浓缩工艺在剩余活性污泥浓缩方面的应用受到限制。

(2) 污泥气浮浓缩 气浮浓缩是采用大量的微小气泡附着在污泥颗粒的表面，从而使污泥颗粒的相对密度降低而上浮，实现泥水分离的浓缩方法。气浮浓缩适用于浓缩活性污泥和生物滤池等颗粒相对密度较低的污泥。通过气浮浓缩，可以使活性污泥的含水率从99.4%浓缩到94%～97%。气浮浓缩的浓缩污泥含水率低于采用重力浓缩的浓缩污泥，可以达到较高的固体通量，但是运行费用比重力浓缩高，适合于人口密度高、土地稀缺的地区。

气浮浓缩需要的水力停留时间较短，一般为30～120min，而且是好氧环境，避免了厌氧腐败和磷释放的问题，因此分离液中含固率和磷含量都比重力浓缩低。有资料表明，重力浓缩的分离液浓度为500～40000mg/L，而气浮浓缩为180～220mg/L，气浮所需要的空气压力为0.3～0.5MPa，空气量与固体量的比（A/S）为0.01～0.05。浮渣中有10%～20%的空气，需要有脱气措施，才不影响运输设备和计量设备的工作，脱气方法有待改进。

根据气泡形成的方式，气浮浓缩工艺可以分为：压力溶气气浮（DAF）、生物溶气气浮、涡凹气浮、真空气浮、化学气浮、电解气浮等。

压力溶气气浮（DAF）工艺已广泛应用于城市污水处理厂剩余活性污泥的浓缩。压力溶气气浮具有较好的固液分离效果，在不投加调理剂的情况下，污泥的含固率可以达到3%以上，投加调理剂时，污泥的含固率可以达到4%以上。为了提高浓缩脱水效果，通常在污泥中加入化学絮凝剂，药剂费用是污泥处理的主要费用。压力溶气气浮工艺浓缩剩余活性污泥具有占地面积小、卫生条件好、浓缩效率高、在浓缩过程中充氧可以避免富磷污泥磷的释放等优点，但设备多、维护管理复杂、运行费用高。

生物溶气气浮工艺利用污泥自身的反硝化能力，加入硝酸盐，污泥进行反硝化作用产生气体使污泥上浮而进行浓缩。硝酸盐浓度、温度、碳源、初始污泥浓度、泥龄、运行时间对污泥的浓缩效果有较大影响。气浮污泥浓度是重力浓缩的1.3～3倍，对膨胀污泥也有较好的浓缩效果，气浮污泥中所含气体少，对污泥后续处理有利。生物气浮浓缩工艺的日常运转费用比压力溶气气浮污泥浓缩工艺低，能耗小，设备简单，操作管理方便，但污泥停留时间比压力溶气气浮污泥浓缩工艺长，需投加硝酸盐。

涡凹气浮浓缩工艺浓缩活性污泥也有应用，该系统的显著特点是通过独特的涡凹曝气机将微气泡直接注入水中，不需要事先进行溶气，散气叶轮把微气泡均匀地分布于水中，通过涡凹曝气机抽真空作用实现污水回流。涡凹气浮浓缩污泥的应用在国内还不多，但研究表明，涡凹气浮适合用于低浓度剩余活性污泥的浓缩。

其他几种气浮工艺在城市污水处理厂污泥浓缩中的应用还在研究探索中。

(3) 污泥机械浓缩 机械浓缩所需时间更短。以离心浓缩为例，仅需几分钟，浓缩污泥的浓度比重力浓缩要高，但是动力消耗大，设备价格高，维护管理工作量大。以$40 \times 10^4 \text{m}^3/\text{d}$的污水处理厂的规模为例，经测算，建重力浓缩池投资约为400万元，建机械浓缩系统为720万元，机械浓缩的动力配置为25.9kW/(100m³·h)。而从污泥浓缩的可靠、有效性，特别是尽量减少污泥的释磷量的要求来判断，应考虑机械浓缩。

机械浓缩包括离心浓缩、带式浓缩机浓缩和转鼓、螺压浓缩机浓缩等。

① 离心浓缩法。离心浓缩工艺的动力是离心力，离心力是重力的500～3000倍。离心浓缩工艺最早始于20世纪20年代初，当时采用的是最原始的筐式离心机，后经过盘嘴式等几代更

换，现在普遍采用的是卧螺式离心机。与离心脱水的区别在于，离心浓缩用于浓缩活性污泥时，一般不需加入絮凝剂调质，只有当需要浓缩污泥含固率大于 6% 时，才加入少量絮凝剂，而离心脱水机要求必须加入絮凝剂进行调质。

离心浓缩占地小，不会产生恶臭，对于富磷污泥可以避免磷的二次释放，提高污泥处理系统总的除磷率，造价低，但运行费用和机械维修费用高，经济性差，一般很少用于污泥浓缩，但对于难以浓缩的剩余活性污泥可以考虑使用。

② 带式浓缩机浓缩。带式浓缩机主要用于污泥浓缩脱水一体化设备的浓缩段。带式浓缩机（gravity belt thickener，GBT）主要由框架、进泥配料装置、脱水滤布、可调泥耙和泥坝组成。其浓缩过程：污泥进入浓缩段时被均匀摊铺在滤布上，好似一层薄薄的泥层，在重力作用下泥层中污泥的自由水大量分离并通过滤布空隙迅速排走，而污泥固体颗粒则被截留在滤布上。带式浓缩机通常具备很强的可调节性，其进泥量、滤布走速、泥耙夹角和高度均可进行有效的调节以达到预期的浓缩效果。浓缩过程是污泥浓缩脱水一体化设备关键控制环节，水力负荷是带式浓缩机运行的关键参数。设备厂家通常会根据具体的泥质情况提供水力负荷或固体负荷的建议值。不同厂商设备之间的水力负荷可能相差很大，质量一般的设备只有 20~30m³/(m 带宽·h)，但好的设备可以做到 50~60m³/(m 带宽·h) 甚至更高，设备带宽最大为 3.0m。在没有详细的泥质分析资料时，设计选型时水力负荷可按 40~45m³/(m 带宽·h) 考虑。带式浓缩机常见滤带跑偏、污泥外溢及滤带起拱等故障，影响带式浓缩机的运行。污泥浓缩脱水一体化设备，适用于进泥含水率 99.5% 以下的污泥，进泥含水率高于 99.5% 不宜直接进入，一般需要通过其他浓缩方法浓缩。

③ 转鼓、螺压浓缩机浓缩。转鼓、螺压浓缩机或类似的装置主要用于浓缩脱水一体化设备的浓缩段，转鼓、螺压浓缩是将经化学混凝的污泥进行螺旋推进脱水和挤压脱水，转鼓、螺压浓缩机是污泥含水率降低的一种简便高效的机械设备。转鼓、螺压浓缩机的工艺参数主要是单台设备单位时间的水力接受能力及固体处理能力。采用该型设备对污泥进行浓缩，对含固率大于 0.5% 的污泥可浓缩到含固率 6%~10% 以上。

根据目前不同浓缩工艺在我国污水处理厂的应用情况来看，重力浓缩大约占 72%，气浮浓缩大约占 7%，机械浓缩大约占 21%。表 4-4 为各种污泥浓缩方法的优缺点。

表 4-4　各种污泥浓缩方法的优缺点

浓缩方法	优　点	缺　点
重力浓缩	贮存污泥能力强，操作要求不高，运行费用低，动力消耗小	占地面积大，污泥易发酵、产生臭气；对某些污泥工作不稳定，浓缩效果不理想
气浮浓缩	浓缩效果较理想，出泥含水率较低，不受季节影响，运行效果稳定；所需池容为重力浓缩的 1/10 左右；臭气问题小；能去除油脂和沙砾	运行费用低于离心浓缩，但高于重力浓缩；操作要求高，污泥贮存能力小，占地比离心浓缩大
离心浓缩	只需少量土地就可获得较高的处理能力；几乎不存在臭气问题	要求专用的离心机，电耗大；对操作人员要求较高
带式浓缩机浓缩	空间要求小；工艺性能的控制能力强；相对低的投资和电力消耗；添加少量聚合物便可获得高固体收集率，可提高浓缩固体浓度	会产生现场清洁问题；依赖于添加聚合物；操作水平要求较高；存在潜在的臭气和腐蚀问题
转鼓机械浓缩	空间要求小；相对低的投资和电力消耗；容易获得高固体浓度	会产生现场清洁问题；依赖于添加聚合物；操作水平要求较高；存在潜在的臭气和腐蚀问题

4.5.3　高含水固体废物调质技术

由于某些高含水固体废物中的固体颗粒具有高亲水性，水分与固体颗粒的结合力是很强的，如果没有预先的处理，则这些固体废物（如绝大多数污泥）的脱水是非常困难的，这种污泥预先处理的过程称为污泥调质。通过对污泥的调质，以改变污泥粒子表面的物化性质和组分，破坏其胶体结构，减少其与水的亲和力，从而改善脱水性能。这种高含水固体废物损失处理的过程称为调质。高含水固体废物调质技术主要有物理调质法、化学调质法和生物调质法三大类，详见图4-24。

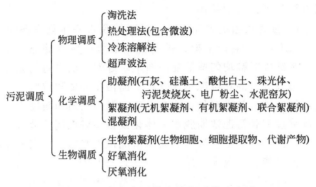

图4-24　高含水固体废物调质技术方法

4.5.4　高含水固体废物机械脱水技术

高含水固体废物中的自由水分基本上可在其浓缩过程中被去除，而内部水一般难以分离，所以通过脱水去除的主要是废物中固体颗粒间的毛细水和颗粒表面的吸附水，从而进一步减少废物的体积，便于后续处理、处置和利用。

高含水固体废物机械脱水以过滤介质两面的压力差作为推动力，使废物中水分被强制通过过滤介质，形成滤液，而固体颗粒物被截留在介质上，形成滤饼而达到脱水的目的。根据造成压力差推动力的方法不同，将机械脱水分为三类：①在过滤介质的一面形成负压进行脱水，即真空过滤脱水；②在过滤介质的一面加压进行脱水，即压滤脱水；③造成离心力实现泥水分离，即离心脱水。

不同的机械脱水各有其优缺点，下面从性能、能耗等方面对上面提到的脱水机械进行简单的比较。不同污泥脱水机械的性能和能耗比较见表4-5。离心脱水机和带式脱水机性能比较见表4-6。

表4-5　不同污泥脱水机械的性能和能耗

比较项目	带式压滤机	板框压滤机	离心脱水机
脱水设备部分配置	进泥泵、带式压滤机、滤带清洗系统、卸料系统、控制系统	进泥泵、板框压滤机、冲洗水泵、空压系统、卸料系统、控制系统	进泥螺杆泵、离心脱水机、卸料系统、控制系统
进泥含固率要求	3%～5%	1.5%～3%	2%～3%
脱水污泥含固浓度	20%	30%	25%
运行状态	可连续运行	间歇运行	可连续运行
操作环境	开放式	开放式	封闭式
脱水设备占地	大	大	紧凑
冲洗水量	大	大	少
实际设备需换的配件	滤布	滤布	基本无
噪声	小	较大	较大
设备费用	低	贵	较贵
能耗/(kW·h/t干固体)	5～20	15～40	30～60

表4-6　离心脱水机和带式脱水机性能比较

项目	离心脱水机	带式脱水机
构造差异	无过滤用品	需要过滤带
	无过滤界面	有固定过滤界面
	无网目限制	滤带上有梭织品网目
	无消耗、无维护等	有消耗（滤带）

项目	离心脱水机	带式脱水机
优点	适用范围广,占地面积小,自动化运转操作环境好,可大容量处理,不堵塞网眼,密封结构,SS 回收率高	适用范围广,耗电量少,噪声小,产能较大,SS 回收率高
缺点	主机动力大,单位生产干固体电耗较高,螺旋齿刃需修补,噪声大	需要更新滤布,滤布堵塞需冲洗更换;对设备腐蚀保养维修环节多;臭气污染工厂环境,危害现场工人健康

在选择脱水设备前,通常需要全面考虑废物性质、脱水要求、设备投资、运行费用、操作状况等方面因素,以确定适宜的脱水设备。

(1) 真空过滤脱水 真空过滤是利用抽真空的方法造成过滤介质两侧压力差而进行脱水。真空过滤机脱水的特点是能够连续生产,运行平稳,可自动控制;主要缺点是附属设备较多,工序较复杂,运行费用较高。

真空过滤机基本上都是由一部分浸在含水废物中,同时不断旋转的圆筒转鼓构成的,过滤面都在转鼓周围。转鼓由隔板分成多个小室,转鼓和滤布内抽真空后,在过滤区段和干燥区段水分被过滤成滤液,污泥在滤布上析出成滤饼。滤饼的剥离方式因过滤机不同而各异。真空过滤机有转筒式、绕绳式、转盘式三种类型。其中应用最广的是 GP 转鼓真空过滤机,如图 4-25 所示。其主要部件是空心转鼓和下部的贮料槽。空心转鼓下半部浸没在贮料槽内,其表面覆盖有滤布。转鼓用径向隔板分隔成许多扇形间格。每格有单独的连通管,管端与分配头相连。分配头上装有转鼓动片和固定片,转鼓动片通过连通管与各扇形间格连接,固定片可以分别与压缩空气管道和真空管路相通。转鼓旋转时,由于真空的作用,将污泥吸附在滤布上,液体通过滤布沿真空管流到

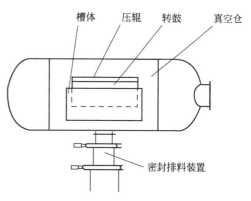

图 4-25 转鼓真空过滤机结构示意

气水分离罐。吸附在转鼓上的滤饼转出贮料槽后有两路去向:若扇形间格的连通管与固定部件真空管路相通时,则处于滤饼形成区与吸干区,继续吸干水分;当管路与压缩空气相通时,便进入反吹区,滤饼被反吹松并剥落。剥落的滤饼用皮带输送器运走。转鼓每转一周,依次经过滤饼形成区、吸干区、反吹区和休止区。

转鼓真空过滤机的产率由式(4-28)确定。

$$L = 1600.6 \frac{100 - p_k}{p_0 - p_k} \left[\frac{mPp_0(100 - p_0)}{\mu Tr} \right]^{\frac{1}{2}} \tag{4-28}$$

式中,L 为过滤产率,kg/(m² · h);p_0 为原污泥含水率,%;p_k 为滤饼含水率,%;μ 为滤液动力黏度,kg · s/m²;r 为比阻,m/kg;P 为过滤压力或真空度,kgf/cm²;m 为浸液比,一般取 0.3;T 为每天工作时间,h。

转鼓真空过滤机脱水的工艺流程如图 4-26 所示。

真空度是真空过滤的推动力,直接关系过滤产率及运行费用。一般来说,真空度越高,滤饼厚度越大,含水率越低。但滤饼加厚,过滤阻力增加,又不利于过滤脱水。真空度提高到一定值后,过滤速度的提高并不明显。另外真空度过高,滤布容易被堵塞与损坏,动力消耗与运行费用增加。对于污泥脱水根据污泥的性质,真空度一般在 5.32~7.98kPa,其中滤饼形成区约 5.32~7.98kPa,吸干区为 6.65~7.98kPa。

表 4-7 列出了转鼓真空过滤机处理各种生活污水污泥和工业污水污泥所获得过滤能力的典型运行数据。

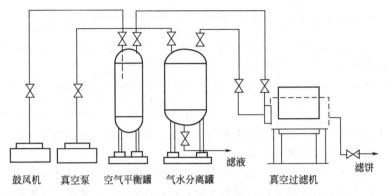

鼓风机　真空泵　空气平衡罐　气水分离罐　　真空过滤机

滤液　　　　　　　　　　滤饼

图 4-26　转鼓真空过滤机脱水工艺流程

表 4-7　转鼓真空过滤机过滤能力

| 污泥类型 | 来源 | 性　　质 | 调理 | | 滤机能力/
[kg 干固体
/(m²·h)] | 滤饼含固
率/% |
			FeCl₃/%	CaO/%		
有机的、亲水的	生活 污水	初次沉淀污泥	2~4	7~11	30~40	26~32
		混合新鲜污泥	3~6	13~19	20~30	23~37
		混合消化污泥	5~17	13.5~21	20~35	24~28
		好氧稳定污泥	7~12	22~37	15~20	18~22
有机的、亲水的＋ 无机的、疏水的	啤酒厂	生活污泥＋10%除磺酸盐	7	19	20~30	20~25
含纤维的	纸浆厂	锯屑和纸屑纤维 20%＋氢氧化物	—	—	40~50	30
			—	19	15~20	25
无机的、疏水的	钢铁厂	石灰除磺酸盐 Fe<1%,转炉气体 洗涤	—	—	50~70	40~50
			—	—	60~70	60
	采煤	洗煤	聚合物 0.3kg/t 干固体		25~30	35
含油的	炼油厂	第一级沉淀污泥	—	15~20 (CaO)	5~10 有预滤层	35~40

(2) 压滤脱水　为了增加过滤的推动力,利用多种液压泵或空压机形成 4~8MPa 压力,加到高含水固体废物上进行过滤的方式称为加压过滤脱水,简称压滤脱水。

加压过滤的优点是:过滤效率高,特别是对过滤困难的物料更加明显;脱水滤饼固体含量高;滤液中固体浓度低;大多数可以不调质或用少量药剂调质就可以进行过滤;滤饼的剥离简单方便。近年在污泥脱水中应用比较广泛。加压过滤设备主要分为板框式压滤机和带式压滤机。

① 板框式压滤机。板框式压滤机(plate and frame filter press)的结构示意见图 4-27。

板框式压滤机主要结构由三部分组成。

a. 机架。机架是压滤机的基础部件,两端是止推板和压紧头,两侧的大梁将二者连接起来,大梁用以支撑滤板、滤框和压紧板。

b. 压紧机构。压紧机构分为手动压紧、机械压紧和液压压紧。

c. 过滤机构。过滤机构由过滤板、滤框、滤布、压榨隔膜组成,滤板两侧由滤布包覆,需配置压榨隔膜时,一组滤板由隔膜板和侧板组成。隔膜板的基板两侧包覆着橡胶隔膜,隔膜外边包覆着滤布,侧板即普通的滤板。物料从止推板上的进料孔进入各滤室,固体颗粒因其粒径大于过滤介质(滤布)的孔径被截流在滤室里,滤液则从滤板下方的出液孔流出。滤饼需要榨干时,

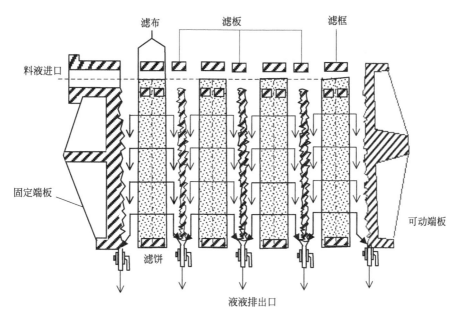

图 4-27　板框式压滤机结构示意

除用隔膜压榨外，还可以压缩空气或蒸汽，从洗涤口通入，气流冲去滤饼中的水分，以降低滤饼的含水率。其过滤方式即滤液流出的方式包括明流过滤和暗流过滤。滤饼需要洗涤时，有明流双向洗涤和单向洗涤，暗流双向洗涤和单向洗涤。过滤机构中，滤布是一种主要过滤介质，滤布的选用和使用，对过滤效果有决定性的作用，选用时要根据过滤物料的 pH 值、固体粒径等因素选用合适的滤布材质和孔径，以保证低的过滤成本和高的过滤效率，使用时，要保证滤布平整不打折，孔径畅通。

板框式压滤机是通过板框的挤压，使含水废物中的水通过滤布排出，达到脱水的目的。它主要由凹入式滤板、框架、自动-气动闭合系统侧板悬挂系统、滤板震动系统、空气压缩装置、滤布高压冲洗装置及机身一侧光电保护装置等构成。设备选型时，应考虑以下几个方面。

a. 对泥饼含固率的要求。一般板框式压滤机与其他类型脱水机相比，滤饼含固率最高，可达 35％，如果从减少废物堆置占地因素考虑，板框式压滤机应该是首选方案。

b. 框架的材质。

c. 滤板及滤布的材质。要求耐腐蚀，滤布要具有一定的抗拉强度。

d. 滤板的移动方式。要求可以通过液压-气动装置全自动或半自动完成，以减轻操作人员劳动强度。

e. 滤布振荡装置，以使滤饼易于脱落。与其他形式脱水机相比，板框式压滤机最大的缺点是占地面积较大。

② 带式压滤机。带式压滤机（belt filter press）是由上下两条张紧的滤带夹带着物料层，从一连串有规律排列的辊压筒中呈 S 形经过，依靠滤带本身的张力形成对物料层的压榨和剪切力，把物料层中的毛细水挤压出来，获得含固量较高的滤饼，从而实现含水废物的脱水。图 4-28 为带式压滤机结构示意图。

一般带式压滤机由滤带、辊压筒、滤带张紧系统、滤带调偏系统、滤带冲洗系统和滤带驱动系统构成。机型选择时，应从以下几个方面加以考虑。

a. 滤带。要求其具有较高的抗拉强度、耐曲折、耐酸碱、耐温度变化等特点，同时还应考虑待脱水废物的具体性质，选择适合的编织纹理，使滤带具有良好的透气性能及对固体颗粒的拦截性能。

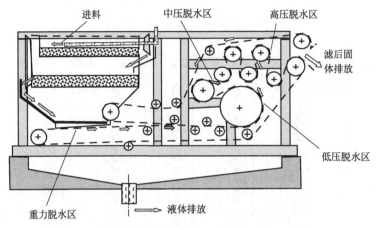

图 4-28　带式压滤机结构示意

b. 辊压筒的调偏系统。一般通过气动装置完成。

c. 滤带的张紧系统。一般也由气动系统来控制。滤带张力一般控制在 0.3～0.7MPa，常用值为 0.5MPa。

d. 带速控制。不同性质的含水废物对带速的要求各不相同，即对任何一种特定的废物都存在一个最佳的带速控制范围，在该范围内，脱水系统既能保证一定的处理能力，又能得到高质量的滤饼。

带式压滤机受废物负荷波动的影响小，具有出料含水率较低且工作稳定启耗少、管理控制相对简单、对运转人员的素质要求不高等特点。同时，由于带式压滤机进入国内较早，已有相当数量的厂家可以生产这种设备，使带式压滤脱水机的生产成本已大大下降。在污水处理工程建设决策时，可以选用带式压滤机以降低工程投资。目前，国内新建的污水处理厂大多采用带式压滤机。

(3) 离心脱水　离心脱水机（centrifuge）主要由转毂和带空心转轴的螺旋输送器组成，物料由空心转轴送入转筒后，在高速旋转产生的离心力作用下，立即被甩入转毂腔内。固体颗粒密度较大，因而产生的离心力也较大，被甩贴在转毂内壁上，形成固体层；水密度小，离心力也小，只在固体层内侧产生液体层。固体层的物质在螺旋输送器的缓慢推动下，被输送到转毂的锥端，经转毂周围的出口连续排出，液体则由堰口溢流排至转毂外，汇集后排出脱水机。

离心脱水机最关键的部件是转毂，转毂的直径越大，脱水处理能力越强，但制造及运行成本都相当高，很不经济。转毂的长度越长，出料的含固率就越高，但转毂过长会使性能价格比下降。使用过程中，转毂的转速是一个重要的控制参数，控制转毂的转速，使其既能获得较高的含固率又能降低能耗，是离心脱水机运行良好的关键。目前，多采用低速离心脱水机。在作离心式脱水机选型时，因转轮或螺旋的外缘极易磨损，对其材质要有特殊要求。新型离心脱水机螺旋外缘大多做成装配块，以便更换。装配块的材质一般为碳化钨，价格昂贵。

离心脱水机具有噪声大、能耗高、处理能力低等缺点。同时，离心脱水机受含水废物负荷的波动影响较大，对运行人员的素质要求较高，因此一般工程中较少采用离心脱水工艺。近几年，随着科技进步，离心式脱水机的脱水技术在国内外有了长足进展，例如瑞典 Alfa Layal 公司生产的螺旋离心式脱水机，其用于污泥脱水的泥饼含固率可达 30％以上，而且操作是在全封闭的环境中进行，脱水机周围没有任何污泥及污水存在，也没有恶臭气味，可以大大改善运行人员的工作环境。脱水污泥饼含水率低、占用空间小、安装基建费用低是离心脱水机相对带式压滤机的优势，但是设备成本高、电耗大、噪声等是离心脱水机需进一步解决的问题。图 4-29 是离心脱水机的结构示意图。

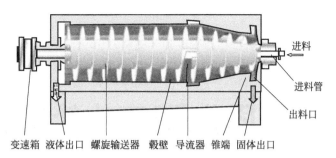

进料

进料管

出料口

变速箱 液体出口 螺旋输送器 毂壁 导流器 锥端 固体出口

图 4-29 离心脱水机结构示意

讨论题

1. 压实的定义及其主要目的是什么？度量压实效果的主要指标有哪些，相互之间有何关系？

2. 某城市采用 5m³ 的垃圾车收集和运送生活垃圾，为了解该系统的收运效率，按国家标准的采样方法进行采样并分析，结果表明，垃圾含水率为 36%，装满垃圾后总重为 2.1t（不含车重），垃圾颗粒体积为 3.5m³。请计算垃圾的干密度和湿密度，以及车载垃圾的空隙比和空隙率。

3. 废物压实后体积减少百分比（R）可用下式表示：$R(\%)=(V_m-V_f)/V_m\times100\%$。请分析 R 和 n、r 之间的关系。并计算当 R 分别为 85%、90% 和 95% 时的 n 值。

4. 请说明破碎技术的定义、目的及其主要方法。

5. 一台废物处理能力为 100t/h 的设备，经测试，当它把平均尺寸为 20.32cm 的废物破碎至 5.08cm 时需动力 30kW·h/t，请以此计算当用该设备把废物从平均 25.40cm 破碎至 5.08cm 时所需要的动力大小。

6. 分选的定义和目的是什么？请说明人工分选和机械分选的优、缺点，并请说明机械分选的主要原理及其技术种类。

7. 分选设备对某组分的回收率高时是否代表其回收纯度也高？为什么？

8. 分选设备处理废物能力为 80t/h，当处理玻璃含量为 8% 的废物时，筛下物重 8t/h，其中玻璃 6t/h，请分别计算玻璃的回收率、纯度和综合效率。

9. 一般情况下，由于筛孔磨损而有部分大于筛孔尺寸的粗颗粒进入筛下产品，因此，筛下产品不是 100% Q_1，而是 $Q_1\gamma$，试推导此时式(4-13)的筛分效率计算公式将变为 $\eta=\dfrac{\gamma(\alpha-\beta)}{\alpha(\gamma-\beta)}\times100\%$。

10. 请说明重力分选的定义及特点，并简要分析利用重力原理的分选技术的特点及适用性。

11. 含水率高是污泥的主要特点之一，请简要分析污泥中水分布的结构特征。

12. 常用的污泥浓缩技术有哪些？请简要分析这些浓缩技术的特点。

13. 常用的污泥调质技术有哪些？请分别简要说明。

14. 请简要说明含水固废脱水的目的是什么？

15. 常用的污泥脱水技术有哪些？请简要分析不同技术各自的特点。

5 危险废物固化/稳定化处理技术

5.1 概 述

5.1.1 固化/稳定化的定义

通常，危险废物固化/稳定化的途径是：①将污染物通过化学转变，引入到某种稳定固体物质的晶格中去；②通过物理过程把污染物直接掺入到惰性基材中去。所涉及的主要技术和技术术语有：

(1) 固化技术 固化技术是指在危险废物中添加固化剂或者通过热处理手段，使其转变为不可流动固体或形成紧密固体的过程。固化的产物是结构完整的整块密实固体，这种固体可以方便的尺寸大小进行运输，而无需任何辅助容器。

(2) 稳定化技术 稳定化技术是指利用添加剂，将危险废物中的有毒有害污染物转变为低溶解性、低迁移性及低毒性的物质的过程。稳定化一般可分为化学稳定化和物理稳定化，化学稳定化是通过化学反应使有毒物质变成不溶性化合物，使之在稳定的晶格内固定不动；物理稳定化是将污泥或半固体物质与一种疏松物料（如粉煤灰）混合生成一种粗颗粒，有土壤状坚实度的固体，这种固体可以用运输机械送至处置场。实际操作中，这两种过程是同时发生的。

(3) 包容化技术 包容技术是指用稳定剂或固化剂与危险废物发生凝聚作用，将有毒物质或危险废物颗粒包容或覆盖的过程。

固化和稳定化技术在处理危险废物时通常无法截然分开，固化的过程会有稳定化的作用发生，稳定化的过程往往也具有固化的作用。而在固化和稳定化处理过程中，往往也发生包容化的作用。固化技术和稳定化技术在污染土壤的治理中也是常用的技术。

5.1.2 固化/稳定化技术的特点及其应用

已研究和应用多种固化/稳定化方法处理不同种类的危险废物，但是迄今尚未研究出一种适于处理任何类型危险废物的最佳固化/稳定化方法。目前所采用的各种固化/稳定化方法往往只能适用于处理一种或几种类型的废物。根据固化基材及固化过程，目前常用的固化/稳定化方法主要包括下列几种：水泥固化、石灰固化、塑性材料固化、有机聚合物固化、自胶结固化、熔融固化（玻璃固化）、高温烧结固化、化学稳定化。这些技术已用于许多废物的处理中，包括金属表面加工废物、电镀及铅冶炼酸性废物、尾矿、废水处理污泥、焚烧飞灰、食品生产污泥和烟道气处理污泥等。

当然，如前所述即使技术水平发展到很高程度，生产中采用清洁生产工艺，减少废物产生，以及在废物管理的过程中积极开展资源化，仍然会产生各种有毒危险废物。特别是废水废气治理过程中产生的浓集了种类繁多污染物的半固体状的残渣、污泥和浓缩液，没有利用价值，但具有较高的危险性，必须加以无害化处理，在处置时才能做到无害化。目前所采用的方法，是将这些危险废物变成高度不溶性的稳定物质，这就是固化/稳定化技术。固化/稳定化技术已经被广泛地应用于危险废物管理和污染土壤的治理中。该技术主要被应用于下述各方面。

① 对于具有毒性或强反应性等危险性质的废物进行处理，使得满足填埋处置的要求。例如，在处置液态或污泥态的危险废物时，由于液态物质的迁移特性，在填埋处置以前，必须先要经过稳定化的过程。使用液体吸收剂是不可以的，因为当填埋场处于足够大的外加负荷时，被吸收的液体很容易重新释放出来。所以这些液体废物必须使用物理或化学方法用稳定剂固定，使得即使在很大的压力下，或者在降水的淋溶下不至于重新形成污染。

② 其他处理过程所产生的残渣，例如焚烧产生的灰分的无害化处理，其目的是对其进行最终处置。焚烧过程可以有效地破坏有机毒性物质，而且具有很大的减容效果。但与此同时，也必然会浓集某些化学成分，甚至浓集放射性物质。又比如，在锌铅的冶炼过程中，会产生含有相当高浓度砷的废渣，这些废渣的大量堆积，必然形成地下水的严重污染。此时对废渣进行稳定化处理是非常必要的。

③ 在大量土壤被有害污染物所污染的情况下对土壤进行去污。在大量土壤被有机的或者无机的废物所污染时，需要借助稳定化技术进行去污或其他方式使土壤得以恢复。因为与其他方法（例如封闭与隔离）相比，稳定化具有相对的永久性的作用。对于大量土地遭受较低程度的污染时，稳定化尤其有效。因为在大多数情况下，使用诸如填埋、焚烧等方法所必需的开挖、运输、装卸等操作会引起污染土壤的飞扬和增加污染物的挥发而导致二次污染。而且通常开挖、运输和填埋、焚烧均需要投入高得多的费用。在此时所利用的稳定化技术均是通过减小污染物传输表面积或降低其溶解度的方法防止污染物的扩散，或者利用化学方法将污染物改变为低毒或无毒的形式而达到处理的目的。

例如，1980 年美国国会通过了"全面环境响应、赔偿及责任法（CERCLA）"，即"超基金法（superfund）"，从 1980～2005 年，"超级基金"开展了 863 个污染场地的治理工程（contaminated sites cleanup），针对不同场地的污染特性有不同的治理技术（见图 5-1）。由图可见，这些污染场地的治理中采用异位修复和原位修复的工程分别占 58％和 42％。在异位修复的工程中采用固化/稳定化技术的有 157 个工程，占全部修复工程的 18％，在原位修复的工程中采用固化/稳定化技术的有 48 个工程，占全部修复工程的 6％。可见，在污染场地土壤治理工程中固化/稳定化技术具有非常重要的作用。

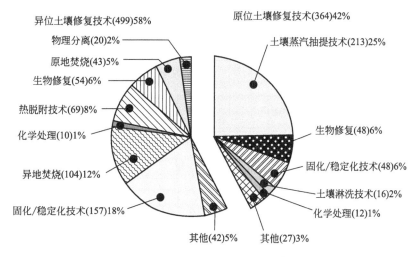

图 5-1 美国超级基金污染场地治理技术分布

因此，危险废物固化/稳定化处理的目的，是使危险废物中的所有污染组分呈现化学惰性或被包容起来，以便运输、利用和处置。在一般情况下，稳定化过程是选用某种适当的添加剂与废物混合，以降低废物的毒性和减小污染物自废物到生态圈的迁移率。因而，它是一种将污染物全部或部分地固定于作为支持介质、黏结剂或其他形式的添加剂上的方法。固化过程是一种利用添加剂改变废物的工程特性（例如渗透性、可压缩性和强度等）的过程。固化可以看作是一种特定的稳定化过程，可以理解为稳定化的一个部分，但从概念上它们又有所区别。无论是稳定化还是固化，其目的都是减小废物的毒性和可迁移性，同时改善被处理对象的工程性质。

5.1.3 固化/稳定化技术对不同危险废物的适应性

危险废物种类繁多，并非所有的危险废物都适于用固化处理。固化技术最早是用来处理放射性污泥和蒸发浓缩液的，在 20 世纪 80 年代之后，该技术被用来处理电镀污泥、铬渣等危险废物，并得到迅速发展。日本法规规定应用固化/稳定化技术固化处理的危险废物包括：含汞燃烧残渣，含汞飞灰，含汞污泥，特定下水污泥，含 Cd、Pb、Cr^{6+}、As、PCBs 的污泥，含氰化物的污泥，其中特别适合固化含重金属的废物。表 5-1 所列为美国 EPA 对固化/稳定化技术适于处理的部分危险废物所做的评估结果。表 5-2 为不同种类废物对不同固化/稳定化技术的适应性的总结，可供参考。表 5-3 为主要固化/稳定化技术的优缺点。

表 5-1 美国 EPA 对固化/稳定化技术适于处理的危险废物所做的评估结果

废物编号	废物特性及来源	固化/稳定化的污染物
K048-52	炼油厂油泥及副油渣	铬、铅
K061	电炉炼钢产生的灰渣及污泥	铬、铅、镉
K046	铅基引爆剂生产产生水处理污泥	铅
F006	电镀污泥	镉、铬、铅、镍、银
F012,F019	金属表面处理产生的重金属污泥	铬
K022	用异丙苯制造酚与丙酮产生的蒸馏渣	铬、镍
K001	用木焦油、五氯苯酚处理木材及其废水处理产生的污泥	铬

表 5-2 不同种类的废物对不同固化/稳定化技术的适应性

废物成分		处理技术					
		水泥固化	石灰等材料固化	热塑性微包容法	大型包容法	熔融固化法	化学稳定化
有机物	有机溶剂和油	影响凝固,有机气体挥发	影响凝固,有机气体挥发	加热时有机气体会逸出	先用固体基料吸附	可适应	不适应
	固态有机物（如塑料、树脂、沥青）	可适应,能提高固化体的耐久性	可适应,能提高固化体的耐久性	有可能作为凝结剂来使用	可适应,可作为包容材料使用	可适应	不适应
无机物	酸性废物	水泥可中和酸	可适应,能中和酸	应先进行中和处理	应先进行中和处理	不适应	可适应
	氧化剂	可适应	可适应	会引起基料的破坏甚至燃烧	会破坏包容材料	不适应	可适应
	硫酸盐	影响凝固,除非使用特殊材料,否则引起表面剥落	可适应	会发生脱水反应和再水合反应而引起泄漏	可适应	可适应	可适应
	卤化物	很容易从水泥中浸出,妨碍凝固	妨碍凝固,会从水泥中浸出	会发生脱水反应和再水合反应	可适应	可适应	可适应,通过氧化还原反应解毒
	重金属盐	可适应	可适应	可适应	可适应	可适应	可适应
	放射性废物	可适应	可适应	可适应	可适应	可适应	不适应

表 5-3　各种固化/稳定化技术的适用对象和优缺点

技术	适用对象	优　点	缺　点
水泥固化法	重金属、废酸、氧化物	水泥搅拌,处理技术已相当成熟 对废物中化学性质的变动具有相当的承受力 可由水泥与废物的比例来控制固化体的结构强度与不透水性 无需特殊的设备,处理成本低 废物可直接处理,无需前处理	废物中若含有特殊的盐类,会造成固化体破裂 有机物的分解造成裂隙,增加渗透性,降低结构强度 大量水泥的使用增加固化体的体积和质量
石灰固化法	重金属、废酸、氧化物	所用物料价格便宜,容易购得 操作不需特殊的设备及技术 在适当的处置环境,可维持波索来反应(pozzolanic reaction)的持续进行	固化体的强度较低,且需较长的养护时间 有较大的体积膨胀,增加清运和处置的困难
塑性固化法	部分非极性有机物、废酸、重金属	固化体的渗透性较其他固化法低 对水溶液有良好的阻隔性	需要特殊的设备和专业的操作人员 废污水中若含有氧化剂或挥发性物质,加热时可能会着火或逸散 废物须先干燥,破碎后才能进行操作
熔融固化法	不挥发的高危害性废物、核能废料	玻璃体的高稳定性,可确保固化体的长期稳定 可利用废玻璃屑作为固化材料 对核能废料的处理已有相当成功的技术	对可燃或具挥发性的废物并不适用 高温热熔需消耗大量能源 需要特殊的设备及专业人员 设施投入和处理成本高昂
自胶结法	含有大量硫酸钙和亚硫酸钙的废物	烧结体的性质稳定,结构强度高 烧结体不具生物反应性及着火性	应用面较为狭窄 需要特殊设备及专业人员
化学稳定化	重金属 氧化剂 还原剂	技术已经很成熟,根据使用化学试剂的不同,已有多种化学稳定化技术的应用 对于不同的技术都能取得很好的重金属稳定化效果 基本不会有增容和增重,处理和处置成本都非常低廉 合适的配方下稳定化产物的长期稳定性有保证	需要根据不同的废物研究合适的配方 当废物成分发生变化,特别是 pH 值发生变化时会影响稳定化效果

5.2　固化/稳定化技术所涉及的基本原理

固体废物的固化/稳定化技术（简称"S/S技术"）包含了许多物理和化学机制,针对不同废物有多种处理方法。其主要目的都是将废物中的有害物质转化成物理、化学特性更稳定的惰性物质,降低其有害成分的浸出率,或使之具有足够的机械强度,从而满足再生利用或处置的要求。由于废物种类繁多、成分复杂,在理论上还没有完全系统化。以下总结介绍固化/稳定化技术过程所涉及的几种典型原理。

5.2.1　化学反应原理

化学反应原理是固化/稳定化处理技术的最普遍原理之一,涉及不同的化学反应过程,典型的化学稳定化技术见第5.8节的相关内容。

5.2.2 包容原理

包容（encapsulation）也称包埋，是指将有害物质包裹在具有一定强度和抗渗透性的固化基材中，从而阻止水的进入和有害物质的浸出，达到固定的目的。主要方式包括：大型包容技术、微包容技术。

大型包容技术是用大型不透水的稳定材料，在废物外表面形成一层隔离层，将废物整体包封，从而使危险物质得到隔离。典型应用如第5.4节的塑性材料包容技术。大型包容技术中危险废物实际上是被包藏在稳定物质中的非连续空洞之中。由于稳定材料的降解，或是外在因素所施加的环境应力导致的物理性破坏，都会使得在很长时间后，包藏于其中的危险物质重新迁移出来。该技术的主要影响因素包括：干-湿度的循环变化、冻融的循环变化、外界流体的渗入、物理负荷导致的应力等。

在微包容技术中，危险废物是以微观的形式被固化材料的晶格点阵所包容。典型应用如第5.3节的水泥固化技术。利用该技术处理危险废物，即使稳定材料已降解成为较小的颗粒状态，绝大部分有害物质仍然被包容在封闭空间之中。由于大部分有害物质并没有进行化学转化或者与稳定物质形成络合物，所以在稳定结构破碎成小块，或暴露出更多的表面以后，污染物或多或少地会增加向环境中迁移的速率。水泥固化、熔融固化等技术既利用了微包容的特点又有化学稳定化的特点。

5.2.3 吸附原理

吸附（adsorption）是可溶性组分借助于与固体表面的接触而从液相中除去的过程。从吸附类型上看，主要有物理吸附和化学吸附，对于废物固化/稳定化处理，吸附主要指物理吸附。

吸附是一种表面过程，其主要介质是不同类型的吸附剂或吸附材料，在废物处理中，大部分具有大的活性表面的物质均可作为吸附剂使用，如：活性炭、膨润土、粉煤灰、黏土、沸石、硅藻土等。影响吸附的主要因素包括：吸附载体的表面积；环境条件（pH值、环境温度、平衡时间等）；固化产物的强度等。

活性炭属于具有很大内表面的多孔性结构，也是常用的、有效的一种吸附剂，活性炭对物质分子的吸附过程主要分为以下四个阶段：在液相本体内的传输、边界膜传输、孔扩散、物理吸附。边界膜传输和孔扩散速率较慢，控制进程速度，扩散速率随溶质浓度与温度的上升、pH值降低而上升，当孔扩散作为控制步骤时，溶质分子量的增加和孔径的减少会降低整个过程的速率。

5.2.4 氧化还原解毒原理

氧化还原解毒（oxidation/reduction，O/R）是通过向废物中添加强氧化剂或强还原剂将有机组分转化为 CO_2 和 H_2O，也可以转化为毒性很小的中间有机物或其他无机物来达到解毒的目的。O/R法包括氧化法和还原法，适宜于处理不同类型的危险废物：有机物污染的废物，如含氯的挥发性有机物、硫醇、酚类；无机化合物污染的废物，如氰化物；重金属污染的废物，如砷渣和铬渣。固化/稳定化技术采用氧化法处理废物时常用氧化剂有：臭氧、过氧化氢、氯气、次氯酸盐、MnO_2 等，采用还原法处理废物时常用还原剂有：亚硫酸盐、铁、硫酸亚铁、硫代硫酸钠、亚硫酸氢钠、二氧化硫、次亚磷酸氢钠等。在危险废物的氧化还原解毒处理中影响反应进程的主要参数：氧化还原电位、自由能。其他因素：pH值、温度、催化剂等。以下介绍几种典型氧化剂（还原剂）和物质的反应过程。

(1) 臭氧 臭氧是利用电能将大气中的氧分子分裂为两个自由基，而每个自由基再和一个氧分子结合而得到一个臭氧分子（O_3）。臭氧和物质发生氧化反应的机理主要有直接臭氧反应和自由基型反应（见图 5-2），自由基型反应效率是直接臭氧反应效率的 1000 倍，在进行废物处理时，为提高氧化效率降低成本，应通过反应条件的控制、催化剂的使用等使得臭氧氧化过程主要发生自由基型反应。

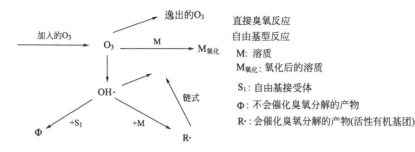

图 5-2　臭氧氧化的反应机理

臭氧处理氰化物的反应式如下：

$$NaCN + O_3 \longrightarrow NaCNO + O_2 \tag{5-1}$$

臭氧和紫外线结合处理有机物的反应式如下：

$$CH_3CHO + O_3 \xrightarrow{UV} CH_3COOH + O_2 \tag{5-2}$$

(2) 过氧化氢　过氧化氢又名双氧水，过氧化氢的作用与臭氧相似，反应也产生自由基 OH·。用过氧化氢处理有机物污染土壤很有效，例如，用过氧化氢处理被五氯酚污染的土壤，在和紫外光（UV）结合下其对五氯酚的去除率达 99.9%。其反应方程式如下：

$$C_6Cl_5OH + 3H_2O_2 \xrightarrow{UV} 3CO_2 + H_2O + 5HCl \tag{5-3}$$

砷是常见的污染物之一，对人体毒性比较严重。砷也是累积性中毒的毒物，近年来还发现砷还是致癌物质。环境中的砷污染主要是工业三废造成的，包括含砷金属矿石的开采、焙烧、冶炼、化工、炼焦、火电、造纸、皮革等生产过程中排放的含砷烟尘、废水、废气、废渣造成的污染，其中以冶金、化工排放砷量最高，是对环境污染的主要来源。含砷废渣的最终处理一直是冶金和环保工作者的重要研究课题。国内外在处理有毒砷渣和污泥时，大都采用化学方法将其稳定（如采用过氧化氢或 MnO_2 等将其稳定），然后通过化学反应生成相对难溶的、自然条件下时较稳定的金属砷酸盐和亚砷酸盐。主要反应方程式如下：

$$As(OH)_3 + H_2O_2 \longrightarrow H_3AsO_4 + H_2O \tag{5-4a}$$

$$AsO(OH)_2^- + H_2O_2 \longrightarrow HAsO_4^{2-} + H^+ + H_2O \tag{5-4b}$$

$$2FeCl_3 + 3Ca(OH)_2 =\!=\!= 2Fe(OH)_3 \downarrow + H_2O \tag{5-4c}$$

$$4Fe(OH)_3 + H_3AsO_4 =\!=\!= Fe_4O_5(OH)_5As \downarrow + 5H_2O \tag{5-4d}$$

$$4Fe(OH)_3 + HAsO_3 =\!=\!= ZFe_4O_5(OH)_7As \downarrow + 3H_2O \tag{5-4e}$$

(3) 氯气　含氰废渣无害化处理普遍采用的方法为漂白粉或氯气氧化分解法，废渣堆中的氰化物在漂白粉或氯气的作用下可以分解为二氧化碳和氮气逸出，达到处理的目的。主要反应方程如下：

$$NaCN + Cl_2 \longrightarrow CNCl + NaCl \tag{5-5a}$$

$$CNCl + 2NaOH \longrightarrow NaCNO + H_2O + NaCl \tag{5-5b}$$

$$2NaCNO + 3Cl_2 + 4NaOH \longrightarrow N_2 + 2CO_2 + 6NaOH \tag{5-5c}$$

(4) 亚硫酸氢钠　铬渣是生产金属铬和铬盐过程中产生的工业废渣。铬渣的化学成分为：二氧化硅占 4%～30%，三氧化二铝占 5%～10%，氧化钙占 26%～44%，氧化镁占 8%～36%，三氧化二铁占 2%～11%，六氧化二铬（Cr_2O_6）占 0.6%～0.8% 和重铬酸钠（$Ca_2Cr_2O_7$）占 1% 左右等。铬渣所含主要矿物有方镁石（MgO）、硅酸钙（$2CaO \cdot SiO_2$）、布氏石（$4CaO \cdot Al_2O_3 \cdot Fe_2O_3$）和 1%～10% 的残余铬铁矿等。

在无还原剂时，重铬酸钠的水溶液含有剧毒的六价铬离子。利用亚硫酸氢钠可以对铬渣进行还原解毒处理，在酸性溶液中，将亚硫酸氢钠和六价铬反应，使六价铬还原成三价铬，并生成硫酸钠。然后，用氢氧化钠调节 pH 值，使氢氧化铬沉淀，将氢氧化铬沉淀烘干，高温灼烧即成三氧化二铬回收。铬渣解毒过程主要发生如下反应：

$$2Cr_2O_6 + 6NaHSO_3 + 3H_2SO_4 \longrightarrow 3Na_2SO_4 + 2Cr_2(SO_4)_3 + 6H_2O \tag{5-6a}$$

$$2H_2CrO_4 + 6NaHSO_3 \longrightarrow 2Na_2SO_4 + Cr_2(SO_4)_3 + 6H_2O \tag{5-6b}$$

$$Cr_2(SO_4)_3 + 6NaOH \longrightarrow 2Cr(OH)_3 \downarrow + 3Na_2SO_4 \tag{5-6c}$$

$$2Cr(SO_4)_3 \xrightarrow{\text{灼烧}} Cr_2O_3 + 3H_2O \tag{5-6d}$$

$$Cr_2(SO_4)_3 \xrightarrow{\text{灼烧}} Cr_2O_3 + 3SO_3 \uparrow \tag{5-6e}$$

(5) 铁粉 零价的铁粉可以用于挥发性有机氯化物（三氯乙烯、四氯乙烯）的脱氯分解，如用零价铁处理三氯乙烯（TCE）污染的土壤时，可以使三氯乙烯完全脱氯变为乙烯。

5.2.5 超临界流体原理

超临界流体（supercritical fluids）也称超临界液相，是当温度和压力超过一定值后所形成的，其性质介于液体和气体之间的一种物质。当温度和压力超过临界值的时候，不论温度和压力如何变化，气体不再凝缩为液体，气体与液体之间没有明显的界限，相界面消失，成为浑然一体的"流体"。超临界流体具有气体的很低的黏度和很强的扩散性，具有极强的溶解性。当气体如二氧化碳被施于高温高压时，它的物理特性发生变化，形成超临界状态下的液体，同时具有液体的溶解能力和气体的扩散能力，从而成为化工、生物及聚合物领域应用中非常好的处理介质。水的临界状态是温度 374℃、压力 22MPa，在此条件下，水形成超临界水相状态，水的状态处于既非液体也非水蒸气的状态，利用水的超临界状态可以处理不同类型的有机废物并回收高附加值的产品。

超临界流体技术的应用主要包括超临界萃取技术和超临界水相氧化技术。

(1) 超临界萃取技术 该技术是基于超临界流体的特殊性质，在高压条件下使之与待分离的固体或液体混合物接触，利用超临界流体的高溶解性和高选择性，使待分离组分溶解其中，然后通过降压或升温的方法，降低超临界流体的密度，使待分离溶质与溶剂分离，完成萃取过程。

该过程中，固体污染物中的有机物、沉积物和水溶液都在高温高压条件下溶解在超临界流体中，并在温度和压力降低时释放出来。超临界流体萃取技术可利用压力和温度的微小变化产生很大的溶解度差异，使溶质与萃取剂迅速、彻底地分离，大大降低了过程能耗。

(2) 超临界水相氧化技术 超临界水相氧化过程是空气与被污染的水在水的临界点以上完全混合在一起，因而有机物可以得到完全的氧化。如，当利用超临界水相氧化技术处理有机物污染土壤时，在 600～650℃ 的温度下，停留时间小于 1min，其有机物的去除效率可达到 99.9999%，其处理工艺流程见图 5-3。

应用超临界流体技术时的考虑的因素有：有害物质在两相之间的分配系数；价格与回收的可能性；临界温度和压力；毒性、危险性和化学反应性，在萃取过程中，不希望溶质和溶剂发生化学反应，但有机物在超临界水相中的氧化，反应性是一个基本条件；其他物理性质，如密度和表面张力。

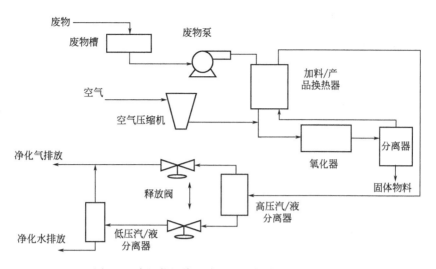

图 5-3　有机物污染土壤超临界氧化处理工艺流程

5.3　水泥固化技术

5.3.1　基本理论

　　水泥是最常用的危险废物稳定剂，由于水泥是一种无机胶结材料，经过水化反应后可以生成坚硬的水泥固化体，所以在废物处理时最常用的是水泥固化技术。水泥的品种很多，例如，普通硅酸盐水泥、矿渣硅酸盐水泥、矾土水泥、沸石水泥等都可以作为废物固化处理的基材。其中最常用的普通硅酸盐水泥（也称为波特兰水泥）是用石灰石、黏土以及其他硅酸盐物质混合在水泥窑中高温下煅烧，然后研磨成粉末状而成的。它是钙、硅、铝及铁的氧化物的混合物。其主要成分是硅酸二钙和硅酸三钙。在用水泥稳定化时，是将废物与水泥混合起来，如果在废物中没有足够的水分，还要加水使之水化。水化以后的水泥形成与岩石性能相近的，整体的钙铝硅酸盐的坚硬晶体结构。这种水化以后的产物，被称为混凝土。废物被掺入水泥的基质中，在一定条件下，废物经过物理的、化学的作用更进一步减少它们在废物-水泥基质中的迁移率。典型的例子，如形成溶解性比金属离子小得多的金属氧化物。人们还经常把少量的飞灰、硅酸钠、膨润土或专利产品等活性剂加入水泥中以增进反应过程。最终依靠所加药剂使粒状的像土壤的物料变成了黏合的块，从而使大量的废物稳定化/固化。

　　以水泥为基础的稳定化/固化技术已经用来处置电镀污泥，这种污泥包含各种金属，如 Cd、Cr、Cu、Pb、Ni、Zn。水泥也用来处理复杂的污泥，如多氯联苯、油和油泥，含有氯乙烯和二氯乙烷的废物，多种树脂，被稳定化/固化的塑料，石棉，硫化物以及其他物料。对被污染土壤进行试验表明，用水泥进行的稳定化/固化处置对 As、Pb、Zn、Cu、Cd、Ni 都是有效的，但这种处置方法对有机物的效果还不清楚。

　　（1）水泥固化基材及添加剂　　水泥是一种无机胶黏材料，由大约 4 份石灰质原料与一份黏土质原料制成，其主要成分为 SiO_2、CaO、Al_2O_3 和 Fe_2O_3，水化反应后可形成坚硬的水泥石块，可以把分散的固体添料（如砂石）牢固地黏结为一个整体。用于水泥固化的水泥标准规格有一定要求。英国在固化中采用的水泥标准规格如下。

　　① 当用下式计算时，石灰饱和度（LSF）应不大于 1.02，不小于 0.66。

$$LSF = \frac{(CaO) - 0.7(SO_3)}{2.8(SiO_2) + 1.2(Al_2O_3) + 0.65(Fe_2O_3)} \qquad (5\text{-}7)$$

式中，(CaO)、(SO_3)、(SiO_2)、(Al_2O_3)、(Fe_2O_3) 表示各氧化物在水泥中的质量分数，%。

② 不溶性残渣（在稀酸中）不应超过 1.5%。

③ MgO 的含量不应超过 4%。

④ 水泥中总硫的允许含量（以 SO_3 计）不应超过如下的相应值：

铝酸三钙（质量分数）/%	≤7	>7
以 SO_3 表示的最大总硫量（质量分数）/%	2.5	3.0

注：铝酸三钙的数值以 $2.65(Al_2O_3) - 1.67(Fe_2O_3)$ 表示。

⑤ 燃烧损失不应超过 3%。

由于废物组成的特殊性，水泥固化过程中常常会遇到混合不均、凝固过早或过晚、操作难以控制等困难，同时所得固化产品的浸出率高、强度较低。为了改善固化产品的性能，固化过程中需视废物的性质和对产品质量的要求，添加适量的必要添加剂。

添加剂分为有机和无机两大类。无机添加剂有蛭石、沸石、多种黏土矿物、水玻璃、无机缓凝剂、无机速凝剂、骨料等。有机添加剂有硬脂酸丁酯、δ-糖酸内酯、柠檬酸等。

(2) 水泥固化的化学反应　水泥固化是一种以水泥为基材的固化方法。以水泥为基础的固化/稳定化技术是这样一个过程，让废物物料与硅酸盐水泥混合，如果废物中没有水分，则需向混合物中加水，以保证水泥分子发生必要的水合作用。此过程所涉及的水合反应主要有以下几种。

① 硅酸三钙的水合反应：

$$3CaO \cdot SiO_2 + xH_2O \longrightarrow 2CaO \cdot SiO_2 \cdot yH_2O + Ca(OH)_2$$
$$\longrightarrow CaO \cdot SiO_2 \cdot mH_2O + 2Ca(OH)_2 \qquad (5\text{-}8a)$$
$$2(3CaO \cdot SiO_2) + xH_2O \longrightarrow 3CaO \cdot 2SiO_2 \cdot yH_2O + 3Ca(OH)_2$$
$$\longrightarrow 2(CaO \cdot SiO_2 \cdot mH_2O) + 4Ca(OH)_2 \qquad (5\text{-}8b)$$

② 硅酸二钙的水合反应：

$$2CaO \cdot SiO_2 + xH_2O \longrightarrow 2CaO \cdot SiO_2 \cdot xH_2O$$
$$\longrightarrow CaO \cdot SiO_2 \cdot mH_2O + Ca(OH)_2 \qquad (5\text{-}9a)$$
$$2(2CaO \cdot SiO_2) + xH_2O \longrightarrow 3CaO \cdot 2SiO_2 \cdot yH_2O + Ca(OH)_2$$
$$\longrightarrow 2(CaO \cdot SiO_2 \cdot mH_2O) + 2Ca(OH)_2 \qquad (5\text{-}9b)$$

③ 铝酸三钙的水合反应：

$$3CaO \cdot Al_2O_3 + xH_2O \longrightarrow 3CaO \cdot Al_2O_3 \cdot xH_2O \qquad (5\text{-}10a)$$

如有氧化钙 $[Ca(OH)_2]$ 存在，则变为

$$3CaO \cdot Al_2O_3 + xH_2O + Ca(OH)_2 \longrightarrow 4CaO \cdot Al_2O_3 \cdot mH_2O \qquad (5\text{-}10b)$$

亦即

$$3CaO \cdot Al_2O_3 + Ca(OH)_2 + xH_2O \longrightarrow 4CaO \cdot Al_2O_3 \cdot mH_2O \qquad (5\text{-}10c)$$

④ 铝酸四钙的水合反应：

$$4CaO \cdot Al_2O_3 + Fe_2O_3 + xH_2O \longrightarrow 3CaO \cdot Al_2O_3 \cdot mH_2O + CaO \cdot Fe_2O_3 \cdot nH_2O \qquad (5\text{-}11)$$

在普通硅酸盐水泥的水化过程中进行的主要反应如图 5-4 所示。

最终生成硅铝酸盐胶体的这一连串反应是一个速率很慢的过程，所以为保证固化体得到足够的强度，需要在有足够水分的条件下维持很长的时间对水化的混凝土进行保养。

对于普通硅酸盐水泥，进行最为迅速的反应是：

$$3CaO \cdot Al_2O_3 + 6H_2O \longrightarrow 3CaO \cdot Al_2O_3 \cdot 6H_2O + 热量 \qquad (5-12)$$

该反应确定了普通硅酸盐水泥的初始状态。

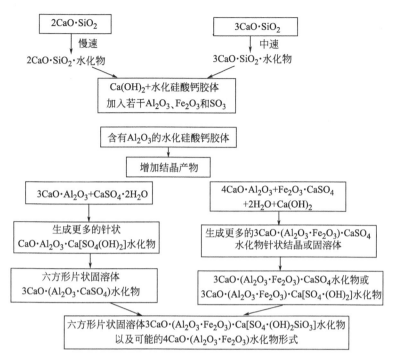

图 5-4 普通硅酸盐水泥的反应过程

5.3.2 水泥固化的影响因素

水泥固化工艺较为简单，通常是把有害固体废物、水泥和其他添加剂一起与水混合，经过一定的养护时间而形成坚硬的固化体。固化工艺的配方是根据水泥的种类处理要求以及废物的处理要求制定的，大多数情况下需要进行专门的试验。当然，对于废物稳定化的最基本要求是对关键有害物质的稳定效果，基本上是通过低浸出速率体现的。除此之外，还需要达到一些特定的要求。影响水泥固化的因素很多，为在各种组分之间得到良好的匹配性能，在固化操作中需要严格控制以下的各种条件。

（1）pH 值 因为大部分金属离子的溶解度与 pH 值有关，对于金属离子的固定，pH 值有显著的影响。当 pH 值较高时，许多金属离子将形成氢氧化物沉淀，而且 pH 值高时，水中的 CO_3^{2-} 浓度也高，有利于生成碳酸盐沉淀。应该注意的是，pH 值过高，会形成带负电荷的羟基络合物，溶解度反而升高。例如：当 pH<9 时，铜主要以 $Cu(OH)_2$ 沉淀的形式存在，当 pH>9 时，则形成 $Cu(OH)_3^-$ 和 $Cu(OH)_4^{2-}$ 络合物，溶解度增加。许多金属离子都有这种性质，如 Pb 当 pH>9.3 时，Zn 当 pH>9.2 时，Cd 当 pH>11.1 时，Ni 当 pH>10.2 时，都会形成金属络合物，造成溶解度增加。

（2）水、水泥和废物的量比 水分过小，则无法保证水泥的充分水合作用，水分过大，则会出现泌水现象，影响固化块的强度。水泥与废物之间的量比应用试验方法确定，主要是因为在废物中往往存在妨碍水合作用的成分，它们的干扰程度是难以估计的。

（3）凝固时间 为确保水泥废物混合浆料能够在混合以后有足够的时间进行输送、装桶或者浇注，必须适当控制初凝和终凝的时间。通常设置初凝时间大于 2h，终凝时间在 48h 以内。凝结时间的控制是通过加入促凝剂（偏铝酸钠、氯化钙、氢氧化铁等无机盐）、缓凝剂（有机物、泥沙、硼酸钠等）来完成的。

（4）其他添加剂　为使固化体达到良好的性能，还经常加入其他成分。例如，过多的硫酸盐会由于生成水化硫酸铝钙而导致固化体的膨胀和破裂。如加入适当数量的沸石或蛭石，即可消耗一定的硫酸或硫酸盐。为减小有害物质的浸出速率，也需要加入某些添加剂，例如，可加入少量硫化物以有效地固定重金属离子等。

（5）固化块的成型工艺　主要目的是达到预定的机械强度。并非在所有的情况下均要求固化块达到一定的强度，例如，对最终的稳定化产物进行填埋或贮存时，就无须提出强度要求。但当准备利用废物处理后的固化块作为建筑材料时，达到预定强度的要求就变得十分重要，通常需要达到 $100kgf/cm^2$ 以上的指标。

5.3.3　水泥固化工艺介绍

这些混合方法的经验大部分来自核废物的处理，近年来逐渐应用于危险废物。混合方法的确定需要考虑废物的具体特性。

（1）外部混合法　将废物、水泥、添加剂和水在单独的混合器中进行混合，经过充分搅拌后再注入处置容器中（见图 5-5）。该法需要设备较少，可以充分利用处置容器的容积，但在搅拌混合以后的混合器需要洗涤，不但耗费人力，还会产生一定数量的洗涤废水。

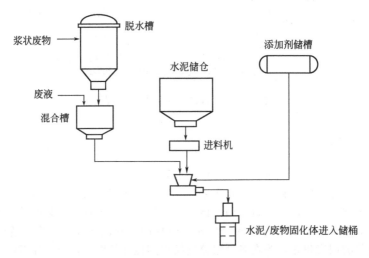

图 5-5　外部加入水泥的方法

（2）容器内混合法　直接在最终处置使用的容器内进行混合，然后用可移动的搅拌装置混合（见图 5-6）。其优点是不产生二次污染物。但由于处置所用的容器体积有限（通常所用的为 200L 的桶），不但充分搅拌困难，而且势必需要留下一定的无效空间。大规模应用时，操作的控制也较为困难。该法适于处置危害性大，但数量不太多的废物，例如放射性废物。

（3）注入法　对于原来的粒度较大，或粒度十分不均，不便进行搅拌的固体废物，可以先把废物放入桶内，然后再将制备好的水泥浆料注入，如果需要处理液态废物，也可以在同时将废液注入。为了混合均匀，可以将容器密闭以后放置在以滚动或摆动的方式运动的台架上。但应该注意的是，有时在物料的拌和过程中会产生气体或放热，从而提高容器的压力。此外，为了达到混匀的效果，容器不能完全充满。

由于水泥固化具有前述的缺点，近来在若干方面开展了研究并加以改进。例如，用纤维和聚合物等增加水泥耐久性的研究已经做了一定量的工作。还有人用天然胶乳聚合物改性普通水泥以处理重金属废物，提高了水泥浆颗粒和废物间的键合力，聚合物同时填充了固化块中小的孔隙和毛细管，降低了重金属的浸出。Kalb 等用改性硫水泥处理焚烧炉灰，提高了固化体的抗压强度

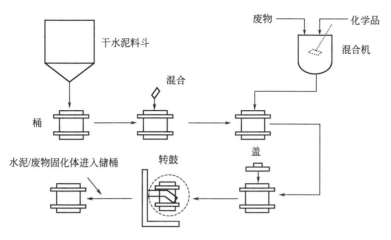

图 5-6　在桶中加水泥的方法

和抗拉强度，并且增加了固化体抵抗酸和盐（如硫酸盐）侵蚀的能力。

5.3.4　水泥固化技术的应用

以水泥为基本材料的固化技术最适用于无机类型的废物，尤其是含有重金属污染物的废物。由于水泥所具有的高 pH 值，使得几乎所有的重金属形成不溶性的氢氧化物或碳酸盐形式而被固定在固化体中。研究指出，铅、铜、锌、锡、镉均可得到很好的固定。但汞仍然主要以物理封闭的微包容形式与生态圈进行隔离。要想精确地估计某种特定的废物是否能够被有效地固定于水泥结构之中是相当困难的。对于重金属水泥固化过程的化学机理，关于铅与铬研究得较多。研究结果指出，铅主要沉积于水泥水化物颗粒的外表面，而铬则较为均匀地分布于整个水化物的颗粒之中。

另一方面，有机物对于水化过程有干扰作用，减小最终产物的强度，并使得稳定化过程变得困难。它可能导致生成较多的无定形物质而干扰最终的晶体结构形式。在固化过程中加入黏土、蛭石以及可溶性的硅酸钠等物质，可以缓解有机物的干扰作用，提高水泥固化的效果。

应用水泥作为固化包容的主要材料大多被用于固定电镀工业产生的污泥和其他类型的金属氢氧化物废物。应用无机物作为主要固化材料的原因是目前尚找不到具有同等效用的代替方式。例如金属污染物不能生物降解，在焚烧以后也无法改变其原子结构。此外，由于在这种情况下，可以同时利用已经为人类充分掌握的沉淀技术和吸附技术。利用水泥包容技术进行稳定化具有若干优点。首先，水泥已经被长期使用于建筑业，所以它的操作、混合、凝固和硬化过程的规律都已经为人们所熟知。其次，相对其他材料来说，其价格和所需要的机械设备比较简单。由于水泥的水化作用，在处理湿污泥或含水废物时，无需对废物做进一步脱水处理。事实上，在进行水泥固化操作时，由于含水量大，已经可以使用泵输送的方式。最后，用水泥进行稳定化可以适用于具有不同化学性质的废物，对酸性废物也能起到一定的中和效果。

用水泥固化方法处理电镀污泥是一个典型的应用实例：固化材料为强度等级 42.5 的普通硅酸盐水泥，水/水泥质量比为 0.47~0.88，水泥/废物质量比 0.67~4.00，固化体的抗压强度可以达到 60~300kgf/cm^2。固化体的浸出试验结果说明，Pb^{2+}、Cd^{2+}、Cr^{6+} 的浸出浓度都远低于相应的浸出毒性鉴别标准。

用水泥稳定化的主要缺点是对于一定的污染物较为灵敏，会由于某些污染物的存在而推迟固化时间，甚至影响最终的硬结效果。

在国外还使用一种名为"火山灰"（pozzolan）的类似于水泥的材料。这是一种以硅铝酸盐为主要成分的固化材料。当存在水时，可以与石灰反应而生成类似于混凝土的、通常被称为火山灰水泥的产物。火山灰材料包括烟道灰、平炉渣、水泥窑灰等，其结构大体上可认为是非晶型的硅铝酸盐。烟道灰是最常用的火山灰材料，其典型成分是大约 45% 的 SiO_2，25% 的 Al_2O_3，15% 的 Fe_2O_3，10% 的 CaO 以及各 1% 的 MgO、K_2O、Na_2O 和 SO_3。此外，取决于不同的来源，还含有一定量的未燃尽的碳。这种材料也具有高 pH 值，所以同样适用于无机污染物，尤其是被重金属污染的废物的稳定化处理。有文献报道说，用烟道灰和石灰混合处理含有高水平的镉、铬、铜、铁、铅、锰等的污泥，虽然处理后的产物仍然呈现类似土壤的外形，但浸出试验证实，稳定过程明显降低了上述重金属组分的浸出率。此外，在烟道灰中未燃烧的碳粒可以吸附部分有机废物，所以用火山灰材料处理无机和有机污染物，通常都具有一定的稳定化效果。

5.4　塑性材料包容技术

塑性材料包容法属于有机性固化/稳定化处理技术，根据使用的材料的性能不同可以把该技术划分为热固性塑料包容和热塑性包容两种方法，以下分别介绍。

5.4.1　热固性塑料包容

热固性塑料是指在加热时会从液体变成固体并硬化的材料。与一般物质的不同之处在于，这种材料即使以后再次加热也不会重新液化或软化，实际上是一种由小分子变成大分子的交联聚合过程。危险废物也常常使用热固性有机聚合物达到稳定化，用热固性有机单体例如脲醛和已经过粉碎处理的废物充分地混合，在助絮剂和催化剂的作用下产生聚合以形成海绵状的聚合物质，从而在每个废物颗粒的周围形成一层不透水的保护膜。但在用此方法处理时，经常有一部分液体废物遗留下来，因此在进行最终处置以前还需要进行一次干化。目前使用较多的材料是脲甲醛、聚酯和聚丁二烯等，有时也可使用酚醛树脂或环氧树脂。由于在绝大多数这种过程中废物与包封材料之间不进行化学反应，所以包封的效果仅分别取决于废物自身的形态（颗粒度、含水量等）以及进行聚合的条件。

该方法与其他方法相比的主要优点是大部分引入较低密度的物质，所需要的添加剂数量也较小。热固性塑料包封法在过去曾是固化低水平有机放射性废物（如放射性离子交换树脂）的重要方法之一，同时也可用于稳定非蒸发性的、液体状态的有机危险废物。由于需要对所有废物颗粒进行包封，在适当选择包容物质的条件下，可以达到十分理想的包容效果。

此方法的缺点是操作过程复杂，热固性材料自身价格高。由于操作中有机物的挥发，容易引起燃烧起火，所以通常不能在现场大规模应用。可以认为该方法只能处理少量高危害性废物，例如剧毒废物、医院或研究单位产生的少量放射性废物等。不过，仍然有人认为，该方法在未来也可能在对有机物污染土地的稳定化处理方面有大规模应用的前途。

5.4.2　热塑性材料包容

(1) 原理　用热塑性材料包容时可以用熔融的热塑性物质在高温下与危险废物混合，以达到对其稳定化的目的，可以使用的热塑性物质有沥青、石蜡、聚乙烯、聚丙烯等。在冷却以后，废物就被固化的热塑性物质所包容，包容后的废物可以在经过一定的包装后进行处置。在 20 世纪60 年代末期所出现的沥青固化，因为处理价格较为低廉，即被大规模应用于处理放射性的废物。由于沥青具有化学惰性，不溶于水，具有一定的可塑性和弹性，对于废物具有典型的包容效果。在有些国家中，该法被用来处理危险废物和放射性废物的混合废物，但处理后的废物是按照放射性废物的标准处置的。

该方法的主要缺点是在高温下进行操作会带来很多不方便之处，而且较为耗费能量；操作时会产生大量的挥发性物质，其中有些是有害的物质。另外，有时在废物中含有影响稳定剂的热塑性物质，或者某些溶剂，都会影响最终的稳定效果。

在操作时，通常是先将废物干燥脱水，然后将聚合物与废物在适当的高温下混合，并在升温的条件下将水分蒸发掉。该法可以使用间歇式工艺，也可以使用连续操作的设备。与水泥等无机材料的固化工艺相比，除去污染物的浸出率低得多外，由于需要的包容材料少，又在高温下蒸发了大量的水分，它的增容率也就较低。

（2）沥青固化技术　　沥青固化是以沥青类材料作为固化剂，与危险废物在一定的温度下均匀混合，产生皂化反应，使有害物质包容在沥青中形成固化体，从而得到稳定。由于沥青属于憎水物质，完整的沥青固化体具有优良的防水性能。沥青还具有良好的黏结性和化学稳定性，而且对于大多数酸和碱有较高的耐腐蚀性，所以长期以来被用作低水平放射性废物的主要固化材料之一，一般被用来处理放射性蒸发残液、废水化学处理产生的污泥、焚烧炉产生的灰分，以及毒性较高的电镀污泥和砷渣等危险废物。

沥青的主要来源是天然的沥青矿和原油炼制。我国目前所使用的大部分沥青是来自石油蒸馏的残渣。石油沥青是脂肪烃和芳香烃的混合物，其化学成分很复杂，包括沥青质、油分、游离碳、胶质、沥青酸和石蜡等。从固化的要求出发，较理想的沥青组分是含有较高的沥青质和胶质以及较低的石蜡性物质。如果石蜡质过高，则容易在环境应力下产生开裂。可以用于危险废物固化的沥青可以是直馏沥青、氧化沥青、乳化沥青等。我国曾用于放射性废物固化的沥青是来自石油提炼的 60 号沥青，其基本成分是大约含有胶质和油分各 40%、沥青质 10%～12% 以及8%～10%的石蜡。将沥青固化与水泥固化技术相比较，二者可以处理的废物对象基本上相同，例如可以处理浓缩废液或污泥、焚烧炉的残渣、废离子交换树脂等。当废物中含有大量水分时，由于沥青固化不具有水泥的水化过程和吸水性，所以有时候需要对废物预先脱水或浓缩。另外，沥青固化的废物与固化基材之间的质量比通常在 (1:1)～(2:1) 之间，所以固化产物的增容较小。因为物料需要在高温下操作，所以除去安全性较差外，设备的投资费用与运行费用也比水泥固化法高。

沥青固化的工艺主要包括三个部分（流程见图 5-7），即固体废物的预处理、废物与沥青的热混合以及二次蒸汽的净化处理。其中关键的部分是热混合环节。对于干燥的废物，可以将加热的沥青与废物直接搅拌混合；而对于含有较多水分的废物，则通常还需要在混合的同时脱去水分。混合的温度应该控制在沥青的熔点和闪点之间，大约为 150～230℃ 的范围之内，温度过高时容易产生火灾。在不加搅拌的情况下加热，极易引起局部过热并发生燃烧事故。热混合通常是在专用的，带有搅拌装置并同时具有蒸发功能的容器中进行。在早期，大部分固化过程使用的是间歇式操作的锅式蒸发器，实际上是一种带有搅拌器的反应釜。虽然锅式蒸发器具有结构简单的优点，但由于是间歇操作，不但生产能力低下，而且由于物料需要在蒸发器中停留很长时间，很容

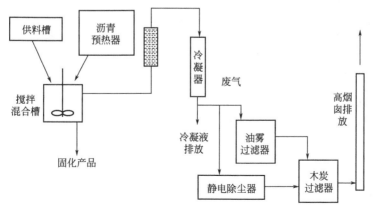

图 5-7　高温混合蒸发沥青固化流程示意

易导致沥青的老化。结构的形式给尾气的收集和净化也带来困难。

在 20 世纪 70 年代以后，逐渐采用连续式操作设备。对于水分含量很小或完全干燥的固体废物，可以采用螺杆挤压机与沥青混合。这种机械是在一个圆筒形结构中安装一条长螺杆。通过螺杆的螺旋状旋转同时达到搅拌物料和推送物料前进的双重作用。由于物料在装置中的停留时间仅为数分钟，所以整个装置中的滞留物料量很少，装置的体积也很小。据报道，以此种设备生产的固化体，其有害物质的浸出率比用间歇式蒸发器的要低得多。

当固体废物中含有大量水分时，大多采用带有搅拌装置的薄膜混合蒸发设备。它是一种立式的、带有搅拌装置的圆柱形结构。其外壁同时起到加热物料的热交换器作用。搅拌器是设在柱中心的一组紧贴着圆柱体外壁旋转的刮板。当刮板运动时，沥青与废物的混合物将会在搅拌下形成液体膜，使水分和挥发分不断蒸发。与此同时，物料不断以螺旋形的路径下落，直到从蒸发器的下部流出，进入专门的容器并冷却下来，并随后进行处置。

5.5　熔融固化技术

5.5.1　定义及其技术种类

(1) 定义及其应用　熔融固化技术，也称玻璃化技术，是利用热在高温下把固态污染物（如污染土壤、尾矿渣、放射性废料等）熔化为玻璃状或玻璃-陶瓷状物质，借助玻璃体的致密结晶结构，确保固化体的永久稳定。污染物经过玻璃化作用后，其中有机污染物将因热解而被摧毁，或转化为气体逸出，而其中的放射性物质和重金属元素则被牢固地束缚于已熔化的玻璃体内。

利用熔融固化技术处理固态污染物的优点主要是：①玻璃化产物化学性质稳定，抗酸淋滤作用强，能有效阻止其中污染物对环境的危害；②固态污染物质经过玻璃化技术处理后体积变小，处置更为方便；③玻璃化产物可作为建筑材料被用于地基、路基等建筑行业。

迄今的实践证明，玻璃化作用不仅能应用于许多固态（或泥浆态）污染物的熔融固化处理，而且能用于处理含重金属、挥发性有机污染物（VOCs）、半挥发性有机污染物（SVOCs）、多氯联苯（PCBs）或二噁英等危险废物的熔融固化处理。另外，该技术在工业重金属污泥的微晶玻璃资源化方面也得到了广泛应用。

(2) 熔融固化的技术种类　根据熔融固化技术处理场所的不同，可把它分为两类：原位熔融固化技术（in-situ vitrification，ISV）和异地熔融固化技术（ex-situ vitrification，ESV）。根据使用热源的不同，异地熔融固化技术又可分为燃料热源熔融固化技术与电热源熔融固化技术，在电热源熔融固化技术中又以高温等离子体熔融固化技术受到广泛关注和研究，本节将其单列介绍。

从原理上来看，异地熔融固化处理技术与原位熔融固化处理技术相似，其区别仅在于异地熔融固化处理时是把固体废弃物运移到别处，并放到一个密封的熔炉中进行加热处理，根据熔炉的不同又分为不同的类型，各种熔融炉型的特点及应用请参见第 7 章的相关内容。

5.5.2　原位熔融固化技术

(1) 技术原理及工艺　原位熔融固化技术，也称原位玻璃化处理技术，通常应用于被有机物污染的土地的原位修复，采用电能来产热以熔化污染土，冷却后形成化学惰性的、非扩散的坚硬玻璃体技术。

通常情况下，ISV 系统包括电力系统、挥发气体收集系统（使逸出气相不进入大气）、逸出气体冷却系统、逸出气体处理系统、控制站和石墨电极，主要工艺流程如图 5-8 所示。把 4 个排列成方形的石墨电极（直径 4～5cm）插入到污染土中，让电流（25kW，12.5～13.8kV）流经两极间的土体，在高温（通常 1600～2000℃）的作用下，两极间的土被熔化。电极间距一般为

10m（最大间距 12m），插入土深最大深度 6.6m，电极下端 30cm 裸露，处理速度一般为 4～6t 土/h，耗电量约为每吨土 800～1000kW·h。

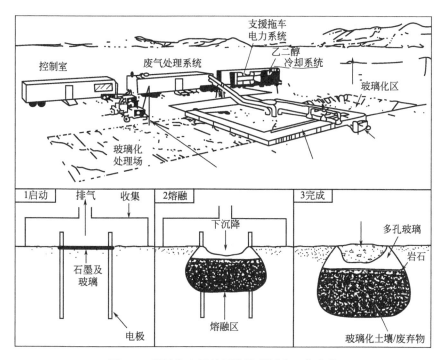

图 5-8 受污染土壤的原位熔融固化工艺流程

操作时一般先把地表土熔化，然后把电极逐步向下移动，由浅到深直到把深部的污染土也熔化为止（目前也有的操作是直接把电极插入到需要处理的位置，直接把该处的污染土熔化）。在玻璃化过程中，有机污染物首先被蒸发，然后裂解成简单组分，所产生的气体逐渐通过黏稠的熔融体而移动到表面，在此过程中，一部分溶解在熔融体中，另一部分则散于大气中。而无机物的行为与此相似，一部分与熔融体发生反应，另一部分会被分解，例如硝酸根将被分解为氮气和氧气，重金属则滞留在熔融体中。当污染土完全熔化、关闭电源后，熔化土就将冷却形成玻璃态物质，外形酷似在自然界的玻璃化过程所产生的黑濯岩玻璃，而所使用的电极也成为了玻璃体的一部分留在其中。经过玻璃化后的污染土的体积一般会缩小，导致处理场地的地面比原来稍微下陷，容积减少率在 25%～50% 左右。处理结束时可用干净土回填凹陷处。

污染土经过原位玻璃化处理后，其中的绝大部分有机污染物将因焚烧（热氧化）而消失，但也有些有机物被热解转化为低分子量的有机气体逸出，被挥发气体收集系统收集并作处理（见图 5-9）。

利用 ISV 技术处理受污染土地耗时大多为 6 个月至 2 年。时间的长短主要与需要处理的污染土的体积、污染物的含量和分布特征、土壤含水量和处理标准等因素有关。

（2）应用 ISV 技术的发展源于 20 世纪 50～60 年代的核废料的玻璃化处理技术，近年来该技术被推广应用于土壤的各种污染的治理。1991 年美国爱达荷州工程实验室把各种重金属废物及挥发性有机组分填埋于 0.66m 地下后，使用 ISV 方法，证明了该技术的可行性。但是目前原位玻璃化处理技术的应用还受到了一些限制：不能用于地下有埋管或卷筒、橡胶等含量超过 20%（质量比）的场地；不能用于土壤加热时可能会引起地下污染物转移到干净地段的场地；不能用于易燃易爆物质大量集中的区域；土壤水分含量越高，其处理费用也越高，所处理的污染土不得位于地下水位以下，否则需要采取一些措施来限制电流；处理时能把某些有机物和放射性物质快速蒸发（如 Cs-137、Sr-90、氡），所以遇到这种情况就需要采取一些防范措施，如控制这些

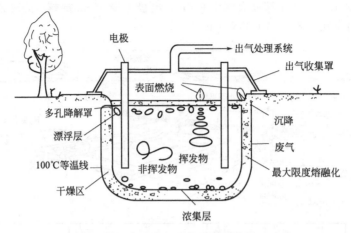

图 5-9　受污染土壤的原位熔融固化处理过程

气体的逸出、控制操作电压等；放射性废物经过玻璃化处理后虽然被束缚在玻璃体内，但其放射性未得到降低，因此在某些场合还需要隔离保护；虽然目前有的新办法能把处理深度提高到10m，但总的来说，原位玻璃化技术一般仅对浅部污染土的处理比较有效；土壤中（或污泥中）的可燃性有机物质的含量（按质量比）不得超过5%～10%（取决于其燃烧热值）；玻璃化后的介质不能影响到场地今后的使用。

5.5.3　异位熔融固化技术

(1) 燃料源熔融固化技术　以燃料作为热源，将固体废物投入燃烧器中，表面被加热至1300～1400℃，有机物热分解、燃烧、气化，熔融的无机物转化为无害的玻璃质熔渣，其中低沸点重金属类物质转移到气体中，残余物质则被固定在玻璃质的基体。熔融开始时，表面上部的熔渣以皮膜状流动，因此称表面熔融或薄膜熔融。其工艺流程如图5-10所示。由于炉内温度要求高，燃料消耗量大，故应考虑设置热能回收设施，以获得较高的经济效益。低沸点重金属类以及碱式盐类，由于在炉内可挥发成气体，所以要将其返送到焚烧炉设备的废气处理线或设置独立

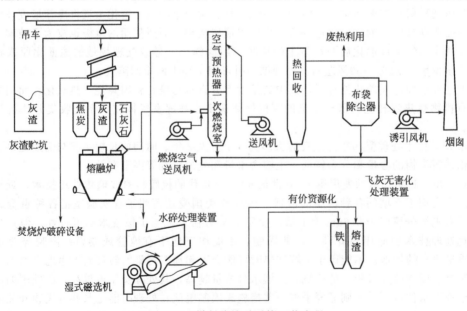

图 5-10　燃料式熔融系统工艺流程

的收集系统。

(2) 电热源熔融固化技术 在玻璃熔炉中利用电极加热熔融玻璃（1000~1300℃）作供热介质，将废物及空气导入到熔融玻璃表面或内部，使废物在高温下分解并反应，废气流到后处理体系，残渣被玻璃包裹并移出体系。

玻璃熔炉是一个有耐火材料衬里的反应器，装有熔融玻璃池。首先通过辅助加热熔化玻璃，然后根据玻璃的化学性质用焦耳加热方式使其保持熔融状态（927~1538℃）。用焦耳加热方式，电流穿过浸入式电极间的熔融物料，由于存在电流和物料的阻力，能量传给这些物料。根据温度，电极可选用铬镍合金或钼铁合金。

图 5-11 是电热式熔融系统工艺流程。从熔融玻璃上面熔炉的一侧与燃烧气体一同加入废物。可用喷射器加入液态或气态废物，用螺旋输送机输入细碎固体物质和污泥，用冲压式加料器输送集装箱废物。熔融玻璃的辐射热和接触热提供了玻璃池上面燃烧有机废物所需的热量。设在熔炉壁相对方向的不同高度处的空气进口，在玻璃池上面形成了有利于混合的涡流，并提供了用于燃烧的氧气。

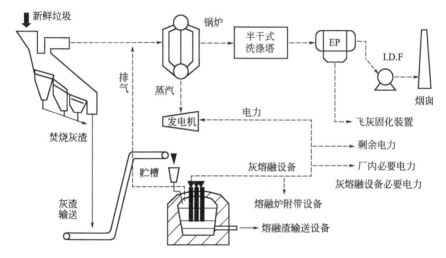

图 5-11　电热式熔融系统工艺流程
EP—电除尘器；I.D.F—引风机

废气从熔炉的另一侧排放。在有些熔炉设计上，废气穿过可处理的过滤器后排放，过滤器充满颗粒后便推入玻璃熔融物中，用新的过滤器替代。这便将吸入到过滤器中的颗粒回收到熔融物中并消除了废过滤器的产生。通常，对于废气，除了要求除去其中的颗粒，还要洗去其中的酸性气体。

根据玻璃的化学性质和废物组分，燃烧产生的固体以及惰性废料将被熔化并熔解到玻璃基体中，难熔的或者通过化学作用不能与玻璃基体黏合的废料被密封在玻璃体中。玻璃与废物的混合物被连续或分批排出，固化成坚硬的、能够抗浸出的玻璃状的废物体。

(3) 高温等离子体熔融固化技术 高温等离子体熔融固化技术近年来受到了广泛关注与研究。当电极之间加以高电压，使得两个电极间的气体在电场的作用下发生电离，形成大量正负带电粒子和中性粒子，也就是等离子体，可产生很高温度，使得固体废物熔融。

非转移弧等离子体炬是一种目前最成熟的工艺，整个过程在处理室中进行，通过 3 根石墨起弧电极施加直流电势产生等离子弧，电极都是穿过顶盖进入处理室的，3 根直流电极按 120°夹角均匀布置，其中一根电极在一极而另两根在相反的极，从顶盖通过气室进入到熔池。在 3 根石墨等离子弧电极的外围，还设有 3 根交流石墨焦耳热电极，从顶盖插入熔池内。阴极发射电子，在电场作用下加速射向阳极，在熔池中阳极和阴极间产生等离子电弧，在电子碰撞中电子动能转化为热能，在高温下迅速将被处理物料分解熔化。熔炉中的交流电极焦耳热用于熔池中保持更均匀的温度分配，并能保证完全处理掉可能残存在熔池中的被处理物料。高温等离子体熔炉的构造如图 5-12 所示。

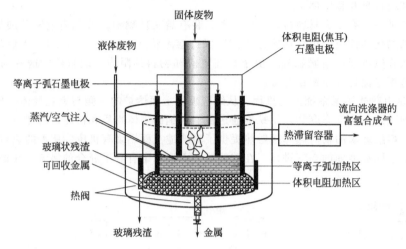

图 5-12　高温等离子体熔炉结构示意

进入处理室的废弃物在还原气氛中有机物被分解气化，无机物则被熔化成玻璃体硅酸盐及金属产物，消除了 NO_x、SO_x 等酸性气体的排放。气化产物主要是合成气（主要是 CO、H_2、CH_4）和少量的 HCl、HF 等酸性气体。

等离子强化熔炉的等离子弧是低电压（电压 20～80V）、高电流（200～3600A），同时伴随发出强光和高热，在中心部位可达 10000℃高温。整个等离子区的温度在 2000～10000℃，将废弃物加入到等离子区，在超过 2000℃的高温下，任何有机物都会在瞬间被打碎为原子状态，而且 3 根交流电极产生的焦耳热，维持了高温熔池，并且可以保证被处理物料高温分解是非常彻底的，这是等离子强化熔炉的主要特点。

该技术的代表性设备有：①等离子体电弧炉（plasma arc furnace）。以等离子体电弧代替普通间歇式进料的焚烧炉的热源，适用于难处理废物，但电能消耗很高，操作步骤较复杂。②等离子体离心式反应器（plasma centrifugal furnace）。结构为二室反应器，半连续进料，废物进入以 50r/min 旋转的第一室，在贫氧条件下以等离子炬加热热解，气态产物流向第二室完全燃烧，固体熔融并因离心而紧靠室壁。当加料至约 500kg 时，第一室转速减慢，熔液流向室中心的孔排出体系，形成玻璃化固体。如果采用纯氧或空气等离子体，则尾气很少。离心式反应器的优点包括：固体产物玻璃化而固定；由于熔融体保护，耐热材料消耗少；尾气少，二次污染控制费用少。其缺点包括：体系复杂，电极、传动带及轴等部分需常更换；电能消耗大；对操作条件要求高，必须由专业人员操作。

（4）熔融固化生产铸石材料的应用及质量控制　要通过废物的熔融固化并得到达到较好工程性能的固化体，作为铸石材料加以应用，应将其最终的成分控制在下面列出的范围为宜：SiO_2，44%～49%；CaO，8%～12%；Fe_2O_3+FeO，9%～15%；Al_2O_3，9%～20%；MgO，6%～8%；K_2O+Na_2O，2%～4%。

一般来说，凡是在化学成分上与上述成分接近的任何天然岩石或工业废渣，都可以进行熔融后得到优良的材料。在进行熔融固化时，各种氧化物在其中的作用如下。

① SiO_2。它是构成硅酸盐的骨架，其含量对于熔融体的黏度结晶性以及总体质量有很大的影响。当 SiO_2 的含量在 40%以下时，熔融体的黏度较低，在析晶过程中将首先生成不饱和二氧化硅产物。由于晶格简单、粗大，容易形成不均匀结构并形成很大的内应力。其最终结果使熔融

体易于破碎。当炉料中的 SiO_2 含量在 40%～50% 之间时，熔融体的黏度将逐渐增加，熔融体 SiO_2 中的不饱和程度减小，此时形成晶格比较复杂的硅酸盐产物，结晶结构也变得均匀一致。熔融体中的内应力减少，总体工程特性达到较好的状态。

当 SiO_2 的含量超过 50% 以后，熔融体的黏度继续增加，所需的浇注温度也很高，使得工艺条件复杂化。

② CaO 与 MgO。这两种成分的增加会导致熔融体黏度的降低，提高流动性，并且加快炉料的融化与结晶速率。但当 CaO 的含量超过 12%，以及 MgO 的含量超过 10% 时，熔融体的结晶速率过快，从而导致较大的内应力，使其容易老化和炸裂，同时降低了耐化学腐蚀的能力。

③ Al_2O_3。Al_2O_3 在熔融体中能起到控制结晶的作用。当其含量小于 9% 时，熔融体的黏度很小，结晶速率很快，产品易于老化。当含量大于 20% 时，则容易产生玻璃相，从而导致较大的内应力而引起破裂。为提高熔融体的热稳定性，必须使 Al_2O_3 的含量保持在适当的范围之内。

④ Fe_2O_3＋FeO。Fe_2O_3 和 FeO 的含量对于熔融体性质的影响很大。FeO 的含量增加会降低熔融体的黏度和融化温度，同时加快结晶速率。但 Fe_2O_3 含量的提高却会提高熔融体的黏度，其作用与 Al_2O_3 相似。当这两种物质的含量同时在一定范围内增加时，会提高熔融体的结晶性能和机械强度。

⑤ K_2O＋Na_2O。K_2O 与 Na_2O 均能大大降低熔融体的黏度，但过多加入会产生残余玻璃相的增加，对熔融体的耐腐蚀性和热稳定性都有不利影响。

5.6 高温烧结技术

5.6.1 烧结原理

烧结是运用较熔融法低的能量，提供粉末颗粒的扩散能量，将大部分甚至全部气孔从晶体中排除，在低于熔点温度下变成致密坚硬的烧结体并符合各种材料特性的要求，烧结温度通常发生在主要成分绝对熔融温度的 1/2～2/3 之间。一般根据加热过程是否有液相产生及颗粒间的结合机制，可将烧结过程分为固态烧结与液相烧结两类。

粉末烧结的主要原理在于未烧结颗粒具有较高的表面自由能，从热力学的观点来看，一个系统最后会趋向最低能量。因此在高温下，当颗粒表面原子具有相当的动能时，其将往能量较低的方向移动，即颗粒接触的颈部，以降低其表面能量，并形成烧结体的机械强度。

烧结法不同于玻璃化，它是在固化体中的晶相边界发生部分熔融，而不是类似玻璃化的无定形玻璃态结构。烧结开始于坯料颗粒间空隙排除，使相应的相邻的粒子结合成紧密体。但烧结过程必须具备两个基本条件：①应该存在物质迁移的机理；②必须有一种能量（热能）促进和维持物质迁移。

将烧结技术应用于固体废弃物的处理是将废物经过分拣、粉碎等处理，再加入添加剂，与废物一起搅拌均匀，经高温烧结、化学反应，然后用特殊的模具定形还原成新型高强度合成材料。该技术可以处理工业固体废渣，包括粉煤灰、尾矿、磷渣、废砂、炉渣、赤泥、硫酸渣、污泥等，配以磷酸为主或水玻璃为主的两个不同体系的添加剂，根据主原料中含硅、铝、铁、钙氧化物的多少进行配比，经混合、浇注、固化、干燥、烧结等工序而得。该项技术不堆、不埋、不烧，可杜绝废物净化处理过程中或处理后的二次污染问题。它不仅能使经过处理的废物达到无污染的程度，而且能使经过处理后的产品创造出新的利用价值，可把废物变废为宝，生产出多种尺寸规格、多种颜色的废物砖。

5.6.2　影响烧结的因素

一般可将影响粉末体烧结的主要因素归为两大类：粉体特性，包括粉末颗粒的粒径大小及分布、组成成分；烧结操作条件，包括试体成形压力、烧结温度、烧结时间及烧结气氛、添加剂种类、升温及降温速率等。

(1) 化学组成　试体的化学组成决定了烧结的起始温度。一般硅铝类物质需要较高的烧结温度，而碱金属化合物等一般熔融温度较低，可作为烧结试体中的助熔剂来降低烧结温度。

(2) 粒径分布　试体中颗粒越细，单位体积颗粒具有的比表面积就越大，其烧结驱动力也越大；一般粒径分布越广，烧结体的收缩率就越稳定且孔隙越小，能得到越均匀的晶相分布。

(3) 成形压力　成形压力越大，颗粒间的堆积越紧密，烧结体的孔隙率就越小，从而烧结体的致密化程度就越高，但若成形压力超过塑性变形限度，就会发生脆性断裂。

(4) 烧结温度　烧结温度越高，颗粒内部原子的动能就越大、移动性越强，但如温度过高，则会发生过烧的现象，产生过多的玻璃化物质而导致其抗压强度下降。

(5) 烧结时间　在相同烧结温度下，延长时间可使试体内部原子有较长的移动距离，达到较好的烧结效果，但时间过长对烧结体强度并没有太大的改善效果。

(6) 烧结气氛　烧结气氛对试体中部分化学成分有显著影响，如硫化物与铁化物等。通常可通过烧结气氛的控制得到较稳定的烧结体。

5.6.3　烧结窑炉类型

热烧结固化的处理负荷可达80%。烧结的设备比熔融固化法简单，比常温无机材料固化要复杂。典型的烧结过程包括破碎、混合、挤压、入炉、烧结、尾气处理等。

烧结窑炉有间歇式窑炉，也有连续式窑炉。前者烧成为周期性，适合小批量或特殊烧成方法。后者用于大规模生产与相对低的烧成条件。使用最广泛的是电加热炉。烧结温度与所需气氛确定窑炉方式的选择。按照烧结温度高低划分：烧结温度在1100℃以下为低温烧结；烧结温度在1100～1250℃为中温烧结；烧结温度在1250～1450℃为高温烧结；烧结温度在1450℃以上为超高温烧结。

5.6.4　烧结技术

(1) 常压烧结　常压烧结又称无压烧结，属于在大气压条件下坯体自由烧结的过程。在无外加动力下材料开始烧结，温度一般达到材料熔点的50%～80%即可。在此温度下固相烧结能引起足够的原子扩散，液相烧结可促使液相形成或由化学反应产生液相促进扩散和黏滞流动的发生。常压烧结中准确制定烧成曲线至关重要。合适的升温制度方能保证制品减少开裂与结构缺陷现象，提高成品率。

(2) 热压烧结与热等静压烧结　热压烧结指在烧成过程中施加一定的压力（在10～40MPa），促使材料加速流动、重排与致密化。采用热压烧结方法一般比常压烧结温度低100℃左右，主要根据不同制品及有无液相生成而异。热压烧结采用预成型或将粉料直接装在模内，工艺方法较简单。该烧结法制品密度高，理论密度可达99%，制品性能优良。不过此烧结法不易生产形状复杂制品，烧结生产规模较小，成本高。

连续热压烧结生产效率高，但设备与模具费用较高，又不利于过高、过厚制品的烧制。热等静压烧结可克服上述弊病，适合形状复杂制品的生产。

(3) 反应烧结　这是通过气相或液相与基体材料相互反应而导致材料烧结的方法。此种烧结的优点是工艺简单，制品可稍微加工或不加工，也可制备形状复杂的制品。缺点是制品中最终有残余未反应的产物，结构不易控制，太厚的制品不易完全反应烧结。

(4) 液相烧结 采用低熔点助剂促进材料烧结。助剂的加入一般不会影响材料的性能或反而为某种功能产生良好影响。作为高温结构使用的添加剂，要注意到晶界玻璃是造成高温力学性能下降的主要因素。通过选择添加剂使液相有很高的熔点或高黏度。或者选择合适的液相组成，然后作高温热处理，使某些晶相在晶界上析出，以提高材料的抗蠕变能力。

(5) 微波烧结法 系采用微波能直接加热进行烧结的方法。目前已有内容积 $1m^3$、烧成温度可达 1650℃ 的微波烧结炉。如果使用控制气氛石墨辅助加热炉，温度可高达 2000℃ 以上。近年还出现了微波连续加热 15m 长的隧道炉装置。

(6) 电弧等离子烧结法 其加热方法与热压不同，它在施加应力的同时，还施加一脉冲电源在制品上，材料被韧化同时也致密化。实验已证明此种方法烧结快速，能使材料形成细晶高致密结构，预计对纳米级材料烧结更适合。但迄今为止仍处于研究开发阶段，许多问题仍需深入探讨。

(7) 自蔓延烧结法 通过材料自身快速化学放热反应而制成致密材料制品。此方法节能并可减少费用。国外报道可用此法合成 200 多种化合物，如碳化物、氮化物、氧化物、金属间化合物与复合材料等。

(8) 气相沉积法 分物理气相法与化学气相法两类。物理法中最主要的有溅射和蒸发沉积法两种。溅射法是在真空中将电子轰击到一平整靶材上，将靶材原子激发后涂覆在样品基板上。虽然涂覆速度慢且仅用于薄涂层，但能够控制纯度且底材不需要加热。化学气相沉积法是在底材加热的同时，引入反应气体或气体混合物，在高温下分解或发生反应生成的产物沉积在底材上，形成致密材料。此法的优点是能够生产出高致密细晶结构，材料的透光性及力学性能比其他烧结工艺获得的制品更佳。

5.6.5 烧结中的重金属行为

焚烧飞灰中含有大量的重金属化合物，因此重金属在热处理过程中的行为，会影响烧结过程的各种操作条件与烧结体的后续利用特性。

在高温条件下，飞灰中的重金属一般会产生挥发作用与稳定化反应。通过高温使飞灰中重金属产生挥发作用，再将其冷凝可实现部分重金属的回收；重金属稳定化则是将重金属包覆于反应产物中或生产稳定的化合物（矿物相），使其不再释放到周围环境中。

烧结法也可应用于电镀污泥的处理中。电镀污泥主要是由各种重金属氢氧化物的混合物组成，如 $Cr(OH)_3$、$Fe(OH)_2$、$Zn(OH)_2$、$Cu(OH)_2$、$Ni(OH)_3$ 和 $Al(OH)_3$ 的含水化合物，也有一些铬酸盐（Cr^{6+}）、其他盐类配合物和废镀液渣等共沉物。通过在这些混合物中掺入固定剂和硅质组分，如硅砂、页岩和黏土，可加入含有 $Cr(OH)_3$ 等重金属氢氧化物，以烧结方式形成具有特定矿物结构的普通陶瓷，对可浸出重金属有良好的固定作用。国内利用电镀污泥制作紫砂陶器，成品中重金属浸出浓度都小于 0.05mg/L，唐山等地用铬渣烧结将 Cr^{6+} 还原固定，烧结后成品中铬可浸出量可降低到原加入量的 1/40000。

对于纯度较高、品质均一的电镀污泥，经过干燥、破碎、混匀并加入一定比例的组分调节材料后，在 1200℃ 高温隔焰焙烧可以制成纯度较高的陶瓷釉下颜料，制品中的重金属几乎不会再随环境条件变化而浸出。

5.7 地质聚合物固化/稳定化技术

5.7.1 概述

(1) 概念 地聚合物（geopolymer）是一种片状硅酸盐-铝片状硅酸盐-铝硅酸盐胶结材料，以铝硅酸盐矿物和激发剂发生缩聚反应形成的非结晶态或准结晶态三维网状类分子筛结构的无机聚合物。国内学术研究中也被称为无机聚合物、低温铝硅酸盐玻璃、土工聚合物、土聚水泥、矿物键合材料、碱激发水泥以及矿物聚合物材料等。英文中也被称作 hydroceramics、alkalin-bonded ceramics、alkali-activated cements geocements、inorganic polymers。

合成地质聚合物的铝硅酸盐材料是天然矿物（例如高岭土）也可以是工农业废弃物（例如粉煤灰、高炉矿渣、废弃玻璃、赤泥、生物质灰分），因此地质聚合物被认为是一种经济、节能、环保的具有广阔应用前景的铝硅酸盐合成材料。

(2) 发展历程　据史料记载，古罗马帝国曾将地质聚合物用作早期的建筑材料。Kuhl 在 20 世纪初发现碱盐与含硅材料可以发生化学反应并固化成一种坚硬的水泥类材料。20 世纪 30 年代开始，陶瓷工业中开始使用高岭土与碱的反应。1940 年 Purdon 发现高炉矿渣可以被 NaOH 重新激发而具备活性，得到了一种与水泥相似的凝胶材料。Gulukhovsk 在 1959 年将碳酸钠和硅酸铵作为碱激发剂与高炉矿渣发生反应成功研制出新型碱激发材料。

20 世纪 70 年代，法国 J. Davidovits 教授在研究古建筑材料时发现，耐久性的古建筑物中有网络状的硅铝氧化合物存在，这类化合物与土壤中化合物的结构相似。土聚水泥和石灰石配制成土聚水泥混凝土，与金字塔砌块的化学成分进行了比较，如表 5-4 所示。

表 5-4　地质聚合物与金字塔砌块化学成分比较

化学组成	Cheops 金字塔	Chefren 金字塔	Teti 金字塔	Sneferu 金字塔	土聚水泥混凝土
$CaCO_3$	94.00	94～96	92.00	86.00	95.00
SiO_2	3.10	3～5	4.30	9.54	2.46
Al_2O_3	0.50	0.3～0.5	0.82	2.92	0.49
Na_2O	0.18	0.2～0.3	0.18		0.15

Davidovits 教授认为古代金字塔并不是像过去人们认为的那样建成的，那些石块是现场浇铸而成的类硅酸盐岩石。这个理论得到了广泛的支持和接受，但也在混凝土界引起了激烈的争论。他同时在 1978 年提出，利用碱性液体和富含 Si 和 Al 的地质原材料发生聚合反应，合成的新型黏合剂，最终将该物质命名为地质聚合物。

进入 20 世纪 80 年代，研究人员尝试使用不同的原材料和技术合成地质聚合物。同时，有学者提出可以将地质聚合物作为硅酸盐水泥的替代品，并将其称为第三代水泥。此后，地聚合物的应用扩展到各个领域，如航空工程、核部门和考古学研究。

5.7.2　地质聚合物合成原理

(1) 碱激发地质聚合物　碱激发地质聚合物是由碱性激发剂激发活性铝酸盐而得到一种无机胶凝材料。常用的碱性激发剂有水玻璃、NaOH 和 KOH 等。

20 世纪 50 年代就有学者提出了碱激发铝硅酸盐反应的概念模型，随后几十年被不断完善。在碱或碱盐的作用下，偏高岭等矿物发生硅铝链的解聚，在碱性环境中再聚合为网络状硅铝化合物，化学式如式（5-13）所示。地质聚合物聚合反应后的生成物是一种无定形的硅铝酸盐化合物，碱金属或碱土金属阳离子起电子平衡的作用。

$$(Si_2O_3, Al_2O_3)_n + nSiO_2 + 4nH_2O \xrightarrow{NaOH,KOH} n(OH)_3-Si-O-Al^{(-)}-(OH)_3 \quad (5\text{-}13a)$$

$$n(OH)_3-Si-O-Al^{(-)}(OH)_3 \xrightarrow{NaOH,KOH} (Na,K)(-Si-O-Al^{(-)}-O-Si-O-)_n + 4nH_2O \quad (5\text{-}13b)$$

ortho(sialate-siloxox)　　　　　　　(Na, K)-poly(sialate-siloxo)

$$(Si_2O_3,Al_2O_3)_n+3nH_2O \xrightarrow{NaOH,KOH} n(OH)_3-Si-O-\overset{(-)}{Al}-(OH)_3 \qquad (5\text{-}13c)$$

$$n(OH)_3-Si-O-\overset{(-)}{Al}-(OH)_3 \xrightarrow{NaOH,KOH} (Na,K)(-\overset{|}{\underset{|}{Si}}-O-\overset{(-)}{\underset{|}{Al}}-O-)_n +3nH_2O$$

$$\text{orthosialate} \qquad\qquad (Na,K)\text{-poly(sialate)} \qquad (5\text{-}13d)$$

Davidovits 教授将地质聚合物终产物的结构形态分为3个类别：单硅铝地质聚合物 [Poly(sialate)]，重复单元为 [—Si—O—Al—O—]；双硅铝地质聚合物 [Poly(sialate-siloxo)]，重复单元为 [—Si—O—Al—O—Si—]；三硅铝地质聚合物 [Poly(sialate-disiloxo)]，重复单元为 [—Si—O—Al—O—Si—O—Si—O—]。

(2) 酸激发地质聚合物 酸激发地质聚合物又称为酸碱水泥、化学键合磷酸盐陶瓷，是指以磷酸盐或酸式盐激发的金属氧化物或铝硅酸盐制备的一种无机凝胶材料。常用的酸性激发剂有磷酸、硫酸、磷酸盐和硫酸盐等。

酸基地质聚合材料的结构与碱基地质聚合物的结构类似。磷酸基地质聚合物最为典型，网络结构中的硅部分或全部被磷取代，其聚合物结构的基本单元为—Si—O—Al—O—P—、—Al—O—P—和—Fe—O—P—等。磷酸基地质聚合物是以铝氧四面体、硅氧四面体和磷氧四面体组成，各四面体之间通过氧桥以共价键方式联成一体，网络结构四面体带负电荷，而磷氧四面体带正电荷，正好达到平衡，因此整个地质聚合物体系呈电中性。

磷酸基地质聚合物的反应过程分为解聚过程和缩聚过程，化学式如式(5-14)所示。解聚过程：粉体与磷酸溶液混合后被磷酸包裹，磷酸发生电解，电离出的 H^+ 扩散进固液界面，粉体中 Al-O 键开始断裂。粉体中溶出的 $H_{10}Si_4O_{13}$ 结合 H^+，形成 $[Si_4O_{13}H_{11}]^+$。缩聚过程：解聚过程中产生的 Al^{3+}、PO_4^{3-}、H^+ 和 $[Si_4O_{13}H_{11}]^+$ 等，这些离子和离子团相互通过桥氧连接缩合，逐渐形成许多分子量较大的低聚合物。这些地聚合物通过末端的羟基和吸附水与相邻的地聚合物以氢键相连接，进一步形成网络状的高分子量地质聚合物。

$$H_3PO_4 \longrightarrow H_2PO_4^- +H^+ \qquad (5\text{-}14a)$$

$$H_3PO_4^- \longrightarrow H_2PO_4^{2-} +H^+ \qquad (5\text{-}14b)$$

$$H_3PO_4^{2-} \longrightarrow H_2PO_4^{3-} +H^+ \qquad (5\text{-}14c)$$

$$2(Al_2O_3-2SiO_2)+12H^+ \longrightarrow 4Al^{3+}+H_{10}Si_4O_{13}+H_2O \qquad (5\text{-}14d)$$

$$H_{10}Si_4O_{13}+H^+ \longrightarrow [Si_4O_{13}H_{11}]^+ \qquad (5\text{-}14e)$$

$$n[Si_4O_{13}H_{11}]^+ +4nAl^{3+}+4nPO_4^{3-} \longrightarrow 4(-Si-O-Al-O-P-O-)_n +5nH_2O+nH^+$$

$$\qquad (5\text{-}14f)$$

5.7.3 地质聚合物主要特点

地质聚合物水泥的物化性能大大优于普通硅酸盐水泥，具有如下特点。

(1) 成本低廉 合成地质聚合物的工艺比较简单，原来料来源广泛，可采用工农业废弃物，成本比较低。在我国生活垃圾焚烧规模越来越大，焚烧飞灰产生也日渐增多的情况下，进行地质聚合物的研究和应用具有很好的商业潜力。

(2) 强度高，低渗透性，工程性能优良 力学强度主要包括抗拉强度、抗压强度和抗弯强度等。表 5-5 是地质聚合物与常用工程材料力学性能的比较。与其他建筑材料相比，地质聚合物强度更高，工程性能更加优良。通常情况下，建材的韧性与抗压强度难以同时满足，但地质聚合物即使在极其干燥的条件下材料韧性损失仍然很小。近年来，合成地质聚合物的技术被广泛应用于桥梁、隧道和高层建筑等对材料强度要求较高的领域。另外，地质聚合物的最终产物在高温下可形成类沸石矿物，形成致密的微晶体结构，渗透性很低。

表 5-5　地质聚合物与几种常见工程材料力学性能的比较

性能	地质聚合物	普通水泥	陶瓷	铝合金	聚酰亚胺(热固性)	玻璃
密度/(g/cm³)	2.2~2.7	2.3	3.0	2.7	1.36~1.43	2.5
弹性模量/GPa	50	20	200	70	—	70
抗拉强度/MPa	30~190	1.6~3.3	100	30	71~118	60
抗弯强度/MPa	40~210	5~10	150~200	150~400	131~193	70
断裂功/(J/m²)	50~1500	20	300	10000		10

(3) 耐热性好　地质聚合物的热导率非常低，一般在 0.24~0.38W/(m·K)，在高温条件下比较稳定，可以用于耐高温或防火材料。有研究表明，地质聚合物在 400℃以下的线性收缩率小于 1%，在 800℃条件下的线性收缩率不超过 2%；在 1000~2000℃的高温条件下，聚合体结构仍然可以保持不被熔融烧结。有研究者将 1mm 厚的地质聚合物水泥板放在 1100℃的火焰中 35min 后，发现板背面的温度不到 350℃。

(4) 耐化学腐蚀性　地质聚合物的聚合体是一种很难破坏的无机高分子团体，具有良好的耐腐蚀性能。普通的硅酸盐水泥在酸碱环境中强度损失率很大，这是由于强酸会导致碱性钙质矿物溶解，而碱性环境下部分水化产物也会解聚。Joseph Davidovits 教授发现地质聚合物浸泡在 5% 的 HCl 和 H_2SO_4 后，质量损失率为 6%~7%。与其相比，在 5%的硫酸溶液中，波特兰水泥的溶解率达到了 95%。有研究利用水玻璃和 NaOH、KOH 混合激发剂制备地质聚合物，然后在 5%的 HCl 溶液中浸泡 28 天后，发现抗压强度增大了 29.4%；同时发现硫酸盐浸泡也不会导致地质聚合物抗压强度下降。

(5) 吸附性能强　地质聚合物具有三维多孔结构，特殊原材料制备的地质聚合物通常比表面积高，同时地质聚合物层间的碱金属/碱土金属阳离子流动性强，容易被其他例子替代。地质聚合物在水溶液中具有良好的稳定性和机械性能，近年来越来越多的被用于废水处理领域，去除废水中的重金属、染色剂、放射性核素、磷酸盐以及铵态氮等方面。在气体净化方面，地质聚合物被用于吸附 VOC 或甲醛以及烟气脱硫。

(6) 具有良好的环保应用前景　生产地质聚合物相对硅酸盐水泥能减少约 50%~80%的 CO_2 排放。地质聚合物具有环状分子链构成的网络结构，使其在固化/稳定重金属、放射性物质、有机污染物等方面具有优异的性能。利用地质聚合物进行固化/稳定化可以将大量工业固体废弃物合成新的产品，并防止污染物质渗出，实现废弃物的资源化利用。

5.7.4　影响地质聚合物性能的因素

(1) 原材料　制备地质聚合的前驱体主要为活性硅铝酸盐材料。目前的研究表明，原材料中 Si、Al、Ca 对地质聚合物的性能有重要影响。当 Si/Al 高时，地质聚合物中 Si-O-Si 键的含量会增加，地质聚合物的强度也随之增强。但 Si/Al 的比例过大也会抑制地质聚合反应，造成抗压强度减小。大多数地质聚合物原材料中均含有 Ca 元素，这对地质聚合物中 Na-Si-Al-O 四元结构体系有一定影响。适当的钙可以显著改善地质聚合物常温条件下的硬化性能，提高抗压强度。

(2) 碱激活剂　碱激活剂的种类对反应也有影响。Na 体系的碱激活剂可以使 Si 和 Al 具有更好的溶解性，而 K 体系的碱激活剂可以使地质聚合物具有更高的早期抗压强度。增加碱浓度有助于增加原材料中铝氧四面体和硅氧四面体的溶出速率和溶出量，进而加快地质聚合反应速率并提高力学性能。然而，碱激活剂中碱浓度过量也不利于地质聚合物强度的发展。由于原料的多样性和复杂的反应机理，在选择 NaOH 浓度方面目前还没有可靠的参考标准。

(3) 水固比　在硅氧四面体和铝氧四面体"溶解"阶段，水作为反应媒介促进了原料的溶解，"缩聚"反应阶段，含水离子团聚合后会将水排出到地质聚合物的凝胶网格中。Kupaei 在利用油棕壳和粉煤灰制备低钙基地质聚合物的研究中发现，在砂胶比为定值的情况下，水胶比增加会导致抗压强度下降。一般来说，水胶比太高会导致地质聚合物浆液稀释，延迟矿物颗粒与活化剂之间的反应，进而延长了凝结时间。水胶比过低也会导致浆液过于黏稠，凝结速度太快，反应程度降低。并且反应体系中带负电的硅酸盐和铝酸盐单体以及硅铝酸盐低聚物会和 K^+、Na^+ 等阳离子稳定结合，抑制进一步的地质聚合物反应。

(4) 养护条件 适当提高地质聚合物养护温度可以显著提高早期抗压强度，但随着养护龄期进一步增长，其抗压强度接近常温养护的水平。有研究发现粉煤灰基地质聚合物混凝土的抗拉强度、抗压强度以及弹性模量随着养护温度的提高呈先上升后减小的趋势。当固化温度太高时，地聚合物混凝土中的水分会快速流失导致干燥收缩，使得产物出现裂缝。通过 SEM 电镜扫描和孔径分析发现养护温度的升高会导致地质聚合物的孔体积和表面积增大。

5.7.5 地质聚合物固化/稳定化技术的应用

地质聚合物固化/稳定化（Solidification/Stabilization）技术利用黏合剂和危险废弃物混合以降低污染物的浸出能力，然后进行填埋处置或用作土建材料。该技术最早被用于处理核废料以及其他危险废弃物，不仅可以用于处理工业生产中的固体废弃物，还可以用于处理污染的土壤和沉积物。通过改变有害物质的化学形态，降低其在环境中的溶解度和迁移速度，进而避免造成环境污染。固化是通过将污染物用凝胶材料包裹，硬化后将其固定于固体结构中，减少有害成分的浸出与释放。稳定化是将污染物转变为低溶解性、低迁移性和低毒性物质的过程。

(1) 重金属 危险废物通过合成地质聚合物技术固化稳定的过程中，有毒元素通过三维网络结构被捕获。生成金属氢氧化物沉淀，水合产物离子吸附/取代和物理包裹等途径均可以降低重金属的迁移率。

Davidovits 教授在 1990 年就指出了地质聚合物在环境保护中的应用潜力，并研究了地质聚合物对 As、Hg 和 Pb 的固定作用。1995 年开始，J. G. S van Jaarsveld 教授对地质聚合物处理金属污染废物的潜力进行了大量的研究，以粉煤灰、高岭土及碱金属氢氧化物为原料合成地质聚合物（1998），产物中有明显的无定形结构生成。还发现，重金属在地质聚合物中的固定作用包括化学胶接和物理包裹，废物本身的特性对最后产物的特性有很大影响。

P. Bankowski 等（2004）研究了采用地质聚合物降低褐煤焚烧飞灰中的金属浸出率。结果显示，地质聚合物在降低飞灰中许多金属如 Ca，As，Se，Si，Ba 等的浸出率方面较有效。Nikoli（2014）将粉煤灰经过机械活化后制备地质聚合物有效提高了产品的机械强度，降低 Pb 的浸出浓度。有研究表明 Pb、As 和 Cd 复合污染的土壤与偏高岭土混合制成地质聚合物能够有效降低重金属的浸出毒性，当污染土壤添加量在 50% 以下时合成的地质聚合物能够满足固废填埋或建筑材料强度要求。

利用生活垃圾焚烧飞灰合成地质聚合物不仅能够实现对污染物质的固化/稳定化，也有可能作为低成本、低碳的混凝材料土被用于土木和建筑领域。近年来国内外大量研究者将生活垃圾焚烧飞灰和矿渣、粉煤灰、偏高岭土和硅灰等活性硅铝酸盐材料混合后合成地质聚合物。在飞灰的添加比例在 10%~90% 之间，合成地质聚合物的抗压强度在 10~70 MPa 之间，可以满足一般建材的强度要求。有研究表明，碱激活剂的 pH 和添加剂（富含 Ca 的原料）特性的微小变化对飞灰-地质聚合物中金属的固定效果有很大影响。此外，合成地质聚合物的过程中采用不同的处理工艺（如模压法、机械化学法和电化学法）会对重金属的固化/稳定化效果产生明显的影响。

(2) 有机污染物 地质聚合具有致密的 Si-O/Al-O 四面体结构，可以对有机污染物产生封装效应。城市生活垃圾处理和处置过程中会产生大量的渗滤液，其中的有机质含量高并且降解难，处理不当会造成环境风险。我国研究人员（2017）以高炉矿渣和粉状硅酸钠为原料和垃圾渗滤液混合制成地质聚合物，对 TOC 和 COD_{Cr} 的固化/稳定化效率分别达到了 81% 和 89%。生活垃圾焚烧飞灰中也存在有机污染物的浸出风险。将生活垃圾焚烧飞灰和矿渣混合后，以废碱液为碱激活剂制成地质聚合物，可以将 76% 以上的有机物固化。在生活垃圾焚烧飞灰中添加 10% 的偏高岭土混合制成地质聚合物物并养护 210d 后，可以将二苯并呋喃类化合物和二噁英的浸出浓度降低 58％以上。此外，地质聚合物对一些染色剂（如亚甲基蓝、酸性蓝、刚果红和水晶紫等）也有很好的固化效果。

(3) 放射性污染物　地聚合物具有成本低、化学稳定性好、绿色环保、离子交换强等优点，是一种优良的核废料固化材料。已经有大量报道表明，使用粉煤灰、矿渣、偏高岭土和其他含有铝硅酸盐的材料来稳定/固化放射性材料具有优异的性能。使用偏高岭土基地质聚合物可以将放射性硼酸盐废料固化，使用 KOH 碱性激活剂在机械性能和结构耐久性方面均具有优势。使用纳米羟基磷灰石合成地质聚合物，可使放射性污染土壤中铀的浸出浓度下降到 15.94mg/kg，固化效率达到 81.73％。有研究者利用赤泥被制备地质聚合物可以将 ^{226}Ra、^{232}Th 和 ^{40}K 的放射性降低到建筑材料要求的安全阈值之内。

2011 年由地震引发的日本福岛核电站泄漏事故中，废物焚烧飞灰中的放射性铯（Cs）需要进行安全处理。一些日本学者使用被放射性 Cs 污染的垃圾焚烧飞灰和脱水绿泥石的混合物作为地质聚合物的前驱体和碱激活剂混合后制成浆料，并在 105℃条件下固化 24h 后得到地质聚合物。在原料中 Cs 浓度低于 1.8mg/kg 的情况下，对固化产品进行浸出试验的 Cs 浸出率低于 6.9％。随后，研究人员又在飞灰中外源添加了 205mg/kg 和 80000mg/kg 的 Cs 后制成地质聚合物，浸出率分别为 2.6％和 32.3％。研究还发现，Cs 浸出率降低的主要原因是形成了铯榴石 $Cs(AlSi_2O_6) \cdot nH_2O$，提高养护温度有助于促进铯榴石的快速形成。

地质聚合物生产成本低，能耗小，几乎无污染，是一种环保型可持续发展的材料。地质聚合物具有强度高、耐久性强、抗腐蚀等优良特性，可广泛应用于汽车及航空工业、冶金部门、塑料工业、土木工程、交通工程及各种抢修工程中。在环保方面，地质聚合物代替硅酸盐水泥可以减少二氧化碳排放，还能有效固定核废料、有机污染物以及重金属离子。国内外关于地质聚合物的研究和应用案例的报道越来越多，其优异的性能和低碳、环保低成本的优势向人们展示了开发前景。

5.8　化学稳定化处理技术

5.8.1　概述

对于常规的稳定化/固化技术，如水泥固化、石灰固化及塑性材料包容等，存在一些不可忽视的问题。例如废物经固化处理后，其体积都有不同程度的提高，有的会成倍地增加，并且随着对固化体稳定性和浸出率要求的逐步提高，在处理废物时会需要更多的凝结剂，这不仅使稳定化/固化技术的费用接近于其他技术如玻璃化技术，而且会极大地提高处理后固化体的体积，这与废物的小量化和废物的减容处理是相悖的；另一个重要问题是废物的长期稳定性，很多研究都证明了稳定化/固化技术稳定废物成分的主要机理是废物和凝结剂间的化学键合力、凝结剂对废物的物理包容及凝结剂水合产物对废物的吸附作用。近年来，有学者认为，物理包容是普通水泥/粉煤灰系统稳定化/固化电镀污泥的主要机理。然而确切的包容机理和对固化体在不同化学环境中的长期行为的认识还很不够，特别是包容机理，当包容体破裂后，废物会重新进入环境，造成不可预见的影响。对于固化体中微观化学变化也没有找到合适的监测方法。对固化试样的长期化学浸出行为和物理完整性还没有客观的评价。这些都会影响常规稳定化/固化技术在未来废物处理中的进一步应用。相对于传统的稳定化/固化技术来说，熔融固化和高温烧结等技术在处理不同种类的危险废物时都能取得很好的效果，但其设施建设投资和处理成本昂贵，往往会达到传统稳定化/固化技术的数十倍甚至上百倍，也不适合于一般危险废物的大规模处理。

针对这类问题，近年来国际上提出了针对不同污染物种类的危险废物而选择不同种类的稳定化药剂进行化学稳定化处理的概念，并成为危险废物无害化处理领域的研究热点。

用化学稳定化技术处理危险废物，可以在实现废物无害化的同时，达到废物少增容或不增容，从而提高危险废物处理处置系统的总体效果和经济性。同时，可以通过改进化学药剂的构造和性能，使之与废物中危险成分之间的化学作用得到强化，进而提高稳定化产物的长期稳定性，减少最终处置过程中稳定化产物对环境的二次污染。

这一类技术的开发与研究将为危险废物稳定化/固化处理开辟新的技术领域，对整个危险废物处理系统的环境效益和经济效益产生重要的影响。

化学稳定化技术以处理含重金属的危险废物为主，例如，焚烧飞灰、电镀污泥、重金属污染土壤等，当然，化学稳定化技术在处理含有机物的危险废物时也能取得很好的效果，如可以利用氧化还原的原理处理危险废物中的有机物，使其实现解毒的目的。

到目前为止，基于不同的原理已发展了许多化学稳定化技术，这些技术主要包括：基于 pH 值控制原理的化学稳定化技术、基于氧化/还原电势控制原理的化学稳定化技术、基于沉淀原理的化学稳定化技术、基于吸附原理的化学稳定化技术以及基于离子交换原理的化学稳定化技术等，其中，前三类技术特别是基于氧化/还原电势控制原理和基于沉淀原理的化学稳定化技术是危险废物稳定化处理中最重要的应用方向。

5.8.2　化学稳定化技术的基本原理

(1) pH 值控制原理　这是一种最普遍、最简单的方法。其原理为：加入碱性药剂，将废物的 pH 值调整至重金属离子具有最小溶解度的范围，从而实现其稳定化。常用的 pH 值调整剂有石灰 [CaO 或 Ca(OH)$_2$]、苏打（Na$_2$CO$_3$）、氢氧化钠（NaOH）等。另外，除了这些常用的强碱外，大部分固化基材，如普通水泥、石灰窑灰渣、硅酸钠等也都是碱性物质，它们在固化废物的同时，也有调整 pH 值的作用。另外，石灰及一些类型的黏土可用作 pH 值缓冲材料。

(2) 氧化/还原解毒原理

① 技术原理。某些金属元素的不同价态的离子具有不同的毒性，因此为了使某些重金属离子更易沉淀且毒性最小，常常需要将其还原或氧化为最有利的价态，最典型的是把 6 价铬（Cr^{6+}）还原为 3 价铬（Cr^{3+}）、3 价砷（As^{3+}）氧化为 5 价砷（As^{5+}）。而对于氰化物和一些有机物，可以采用强氧化剂进行氧化处理，或强氧化剂结合 UV、臭氧、催化剂、加热等进行处理，达到解毒的目的。常用的还原剂有硫酸亚铁、硫代硫酸钠、亚硫酸氢钠、二氧化硫等，常用的氧化剂有臭氧、过氧化氢、氯气等。

化学氧化/还原技术可以用于通过离子价态的转变将有毒物质转变为无毒物质或毒性较低的物质，而且还会降低填埋处理的废物量。但这种方法是受到元素离子特性限制的，因此使用时应考虑到这一点。化学氧化还原方法可作为重金属污泥的处理。

选择最合适的氧化/还原剂以及它们的最佳剂量要通过实验室容器试验的研究来决定。除了需决定合适的化学品及最佳化学剂量外，其他作为总设计依据的一部分需要并决定的重要参数有：最佳 pH 值、沉淀的产生量。

② 氧化法。氰化物是一种常见的危险废物，因此需在填埋前对其进行预处理。一方面如果可以用简单的方法将氰化物转化成无毒物质，这样不仅可以对重金属进行资源回收，另一方面还会减少需要填埋处理的废物的量。世界银行第 93 号技术报告中指出，氰化物污泥可方便地用化学氧化法处理。氰化物废物大都来自电镀车间的电镀槽漂洗污泥，因此通常含有有毒重金属。常用的处理方法是在碱性溶液中用氯或次氯酸盐氧化，其反应可用下式表示：

$$CN^- + Cl_2 \longrightarrow CNCl + Cl^- \tag{5-15a}$$

$$CNCl + 2OH^- \longrightarrow CNO^- + Cl^- + H_2O \tag{5-15b}$$

式(5-15a) 反应产生的 CNCl 的毒性比氰化物强，必须在强碱性条件下（pH 值大于 10）使之迅速转化为氰酸盐［见式(5-15b)］。

上述反应生成的氰酸盐被过量氯进一步氧化：

$$2CNO^- + 3Cl_2 + 4OH^- \longrightarrow 2CO_2 + N_2 + 6Cl^- + 2H_2O \tag{5-15c}$$

由上述的反应式可以提供计算所需要氯量的方法。但是由于在废物中还含有相当数量的其他物质，例如金属和还原剂等，会消耗一定数量的氯。当氰化物以铁或镍的络合物的形式存在时，对氰化物的破坏就有一定的困难。亚铁氰酸盐 $\{[Fe(CN)_6]^{4-}\}$ 会转化为铁氰酸盐 $\{[Fe(CN)_6]^{3-}\}$，此时，氧化的效率是很低的。当存在镍时情况要好一些，例如，可以增加 20%氯的投量来得到解决。

砷渣是一种毒性较大的物质，在对此进行处理时，可以采用氧化法把三价砷氧化为五价砷，然后利用沉淀方法使其解毒，也可以结合固化法对此进行处理，常采用的氧化剂有过氧化氢和 MnO_2。

用 H_2O_2 氧化处理砷渣的反应如下：

$$As(OH)_3 + H_2O_2 \longrightarrow HAsO_4^{2-} + 2H^+ + H_2O \tag{5-16a}$$

$$AsO(OH)^{2-} + H_2O_2 \longrightarrow HAsO_4^{2-} + H^+ + H_2O \tag{5-16b}$$

用 MnO_2 氧化处理砷渣的反应如下：

$$H_3AsO_3 + MnO_2 \longrightarrow HAsO_4^{2-} + Mn^{2+} + H_2O \tag{5-17a}$$

$$H_3AsO_3 + 2MnOOH + 2H^+ \longrightarrow HAsO_4^{2-} + 2Mn^{2+} + 3H_2O \tag{5-17b}$$

另外，对于一些被有机物污染的土壤，用过氧化氢进行现场处理可以取得很好的效果。实验证实，当土壤被五氯酚污染时，利用过氧化氢作为氧化剂，可以使 99.9%的五氯酚得到降解。此外，在五氯酚分解以后，总有机碳也可以有效地去除。这说明羟基与降解产物之间的作用要比它和酚类化合物之间的作用容易发生得多。这可能是由于降解产物的环结构处于较低氧化态，并具有较高的水溶性。

③ 还原法。铬酸是一种广泛用于金属表面处理及镀铬过程的有腐蚀性的极毒物质。铬酸在化学上可被还原成毒性较低的三价铬状态。许多种化学品均能作为有效的还原剂，其中包括：二氧化硫（SO_2）、亚硫酸盐类（SO_3^{2-}）、酸式亚硫酸盐类（HSO_3^-）以及亚铁盐类（Fe^{2+}）。其典型的还原过程如下式所示：

$$2Na_2CrO_4 + 6FeSO_4 + 8H_2SO_4 \longrightarrow Cr_2(SO_4)_3 + 3Fe_2(SO_4)_3 + 2Na_2SO_4 + 8H_2O \tag{5-18a}$$

此反应在 pH 值为 2.5~3.0 之间进行，然后可溶性铬（Cr^{3+}）一般按下式通过碱性沉淀法除去：

$$Cr_2(SO_4)_3 + 3Ca(OH)_2 \longrightarrow 2Cr(OH)_3 + 3CaSO_4 \tag{5-18b}$$

Cr^{6+} 经化学还原后再进行碱性沉淀会产生大量残渣。按 $Cr(OH)_3$ 的化学计量计算，每处理 1kg Cr^{6+}，预计会产生 2kg 污泥。Cr^{3+} 不用石灰而用氢氧化钠沉淀时产生的污泥较少。

(3) 沉淀原理 利用沉淀技术对危险废物进行稳定化处理是目前应用相当广泛的一项技术，对于溶解度很低的化合物可以采用沉淀的方法进行稳定化处理（典型难溶化合物的溶解积见附录2）。常用的沉淀技术包括氢氧化物沉淀、硫化物沉淀、硅酸盐沉淀、磷酸盐沉淀、共沉淀、无机络合物沉淀和有机络合物沉淀等。

(4) 吸附原理 作为处理重金属废物的常用的吸附剂有：活性炭、黏土、金属氧化物（氧化铁、氧化镁、氧化铝等）、天然材料（锯末、沙、泥炭等）、人工材料（飞灰、活性氧化铝、有机聚合物等）。研究发现，一种吸附剂往往只对某一种或某几种污染物具有优良的吸附性能，而对其他污染成分则效果不佳。例如，活性炭对吸附有机物最有效，活性氧化铝对镍离子的吸附能力较强，而其他吸附剂对这种金属离子却表现出无能为力。

(5) 离子交换原理 最常见的离子交换剂有机离子交换树脂、天然或人工合成的沸石、硅胶等。用有机树脂和其他的人工合成材料去除水中的重金属离子通常是非常昂贵的，而且和吸附一样，这种方法一般只适用于给水和废水处理。另外，还需注意的是，离子交换与吸附都是可逆的过程，如果逆反应发生的条件得到满足，污染物将会重新逸出。

可以大规模应用的重金属稳定化的方法是比较有限的，但由于重金属在危险废物中存在形态的差别，具体到某一种废物，根据所需达到的处理效果，处理方法和实施工艺的选择是很值得研究的。

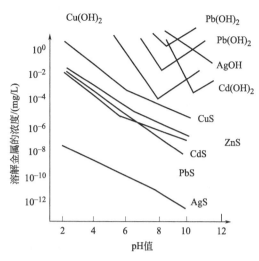

图 5-13　重金属氢氧化物与硫化物溶解度

5.8.3　氢氧化物化学稳定化技术

(1) 技术原理　图 5-13 表示不同重金属在不同 pH 值下的氢氧化物和硫化物的溶解度情况（更多的重金属化合物的溶度积见附录 2），从图中可以看出，不同的金属在不同的 pH 值下具有最低的溶解度。因此，可以通过投加碱性药剂来调节溶液的 pH 值来去除溶液中的重金属。

(2) 应用实例　表 5-6 显示了用 NaOH 溶液浸出后的飞灰浸出液和飞灰残渣中重金属 Pb 和 Cd 的浓度。随着 NaOH 浓度的增加，Pb 的浸出量也在增加。

表 5-6　用 NaOH 溶液进行浸出的实验

项目	NaOH 浓度/(mol/L)				
	0.1	0.5	1	2	3
Pb 浸出液中浓度/(mg/L)	29.83	36.21	60.98	72.18	85.02
Pb 浸出量/%	19.94	24.20	40.76	48.25	56.83
残渣中 Pb 的量/(mg/kg)	1196	1122	868	763	628
Cd 浸出液中浓度/(mg/L)	0.533	0.533	0.521	0.505	0.529
Cd 浸出量/%	20.90	20.90	20.45	19.80	20.75
残渣中 Cd 的量/(mg/kg)	20.40	20.15	20.27	20.45	20.19

注：飞灰的量为 10g，NaOH 的体积为 100mL。

Pb 的无机盐，特别是氧化物、碳酸盐、磷酸盐、砷酸盐等在强酸和强碱的溶液中都会溶解。但是，Cd 的提取浓度却不随着 NaOH 的浓度改变而改变。与表 5-7 的数据作对比，Cd 的浸出浓度在 pH 值为 9mol/L 和 5mol/L 的 NaOH 溶液中是一致的。

表 5-7　在不同的 pH 值作用下飞灰中的重金属浸出浓度的变化　　　　单位：mg/L

金属	pH=1.5	pH=3.0	pH=4.5	pH=6.0	pH=7.5	pH=9.0
Zn	94.45	88.56	75.43	57.23	28.64	18.65
Cu	2.24	1.96	1.40	0.71	0.50	0.17
Pb	45.37	42.36	38.75	24.56	8.32	2.35
Ni	0.95	0.81	0.60	0.34	0.23	0.10
Cd	2.35	2.01	1.80	1.26	0.85	0.54
Cr	0.22	0.21	0.15	0.14	0.06	0.02

综合表 5-6 和表 5-7 可以明显看出，随着 pH 值或 NaOH 浓度的增加，Pb 的浸出浓度显著增加，而 Cd 的浓度却减小了。发生的主要化学反应如下。

在较低的 pH 值下，Pb 和 Cd 的氧化物在酸性浸出液中会溶解：

$$PbO + 2H^+ \longrightarrow Pb^{2+} + H_2O \tag{5-19a}$$

$$CdO + 2H^+ \longrightarrow Cd^{2+} + H_2O \qquad (5\text{-}19b)$$

当 pH 值增加时，形成了不溶性的氢氧化物，此时使得直到 pH 值为 9 时浸出率都一直在下降。

$$Pb^{2+} + 2OH^- \longrightarrow Pb(OH)_2(s) \qquad (5\text{-}20a)$$

$$Cd^{2+} + 2OH^- \longrightarrow Cd(OH)_2(s) \qquad (5\text{-}20b)$$

pH 值（NaOH 浓度）继续增加，$Pb(OH)_2$ 会再次溶解，此时 Pb 的浸出浓度就会增加，而 Cd 的浸出变化并不会增加很多。

$$Pb(OH)_2(s) + NaOH \longrightarrow NaPb(OH)_3(l) \qquad (5\text{-}21a)$$

$$Pb(OH)_2(s) + 2NaOH \longrightarrow Na_2Pb(OH)_4(l) \qquad (5\text{-}21b)$$

$$PbO + 2NaOH + H_2O \longrightarrow Na_2Pb(OH)_4(l) \qquad (5\text{-}21c)$$

在强 NaOH 溶液中，$PbSO_4$ 也可能溶解形成 $Na_2Pb(OH)_2SO_4$：

$$PbSO_4 + 2NaOH \longrightarrow Na_2Pb(OH)_2SO_4 \qquad (5\text{-}21d)$$

浸出液残渣中 Pb 和 Cd 的浓度为 628mg/kg 和 20.19mg/kg，甚至用 5mol/L 的 NaOH 来浸出。通过以上两表可以看出，大约 16.42% 的 Pb 和 49.42% 的 Cd 可能被浸出。残渣的浸出液浓度中 Pb 的浓度为 10.3mg/L，Cd 的浓度为 0.998mg/L，接近了浸出浓度标准。因此，NaOH 溶液处理更适合 Pb 和 Zn 的萃取和修复，而不适用于飞灰的最终处置。

(3) 用途与限制 这种方法可以使某些不溶于水的重金属变为可溶，但通常会由于逆反应的存在而无法使浸出残渣达到浸出毒性标准甚至使污染物重新释放。

5.8.4 硫化物化学稳定化技术

在重金属稳定化技术中，有三类常用的硫化物沉淀剂，即可溶性无机硫沉淀剂、不可溶性无机硫沉淀剂和有机硫沉淀剂（见表 5-8）。

表 5-8 常用的硫化物沉淀剂

可溶性无机硫沉淀剂		有机硫沉淀剂	
硫化钠	Na_2S	二硫代氨基甲酸盐	$[-R-NH-CS-S]^-$
硫氢化钠	NaHS	硫脲	$H_2N-CS-NH_2$
硫化钙(低溶解度)	CaS	硫代酰胺	$R-CS-NH_2$
不可溶性无机硫沉淀剂		黄原酸盐	$[RO-CS-S]^-$
硫化亚铁	FeS		
单质硫	S		

(1) 无机硫化物沉淀 除了氢氧化物沉淀外，无机硫沉淀可能是应用最广泛的一种重金属化学稳定化方法。与前者相比，其优势在于大多数重金属硫化物在所有 pH 值下的溶解度都大大低于其氢氧化物（见图 5-13）。

但需要强调的是，为了防止 H_2S 的逸出和沉淀物的再溶解，仍需要将 pH 值保持在 8 以上，也正是由于该原因，有些国家（如日本）已经明确限制使用无机硫化物作为稳定化药剂处理重金属废物，我国也正在制定类似的标准来限制无机硫化物特别是硫化钠在危险废物稳定化方面的应用。

另外，由于易与硫离子反应的金属种类很多，硫化剂的添加量应根据所需达到的要求由实验确定，而且硫化剂的加入要在固化基材的添加之前。这是因为废物中的钙、铁、镁等会与重金属竞争硫离子。

(2) 有机硫化物沉淀 从理论上讲，有机硫稳定剂有很多无机硫化剂所不具备的优点。由于有机含硫化合物普遍具有较高的分子量，因而与重金属形成的不可溶性沉淀具有相当好的工艺性能，易于沉降、脱水和过滤等操作。在实际应用中，它们也显示了其独特的优越性，例如，可以将废水或固体废物中的重金属浓度降至很低，而且适应的 pH 值范围也较大等。在美国，这种稳定剂主要用于处理含汞废物，在日本，主要用于处理含重金属的粉尘（焚烧灰及飞灰），我国也已经成功开发有机硫化物螯合剂，并已取得好的应用效果。相对于其他稳定化药剂而言，用高分子有机硫化物为稳定化试剂处理危险废物，其运行成本高出数倍。

　　用硫脲来处理飞灰，也可以沉淀其中的重金属，形成一种有机沉淀。硫脲处理飞灰中重金属的结果见表 5-9。当硫脲的量增加到 0.076g（0.76％的飞灰质量）和 0.046g（0.46％的飞灰质量），稳定化产品的浸出性已经低于标准限值了。当达到同样稳定化效果时，硫脲的用量要小于硫化钠。

表 5-9　用硫脲来处理飞灰的实验

项　　目	样　品　号					
	1	2	3	4	5	6
硫脲投加量/mg	46.0	76.0	164.9	392.8	795.0	1534.5
硫脲/mmol	0.60	1.00	2.17	5.16	10.44	20.16
硫脲/飞灰（质量分数）/％	0.46	0.76	1.65	3.93	7.95	15.34
$C(Zn^{2+}+Pb^{2+}+\cdots)/mmol$	0.103					
硫脲/C（摩尔比）	5.8	9.7	21	50	101	196
浸出液金属浓度/(mg/L)						
Pb	3.57	1.26	0.98	0.56	0.09	0.09
Cd	0.112	0.102	0.084	0.067	0.039	0.025

　　研究表明，5％的 $Na_2S \cdot H_2O$（每 10g 飞灰中加入 2.08mmol）与 0.76％的硫脲（每 10g 飞灰中加入 1.0mmol 的 H_2NCSNH_2）对飞灰中 Cd 和 Pb 的处理效果达到一致。因此，硫脲的稳定化能力要强于硫化钠。硫脲和重金属之间的化学反应推理为以下过程（以 Pb 为例）：

$$Na_2S + Pb^{2+} \longrightarrow 2Na^+ + PbS \tag{5-22a}$$

$$\begin{matrix} H_2N \\ H_2N \end{matrix} CS + 2Pb^{2+} \longrightarrow CS \begin{matrix} NH \\ NH \end{matrix} \begin{matrix} Pb \\ Pb \end{matrix} \tag{5-22b}$$

5.8.5　硅酸盐化学稳定化技术

　　(1) 技术原理　这种技术主要的反应原理并不是溶液中的重金属与硅酸根发生反应而生成盐，而是生成一种可看作由水合金属离子与二氧化硅或硅胶按不同比例结合形成的混合物。这种混合沉淀在很宽的 pH 值范围内（2～11）有较低的溶解度。但也有部分重金属是以硅酸盐沉淀的方式稳定下来的。若采用的是硅酸盐矿物（如沸石），则技术原理主要是以离子交换和离子吸附为主。

　　(2) 应用实例

　　① 改性沸石对焚烧飞灰中 Pb^{2+} 的稳定化处理。首先对处理剂进行前期的制备，工艺为：原料—选别—粉碎—化学处理—焙烧。

　　先将沸石粉碎至 100 目以下，再进行化学处理和焙烧。化学处理一般采用无机酸（如硫酸）对矿物浸渍，再用水冲洗至中性并干燥，焙烧温度一般在 300～600℃。

　　经处理后的矿物以一定比例加入到飞灰中，再加入一定量的水，充分搅拌均匀后静置 5～7d，使反应充分进行，即得到稳定化产物。

　　② 硅酸钠对垃圾焚烧飞灰中重金属的稳定化处理。首先根据飞灰中重金属的浓度情况，将

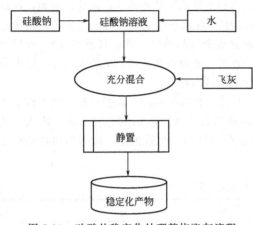

硅酸钠与水按一定的比例混合，得到硅酸钠水溶液，再与飞灰按照一定的比例混合，充分搅拌以使其混合均匀，静置24h后即得到稳定化产物。具体流程见图5-14。

(3) 用途与限制 改性沸石法由于是主要以离子交换和吸附为主，存在着长期稳定性问题，而且前处理过程比较复杂，加药量较大，使得废物处理后增重大，增大填埋成本。而且固定重金属比较单一，不能对所有的重金属元素固定，总体效果不好。硅酸钠稳定重金属法对各种重金属离子均有较好的稳定化效果，但同样需要较大的加药量，存在着经济性的问题。

图 5-14 硅酸盐稳定化处理焚烧飞灰流程

改性沸石法对含有 Pb²⁺ 较多而含其他重金属离子较少的污染物会有较好的处理效果。Pb²⁺ 与其他重金属污染物的相对含量是设计的主要依据。

5.8.6 碳酸盐化学稳定化和加速碳酸化技术

(1) 碳酸盐化学稳定化技术 碳酸盐与重金属发生化学反应生成沉淀，从而去除其中的可溶性重金属离子。以二价金属使用碳酸盐进行沉淀的反应方程式说明如下：

$$Na_2CO_3 + M^{2+} \longrightarrow MCO_3 + 2Na^+ \tag{5-23}$$

对某些金属如 Cd 及 Pb 等，碳酸盐沉淀方式可获得较氢氧化物沉淀方式更佳的效果。较低的 pH 值或浓度及更具渗透力的污泥也可以用这种方法使其沉淀。例如 Pb 及 Cd 的沉淀以氢氧化物法处理其 pH 值要达到 10 以上方可沉淀，但是以碳酸盐法 pH 值只要 7.5～8.5 即可沉淀。

这种方法比起氢氧化物沉淀法，虽然不需要较高的 pH 值，但其对 Zn 和 Ni 的处理效果并不如氢氧化物沉淀处理技术好。

一些重金属，如钡、镉、铅的碳酸盐的溶解度低于其氢氧化物，但传统的碳酸盐沉淀法并没有得到广泛应用。原因在于，当低 pH 值时，二氧化碳会逸出，即使最终的 pH 值很高，最终产物也只能是氢氧化物而不是碳酸盐沉淀。

(2) 利用 CO₂ 的加速碳酸化技术

① 加速碳酸化作用。加速碳酸化技术（accelerated carbonation technology，ACT）来源于人们对水泥的重金属固化作用的研究，模仿了自然界中 CO₂ 的矿物吸收过程，即 CO₂ 与含有碱性或碱土金属氧化物的矿石反应，生成永久的、更为稳定的碳酸盐这样一系列过程。但在自然界中，碳酸化过程是自然发生的，过程非常缓慢。加速碳酸化应用于 CO₂ 固定需要通过过程强化，加速 CO₂ 气体与废物之间的化学反应，达到工业上可行的反应速率并使工艺流程更节能。自然界中存在大量含有钙镁硅酸盐的矿石，如富含钙碱土金属的有硅灰石（$CaSiO_3$）等，富含镁碱土金属的有镁橄榄石（Mg_2SiO_4）、蛇纹石 $[Mg_3Si_2O_5(OH)_4]$、滑石 $[Mg_3Si_4O_{10}(OH)_2]$ 等，这些钙镁硅酸盐矿石能够与 CO₂ 反应，生成稳定的碳酸盐。此外，某些富含钙镁的固体废弃物，也可以作为 CO₂ 矿物碳酸化固定的原料。这些固体废弃物主要包括钢铁渣、煤飞尘、废弃物的焚化炉灰、废弃的建筑材料以及某些金属冶炼过程中的尾矿等。

② 碳酸化体系的反应动力学与机理。碳酸化过程有干法和湿法之分。干法过程是 CO₂ 气体直接与矿石原料发生气固反应，而湿法过程则是碳酸化反应在溶液介质中进行。研究发现，含钙化合物具有较高的反应活性，其反应速率一般大于含镁化合物，因而更多的机理研究在于含镁化合物，特别是含镁硅酸盐矿石的湿法碳酸化过程的研究。

湿法碳酸化反应动力学比较复杂，以结构最为简单的 MgO 湿法碳酸化过程为例，其反应机理一般有以下几步。

首先，MgO 水化电离出镁离子，同时 CO_2 溶解达到电离平衡：

$$MgO(s) + H_2O(l) \longrightarrow Mg^{2+}(aq) + 2OH^-(aq) \qquad (5\text{-}24a)$$

$$CO_2(g) + H_2O(l) \Longleftrightarrow H_2CO_3(aq) \Longleftrightarrow H^+(aq) + HCO_3^-(aq) \qquad (5\text{-}24b)$$

然后，经两种碳酸化反应方式生成 $MgCO_3$ 沉淀，其一是直接沉淀出 $MgCO_3$：

$$Mg^{2+}(aq) + CO_3^{2-}(aq) \longrightarrow MgCO_3(s) \qquad (5\text{-}25a)$$

或

$$Mg^{2+}(aq) + HCO_3^-(aq) \longrightarrow MgCO_3(s) + H^+(aq) \qquad (5\text{-}25b)$$

其二是经过中间产物如碱式碳酸盐将镁离子转化为 $MgCO_3$：

$$5Mg^{2+}(aq) + 4CO_3^{2-}(aq) + 2OH^-(aq) + 4H_2O(l) \longrightarrow Mg_5(CO_3)_4(OH)_2 \cdot 4H_2O(s)$$

$$(5\text{-}26a)$$

$$Mg_5(CO_3)_4(OH)_2 \cdot 4H_2O(s) + CO_3^{2-}(aq) \longrightarrow 5MgCO_3(s) + 2OH^-(aq) + 4H_2O(l)$$

$$(5\text{-}26b)$$

其他结构复杂的含镁硅酸盐矿石湿法碳酸化过程，也主要包括类似的过程：CO_2 溶解→钙镁离子从矿石中浸出→生成碳酸盐沉淀。

③ 加速碳酸化反应的影响因素。

a. CO_2 含量。反应气氛中 CO_2 含量是加速碳酸化技术中最重要的影响因素，根据已有研究经验，纯 CO_2 可以使碳酸化反应速度最快，并且可以用来快速确定焚烧飞灰对 CO_2 的吸附容量；对于一般焚烧厂产生烟气中 CO_2 的含量约为 12%，利用这个浓度的 CO_2 可以模拟利用烟气对焚烧飞灰进行碳酸化处理的效果；由于空气中 CO_2 的含量很低，通常为 0.03%～0.06%，所以在空气条件下的碳酸化进程是很缓慢的，为了达到标准所需的反应时间很长，但是这种自然条件的老化进程是不需要专门的设备来进行处理的，可以在一定程度上降低处理成本。

b. 反应温度。反应温度是化学反应中的关键控制因素，对于加速碳酸化反应这种吸热反应来说，温度越高，反应越快，但是过高的反应温度是需要消耗大量能量的。根据已有的研究经验，室温条件（25℃）和高温条件（150℃）下加速碳酸化反应的处理效果值得研究。室温条件是一种自然老化的模拟，可以研究在一般条件下焚烧飞灰碳酸化反应速率；而高温条件是模拟利用焚烧厂的尾气对焚烧飞灰进行处理的温度，一般焚烧厂尾气的出口温度是 150～200℃，理论上认为这种温度会加速碳酸化反应的进程。

c. 反应压力。反应压力也是化学反应中重要的影响因素，对加速碳酸化反应这种体积减小的反应来说，反应压力越大，反应速率越快。根据已有的研究经验，针对不同的反应压力（1bar、3bar、5bar、7bar）进行研究，这种实验条件是根据在工业条件下可达到的反应压力来确定的。理论上说，反应压力越大，反应速率越快，并且有可能对 CO_2 的吸附容量产生影响。

d. 含水率。水是一种重要的反应物，在加速碳酸化反应过程中，水可以帮助 CO_2 电离出 CO_3^{2-}，也可以帮助重金属电离出相应的阳离子与 CO_3^{2-}，加速反应进程，但是，添加过量的水又会增加处理成本。

④ 利用加速碳酸化技术进行废物稳定化处理的应用。目前，国外已有一些学者用 CO_2 固定底灰和飞灰中的重金属，并研究 CO_2 与重金属反应的影响因素和作用机理。Tom Van Gerven 的研究成果表明，在纯的 CO_2 气氛下，显著影响了重金属浸出浓度，这主要是由于使其 pH 值降低到了 6.4。I. Majchrzak-Kuc. eba 和 W. Nowak. A 利用飞灰来合成某种硅酸盐物质，脱水恒重后吸收一种含高浓度 CO_2 的混合气体。吸收研究结果表明，该合成物质有很高的 CO_2 吸收容量，120min 即可吸收其自身质量 5.2% 的 CO_2。这主要是因为该合成物质比表面积大（约 100m²/g），且空隙大（约 0.27cm³/g）。

研究者还发现，加速碳酸化的效果还与 CO_2 在气体中的分压、底灰/飞灰的吸附表面积、反应时间、温度以及含水率有着密切的联系。EvaRendek 等在底灰含水率为 15%、底灰粒径 4mm

和高 CO_2 分压下获得了 CO_2 的最大吸收质量，为底灰质量的 3.2%。Holger Ecke 等的实验表明，CO_2 的分压是影响 Pb 和 Zn 稳定化最主要的因素，其次依次是反应时间、水分添加量和温度。Cr 的稳定化主要依赖于空气中的氧气对它的氧化作用。M. Fernández Bertos 等在 2.5h 取得了重金属的最佳稳定化效果，认为粒径小于 710mm 的底灰和小于 212mm 的飞灰为最适宜碳酸化；尺寸适宜的底灰的最佳液固比为 0.3~0.4，飞灰为 0.2~0.3；加速碳酸化过程的反应速率受气体到固体的扩散约束，动态条件下反应速率大于静态条件。

还有一些研究者指出，碳酸化的过程与底灰中的钙含量有很大的关系，主要发生如下一系列碳酸化反应：

$$Ca(OH)_2(aq)+CO_2(aq)\longrightarrow CaCO_3(s)+H_2O(l) \tag{5-27}$$

$$V_{CO_2}=\frac{RT}{P}\times\frac{\frac{\Delta m}{M_{CO_2}}}{(100-h)m_i} \tag{5-28}$$

式中，V_{CO_2} 为在室温和二氧化碳压力为 1×10^5Pa 的条件下二氧化碳吸收量，m^3/kg；R 为热力学常数，$R=8.1345J/(K\cdot mol)$；P 为二氧化碳的压强，1×10^5Pa；T 为环境温度，293K；M_{CO_2} 为二氧化碳的摩尔质量，kg/mol；m_i 为样品 i 的原始质量，kg；h 为样品的含水量，%。

M. Fernández Bertos、S. J. R. Simons、C. D. Hills 和 P. J. Carey 等学者，研究了近年来在碳酸化工程上的发展，提供控制碳酸化过程的参数，同时考虑了反应的影响和未来的潜能等。他们的研究表明：碳酸化技术有着很广的适用性，不仅适用于大量的污染物，也适用于特殊的物理化学样品；材料需要是自然无机的，含有钙和硅盐，其中的重金属能够与 CO_2 发生水合反应、波索来反应及其他反应，才能完成碳酸化过程；当固体中含有高浓度的 CaO 和大的接触面积，会发生碳酸化作用，在自然条件下，保持 50%~70% 的湿度及正压适合碳酸化作用；重金属处理过后不可被吸收、溶解或固化，碳酸化在元素迁移上是有益影响还是有害影响，取决于废物的种类以及 CO_2 处理的类型和方式；CO_2 中的反应活度比 N_2 中的大 45%；有些废物材料会吸收 50%（质量分数）的 CO_2，说明其有着巨大的吸收 CO_2 的潜能。

在国内，清华大学课题组对于加速碳酸化技术处理生活垃圾焚烧飞灰的研究开展了初步探讨。虽然国内的生活垃圾焚烧飞灰与国外的成分、性质等存在不同，但影响其加速碳酸化反应的因素也主要与 CO_2 分压、含水率、反应时间等有关，取得的最佳参数与国外研究数据存在一定差异。研究结果表明，CO_2 对飞灰中所含的重金属 Pb 和 Cd 具有很好的稳定效果，对飞灰中的 Cr 有促进溶出的效果，是一种价格低廉、环境友好的化学稳定化处理技术。

另外，加速碳酸化技术在对重金属废物进行稳定化处理的同时也能吸收和固定一定量的 CO_2，如清华大学课题组研究发现，焚烧飞灰对 CO_2 的吸收量能达到飞灰质量的 7% 左右。因此，该技术也是 CO_2 减排及固定技术之一，它的优势在于在固定 CO_2 的同时可以使危险废物达到无害化处理。如果这项技术能够实现工程应用，将实现 CO_2 减排和废物无害化的双赢。

5.8.7　磷酸盐化学稳定化技术

(1) 技术原理　磷酸盐沉淀技术是利用磷酸根与可溶的重金属离子反应，生成不溶的金属磷酸盐，如 $Pb_3(PO_4)_2$、$Cd_3(PO_4)_2$，或者具有高稳定性的磷灰石族矿物，如 $Pb_5(PO_4)_3Cl$、$Pb_5(PO_4)OH$，从而达到稳定化重金属的目的。这种方法的特点是反应所形成的重金属盐类具有羟基磷灰石和/或磷钙矿的结晶结构 $M_5(PO_4)_3X$，X^- 为 F^-、Cl^-、OH^-，M^{2+} 为 Ca^{2+}，在有些情况下，Sr^{2+}、Ba^{2+}、Mg^{2+}、Pb^{2+}、RE（稀土）、Na^+ 等能取代 Ca^{2+}，而磷几乎全是以磷酸盐形式存在于自然界。因此在后续的填埋后，将具有良好的稳定性，将不会对环境造成二次污染。而且正是由于磷酸盐在自然界的存在形式广泛，因此取材方便，原材料的价格低廉，其成本比其他稳定化药剂低。从处理过程来说，比起其他方法，这种方法操作简便，易于实现。目前，可溶性磷酸盐药剂已被应用在去除工业废水中的重金属和铅污染土壤的治理上。

其中 PO_4^{3-} 的来源可以是可溶性磷酸盐，可以是含有 PO_4^{3-} 的天然矿物质，也可以是人工合成的物质。

① 可溶性磷酸盐。对于二价重金属稳定化，可溶性磷酸盐是一种有效的稳定剂。以 Pb^{2+} 为例，其反应机理如下：

$$3Pb^{2+} + 2PO_4^{3-} \longrightarrow Pb_3(PO_4)_2 \downarrow \tag{5-29a}$$

$$5Pb^{2+} + 3PO_4^{3-} + Cl^- \longrightarrow Pb_5(PO_4)_3Cl \downarrow \tag{5-29b}$$

$$5Pb^{2+} + 3PO_4^{3-} + OH^- \longrightarrow Pb_5(PO_4)_3OH \downarrow \tag{5-29c}$$

反应产物是金属磷酸盐、磷灰石族矿物、$M_3(PO_4^{3-})_2$ [M 代表二价金属离子] 纳米级的晶体、固溶相等沉淀产物。

② 磷灰石。对于磷灰石用于去除重金属离子的作用机理，目前人们普遍认为存在以下三种：离子吸附和离子交换机理、溶解-沉淀机理、表面络合与无定形物质的形成机理。对于不同的离子，其去除机理存在一定的差别。例如，Pb 的去除机理主要是溶解-沉淀（磷灰石的溶解和羟氟磷灰石的沉淀），Cd 和 Zn 的去除机理主要包括表面络合、离子交换和无定形物质的形成。

a. 离子吸附和离子交换机理。在金属浓度较低时，磷灰石会快速吸附 Cd^{2+}、Cu^{2+}、Pb^{2+} 和 Zn^{2+} 等重金属离子。而离子交换是指磷灰石晶格中阳离子与重金属离子发生离子交换，重金属离子进入磷灰石晶格形成新的物相。如：

$$Ca_{10}(PO_4)_6(OH)_2 + xPb^{2+} \longrightarrow Ca_{10-x}Pb_x(PO_4)_6(OH)_{2} + xCa^{2+} \tag{5-30}$$

b. 溶解-沉淀机理。随着金属浓度的增加，磷灰石表面会生成金属磷酸盐沉淀物（这个过程主要是针对 Pb^{2+}，而较少发生在 Cd^{2+} 和 Zn^{2+} 上）。当 Pb^{2+} 浓度继续增高时，$Ca_5(PO_4)OH$ 就会溶解，并形成更稳定的沉淀 $Pb_5(PO_4)_3OH$。

c. 表面络合机理。如 Cd^{2+} 与磷灰石表面的官能团进行络合，形成表面络合作用，化学式为

$$\equiv POH + Cd^{2+} \longrightarrow \equiv POCd^+ + H^+ \tag{5-31a}$$

$$\equiv PO^- + Cd^{2+} \longrightarrow \equiv POCd^+ \tag{5-31b}$$

$$\equiv CaOH + Cd^{2+} \longrightarrow \equiv CaOCd^+ + H^+ \tag{5-31c}$$

（2）用磷酸盐处理焚烧飞灰　焚烧飞灰中由于含有大量的重金属而被列入危险废物名录，规定在进行填埋之前必须经过一定的处理。在垃圾焚烧飞灰处理中，正磷酸盐被证明可有效控制其中的金属溶解性，在实现废物的少容甚至不增容的同时，将飞灰中可溶的重金属离子转变为自然界中长期稳定存在的矿物质以及不溶的金属磷酸盐，从而大大降低了重金属的渗滤特性。

WES-Phix 技术即为通过添加正磷酸盐与重金属形成不溶的金属磷酸盐，如 $Pb_3(PO_4)_2$、$Pb_5(PO_4)_3Cl$、$Pb_5(PO_4)OH$，控制飞灰中重金属的浸出。在美国和日本都有相当数量的焚烧厂使用 WES-Phix 技术处理其产生的飞灰。

（3）用途与限制　磷酸盐沉淀技术通过将可溶性的重金属离子转变为不溶的金属磷酸盐或者稳定的磷灰石族矿物，从而达到稳定化目的。并且在处理过程中，不会产生有毒有害的气体，与硫化物沉淀技术相比，更加安全。但是这种方法受到金属磷酸盐沉淀溶解度以及所产生矿物稳定性的限制。对于不同的重金属离子，其处理效果有一定差异。一般来说，对铅离子的去除效果优于其他金属离子。

磷酸盐沉淀技术可以用于含重金属废水的处理、铅污染土壤的修复和焚烧飞灰中重金属的稳定化。

5.8.8　共沉淀稳定化技术

在非铁二价重金属离子与 Fe^{2+} 共存的溶液中，投加等当量的碱调 pH 值，则由反应

$$xM^{2+} + (3-x)Fe^{2+} + 6OH^- \longrightarrow M_xFe_{3-x}(OH)_6 \tag{5-32a}$$

生成暗绿色的混合氢氧化物，再用空气氧化使之再溶解，经络合

$$M_x Fe_{3-x}(OH)_6 + O_2 \longrightarrow M_x Fe_{3-x}O_4 \qquad (5\text{-}32b)$$

而生成黑色的尖晶石型化合物（铁氧体）$M_x Fe_{3-x}O_4$。在铁氧体中，三价铁离子和二价金属离子（也包括二价铁离子）之比是 $2:1$，故可试以铁氧体的形式投加 Mn^{2+}、Zn^{2+}、Ni^{2+}、Mg^{2+}、Cu^{2+}。该技术实际是利用了二价重金属和 Fe^{2+}、Fe^{3+} 发生共沉淀而达到稳定化的目的。

例如，对于含 Cd^{2+} 的危险废物，可投加硫酸亚铁和氢氧化钠，并以空气氧化之，这时 Cd^{2+} 就和 Fe^{2+}、Fe^{3+} 发生共沉淀而包含于铁氧体中，因而可被永久磁铁吸住，不用担心氢氧化物胶体粒子不好过滤的问题。把 Cd^{2+} 集聚于铁氧体中，使之有可能被永久磁铁吸住，这就是共沉淀法捕集废水中 Cd^{2+} 的原理。

实际上，要去除可参与形成铁氧体的重金属离子，Fe^{2+} 的浓度不必那么高。但要去除 Sn^{2+}、Pb^{2+} 等较难去除的金属离子，Fe^{2+} 的浓度必须足够高。Fe^{3+} 会生成 $Fe(OH)_3$，同时 Fe^{2+} 也易被氧化为 $Fe(OH)_3$。在此过程中，重金属离子可被捕捉于 $Fe(OH)_3$ 沉淀的点阵中或被吸附于其表面，因此，可得到比单纯的氢氧化物沉淀法更好的效果。据报道，Fe^{2+} 与 Fe^{3+} 的比例在 $(1:1) \sim (1:2)$ 时共沉淀的效果最好。另外，除了氢氧化铁，其他沉淀物如碳酸钙，也可以产生共沉淀。

5.8.9 无机及有机螯合物化学稳定化技术

螯合物是指多齿配体以两个或两个以上配位原子同时和一个中心原子配位所形成的具有环状结构的络合物。如乙二胺与 Cu^{2+} 反应得到的产物即为螯合物。络合剂的种类有磷酸酯、柠檬酸盐、葡萄糖酸、氨基乙酸、EDTA 及许多天然有机酸等。

以 EDTA 为例，EDTA（ethylenediaminetra acid disodium salt）是一个非常好的复杂物质，可以通过沉淀可溶性盐类的方法使得浸出毒性减少，从而去除飞灰中的重金属（见图 5-15）。

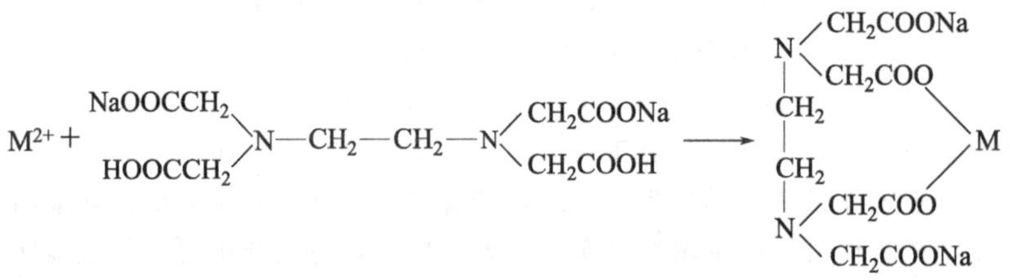

图 5-15　EDTA 和重金属发生螯合反应的示意

表 5-10 表示了 EDTA 的初浓度对于稳定飞灰中的重金属的作用。可以很清楚地看出，随着 EDTA 浓度的增加，飞灰中的 Pb 和 Cd 的浸出程度都会增加。当 EDTA 的浓度为 0.1mol/L 时，多于 70% 的 Pb 和 Cd 都被浸取出来，飞灰的浸取毒性也减少了。

表 5-10　用 EDTA 溶液稳定化处理飞灰中的重金属

项　　目	样　品　号				
	1	2	3	4	5
	0.01①	0.02①	0.05①	0.1①	0.2①
Pb 浸出液中浓度/(mg/L)	27.91	35.74	90.63	108.6	118.20
Pb 浸出量/%	18.66	23.89	60.58	72.59	79.01
浸出残渣中 Pb 的浓度/(mg/kg)	1226.0	1137.0	568.0	434.0	314.0
Cd 浸出液中浓度/(mg/L)	1.29	1.40	1.80	1.87	1.91
Cd 浸出量/%	50.49	54.70	70.67	73.23	75.01
浸出残渣中 Cd 的浓度/(mg/kg)	12.75	11.47	7.65	6.63	6.38

① EDTA 浓度（mol/L）。

当 EDTA 浓度从 0.05mol/L 增加到 0.1mol/L 时，Pb 的浸出程度从 60.58％增加到 72.59％，Cd 的浸出程度从 70.67％增加到 73.23％。因此，0.05mol/L 作为 EDTA 溶液较为合适的剂量。此时，残渣中 Pb 和 Cd 的浓度为 568.0mg/kg 和 7.6mg/kg。

清华大学的课题组在 1996 年就已通过实验室实验成功合成了多胺类和聚乙烯亚胺类重金属螯合剂，利用其高分子长链上的二硫代羧基官能团以离子键和共价键的形式捕集废物中的重金属离子，生成的稳定化产物是一种空间网状结构的高分子螯合物。实验已证明，该重金属螯合剂在处理重金属废物时具有捕集重金属离子的效率高和种类多，处理重金属废物的类型广泛，并且稳定化产物不受废物 pH 值变化的影响等优点。

螯环的形成使螯合物比相应的非螯合络合物具有更高的稳定性，这种效应被称为螯合效应。螯环对 Pb^{2+}、Cd^{2+}、Ag^+、Ni^{2+} 和 Cu^{2+} 等 5 种重金属离子都有非常好的捕集效果，去除率均达到 98％以上；对 Co^{2+} 和 Cr^{3+} 的捕集效果较差，但去除率也在 85％以上。稳定化处理效果优于无机硫沉淀剂的处理效果。得到的产物比用无机硫化物所得到的能在更宽的 pH 值范围内保持稳定，且从有效溶出量试验的结果来看，具有更高的长期稳定性。

有机螯合物处理重金属废物虽然能取得很好的稳定化效果，但作为有机物，其生物降解和热分解的特性可能影响其长期稳定性，另外，螯合剂较一般的无机化学药剂的价格高出很多，这些都会成为影响它广泛应用的重要因素。

5.9 固化/稳定化产物性能的评价方法

5.9.1 概述

废物在经过固化/稳定化处理以后是否真正达到了标准，需要对其进行有效的测试，以检验经过稳定化的废物是否会再次污染环境，或者固化以后的材料是否能够被用作建筑材料等等。对稳定化的效果进行全面的评价是一个相当复杂的问题。它需要通过对固化/稳定化处理后的废物进行物理、化学和工程方面的测试。应该注意的是，测定的结果与测定的方法有很大的关系。此外，预测经过稳定化的废物的长期性能，是更加困难的任务。例如，在目前基本上还不可能测定已处理废物经过长期的冻融循环、干湿循环所产生的行为，或者在长期压力负荷或湿热环境下所产生的诱导效应等，因为这些条件在实验室条件下是无法模拟的。

为了评价废物稳定化的效果，各国的环保部门都制定了一系列的测试方法。很明显，人们不可能找到一个理想的，适用于一切废物的测试技术。每种测试得到的结果都只能说明某种技术对于特定废物的某一些污染特性的稳定效果。

测试技术的选择以及对测试结果采用何种解释取决于对废物进行稳定化处理的具体目的。例如，废物处置场的环境恢复是稳定化技术应用的一个重要方面。为对场地进行去污或将有害物质固定下来，究竟选择哪种药剂，使用多少数量药剂，都与场地的计划用途有关，可能需要对此作出风险评价。比如，对废物对于地下水的潜在危险的计算结果，可能与处理后废物砷的浸出速率有密切关系，此时就应该对可浸出的砷含量进行测定。

为了达到无害化的目的，要求固化/稳定化的产物必须具备一定的性能，这些性能包括：①抗浸出性；②抗干-湿性、抗冻融性；③耐腐蚀性、不燃性；④抗渗透性（固化产物）；⑤足够的机械强度（固化产物）。

对于上述各项要求，需要有相应的手段检验。我国对于固化/稳定化技术早已开展了科学研究工作，并且已在工程中实施，也已制定针对稳定化废物质量进行控制的标准和测试方法。此节归纳了国外目前使用的几种测试方法。

5.9.2 固化/稳定化处理效果的评价指标

固化/稳定化处理的基本要求是：①所得到的产品应该是一种密实的、具有一定几何形状和较好的物理性质、化学性质稳定的固体；②处理过程必须简单，应有有效措施减少有毒有害物质的逸出，避免工作场所和环境的污染；③最终产品的体积尽可能小于掺入的固体废物的体积；④产品中有毒有害物质的水分或其他指定浸提剂所浸析出的量不能超过容许水平（或浸出毒性标准）；⑤处理费用低廉；⑥对于固化放射性废物的固化产品，还应有较好的导热性和热稳定性，以便用适当的冷却方法就可以防止放射性衰变热使固化体温度升高，避免产生自熔化现象，同时还要求产品具有较好的耐辐照稳定性。

以上要求大多是原则性的，实际上没有一种固化/稳定化方法和产品可以完全满足这些要求，但如其综合比较效果尚优，在实际中就可得到应用和发展。

通常采用下述物理、化学指标鉴定固化/稳定化产品的好坏程度。

(1) 浸出率 将有毒危险废物转变为固体形式的基本目的，是为了减少它在贮存或填埋处置过程中污染环境的潜在危险性。污染扩散的主要途径，是有毒有害物质溶解进入地表或地下水环境中。因此，固化体在浸泡时的溶解性能，即浸出率，是鉴别固化体产品性能最重要的一项指标。

测量和评价固化体浸出率的目的有二：①在实验室或不同的研究单位之间，通过固化体难溶性程度的比较，可以对固化方法及工艺条件进行比较、改进或选择；②有助于预计各种类型固化体暴露在不同环境时的性能，可用于估计有毒危险废物的固化体在贮存或运输条件下与水接触所引起的危险大小。

(2) 体积变化因数 体积变化因数定义为固化/稳定化处理前后危险废物的体积比，即

$$C_R = \frac{V_1}{V_2} \tag{5-33}$$

式中，C_R 为体积变化因数；V_1 为固化前危险废物体积；V_2 为固化后产品的体积。

体积变化因数在文献中有多种名称，如减容比、体积缩小因数、体积扩大因数，这是针对不同的物料而言的。体积变化因数，是鉴别固化方法好坏和衡量最终处置成本的一项重要指标。它的大小实际上取决于能掺入固化体中的盐量和可接受的有毒有害物质的水平。因此，也常用掺入盐量的百分数来鉴别固化效果；对于放射性废物，C_R 还受辐照稳定性和热稳定性的限制。

(3) 抗压强度 为使危险废物能安全贮存，必须具有起码的抗压强度，否则会出现破碎和散裂，从而增加暴露的表面积和污染环境的可能性。

对于一般的危险废物，经固化处理后得到的固化体，如进行处置或装桶贮存，对其抗压强度的要求较低，控制在 $10\sim50\text{kgf/cm}^2$ 便可；如用作建筑材料，则对其抗压强度要求较高，应大于 100kgf/cm^2。对于放射性废物，其固化产品的抗压强度，苏联要求 $>50\text{kgf/cm}^2$，英国要求达到 200kgf/cm^2。表 5-11 列出以水泥为固化基材的固化产物的抗压强度，表 5-12 列出不同材料固化产物的典型抗压强度。

表 5-11　以水泥为固化基材的固化产物的抗压强度　　　　单位：kgf/cm^2

废物种类	3d 后	7d 后	28d 后	废物种类	3d 后	7d 后	28d 后
一种含砷废物		27.3	52.5	一种含铬废物		7.6	15.4
一种废水	13.5	23.1	42.7	一种含铬废物		10.9	21.7

表 5-12　不同材料固化产物的典型抗压强度　　　　　　　　　　单位：N/cm²

固化材料及固化时间	抗压强度
由普通水泥、砂及石子按标准拌和的混凝土(B. S. 12)，28d 后	4500±1000
由普通水泥及砂按标准拌和的砂浆(B. S. 12)，3d 后	2100
用于填空隙、土壤稳定化、容器底部水泥涂盖物以及现场作业的工业水泥砂浆，28d 后	77～616
以水泥为基料的固化产物，28d 后	200～800

5.9.3　固体废物的浸出机理

在现场条件下，稳定固化废物中有害组分的浸出决定于废物形式的内在性质以及该地的水文条件和地球化学性质。虽然在实验室中可以利用物理和化学试验方法确定废物形式的内在性质，但是实验室环境下的控制条件与变化的现场是不等价的。实验室数据在最好情况下也只能模拟现场形式处于理想静态（条件位于某时的一个点）或情况最复杂的现场条件下的情况。现在，浸出试验可以用来比较各种固化/稳定化过程的效果，但是还不能证明它们可以确定废物的长期浸出行为。

现场中多孔介质的浸出可以以溶解迁移方程为模型，这个模型与下列因素有关：
① 废物和浸出介质的化学组成；
② 废物以及周围材料的物理和工程性质（例如粒径、孔隙率、水力传导率）；
③ 废物中的水力梯度。

第一个因素包括浸出流体与废物之间的化学反应及其动力学，正是这些化学反应将不迁移的污染物转化为可迁移的污染物。后两个因素用来确定流体以及可迁移污染物在废物中的运动。

废物的物理和工程性质以及水力梯度确定了浸出溶液与固化体的接触形式。水力梯度与有效孔隙率以及导水率一起决定了浸出溶液通过稳定固化体的迁移速率和迁移量。例如，如果固化体与周围物质相比渗透性较差（即水力传导率较低），那么浸出溶液就会从固化体周围流过。当完整无损的稳定固化体放置在水力传导率比其高出 100 倍（即 10^{-6}～10^{-4} cm/s）的介质中时就会发生这种情况。在这样的情况下，浸泡溶液和稳定固化体的接触就大部分发生在固化体的几何表面上。然而，由于物理和化学老化的作用，固化体的导水率会随着时间增加，通过固化体的液流量也会增加。因此，在长期运行情况下，浸出溶液与固化体的接触就会发生在稳定固化体中的颗粒表面。

废物和浸出溶液的化学组成决定了那些使固化体中污染物迁移或不迁移的化学反应的类型和动力学特性。使固化体中吸附或沉淀的污染物发生迁移的反应包括溶解和解析。在非平衡条件下，这些反应与沉降和吸附等反应并行。一般当稳定固化体与浸出溶液接触时就会形成不平衡条件，造成污染物向浸取溶液的净迁移或浸出。

影响废物中污染物分子扩散的化学动力学因素主要有：
① 颗粒表面孔隙溶液废物的积累；
② 颗粒表面孔隙溶液中反应组分的浓度（例如 H^+、络合剂）；
③ 浸出孔隙溶液或固化体中废物或反应组分的总体化学扩散；
④ 浸泡溶液和固化体的极性；
⑤ 氧化/还原条件以及并行反应动力学特性。

因为实验室浸出试验经常利用标准水溶液（中性溶液、缓冲溶液或者稀酸溶液）而不是现场溶液，因此，实验室结果不能直接代表现场浸出情况。如前所述，利用标准溶液进行的实验室浸出试验在相似的试验条件下并且采用相似的浸取溶液时可以比较废物组分的相对浸出率。

在多孔介质中，污染物的迁移（或浸出）动力学特性取决于废物和浸出溶液的物理和化学性质，并由对流机理以及弥散/扩散机理所控制。对流是指由水力梯度引起的水力流动以及因此而造成的高溶解性污染物的迁移。弥散是指机械混合造成孔隙溶液中污染物质的迁移以及分子扩散（层流中相邻流层的物质迁移）。由于大部分稳定固化废物的渗透率都很低，所以其吸收的或化学固定的组分的迁移速率一般被认为是由固化体中颗粒表面的分子扩散控制，而不是对流或弥散。

颗粒与孔隙溶液的交界面处化学势的形成是水溶液或固化体中污染物组分迁移的推动力，这种迁移是由扩散控制的。这种不平衡条件主要由浸取溶液的化学组成和速率决定。

一般来说，对于稳定化方法进行选择的首要依据是最大限度地减小污染物从废物迁移到环境中的速率。当降水渗过稳定固化体时，污染物将首先进入水中，并溶解其中的某些组分，形成渗滤液，随后即将这些组分带入地下水并进入环境。对于固化体提出抗渗透性要求的目的，是减少进入固化体的水分。而更重要的是减小有害组分从固化体进入浸出液的速率，该性能是通过浸出实验来确定的。很明显，要达到这个目的，需要通过两种途径：减小固化体被水浸泡后污染物在水相中的浓度，以及减小污染物在地质介质中的迁移速度。

目前应用的判断污染物通过地质介质向地下水，进而向环境中迁移的速率的方法可大致分为静态和动态两种。它们都是根据可溶性污染物在固-液两相之间的分配规律而定出的。静态方法直接测定在固液平衡状态下液相中的污染物浓度，而动态方法则是使用试验柱来测定污染物的迁移速率。

事实上，污染物在静态下在两相的分配与可溶性污染物在地质介质中的迁移速度是相互关联的。可溶性污染物在地质介质中的迁移可以用一个多维方程来描述。对于污染物在大面积土壤中由于水分的垂直渗透而导致的迁移，可以简化为一维动力弥散方程：

$$D_x \frac{\partial^2 C}{\partial x^2} - V_x \frac{\partial C}{\partial x} - \lambda R_d C = R_d \frac{\partial C}{\partial t} \tag{5-34}$$

式中，D_x 为水流方向的弥散系数；R_d 为滞留因子，其物理意义为水在某多孔介质中迁移速率与给定污染物迁移速率之比；C 为溶液中污染物的浓度；t 为时间；V_x 为水流速度；λ 为衰变常数。

式(5-34) 中的 R_d 值是用试验方法，根据水和污染物在试验柱上的穿透时间比来确定的。对于重金属等非降解类型的污染物，衰变常数可取为零。

静态试验是将固体废物与水在一定条件下平衡足够时间以后，分别测定在固相和液相中污染物的含量。在单位质量固体与单位体积液相中，污染物含量的比值称为分配系数，它是衡量固体废物中污染物向水中迁移速率的重要参数，可按下式计算：

$$K_d = \frac{\dfrac{C_0 - C}{m}}{\dfrac{C}{V}} \tag{5-35}$$

式中，K_d 为分配系数；C_0 为溶液中污染物初始浓度，mg/L；C 为溶液中污染物平衡浓度，mg/L；V 为溶液体积，mL；m 为固相物质的质量，g。

在分配系数与滞留常数之间存在着如下的数值关系：

$$R_d = 1 + \frac{\rho}{\eta_e} K_d \tag{5-36}$$

式中，ρ 为柱中固相的装填密度，g/cm³；η_e 为介质的有效空隙率。

国内外的研究工作者对于多种污染物在不同的地质介质与水之间的分配情况进行了大量的工作，积累了相当完全的分配系数与滞留常数的数据。对于这些数据进行必要的调查，就可以无须进行试验而直接计算出废物毒性物质浸出浓度。但应该注意的是，由于用动态方法难以在两相间达到真正的平衡，测出的数据往往偏低。此外，当污染物浓度太高（例如在数百毫克/升以上）时，污染物在两相间的分配不符合线性规律，所以在计算结果与试验数据间会导致一定的偏差。

浸出试验大都采用静态实验的方法，通过强化实验条件，使废物中的有害物质在短时间内溶入溶剂中，然后根据浸出液中有害物质的浓度，判断其浸出特性。这些方法都需要将试样破碎到一定尺寸，并且以溶液的最终浓度表示，与时间无关。但实际的浸出过程是一个动态的过程，其浸出速率与时间有关，往往开始时速度快，随着时间的推移，其浸出速率逐渐减小。此外，在实际的处置场中，固化体不可能破碎得很小。

5.9.4 浸出率的定义及浸出试验

（1）浸出率的国际标准定义 为了评价固化体的浸出性能，提出了"浸出率"的概念。但是，关于固体废物浸出率的定义、计算公式和浸泡实验方法，曾有多种不同的表示方法，并无统一标准，以下介绍国际原子能机构和国际标准化组织关于浸出率的定义。

① 国际原子能机构（IAEA）关于浸出率的定义。国际原子能机构（IAEA）把标准比表面积的样品每日浸出放射性（即污染物质量）定义为浸出率，即

$$R_n = \frac{\dfrac{a_n}{A_0}}{\left(\dfrac{F}{V}\right)t_n} \tag{5-37}$$

式中，R_n 为浸出率，cm/d；a_n 为第 n 个浸提剂更换期内浸出的污染物质量，g；A_0 为样品中原有的污染物质量，g；F 为样品暴露出来的表面积，cm²；V 为样品的体积，cm³；t_n 为第 n 个浸提剂更换期的时间历时，d。

IAEA 定义的浸出率实际上是"递增浸出率"，它能反映出浸出率的实际变化趋势，即固化体中污染物质的浸出率通常不是恒定的，它取决于固化体与水接触的持续时间。固化体开始与水接触时浸出率最大，然后逐渐降低，最后几乎趋于恒定。浸出率降低量及其达到恒定值所需要的时间，不同的固化体是不一样的。由于浸出率通常随时间变化，因而表示为浸泡数据与时间的关系，常以增值浸出率对时间绘图。

IAEA 推荐的浸泡实验结果的另一种表示法是用样品累计的浸出分数对总的浸泡时间作图，即

$$\frac{\dfrac{\sum a_n}{A_0}}{\dfrac{F}{V}}对\sqrt{\sum t_n} \quad 或 \quad \frac{\sum a_n}{A_0}对\sqrt{\sum t_n} \tag{5-38}$$

如果成直线关系，则说明污染物质的浸出规律可用费克（Fick）扩散定律来近似。对半无限情况，扩散系数 D 可表示为：

$$D = \frac{\pi}{4}\left(\frac{V}{F}\right)^2 m^2 \tag{5-39}$$

式中，m 为 $\sum a_n / A_0$ 对 $\sqrt{\sum t_n}$ 作图所得直线的斜率。这样可求出扩散系数 D。

在研究固化体的浸泡性能时，扩散系数 D 是一个重现性很好的常数，与样品的浸泡面积或有效体积无关，仅与温度有关，因此可将其应用于外推计算各种几何形状的危险废物固化体长期浸泡时的性能情况。假定污染物质固化体中的浸出为扩散控制机理，便可推导出污染物质长期累计释放的数学模型。

② ISO（国际标准化组织）关于浸出率的定义及表示。ISO（国际标准化组织）关于浸出率的定义及表示方法与国际原子能机构（IAEA）的定义较为类似，要求固化体中各组分 i 的浸出实验结果以增量浸出率与累计浸出时间 t 的关系来表示，即

$$R_n^i = \frac{\dfrac{a_n^i}{A_0^i}}{F t_n} \tag{5-40}$$

式中，R_n^i 为第 i 组分的增量浸出率，kg·m²/s；a_n^i 为第 n 次浸出周期浸出的 i 组分的质量，kg；A_0^i 为原始样品中 i 组分的质量浓度，kg/kg；F 为样品被浸泡的表面积，m²；t_n 为第 n 个浸出周期延续时间，s；n 为浸出周期序号。

由于浸出率是随时间（浸出周期）变化的，所以对它的表示不能用一个定值，只能采用列表或图解的方法，根据浸出曲线评价固化体的浸出特性。

图 5-16 表示了浸取溶液的速率对发生在颗粒表面的污染物浸出速率的影响。浸取溶液速率（v）为单位时间（T）内单位表面积（S_A）上与废物接触的浸出溶液的体积（V）：

$$v = \frac{V}{S_A T} \qquad (5\text{-}41)$$

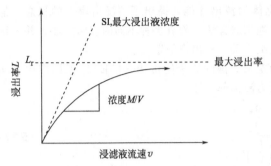

图 5-16　浸出液流速与浸出速率的关系曲线

浸出速率 L 为单位表面（S_A）、单位时间内浸出废物的质量（M）：

$$L = \frac{M}{S_A T} \qquad (5\text{-}42)$$

图 5-16 中浸出曲线的斜率为浸出液中废物的浸出浓度，即 M/V。在浸取溶液高流速时（通过固化体的流动较快），浸出速率接近最大值 L_r。而且，如果该种废物的浸出是由扩散控制的，浸出液的浓度就非常低（接近 0），在浸出溶液高流速时，在颗粒表面产生高浸出速率和低浸出液浓度，这是因为颗粒表面保持了不平衡条件。在实验室研究中，当不断用新溶液补充浸出溶液时，就会得到高浸出速率。

在浸取溶液低流速时（即静水条件下），浸出的废物量接近饱和极限 SI，或最大浸出液浓度。当浸取溶液得不到补充时，浸取溶液便与废物达到平衡，因而形成浸取溶液的低流速和最大浸出液浓度。

浸出液浓度和浸泡溶液流速之间的这些关系对于理解并解释浸出试验结果很重要，因为随浸出溶液流速、接触表面积、浸取溶液体积以及浸出时间的不同，浸出试验情况也大不相同。浸取溶液的化学成分变化范围也很广，既可能是中性溶液，也可能是强酸性溶液或强碱性溶液。

(2) 几种不同的浸出试验方法　大量的浸出试验已经被应用于对固体废物的测试，其中包括那些专门用来对稳定固化废物进行测试的试验。以下介绍几种常用的浸出试验。

① 提取（或间歇提取）试验。提取（或间歇提取）试验是指一种浸出试验，在这个浸出试验中，一般要在浸取溶液中对粉状的废物进行搅拌。浸取溶液是酸性的或是中性的，而且在整个提取试验过程中可以变化。提取试验包括一次提取和多次提取。对每一种情况，都假定在提取结束时浸出达到了平衡，因此，浸出试验一般被用来确定在给定的试验条件下的最大或饱和浸出液浓度。

② 浸泡试验。浸泡试验是另一种类型的浸出试验，试验过程中没有搅拌。这些试验是评价整块（而非压碎的）废物的浸出性质。浸出可以在静态或动态条件下进行，这取决于浸取溶液更新的速率。在静态浸出试验中，不更换浸取溶液，因此，浸出是在静水条件下进行的（低浸取液流速，浸出液浓度达到最大）。在动态浸出试验中，浸取溶液定期以新溶液更换，因此这个试验模拟了在不平衡条件下对整块废物进行的浸出。在这个试验中，浸出速率很高，而浸出液没有达到最大饱和极限。因此说来，静态和动态指的是浸取溶液的流速，而不是其化学组分。

③ 动态浸出试验。动态浸出试验的结果通常以流量或质量迁移参数（即浸出速率）来表达，而提取试验的数据是用浸出液浓度或总浸出质量占总含量的份额来表达。这两种浸出试验之间的另一个重要区别在于：提取试验是短期试验，时间为几个小时到几天；而浸泡一般需要几周或者几年的时间。由于在提取试验中（即使是短期的），废物被压碎，可以得到较大的浸出表面面积，因而它被用来模拟最大情况浸出条件。对整块废物进行的浸泡试验（即使是长期的）经常被用来模拟在妥善管理的短期情况下的浸出，在这种情况下废物块是完整无损的。

④ 浸出柱试验。浸出柱试验是另一种实验室浸出试验。在这个试验中，将粉末状的废物装入柱中，并使之与特定流速的浸取溶液连续接触。一般用泵使浸泡溶液穿过柱中废物向上流动。由于浸泡溶液通过废物的连续流动，因此柱试验比间歇提取试验更能体现现场浸出条件。然而由

于试验过程中出现的沟流效应，废物的不均匀放置、生物生长以及柱的堵塞等问题，使得试验结果的可重复性不是很好。

在上述四种浸出试验中，间歇提取试验和浸出柱试验是较为常用的试验方法。目前在各个不同的实验室所用的方法有许多改变之处，因此，从这些试验所发表的结果通常不可能相互关联。表 5-13 列出了间歇提取试验和浸出柱试验各自优缺点的比较，仅供参考。

表 5-13　间歇提取试验和浸出柱试验的优缺点

试验方法	优　　点	缺　　点
间歇提取试验	可避免浸出柱试验中的边界效应 试验所需要的时间一般要比浸出柱试验少	不能模拟填埋场的主要环境 不能测定真正的浸出液浓度，而是测定其平衡浓度 需要一个标准的过滤程序
浸出柱试验	此法可模拟废物浸出液成分(浸出柱作为除外)及填埋场中所存在的浸出液缓慢的迁移过程,可以很好地预测成分浸出与时间的关系	有沟流及填充不均匀的现象 易堵塞 有生物生长,有边界效应,时间需要较长 重复性较差

5.9.5　国内外固体废物标准浸出毒性方法及其应用

固体废物浸出液的制备是对其浸出毒性进行鉴别的重要程序，不同的国家都有不同的浸出毒性方法（如表 5-14 所示）。对于同一种固体废物采用不同的浸出毒性方法所得最终结果会有显著的差别，在具体的应用中，必须采用标准浸出毒性方法制备浸出液，再根据浸出液中污染物的测定值，与相应的浸出毒性鉴别标准值进行比较，然后对该固体废物进行特性判断。

表 5-14　国内外浸出毒性测定方法比较

国　　家		废物/g	液固比(溶液 mL：废物 g)	浸　取　剂	萃取 时间/h	温度 /℃
中国旧标准	翻转法	70	10：1	去离子水或蒸馏水	18	室温
	水平振荡法	100	10：1	去离子水或蒸馏水	8	室温
中国新标准	醋酸缓冲溶液法	75～100	20：1	醋酸溶液 pH=4.93±0.05 醋酸溶液 pH=2.64±0.05	18±2	23±2
	硫酸硝酸法	40～50(挥发性有机物,ZHE 法)150～200(其他,2L 提取瓶)	10：1	硫酸硝酸溶液 pH=3.20±0.05(用于测定重金属和半挥发性有机物) 试剂水(用于测定氰化物和挥发性有机物)	18±2	23±2
	水平振荡法	100	10：1	水,GB/76682,二级	8	室温
美国(TCLP)		100	20：1	醋酸溶液 pH=4.93±0.05 醋酸溶液 pH=2.88±0.05	18±2	18～25
日本		50	10：1	盐酸溶液 pH=5.8～6.3	6	室温
南非		150	10：1	去离子水	1	23
德国		100	10：1	去离子水	24	室温
澳大利亚		350	4：1	去离子水	48	室温
法国		100	10：1	含饱和 CO₂ 及空气的去离子水	24	18～25
英国		400	20：1	去离子水	5	室温
意大利		100	20：1	去离子水以 0.5mol/L 醋酸维持其 pH=5.0±0.2	24	25～30

需要特别指出的是，我国在 1997 年颁布实施的标准《固体废物　浸出毒性浸出方法》（GB 5086—1997）分为翻转法和水平振荡法，2007 年国家又颁布了新的标准浸出毒性方法《固体废物　浸出毒性浸出方法　硫酸硝酸法》（HJ/T 299—2007）和《固体废物　浸出毒性浸出方法　醋酸缓冲溶液法》（HJ/T 300）。其中，采用旧标准的浸出毒性方式测得的固体废物的浸出浓度，可以对照表 2-15 的标准值进行对比判断；采用新标准的浸出毒性方法测出的浸出浓度可以照表 2-16 的标准值进行比较判断。虽然新标准颁布后相关的旧标准即废止，但由于我国在该方向的大量研究成果都是基于旧标准开展的工作，为便于比较，本书将新旧标准同时列出讨论。

对废物进行固化/稳定化的主要目的是使之达到填埋场的入场要求。除去废物的毒性浸出标准之外，尚有一系列其他标准需要达到。例如在各种废物之间的相容性、废物与防渗衬层之间的相容性、废物的物理性质等。对于这些方面，将在废物的最终处置部分加以更详细的介绍。填埋处置关于固化体的机械强度主要是测定其抗压强度，作为填埋处置一般无须对固化体提出高强度要求，但在填埋时为防止产生局部沉降，要求稳定化后的废物被压实到最大密度的 90%～95%，为此必须要严格调整废物中的含水量。如果是作为建筑材料加以综合利用时，则通常要求其抗压强度必须大于 100kgf/cm^2。目前均参照原有对建筑材料的标准方法进行测试。本书主要介绍中国、美国和日本关于固体废物毒性浸出试验的标准方法。

(1) 我国国家标准毒性浸出试验（翻转法和水平振荡法）　我国《固体废物　浸出毒性浸出方法》（GB 5086—1997）关于浸出液的制备规定了两种不同的方法：《翻转法》（GB 5086.1—1997）和《水平振荡法》（GB 5086.2—1997），不同的方法其操作程序和使用范围有一定差异，分别介绍如下。

① 翻转法。将样品制成 5mm 以下粒度的试样，取部分试样进行水分测定（进行水分测定后的样品，不得用于浸出毒性试验）。翻转法所用浸取剂为去离子水或同等纯度的蒸馏水，称取干基试样 70.0g，装入 1L 具密封高型聚乙烯瓶中，并按照液固比 10∶1 的比例加入浸取剂，然后固定在转速为 (30±2)r/min 的翻转式搅拌机搅拌 18h，静止 30min 后用 0.45µm 微孔滤膜或中速蓝带定量滤纸过滤。收集全部滤出液进行分析。

如果样品的含水率大于等于 91% 时，则将样品直接过滤，收集其全部滤出液，供分析用。

如果样品的含水率较高但小于 91% 时，则在浸出试验时应根据样品中的含水量，补加与按规定的固液比计算所需浸取剂量相差的数量的浸取剂后，重复上述步骤。

翻转法主要适用于固体废物中无机污染物（氰化物、硫化物等不稳定污染物除外）的浸出毒性鉴别。

② 水平振荡法。将样品制成 3mm 以下粒度的试样，取部分试样进行水分测定（进行水分测定后的样品，不得用于浸出毒性试验）。在水平振荡法中浸取剂采用去离子水或同等纯度的蒸馏水。称取干基试样 100g，置于 2L 具密封广口玻璃瓶中，按照液固比 10∶1 加入浸取剂，固定在频率为 (110±10) 次/min 的往复式水平振动器上，在室温下振荡 8h 后静止 16h，用 0.45µm 微孔滤膜或中速蓝带定量滤纸过滤，收集全部浸出液进行分析。

如果样品的含水率大于等于 91% 时，则将样品直接过滤，收集其全部滤出液，供分析用。如果样品的含水率较高但小于 91% 时，则在浸出试验时应根据样品中的含水量，补加与按规定的固液比计算所需浸取剂量相差的数量的浸取剂后，重复上述步骤。

水平振荡法适用于固体废物中无机污染物（氰化物、硫化物等不稳定污染物除外）的浸出毒性鉴别与分类。

(2) 我国部颁标准浸出毒性浸出方法（硫酸硝酸法、醋酸缓冲溶液法和水平振荡法）　2007 年国家环境保护总局颁布了《固体废物　浸出毒性浸出方法　硫酸硝酸法》（HJ/T 299—2007）和《固体废物　浸出毒性浸出方法　醋酸缓冲溶液法》（HJ/T 300—2007），前者适用于固体废物及其再利用产物以及土壤样品中有机物和无机物的浸出毒性鉴别，后者适用于固体废物及其再利用产物中有机物和无机物的浸出毒性鉴别（但不适用于氰化物的浸出毒性鉴别）。2010 年国家环境保护部颁发了《固体废物　浸出毒性浸出方法　水平振荡法》(HJ 557—2010)。该标准代替《固体废物　浸出毒性浸出方法　水平振荡法》(GB 5086.2—1997)，与原国标操作过程基本类似。对于含有非水溶性液体的样品，以上标准都不适用。

① 硫酸硝酸法。本法以硝酸/硫酸混合溶液为浸提剂，模拟废物在不规范填埋处置、堆存或经无害化处理后废物的土地利用时，其中的有害组分在酸性降水的影响下，从废物中浸出而进入环境的过程。

1#浸提剂用浓硫酸和浓硝酸的混合液配置，其 pH 值为 3.20±0.05，用于测定样品中重金属和半挥发性有机物的浸出毒性。采用 2L 标准广口瓶，称取 150～200g 干样品，按照液固比 10∶1 配入，在转速 (30±2)r/min 的翻转式振荡器上振荡 18h±2h(23℃±2℃)，取过滤后液体样分析。

2#浸提剂为试剂水，用于测定氰化物和挥发性有机物的浸出毒性。采用标准零顶提取器 ZHE (见标准附图)，称取干基质量为 40～50g 的样品，快速转入 ZHE，按照液固比 10∶1 加入 2#浸提剂，在 23℃±2℃下振荡 18h±2h，取过滤后液体样分析。

② 醋酸缓冲溶液法。本法以醋酸缓冲溶液为浸提剂，模拟工业废物在进入卫生填埋场后，其中的有害组分在填埋场渗滤液的影响下，从废物中浸出的过程。

利用冰醋酸、氢氧化钠和试剂水配置不同 pH 值的浸提剂，1#浸提剂的 pH 值为 4.93±0.05，2#浸提剂的 pH 值为 2.64±0.05。

浸提剂的使用方法如下：取 5.0g 样品至 500mL 烧杯或锥形瓶中，加入 96.5mL 试剂水，盖上表面皿，用磁力搅拌器猛烈搅拌 5min，测定 pH 值，如果 pH<5.0，用浸提剂 1#，如果 pH>5.0，加 3.5mL 的 1mol/L 浓度盐酸，盖上表面皿，加热至 50℃，并在此温度下保持 10min，冷却至室温后测 pH 值，如果 pH<5.0，用浸提剂 1#，如果 pH>5.0，用浸提剂 2#。对于挥发性物质的浸出只用浸提剂 1#。

对于挥发性有机物的浸出，采用 ZHE，称取干基质量 20～25g 的样品，按照液固比 20∶1 加入浸提剂，在转速 (30±2)r/min 的翻转式振荡器上振荡 18h±2h(23℃±2℃)，收集浸出液分析。对于除挥发性有机物以外的其他物质的浸出，采用 2L 提取广口瓶，称取 75～100g 干基样品，按液固比 20∶1 配入相应的浸提剂，在转速 (30±2)r/min 的翻转式振荡器上振荡 18h±2h (23℃±2℃)，取过滤后液体样分析。

③ 水平振荡法。本法适用于评估在受到地表水或地下水浸沥时，固体废物及其他固态物质中无机污染物 (氰化物、硫化物等不稳定污染物除外) 的浸出风险。

将样品制成 3mm 以下粒度的试样，取 20～100g 样品进行水分测定，样品中含有初始液相对，应将样品进行压力过滤，再测定滤渣的含水率。若干固体百分率小于或等于 9％时，所得到的初始液相即为浸出液，直接进行分析；若干固体百分率大于 9％时，将滤渣按下列方法浸出，初始液相与全部浸出液混合后进行分析。

称取干基试样 100g，置于 2L 具密封广口玻璃瓶中，按照液固比 10∶1 加入浸取剂 (水，GB/76682，二级)，固定在频率为 (110±10) 次/min 的往复式水平振荡器上，在室温下振荡 8h 后静止 16h，用 0.45μm 微孔滤膜过滤，收集全部浸出液进行分析。

除非消解会造成待测金属的损失，用于金属分析的浸出液应按分析方法的要求进行消解。

(3) 美国固体废物 TCLP 毒性浸出程序　将废物粉碎，并用 9.5mm 的筛子筛分来制备废物样品，并且用硼硅玻璃纤维过滤器在 50psi 的压力下进行过滤，将液体从固相中分离出去。在该毒性浸出程序 (TCLP) 中有两种酸性缓冲浸泡溶液可供选择，这取决于废物的碱性以及缓冲容量。这两种都是醋酸缓冲溶液，两种浸取液的 pH 值同我国固体废物毒性浸出方法的水平振荡法。在充满式提取器中加入浸泡溶液，使得液固比达到 20∶1，并且采用美国国家标准局 (NBS) 回转搅拌器，以 30r/min 的速度将废物样品搅拌 18h。将浸出溶液进行过滤并与从固体中分离出去的那一部分溶液一起进行分析 (TCLP 流程图见图 5-17)。

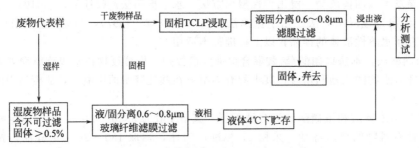

图 5-17　毒性浸出程序（TCLP）流程

美国 EPA 提出这个试验一是为了取代浸取过程毒性试验（EP Tox）作为危险废物或无害废物的判断标准，二是应用一些废物作为危险废物处理的标准依据。利用 ZHE 仪器，TCLP 可以用来测定挥发性或半挥发性有机化合物的浸出，还可以用来评估现场所能达到的最不利情况下的浸出液最大浓度。

（4）日本固体废物毒性浸出程序　日本固体废物浸出液的制备方法（环告 13）有以下两种。

① 方法一。本方法适用项目包括：烷基汞、汞、Cd、Pb、有机磷化合物、Cr（Ⅵ）、As、氰、PCBs、秋兰姆、西玛嗪、Se 等。

将样品制成 5mm 以下粒度的试样，浸取剂采用 pH 值为 5.8～6.3 的盐酸溶液，液固比采用 10：1，试验用混合液要大于 500mL。在常温、常压下用频率 200r/min、振幅 4～5cm 的振荡器连续振荡 6h，用孔径 1μm 的滤膜过滤，收集一定量的滤液用于测定。过滤有困难时，在 3000r/min 下，将试样离心分离 20min，取上清液用作测定液。

② 方法二。本方法适用项目主要为挥发性物质，包括三氯乙烯、四氯乙烯、二氯甲烷、四氯化碳、1,2-二氯甲烷、1,1-二氯乙烯、顺-1,2-二氯乙烯、1,1,1-三氯乙烷、1,1,2-三氯乙烷、1,3-二氯丙烷、苯。

将样品制成 5mm 以下粒度的试样，浸取剂配制同方法一，在预先放入搅拌子的具塞 500mL 三角烧瓶中，将试样与浸取剂按 1：10 比例加入，从速加盖密封。混合液要大于 500mL，且尽量减少顶空。在常温下，用磁力搅拌器连续搅拌 4h。静止 10～30min 后，经预先装有滤纸并与滤纸支架相连的玻璃制注射器轻轻地吸取约 20mL 上清液，推内筒排出空气及初始的数毫升液体后，正确分取 10mL 于具塞试管（25mL）中，作为检液。

讨论题

1. 固化技术、稳定化技术和包容技术的定义是什么？固化技术和稳定化技术之间有什么区别和联系？
2. 化学稳定化技术和物理稳定化技术之间的区别和联系是什么？
3. 请列举利用化学反应原理的稳定化处理技术，列举利用吸附原理的稳定化处理技术。
4. 常用的是 Freundlich 等温线，其经验模型为：$X/M = KC_f^{1/n}$［式中，X 为被吸附的污染物质量，mg，$X = (C_i - C_f)V$；V 为溶液的体积，L；M 为活性炭的质量，mg；C_i 为污染物在溶液中的初始浓度，mg/L；C_f 为污染物在溶液中的最终浓度，mg/L；K，n 为经验常数，需在实验室测定］。用 100mL 浓度为 600mg/L 的二甲苯溶液，取不同量的活性炭放置其中，振荡 48h，将样品过滤后测定二甲苯的浓度。分析结果如下表。假定采用活性炭吸附技术处理二甲苯废水，废水流量为 10000L/d，二甲苯浓度为 600mg/L，要求处理出水浓度为 10mg/L，计算活性炭的日用量。

M/g	C_f/(mg/L)	M/g	C_f/(mg/L)
0.6	25	0.2	310
0.4	99	0.05	510
0.3	212		

5. 请说明用氧化还原解毒原理对铬渣和砷渣分别进行化学稳定化的技术过程、所用试剂及涉及的化学反应等。

6. 已知在废物流中氰化物含量为每天 85kg CN$^-$，试确定达到下述目标时所需要的氯和氢氧化钠的量：将氰化物氧化为氰酸盐；将氰化物氧化为 N$_2$（氢氧化钠的投量应保证 pH 值为 10.0，以防止产生有毒物质 CNCl）。

7. 评价固化稳定化产物的主要指标有哪些，分别代表何意义？

8. 请说明在固化稳定化技术中化学稳定化技术的优缺点。

9. 请比较我国 1997 年国家标准的固体废物　浸出毒性浸出方法（翻转法和水平振荡法）和 2007 年国家环境保护总局、2010 年环境保护部颁布的新的浸出毒性浸出方法（硫酸硝酸法、醋酸缓冲溶液法和水平振荡法）的区别，从中能说明在什么方面的改变？

10. 请分别说明水泥固化、沥青固化和熔融固化技术的技术工艺特点，以及不同技术的优缺点。

11. 有害组分在两相中的分配系数 K 可以下式表述：$K = C_e / C_r$ [式中，K 为分配系数（无量纲）；C_e 为平衡时有机污染物在萃取液中的浓度（质量分数），%；C_r 为平衡时有机污染物在萃余液中的浓度（质量分数）]。请计算，当 $K = 4$ 时，为从 4t 的原料中一次提取 50% 有害污染物，至少需要多少千克萃取剂？

12. 有机变性黏土是将普通黏土进行处理，使之有机化（organophilic）以后的产物。将有机变性黏土与其他添加剂配合使用，可以利用吸附原理对有机污染物起到有效的稳定作用。某种饱和砂性土壤被三氯乙烯所污染，现利用有机变性黏土进行稳定化。如下图所示，设饱和土壤的空隙率为 50%，土壤的湿密度为 2.0g/cm^3，在饱和土壤空隙水中三氯乙烯的浓度为 500mg/L。试对于如图中所示两种变性黏土，计算为稳定砂性土壤中全部三氯乙烯所需要的有机变性黏土的数量。

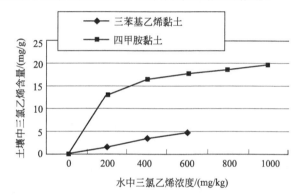

13. 利用浸出毒性方法能否直接用于固化/稳定化产物的长期稳定性评价？

14. 请比较分析变价态的铬渣和砷渣稳定化处理的原理及其工艺。

6 固体废物生物处理技术

6.1 概　述

6.1.1 固体废物的生物处理

从固体废物中回收资源和能源，减少最终处置的废物量，从而减轻其对环境污染的负荷，已成为当今世界所共同关注的课题。固体废物的生物处理技术恰好适应了这一时代需求。这是因为在几乎所有生物处理过程中均伴随着能源和物质的再生与回用。

固体废物中含有各种有害的污染物，有机物是其中的一种主要污染物。这一点对于城市生活垃圾来说尤其如此。生物处理就是以固体废物中的可降解有机物为对象，通过生物的好氧或厌氧作用，使之转化为稳定产物、能源和其他有用物质的一种处理技术。

固体废物的生物处理方法有多种，例如堆肥化、厌氧消化、纤维素水解、有机废物生物制氢技术等。其中，堆肥化作为大规模处理固体废物的常用方法得到了广泛的应用，并已经取得较成熟的经验。厌氧消化也是一种古老的生物处理技术，早期主要用于粪便和污泥的稳定化处理以及分散式沼气池，近年来随着对固体废物资源化的重视，在城市生活垃圾的处理和农业废弃物的处理方面也得到开发和应用。其他的生物处理技术虽然不能解决大规模固体废物减量化的问题，但是作为从废物中回收高附加值生物制品的重要手段，也得到了较多的研究。固体废物生物处理的作用可归纳为以下四个方面。

① 稳定化和杀菌消毒作用。在生物处理过程中，废物中的有机物转化为 H_2O 和 CO_2、CH_4、NH_3、H_2S 等气体，以及性质稳定的难降解有机物，不仅可以达到稳定化的效果，而且其产物不会对环境造成污染。另外，有机物分解过程中的厌氧环境以及反应热所导致的高温过程，还可以杀灭废物中绝大多数病原菌，实现废物的无害化。

② 废物减量化。废物经过生物处理后，其中的有机物可以减少 $30\%\sim50\%$。这对于以有机物为主的城市生活垃圾来说，其减量化效果尤其显著。

③ 回收能源。我们生活中大量使用的各种生物质（biomass），作为重要的太阳能储存体，蕴涵着巨大的潜在能源。随着生物科学的进步与发展，利用生物技术使之转化为可以直接利用的能源，即开发生物能，已成为一种时代的潮流。例如，厌氧消化可以使污泥和生活垃圾中的有机物转化为具有较高能源价值的沼气，还可以将其转换成热能或电能，从而实现固体废物的资源化。

④ 回收物质。通过生物处理的手段从固体废物中回收有用物质的方法，除了应用较为广泛的生产堆肥化产品外，还有纤维素水解生产化工原料和其他生物制品，养殖蚯蚓生产生物蛋白，以及生物制氢回收利用氢气等技术。

6.1.2 有机废物生物处理过程的基本原理

本节主要介绍能把固体废物中的有机组分转化为气体、液体以及固体产物的生物和化学反应过程，主要将讨论其中的生物反应，因为在有机废物的处理过程中，生物反应应用得最为广泛。所讨论的生物反应过程包括好氧堆肥、低固体浓度的厌氧消化、高固体浓度的厌氧消化和高固体浓度的厌氧消化/好氧堆肥。在讨论每个单独的生物处理过程前，先介绍一些生物反应的基本原理。

(1) 微生物生长所需的营养条件　为了能维持正常的新陈代谢和生长繁殖功能，微生物必须要获得能源、碳源以及无机盐如 N、P、S、K、Ca、Mg，有时还需要生长因子（即某些在微生物生长过程中不能自身合成的，同时又是生长所必需的须由外界所供给的营养物质）。微生物所需的能源和碳源（通常就是指基质）以及无机盐和生长因子随着微生物种类的不同而不同，在下面的章节中将会有专门的论述。

① 能源和碳源。两种最常见的碳源是有机碳和 CO_2。利用有机碳来合成细胞物质的微生物叫做异养微生物，利用 CO_2 来获得碳的叫做自养微生物。从 CO_2 到细胞物质的转化是一个还原反应，需要吸收能量。因此，自养微生物在合成时会比异养微生物消耗更多的能量，从而导致了自养微生物的生长率往往较低。

细胞合成的能源可以是太阳光，也可以是一个化学反应所产生的能量。能利用太阳光作为能源的生物叫做光能营养微生物。光能营养微生物可以是异养微生物（通常是硫细菌），也可以是自养微生物（藻类和光合细菌）。利用化学反应来获得能量的叫做化能营养微生物。与光能营养微生物一样，化能营养微生物既有异养微生物（原生动物、真菌和大部分的细菌），又有自养微生物（硝化细菌）。化能自养微生物能氧化一定的无机物（如氨、亚硝酸盐、硫离子等），利用所产生的化学能，还原 CO_2，合成有机物。化能异养微生物利用有机物作为生长所需的能源和碳源。可根据能源和碳源的不同，对微生物进行分类，结果见表 6-1。

表 6-1　微生物的分类（根据能源和碳源的不同）

类　　　别		能　　　源	碳　　　源
自养微生物	光能自养微生物	光能	CO_2
	化能自养微生物	无机物的氧化反应	CO_2
异养微生物	化能异养微生物	有机物的氧化反应	有机碳
	光能异养微生物	光能	有机碳

② 无机盐和生长因子。除能源和碳源以外，无机盐往往也是微生物生长的限制因素。微生物所需的主要无机盐元素包括 N、S、P、K、Mg、Ca、Fe、Na 和 Cl，以及一些微量元素，如 Zn、Mn、Mo、Se、Co、Cu、Ni 和 W。

除了上述无机盐以外，一些微生物在生长过程中还需要某些不能自身合成的，同时又是生长所必需的须由外界所供给的营养物质，把这类物质叫做生长因子。生长因子可分为 3 类：氨基酸类、嘌呤和嘧啶类、维生素类。

(2) 微生物的代谢类型　根据代谢类型和对分子氧的需求，可将化能异养微生物作进一步的分类。好氧呼吸作用的过程是：首先在脱氢酶的作用下，基质中的氢被脱下，同时氧化酶活化分子氧，从基质中脱下的电子通过电子呼吸链的传递与外部电子受体分子氧结合成水，并放出能量。而在厌氧呼吸作用过程中，则没有分子氧的参与，因为厌氧呼吸作用所产生的能量少于好氧呼吸作用。正因为如此，异养厌氧微生物的生长速率低于异养好氧微生物生长的速率。

在好氧呼吸作用中，电子受体是分子氧。只能在分子氧存在的条件下依靠好氧呼吸来生存的微生物叫绝对好氧微生物。有些好氧微生物在缺氧时可以利用一些氧化物（如硝酸根离子、硫酸根离子等）作为电子受体来维持呼吸作用（见表 6-2），其反应过程称为缺氧过程。

表 6-2　在细菌呼吸过程中典型的电子受体

环 境 条 件	电 子 受 体	反 应 类 型
有分子氧	分子氧，O_2	好氧呼吸
无分子氧	硝酸根离子，NO_3^-	脱硝反应
	硫酸根离子，SO_4^{2-}	脱硫反应
	二氧化碳，CO_2	产甲烷过程

只能在无分子氧的条件下，通过厌氧代谢来生存的微生物叫做绝对厌氧微生物。还有另外一种微生物既可以在有氧环境中也可以在无氧环境中生存，这种微生物叫做兼性微生物。根据代谢过程的不同，兼性微生物又可分为两种。真正的兼性微生物在有氧环境下进行好氧呼吸，而在无氧环境下则进行厌氧发酵。另外有一种兼性微生物实际上是厌氧微生物，该微生物始终进行严格的厌氧代谢，只是对分子氧的存在具有较强的忍耐能力。

(3) 微生物的种类　根据细胞结构和功能的不同，微生物可分为真核微生物、真细菌和古细菌，如表 6-3 所示。在有机废物的生物反应过程中，起主要作用的是原核微生物（包括真细菌和古细菌，以下简称细菌）。真核生物还包括植物、动物和真菌等。在有机废物的生物反应过程中，起重要作用的真核生物包括霉菌、酵母菌。考虑到上述微生物在有机废物的生物反应过程中的重要性，这些微生物在本书中将有专门的论述。

表 6-3　微生物的分类

类 别	细胞结构	特 征	成 员 举 例
真核生物	具有真正的细胞核	多细胞结构，并具有不同功能的组织	植物、动物
		单细胞或多细胞结构，没有组织差异	原生生物、藻类、真菌
真细菌	没有真正的细胞核	细胞结构和组成与真核生物相似	大部分的细菌
古细菌	没有真正的细胞核	独特的细胞结构和组成	产甲烷细菌、嗜盐细菌

① 细菌。细菌是微小的、单细胞的、没有真正细胞核的原核生物。根据外形，细菌可分为三类：球菌、杆菌和螺旋菌。球菌的直径一般在 $0.5\sim4\mu m$ 之间；杆菌约 $0.5\sim20\mu m$ 长，$0.5\sim4\mu m$ 宽。螺旋菌的长度往往大于 $10\mu m$，宽度约 $0.5\mu m$。细菌在自然界中广泛存在，不管是在有氧环境中还是在无氧环境中。由于细菌所能利用的无机物和有机物的种类非常多，因此在工业生产中细菌得到了广泛的应用，以获得细菌代谢过程中特定的中间产物和最终产物。细菌细胞中最重要的组分是水，约占细胞总质量的 80%，干物质约占 20%。干物质中有机物约占 90%，另外约 10% 为无机盐。细菌有机质化学组成的近似分子式为 $C_5H_7O_2N$。根据这个分子式，可知细菌有机质中约有 53% 为碳。无机盐的化学组成包括 P_2O_5（50%）、CaO（9%）、Na_2O（11%）、MgO（8%）、K_2O（6%）、Fe_2O_3（1%）。因为所有这些元素和化合物都来源于外部环境，所以若基质中缺乏这些物质，就会限制甚至在某些条件下还会改变细菌的生长。

② 霉菌。霉菌是多细胞的真菌，不能进行光合作用，属于异养微生物。跟细菌不同，绝大多数的霉菌在水分很少时也能够生存。绝大部分霉菌的最佳 pH 值约为 5.6，但在 2～9 这个范围内也能生存。这种微生物的代谢类型是好氧呼吸，霉菌具有丝状的菌丝，宽约为 $4\sim20\mu m$。由于霉菌能够在恶劣的环境条件下降解多种有机化合物，在工业生产中，霉菌被广泛地应用于高附加值的化合物的合成，如有机酸（柠檬酸、葡萄糖酸等）、各种抗生素（青霉素、灰黄霉素等）以及酶（纤维素酶、蛋白酶、淀粉酶等）。

③ 酵母菌。酵母菌是单细胞的真菌。其菌体呈圆形，直径约 $8\sim12\mu m$；或呈椭圆形，长约 $8\sim15\mu m$，宽约 $3\sim5\mu m$。从工业生产的角度出发，可将酵母菌分为"野生的"和"驯化的"两

类。一般来说，野生酵母菌几乎没有实用价值，但是驯化的酵母菌被广泛地应用于将碳水化合物发酵为酒精和二氧化碳。

④ 放线菌。放线菌的性质介于细菌和霉菌之间。放线菌的形状和霉菌相似，不过宽度约为 $0.5\sim1.4\mu m$。在工业生产中，这类微生物被广泛用于抗生素的生产。由于放线菌和霉菌的生长特性相似，所以为了简单起见，经常将放线菌和霉菌一起进行讨论。

(4) 环境条件　环境条件如温度和 pH 值对微生物的生长具有重要作用。尽管微生物往往能够在某个温度和 pH 值范围内生存，但是最适宜于微生物生长的温度范围和 pH 值范围却很窄。温度在最适宜温度之下时对细菌生长速率的影响作用要大于温度高于最适宜温度时。现已发现，当温度低于最适宜温度时，温度每升高 $10℃$，生长速率大约增加到原来的 2 倍。根据最适生长温度的不同，细菌可分为低温细菌、中温细菌和高温细菌三大类。上述每类细菌所能生存的典型温度范围如表 6-4 所示。

表 6-4　低温、中温、高温细菌的生长温度　　　　　　　　　　　　单位：℃

种　类	温　度　范　围	最　适　温　度
低温细菌	$-10\sim30$	15
中温细菌	$20\sim50$	35
高温细菌	$45\sim75$	55

在 pH 中性（$6\sim9$）的条件下，微生物生长较好，且这时 pH 值不是微生物生长的一个重要影响因素。一般来说，细菌生长的最适 pH 值为 $6.5\sim7.5$。当 pH 值大于 9.0 或小于 4.5 时，未离解的弱酸或弱碱分子比氢离子或氢氧根离子更容易进入细菌细胞内部，改变细胞内部的 pH 值，从而导致细胞被破坏。

对于微生物的生长而言，水分是另外一个非常重要的环境因素。在对有机废物进行生物处理以前，必须知道它的含水率。在很多堆肥工艺中，为了保证细菌的正常活动，都需要向废物中另外添加水分。在厌氧消化过程中，水分的添加则取决于有机废物的特征和所采用的厌氧工艺的类型。最后，为了保证细菌的正常生长，环境中还不能含有细菌生长的抑制剂，如重金属、氨、硫离子以及其他有毒物质。

6.2　固体废物生物处理的典型技术

6.2.1　固体废物的堆肥化技术

(1) 堆肥化的定义　堆肥化（composting）是利用自然界广泛存在的微生物，有控制地促进固体废物中可降解有机物转化为稳定的腐殖质的生物化学过程。堆肥化制得的产品称为堆肥（compost）。能用堆肥化技术进行处理的废物包括庭院垃圾、有机生活垃圾、有机剩余污泥和农业废物等。

根据微生物生长的环境可以将堆肥化分为好氧堆肥化和厌氧堆肥化两种。好氧堆肥化是指在有氧存在的状态下，好氧微生物对废物中的有机物进行分解转化的过程，最终的产物主要是 CO_2、H_2O、热量和腐殖质；厌氧堆肥化是在无氧存在的状态下，厌氧微生物对废物中的有机物进行分解转化的过程，最终产物是 CH_4、CO_2、热量和腐殖质。

通常所说的堆肥化一般是指好氧堆肥化，这是因为厌氧微生物对有机物的分解速度缓慢，处理效率低，容易产生恶臭，其工艺条件也比较难控制。在欧洲的一些国家已经对堆肥化的概念进行了统一，定义堆肥化就是：在有控制的条件下，微生物对固体和半固体有机废物的好氧中温或高温分解，并产生稳定的腐殖质的过程。

但是，应当指出的是，堆肥化的好氧或厌氧是相对的。由于堆肥化物料的颗粒较大且不均匀，好氧堆肥化的过程中不可避免地存在一定程度的厌氧发酵现象。此外，在我国对于堆肥这个名词的理解，与国际上还有一定的差别，在应用时要注意到这一情况。例如，从我国目前的国情出发，作为城市生活垃圾的主要处理处置手段，国家在很多城市大力推行堆肥化技术。其中的所谓简易堆肥化技术，就是建立在厌氧条件下的发酵分解过程。这种堆肥化方法的特点是建设投资与运行成本低，普适性强，易于在经济欠发达地区实行。但是，由于生产出的堆肥化产品质量低，肥效差，没有太大的商品价值。而在国内经济较发达地区所推行的则是好氧堆肥化技术。由于需要对原料垃圾进行较严格的分选、强制通风和机械化搅拌，对设备的要求高、运行能耗大，建设费用和运行费用也比前者高得多。但是，它具有发酵周期短和能连续操作的特点，生产出的肥料质量也高，还可以进一步制成有机颗粒肥料。

(2) 固体废物堆肥化技术的历史及发展　应用堆肥化处理有机废物的历史十分悠久。早在几千年前，人类就开始在农业生产中使用这项技术。将秸秆、落叶、杂草、人畜粪便等混合堆积，经过一段时间的发酵后作为肥料使用。这种古老的方式至今还在世界上不少地区使用。进入 21 世纪后，随着人口的增加和城市化的进程，城市生活垃圾的产生量急剧增加，在一些发达国家开始研究将堆肥化技术用于城市生活垃圾的大规模处理，并不断提高其机械化程度。1920 年，英国人 A. Howard 首先在印度提出了当时称为印多尔法的堆肥化技术。到 1925 年，经 Bangalore 改进后，又称为 Bangalore 法。该法是将垃圾、秸秆、落叶、杂草和人畜粪便等交替堆置 4～6 个月，在此期间多次翻垛以促进好氧发酵。这种方法在印度、非洲和欧美等地均得到了广泛应用。与此同时，还出现一些类似的方法。如意大利的 Beccari 法，其特点是先在密闭容器中进行厌氧发酵，然后再通入空气促进好氧分解。此后，Verdlier 又将其进一步改进，采取了将厌氧发酵过程产生的渗出液循环使用的流程，并通过充分供给空气缩短发酵时间。上述这些方法均为厌氧条件下的发酵过程，其共同的特点是周期长，有机物分解不完全，而且发酵会产生恶臭。

1933 年，在丹麦出现的 Dano 堆肥化方法，标志着连续性机械化堆肥工艺的开端。该方法使用一种卧式转筒发酵设备，有机废物的发酵周期可以缩短到 3～4d。1939 年，Earp Thomas 发明的立式多段发酵塔在美国取得专利。该方法是使物料在塔中从上至下逐层移动，并加强了发酵过程的通风和搅拌。该方法的发酵温度高、周期短，在许多国家得到了广泛的应用。至此，堆肥化技术已经初步形成了现代化生产方式与规模，在城市固体废物的治理上起到了重要作用。

在现代堆肥化技术的发展过程中也曾经出现过低谷。例如，到 20 世纪 70 年代初期，日本采用堆肥化技术处理的城市生活垃圾量大幅度减少，许多堆肥厂陆续停产倒闭。其原因是工业化的高速发展将大量的有毒化学物质和高分子有机物带入城市垃圾中，严重影响了堆肥化产品的质量。美国的堆肥化产品也在相当长一段时期由于销路不广而发展缓慢。进入 90 年代后，固体废物的堆肥化处理从技术到应用方面又重新出现回升趋势。但目前美国发展堆肥化技术的主要目标是向发展中国家推行。

进入 20 世纪 80 年代后，由于城市规模的不断扩大和固体废物产生量的逐年增加，世界各国都面临填埋处置场地难以确保的严重局面。像日本、瑞士等国土面积狭窄的工业发达国家，其城市生活垃圾的处理逐渐转向焚烧后填埋的方式。但是，焚烧处理的设备昂贵，需要大量的资金投入；焚烧产生的二次污染，特别是焚烧尾气的二噁英问题，也使许多国家对此望而止步。

随着科学技术的进步和人们对废物资源化要求的逐步提高，固体废物的堆肥化又重新受到注目。针对上述传统堆肥化技术所存在的问题，相应的技术和设备得到了开发和应用。对废物破碎及分选技术与设备的改进，在客观上提供了高品质堆肥连续化生产的可能性；新兴的颗粒肥料生产技术，除在原有技术上增加了对杂物的精细分离外，还通过添加必要的肥料成分使之形成统一的产品标准，并最终制作成便于运输和施用的颗粒形状。这些技术和设备的改进，使得废物堆肥化产品的商品化又前进了一大步。

我国城市垃圾处理起步较晚，在很长一段时间内购地露天堆放仍然是大部分城市采用的垃圾处理的方式，最近几年逐步转变为焚烧处理。2011年堆肥处理占比已降到2.7%，机械化程度较高，各大城市都建立了较为完整的堆肥化体系，包括前处理、发酵、后处理工艺及设备，开发并采用了大型设备处理系统，能够达到千吨级的日处理能力。堆肥的产品质量、运行操作的可控性、环境指标都达到了一定的水平。此外，在农村地区，还推广了小型的堆肥器，有助于农村与家庭有机废物的高效利用。在开发实用技术的同时，对于堆肥腐熟度的测定、堆肥微生物生长特性和降解能力以及高温堆肥中氧的传递等基础研究方面也取得了很好的效果。我国城市垃圾堆肥化的处理技术已经进入了大规模实用的阶段，主要应用于有机固体废物的处置上。

根据2017年颁布的《中共中央国务院关于深入推进农业供给侧结构性改革，加快培育农业农村发展新动能的若干意见》，在农村中深入推进化肥零增长行动、推广有机肥替代化肥的工作，为农村厨余垃圾的堆肥化处理提供了良好的政策支持；此外，动态容器式堆肥尺寸适宜、灵活度高的优点也为家庭、社区厨余垃圾的源头就地处理提供了可能。在垃圾分类的大背景下，堆肥尤其是好氧堆肥仍有可能是餐厨、厨余垃圾处理的重要方式之一。因此，堆肥有着十分广阔的应用前景。从全球来看，堆肥在欧美国家具有重要应用，例如美国每年餐厨垃圾堆肥量占到了城市垃圾生产总量的5%，且大部分家庭都安装了餐厨垃圾的处理机器。目前，厨余及餐厨垃圾的堆肥处理在我国已是较为完备和成熟的技术，且已经具有较高的商业应用水平，例如北京就有多家餐厨垃圾处理厂采用堆肥工艺处理餐厨垃圾，从而得到有机肥料，具有一定的经济效益，主要的技术突破在过程优化与效率提升上。

目前堆肥处理技术存在的问题是预处理过程相对复杂、占地较大、处理周期较长。此外，堆肥技术受垃圾成分的制约很大，厨余垃圾需要经过脱水或与园林、农业废物等混合后才适合进行好氧堆肥处理。在堆肥过程中还容易产生臭气及有机质含量较高的渗滤液，垃圾无害化程度有限，需要进一步通过调整微生物群落、生物除臭塔除臭等方式来减小环境危害。

6.2.2 固体废物的厌氧消化技术

（1）固体废物厌氧消化的定义 厌氧消化（anaerobic digestion，AD）是指在厌氧微生物的作用下，有控制地使废物中可生物降解的有机物转化为CH_4、CO_2和稳定物质的生物化学过程。由于厌氧消化可以产生以CH_4为主要成分的沼气，故又称为甲烷发酵。

（2）固体废物厌氧消化技术的历史及发展 人类应用厌氧消化技术的历史十分悠久。早期大多是在农村利用人畜粪便和一些农业废物进行小规模的厌氧发酵，产生的沼气用于家庭取暖、照明和炊事等。厌氧消化技术最初的工业化应用是作为粪便和污泥的减量化和稳定化手段得以实施的。厌氧消化处理可以去除废物中30%～50%的有机物，并使之稳定化。

20世纪70年代初，由于能源危机和石油价格的上涨，许多国家开始寻找新的替代能源，这时厌氧消化技术显示出其优势。1980年，欧共体委员会曾经预测，欧洲10%～15%的能源将由新的替代能源产品提供，使得厌氧消化技术的研究重新受到人们的注目。目前，欧美多个国家的厌氧发酵技术均达到商业化水平，单个处理器年处理量能达到万吨级。而在温室效应得到广泛关注的今天，厌氧消化作为负碳技术，相比焚烧、好氧堆肥更有利于有机固废的处理。

在我国，对厌氧消化技术的应用也有较长的历史。从50年代末期，就在农村地区开始兴建沼气池。据报道，2019年全国农村户用沼气池3380万个左右，沼气工程超过10万个。随着城市垃圾分类的推进，我国已普遍采用厌氧发酵技术处理厨余垃圾和餐厨垃圾，以"预处理—干式厌氧消化""预处理—湿式厌氧消化""预处理—生物水解—湿式厌氧消化"等工艺流程为主，建造了多个厨余垃圾厌氧消化工程。

厌氧消化技术主要有以下特点：

① 可以将潜在于有机废物中的低品位生物能转化为可以直接利用的高品位沼气；

② 与好氧处理相比，厌氧消化不需要通风动力，设施简单，运行成本低，属于节能型处理方法；

③ 适于处理高浓度有机废水和废物；

④ 经厌氧消化后的废物基本得到稳定，可以用作农肥、饲料或堆肥化原料；

⑤ 厌氧微生物的生长速度慢，常规方法的处理效率低，设备体积大；

⑥ 厌氧过程会产生 H_2S 等恶臭气体。

6.2.3 固体废物的其他生物处理技术

(1) 固体废物产酸产氢技术 厌氧发酵技术是指在厌氧条件下，利用微生物降解高有机质固体废物，形成一系列高附加值的产品，包括沼气、挥发性脂肪酸（VFAs）、H_2 等。目前，大部分研究集中在固体废物厌氧发酵产甲烷，而有关产酸产氢的研究较少。VFAs 是廉价的速效碳源，由 C2～C6 的小分子有机酸混合而成，其可以用于城市污水处理厂和渗滤液处理厂等的碳源投加环节，节省运行成本。H_2 是一种新型能源，燃烧效率高，燃烧后的产物为水，不造成二次污染，减少温室气体排放，且氢能发电的运输损耗比传统水电、火电更低。

厌氧发酵产酸产氢技术来源于厌氧发酵产甲烷技术，是指在厌氧条件下，利用厌氧细菌分解底物中的有机质，将有机质转化成 CO_2、H_2 和 VFAs，并自身增值。厌氧发酵产酸产氢技术通过控制反应条件，将厌氧发酵过程控制在产酸阶段，分为水解、产酸、产氢产乙酸三个阶段，具有反应周期短（通常 3～4d）、产品用途广的优势。餐厨垃圾厌氧发酵产酸产氢过程如图 6-1 所示。

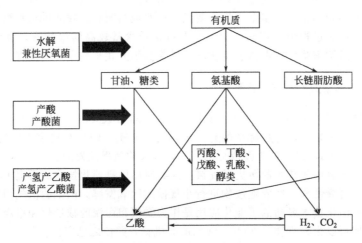

图 6-1　餐厨垃圾厌氧发酵产酸产氢过程

影响厌氧发酵产酸产氢的主要因素有以下几种。

① pH 值。微生物在极酸性（pH<3）和极碱性（pH>12）条件下无法生存，不利于厌氧发酵的进行。据研究，厌氧发酵的 pH 值最佳范围在 5～11，根据底物的不同有所区别。当发酵底物为污泥时，最佳的 pH 值条件为碱性，能够释放更多的胞外聚合物，促进微生物利用生长，也能够抑制产甲烷菌，更好地控制反应。当发酵底物为厨余垃圾和餐厨垃圾时，最佳的 pH 值条件是中性或者酸性，有助于固体废物的水解，促进 VFAs 的生成。pH 值对 VFAs 的组成也会造成影响。

② 温度。厌氧发酵主要分为常温发酵、中温（30～45℃）发酵和高温（50～60℃）发酵。据研究表明，温度升高能够促进水解反应，提高产酸量，但过高的温度可能会影响酶的活性，对产物产量的提升反而具有抑制作用。

③ 有机负荷率。有机负荷率能够直接影响厌氧体系的产酸环节，其提高对 VFAs 的产量增加具有促进作用，但过高的有机负荷会影响传质速率，反而造成体系的不稳定。有机负荷率同样会影响 VFAs 的组成。

④ 停留时间。停留时间的适量增长能够提高 VFA 的产量，但过长的停留时间会影响产物组成，停留时间短能够抑制产甲烷菌，对产酸更有利。据研究，产酸过程发生在发酵开始的 $0 \sim 7d$，但稳定的产甲烷过程需要 10d 以上。

⑤ 添加物。向反应体系增加试剂能够强化厌氧反应，表面活性剂能够增强底物的溶解性，促进产酸过程，酶试剂也对反应过程具有促进作用。

⑥ 油脂和盐。高油脂浓度会抑制生物的活性，影响厌氧发酵，且会附着在微生物表面，影响传质过程；高盐浓度会引发细胞脱水，对厌氧发酵具有抑制作用。

⑦ 氢分压。氢分压会影响氢化酶的活性，从而影响产氢过程。过高的氢分压会抑制可逆反应，造成产氢量的降低。

⑧ 其他发酵产物。体系中 VFAs 和乙醇等其他产物的产量过高时，会影响 pH 值，从而抑制产氢菌的活性，降低产氢量。

⑨ 营养物质。金属元素特别是钠、铁、镁、锌，能够参与产氢相关的酶的合成，适量的投加能够促进 H_2 的产生。

⑩ 发酵底物。不同发酵底物的性质不同，会影响产物的组成与产量。

(2) 固体废物腐生生物处理技术 蝇、蛆、蚯蚓、蟑螂等体内含有蛋白酶、淀粉酶等多种消化酶，利用这些腐生动物对厨余垃圾等固体废物中的有机物进行分解并实现稳定化处理，产生的虫体富含脂肪和蛋白以及动物生长必需营养元素，可以作为动物饲料来源。同时，代谢废物也可作为肥料改善土壤状况。常见的腐生生物处理技术包括美洲大蠊养殖技术、蝇蛆养殖技术、蚯蚓处理技术、黑水虻幼虫处理技术和黑兵蝇幼虫处理技术。已经商业化的利用不同类型腐生生物处理厨余垃圾与资源化利用如图 6-2 所示。

图 6-2 腐生生物处理厨余垃圾与资源化利用

① 美洲大蠊。美洲大蠊俗称蟑螂，在全球分布极广，体蛋白质含量高达 70%，虫体和卵荚可做高蛋白饲料，对动物有促进消化、增强免疫的效果。利用美洲大蠊生命力顽强、腐食性的特点可将其作为分解厨余垃圾的工具，通过高密度的养殖处理厨余垃圾等固体废物，可实现无害化

与减量化，同时达到生产蛋白饲料的有机肥的目的。

② 蝇蛆。蝇蛆是家蝇的幼虫，可提炼出抗菌活性蛋白和复合氨基酸，是极具开发潜力的新型的蛋白类免疫增强剂。利用蝇蛆处理厨余垃圾等固体废物，减量化后的残渣可作为优质的有机肥，还能生产医药、动物饲料和生物柴油等。

③ 蚯蚓。蚯蚓的主要化学成分为蛋白质、脂肪、糖类，可以作为动物的饲料。在家庭阳台或庭院利用蚯蚓对餐厨垃圾进行分散式的处理已有很多报道。有报道称 1kg 蚯蚓大约有 2000 只，每天可以吃掉大约 1kg 厨余垃圾，相当于一个 3 口之家每天产生的厨余垃圾的数量。

④ 黑水虻。黑水虻的幼虫取食范围非常广泛，其幼虫具有腐生性，能够转化处理人畜粪便、食物残渣、厨余垃圾。黑水虻处理厨余垃圾工艺的资源化程度高，据报道，10t 的厨余垃圾可生产 2t 的幼虫和 1t 的虫粪，而剩余的 4%～5% 的物质均是混杂在厨余垃圾中的塑料、木竹等无法采食的物质。

⑤ 黑兵蝇。黑兵蝇是一种常见的热带和亚热带昆虫，对不同的环境条件具有很强的适应性，其幼虫一方面可以同化水果蔬菜以及动物粪便等有机废料，另一方面可以收获生物质中含有的脂类、蛋白质和必需营养元素。黑兵蝇体内的饱和脂肪含量高达 67%，远高于大豆饱和脂肪含量的 11% 和棕榈油饱和脂肪含量的 37%，目前已有大量关于黑兵蝇幼虫制备生物燃油工艺的研究。

利用腐生生物处理厨余垃圾等固体废物的难点主要在于：昆虫饲料的成分难以保持一致性，厨余垃圾的水分含量、营养成分、微生物安全性以及有机污染物等关键参数均是需要考虑的问题；昆虫培养条件的适宜技术参数需要进一步探索，例如黑水虻人工养殖对养殖温度要求均较高，从而限制了其在低气温地区的发展，人工养殖黑水虻存在黑水虻幼虫过小、黑水虻蛹羽化率低等问题；腐生生物养殖技术稳定性不高，产品风险较大，且相关技术标准尚未规范，需要进一步解决。

本书重点介绍以好氧微生物为主要作用的有机废物堆肥化技术，以及以厌氧微生物为主要作用的有机废物厌氧消化处理技术。

6.3　堆肥化原理及其影响因素分析

6.3.1　堆肥化原理

在堆肥化过程中起重要作用的微生物是细菌和真菌。这些微生物以废物中的有机物为养料，通过生物化学作用，使之分解为简单的无机物，并释放出微生物生长所需的能量。其中，一部分有机物转化为新的细胞物质，即微生物的繁殖。

细菌是目前已知的最小的活生物体，其基本特征是单细胞。自然界中，细菌以不同的形式存在，如球形、杆形、螺线形及其他中间类型。大多数细菌的分裂形式是二等分，分成两个相同的子细胞。细菌的尺寸很小，通常只有 $0.5 \sim 10 \mu m$，因此，其比表面积很大，容易让难降解的有机物进入细胞，并进行代谢活动。细菌的含水率约为 80%，有机物约占其总固体成分的 90%。

真菌是有机营养型生物，比细菌结构复杂，可以分为霉菌和酵母。霉菌属好氧菌，而在酵母的代谢活动中则能观察到好氧和厌氧两种现象。真菌能在低水分条件下生长，能从具有高渗透压的物质中提取水分，其适应的 pH 值范围也较宽，一般为 2～9。

有机物的好氧生物分解十分复杂，可以用下列通式来表示：

$$有机物 + O_2 + 营养物 \xrightarrow{微生物} 细胞质 + CO_2 + H_2O + NH_3 + SO_4^{2-} + \cdots + 抗性有机物 + 热量$$

如果将固体废物中的有机物表示为 $C_a H_b O_c N_d$ 的形式，而难以进一步降解的抗性有机物（最终存在于堆肥产品中）表示为 $C_w H_x O_y N_z$，则好氧分解反应可以表示为：

$$C_aH_bO_cN_d + \left(\frac{ny+2s+r-c}{2}\right)O_2 \longrightarrow nC_wH_xO_yN_z + sCO_2 + rH_2O + (d-nz)NH_3 \quad (6-1)$$

式中，$r = 0.5[b-nx-3(d-nz)]$；$s = a-nw$。

如果有机物完全分解，则反应式表示为：

$$C_aH_bO_cN_d + \left(\frac{4a+b-2c-3d}{4}\right)O_2 \longrightarrow aCO_2 + \left(\frac{b-3d}{2}\right)H_2O + dNH_3 \quad (6-2)$$

以上两式表示的都是细胞的异化作用，即将有机物转化为其他物质的反应。根据上述化学计量式可以求出堆肥化生物分解过程的理论需氧量。

在生物代谢活动中，除上述异化作用外，还包括细胞物质的合成，即同化作用，其反应式可以表示为：

$$nC_xH_yO_z + NH_3 + \left(nx+\frac{ny}{4}-\frac{nz}{2}-5x\right)O_2 \longrightarrow C_5H_7NO_2 + (nx-5)CO_2 + \left(\frac{ny-4}{2}\right)H_2O \quad (6-3)$$

细胞物质的分解，即内源呼吸可以表示为：

$$C_5H_7NO_2 + 5O_2 \longrightarrow 5CO_2 + 2H_2O + NH_3 \quad (6-4)$$

【例 6-1】 固体废物好氧反应需氧量的计算。试计算氧化 1000kg 有机固体废物的需氧量。已知：有机废物的化学组成式为 $[C_6H_7O_2(OH)_3]_5$，反应后的残留物为 400kg，残留有机物的化学组成式为 $[C_6H_7O_2(OH)_3]_2$。

解：

（1）求出反应前后有机物的物质的量。

反应前：$\dfrac{1000}{30\times12+50\times1+25\times16} = 1.23$（kmol）

反应后：$\dfrac{400}{12\times12+20\times1+10\times16} = 1.23$（kmol）

（2）确定好氧反应前后有机物的物质的量之比。

$$n = \frac{1.23}{1.23} = 1.0$$

（3）确定 a、b、c、d、w、x、y 和 z，并根据化学方程式(6-1)计算出 r 和 s 的值。

有机废物($C_{30}H_{50}O_{25}$)：$a=30$　$b=50$　$c=25$　$d=0$

残留有机物($C_{12}H_{20}O_{10}$)：$w=12$　$x=20$　$y=10$　$z=0$

$$r = 0.5[b-nx-3(d-nz)] = 15 \quad s = a-nw = 18$$

（4）求出需氧量。

化学方程式中 O_2 的系数 $= 0.5(ny+2s+r-c) = 18$

需氧量 $= 18\times1.23\times32 = 708$（kg）

（5）进行物料衡算。

物质		质量/kg
输入	有机物	1000
	氧气	708
	合计	1708
产出	有机物	400
	二氧化碳	(1.23×18×44=)974
	水	(1.23×15×18=)332
	合计	1706

6.3.2 堆肥化过程温度变化规律

堆肥化过程中发生的生物化学反应是极其复杂的，目前还难以对所有细节进行精确的描述。在实际的设计和操作过程中，通常根据温度的变化情况分为以下几个阶段。

(1) 潜伏阶段 这一阶段是指堆肥化开始时微生物适应新环境的过程，即驯化过程。

(2) 中温增长阶段 这一阶段嗜温性微生物最为活跃，主要利用物料中的溶解性有机物大量繁殖，并释放出热量，使温度不断上升。

(3) 高温阶段 当温度上升至45℃以上时称为高温阶段。这时，嗜热性微生物大量繁殖，嗜温性微生物则受到抑制或死亡。高温阶段对有机物的分解最有效，除了溶解性有机物继续得到分解外，固体有机物（如纤维素、半纤维素、木质素等）也开始被强烈分解。当温度达到50℃左右时，各类嗜热性细菌和真菌都很活跃，60℃时，真菌不再适于生存，只有细菌仍在活动，70℃以上时，大多数微生物均不适应，其代谢活动受到抑制并大量死亡。在该阶段的后期，由于可降解有机物已大部分耗尽，微生物的内源呼吸起主导作用。

(4) 熟化阶段 在这一阶段，温度逐渐下降至中温，并最终过渡到环境温度。剩余有机物大部分为难降解物质，腐殖质大量形成。在温度下降的过程中，一些嗜温性微生物重新开始活动，对残余有机物做进一步分解，腐殖质更趋于稳定化。生物分解过程中产生的氨在这一阶段通过硝化细菌转变成硝酸盐，其反应式可表示为：

$$22NH_4^+ + 37O_2 + 4CO_2 + HCO_3^- \longrightarrow 21NO_3^- + C_5H_7NO_2 + 20H_2O + 42H^+ \qquad (6\text{-}5)$$

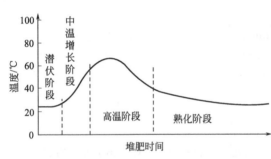

图 6-3 堆肥化过程中温度变化模式

由于硝化细菌生长缓慢，且只有在40℃以下时才活动，所以硝化反应通常是在有机物分解完成后才开始进行。氨在转化为硝酸盐以后才容易被植物吸收，因此熟化阶段对于生产优质堆肥是一个很重要的过程。堆肥化过程各个阶段与温度的关系如图6-3所示。

若采用连续进料工艺，堆肥温度变化与发酵仓气固相接触方式有关。图6-4表示操作在发酵仓内气固不同接触（同向并流、异向逆流、错向垂直流）时，其温度变化及其分布的关系。图中t_s、t_g分别表示固、气温度。图6-4(a)表示固、气两相以相同方向进入发酵装置，此时二者的进口温差小而出口的温差大，这样对水分蒸发有利，但仓内温差范围较广，适宜温度不易控制；图6-4(b)表示这两相逆向接触，在装置的进口处反应速度快，固体物料升温高，热效率好，但出口处二者的温度皆低，带走的水分少，仓内适宜温度也不易控制；图6-4(c)表示这两相错向流动，仓内各部位的风量可通过阀门进行调整，从而易于控制，其热效率高且能带走水分，对实现适宜温度最为有利。

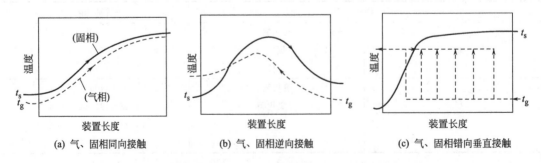

图 6-4 堆肥发酵仓内不同气、固相接触方式的温度分布示意

在强制通风静态垛系统中，通风方式有正压鼓风和负压抽风之分，这两种方式与料堆温度的分布关系如图 6-5 所示。对于无通风系统的条垛式堆肥，一般系统采用定期翻堆以实现通风控温的要求。若运行正常，而堆温却持续下降，即可判定堆肥已进入结束前的温降阶段。

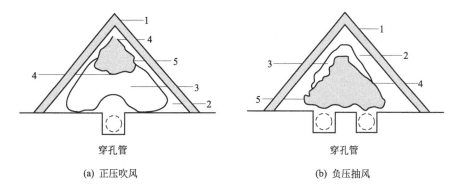

图 6-5　强制通风静态垛堆肥系统的通风方式与温度分布

1—覆盖层；2—$T<45℃$；3—$T=45\sim55℃$；4—$T=55\sim65℃$；5—$T>65℃$

6.3.3　堆肥化生物动力学基础

在堆肥过程中，微生物的生长乃至细菌种群的繁殖和生物的活性（即分解有机物的速度）与堆体的温度有重要的相关性。随着物料中微生物活动的加剧，其分解有机物所释放的热量增大，当所释放出的热量大于堆肥的热耗时，堆肥温度将明显升高，反之亦然。因此，微生物的生长速率和有机物的分解速率（营养基质的消耗速率）对于研究和了解堆肥过程非常重要，有许多数学模型用来描述这一速率，其中，最著名的有 1942 年 Monod 提出的抛物线模型：

$$\frac{\mathrm{d}S}{\mathrm{d}t}=-\frac{k_{\mathrm{m}}SX}{K_{\mathrm{s}}+S} \tag{6-6}$$

式中，$\dfrac{\mathrm{d}S}{\mathrm{d}t}$ 为基质的消耗速率 [质量/（体积·时间）]；X 为微生物浓度（质量/体积）；S 为基质浓度（质量/体积）；k_{m} 为最大比增长率，高浓度营养物中最大基质消耗速率（细胞质量/基质质量·时间）；K_{s} 为半值系数，也称为 Michaelis-Menten 系数（质量/体积），即比增长率达到最大比增长率一半时的基质浓度。

使用该模型时，假设基质进入细胞没有速度的限制。在高浓度基质中，细胞酶系统和基质处于饱和状态，物料的转化非常迅速，增加基质浓度不会再引起基质消耗速率的增加，即 $S\gg K_{\mathrm{s}}$，上式可以简化为：

$$\frac{\dfrac{\mathrm{d}S}{\mathrm{d}t}}{X}=-k_{\mathrm{m}} \tag{6-7}$$

这是关于基质浓度的零级反应方程式。反之，在低浓度基质中，基质的供给成为控制步骤，假设 $S\ll K_{\mathrm{s}}$，则 Monod 模型可以简化为：

$$\frac{\dfrac{\mathrm{d}S}{\mathrm{d}t}}{X}=-\frac{k_{\mathrm{m}}}{K_{\mathrm{s}}}S \tag{6-8}$$

这是关于基质浓度的一级反应方程式。当 $S=K_{\mathrm{s}}$ 时，Monod 模型可以简化为：

$$\frac{\dfrac{\mathrm{d}S}{\mathrm{d}t}}{X}=-\frac{k_\mathrm{m}}{2} \tag{6-9}$$

因此，半值系数 K_s 对应于单位微生物质量的基质消耗速率等于最大基质消耗速率 k_m 一半时的基质浓度。

基质的消耗与微生物的增殖有关，其关系可以用下式表示：

$$\frac{\mathrm{d}x}{\mathrm{d}t}=Y_\mathrm{m}\left(-\frac{\mathrm{d}S}{\mathrm{d}t}\right)-k_\mathrm{e}X \tag{6-10}$$

式中，$\dfrac{\mathrm{d}x}{\mathrm{d}t}$ 为微生物的增殖速率[质量/(体积·时间)]；Y_m 为增殖系数（微生物质量/基质质量）；k_e 为内源呼吸系数（时间$^{-1}$）。

将 Monod 模型代入上式，可以得到微生物的增殖方程：

$$\frac{\mathrm{d}x}{\mathrm{d}t}=Y_\mathrm{m}\frac{k_\mathrm{m}SX}{K_\mathrm{s}+S}-k_\mathrm{e}X \tag{6-11a}$$

或

$$\frac{\dfrac{\mathrm{d}x}{\mathrm{d}t}}{X}=\frac{Y_\mathrm{m}k_\mathrm{m}S}{K_\mathrm{s}+S}-k_\mathrm{e} \tag{6-11b}$$

式中，$\dfrac{\dfrac{\mathrm{d}x}{\mathrm{d}t}}{X}$ 为微生物的有效增殖速率，用 μ 表示；$Y_\mathrm{m}k_\mathrm{m}$ 为最大有效增殖速率，用 μ_max 表示。将 μ、μ_max 代入上式可得：

$$\mu=\frac{\mu_\mathrm{max}S}{K_\mathrm{s}+S}-k_\mathrm{e} \tag{6-12}$$

这就是最常见的表示微生物增殖速率的 Monod 抛物线模型。使用该式描述微生物的动力学特性时，需要根据基质性质、微生物种类和生长条件等，确定四个动力学常数，即 Y_m、k_m、K_s 和 k_e。这四个常数均需要用实验方法求得，但在一般情况下可以给出这些参数的数值范围。

Y_m：对于好氧微生物 $Y_\mathrm{m}=0.25\sim0.5\mathrm{g(cell)/g(COD)}$

对于厌氧微生物 $Y_\mathrm{m}=0.04\sim0.2\mathrm{g(cell)/g(COD)}$

k_m：在温度 25℃ 时，$k_\mathrm{m}=1\sim2\mathrm{mol/[g(cell)\cdot d]}=8\sim16\mathrm{gCOD/[g(cell)\cdot d]}$

K_s：对于好氧微生物 $K_\mathrm{s}=4\sim20\mathrm{mg(COD)/L}$

对于厌氧微生物 $K_\mathrm{s}=2000\sim5000\mathrm{mg(COD)/L}$

k_e： 对于间歇式料仓 $k_\mathrm{e}=0.02\sim0.15\mathrm{g(cell)/[g(cell)\cdot d]}$

上述的 Monod 动力学方程式是对均相体系开发的模型，其中一个重要假设是基质向细胞的质量传递是没有速度限制的。但对于堆肥化这样的多相体系，则不能忽视基质传递速度的限制。所以，为进一步提高模拟的准确度，将堆肥过程看作是在多相体系中进行，考虑固液界面上的液膜扩散，对其传质速度用分子扩散的 Fick 定律来表示。

6.3.4　堆肥化的影响因素及其控制

影响堆肥化效果的因素很多，好氧堆肥化设计中的主要影响因素如表 6-5 所示，认识这些影响因素的主要目的是创造更有利于微生物生长和废物分解的条件。下面介绍几个在堆肥化过程中必须加以控制的主要影响因素。

表 6-5 好氧堆肥化设计中的主要影响因素

影响因素	说　　明
粒度	较理想的粒度是 25～75mm
C/N 比	较适宜的范围大约在 25～50 之间。如果物料中 C/N 比过低,则超过微生物生长需要的多余氮会以氨的形式逸散,从而抑制微生物的生长并可能污染环境;若 C/N 比过高,微生物的繁殖则会受到氮源的限制,导致有机物分解速率降低
接种	按 1%～5%的质量比向物料中添加腐熟的堆肥产物进行接种可以缩短堆肥时间,也可以用废水污泥来接种
含水率	含水率范围应为 50%～60%,最佳含水率约为 55%
搅拌和翻动	为了加强空气的流通并防止物料的干化、结块,物料需要进行定期的搅拌。搅拌的频率和强度随着所采用的堆肥工艺而异
温度	为了达到最佳的处理效果,在开始几天内应维持在 50～55℃,在剩下的时间内应维持在 55～60℃。若温度超过 66℃,则微生物活性显著下降
病原微生物的控制	堆肥化的最高温度必须达到 60～70℃,并将该温度维持 24h,以杀灭病原微生物和植物种子
通风量	为了达到最佳的处理效果,必须让空气能到达物料的各个部分,特别是在采用强制通风的堆肥系统中
pH 值	pH 值的适宜范围是 7～7.5。为了尽量减少氮以氨的形式损失掉,pH 值不能高于 8.5
腐熟度	可通过下列指标或方法对堆肥产品的腐熟度进行估计:堆肥产品温度的降低、可降解有机物的含量、残余有机物的含量、氧化还原电势的升高、含氧量的增加、淀粉-碘测试
场地面积	处理规模为 50t/d 的堆肥工厂须占地 6000～10000m²。一般来说,处理规模越大,单位处理规模的占地面积就越小

(1) 粒度　堆肥化物料的颗粒度影响其体密度、内部摩擦力和流动性。最主要的是足够小的粒度可以提高废物与微生物及空气的接触面积,加快生物化学反应速率。理想的粒度是 25～75mm,因此在堆肥化以前,物料需要进行筛分或破碎处理,具体的粒度可根据产品工艺和性能的要求而定。对静态堆肥,颗粒适当增加可以起到支撑结构的作用,增加空隙率,有利于通风。

(2) 碳氮比 (C/N)　碳氮比是影响微生物生长最重要的营养因素之一。在微生物的新陈代谢过程中,对于碳和氮的需求量是不同的。微生物新陈代谢过程所要求的最佳碳氮比大约在 30～35 (干重比) 左右。在理论上,物料中的可生物降解有机物的 C/N 比值也应控制在这个范围。不过由于大部分不含氮的有机物比含氮有机物难降解,所以以质量计算得到的 C/N 比值与微生物实际能够摄取到的 C/N 比值并不完全符合。实际所应用的 C/N 比值的范围大约在 25～50 之间,而实践证明:当碳氮比为 25～35 时发酵过程最快。如果物料中 C/N 比值过低,会因产生大量 NH$_3$ 抑制微生物的繁殖,导致分解缓慢且不彻底,而且超过微生物生长需要的多余氮就会以氨的形式逸散,并可能污染环境;C/N 比值过高,将影响有机物的分解和细胞质的合成,微生物的繁殖就会受到氮源的限制,导致有机物分解速率和最终的分解率降低,延长发酵时间。同时,若是以 C/N 比过高的堆肥施入土壤后,将会发生夺取土壤中氮的现象,产生土壤的"氮饥饿"状态,导致对作物生长产生不良的影响。总的情况是:随着堆肥发酵的进行,其整个过程中的 C/N 比呈逐渐下降趋势。

堆肥化原料中各种废物的 C/N 比值有很大的差别,在表 6-6 中列出了一些代表性的数据,使用时应根据需要进行调配。

为保证成品堆肥中一定的碳氮比和在堆肥过程中使分解速度有序地进行,必须调整好堆肥原料的碳氮比,适合堆肥的垃圾碳氮比为 (20:1)～(30:1)。一般初始原料的碳氮比均高于最佳值,调整的方法是加入人粪尿、畜粪以及污水处理厂污泥等调节剂,使之降至 30 以下。

表 6-6 部分可堆腐物质的氮含量及碳氮比值

物质	N(干重)/%	C/N 比值	物质	N(干重)/%	C/N 比值
水果废物	1.52	34.8	家禽粪	6.3	15
屠宰废物	6.0~10.0	2.0	活性污泥	5.6	6.3
马铃薯叶	1.5	25	生下水污泥	4~7	11
人粪尿	5.5~6.5	6~10	木屑	0.13	170
牛粪	1.7	18	消化活性污泥	1.88	25.7
羊粪	2.3	22	燕麦秆	1.05	48
马粪	2.3	25	小麦秆	0.3	128
猪粪	3.75	20			

当有机原料的碳氮比已知时，可按下式计算所需添加的氮源物料数量：

$$K = \frac{C_1 + C_2}{N_1 + N_2} \qquad (6-13)$$

式中，K 为混合源中的碳氮比，通常其最佳范围值在配合后为 35:1；C_1、C_2、N_1、N_2 分别为有机原料和添加物料的碳、氮质量数。

(3) 含水率 由于水是溶解废物中有机物和营养物质以及合成微生物细胞质必不可少的物质，所以堆肥化物料中必须维持一定的含水率。堆肥中水分的主要作用在于：①溶解有机物并参与微生物的新陈代谢；②通过水分蒸发带走热量，以调节堆肥的温度。原料垃圾含水包括内部水和空隙水，只有后者能影响微生物摄取溶解性养分。由于适量的含水率对堆肥发酵的速度和腐熟程度可产生直接影响，因而是好氧堆肥化的关键因素之一。理论上，为维持微生物活性，即使含水率高达 90% 仍是适宜的，但不可能不受到各种限制。最佳的含水率范围应该是 50%~70%。若含水率过高，水就会阻碍空气流通，出现厌氧状况，甚至使营养物和病原微生物随水流出，当含水率>65% 时，水分将充满空隙而使空气含量减少，堆肥由好氧向厌氧转化，温度急剧下降，于是形成发臭的中间产物（硫化氢、硫醇、氨等）以及源于硫化物而导致堆料腐败发黑；若含水率过低，会使分解速率降低。当含水率低于 12% 时，微生物的繁殖就会停止。

实际上原料垃圾含水率的高低主要取决于其物理组成，一般情况是：①若有机物含量<50%，最适宜含水率为 45%~50%；②有机物含量达到 60% 时，最适宜含水率也可达 60%；③当无机物灰分过多，原料含水率<30%，这时微生物繁殖较慢，有机成分分解迟缓；④若含水率<12%，则微生物的繁殖将会停止。

含水率可通过对不同废物按一定比例混合来调整，若含水率过高，可以使一定比例的堆肥产品循环使用来调节。若含水率低于最佳值时，一般需添加调节剂如污水、污泥、人畜尿、粪便等以提高其含水量。在中温或高温阶段，若水分散失过多，则需要及时补充水分。

所需添加的调节剂量与垃圾原料量有关，可按下式计算：

$$M = \frac{W_m - W_c}{W_b - W_m} \qquad (6-14)$$

式中，M 为调节剂与垃圾的质量（湿重）比；W_m、W_c、W_b 分别为混合原料、垃圾或调节剂的含水率。

如生活垃圾中水分过高，则需采取有效的补救措施，包括：①若土地空间和时间允许，可将物料摊开进行搅拌，即通过翻堆促进水分蒸发；②在物料中添加松散或吸水物（常用的有稻草、谷壳、干叶、木屑和堆肥产品等），以辅助吸收水分，增加其空隙容积。

(4) 混合和接种 为了达到较合适的 C/N 比和含水率，常常需要将两种或两种以上的废物混合在一起。在实际应用中，在把不同的废物互相混合之前，首先要进行必要的实验和分析，以确定不同废物的数量之比。如果所要处理的固体废物中含有大量的纸张或其他一些高 C/N 比的物质，则可以向其中添加庭院废物、粪便或废水污泥等低 C/N 比的废物，以获得最佳 C/N 比。与此类似，也可以将高含水率的废物和低含水率的废物混合在一起，以获得较适宜的含水率。接种是向废物中添加适当的微生物以加快好氧堆肥的反应速率。

【例6-2】 确定混合废物的比例以使C/N比达到最佳值。为了使好氧堆肥化的物料的C/N比达到最佳值25，现将C/N比为50的树叶和C/N比为6.3的废水污泥进行混合，试确定树叶和污泥的混合比例。已知：污泥的含水率为75%，树叶的含水率为50%，污泥的含氮量为5.6%（干基），树叶的含氮量为0.7%（干基）。

解：

（1）确定树叶和污泥的组成。

1kg树叶：

$$水 = 1 \times 50\% = 0.50 \text{（kg）}$$
$$干物质 = 1 - 0.50 = 0.50 \text{（kg）}$$
$$N = 0.50 \times 0.7\% = 0.0035 \text{（kg）}$$
$$C = 0.0035 \times 50 = 0.175 \text{（kg）}$$

1kg污泥：

$$水 = 1 \times 75\% = 0.75 \text{（kg）}$$
$$干物质 = 1 - 0.75 = 0.25 \text{（kg）}$$
$$N = 0.25 \times 5.6\% = 0.014 \text{（kg）}$$
$$C = 0.014 \times 6.3 = 0.0882 \text{（kg）}$$

（2）求出1kg树叶中污泥的添加量$x$kg

$$\frac{C}{N} = \frac{1\text{kg树叶中的C} + x\text{kg污泥中的C}}{1\text{kg树叶中的N} + x\text{kg污泥中的N}}$$
$$= \frac{0.175 + 0.0882x}{0.0035 + 0.014x}$$
$$= 25$$

解得：$x = 0.33$（kg/kg树叶）

（3）验算混合废物的C/N比和含水率。

① 0.33kg污泥：

$$水 = 0.33 \times 0.75 = 0.25 \text{（kg）}$$
$$干物质 = 0.33 \times 0.25 = 0.08 \text{（kg）}$$
$$N = 0.33 \times 0.014 = 0.005 \text{（kg）}$$
$$C = 0.33 \times 0.0882 = 0.03 \text{（kg）}$$

② 0.33kg污泥+1kg树叶：

$$水 = 0.25 + 0.50 = 0.75 \text{（kg）}$$
$$干物质 = 0.08 + 0.50 = 0.58 \text{（kg）}$$
$$N = 0.005 + 0.0035 = 0.0085 \text{（kg）}$$
$$C = 0.03 + 0.175 = 0.205 \text{（kg）}$$

③ 验算C/N比：

$$\frac{C}{N} = \frac{0.205}{0.0085} = 24 \qquad 满足最佳C/N比的要求$$

④ 验算含水率：

$$含水率 = \frac{0.75}{0.33 + 1} = 56\% \qquad 满足含水率的要求$$

说明：将庭院废物和污泥混合进行堆肥往往可以将C/N比和含水率调整到较合适的水平，有利于堆肥反应的进行。但是由于污泥中常含有病原微生物和重金属，所以必须对堆肥产品的质量进行仔细监测和严格控制。

(5) 通风

① 通风效果的衡量标准。通风是好氧堆肥得以成功的重要因素之一，其主要作用在于：a. 提供氧气，以促进微生物的繁殖及分解有机物所用；b. 通过供氧量的控制，调节最适宜温度；c. 在维持最适宜温度的条件下，加大通风量可以去除水分。从理论上讲，由于有机物在堆肥过程中分解的不确定性，难以根据垃圾的含碳量变化精确确定需氧量。目前，研究人员往往通过测定堆层中的氧浓度和耗氧速度间接地了解堆层的生物活动过程和需氧量多少，从而达到控制供氧量的目的。

需氧量和耗氧速度是微生物活动强弱的宏观标准，其大小既能表征微生物活动的强弱，也可反映堆肥中有机物的分解程度。图 6-6 表示出以不同有机物含量的生活垃圾堆肥时的典型耗氧速率变化曲线。图中耗氧速率单位为 $molO_2/min$。许多研究表明：在不同组分和不同物料的堆肥作业中，相互间的耗氧速度差异很大，因此可以说，不同的堆肥对供氧的需求程度是不相同的。

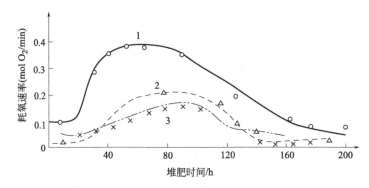

图 6-6　生活垃圾堆肥中不同有机物含量的典型耗氧速率曲线
1—有机物含量 50%；2—有机物含量 30%；3—有机物含量 20%

在通风供氧过程控制中，首先必须注意供氧的浓度。合适的氧浓度应根据实验测定。我国的城市垃圾堆肥，据以往测定的结果可取＞10%。严格来说，应为原料空隙中的氧浓度不致因受氧的扩散阻力而影响微生物降解（耗氧速率）的最低浓度，其值一般不能＜8%。若低于此数，氧将成为好氧堆肥中限制微生物生命活动的因素，并易使堆肥产生恶臭。适宜的通气量一般取 $0.6\sim1.8m^3/(d\cdot kg$ 挥发性固体)，或将氧浓度控制在 10%～18%。

② 通风供氧的方式。根据不同堆肥对供氧要求的差异和堆肥反应器结构及工艺过程的不同，高温好氧堆肥的供氧方式主要有以下几种。

a. 自然扩散法。利用空气的自然扩散，可使氧由堆层表面向里扩散。经近似测算，在一次发酵阶段，通过表面扩散的供氧只能保证其堆体表层约 20cm 厚的物料内有氧存在。显然，仅以自然通风法为此时的供氧，是远不能满足其内层所需的氧量，而势将出现厌氧状态。而在二次发酵阶段，氧气可自堆层表面扩散至内部约 1.5m 处。因此，实际生产中若堆高在此范围以下，则其二次发酵不仅可采用自然扩散的供氧方式，而且还是一种节能的供氧方法。

b. 翻堆法。利用堆料的翻动或搅拌，使空气通过包裹进入固体颗粒的间隙中。这种供氧方式较为有效，一般在条垛堆肥系统中常有所使用。

c. 强制通气法。此种通气法有鼓气、抽气和鼓抽气混合的三种方式，与其他堆肥样式相比，强制通气法易于操作和控制，是堆料供氧的最为有效方法。例如，强制通风静态垛系统和发酵仓（反应器）系统常采用此种通气以供氧。

d. 翻堆与强制通风的结合法。在强制通风条垛系统中常采用此种通气方式。

e. 被动通气法（自然通气之一）。此法是指由于热空气上升引起所谓"烟囱"效应而使空气通过堆体的过程，条垛式堆肥系统一般是使用这种通气方式，称为被动通风条垛系统。其具体的做法是堆体的底部铺以孔眼朝上的穿孔管，或是空心竹竿竖直地插入堆肥体中，当堆体内的热空气上升时，其所形成的抽吸作用能使外部空气进入堆体之内，达到自然通气的效果。由于此方式通气无需翻堆或强制通风，因而相比条垛式或强制通风静态垛系统，可以使投资和运行费用均大有降低。

在上述诸多的通气方法中，以强制通气式在技术上最为复杂，不仅需在事前配置必需的机械设备，还需在运行的控制方面针对不同情况采用合适的措施以保证其有效性。关于强制通风的风量，一般以满足不同目的作为设计依据再加以计算得出。通常用于通风散热以控制适宜温度所需的通风量为有机物分解所需空气量的约9倍。换言之，即为维持堆体的适宜温度，必须以所需空气量的数倍供气方可满足要求。堆肥装置的强制通风量常取用$0.05 \sim 0.2 m^3/(min \cdot m^3$堆料$)$作为设计参考。

③ 强制通风的控制。强制通风的控制方式与堆肥和风机的运行情况有关。

a. 控制方式。当风机间歇运行时，其控制方式可分为恒定时间的通风速率控制、变化时间式、温度反馈式、速率变化的时间-温度式、微电脑控制式、O_2与CO_2含量反馈控制式等数种。

b. 控制指标。强制通风的控制指标有通风控制由温度反馈式、O_2含量反馈控制式、温度与O_2含量反馈控制组合的混合式三种。

具体到强制通风静态垛系统，常用的是时间控制和时间-温度反馈控制两种方式。前者的控制目标是提供足够的氧并对温度进行一定程度的控制，而后者的目标则是使堆体温度保持在最佳范围内。从管理角度论，前者的控制方式要优于后者，这是因为后者需要更大的通风速率和更为复杂、高额投资的控制系统。因此，从管理、设备投资、运行费用和堆肥腐熟度等多方面综合考虑，此系统宜采用通风速率变化的时间-温度反馈正压通风控制方式（适宜的堆体中心最高温度宜控制在60℃）。而在密闭式反应器堆肥系统中则宜采用O_2含量反馈的通风控制方式（保持堆料间O_2体积分数在10%～20%之间）。

结合我国国情，在堆肥系统中以采用时间和时间-温度反馈控制的通风方式为经济适宜。在堆肥的实际运行中，若需评价堆肥发酵情况，可参考如下空气量近似地作出估计：排气中氧浓度＞14%，表示所消耗空气中的氧不到1/3；最佳排气中的氧浓度为10%～13%；如排气中O_2体积分数降至10%，表示好氧发酵居于不良状态；如用排气中CO_2浓度代替O_2浓度作为监测参数，其体积分数宜取3%～6%。

【例6-3】 动态密闭型堆肥法的通风量计算。试计算用动态密闭型堆肥法对1t生活垃圾进行好氧堆肥化所需的通风量。已知：该生活垃圾中有机组分的化学组成式为$C_{60.0}H_{94.3}O_{37.8}N$；该生活垃圾中有机组分的含水率为25%；挥发性固体占总固体的比例VS/TS＝0.93；可降解挥发性固体占挥发性固体的比例BVS/VS＝0.60；可降解挥发性固体的降解率为95%；堆肥时间为5d；这5d中每天需氧量占总需氧量的比例分别为20%、35%、25%、15%、5%；在堆肥过程中产生的氨气全部进入大气；空气中氧气的质量分数为23%，空气的密度为$1.2kg/m^3$；通风装置的安全系数为2。

解：
① 求出1t生活垃圾中可降解挥发性固体的质量。
可降解挥发性固体的质量＝1×(1－25%)×0.93×0.60
　　　　　　　　　　　　＝0.4185（t）＝418.5（kg）
② 求出得到降解的可降解挥发性固体的质量。
得到降解的可降解挥发性固体的质量＝418.5×95%＝397.6（kg）
③ 根据化学反应方程式(6-2)求出降解1kg可降解挥发性固体的需氧量。

$$C_{60.0}H_{94.3}O_{37.8}N + 63.93\ O_2 \longrightarrow 60.0CO_2 + 45.7H_2O + NH_3$$

　　　1433.1　　　　2045.8　　　　2640.0　　　822.6　　17.0

需氧量＝2045.8/1433.1＝1.43（kgO_2/kg可降解挥发性固体）

④ 求出 1t 生活垃圾所需的通风量。

通风量＝(397.6×1.43)/(0.23×1.2)＝2060(m³空气)

⑤ 求出通风装置的供气能力。

供气能力＝2060×35％×2/1440＝1 (m³/min)

说明：通风装置的供气能力按需氧量最大的一天计算。在实际的堆肥化过程中，一部分可降解挥发性固体被微生物用于合成细胞物质，但是由于细胞物质的合成也需要消耗氧气，因此，在本例题中，假定所有可降解挥发性固体都得到了好氧分解是合理的。

(6) 温度 在堆肥过程中，温度的控制对于微生物的生长乃至细菌种群的繁殖和生物的活性（分解有机物的速度）均有重要影响。随着物料中微生物活动的加剧，其分解有机物所释放的热量也增大，当所释放出的热量大于堆肥的热耗时，堆肥温度将明显升高。因此，温升是微生物活动剧烈程度的最好参数。堆肥过程温度变化如图 6-7 所示。

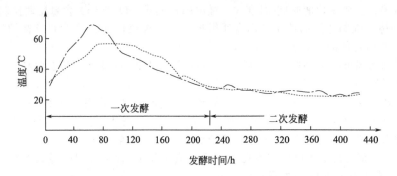

图 6-7 城市垃圾堆肥全程发酵温度变化的典型曲线
图中两曲线系两组平行试验的结果，堆肥原料中有机质含量达 60％

对有机物的降解效率而论，一般认为高温菌所起的作用要高于中温菌，现代的快速、高温好氧堆肥正是利用这一特点，在堆肥的初期，堆体温度一般与环境温度相近，经过中温菌 1～2 天的作用，堆肥温度便能达到高温菌的理想温度 50～65℃，此时嗜温菌受到抑制而嗜热菌进入激发状态（见表 6-7）。后者的大量繁殖和温度的迅速提高促使堆肥发酵由中温进入高温，并将稳定一段时间，在此温度范围内，堆肥中的寄生虫和病原菌均被杀死，一般只需 5～6d 无害化过程即可完成。此间腐殖质开始形成，堆肥达到初步腐熟。

表 6-7 堆肥温度与微生物生长的相关性

温度/℃	温度对微生物生长的影响	
	嗜温菌	嗜热菌
常温～38	激发态	不适应
38～45	抑制状态	可开始生长
45～55	毁灭期	激发态
55～60	不适应(菌群萎退)	抑制状态(轻微度)
60～70	—	抑制状态(明显)
＞70	—	毁灭期

在后发酵阶段（即二次发酵），由于有机物的大部分已在主发酵阶段（即一次发酵）得以降解，此时的热量释放减慢，堆肥将一直维持在中温 30～40℃，所生成的堆肥产物进一步稳定，最后达到深度腐熟。

因此，在堆肥过程中，堆体温度应控制在 50～65℃ 之间，以 55～60℃ 为更好。为达到杀灭病原菌的效果，对装置（反应器）式系统和强制通风静态垛系统，堆体内部温度＞55℃的时间必须达 3d；而对条垛式系统，由于其中的病原菌等较之于仓式更难杀灭，因而要求在其内部维持高于此温度的时间至少 15d，且操作过程中至少翻堆 5 次。

常规影响堆肥温度变化的因素主要是供氧情况和物料含水量。温度的控制一般可通过控制通风量加以实现。通常，在堆肥初期的 3～5d 中，通风的主要作用在于满足所需氧量，使生化反应得以顺利进行，达到提高堆体温度的目的。当堆体温度升至峰值以后，通风量的调节则以控制温度为主。在极限情况下，堆体温度可上升至 80～90℃，若如此，将严重影响微生物的生长和繁殖。这时必须通过加大风量将堆体内的水分和热量带走，使堆温下降。在生产实际中，往往通过温度-供气反馈系统完成温度的自控过程。当堆体中装有此系统时，一旦其内部温度超过 60℃，风机将立即自动向堆体内送风，从而达到降温的目的。推荐发酵仓的一次发酵通风量以 $0.2m^3/$（min·m^3堆层）为宜。

(7) pH 值 pH 值是一项能对细菌环境作出估价的参数。在堆肥的生物降解及消化过程中，pH 值随着时间和温度的变化而变化，因此，pH 值也是揭示堆肥分解过程的一个极好标志。适宜的 pH 值可使微生物有效地发挥其应有的作用，而过高或过低的 pH 值都会对堆肥的效率产生影响。一般认为，pH 值在 6.5～8.5 时，堆肥化的效率最高。

在堆肥化过程中，pH 值随时间和温度发生变化，其变化情况和温度的变化一样，标志着分解过程的进展。在堆肥的初始阶段时，堆肥物产生有机酸，此时有利于微生物生存繁殖，随之 pH 值可下降到 4.5～5.0，随着有机酸被逐步分解，pH 值逐渐上升，最终可以达到 8～8.5 左右。好氧堆肥的 pH 值在 5.5～6.5 时，是大多数微生物活动的最佳范围。新鲜堆肥产品对酸性土壤很有好处，但对正在发芽的种子则是不利的。二次发酵可除去大部分氨，最终的堆肥产品 pH 值基本维持在 6.5 左右而成为一种中性肥料。

由此可以看出，在堆肥过程中，尽管 pH 值在不断变化，但能够通过自身活动得到调节。一般认为，当堆肥物料为生活垃圾时，试图在其中添加中和剂如石灰、磷酸盐、钾盐等以改变其 pH 值是无必要的，如若照样继续，反而会引发不良后果。若 pH 值有下降趋势，可通过逐步增强通风加以补救。一般认为，在 pH＝6.5～8.5 时，堆肥化的效率最高。正常情况下，不必人为调整 pH 值，因为微生物的繁殖和活动可在较大的 pH 值范围内进行。

(8) 腐熟度 目前还没有一种比较完善且标准的堆肥产品腐熟度的测定方法。但是，可通过下列指标或方法对堆肥产品的腐熟度进行估计：堆肥产品温度的降低、可降解有机物的含量、残余有机物的含量、氧化还原电势的升高、毛壳菌属的生长、含氧量的增加以及淀粉-碘测试。在实验室中对 COD 和木质素的测定提供了一种确定降解程度的快速方法。低 COD 和较高的木质素含量（大于 30％）一般就能说明堆肥产品已得到稳定。

(9) 臭味的控制 好氧堆肥化过程中的臭味问题主要是由堆体局部出现的厌氧消化反应所产生的。在很多大规模的好氧堆肥化系统中，经常能发现一些杂志、塑料（特别是胶卷）等在好氧堆肥反应中短时间内不能被降解的物质却得到了降解。这主要是因为在物料的局部地方供氧不足，而出现了厌氧消化反应。在厌氧消化反应中，会产生带恶臭的有机酸。为了控制臭味问题，就应加强通风、减小物料的粒度、去除塑料和其他一些难降解物质或在堆肥前对物料进行必要的处理。

(10) 场地面积 场地问题是好氧堆肥化工艺设计中一个必须认真考虑的实际问题。一般来说，一个处理规模为 50t/d 的堆肥厂须占地约 6000～10000m^2，而处理规模越大，单位处理规模的占地面积就越小。所需占地面积还随着所采用的堆肥化工艺的不同而不同。例如，对于露天条垛式堆肥法，一个处理规模为 50t/d 的堆肥厂须占地约 10000m^2，其中，建造生产车间、办公室、附属建筑和修建厂内道路约需 6000m^2，处理规模每增加 50t/d，生产用地估计要增加 4000m^2，而其他建筑和道路用地要增加 1000m^2。

6.4 堆肥化工艺

6.4.1 概述

好氧堆肥化工艺包括三个基本步骤：①固体废物的预处理；②有机组分的好氧分解；③堆肥产品的制取和销售。常见的堆肥化工艺（见图6-8）有如下三种：露天条垛式堆肥法、静态强制通风堆肥法和动态密闭型堆肥法。尽管这些工艺对废物的通风方法并不相同，但微生物学原理却是相同的，而且只要设计和运行合理，都能在大致相同的时间内生产出质量相似的堆肥产品。以下就好氧静态堆肥和好氧动态堆肥工艺进行介绍。

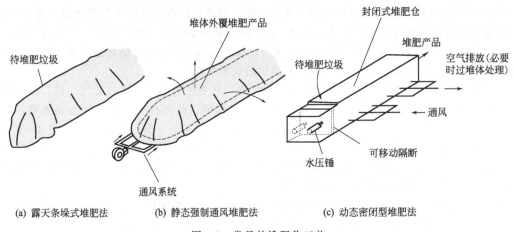

(a) 露天条垛式堆肥法　(b) 静态强制通风堆肥法　(c) 动态密闭型堆肥法

图 6-8　常见的堆肥化工艺

6.4.2 典型堆肥工艺

(1) 好氧静态堆肥工艺　我国在好氧静态堆肥技术方面有较丰富的实践经验，早在1993年颁布实施的《城市生活垃圾好氧静态堆肥处理技术规程（CJJ/T 52—93）》中就明确规定好氧堆肥工艺可分为一次性发酵和二次性发酵两类。该标准的最新版为2014年修订的《生活垃圾堆肥处理技术规范（CJJ 52—2014）》。图6-9为好氧静态条垛堆肥系统示意图。

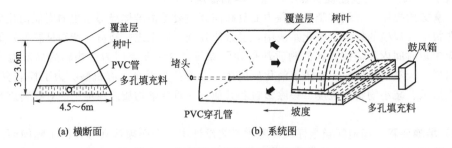

(a) 横断面　　　　　　　　(b) 系统图

图 6-9　好氧静态条垛堆肥系统示意

好氧静态堆肥形式一般采用露天强制通风垛，或是在密闭的发酵池、发酵箱、静态发酵仓内进行。当一批物料堆积成垛或置入发酵装置之后，不再添加新料和翻垛，直至物料腐熟后运出。好氧静态堆肥由于堆肥物料始终处于静止状态，有机物和微生物分布不均匀，特别是当有机物含量高于 50% 时，静态强制通风难以在堆肥中进行，使发酵周期延长，影响该工艺的推广应用。

（2）间歇式好氧动态堆肥工艺 间歇式好氧动态堆肥工艺的技术路线类似于静态一次发酵过程，其特点是发酵周期缩短，有可能减小堆肥体积。具体操作是采用间歇堆的强制通风垛或间歇进出料的发酵仓，将物料批量地进行发酵处理。对高有机质含量的物料在采用强制通风的同时，用翻堆机械间歇地对物料进行翻动，以防物料结块并保证其混合均匀，提供通风效果使发酵过程缩短。

间歇式好氧动态堆肥装置有长方形池式发酵仓、倾斜床式发酵仓、立式圆筒形发酵仓等。各式装置均配有通风管，有的还附装有搅拌或翻堆设施。

我国某市垃圾处理场的堆肥系统采用典型的间歇式好氧动态堆肥工艺（见图 6-10），该系统采用分层均匀进出料方式：在一次发酵仓底部每天均匀出料一层，顶部每天均匀进料一层，分层发酵。在发酵仓内始终控制一定温度，以促使菌种在最佳条件下繁殖，每天新加的垃圾得到迅速发酵分解，而底部已达到一定腐熟度的垃圾则及时得以输出。这样可使发酵周期大为缩短（该工艺的发酵周期为 5d），其所需发酵仓数目比静态发酵方式减少一半。

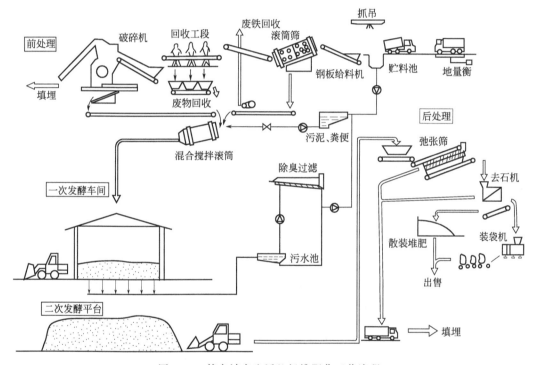

图 6-10 某市城市生活垃圾堆肥化工艺流程

（3）连续式好氧动态堆肥工艺 连续式好氧动态堆肥工艺是一种发酵时间更短的动态二次发酵技术。其工艺采取连续进料和连续出料的方式进行，在一个专设的发酵装置内使物料处于一种连续翻动的动态下，易于使组分混合均匀，形成空隙利于通风，水分蒸发迅速，使发酵周期得以缩短。

连续式好氧动态堆肥对处理高有机质含量的物料极为有效，正是由于具有以上的一些优点，该型堆肥工艺包括所使用的装置在一些发达国家已广为采用，如 DANO（达诺系统）回转滚筒式发酵器、桨叶立式发酵器等。图 6-11 为使用 DANO 装置的垃圾堆肥系统流程。其主体设备为一个倾斜的卧式回转滚筒，物料由转筒的上端进入，并随着转筒的连续旋转而不断翻滚、搅和和混合，并逐步向转筒下端移动，直到最后排出。与此同时，空气则沿转筒轴向的两排顺着喷管通入筒内，发酵过程中产生的废气则通过转窑上端的出口向外排放。

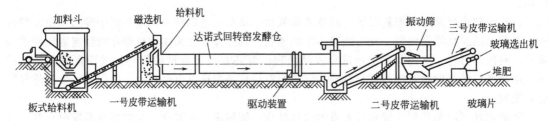

图 6-11　DANO 卧式回转滚筒垃圾堆肥系统

DANO 动态堆肥工艺的特点是：由于物料的不停翻动，在极大程度上使其中的有机成分、水分、温度和供氧等的均匀性得到提高和加速，这样就直接为传质和传热创造了条件，增加了有机物的降解速率，亦即缩短了一次发酵周期，使全过程提前完成。这对节省工程投资、提高处理能力都是十分重要的。

6.4.3　典型的机械堆肥工艺流程

现代化机械堆肥过程是一个较为复杂的系统工程，除了主堆肥工艺外，还包括一系列辅助单元。图 6-12 是一个典型的堆肥工艺流程示意图。可以看出，一个较为完整的堆肥处理过程基本包括下述单元：前处理单元、主发酵单元、后发酵单元、后处理单元及恶臭控制单元等。

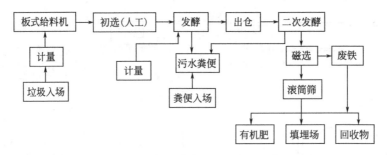

图 6-12　典型的堆肥工艺流程示意

(1) 前处理单元　在以城市生活垃圾为主要堆肥原料时，由于垃圾中往往含有粗大物料和不能堆肥的物质，这些物质的存在会影响到垃圾处理机械的正常运行，且大量非堆肥物质的存在会增加堆肥发酵仓的容积和影响其处理的效果，从而使堆肥产品的质量不能得到应有的保证，同时，混合收集的生活垃圾中还含有一定量的金属等，可以回收利用。这种情况下，可以利用破碎、分选、筛分和磁选等前处理单元，去除粗大垃圾和不能堆肥的物质，回收金属等废品，并可使堆肥原料和含水率达到一定程度的均匀化。同时，破碎、筛分可使原料的表面积增大，便于微生物繁殖，从而提高堆肥速度。

在以家畜粪便、污水处理厂剩余污泥等为堆肥原理时，前处理单元的主要目的是调整原料的水分、碳氮比和空隙率，或者添加菌种和酶制剂以加速堆肥的进程。

(2) 主发酵单元　主发酵单元也称一次发酵单元，一般在露天或发酵装置内进行，通过机械翻堆或强制通风向堆料层或发酵装置内的物料供给氧气。在有氧的情况下，可降解物料在微生物作用下开始发酵，发酵初期，易降解物质主要靠嗜温菌进行分解，此时最适宜的温度范围为 $30 \sim 40℃$，随着堆温的上升，最适宜温度为 $45 \sim 65℃$ 的嗜热菌取代了嗜温菌，此时的堆温开始由中温阶段过渡到高温阶段。堆体在 $55℃$ 以上的高温环境下持续 8h 以上能够达到彻底杀灭病原微生物的目的。通常，在严格控制通风量的情况下，将堆温升高至开始降低为止的阶段作为主发酵阶段。生活垃圾有机组分的堆肥其主发酵时间约为 4～12d。

(3) 后发酵单元 后发酵单元也称二次发酵单元。经过主发酵阶段的堆肥半成品被送到后发酵单元，在该阶段将此前尚未分解的易分解和较难分解的有机物如木质纤维素等进一步分解，使之变成比较稳定的有机物（如腐殖质等），从而得完全腐熟的堆肥产品。后发酵单元一般采用静态条垛的方式进行，堆体高度在 1～2m 之间，期间要采取措施防止雨水和啮齿类动物进入，当有机物分解仍较强烈并造成堆体温度上升明显时，还需要进行翻垛或做必要的通风处理。

后发酵时间的长短，决定于堆肥的施用情况。例如，需要较短的期限时，可在主发酵后直接利用分解所产生的热量供温床培育农作物；若是在农闲期间不种农作物的庄稼地，则其大部分堆肥可不经过后发酵而直接施用；若用于长期耕作的土地时，则需使其发酵充分直至进行到本身已有微生物的代谢活动不致夺取土壤中的氮含量并过度消耗土壤空隙中的氧的程度。后发酵时间一般在 20～30d。

(4) 后处理单元 经过二次发酵后的物料，其中几乎所有的有机物都已细碎和变形，数量也有所减少。但当堆肥的物料是以生活垃圾为主时，在其前处理单元没有除掉的塑料、玻璃、金属、砖土等会依然存在，因此，为生产出适合于农用的较优质的堆肥产品，还需要经过分选等后处理单元以去除上述杂物，若是生产精制堆肥，则还应进行再破碎过程。

(5) 恶臭控制单元 在堆肥过程中，由于堆肥物料中含有的 N 和 S 等元素，这些物质在堆料的局部或某段时间内的厌氧发酵会产生以 H_2S、硫醇、NH_3、有机胺等为主的臭气物质，为控制堆肥过程中产生的臭气对环境的二次污染，必须采取措施对堆肥排气进行集中收集和处理。

在堆肥过程中控制恶臭的方法较多，包括：采用化学除臭剂除臭、碱性水溶液过滤；排气集中后用生物塔滤处理，也可利用腐熟堆肥或利用腐熟堆肥制成的堆肥过滤器装置进行过滤处理；必要的情况下，可以采用活性炭和沸石等吸附剂进行吸附，但这种方法成本高，一般堆肥过程很少使用；在有条件的场地，如附近有工业锅炉或焚烧设施，可以把收集后的堆肥排气作为焚烧炉或工业锅炉的助燃空气，利用炉内高温，通过热处理的方法彻底破坏臭味物质以达到臭气控制的目的。

6.5 堆肥产品及其腐熟度评价

6.5.1 堆肥产品的质量要求和标准

堆肥产品一般应满足下列基本要求。

① 土壤中的微生物在分解有机物的同时，还需要吸收氨氮或硝酸盐氮作为自身的营养剂以维持繁殖增生，如果 C/N 比过高，则会导致可利用的氮量过少而使得微生物处于"氮饥饿"状态，最终影响肥效。因而成品堆肥中的 C/N 比应低于 20。

② 堆肥化产品应达到完全腐熟才能施用。大量施用未完全腐熟的堆肥，会由于有机物在土壤中的分解，造成植物根部缺氧，从而导致灾难性的后果。在完全腐熟以后的堆肥呈现茶褐色至黑色，没有有机物腐烂的恶臭。

③ 便于运输、保管和施用。水分应在 40% 以下，袋装的堆肥含水量更应低于 20%，最好加工成为颗粒状。

④ 堆肥化产品使用过程中不能造成土壤的二次污染问题，包括重金属含量、微量有机物 [如苯并（α）芘] 含量。

针对污泥和生活垃圾堆肥后的农用问题，早在 1984 年和 1987 年我国先后出台了《农用污泥污染物控制标准》（GB 4284—1984）和《城镇垃圾农用控制标准》（GB 8172—1987），上述标准的出台是为防止污泥和城镇垃圾农用对土壤、农作物、水体的污染，保护农业生态环境，保证农作物正常生长，因此，应满足标准规定的相应指标的控制值。例如，城镇垃圾农用控制标准规定了包括杂质、粒度、蛔虫卵死亡率、大肠杆菌、有机质（以 C 计）、总氮（以 N 计）、总磷（以 P_2O_5 计）、总钾（以 K_2O 计）、pH 值、水分、总汞（以 Hg 计）、总镉（以 Cd 计）、总铬（以 Cr 计）、总铅（以 Pb 计）、总砷（以 As 计）等 15 项指标，农用污泥的控制标准也类似。《城镇垃圾农用控制标准》（GB 8172—1987）已于 2017 年废止，《农用污泥污染物控制标准》（GB 4284—1984）于 2018 年进行了修订，新的标准名为《农用污泥污染物控制标准》（GB 4284—2018）。2021 年农业农村部修订了《有机肥料（NY 525—2012）》标准，新的标准名为《有机肥料（NY/T 525—2021）》，该标准将相关指标分为了有机肥料的技术指标要求（见表 6-8）和限量指标要求（见表 6-9）。

表 6-8　有机肥料技术指标要求及检测方法

项目	指标	检测方法
有机质的质量分数（以烘干基计）/%	≥30	按照附录 C 的规定执行
总养分（N＋P_2O_5＋K_2O）的质量分数（以烘干基计）/%	≥4.0	按照附录 D 的规定执行
水分（鲜样）的质量分数/%	≤30	按照 GB/T 8576 的规定执行
酸碱度（pH 值）	5.5～8.5	按照附录 E 的规定执行
种子发芽指数（GI）/%	≥70	按照附录 F 的规定执行
机械杂质的质量分数/%	≤0.5	按照附录 G 的规定执行

表 6-9　有机肥料限量指标要求及检测方法

项目	指标	检测方法
总砷（As）/(mg/kg)	≤15	按照 NY/T 1978—2010 的规定执行，以烘干基计算
总汞（Hg）/(mg/kg)	≤2	
总铅（Pb）/(mg/kg)	≤50	
总镉（Cd）/(mg/kg)	≤3	
总铬（Cr）/(mg/kg)	≤150	
粪大肠菌群数/(个/g)	≤100	按照 GB/T 19524.1—2004 的规定执行
蛔虫卵死亡率/%	≥95	按照 GB/T 19524.2—2004 的规定执行
氯离子的质量分数/%	—	按照 GB/T 15063—2020 附录 B 的规定执行
杂草种子活性/(株/kg)	—	按照附录 H 的规定执行

6.5.2　堆肥产品腐熟度评价方法

堆肥产品稳定化后才能认为无害化的堆肥过程已结束，其判定标准就是腐熟度，即腐熟程度，指堆肥中有机物经矿化、腐质化过程后达到稳定化的程度。堆肥稳定和腐熟的基本含义包括两方面：①堆肥通过微生物作用，所得到的产品应达到稳定化、无害化程度，亦即不对外界环境产生不良影响；②该种产品在使用期间不能影响作物的生长和土壤的耕作能力。一般认为，作为一项生产性指示反应进程的控制标准，必须具备操作方便、反应直观、适应面广、技术可靠等特点。多年来，国内外许多研究人员对此进行过多种学术性和实用性探讨，提出不少评定堆肥腐熟和稳定的指标和参数。总结国内外有关的研究，主要从物理方法、化学方法、生物活性、植物毒性分析等方面对堆肥腐熟、稳定及安全性进行评估，汇总如表 6-10 所示。

表 6-10　堆肥腐熟评估方法汇总

方法名称	参数、指标或项目
物理方法	温度 颜色 气味 密度
化学方法	碳氮比(固相及水溶态 C/N) 氮化合物(NH_4-N、NO_3-N、NO_2-N) 阳离子交换量(CEC) 有机化合物(水溶性或可浸提有机碳、还原糖、脂类等化合物、纤维素、半纤维素、淀粉等) 腐殖质(腐殖质指数、腐殖质总量和功能基团)
生物活性	呼吸作用(耗氧速率、CO_2 释放速率) 微生物种群和数量 酶学分析
植物毒性分析	种子发芽实验 植物生长实验
安全性测试	致病微生物指标等

(1) 物理方法　物理方法也称表观分析法，堆肥腐熟和稳定的表观特征为：温度下降至接近常温；外观呈茶褐色或暗灰色，无恶臭而有土壤的霉味，不再吸引蚊蝇；其产品呈现疏松的团粒结构；由于真菌的生长，其产品出现白色或灰白色菌丝。由于以上的诸多现象是凭经验观察堆肥的物理性状得到的，难以做定量分析，因此，此法只可作为定性的判定标准。

(2) 化学方法　化学方法所包括的参数有：碳氮比、氮化合物、阳离子交换量、有机化合物和腐殖质 5 种，主要特点和在评估中所起的作用以及存在的不足之处分析如下。

① 碳氮比。固相 C/N 值是传统的最常用的堆肥腐熟评估方法之一。堆肥的固相 C/N 值由初始的 (25∶1)～(30∶1) 或更高，降低至 (15∶1)～(20∶1) 以下时，被认为堆肥达到腐熟。但其初始和最终的 C/N 值相差很大，使这一参数的广泛应用受到影响。

由于 C/N 的测试，特别是 C 的测定比较困难，尽管有各方面的研究，目前尚不宜作为可以通用而又简便的科学判定堆肥腐熟的标准。

② 氮化合物。氨态氮 (NH_4-N)、硝态氮 (NO_3-N) 及亚硝态氮 (NO_2-N) 的浓度变化，也是堆肥腐熟评估常用的参数。在堆肥初期，NH_4-N 含量较高，当堆肥结束时，此种物质的含量减少或消失，但 NO_3-N 含量增加，且数量最多，而 NO_2-N 的含量次之。但由于有机和无机氮浓度的变化受温度、pH 值、微生物代谢、通气条件和氮源等多种因素的影响，这一类参数通常只能作为堆肥腐熟的参考，而不能作为堆肥腐熟的绝对指标。

③ 阳离子交换容量 (CEC)。研究表明，阳离子交换容量能反映有机质降低的程度，是堆肥腐殖化程度和新形成的有机质的重要指标，可作为评价腐熟度的参数。Harada 等认为，CEC 和 C/N 之间有很高的负相关性 ($r = -0.903$)，两者的关系式为：

$$\ln(CEC) = 6.02 - 1.02\ln(C/N) \qquad (6-15)$$

式中，CEC 为阳离子交换容量；C/N 为物料碳、氮元素之比。

在研究城市垃圾堆肥历时 60d 的过程中发现，每 100g 样品中 CEC 从 40mmol 增加到 80mmol，建议以 CEC＞60mmol 时，作为评估堆肥腐熟的指标。但对于 C/N 值较低的原料堆肥，其 CEC 值在 41.4～123mmol 范围内波动，此时不能作为评价堆肥腐熟度的参数。由于腐殖质各组分可使 CEC 发生变化，原有机质的量也会影响腐熟时 CEC 的数值，因此不能以其作为各类堆肥腐熟的绝对指标。

④ 有机化合物。由于纤维素、半纤维素、有机碳、还原糖、氨基酸和脂肪酸等在堆肥过程中都发生变化，有些情况下也可以作为堆肥腐熟的指标。纤维素、半纤维素、脂类等通过成功的堆肥过程可降解 50%～80%，蔗糖和淀粉的利用接近 100%。在堆肥过程中，最易降解的有机质可能为微生物所利用而最终消失。在实际的堆肥过程中，糖类首先消失，接着是淀粉，最后是纤维素。一般认为，淀粉的消失是堆肥腐熟的重要标志。其消失情况可使用点状定性检测器完成。但当堆肥物料中淀粉量不多时，被检测的也只是物料中可腐烂物质的一部分，并不能代表完全腐熟的、稳定的堆肥产品，此情况下若以检不出淀粉作为堆肥腐熟的评估标准，并不一定反映堆肥是否已腐熟。

微生物的代谢活动需要摄取溶解性养分，水溶性或可浸提有机物的演变情况，对堆肥腐熟的评估起重要作用。此外，在堆肥开始时，大量存在的烷基和苯甲酰基酞酸酯以及长链脂肪酸酯等在腐熟后很少再发现。

⑤ 腐殖质。在堆肥过程中，原料中的有机质经微生物作用，在降解的同时还进行着腐殖化过程。用 NaOH 提取的腐殖质（HS）可分为胡敏酸（HA）、富里酸（FA）及未腐殖化的组分（NHF）。当堆肥开始时，一般含有较高的非腐殖质成分及 FA 和较低的 HA，随着过程的进行，前两者保持不变或稍有减少，而后者则大量产生，成为腐殖质的主要部分。

可以采用不同的腐殖质参数表示堆肥的腐熟度，有腐殖化指数（HI）[HI＝HA/FA]、腐殖化率（HR）[HR＝HA/(FA＋NHF)]、胡敏酸含量（HP）[HP＝HA×100/HS] 等。其中 HI 和 HP 与 C/N 有良好的相关性。通过对城市固体废物的堆肥研究表明：当 HI 呈下降趋势时，反映腐殖质的形成；若 HI 值达到 3 时则堆肥已腐熟。

(3) 生物活性法 反映堆肥腐熟和稳定情况的生物活性参数有：呼吸作用、微生物种群和数量以及酶学分析等。

① 呼吸作用。呼吸作用是评估堆肥腐熟和稳定时较为普遍使用的方法，其代表参数有耗氧速率和 CO_2 产生速率。研究表明，堆肥过程中 CO_2 的生成速率与耗氧及好氧速率具有很好的相关性。耗氧速率和 CO_2 的产生速率 [mgO_2/(g 挥发性物质·min) 或 $mgCO_2$/(g 挥发性物质·min)] 标志着有机物分解的程度和堆肥反应的进行程度。因此，以耗氧速率或 CO_2 产生速率作为腐熟度标准是符合生物学原理的。另外，呼吸作用受堆肥原料本身的影响较小，以此作为腐熟度的标准，具有应用范围较广的特点，不但可用于垃圾堆肥，也可用于污泥堆肥以及污泥-垃圾混合堆肥等过程的腐熟度判断。一般认为其数值以在 $0.02～0.1 mol O_2/min$ 的稳定范围为最佳。国外研究者在总结堆肥呼吸过程的数据基础上提出：当堆肥释放 CO_2 量＜5mgC/g（堆肥原料 C）时，达到相对稳定；释放 CO_2 量＜2mgC/g（堆肥原料 C）时，可认为达到腐熟。呼吸作用同样受到堆肥条件的影响，包括物料密度、湿度、温度和通气量等，完善的操作控制条件是这一方法取得成功的必备因素。

② 微生物种群及数量。特定微生物的数量和种群的变化，也是反映堆肥代谢情况的重要依据，在不同温度下的堆肥过程，其中的微生物种群和数量也随之有相应的变化。

如前所述，在堆肥初期的中温阶段，嗜温菌较活跃，蛋白质分解细菌大量繁殖，此外产氨细菌的数量也迅速增加，在 15d 内达到最多，然后突然下降，在 30d 内完成其代谢活动，在堆肥期达 60d 时降至检测限值以下。

当堆肥温度达到 50～60℃时，嗜温菌受到抑制甚至死亡，嗜热菌则大量繁殖。其中包括分解纤维素的细菌和真菌等都是中温菌和高温菌，在堆肥的 60d 时为最多，并在整个过程中保持旺盛的活动能力。

在堆肥的高温阶段，其中的寄生虫和病原体被灭活，腐殖质开始形成，物料达到初步腐熟。在堆肥初期受到抑制的硝化细菌，当堆肥期达到 80d 时，其数量上升至峰值，同时活动也最为旺盛，即使在堆肥的最后仍然存在。在堆肥的腐熟期，所含微生物种群要以放线菌为主。

尽管堆肥中某种微生物种群的出现与否及其数量多少并不能指示堆肥的腐熟程度，但在整个堆肥期间，微生物种群的演变恰好可以指示其腐熟的完整过程。嗜热及嗜温细菌、放线菌、真菌及生理性微生物，包括氨化细菌、硝化细菌、蛋白及果胶水解微生物、固氮微生物和纤维素分解微生物等，均为较为传统的分析对象。为反映微生物数量的变化，通常采用的是生物量测定法。三磷酸腺苷（ATP）的分析是测定土壤中生物量的方法之一，近年来此种方法已开始应用于堆肥研究。

③ 酶学分析。在堆肥过程中，多种氧化还原酶和水解酶与 C、N、P 等基础物质的代谢过程密切相关，通过分析相关的酶活力，可间接反映微生物的代谢活性和酶特定底物的变化情况。此种方法还需要进一步的研究。

(4) 植物毒性分析法　通过种子发芽和植物生长实验可直观地表明堆肥腐熟情况，分述如下。

① 种子发芽实验。种子发芽实验是测定堆肥植物毒性的一种直接而又快速的方法。植物在未腐熟的堆肥中生长受到抑制，而在腐熟的堆肥中则生长得到促进。一般认为，堆肥的腐熟水平可以植物的生长量表示。未腐熟堆肥的植物毒性主要来自于乙酸等低分子量有机酸和大量 NH_3、多酚等物质。而处于厌氧条件下的堆肥极易生成大量有机酸，因此，良好的通风条件是促进堆肥腐熟的重要保证。

植物毒性可用发芽指数（GI）进行评价，通过以十字花科植物种子进行发芽实验，根据其发芽率和根长按下式可得出植物的发芽指数：

$$GI\% = [(堆肥处理的种子发芽率 \times 种子根长)/(对照的种子发芽率 \times 种子根长)] \times 100$$

(6-16)

我国 2021 年出台的《有机肥料（NY/T 525—2021）》标准增加了种子发芽指数，其测定以黄瓜或萝卜种子为试验材料，种子发芽指数定义为有机肥料浸提液的种子发芽率和种子平均根长的乘积与水的种子发芽率和种子的平均根长的乘积的比值。

Garcia 等通过进行城市有机废物的实验，根据堆肥的腐熟程度将堆肥过程分为三个阶段：

a. 抑制发芽阶段，一般在堆肥开始的第 1～13d，此时的种子发芽几乎被完全抑制；

b. GI 指数迅速上升阶段，一般发生在堆肥后的 26～65d，种子发芽指数 GI＝30％～50％；

c. GI 指数徐缓上升至稳定阶段，当继续堆肥至超过 65d，GI 指数可上升至 90％。

由此可见，抑制种子发芽的物质是在堆肥过程中逐渐消失的。不过，腐熟度低可能并非影响种子发芽的主要原因，之所以如此，更重要的可能是由于发芽所产生的有机酸及氮和盐分含量的缺乏。这尚有待进一步地深入研究。

② 植物生长实验。有些农作物包括黑麦草、黄瓜、大白菜、胡萝卜、向日葵、番茄和莴苣等都曾用以进行堆肥腐熟性的测试研究。在利用土壤中添加不同时期的牛粪堆肥，研究对黑麦草生长的影响时，其结果是：当此种堆肥在 30d 以内时会严重影响黑麦草的生长，而在其历时达 40d 以后可使农作物生长开始得到改善，在添加 90d 以后堆肥时出现最高产量，从而说明腐熟的堆肥可提供植物生长所需的有机物，对其生长有明显的促进作用。但这种作用与植物的种类、堆肥的 pH 值、盐度、C/N 等因素有关。有关的研究人员指出，堆肥的稳定性本身不一定表示植物生长的可能性。因此植物生长评价只能作为堆肥腐熟度评价的一种辅助性指标，而不能作为唯一的指标。通过采用多种植物的发芽和生长实验最后确定堆肥的腐熟程度的做法，从理论而言是可靠的，不过需进行大量工作。

(5) 安全性测试法　污泥和城市垃圾中含有大量致病细菌、霉菌、病毒及寄生虫和草种等，它们都会直接影响堆肥的安全性。根据我国生活垃圾的特点，国标《有机肥料》（NY/T 525—2021）中规定的堆肥无害化评价指标包括：种子发芽指数（GI）≥70％；蛔虫卵死亡率≥95％；粪大肠菌群数≤100 个/g。

当然，若要确定堆肥的化学和生物学稳定度，仅以一种或某个单一参数是很难的，而需要通过数种或多个参数共同进行。利用上述的多种化学、生物活性和植物毒性等分析手段对堆肥的腐熟和稳定性加以测定和综合性分析，所得出的结果一般较为可靠。随着分析技术和微生物技术的发展，先进、快捷的堆肥腐熟度评估方法将会不断出现，堆肥的生产和使用者将随时依据其发生的实际情况，选择合适的评估方法。

6.5.3 堆肥的功效及其利用

经堆肥化处理的堆肥产品具有广泛的用途，主要是施用于农田，它可以提供一定的肥效，并且能改良土壤的理化性能，提高农作物的产量。堆肥在盆栽、园林、绿化等方面也有广泛的用途。堆肥的功效主要表现在以下几个方面。

(1) 改善土壤的理化性能　施用堆肥以后可明显降低土壤的容重、增加空隙率、提高保水能力，可以使黏性土壤松散、砂质土壤聚结成团粒、增强透风性、减少水土流失、促进植物根系的发育增长。表 6-11 反映了我国重庆和杭州施用堆肥对土壤理化性能改善的情况。

表 6-11　施用堆肥对土壤理化性能影响

城市	是否施肥	容重/(g/cm³)		空隙度		持水量/%		pH 值
		容重	降低率	含量/%	提高率	持水量	提高率	
重庆	未用堆肥	1.62	40%	35.1	60%	14.1	67%	5.9
	使用堆肥	1.15		56.8		23.6		6.3
杭州	未用堆肥	1.18	3%	57	5%	22.1	37%	6.66
	使用堆肥	1.15		60		30.2		6.07

(2) 增加土壤养分　堆肥具有优于一般化肥的一些独特的性质，它含有氮、磷、钾及多种微量元素，肥分齐全且肥效持久，经稳定化的有机物可长时间发挥作用。质量好的堆肥施入土壤，可明显地提高土壤中有机物及多种养分的含量，起到促进农作物增产的作用，表 6-12 和表 6-13给出了施用堆肥对增加土壤养分及作物产量的效果。

表 6-12　施用堆肥对土壤养分含量的影响

地区		有机质/%	N/×10⁻⁶	P₂O₅/×10⁻⁶	K₂O/×10⁻⁶
常德	未用堆肥	1.915	114.8	93.3	60
	用堆肥	2.589	128.8	124.4	75
	提高率	34.0	12.2%	33.9%	25%
杭州	未用堆肥	2.13	140	68.3	56.6
	用堆肥	2.33	190	173.9	69.1
	提高率	11	26%	3%	22%

表 6-13　施用堆肥对作物的增产效果

项目	作物类别	土壤类别	施用方法	施用量	增产效果	其他效益	资料来源
块根作物	甜菜	沙质土	1~3 年/次	10t/hm²	20%		荷兰
	土豆	沙质土	1~2 年/次	10~90t/hm²	17%~33%	提前 14d 收	联邦德国
谷类作物	大麦	低腐质土	施于表面	10~750t/hm²	15%~25%		荷兰
	小麦	沙质土	略加	40t/hm²	11%		苏联
水果	葡萄	壤土	1 年/次	100t/hm²	50%	果大味好	中国天津
	黄瓜	温室壤土	底肥	60~80t/hm²	25%~30%	品质提高	联邦德国
	芹菜	轻壤土	施于表面	50t/hm²	9.3%		联邦德国
	番茄	轻壤土	2~3 年/次	100t/hm²	1%~25%	品质提高	联邦德国

项目	作物类别	土壤类别	施用方法	施用量	增产效果	其他效益	资料来源
蔬菜	白菜	轻壤土	底肥	75t/hm²	12%～43%	卷心实	中国杭州
	花菜	轻壤土	底肥	75t/hm²	8%～16%		中国杭州
	园椒	沙壤土	底肥	75t/hm²	8.7%	品质改善	中国杭州
	番茄	沙壤土	底肥	75t/hm²	13.2%	品质改善	中国杭州
	玫瑰	沙土	与土壤混合	25%～30%		生长良好	比利时
花卉	剑兰	沙土	先施底肥 50t/hm²	60%	14.4%		比利时

6.5.4 堆肥产品中重金属的影响及其控制

(1) 堆肥产品土地利用的重金属问题 由于固体废物的来源不同，其堆肥产品中都可能含有一定量的重金属，如 Cu、Zn、Ni、Cr、Pb、Cd 等，其含量也一般都会大于土壤背景值（见表 6-14）。研究表面，重金属对农作物、土壤微生物活动及土壤肥力均有影响，重金属在土壤中的迁移转化等环境化学行为相当复杂，对植物也可能存在毒害作用。因此，堆肥应用于农业的重金属污染问题一直受到人们的密切关注，并且成为堆肥大规模土地利用的关键性限制因素。

表 6-14　土壤重金属背景值与堆肥中重金属含量的对比　　单位：mg/kg

重金属元素	As	Cd	Co	Cr	Cu	Hg	Ni	Pb	Sn
土壤背景值	11.2	0.097	12.7	61.0	22.6	0.065	26.9	26.0	2.6
土壤标准值	20～40	0.5～1.0	50.0	100	50～100	2.0	50.0	200～300	50.0
生活垃圾堆肥	0～215	0～5.1	7.0～11.0	3.5～49.5	33.7～123.7	0～19.2	14.5～36.5	0～82.6	0～69.3
污泥堆肥	—	0.05～16.8	—	0.4～728	28.4～3068	—	10.4～374	0.6～669	—

土壤作为开放的缓冲动力学体系，在与周围的环境进行物质和能量交换过程中，不可避免地会有外来源重金属进入这个体系。同时土壤是一个十分复杂的多相体系，其固相中所含的大量黏土矿物、有机质和金属氧化物等能吸收进入其内部的各种污染物，特别是重金属元素。虽然堆肥中存在的重金属形态，在短时间内不易被淋失及被作物吸收，但堆肥的长期施用能增加土壤中总的重金属含量，增加作物对重金属的吸收及积累。当累积量超过土壤自身的承受能力和允许容量时，就会造成土壤污染。

根据研究，重金属在土壤中的垂直递减规律十分明显，外来重金属多富集在土壤表层，主要集中在 0～30cm 土层内，尤其是 0～15cm 土层。这是因为重金属元素的迁移能力较差，进入土壤中的重金属由于无机及有机胶体对阳离子的吸附、交换、络合及生物作用，大部分被固定在耕作层中。耕作层是 20cm 浅层土壤，与生态环境联系密切，受人类干扰最严重。重金属元素主要分布在土壤耕作层的现象，对作物的生长及其卫生品质都会带来不利影响。

土壤中过的重金属对农作物的毒害作用表现在农作物减产和品质下降两个方面。当重金属进入植物并积累到一定程度后，就会产生毒害症状，表现出生长受到抑制、植株矮小及失绿现象，导致作物减产，造成经济损失。如土壤中的 Cu 含量达到 110～180mg/kg 时，水稻约减产 35%～70%。

(2) 堆肥产品中重金属的形态及其有效性 堆肥中重金属元素能否被植物所吸收，主要取决于含该元素矿物的有效态（有效性）。重金属的生物有效性（bioavailability）指重金属能被生物吸收或对生物产生毒性的性状，可由间接的毒性数据或生物体浓度数据评价。重金属的化学形态与其生物有效性和环境移动性有很好的相关性，将植物所吸收的有效态重金属占土壤中重金属总量的百分率称为重金属的生物有效性，它能更好地表征堆肥中重金属向植物体内的转化趋势。

根据 1979 年 Tessier 等提出的基于沉积物中重金属形态分析的五步连续提取法，金属元素可分为可交换态、碳酸盐结合态、铁锰氧化物结合态、有机物结合态以及残渣态。堆肥产品中重金属的生物有效性、迁移性及毒性在很大程度上取决于其在环境中不同的存在形态：可交换态的重金属与颗粒结合较弱，最易被释放，有较大的可移动性和生物有效性；碳酸盐结合态的重金属在酸性条件下有效性增大；铁锰氧化态的重金属在还原条件下易分解释放；有机结合态的重金属在氧化状态下易分解释放；残渣态的重金属多存在于硅酸盐、原生和次生矿物等晶格中，性质稳定，属于不溶态重金属元素，只有通过转化成可溶物才对生物产生影响，一般生物富集和可移动性都很小。

在正常的自然环境中，重金属的碳酸盐结合态、铁锰氧化态和有机结合态在外界环境发生变化时，可以转化为可交换态。即土壤酸度增加，使重金属的碳酸盐结合态转化为可交换态；土壤氧化还原电势改变，使重金属的铁锰氧化态被转化为可交换态；土壤的氧化状态改变也可导致重金属的有机物结合态转化为可交换态。

(3) 降低堆肥产品中重金属影响的途径 作物对重金属的积累受到多种因素影响，包括土壤类型、土壤环境的 pH 值、Eh、有机质、阳离子交换量、含重金属元素的化合物种类等。当上述条件发生改变时，立刻会影响土壤对重金属的吸附和解吸能力，影响重金属元素的形态及含重金属矿物在土壤溶液中的溶解度。堆肥中的重金属作为一种外源污染物，其行为既不同于土壤中原有的重金属，又与以无机盐形式外加的重金属在化学行为和有效性上存在明显差异。研究表明，作物中的重金属含量虽然与堆肥的施用量没有直接的线性关系，但作物对重金属的积累量却与堆肥的施用量呈显著正相关。

为了有效控制堆肥产品对作物的影响，需要采取不同的控制措施。首先，采取源头控制，对堆肥的原料进行控制，重金属含量高的污泥、生活垃圾等不适宜采用堆肥技术进行处理。其次，对堆肥产品进行严格管理，对于以农用作为堆肥产品出路的需要严格监控，防止重金属含量高的堆肥进入农作物的生产环节。最后，可以通过一定的技术途径降低堆肥中重金属的生物有效性，如：通过向土壤中加入无机改良剂（包括石灰、沸石、磷肥等）改变施用堆肥土壤中的重金属形态，石灰采用粉状或以溶液形式加入，使土壤 pH 值升高，提高土壤颗粒对重金属的吸附量，降低重金属的生物有效性；加入有机改良剂（如植物秸秆、泥炭或腐殖酸、活性炭等），改变重金属在施用堆肥土壤中的存在形态，使其由活化状态转变为不能被植物吸收的稳定态。

6.6　厌氧消化原理及其影响因素

6.6.1　厌氧消化产沼的机理及途径

(1) 厌氧消化的反应机理 由于厌氧发酵的原料来源复杂，参加反应的微生物种类繁多，使得厌氧发酵过程中物质的代谢、转化和各种菌群的作用等非常复杂。目前，对厌氧发酵的生化过程有三种见解，即两阶段理论、三阶段理论和四阶段理论。依据三阶段理论，厌氧消化反应分三阶段进行（见图 6-13）。第一阶段，在水解与发酵细菌的作用下，将大分子有机物分解为小分子有机物，以有利于微生物吸收和利用；第二阶段，在产氢产乙酸菌的作用下，把第一阶段的产物转化成 H_2、CO_2 和乙酸等；第三阶段，在产甲烷菌的作用下，把第二阶段的产物转化成 CH_4 等。

废物的厌氧消化过程，是在大量厌氧微生物的共同作用下，将废物中的有机组分转化为稳定的最终产物。第一组微生物负责将碳水化合物、蛋白质与脂肪等大分子化合物水解与发酵转化成单糖、氨基酸、脂肪酸、甘油等小分子有机物。第二组厌氧微生物将第一组微生物的分解产物转化成更简单的有机酸，在厌氧消化反应中最常见的就是乙酸。这种兼性厌氧菌和绝对厌氧菌组成

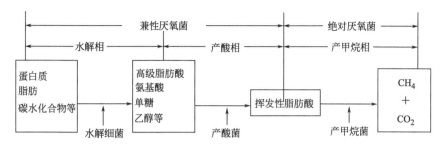

图 6-13　生活垃圾中的有机组分通过厌氧消化反应转化为甲烷和二氧化碳的反应机理

的第二组微生物称作产酸菌。

第三组微生物把氢和乙酸进一步转化为甲烷和二氧化碳。这些细菌就是产甲烷菌，是绝对厌氧菌。在垃圾填埋场和厌氧消化器中许多产甲烷菌与反刍动物胃里和水体沉积物中的产甲烷菌相类似。对于厌氧消化反应而言，能利用氢和乙酸合成甲烷的产甲烷菌是产甲烷菌中最重要的一种。由于产甲烷菌的生长速率很低，所以产甲烷阶段是厌氧消化反应速率的控制因素。甲烷和二氧化碳的产生代表着废物稳定化的开始。当填埋场或厌氧反应器中的甲烷产生完毕，表示其中的废物已得到稳定。

(2) 反应途径　首先必须明确产甲烷菌只能利用少数的几种物质生成甲烷。现在已经知道的能被产甲烷菌利用来生成甲烷的物质有：$CO_2 + H_2$、甲酸、乙酸、甲醇、甲胺和一氧化碳。化学反应方程式如下：

$$4H_2 + CO_2 \longrightarrow CH_4 + 2H_2O \tag{6-17}$$

$$4HCOOH \longrightarrow CH_4 + 3CO_2 + 2H_2O \tag{6-18}$$

$$CH_3COOH \longrightarrow CH_4 + CO_2 \tag{6-19}$$

$$4CH_3OH \longrightarrow 3CH_4 + CO_2 + 2H_2O \tag{6-20}$$

$$4(CH_3)_3N + 6H_2O \longrightarrow 9CH_4 + 3CO_2 + 4NH_3 \tag{6-21}$$

$$4CO + 2H_2O \longrightarrow CH_4 + 3CO_2 \tag{6-22}$$

在厌氧消化反应过程中，形成甲烷的两条主要反应途径是：

① 如化学方程式(6-17) 所示，二氧化碳和氢气生成甲烷和水；

② 如化学方程式(6-18)、式(6-19) 所示，甲酸生成甲烷、二氧化碳和水以及乙酸生成甲烷和二氧化碳这两个反应。产甲烷菌和产酸菌能形成共生关系，即产甲烷菌能消耗产酸菌的产物甲酸和乙酸，生成厌氧消化反应的最终产物甲烷和二氧化碳。

由于产甲烷菌具有高效的氢化酶，所以产甲烷菌能够利用产酸菌所产生的氢。因为产甲烷菌能维持一个非常低的氢的分压，所以使消化反应的化学平衡朝着有利于生成更多的氧化性物质（如甲酸和乙酸）的方向移动。由产酸菌和其他厌氧微生物所产生的氢被产甲烷菌利用的过程，称为种间氢传递链。实际上，产甲烷菌还驱除了会抑制产酸菌生长的化合物。

(3) 环境因素　为了保持有机废物厌氧消化处理系统的正常运行，必须保证使产甲烷菌和其他微生物处于动态的平衡状态中。要建立并维持这样的平衡状态，反应系统中必须不含分子氧和微生物的抑制剂（如重金属、氨和硫离子等）。同时，pH 值应在 6.5～7.5 之间。因为产甲烷菌在 pH 值 6.2 以下就不能发挥作用，所以系统中还必须有足够的碱度以确保 pH 值不低于 6.2。当消化反应正常进行时，碱度一般约为 1000～5000mg/L，且挥发性脂肪酸小于 250mg/L。在高固体浓度消化反应中的碱度和挥发性脂肪酸的浓度则分别高达 12000mg/L 和 700mg/L。在反应系统中还必须有足够的氮磷等无机盐以保证微生物的正常生长。随着所处理的污泥或废物性质的不同，可能还需要添加适当的生长因子。温度是另外一个重要的环境条件。中温消化和高温消化的最适温度范围分别为 30～38℃和 55～60℃。

6.6.2 厌氧消化产沼的生物化学过程

固体废物的厌氧消化过程一般可用下述反应方程式描述：

有机物$+H_2O\longrightarrow$合成的新细胞物质+残留有机物$+CH_4+CO_2+NH_3+H_2S+$能量

若有机物的化学组成式为$C_aH_bO_cN_d$，合成的新细胞物质和产生的H_2S忽略不计，$C_wH_xO_yN_z$为残留有机物的化学组成式，那么有机物的厌氧消化化学反应方程式可表达为：

$$C_aH_bO_cN_d\longrightarrow nC_wH_xO_yN_z+mCH_4+sCO_2+rH_2O+(d-nz)NH_3 \tag{6-23}$$

式中，$r=c-ny-2s$；$s=a-nw-m$。

如果有机物被完全分解，没有任何残留物，则化学反应方程式为：

$$C_aH_bO_cN_d+(a-0.25b-0.5c+0.75d)H_2O\longrightarrow$$
$$(0.5a+0.125b-0.25c-0.375d)CH_4+(0.5a-0.125b+0.25c+0.375d)CO_2+dNH_3 \tag{6-24}$$

一般来说，有机废物厌氧消化所产生的气体中甲烷含量约为$50\%\sim60\%$，1kg可降解有机物可产生$0.63\sim1.0m^3$的沼气。

【例6-4】 生活垃圾厌氧消化的产气量计算。试计算在生活垃圾卫生填埋场中，单位质量填埋废物的理论产气量。假定：生活垃圾中有机组分的化学组成式为$C_{60.0}H_{94.3}O_{36.8}N$，有机物的含量为$79.5\%$（包括水分）。

解：

① 以100kg填埋废物为基准，其中有机物为79.5kg（包括水分）。

② 求出可降解有机物的干重，假定有机废物中95%为可降解有机物。

可降解有机物的干重$=58.1\times95\%=56.0$（kg）

③ 根据式(6-23)确定化学反应方程式。

$$a=60.0,\ b=94.3,\ c=37.8,\ d=1$$

则相对于该有机废物的化学反应方程式为：

$$C_{60.0}H_{94.3}O_{37.8}N+18.28H_2O\longrightarrow31.96CH_4+28.04CO_2+NH_3$$
$$1433.1\qquad\qquad 329.0\qquad\qquad 511.4\qquad\quad 1233.8\qquad 17$$

④ 计算所产生的甲烷和二氧化碳的质量。

$$CH_4=\frac{56.0\times511.4}{1433.1}=20.0\ (kg)$$

$$CO_2=\frac{56.0\times1233.8}{1433.1}=48.2\ (kg)$$

⑤ 求出所产生的甲烷和二氧化碳的体积产量。

甲烷密度$=0.7155kg/m^3$，二氧化碳密度$=1.9725kg/m^3$

$$CH_4=\frac{20.0}{0.7155}=27.95\ (m^3)$$

$$CO_2=\frac{48.2}{1.9725}=24.44\ (m^3)$$

⑥ 求出甲烷和二氧化碳各自所占的体积分数。

$$CH_4(\%)=\frac{27.95}{27.95+24.44}=53.3\%$$

$$CO_2(\%)=100\%-53.3\%=46.7\%$$

⑦ 求出单位质量填埋废物的理论产气量。

以填埋废物中可降解有机物干重为基准：

$$\frac{27.95+24.44}{56.0}=0.93 \ (\mathrm{m^3/kg})$$

以填埋废物为基准：

$$\frac{27.95+24.44}{100.0}=0.52 \ (\mathrm{m^3/kg})$$

说明：本例中以可降解有机物干重为基准的 $0.93\mathrm{m^3/kg}$ 的理论产气量的计算数据一般比填埋场的实际产气量要高。

6.6.3 厌氧消化的影响因素及其控制

在有机物的厌氧消化过程中，各个不同的反应阶段是相互衔接的，产甲烷菌、产酸菌和水解细菌的活动处于动态平衡状态。当其中的一个环节受到阻碍时，会使其他环节甚至整个消化过程受到影响。因此，为了维持厌氧消化的最佳运行状态，除了应保持反应系统的厌氧状态外，还应该对以下几个主要因素加以控制。

(1) 有机物组分与产气量 为了提高厌氧消化的处理效率，人们首先关心的是如何增加产气量的问题。一般来说，产气量的大小主要取决于物料的组分特性，各种有机组分的理论最大产气量及气体组成见表 6-15。

表 6-15 各种有机组分的产气量及气体组成

有机物种类	产气量/(L/kg 分解物)	气体组成/%	热值/(kcal/m³)
碳水化合物	800	$50(\mathrm{CH_4})+50(\mathrm{CO_2})$	4250
脂肪	1200	$70(\mathrm{CH_4})+30(\mathrm{CO_2})$	5950
蛋白质	700	$67(\mathrm{CH_4})+33(\mathrm{CO_2})$	5650

(2) 有机物含量与去除率 实验结果表明（见图 6-14），沼气产生量与有机物去除率成正比，而在合适的温度和有机物负荷的条件下，有机物去除率又与废物的有机物含量成正比。因此，提高废物的有机物含量是增加沼气产生量的重要措施。

(3) 温度 温度是影响厌氧消化效果的重要因素，比较理想的温度范围是 30～39℃ （中温）和 50～55℃（高温）。通常甲烷的产生量随温度的升高而增加，但在 45℃ 左右有一个间断点（见图 6-15），这是由于中温发酵和高温发酵分别是由两个不同的微生物种群在起作用，在该温度条件下，对中温和高温细菌的生长都不利。当消化系统的温度低于 10℃ 时，产气量明显下降。

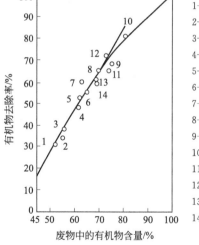

1—Birmingham (UK)；
2—Philadelphia (Pa.)；
3—Hurlock (Md.)；
4—Grand Rapids (Mich.)；
5—Aurora (Ⅲ.)；
6—Elyria (Ohio)；
7—Springfield (Ⅲ.)；
8—Aurora (Ⅲ.)；
9—Plainfield (N. J.)；
10—Elyria (Ohio)；
11—Cleveland (Ohio)；
12—Durhan (N. C.)；
13—Janesville (Wis.)；
14—Janesville (Wis.)

图 6-14 废物中有机物含量与有机物去除率的关系

一般情况下，中温发酵过程需要 25～30d 的停留时间，高温发酵则只需要中温发酵一半的时间。高温发酵的另一个优点是对病原微生物有较高的杀灭率。但由于高温发酵过程需要较高的加热能耗，并且管理复杂，其应用不如中温发酵普遍。

(4) pH 值和碱度 产酸菌适于在酸性条件下生长，其最佳的 pH 值是 5.8（见图 6-16），所以产酸阶段也称为酸性发酵。而产甲烷菌则需要较为严格的碱性条件（碱性发酵），当 pH 值低于 6.2 时，它就会失去活性。因此，在产酸菌和产甲烷菌共存的厌氧消化过程中，系统的 pH 值应控制在 6.5～7.5 之间，最佳范围是 6.8～7.2。

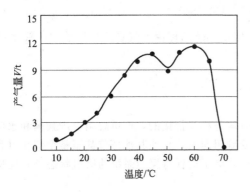

图 6-15　反应温度对厌氧消化产气量的影响　　　图 6-16　pH 值的影响

当有机物负荷过高或系统中存在某些抑制物质时，对环境要求苛刻的产甲烷菌会首先受到影响，从而造成系统中挥发性脂肪酸的积累，致使 pH 值下降。pH 值的降低反过来又会影响产甲烷菌的生长，如此恶性循环，最终导致消化过程的停止。为了提高系统对 pH 的缓冲能力，需要维持一定的碱度，通常情况下，碱度控制在 2500～5000mg CaCO₃/L 时，可获得较好的缓冲能力。碱度可以通过投加石灰或含氮物料的办法进行调节。

(5) 营养物质　与好氧微生物相同，衡量厌氧微生物营养水平的基本指标也使用碳氮比。由于厌氧微生物摄取碳的速率约为氮的 25～30 倍，故最佳碳氮比应控制为 25～30。当碳氮比大于 35 时，产气量会明显下降。各种物质中碳与氮的含量有很大差异（参见表 6-6），为了满足厌氧微生物对营养物质的需求，可以通过富氮物质（如粪便、下水污泥等）与贫氮物质（如木屑、农作物秸秆等）的合理调配，改善物料的碳氮比。同时也应该对其他微量营养元素（如 P、Na、K、Ca 等）加以适当的调整和控制。

(6) 抑制物　厌氧消化过程中挥发性脂肪酸和氢气的积累，往往是由于甲烷菌的生长受到了抑制。例如，系统中氧的存在就会对产甲烷菌形成抑制。此外，还有一些抑制物质（见表 6-16），当其浓度超过限制值时，也会对厌氧微生物产生不同程度的抑制作用。

表 6-16　对厌氧消化具有抑制作用的物质

抑制物质	抑制浓度/(mg/L)	抑制物质	抑制浓度/(mg/L)
挥发性脂肪酸	＞2000	Cu	5
氨氮	1500～3000	Cd	150
溶解性硫化物	＞200	Fe	1710
Ca	2500～4500	Cr^{6+}	3
Mg	1000～1500	Cr^{3+}	500
K	2500～4500	Ni	2
Na	3500～5500		

(7) 搅拌　有效的搅拌可以增加物料与微生物接触的机会，使系统内的物料和温度均匀分布，还可以使反应产生的气体迅速排出。对于流体状态或半流体状态的污泥，可以采用气体搅拌、机械搅拌、泵循环等方法。但是对于固体状态的物料，通常的搅拌方式往往难以奏效，可以

通过循环浸出液的方式代替搅拌。

6.7 厌氧消化处理工艺

6.7.1 低固体厌氧消化技术

低固体厌氧消化（low solid anaerobic digestion）是一种生物反应，在固体浓度等于或者小于4%～8%的情况下，有机废物被发酵。世界上很多地方使用低固体厌氧发酵工艺，从人、畜、农业废物和城市生活垃圾（MSW）的有机成分中产生甲烷。应用在固体废物上的低固体厌氧消化工艺的缺点是废物中必须加水，以使固体浓度达到所需要的4%～8%。加水导致消化污泥被稀释，在处置之前必须脱水。对脱水产生的上清液的处置，是选择低固体厌氧消化工艺应该考虑的重要问题。

（1）工艺描述 无论何时使用低固体厌氧消化工艺从 MSW 的有机成分中产生甲烷，都包括三个基本的步骤，如图 6-17 所示。

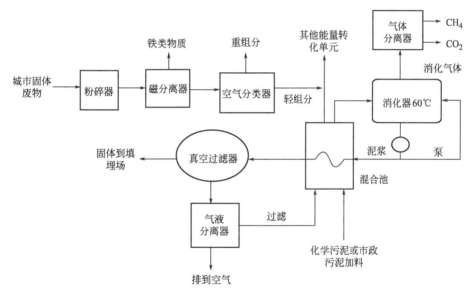

图 6-17 MSW 有机成分低固体厌氧消化工艺流程

① 第一步涉及 MSW 的有机成分的准备。对于混合固体废物，典型的第一步涉及接收、分选和减小粒径。

② 第二步涉及增加水分和养分、混合、调节 pH 值到 6.8 左右、加热泥浆到 55～60℃，在浓度完全混合的连续流反应器里进行厌氧消化（见图 6-17）。在一些工程中，已经使用了一系列的批处理反应器（batch reactor）来代替一个或几个连续流完全混合反应器。

对于大多数低固体消化系统，所需要的水分和养分可以废水污泥或者粪肥的形式加入。有时也需额外加入养分，这取决于污泥和粪肥的化学特性。在实际的运行中，起泡和表面硬壳的形成对固体废物的消化造成很多问题，因此，在设计和运行这类系统时，应考虑充分的混合。

③ 第三步涉及沼气收集、存储，如果需要，还有沼气的分离。消化污泥的脱水和处置也是一个必须进行的工作。一般情况下，低固体厌氧消化技术产生的消化污泥的处理费用很昂贵，这也限制了该型工艺的推广应用。

（2）工艺微生物学 如前所述，在厌氧情况下进行的有机物的转化和稳定化过程一般分成三个阶段。第一阶段主要是以酶为中介的转化（水解），高分子量的化合物转化成适宜于用作能量和细胞组织来源的化合物。第二阶段主要是化合物的细菌转化，来源于第一阶段的化合物变成可识别的低分子量的中间过渡化合物。第三阶段主要是中间过渡化合物的细菌转化，转化为更简单的最终产物，主要是甲烷和二氧化碳。

(3) 工艺设计考虑事项 表 6-17 总结了采用低固体厌氧消化技术处理城市固体废物，在工艺设计和工程运行中可供参考的重要参数。固体废物和废水污泥混合运行系统的经验表明，从消化器收集的沼气其甲烷含量约为 50%～60%，同时，每千克可生物降解的挥发性固体废物消化后可产生大约 0.63m³ 的沼气。由于文献报道的研究结果复杂多样，采用该消化工艺处理 MSW 和其他有机废物时需进行中试研究，以获得最佳工艺设计参数。

表 6-17 MSW 有机成分低固体厌氧消化工艺设计的重要考虑事项

废 物 部 分	说 明
物料尺寸	固体废物应先破碎，达到不影响泵输送和混合运行的效果
混合设备	推荐使用机械混合，以实现最佳效果，避免浮渣集结
固体废物和污泥的配比	固体废物和污泥的配比大约为 50%～90%，实际运行表明最佳配比在 60% 左右
平均水力停留时间	设计水力停留时间 10～20d，或者根据中试研究的结果确定
可生物降解挥发性固体的负荷率（BVS）	0.6～1.6kg/(m³·d)
固体浓度	等于或者小于 8%～10%（典型 4%～8%）
温度	对于嗜温细菌，介于 30～38℃；对于嗜热细菌，介于 55～60℃
BVS 降解率	取决于废物的特性，一般在 60%～80% 之间，平均水平为 70%
总固体降解率	一般在 40%～60% 之间
产气量	0.5～0.75m³/kgBVS
气体组分	CH_4 占 55%，CO_2 占 45%

(4) 工艺选择 低固体厌氧消化工艺的主要设备设施，通常包括混合设备的类型（内部混合器、内部气体混合、外部泵混合）、消化器的一般形式（例如圆形或卵形）、控制系统、废物混合以及消化污泥脱水设施等。

6.7.2 高固体厌氧消化技术

高固体厌氧消化（high solid anaerobic digestion）工艺的总固体含量大约在 22% 以上。高固体厌氧消化是一种相对较新的技术，在 MSW 有机成分的能量回收方面的应用还没有得到充分的发展。高固体厌氧消化工艺的两个重要优点是反应器单位体积的需水量低，产气量高。这种工艺的主要缺点在于目前大规模运行的经验十分有限。

(1) 工艺描述 低固体厌氧消化的三个步骤也适用于高固体厌氧消化工艺。主要区别是后者消化工艺的污泥脱水和消化污泥的处置需要的工作量较少。

(2) 工艺微生物学 高固体厌氧消化工艺微生物学与前述低固体厌氧消化工艺一样。然而，由于较高的固体浓度，许多关于微生物数量的环境参数的作用更为重要。例如，氨的毒性可以影响产甲烷细菌，这对系统的稳定和甲烷产量有副作用。大多数情况下，可以通过适当调整进料的 C/N 比来防止氨的毒性。

(3) 工艺设计考虑事项 目前高固体厌氧消化工艺的发展尚在进行之中，表 6-18 总结了一些重要的设计参考参数。一般来说，和前面所考虑的低固体厌氧消化工艺比较起来，高固体厌氧消化工艺单位体积反应器能够处理更多的有机废物，也能产生更多的沼气。

表 6-18　MSW 有机成分高固体厌氧消化工艺设计的重要考虑事项

项　目	注　释
物料尺寸	废物需预先破碎,达到不影响进料装置的有效作用
混合设备	取决于使用的反应器类型
固体废物和污泥的配比	取决于污泥特性
水力停留时间	设计水力停留时间 20～30d,或者根据中试研究的结果确定
可生物降解挥发性固体的负荷率(BVS)	6～7kg/(m³·d)
固体浓度	介于 20%～35%(典型 22%～28%)
温度	对于嗜温细菌,介于 30～38℃;对于嗜热细菌,介于 55～60℃
BVS 降解率	取决于水力停留时间和 BVS 负荷率,一般在 90%～98%之间
总固体降解率	变化范围取决于进料木质素的含量
产气量	0.625～1.0m³/kgBVS
气体组分	CH_4 占 50%,CO_2 占 50%

(4) 工艺选择　目前,高固体厌氧消化工艺在国际上还没有大规模商业化运行。然而,美国和欧洲已经有不同规模的高固体厌氧消化工程在运行。随着这些工程越来越充分地发展,可以预见,大批厌氧消化工艺必将可以商业化运作。

MSW 有机成分低固体和高固体厌氧消化工艺的比较分析列于表 6-19。

表 6-19　MSW 有机成分低固体和高固体厌氧消化工艺的比较分析

设计/运行参数	分　析	
	低固体消化工艺	高固体消化工艺
反应器设计	处理 MSW 有机成分的大规模系统已经使用了完全混合反应器;塞流反应器广泛用在其他有机废物处理上	完全混合、塞流、序批反应器已经进行了试验研究;这些类型的反应器尚无一个用于商业处理 MSW
固体含量	4%～8%	22%～32%
反应器体积	单位体积有机废物需要很大的反应器体积	和低固体消化工艺比较,处理相同体积的有机废物,需要较小的反应器体积
加水	为了提高 MSW 有机成分的水分,需要加入大量的水	由于较高的固体浓度,需水量较少
有机负荷率	单位体积的有机负荷率相对较低	单位体积反应器的有机负荷率相对较高
产气率	已经报道的最大产气率为实际参加反应的反应器体积的 2 倍	已经实现最大产气率为实际参加反应的反应器体积的 6 倍
质量去除率	由于较高的水分,质量去除率很低	和低固体消化比较,相同的停留期可以实现明显更高的质量去除率
污水进出装置	使用了所有类型的泵	因为这是相对较新的技术,还没有很合适的厌氧反应器污水进出装置;已经使用高固体泵和螺旋传送装置
毒性问题	由于有机废物的稀释特性,低固体厌氧消化器的毒性问题并不严重	在高固体厌氧消化方面,由于盐和重金属类物质的浓度高,这类毒性比较常见。C/N 比较低时(低于 10～15),氨毒性是一个主要问题
浸出液问题	由于水分很高,稳定的出流可能产生浸出液问题	高固体消化器的出流一般包含 25%～30%的固体,这减少了浸出液的产生
流出物脱水	需大型昂贵的设施来分离固体。对于最终处置,分离后的污水也应该处理	可以采用不太昂贵的脱水设备
技术地位	MSW 有机成分的能量回收还没有商业化。利用农业废物产生能量的低固体厌氧消化器的商业前景十分广阔	对于 MSW 有机成分的能量回收还没有商业化

6.7.3 典型厌氧消化处理技术和工艺

(1) 厌氧消化工艺和技术 近几年，由于 MSW 有机组分厌氧消化后可以回收甲烷，并且消化后污泥与好氧堆肥的产物很相似，应用厌氧消化工艺处理 MSW 有机组分引起了广泛的兴趣。表 6-20 总结了部分正在运行的厌氧消化工艺和技术。

表 6-20 厌氧消化工艺和技术

厌氧消化工艺	国别	阶段	描 述
序批式厌氧堆肥 (SEBAC)	美国	试验阶段	SEBAC 是一个批处理厌氧三级工艺。第一级，用来自第三级反应器(消化工艺的最后一级)的浸出液接种经过破碎的物料；启动时产生的挥发性有机酸和其他发酵产物，进入第二级反应器转化成甲烷
高固体厌氧消化/好氧堆肥工艺	美国	开发中	高固体厌氧消化/好氧堆肥是个两级工艺。一级包括高固体消化(固体含量 25%～32%)，把 MSW 有机成分转化成甲烷；二级包括厌氧消化污泥的好氧堆肥，以产生良好的腐殖质类物质作为肥料和土壤改良剂
半固体厌氧消化/好氧堆肥工艺	意大利	开发中	半固体厌氧消化/好氧堆肥工艺是个两级工艺。一级包括半干法消化(固体含量 15%～22%)，把 MSW 有机成分转化成能量；二级包括混合的厌氧消化污泥和可生物降解的 MSW 有机成分的好氧堆肥，以产生腐殖质类物质
KAMPOGAS 工艺	瑞士	开发中	KAMPOGAS 是一种新的厌氧消化工艺，处理水果、庭院废物和蔬菜废物等；消化器圆柱状，水平放置；配有水力驱动搅拌器的消化器在高温阶段、高固体浓度下运行
DRANCO 工艺	比利时	发达	DRANCO 工艺用来转化 MSW 有机成分，产生能量和腐殖质类物质；消化工艺在垂直塞流反应器内进行，没有机械搅拌，但是反应器底部的浸出液要回灌；DRANCO 消化器在高固体浓度、中温条件下运行
BTA 工艺	德国	发达	BTA 工艺的开发，尤其面向 MSW 有机成分的处理。BTA 处理工艺包括：①通过机械、加热、化学等方法对废物进行预处理；②溶解与不溶解固体的分离；③可生物降解固体的厌氧水解；④溶解性固体消化后产生甲烷。消化反应器在低固体浓度、中温条件下运行。消化污泥脱水后的总固体含量在 35% 左右，可以作为有机肥料使用
VALORGA 工艺	法国	发达	VALORGA 工艺由分选单元、产甲烷单元、精炼单元组成。厌氧消化反应器在高固体浓度、中温条件下运行。反应器内物料的搅拌和混合通过消化器底部回流的加压沼气实现
BIOCELL 工艺	荷兰	开发中	BIOCELL 工艺是一种批处理系统，用来处理分散的 MSW(水果、庭院废物和蔬菜废物等)和农业废物；正在使用的消化器呈圆形，直径 11.25m，高 4.5m，总固体浓度 30%

(2) 高固体厌氧消化/好氧堆肥组合工艺 高固体厌氧消化/好氧堆肥组合工艺把高固体厌氧消化和好氧堆肥工艺结合起来，该工艺的主要优点是有机废物得到了完全的稳定化，伴有净能量回收，不需要主要的脱水设备。其他优点还包括病原菌控制和减少体积。

① 工艺描述。高固体厌氧消化/好氧堆肥组合工艺是个两级过程（见图 6-18）。第一级包括 MSW 有机成分的高固体（25%～30%）厌氧消化，产生甲烷和二氧化碳。厌氧反应器在嗜热条件 54～56℃ 的情况下运行，水力停留时间 30d。

第二级包括厌氧消化污泥的好氧堆肥，把固体含量从 25% 提高到 65% 或更高，根据最终的使用要求而定。第二级的产物是高质量的腐殖质类物质，热值大约 14000～15000kJ/kg（高位热值），密度大约 560kg/m³（见图 6-18）。因为产生的最终腐殖质可燃，可以混合其他燃料在锅炉里直接点燃，或者制成颗粒用作燃料来源。腐殖质类物质可以作为肥料用作土壤改良物质。

② 工艺应用。高固体厌氧消化/好氧堆肥组合工艺正处于前期开发阶段。该工艺第一级设计

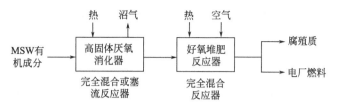

图 6-18　高固体厌氧消化/好氧堆肥工艺流程图

要考虑的因素和高固体厌氧消化工艺相同。第二级的两个主要设计参数是杀灭病原微生物所需的供氧量和热量。

如图 6-19（a）所示，该工艺可以用来混合处理 MSW 有机成分和污水处理厂污泥，可以避免使用昂贵的污泥脱水设备，也不需要处理污泥脱水后的液体。该工艺产生的沼气可以用来生产甲醇，见图 6-19（b）。厌氧和好氧反应器需要的热量可以利用从流化床燃烧产生的余热。

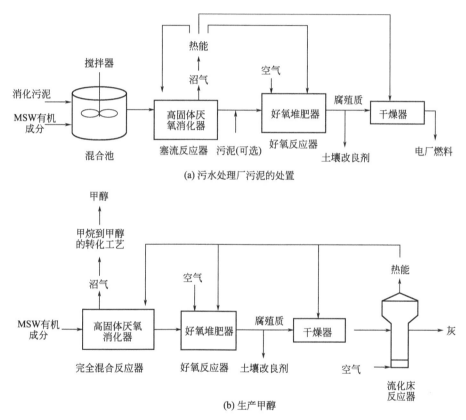

(a) 污水处理厂污泥的处置

(b) 生产甲醇

图 6-19　高固体厌氧消化/好氧堆肥工艺替代应用流程图

6.8　厌氧消化反应器种类及其性能评价

6.8.1　厌氧消化反应器种类

目前世界上应用比较广泛的有机废物厌氧消化工艺大体可分为三类：单相厌氧消化（一阶段式）、两相厌氧消化（两阶段式）和序批式厌氧消化。各类工艺使用的厌氧消化反应器对预处理和后续处理都有相应的要求。必要的预处理大致包括磁选、粉碎、筛分、搅拌制浆、重力分离和高温灭菌，常见的后续处理有机械脱水、沼渣好氧腐熟和沼液废水处理。有机废物厌氧消化的一般操作工艺示例见图 6-20。

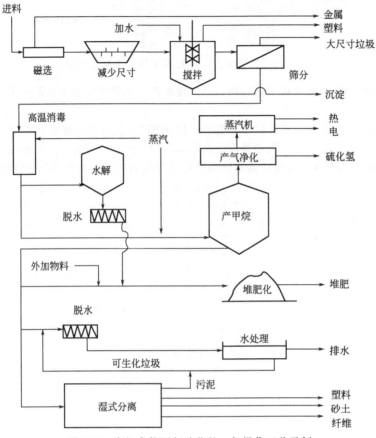

图 6-20　有机废物厌氧消化的一般操作工艺示例

　　有机废物厌氧消化后的产物要加以回收利用实现资源化，因此要准确评估反应器设计方案的好坏，除了要考虑这种设计方案对其附属的预处理、后续处理的影响及反应器的运行状况以外，还应当考虑这种设计方案对应的再生产品的数量和质量（见表 6-21），它们往往是实际项目中选择方案的决定性因素。

表 6-21　有机废物厌氧消化可能的操作单元、产品和操作衡量标准

单 元 操 作		回 用 产 品	衡 量 标 准
预处理	磁选	金属铁等	金属含量
	破碎		纸张、塑料等粉碎效果
	制浆及重力分离	较重的惰性物质	有机杂质含量
	筛选	粗大颗粒,如塑料等	热值
	加热杀菌		灭菌效果
消化	水解	生物气	氮、硫标准
	产甲烷	电	150～300kW·h电/t
	产气的定价	热(蒸汽)	250～500kW·h热/t
后续处理	机械脱水		水处理负荷
	好氧腐熟或生物脱水	堆肥	土壤调节标准
	废水处理	水	处理标准
	生物脱水	堆肥	土壤调节标准
	湿式分离	砂、纤维、污泥	有机杂质浓度、热值

6.8.2 厌氧消化反应器性能评价指标

对于上述各类厌氧消化系统，人们普遍关心的一个问题是厌氧消化器的运行状况，评价它的三个最重要的指标是：反应完成程度、反应器稳定性、反应速率。

（1）反应完成程度 反应完成程度通常用反应器中单位质量物料的产气量与最优实验条件下的最大产气率的比值来衡量。虽然这是处理厂最重要的技术指标，但是很难确定它的最大值。文献一般只是以沼气产率或垃圾中可降解成分去除的百分率来衡量反应完成的程度。其中前者很少作为衡量指标，因为它对垃圾成分的依赖远大于对运行效能的依赖。例如，从夏季到冬季，厨余垃圾厌氧消化处理厂的甲烷产率在 $170 \sim 320 m^3$ CH_4/kg VS（40%~75%的 VS 被降解）之间变化，因为夏季厨余垃圾中混入的庭院垃圾比例较高，而庭院垃圾主要由不易降解的木质纤维质组成，相对厨余垃圾来说，产甲烷的量要少得多。

（2）反应器稳定性 反应器稳定性是评价厌氧消化器运行状况的另一个指标。它可以用进料率，即最大有机负荷率 OLR_{max}［kgVS/（m^3 反应器·d）］来度量，体现了单位反应器容积日处理能力的最大值，也即表征了反应器对有机负荷的最大承受能力。

（3）反应速率 评价厌氧消化反应器运行状况的第三个指标是反应速率。它可以用单位时间内单位反应器体积产甲烷的体积（换算成标准状况的压力、温度）来表示［$m^3CH_4/$（m^3 反应器·d）］。这个指标比甲烷气的产率或者 VS 降解百分率更有实际意义，因为垃圾组分对它的影响不太大，所以能较好地反映出某一类特定反应器设计工艺的反应效能。

要准确地比较厌氧消化器运行状况，应当同时考虑以上三个指标。但必须指出的是，只有当反应系统稳定运行后，上述指标对应的数据才是有效的。

6.8.3 不同消化反应器的比较

本章介绍的三类厌氧消化技术中，序批式处理工艺相对简单，运行较稳定，对管理人员素质要求相对较低，处理投资最少，在发展中国家具有一定的市场潜力。但是，序批式处理系统的 OLR 相对于干式连续进料系统来说小很多，而且为了避免通过渗滤液的穿孔板小孔堵塞，垃圾厚度受到限制（不超过 4m），因而反应器的高度有限，因此对于具有同样处理能力的处理厂来说，序批式处理厂的占地面积比干式处理大得多。另外导流和堵塞现象使得序批式处理系统气体产量大大降低，资源利用率也就降低了。

两阶段系统最大的特点就是可以通过第一阶段来缓冲有机负荷，从而使产甲烷的第二阶段进料更为稳定。对于降解过程受产甲烷阶段限制比受水解阶段限制大得多的厨余垃圾来说，这是一个非常突出的优点。因为在一阶段系统中，如果进入反应器的垃圾混合不充分，没有得到适当的缓冲，或者加入的药剂不适量，都会造成水解快的底物迅速酸化，在反应器中产生酸积累，从而抑制产甲烷反应。具有微生物滞留装置的两阶段工艺，第二阶段甲烷细菌浓度增加，污泥停留时间也变长，对于如氨类等对反应有毒害、有抑制作用的物质的抵抗能力大大加强。但这种两阶段式系统的一个缺点是固体从第一段转移到第二段时，有一部分会滞留下来，这将使气体产率下降。

总的来说，两阶段系统抗冲击负荷的能力最强，运行稳定。但是工艺最复杂，技术要求高，运行费用也最高。而且目前还主要处于实验阶段，只有少数国家有少量的处理厂投入运行，在处理份额上只占约 10%。

实际上，大多数投入使用的厌氧消化系统都是一阶段式的，尽管很多理论上的问题没有得到很好的解决，但在技术上相对简单，因此比两阶段系统更受青睐。因为一阶段系统可以通过预消化措施对 OLR 进行缓冲。所以只要充分混合，精确控制进料速率，并且在可能的情况下和其他垃圾一起消化，一阶段系统同样具有良好的处理效果。

一阶段湿式处理和干式处理的运行费用大致相当。干式反应器的容积虽然比较小，耗水量也远低于湿式系统，但是设备费用相对昂贵。就两种反应的运行状况来说，干式消化系统中微生物浓度较高，进料和消化环境比较稳定，因此运行更稳定一些。湿式消化中，通过加水可以对产生的抑制物进行稀释，也能够使反应性能比较稳定。但就实际处理情况而言，干式消化系统效果要更好一些，因为湿式消化系统常由于沙、石子、塑料和木块等惰性物质的出现而影响处理效果。

6.9 有机废物单相厌氧消化处理系统

有机废物降解产甲烷是通过一系列的生物化学变化实现的。可以根据相变化分为两步：①水解、酸化；②乙酸、氢气和二氧化碳被转化为甲烷。在单相厌氧消化系统中，所有的反应集中在一个消化反应器中完成，而在两阶段或多段反应系统中，消化反应至少在两个或两个以上的反应器中顺序进行。

相对于两阶段、多段式以及序批式厌氧消化处理系统，一阶段系统设计较为简单，投资也比较小。从现有的技术水平来看，对于大多数有机垃圾，如果反应器设计得比较好，严格控制操作条件，那么一阶段系统的生物运行稳定性并不逊色于两阶段系统。

目前，欧洲大约90%的处理厂应用一阶段工艺对城市固体废物中可生化降解的垃圾进行厌氧消化处理。这种处理工艺又可以分为湿式和干式两类，以下分别介绍。

6.9.1 一阶段完全混合湿式处理系统

(1) 技术特点 一阶段完全混合湿式消化与污水处理厂污泥的厌氧稳定化技术相比非常相似，而后者已经过了几十年的技术论证，所以湿式消化在技术上具有可参考性，也显得更可靠。在一阶段湿式系统中，垃圾加水搅拌后，形成 TS<15% 的浆状物质，从而具备了均一的物理性状。因此，可以采用传统的湿式完全混合技术予以处理。

图 6-21 是一个典型的一阶段完全混合湿式系统的设计图。1989 年，波兰华沙建立了一座该类型的处理厂，在制浆池和反应器中各有一个带有桨叶的搅拌器，用来帮助剪切、溶解并混合垃圾。通过回流水和外加水，TS 浓度维持在 10%～15% 之间，然后在完全混合式反应器中进行消化处理。

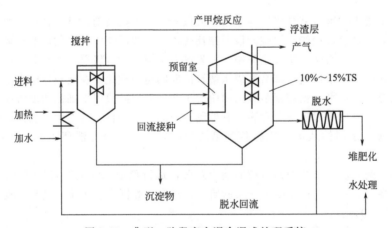

图 6-21 典型一阶段完全混合湿式处理系统

当物料在反应器中消化时，可以采用多种方式确保其混合。一般的圆柱体反应器是通过其内部的中心传动轴带动桨叶作缓慢绕轴心旋转运动来搅拌的。但是从技术上来说，在封闭的反应器中安装动力设备比较困难，所以有些设计采用了无须机械搅拌就能够充分混合的方案，例如从反应器底部引入回流沼气等。有时候，也采用机械搅拌与气体回流相结合的方式。

一阶段完全混合湿式处理系统的设计比较简单，但是要达到令人满意的处理效果，还须解决许多工艺细节问题（见表6-22）。例如，为了将垃圾变成物理性状均一的浆液并从中去除粗大的杂物，必须进行十分繁琐的前期处理。既要去除杂质，又要留下厨余垃圾，这就需要处理厂功能齐全，亦即具有筛选、分离、压实、破碎和浮选等操作单元。但这些预处理步骤往往会导致15%～25%的易降解垃圾的流失，相应甲烷气的产量也按比例下降。

表6-22　一阶段完全混合湿式处理系统的优点和缺点

指　标	优　点	缺　点
工艺	源于原有的活性污泥厌氧消化工艺	短路；有分层现象发生；沙石颗粒会磨损设备；预处理复杂
生物反应	通过向系统中加水可以稀释抑制物质	如果抑制剂在反应器内迅速扩散，形成的冲击负荷影响将十分显著 去除塑料等惰性物质时，易降解的垃圾会流失 用水量大
经济及环境	形成浆液以后，后续处理设备廉价（但额外的预处理和庞大的反应设备容积却又增加了投资，抵消了减少的部分投资）	反应器体积大，热量消耗大

在消化过程中，由于部分杂质沉淀以及浮渣层的产生，物料并不是完全均匀的，而是随着反应的进行按照不同的密度逐渐分成三层。最重的一层沉积在反应器的底部，可能会损坏搅拌器。浮渣层有几米厚，会影响混合效果。因此，应当设法定期从反应器中排出沉淀物和浮渣。由于密度大的杂质还会损坏泵，所以可以在设计搅拌池的时候加一个沉淀区或采取其他措施尽量在它们进入反应器以前就去除。

一阶段完全混合湿式反应器的另外一个技术缺点是容易发生短路，即在反应器中有些物料的停留时间小于整个物料流的平均停留时间。短路不仅仅会减少甲烷气的产量，更为严重的是，它会影响对垃圾的消毒，即达不到杀灭微生物病原体所需要的最小停留时间。上面提到的华沙处理厂在反应器中附建了一个预留室，这样物料可以先在预留室停留好几天，从而消除了短路产生的影响。但是这种方式会妨碍进料接种，所以还需要将反应器中的活性微生物回流到预留室里以加快消化进程。但是实际上，仅仅靠这种方式进行预处理并不足以保证满意的灭菌效果，所以有必要提前进行高温消毒。为达到灭菌标准，通常将蒸汽通入搅拌池，使浆状物料在70℃的温度下至少停留1h。

（2）运行状况　Pavan等通过实验研究了在高温（55℃）条件下用一阶段完全混合湿式反应处理两类垃圾样品时厌氧消化器的运行状况：样品一是机械分选的城市垃圾中的有机组分，在上述实验条件下最大有机负荷率（OLR_{max}）为9.7kg VS/(m^3·d)；样品二是源头分类的垃圾中的有机组分，在相同条件下，如果OLR也高达9.7kg VS/(m^3·d)，反应就不能持续下去。处理这类垃圾最大有机负荷率OLR_{max}只有6kg VS/(m^3·d)。研究还发现，如果C/N比超过20，在嗜温条件下各种农业废物的OLR_{max}差不多。在1999年投入运行的两座机械分选完全混合湿式处理厂中，有一座位于意大利的维罗纳，其设计OLR为8kg VS/(m^3·d)，另一座位于荷兰格罗宁根，设计负荷为5kg VS/(m^3·d)（4个反应器，单个容积2750m^3，每年处理92000t城市有机垃圾），它们的OLR_{max}均不超过9.7kgVS/(m^3·d)。

目前还不是很清楚决定OLR_{max}的瓶颈，可能的制约因素有：微生物浓度、物料在消化环境中的传输率以及抑制物质的积累状况。但如果物料浓度大于OLR_{max}，生物气的产量就立即下降，所以很可能是诸如脂肪酸和氨之类的抑制剂限制了OLR_{max}。可生化降解的垃圾中含有高浓度的凯氏氮（对于机械分选的城市垃圾中的有机组分来说，大约在 21~14g/kg 的范围内），在消化过程中容易形成高浓度的氨积累，从而使产甲烷反应的活性及底物与细菌之间的亲和力下降，最终导致挥发性脂肪酸积累。而这些挥发性脂肪酸反过来抑制了聚合物的水解和降解产乙酸的进程。

厌氧消化反应器的有机负荷率通常会受到抑制剂的制约，因此，如何削弱抑制效应是设计反应器时应该考虑的很重要因素。在这方面，一阶段湿式系统有明显的不足，因为需要垃圾在反应器中均匀地分散，从而破坏了原本能够保护细菌免受高浓度抑制剂侵害的生物小环境。当然，对进入反应器的物料加水稀释，能够降低可能产生的抑制剂的浓度。例如，在前面提到的研究中，在进入反应器之前，有机废物就被稀释了 2~4 倍。消化以后的产物脱出来的水可回流至反应器入口，使反应器中的总固体含量（TS）维持在 6% 左右。但是，除了这部分回流水以外，还需要另加水以维持氨浓度低于 3g/L 的阈值，才能维持原先的高产气量。但是某些底物，如 C/N 比低于 20、可降解有机物 60% 的农业废物，即使是加水稀释进料，氨的浓度也不会降低到阈值以下。在这种情况下，一阶段湿式反应就完全不适用了。

(3) 经济和环境问题　将垃圾搅拌成浆状的好处是整个处理系统可以选用更廉价的处理设备。例如，泵和输送管道都是常规的，但是反应器的容积会增大而且需要搅拌，脱水装置更庞大，还有一系列相对复杂的预处理，这又使投资增加。总的来说，湿式处理系统的费用同一阶段干式处理系统差不多。

在去除浮渣层和沉淀物时，有机成分会流失，从而使甲烷产率下降。另一个问题是溶解稀释垃圾需要消耗相当多的水（每吨垃圾约消耗 1m³ 水）。实际上，耗水量往往是选择反应器设计方案的决定性因素。除了环境因素外，显然水费以及处理水的费用都会增加，这样整个运行费用都增加了。

因为用水稀释，物料的体积比最初增加了好几倍，反应器容积相应增大，从而使维持反应器温度所需的蒸汽量相应增多。但是一般不需要额外利用产气来提供能量产生更多的蒸汽，因为蒸汽通常是排出的废气或者来自于汽轮机冷却水，但如果这些蒸汽供给邻近的工厂，最终产出的甲烷就会减少。

6.9.2　一阶段干式处理系统

在一阶段湿式处理系统从实验研究转入实际应用处理低固体有机垃圾以后，进一步研究表明，如果垃圾不加水稀释，也可以进行消化处理，而且产气量和产气率至少和湿式处理相当。如何在高固体条件下维持生化反应以及怎样混合高固体物流、怎样对其进行处理，这些都是新的挑战。尽管直到 20 世纪 80 年代多数处理厂都采用湿式工艺，但在 20 世纪 90 年代的 10 年中新建的处理厂，既有应用干式处理，也有应用湿式处理的，两种工艺平分秋色。进入 21 世纪后，有机废物厌氧消化处理的规模增加很快，据统计 21 世纪的前 10 年，总的处理能力增加了 20~30 倍，而干式处理的比例降低到 40% 左右，湿式处理的比例增加到 60% 左右。

(1) 技术特点　在干式处理系统中，反应器中的垃圾含固率应当控制在 20%~40% 的范围内，实际上只有非常干的垃圾（>50%TS）才需要加水处理。"高固体"这一特性使得对垃圾的处理及相应的预处理与湿式处理截然不同。

因为处理对象含固率很高，所以物流是高黏度的，要用有特殊传送带、螺旋桨叶的强力泵输送。这种设备虽然输送能力和适应性都很强，可以处理含固率介于 20%~50% 之间的废物，并且不会受到石头、玻璃和木块之类杂质的影响，但价格比湿式处理系统中使用的离心泵昂贵。物料在进入消化器之前唯一需要的预处理是去除直径大于 40mm 的粗颗粒杂质。可以像对城市垃圾进行机械分选那样用旋转筛来达到预处理目的，也可以像源头分类的有机垃圾那样通过剪切减小垃圾的尺寸。石块、玻璃等密度大的惰性物质即使通过筛子或剪切机也不必像在湿式处理系统中那样需要再设法去除。所以，这种工艺所需的预处理就比湿式工艺简单得多，很适合处理含有 25% 以下惰性物质的有机垃圾。

降解的垃圾含水率低，相应具有高黏度，所以它们在反应器中以柱塞流的形式运动，而湿式处理的物料是完全混合的。这种形式的物流运动不需要在反应器内部另外配置机械设施而实现，所以在技术方面就简单得多。但是需要让进料和接种物充分混合，这对于进料接种很关键，更重要的是，充分的混合能够防止反应器局部有机负荷超高以及消化物质的酸化。

经生产实践证明，至少有三种设计方案足以保证固体废物的充分混合（见图 6-22）。匈牙利的 Dranco 工艺一部分消化以后的有机物从反应器底部出来以后又再回流至反应器顶部，与新加入的垃圾掺杂，从而起到混合的作用（未消化垃圾同已消化垃圾之比约为 1∶6）。这种简易的设计对于处理含 20%～40%TS 的垃圾很有效。

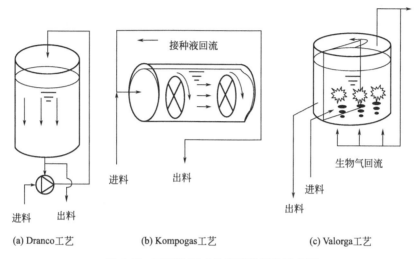

(a) Dranco工艺　　　　(b) Kompogas工艺　　　　(c) Valorga工艺

图 6-22　不同的干式处理系统设计示意图

Kompogas 工艺的工作原理与之类似，只不过圆柱形反应器是水平安置的。通过反应器内叶轮的缓慢旋转，推动水平柱塞流前进，同时叶轮也起到了搅拌、协助排气和将密度大的垃圾翻卷上来的作用。但是，这一系统要求进入反应器中的垃圾 TS 维持在 23% 左右。如果低于这个值，沙子、玻璃等重物就易于在反应器中沉积；如果 TS 含量太高，物流运动将受阻。

Valorga 工艺与上面提到的两种工艺差别较大。产生的一部分生物气每隔 15min 就通过管网从反应器底部以高压注入，从而起到搅拌混合垃圾的作用。这种巧妙的动力混合方式是十分有效的，因为降解后的垃圾不需要回流稀释进入反应器的垃圾。但是这种设计的一个技术缺点就是进气口容易被堵塞，维护起来比较麻烦。就像 Kompogas 工艺一样，Valorga 工艺也需要加水以使物料的含固率维持在 30% TS 左右。但当固体含量小于 20% 时较重的颗粒会发生沉淀，所以 Valorga 工艺不适处理含水量大的垃圾。

由于机械方面的限制，Kompogas 工艺使用的消化器容积是固定的，处理厂的处理总量可通过并列运行的多个消化器来提高，这些消化器的处理能力为 15000t/a 或 25000t/a。Dranco 工艺和 Valorga 工艺采用的消化器处理能力需求做出适当的调节，但是一般来说单个消化器容积不超过 3300m³，高度也不超过 25m。

（2）运行状况　一阶段湿式处理系统在产酸、产甲烷阶段可能产生抑制现象。干式处理系统中，由于不加水或者只加很少的水稀释，所以可能产生更严重的抑制现象。然而，不论是实验还是实际生产中，一阶段干式处理系统所达到的高 OLR 表明，这种系统对抑制物质的抵抗能力并不弱于湿式处理系统。实际上，在所承受的 OLR 比湿式系统还要高的情况下，干式系统并不会受到抑制效应的影响。

研究发现，当所处理的物料 C/N 比大于 20 时，Dranco 工艺在高温条件下并没有发现由氨积累导致的抑制。而 Weiad 指出，湿式反应在中温条件下进行时，如果物料的 C/N 比大于 20，即使产生具有抑制作用的氨类物质（假设氨化的程度相同）比前者少得多也会产生抑制现象。

引起抑制作用的阈值可以用厌氧消化器中氨的浓度来表示。在40℃下，当氨的浓度为3g/L时，采用Valorga工艺对垃圾进行处理，仍然可承受较高的OLR；而在52℃下，当氨的浓度到达2.5g/L时，Dranco处理系统仍然保持着稳定的运行状态。

上述阈值似乎并不比湿式处理系统中的阈值高多少，所以有人认为可能是干式系统氨化的程度会小一些，所以产生具有抑制作用的氨就少。还有人认为可能是物料没有完全混合，所以冲击负荷被限制在反应器中某一范围内，其他区域就不会受到高浓度抑制剂的影响，从而保护了介质中的消化菌等微生物。

从VS的降解程度来看，上面提到的三种干式反应器的处理效果相当。处理厨余垃圾时产气率可达到150m³/t，但如果庭院垃圾占很大比例，那么产气率可能就下降到90m³/t，以每吨进料中VS浓度40%～50%计，则甲烷产率在210～300m³/t VS之间变动，也就是VS的降解率为50%～70%。虽然这里提到的产率并不能十分准确地衡量系统运行的状况，但是与湿式系统40%～70%的VS降解率相比的确要高一些。这是因为干式处理不存在沉淀和浮渣的去除问题，从而避免了由于去除沉淀和浮渣导致的可降解有机物的流失，因此产气率也比湿式处理稍微高一些。

不同干式系统对于有机负荷的承受能力有比较大的差别。荷兰蒂尔堡市的处理厂有两个3000m³的消化塔在40℃时每周最大的处理量为1000t有机废物。相应的OLR为5kg VS/(m³·d)，约与湿式处理的OLR相当。但优化的干式系统还可能承受更高的OLR，例如匈牙利Brechet的Dranco式处理厂，在一年的运行期平均OLR值可达15kg VS/(m³·d)。如此高的OLR值未经任何稀释处理就达到了，这意味着在夏季反应器中TS浓度为35%、停留时间为14d时VS的降解率可达65%。但对于Dranco处理工艺，一般设计OLR都更为保守一些［约12kg VS/(m³·d)］，但仍然是湿式系统的两倍。因此，Dranco式处理厂的反应器容积一般都比具有相同消纳能力的湿式处理厂小1/2。

(3) 经济和环境问题　如果综合考虑一次投资和运行费用，湿式和干式系统在经济方面的投入是差不多的。用干式系统处理厨余垃圾，只需加少量水或不加水，物料黏度高，所以需要专用泵、桨叶和闸阀等机械设备，它们的价格比较昂贵。但是这种处理方式对预处理要求不高，反应器的体积也比具有同样处理能力的湿式反应器小好几倍，这些方面又比湿式处理系统投资少。

虽然维持干式处理系统恒温需要的热量比较少，但是并未因此而获得额外的利润。因为实际生产中，多余的热量几乎不销售到附近的工厂。就像湿式系统那样，约30%的发电都供本厂使用。

湿式系统和干式系统对环境影响的程度是显而易见的。湿式系统处理每降解1t城市有机垃圾需要加1m³水，而干式系统处理消化同等数量的垃圾，耗水量只有前者的1/10左右。所以干式系统排放的废水比湿式系统少很多。干式系统的另一个优点是柱塞流在反应器中处于高温条件，灭菌比较彻底，最终可以得到无病原菌的堆肥产品（见表6-23）。

表6-23　一阶段干式处理系统的优点和缺点

指　标	优　点	缺　点
工艺	反应器内无需机械动力设备 适应性强(无需去除塑料和其他惰性物质) 无短路现象发生	不能处理含水量高(TS<20%)的废物
生物反应	预处理导致的VS流失少 较高的OLR(消化菌浓度大) 抑制剂可能产生的暂时性冲击负荷扩散范围小	几乎不可能采用加水的方法稀释抑制剂
经济及环境	预处理费用低，反应器容积小 灭菌彻底 用水量少 所需的供热少	处理设备适应性强,也更昂贵

6.10 有机废物两相厌氧消化处理系统

多段系统的优越之处在于将有机物的消化过程通过一系列阶段反应来完成，从而使各类生物化学反应在不同的生态环境条件下进行。这样可以针对不同的降解阶段分别优化相应的反应条件，使全过程的总反应效率以及生物气的最终产量提高。

比较常见的多段系统是两阶段处理系统：第一阶段包括"液化-酸化"反应，它的速率受纤维素水解速率的限制；第二阶段包括产乙酸及产甲烷反应，它的速率受微生物的生长速率限制。由于这两个阶段在不同的反应器中进行，所以可在第二阶段的反应器中设计生物停留装置以增加甲烷的产率。同样，也可以在第一阶段创造好氧条件或其他方式来增加水解速率。这些设想使得两阶段系统的设计较一阶段系统有比较大的差异。

两阶段系统虽然比一阶段系统技术复杂，但却不一定能够在提高反应速率和甲烷产率上取得预期的效果。事实上，两阶段系统的主要优点表现在处理垃圾过程中生物稳定性更强（见表6-24），而一阶段系统的运行往往是不稳定的。

表 6-24　两阶段系统的优点和缺点

指　标	优　点	缺　点
工艺	设计灵活	复杂
生物反应	处理含纤维素少的厨余垃圾更可靠 当 C/N 比小于 20 时唯一可靠的设计(有生物停留)	生物气产量相对较少
经济及环境	堆肥中的重金属含量少	投资大

但是在实际工业运用中，尽管用一阶段系统处理降解性强的垃圾（包括厨余垃圾）存在许多疑问，然而由于它在技术上相对简单，所以较两阶段系统更受青睐。如果对垃圾充分混合，精确控制进料的速率，并且在可能的情况下和其他垃圾一起消化，那么也能确保系统运行过程中的生物稳定性。所以实际上投入运营的两阶段系统并不多，现在大约只占整个处理量的10%。

由于微生物停留时间是决定消化过程中反应系统生物稳定性的一个重要参数，以下主要分析第二阶段采用微生物滞留措施和没有微生物滞留措施所产生的差异。物料的不均质性或不连续的进料将引起 OLR 的变化，另外物料的降解会受到氮等抑制剂的影响，这些都会导致运行的不稳定性。所有的两阶段系统，无论消化菌是否能集聚生长，对于 OLR 波动都具有抵抗能力。但是，只有具备微生物停留措施的两阶段系统才能在有机物降解受到氮或其他抑制剂的严重威胁时仍然保持稳定运行。

6.10.1　无微生物滞留的两阶段"湿-湿"处理工艺

(1) 技术特点　最简单的两阶段系统设计方案，是两个串联的完全混合式反应器，这种设计主要用于实验研究。这里用的反应器与前面提到过的一阶段湿式系统采用的反应器类似。在进入第一个消化反应器之前，垃圾会被破碎，并且加水稀释至 TS 含量约 10%。

另一种设计方案是将两个反应器串联起来，分别是 Schwartin-Uhde 工艺采用的"湿-湿"串联系统和 BRV 工艺采用的"干-干"串联系统。

Schwartin-Uhde 工艺中，源头分类的有机垃圾被破碎并稀释到 12%（TS 的含量），通过反应器中一系列的穿孔板形成上升的物流（见图 6-23）。物流的统一运动是在泵的抽吸下产生的，并且通过泵的作用形成周期性的脉动，使液柱在短时间内迅速上升，从而确保物料局部混合均匀。这种脉动还迫使产生的沼气通过穿孔板的孔洞。在高温条件下，这种特殊的设计使得无需内置动力设备就能保证充分的混合，而且柱塞流的运动模式防止了短路现象的产生，从而确保了完全灭菌。另外这种工艺不会产生浮渣层而影响湿式反应器的运行。但是，因为穿孔板比较容易堵塞，所以 Schwartin-Uhde 工艺只能处理含杂质比较少、降解性能好的有机垃圾。

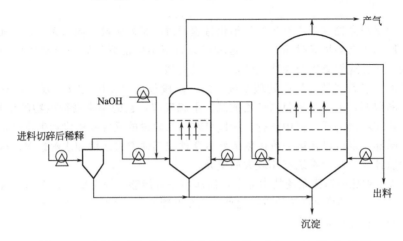

图 6-23　两阶段"湿-湿"升流式串联系统，Schwartin-Uhde 工艺
适于处理源头分类的可降解垃圾，粒度约 1mm，TS 含量 12%

　　在串联 BRV 工艺中，先将源头分类的有机垃圾调整至 TS 含量 34%，经过一个好氧升流反应阶段后，有机质部分水解，并且约有 2% 有机质由于内源呼吸作用而损失。在厌氧条件下进行水解，是因为呼吸作用消耗的 COD 大于因溶解而产生的 COD，而且进程比在厌氧条件下快。经过 2d 的预消化以后，物流以水平柱塞流的形式进入产甲烷反应器中，在 TS 含量为 22%、温度为 55℃ 的条件下再连续消化 25d。由于处理对象含水率低，所以减小了反应器的尺寸。但是由于物料是水平运动的，所以需要配备刮除沉淀的装置，还需要在反应器中安装搅拌器以避免产生浮渣层。

　　(2) 运行状况　两阶段系统的优点是在处理水果、蔬菜等易降解的厨余垃圾时，系统运行的生物稳定性要比一阶段系统强得多。因为通常情况下产甲烷菌的新陈代谢比产酸菌慢，在一阶段系统中这会造成酸积累，通过控制一阶段系统的 OLR 使其在产甲烷菌的降解能力之内，就可以避免任何酸积累的危险。

　　实际运行表明，两阶段系统的确表现出高度的运行稳定性，至少在非连续进料的实验条件下如此。例如，Pavan 等以普通的水果和蔬菜作为处理对象，在完全混合式的反应器中进行实验来比较一阶段和两阶段系统的运行效果。当 OLR 为 3.3kg VS/(m³·d) 时，一阶段系统就不能正常运行了，而两阶段系统在总的 OLR 为 7kg VS/(m³·d) 时还保持着稳定的运行。这和理论的预测不尽相同，因为实际上随时间和空间的变化，垃圾不可能始终保持均质性，而且泵也不是连续进料的，所以 OLR 的变化很大。如果能设法使物料在反应器中均匀混合，并且以恒定的 OLR 进料，那么当 C/N 比在 20 以上时，即使处理可高度降解的农业废物，一阶段湿式系统的运行也能够和两阶段系统一样稳定。

　　在一阶段系统中，OLR 的波动会导致系统短期超负荷运行。但在两阶段系统中，OLR 的波动在一定程度上在第一阶段得到缓冲，所以第二阶段的 OLR 在时间和空间上都是十分稳定的。在一阶段干式处理系统中物料以柱塞流的形式运动，对其进行搅拌，能够使消化器中相当一部分空间免于受到高浓度抑制物的暂时性冲击，也可以起到缓冲 OLR 的效果。如果在进料以前充分混合并且连续进料，那么用一阶段系统也完全能够处理可高度降解的厨余垃圾。在奥地利就有一个用 Dranco 工艺降解厨余垃圾的处理厂，整个处理系统的平均 OLR 是 5.0kg VS/(m³·d)，VS 降解率可达 80%。

用预消化措施对 OLR 进行缓冲对于处理含纤维素少的垃圾（例如厨余垃圾）具有显著的效果，因为对它们来说甲烷化阶段是限速步骤。但很多有机垃圾中富含纤维素，纤维素的水解是限速步骤，冲击负荷不会传导而产生抑制作用。

另一类抑制作用主要是因为进料成分的不均一而非短暂的冲击负荷造成的。它对两阶段系统运行的稳定性仍然会造成危害，除非在两阶段系统的第二段采取微生物滞留措施，例如增设可供微生物接触生长的固定床。

两阶段系统和一阶段系统生物气的产量以及 OLR_{max} 都差不多，尤其是无微生物滞留措施的两阶段系统。例如，Heppenheim 的一个 BRV 工艺厂，设计 OLR_{max} 为 8.0kg VS/(m³·d)，而用 Schwarting-Uhde 工艺可承受的 OLR_{max} 接近于 6kg VS/(m³·d)。

6.10.2 有微生物滞留的两阶段"湿-湿"处理工艺

(1) 技术介绍 为了提高有机负荷率，增强对冲击负荷和抑制剂的抵抗力，可以在第二阶段增加产甲烷细菌的体积分布密度。目前常用的办法有以下两种。

① 将水力停留时间和固体停留时间分离，从而增加产甲烷反应器中的固体含量。只有反应器中剩余的悬浮固体量不超过原来固体含量的 5%～15% 时，积累的固体才代表了活性生物的数量。所以这种设计只对于水解能力很强的厨余垃圾才有效。要分离固体停留时间和水力停留时间，可采用的方法之一是在接触式反应器中加设澄清池，还有另一个方法是用膜过滤第二阶段的出流并回流浓缩液以滞留消化细菌。后者需要将产生的一部分生物气逆着物流方向高速回流反冲以避免滤膜的堵塞，过量的微生物可通过一根单独的管道引出。以上两种设计方案虽然引起广泛的关注，但目前还仅处于小规模试验阶段，进一步的应用还面临着技术上的挑战，例如需要将进料粉碎到 0.7mm 以下。

② 在产甲烷阶段的反应器中设置能够实现接触生长、提高细胞浓度和延长污泥龄的载体。但是采用这种方法的先决条件是进入接触生长反应器的物料几乎不受悬浮颗粒的干扰，也就是说应当先去除水解阶段剩下的悬浮颗粒。BTA 工艺和生物渗滤工艺就是基于这些原理。

如图 6-24 所示，在 BTA "湿-湿"工艺中，TS 含量为 10% 的浆液经高温消毒后脱水，其中液体直接进入产甲烷反应器，剩下的泥饼用水溶解以后在完全混合式反应器中进行中温水解（水力停留时间为 2～3d）。产甲烷反应器里的水回流到水解反应器里，从而维持 pH 值在 6～7 之间。从水解反应器出来的物料再次脱水，分离出来的水又进到产甲烷反应器中。产甲烷反应器只接纳液体，是一个圆柱状的固定膜反应器，这种设计可以增加消化细菌的浓度并延长泥龄，但是与一阶段湿式系统有相似的技术局限性，即短路、起泡沫、产生沉淀、塑料桨叶腐蚀、木棍等杂物堵塞管道、10%～30% 的 VS 流失等。BTA 工艺的主要缺陷是过于复杂，需要四个反应器才能完成其他系统用一个反应器就能达到的目的。

生物渗滤工艺与 BTA 工艺原理相同，只是它的第一阶段是好氧条件下的干式反应，而且有回流液体不断地渗透到物料中以促进液化反应的进行。COD 浓度为 100g/L 的渗出液将以柱塞流的形态经过填充有载体介质的厌氧式过滤器。第一阶段的好氧反应与第二阶段的生物膜接触生长在各自最适宜的条件下进行，从而使整个系统的停留时间降到 7d 以内。在生物渗滤系统中，为了防止在干式渗滤系统中常见的导流和阻塞现象发生，渗滤将通过孔径 1mm、转速为 1r/min 的旋转筛进行。在产甲烷厌氧过滤器中，向水平的柱塞流施加周期性脉动，可以防止载体介质的堵塞，促进底物向生物膜迁移，并且加快产气速率，另外在第一阶段用干式处理避免了湿式系统或"湿-湿"式系统需要搅拌而带来的麻烦。

(2) 运行状况 两阶段系统中接触式生长使微生物浓度增加，从而增强了对化学抑制剂的抵抗能力。Weiland 通过以高降解能力的农业废物为处理对象，对一阶段和两阶段湿式系统的运行情况进行了比较，当 NH_4^+ 的浓度上升到为 5g/L 时，一阶段系统在 OLR 为 4kg VS/(m³·d) 时

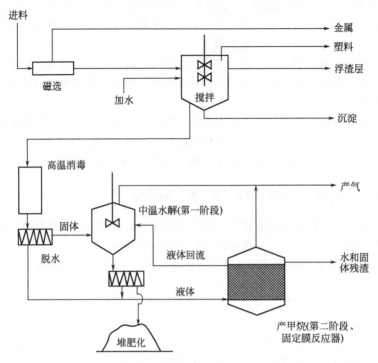

图 6-24　在第二阶段有微生物滞留设施的两阶段"湿-湿"处理系统
未水解的固体不进入第二阶段进行降解

就因为氨的抑制作用而不能正常运行，而两阶段系统却能在同样条件下承受 8kg VS/(m³·d) 的 OLR。在第二阶段的接触式反应器中加构澄清池，提高了消化细菌的浓度以及泥龄，因而在氨浓度很高的情况下仍然能保持产甲烷的稳定性。

设置微生物滞留设备的另一个好处是能够提高产甲烷反应器的 OLR。有报道说 BTA 工艺和生物渗滤工艺的 OLR 值可以分别达到 10kg VS/(m³·d) 和 15kg VS/(m³·d)。但是 OLR 的提高是以降低 20%～30% 的生物气产量为代价的，因为一些粗大的固体颗粒上附着了可降解的有机质，它们经过短暂的水化阶段以后沉积下来，并没有进入产甲烷反应器中进一步降解。

6.10.3　两阶段厌氧消化工艺水解段的影响因素及控制

影响有机生活垃圾水解效果的因素主要有温度、pH 值、水力停留时间、含固率以及水力停留时间等。

(1) 温度　厌氧降解过程受温度影响较大，厌氧降解的温度可分为低温（0～20℃）、中温（20～42℃）和高温（42～75℃）。在中温范围，35℃以下每降低 10℃，细菌的活性和生长率就减少一半。因此，对于预定的消化程度，温度越低，消化时间越长。有机垃圾的厌氧处理中水解段通常采用中温或高温范围。在不超过 37℃ 范围内，VFA 浓度随着温度升高而升高；超过 37℃，酸化率反而下降。而水解率则随着温度的升高持续上升，50℃时达 82%。综合考虑水解率和酸化率随温度的变化，厨余垃圾水解酸化过程的最优温度条件为 37℃。

(2) pH 值　pH 值是产酸菌生长的重要影响因素。产甲烷菌的最适宜 pH 值范围是 6.8～7.2，而产酸菌则需要偏低一点的 pH 值。传统厌氧系统通常维持一定的 pH 值，使其不限制产甲烷菌生长，并阻止产酸菌（可引起 VFA 累积）占优势，因此必须使反应器内的反应物能够提供足够的缓冲能力来中和任何可能的 VFA 积累，这样就阻止了在传统厌氧消化过程中局部酸化区域的形成。而在两相厌氧系统中，每相可以用不同的 pH 值，以便使产酸过程和产甲烷过程分别在最佳的条件下进行。

研究表明，发酵液 pH＝7 时有利于微生物的生长繁殖，从而促进碳水化合物的水解和酸化过程，还能促进可溶性蛋白的酸化过程。在不同 pH 值条件下，易腐有机垃圾的基本发酵类型各不相同：pH＝7 时主要进行丁酸发酵，pH＝8 时丁酸发酵类型逐渐占优势，而 pH＝5 时丙酸发酵类型逐渐占优势。乳酸是酸化初期的主要产物，但在发酵液的 pH＝5 和 pH＝7 条件下，乳酸可被微生物进一步代谢，而 pH＝8 时乳酸却未能被代谢。在酸化初期醇的产生量大于挥发性脂肪酸，酸化后期 pH＝5 和 pH＝7 时挥发性脂肪酸与醇产生量比值为（1.2∶1）～（1.5∶1），而 pH＝8 时两者比值为（1.6∶1）～（2.5∶1）。pH 值为 5、7 和 8 三者的水解速率常数 k_h 分别为 $0.0008h^{-1}$、$0.0009h^{-1}$ 和 $0.0002h^{-1}$。pH＝7 在反应时间 $t > 100h$ 以后，发酵液中可溶态总有机碳全部由酸化产物组成，酸化完全；而 pH＝5 和 pH＝8 达到酸化完全的反应时间分别为 $t > 300h$ 和 $t > 600h$。

有人提出在实际工程中，可以通过添加含有蛋白质的废物调节进料的 C∶P∶N 比并辅助一些碱性溶液［如 NaOH 和 $Ca(OH)_2$ 等］调节 pH 值，这主要是应用含有蛋白质的有机废物在厌氧降解过程产生的氨氮对 pH 值具有缓冲能力。

(3) 含固率 含固率是厌氧消化重要的控制因素，直接影响水解的速率与效果。如果料液太稀，固体颗粒会沉降在反应器底部导致反应不完全；如果料液太稠，会阻碍传质过程，同时也不利于反应产生的甲烷气的释放。TS 主要由反应系统是干式还是湿式来决定。一般来说，湿式反应系统 TS 为 5%～15%，干式反应系统 TS 为 15%～40%。

(4) 水力停留时间 在连续发酵槽中，水力停留时间小于菌体的最小倍增时间时，反应器内流出的菌体增大，相应的有机负荷增加，菌体维持困难；而水力停留时间过长，反应器处理能力降低。因此需要选择适宜的水力停留时间。两相分离后，使得水解与产气分别进行，可以大大缩短总水力停留时间。

(5) 相分离控制方法 两相厌氧消化的基本特点就是实现水解与产气的分离，因此，控制水解段产甲烷菌的生长、实现两相分离对提高水解效率至关重要。目前应用得较多的相分离方法有物理化学法和动力学控制法。物理化学法是指在产酸相中投加甲烷菌的选择性抑制剂（如氯仿、四氯化碳等）来抑制产甲烷细菌的生长，或向产酸反应器中供给一定量的氧气，调整反应器内的氧化还原电位，利用产甲烷菌对溶解氧和氧化还原电位比较敏感的特点来抑制其在产酸相反应器中生长；或将产酸反应器 pH 值调在较低水平（5.5～6.5 之间），利用甲烷要求中性偏碱的条件来保证产酸菌在产酸反应器占主导地位；或采用通透有机酸的半透膜，使产酸相的末端产物只有有机酸才能进入后续的产甲烷反应器，从而实现产酸相与产甲烷相分离。动力学控制法是利用产酸菌和产甲烷菌在生长速率上存在很大的差异实现。产酸菌的生长速率快，其世代时间短，一般在 10～30min，而产甲烷菌的世代时间在 4～6d，因此控制反应的水力停留时间在一个较短的范围内，可以使产甲烷菌来不及在产酸相反应器停留就被水流带入产甲烷反应器。通过动力参数（如有机负荷率、停留时间等）的调控实现产酸菌和产甲烷菌的有效分离。

(6) 搅拌方式 对于高含固率的厌氧消化，搅拌方式对于传质与加速反应有重要的影响。在厌氧消化工艺中，采用的搅拌方式主要有机械搅拌、回流搅拌与气体搅拌。Peter G. Stroot 等研究了连续搅拌、间歇式搅拌对厌氧消化的影响，得出结论认为连续搅拌不利于良好的厌氧消化效果，而低强度的搅拌有利于促进不稳定的厌氧反应器的稳定。

(7) 水解过程抑制因素的影响及控制技术研究 Leighton 等研究了进水中铜、锌、镍、铅四种不同的重金属离子对两相厌氧消化工艺的影响。结果发现产酸相的污泥对锌和镍没有很好的吸附作用，而对铅的吸附很好，铜则适中。Chacin 等也研究了铜和铅对两相厌氧工艺的影响。他们在一个处理以淀粉为主要基质的两相厌氧系统的进水中加入铜和铅离子，其浓度均为 0.5mmol，分别研究了它们对系统中产酸相和产甲烷相两个反应器的影响，结果发现，主要的影响都发生在产酸相反应器里，而且铜离子比铅离子的影响更大。

Angelidaki 等研究了膨润土在牛粪高温厌氧消化中的脱氨效应，Milan 等研究了天然沸石、斜发沸石、发光沸石、蒙脱石等矿物材料在猪场废弃物厌氧消化过程中对氨盐的去除效果。王星等发现，钠离子浓度为 3000~4000mg/L 时，含盐餐厨垃圾的厌氧消化过程受到 Na^+ 的明显抑制。Viéitez 报道，两相连续湿式系统处理水果蔬菜垃圾时水解率在系统污染负荷为 715g/(L·d) 时稳定在 81% 左右，酸化率稳定在 38.19% 左右。

6.10.4 有机垃圾水解液气化技术及其影响因素

(1) 水解液气化技术　有机生活垃圾的水解液气化是指有机生活垃圾通过水解相水解后产生的水解液进入产气相，在厌氧微生物的作用下被利用并产生沼气的过程。由于有机生活垃圾水解液具有高 COD、高盐度、高氨氮等特点，因此反应器的运行需要考虑这些特征以避免启动慢、产气效率低、运行不稳定等可能出现的问题。产气是一个复杂的化学与生物反应过程，受环境和操作条件的影响比较大。两相厌氧工艺能使产酸过程和产甲烷过程均处于最佳的环境和操作条件，应当考虑温度、pH 值及抑制性物质的影响。

① 对于不同组成的有机垃圾，其产气速率可以有很大的差异。进料有机垃圾的组成直接影响水解液的组成，进而影响气化效果。北京市市政工程设计研究总院选取北京市某污水处理厂剩余污泥、初沉污泥和混合污泥作为研究对象，在中温（35℃）条件下，进行污泥产气速率和产气量的对照试验，结果表明：剩余污泥、初沉污泥和混合污泥的日平均产气量分别为 218.8mL/(d·L 泥)、339.2mL/(d·L 泥) 和 419.4mL/(d·L 泥)，总产气量分别为 $3.5m^3/m^3$ 泥、$5.43m^3/m^3$ 泥和 $6.71m^3/m^3$ 泥，分别为理论产气量的 44.02%、72.79% 和 78.39%；剩余污泥、初沉污泥和混合污泥产气中 CH_4 和 CO_2 等主要组分含量的差异并不显著。当垃圾的组分不利于厌氧消化时，可以混合其他有机垃圾以改善其性能。P. Sosnowski 等考察了有机生活垃圾与污泥混合的消化产气情况。他们配制了不同有机生活垃圾和污泥比例物料，并比较了它们的产气情况。结果发现：反应累计产气量随着有机生活垃圾比例的增加而上升。

② 工艺参数是影响产气的一个重要元素。温度对产甲烷过程影响较大，而且，一定范围内随着温度的升高可以提高反应的比产气速率，从而提高总产气量。温度可分为低温（0~20℃）、中温（20~42℃）和高温（42~75℃）。在中温范围，35℃以下每降低 10℃，细菌的活性和生长率就减少一半。因此，对于预定的消化程度，温度越低，消化时间越长。高浓度废水或污泥的厌氧处理通常采用中温或高温范围。某研究在 TS 的质量分数为 15.5% 的半干式条件下，通过对城市生活垃圾厌氧消化进行批量实验，研究了温度对厌氧消化过程的影响。实验结果表明，城市生活垃圾厌氧消化的较佳温度为 55℃，消化时间短，产气率高，启动时间较快。但是，高温厌氧消化将带来系统稳定性差、功耗大等不可避免的问题，因此在选择时需考虑具体的应用情况。

pH 值是厌氧消化的重要影响因素。pH 值的控制对产甲烷阶段尤为重要，产甲烷菌的最适宜 pH 值范围是 6.8~7.2。在两相厌氧系统中，每相可以用不同的 pH 值，从而实现产酸过程和产甲烷过程可以分别在最佳的条件下进行。Dinamarca 等以城市有机垃圾为对象，研究了 pH 值对其厌氧消化处理的影响，结果显示，pH 值在 7~8 时系统对有机垃圾的降解率最高。这也是产甲烷菌良性生长的一个合适的 pH 值范围。

合适的有机负荷率可以获得最佳的产气量。某研究以厨余垃圾和杂草废弃物混合物为发酵底物进行了批式和两相厌氧发酵试验。经过 25d 的批式厌氧消化后，污染负荷 [以挥发固体（VS）质量浓度计] 为 6.15g/L、12.15g/L、16.10g/L 和 20.10g/L，沼气产率分别为 10.12mL/g、8.63mL/g、8.79mL/g 和 4.67mL/g。表明污染负荷为 6.15g/L 时达到最大产气效率；污染负荷为 12.15 和 16.10g/L 的产气率在统计学上无显著差别；污染负荷在 20.10g/L 时出现产甲烷抑制。但另一方面，H. Bouallagui 等在比较三个有机负荷 3.7g COD/L、7.5g COD/L 和 10.1g COD/L 的产气效率时发现，其最高产气速率出现在 10.1g COD/L 的工况。

出水回流能够快速激活产甲烷菌的活性，从而提高产气速率并有利于反应器稳定运行，但回流比的确定也与其他因素关联。某研究采用厌氧反应器（UASB）处理人工合成淀粉废水，研究了 UASB 出水回流对厌氧处理效果及工艺稳定运行的影响。结果表明：当无出水回流时，UASB 运行不稳定，发生酸化现象，需要添加大量的碱才能保证 UASB 的稳定运行；采用出水回流时，厌氧工艺出水能够快速激活厌氧微生物尤其是产甲烷菌的活性，有利于厌氧工艺的快速启动和工艺稳定运行。另有研究者研究了消化液回流比与有机负荷率（OLR）对餐厨垃圾厌氧消化的影响，研究指出，当回流比从 0 提高到 180％时，OLR 分别为 9.933g/（L·d）、14.900g/（L·d）的厌氧消化系统 COD 去除率分别从 79.45％、80.13％上升到 81.98％、83.33％；当 OLR 为 19.866g/（L·d）时，提高回流比会造成 COD 去除率的下降。系统在较低负荷运行时，回流比的提高使系统的产气率有明显的增加。

③ 低浓度氨氮促进产气，高浓度氨氮抑制产气。氨氮在厌氧消化反应中有多种作用，它既是微生物的营养元素，又发挥着 pH 值缓冲的作用，但高浓度的氨氮却会对产甲烷菌造成严重的抑制。国外有许多研究者在很早就认识到了氨氮，尤其是非离子化的游离氨在有机固体废物厌氧消化过程中的抑制性影响，但氨氮的具体抑制性浓度并未确定。G. Lissens 等认为，对于 C/N 大于 15 的有机固体废物，采用单相系统是合适的，而对于那些 C/N 低于 10 的蛋白质丰富的有机固体废物，应该采用两相厌氧消化系统进行处理。由于高浓度的氨氮限制了反应器的最大有机负荷率，因此反应器对于氨氮抑制的敏感性在反应器的设计过程中应给予特别注意。目前还没有彻底解决氨氮抑制问题的方法，但可以对厌氧微生物菌群首先进行驯化，使其能够耐受更高的氨氮浓度。在水解液进入气化反应器之前调节进料的 C/N，对解除抑制、增加产气效率也会有作用。

④ 有机生活垃圾水解液的消化产气处理可以借鉴废水处理中的成熟工艺。由于进入产气相的物料基本为液体，因此该过程可当作高浓度废水的处理来考虑，这样可以将废水处理中的成熟工艺应用到有机生活垃圾水解液的消化产气处理技术中。例如上流式厌氧污泥床反应器（UASB）和厌氧固定床等。某研究采用了 UASB 反应器处理城镇有机垃圾经两相厌氧消化产生的浸出液。在运行期间，当进水 COD 为 10100～11100mg/L、负荷为 8.5～9.5kg COD/（m³·d）时，对 COD 的去除率为 88％～95％；产气量为 0.19～0.44L/g COD，CH$_4$ 含量可达 75％以上，具有较高的利用价值。另外可以结合微生物的固定方法，利用固定床反应器处理高浓度废水。有学者对此进行研究，获得了分别为 80％和 90％以上的 COD 和 TOC 的去除率。

（2）高浓度氨氮条件下优势产甲烷菌种的筛选　在两段式厌氧消化的产甲烷段，产甲烷效率主要取决于产甲烷菌群落的结构与功能，而氨氮会对产甲烷菌产生较大的影响。氨氮在厌氧反应器中可能起着多重作用。一方面，氨氮是厌氧微生物需要的营养元素来源之一，并提供了厌氧反应体系的部分碱度；另一方面，随着氨氮浓度的提高，体系中游离氨的浓度不断上升，从而对体系产生较强的抑制作用。某研究利用取自 ABR 反应器中的厌氧颗粒污泥，通过间歇试验，研究了不同氨氮浓度对厌氧污泥产甲烷活性的影响以及活性恢复情况。实验结果表明：氨氮对厌氧颗粒污泥产甲烷活性的影响具有多重性，当氨氮浓度分别为 0.2g/L 和 0.4g/L 时，表现为促进产甲烷作用，二者的产甲烷能力分别比参考体系提高 5％和 10％；当氨氮浓度为 0.8g/L 时，开始表现为抑制产甲烷作用，抑制程度为 7％；并且随着氨氮浓度提高到 2g/L、3g/L、4g/L，厌氧颗粒污泥的产甲烷活性分别下降 20％、28％、45％。此外，研究表明，氨氮影响产甲烷活性的浓度范围与具体的操作条件，如温度、pH 值、碱度及污泥浓度等因素有关。

可以对厌氧微生物菌群首先进行驯化，使其能够耐受更高的氨氮浓度。在水解液进入气化反应器之前调节进料的 C/N，也对解除抑制、增加产气效率会有作用。

不同的氨氮浓度下优势微生物种群会有很大变化。Sawayama、Shigeki 研究指出，定量 PCR 的结果表明固定化微生物的密度在氨氮浓度大于 3000mgN/L 时开始下降，而固定化的产甲烷菌在氨氮浓度为 3000 或 6000mgN/L 时的主要优势菌种为 *Methanobacterium* sp.。

对微生物群落的研究主要采用分子生物学方法。培养高效产气传统的微生物生态学研究方法只限于环境样品中极少部分（0.1％～1％）可培养的微生物类群，极大程度地限制了对微生物群落结构的研究。以 [16] Sr DNA 为主要研究对象的 DGGE（变性梯度凝胶电泳，denaturing gel gradient electrophoresis）/TGGE（温度梯度凝胶电泳，temperature gradient gel electrophoresis），结合 PCR 扩增、克隆建库、序列测定以及种系分析对土壤微生物的群落结构和多样性研究的最新动态。DGGE/TGGE 技术极大地推动了微生物分子生态学的发展，同时也为实际问题的诊断、作物生长跟踪监测等提供了技术支撑，在微生物分子生态学研究和生产实践中起着越来越重要的作用。B. Rinc'on 等采用 DEEG 和克隆建库、测序等方法对产甲烷微生物种群进行研究，结果指出反应器中最占优势微生物种群为 Firmicutes（主要是梭菌属），其次是 Chloroflexi 和 Gamma-Proteobacteria（主要是假单胞菌）。可见利用此种方法，可以进行微生物的群落结构的分析，并能够筛选高浓度氨氮条件下的优势微生物菌种。

6.11 序批式处理系统

在序批式处理系统中，进料是一次性的，垃圾的 TS 含量在 30%～40% 之间，所以是处于干态降解的。批处理系统类似容器封装的土地填埋，但实际上它的产气率比土地填埋高 50～100 倍，主要原因有两个：一是渗滤液连续不断地回流，使接种物、养分和有机酸等在系统中均匀分散；二是批处理系统的运行温度比一般土地填埋的温度高得多。

目前序批式处理系统的市场份额还不大。但是设计简单、容易控制，对粗大的杂质适应能力强，投资也少，这些特点使序批式处理系统适于在发展中国家推广应用（见表 6-25）。

表 6-25 序批式处理系统的优点和缺点

指 标	优 点	缺 点
工艺	简单 技术水平低 适应性强	易堵塞 需要加疏松剂 清空反应器时有爆炸危险
运行状况	多个反应器,多种生态条件增强了处理的稳定性	导流作用使生物气产量减少 OLR 低
经济及环境	投资小,适用于发展中国家 耗水量低	占地面积大

(1) 技术特点 序批式处理系统的特点是快速的产酸阶段和慢速的产甲烷阶段完全分开。目前常见的设计方案有三种：单段序批式处理、串联序批式处理和"序批-UASB"混合式（见图 6-25）。它们的区别在于产酸和产甲烷相的位置不同。

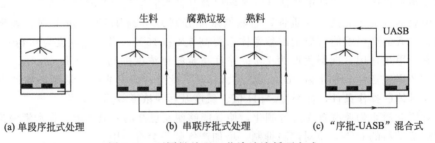

(a) 单段序批式处理　　　(b) 串联序批式处理　　　(c) "序批-UASB"混合式

图 6-25 不同批处理工艺渗滤液循环方式

① 单段序批式处理系统的渗滤液从同一反应器的底部回流至顶部。荷兰 Lelystad 的一个处理厂应用的 Biocel 工艺就是基于这个原理，每年大约能处理 35000t 源头分类收集的厨余垃圾。垃圾的降解在 14 个同样的钢筋混凝土反应器中进行，每个反应器的有效容积为 480m³。渗滤液在反应器下部集中，然后喷到垃圾的表面。但是所有的序批式处理系统都存在同样的问题，即渗

滤液通过穿孔底板容易造成孔洞堵塞。如果将物料的厚度限制在 4m 之内以避免压实，并且加入疏松剂（1t 新鲜垃圾与 1t 消化脱水后的垃圾及 0.1t 木屑混合），那么就可以比较有效地缓解堵塞现象。其中消化以后脱水的垃圾不仅可以起到疏松的作用，还能接种稀释新鲜垃圾。在开启、清空反应器时必须注意安全，防止爆炸。

② 串联序批式处理系统中，含有高浓度有机酸的渗滤液从装生料的反应器流到另一个装熟料的反应器中，在那里进行产甲烷反应。后者产生的渗滤液中基本不含有机酸，其 pH 值在重碳酸盐缓冲溶液的调节下维持稳定。渗滤液将通过泵又回流到装生料的反应器中。这种设计确保了生料和熟料之间的接种，所以不需要直接混合新鲜垃圾和腐熟的垃圾。串联序批式处理系统的技术特点类似于单段序批式处理系统。

③ "序批-UASB" 混合式设计中，UASB 反应器取代了串联序批式处理系统中装熟料的反应器。在 UASB 反应器中，厌氧微生物以颗粒态聚集，很适于处理高负荷率条件下含有高浓度有机酸的液体。这种设计类似于有微生物滞留设备的两阶段生物渗滤工艺，只不过它在第一阶段采用了简单的 "进料-出料" 的批处理方式而不是完全混合式设计。

(2) 运行状况　荷兰 Lelystad 采用 Biocel 工艺的处理厂平均生物气产量是 70kg/t（源头分类的可降解垃圾），比处理相同物料的连续进料一阶段系统的产气量少了 40% 左右。这是由于渗滤液的导流作用引起的，即渗滤液优先选择最短的路径流动，所以在物料中没有均匀地扩散。但 Biocel 工艺的 OLR 比起连续进料系统来说相差不多。例如，处理厂设计 OLR 为 3.6kg VS/(m^3 · d)［37℃，最大为 5.1kg VS/(m^3 · d)（夏季）］。

在串联序批式处理系统中，生物气主要在装熟料的反应器中产生，有机酸能够比较快地消耗掉，从而确保系统运行更稳定，生物气的组成变化也不大。在 55℃、OLR 为 3.2kg VS/(m^3 · d) 时，生物气的产量大约相当于实验所能得到的最大产量的 80%～90%，这比实际生产的数据要高得多。因为在实际生产中，处理对象经过分选、压实，TS 含量只有 40% 左右。而来自于串联序批式系统的数据是实验数据，处理对象是未分类的城市垃圾或机械分选的城市垃圾，其中 TS 含量约 60%，并且有大量的纸张和纸板，堆积密度很小（280kg/m^3）。这些垃圾质地不均匀，密实度很低，渗滤液在其中产生的导流和堵塞现象相对少一些，由此引起的生物气产量降低就小一些。

(3) 经济和环境问题　序批式处理系统技术简单，投资比连续进料系统减少约 40%。但序批式处理系统的占地面积比连续进料干式处理系统大得多，因为序批式处理的反应器的高度比后者小 5 倍，OLR 只有后者的 1/2，所以处理相等的垃圾占地面积为后者的 10 倍。但批式处理的运行费用和其他系统差不多。

讨论题

1. 什么是固体废物的生物处理技术？固体废物生物处理技术的主要特点是什么？
2. 请说明堆肥化的定义和堆肥化的特点，并简要分析影响堆肥化发展的主要因素。
3. 堆肥化过程可以分为几个阶段？各个阶段的主要特点是什么？
4. 完整的堆肥化工艺过程主要包括几个处理单元？各个处理单元的特点是什么？
5. 某堆肥厂制得的堆肥产品的主要指标如下表：

具体参数	1月	2月	3月	4月	5月	6月	7月	8月	9月
pH 值（<20℃）	6.3	6.2	6.1	6.3	6.4	6.3	6.3	6.1	6.1
湿度（质量分数）/%	13	16	15	15	14	14	18	24	20
COD/(g/kg)	890	1000	980	940	980	940	1000	980	1000
总凯氏氮/(g/kg)	27	27	26	27	26	27	27	25	26
碳氮比	14∶1	15∶1	15∶1	15∶1	12∶1	12∶1	14∶1	16∶1	16∶1
总磷/(g/kg)	31	58	58	30	32	34	30	30	32

请根据国家标准分析该堆肥产品的特点。

6. 简要分析堆肥化工艺的主要影响因素及其控制措施。

7. 堆肥腐熟的意义是什么？有哪些方法可以测定堆肥是否腐熟？请简要说明。

8. 某小区日产生活垃圾 2t，垃圾平均含水率 30%，拟采用机械堆肥法对该小区的垃圾进行处理。请根据以下条件计算每天实际需要供给的空气量。已知：垃圾中有机废物的量占 50%，有机废物的化学组成式为 $[C_6H_7O_2(OH)_3]_5$；有机废物反应后的残留物为 40%，残留有机物的化学组成式为 $[C_6H_7O_2(OH)_3]_2$；堆肥持续时间 5d，5d 的需氧量分别为 20%、35%、25%、15% 和 5%；空气含氧量 21%，空气质量为 $1.2kg/m^3$；实际供气量是理论供气量的 2 倍。

9. 垃圾堆肥化过程中可以通过堆肥回流调节与控制其含水率（如下图），其中：X_c 为垃圾原料的湿重；X_p 为堆肥产物的湿重；X_r 为回流堆肥产物的湿重；X_m 为进入发酵混合物料的总湿重；S_c 为原料中固体含量（质量分数，%）；S_p（$=S_r$）为堆肥产物和回流堆肥的固体含量（质量分数，%）；S_m 为进入发酵仓混合物料的固体含量（质量分数，%）。令 R_w 为回流产物湿重与垃圾原料湿重之比，称为回流比率；R_d 为回流产物的干重与垃圾原料干重之比。请分别推导 R_w 和 R_d 的表达式（用进出物料的固体含量表示）。

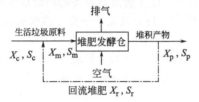

10. 请简要说明厌氧消化的定义及其技术特点。

11. 请简要说明固体废物厌氧消化的三阶段理论及其每阶段的特点。

12. 厌氧消化的主要影响因素有哪些？请简要分析。

13. 请分析固体废物低固体厌氧消化处理技术和高固体厌氧消化处理技术的区别和联系。

14. 高固体厌氧消化的主要技术类型有哪些？各自的特点是什么？

15. 某垃圾厌氧消化发电厂拟采用 Valorga 工艺，经分选后垃圾量 200t/d，分选后垃圾的组分分析见下表，请估算该垃圾处理厂沼气的理论产生量有多少？如果沼气的低位热值为 $18000kJ/m^3$，沼气的发电效率为 30%，请计算该垃圾处理厂的发电功率是多少？

	垃圾成分	含量
组成成分/%	纸张/板纸	4.2
	有机部分:厨余垃圾	24.1
	有机部分:园艺垃圾	60.2
	塑料	2.5
	纺织品	0.4
	金属(黑色金属+有色金属)	0.2
	惰性物质(>1mm,玻璃,石头,瓷器等)	4.1
	惰性物质(<1mm,砂,灰烬等)	4.3
	合计	100
物理性质	干物质成分(DM)/%	40.5
	挥发性干物质(VDM/DM)/%	72.8
	容重/(kg/m³)	500
	粒径/mm	<50(90%)
	总惰性物质/%DM	18
化学性质	C/N	21.3

16. 一城市日产垃圾 200t，根据规范对垃圾取样进行有机组分全量分析的结果见下表，并给出以下条件参数：垃圾的有机组分含量为 70%，有机组分含水率为 30%；垃圾中可生物降解的挥发性固体（BVS）占总固体（TS）的 60%；可生物降解的挥发性固体（BVS）的有效转化率为 90%。现拟采用高固体厌氧消化技术对此进行处理，请计算该市垃圾全部厌氧消化理论上能够产生沼气的量。

有机物种类	组分/kg					
	C	H	O	N	S	灰分
厨余垃圾	1.30	0.17	1.02	0.07	0.01	0.14
办公纸	13.92	1.92	14.08	0.10	0.06	1.92
包装板纸	2.51	0.34	2.54	0.02	0.01	0.28
塑料	4.14	0.50	1.57	—	—	0.69
织物	0.99	0.12	0.56	0.08	—	0.05
橡胶	0.39	0.05	—	0.01	—	0.05
皮革制品	0.24	0.03	0.05	0.04	—	0.04
园艺废物	3.11	0.39	2.47	0.22	0.02	0.29
木	0.79	0.10	0.68	—	—	0.02

17. 对于分选后含可降解有机成分较高的生活垃圾，适合采用堆肥化技术处理还是高固体厌氧消化技术处理，为什么？

18. 相对于单相高固体厌氧消化处理技术，两相工艺在技术上有哪些优势？

7 固体废物热化学处理技术

7.1 固体废物热解处理技术

7.1.1 概述

(1) 热解定义 热解（pyrolysis）是物料在氧气不足的气氛中燃烧，并由此产生的热作用而引起的化学分解过程。因此，也可将其定义为破坏性蒸馏、干馏或炭化过程。热解技术也称为热分解技术或裂解技术。

关于热解的较严格而经典的定义是：在不同反应器内通入氧、水蒸气或加热的一氧化碳的条件下，通过间接加热使含碳有机物发生热化学分解生成燃料（气体、液体和炭黑）的过程。根据这一定义，严格讲来，凡通过部分燃烧热解产物以直接提供热解所需热量者，不得称为热解而应称为部分燃烧或缺氧燃烧。关于这方面的问题，目前尚无统一的解释。

(2) 热解技术的历史及发展 热解技术已作为一种传统的工业化作业，大量应用于木材、煤炭、重油、油母页岩等燃料的加工处理。例如：木材通过热解干馏可得到木炭；以焦煤为主要成分通过煤的热解炭化可得到焦炭；以气煤、半焦等为原料通过热解气化可得到煤气；还有重油，也可进行热解进行气化处理；而油母页岩的低温热解干馏则可得到液体燃料产品。在以上诸多工艺中，以焦炉热解炭化制造焦炭技术的应用最为广泛而且成熟。

但是，对于城市固体废物进行的热解技术研究，直到 20 世纪 60 年代才开始引起关注和重视，到了 70 年代初期，固体废物的热解处理才达到实际应用。固体废物经过此种热解处理可得到便于贮存和运输的燃料及化学产品，在高温条件下所得到的炭渣还会与物料中某些无机物和金属成分构成硬而脆的惰性固态产物，使其后续的填埋处置作业可以更为安全和便利地进行。

实践证明，热解处理是一种有发展前景的固体废物处理方法。其工艺适宜包括城市垃圾、污泥、废塑料、废树脂、废橡胶等工业以及农林废物、人畜粪便等在内的具有一定能量的有机固体废物采用。

美国是最早进行固体废物热解技术开发的国家。早在 1927 年美国矿业局就进行过固体废物的热解研究。自 1970 年后，随着美国将《固体废物法》改为《资源再生法》，原来由多个部门分别管理的固体废物处理处置技术的开发统一划归美国环境保护局管理，各种固体废物资源化前期处理和后期处理的系统得到广泛开发。其中，热解技术作为从城市垃圾中回收燃料气和燃料油等贮存性能的再生能源新技术，其研究开发也得到迅速发展。

欧洲继美国之后，先后在丹麦、德国、法国等国家也对固体废物热解技术进行了实质性的研究和应用。各国建立的热解实验装置，其主要目的是将热解处理作为焚烧处理的辅助手段，借以减少垃圾焚烧造成的二次污染。

日本对城市垃圾热解技术的大规模研究是从 1973 年实施的 Star Dust'80 计划开始的，该计划的中心内容是利用双塔式循环流化床对城市垃圾中的有机物进行气化，随后又开展了利用单塔式流化床对城市垃圾中的有机物液化回收料油的技术研究。在上述国家行动计划的推动下，一些民间公司也相继开发了许多固体废物热解技术和设备。这些技术大都是作为焚烧的替代技术得到开发的，并部分实现了工业化生产。

1981年我国农机科学研究院利用低热值的农村废物进行热解燃气装置的实验取得成功，为解决我国农村动力和生活能源找到了方便可行的代用途径。近年来，国内各种类型的废物热解、气化装置的开发与应用得到了快速的发展。

随着各国经济生活的不断改善，城市垃圾中的有机物含量越来越多，其中废塑料等高热值废物的增加尤为明显。城市垃圾中的废塑料成分不仅会在焚烧过程中产生炉膛局部过热，从而造成炉排及耐火衬里的烧损，同时也是二噁英等的主要发生源。由于各国对焚烧过程中二噁英排放限制的严格化，废塑料的焚烧处理越来越成为关注的焦点问题，在此背景下，废塑料的热解处理技术已成为各国研究开发的热点。

7.1.2 热解原理及其影响因素

(1) 热解原理

① 热解过程。有机物的热解反应通常可用下列简式表示：

$$有机物 \underset{无氧或缺氧}{\overset{加热}{\rightleftharpoons}} 可燃性气体＋有机液体＋固体残渣 \tag{7-1}$$

精确而较复杂的方程式可表示为：

$$含碳固体物质 \underset{无氧或缺氧}{\overset{加热}{\longrightarrow}} \begin{cases} 大分子量及中等分子量的有机液体(焦油等) \\ 分子量小的有机液体 \\ 多种有机酸＋其他液体芳香化合物液体产物 \\ CH_4＋H_2＋H_2O＋CO＋CO_2＋NH_3＋H_2S＋HCN 等气体产物 \\ 炭黑等固体残余物 \end{cases} \tag{7-2}$$

对不同成分的有机物，其热解过程的起始温度各不相同。例如，纤维类开始热解的温度大约为180～200℃，而煤的热解随煤质不同，其起始热解温度在200～400℃不等，煤的高温热解温度可达1000℃以上。

从开始热解到热解结束的整个过程中，有机物都处在一个复杂的热解过程。期间，不同的温度区段所进行的反应过程不同，产生物的组成也不同。在通常的反应温度下，高温热解过程以吸热反应为主（有时也伴随着少量放热的二次反应）。在整个热解过程中，主要进行着大分子热解成较小分子，直至气体的过程，同时也有小分子聚合成较大分子的过程。此外，在高温热解时，还会使碳和水起反应，总之热解过程包括了一系列复杂的物理化学过程。当物料粒度较大时，由于达到热解温度所需传热时间长，扩散传质时间也长，则整个过程更易发生许多二次反应，使产物组成及性能发生改变。因此，热解产物的组成随热解温度不同有很大波动。

关于纤维素热分解，凯萨（Kaiser）提出如下反应方程式：

$$3(C_6H_{10}O_5) \overset{加热}{\longrightarrow} 8H_2O＋C_6H_8O＋2CO＋2CO_2＋CH_4＋H_2＋7C \tag{7-3}$$

式中，$C_6H_{10}O_5$ 为纤维素典型单体组分，其 H/C 为1.67；C_6H_8O 表示液态生成物代表组成。

固体废物热解能否取得高能量产物，取决于原料中氢转化为可燃气体与水的比例。表7-1对比了各种固体燃料和城市垃圾的碳、氢、氧含量关系。美国城市垃圾的典型化学组成为$C_{30}H_{48}O_{19}N_{0.5}S_{0.05}$，其 H/C 值低于纤维素和木材质，而日本城市垃圾的典型化学组成为$C_{30}H_{53}O_{14.6}N_{0.34}S_{0.02}Cl_{0.09}$，其 H/C 值高于纤维素。表7-1的后一栏表示原料中所有的氧与氢结合成水后，所余氢元素与碳的比值，对于一般的固体燃料，该 H/C 值均在0～0.5之间。美国城市垃圾的 H/C 值位于泥煤和褐煤之间；而日本城市垃圾的 H/C 值则高于所有固体燃料，这是因为垃圾中塑料含量较高。

表 7-1　各种固体燃料组成及以 $C_6H_xO_y$ 表示的固体废物组成一览表

固体燃料	$C_6H_xO_y$	H/C	$H_2+1/2O_2 \longrightarrow$ H_2O 完全反应后的 H/C	固体燃料	$C_6H_xO_y$	H/C	$H_2+1/2O_2 \longrightarrow$ H_2O 完全反应后的 H/C
纤维素	$C_6H_{10}O_5$	1.67	0.00/6=0.00	无烟煤	$C_6H_{1.5}O_{0.07}$	0.25	1.4/6=0.23
木材	$C_6H_{7.6}O_4$	1.43	0.6/6=0.1	固体废物	—	—	—
泥炭	$C_6H_{7.2}O_{2.6}$	1.20	2.0/6=0.33	城市垃圾	$C_6H_{9.64}O_{3.75}$	1.61	2.14/6=0.36
褐煤	$C_6H_{6.7}O_2$	1.10	2.7/6=0.45	新闻纸	$C_6H_{9.12}O_{3.93}$	1.52	1.2/6=0.20
半烟煤	$C_6H_{5.7}O_{1.1}$	0.95	3.0/6=0.50	塑料薄膜	$C_6H_{10.4}O_{1.06}$	1.73	7.28/6=1.4
烟煤	$C_6H_4O_{0.53}$	0.67	2.94/6=0.49	厨余物	$C_6H_{9.93}O_{2.79}$	1.66	4.0/6=0.67
半无烟煤	$C_6H_{2.3}O_{0.38}$	0.38	2.0/6=0.33				

② 热解产物。热解过程的主要产物有可燃性气体、有机液体和固体残渣。

a. 可燃性气体。可燃性气体按产物中所含成分的数量多少排序为：H_2、CO、CH_4、C_2H_4 和其他少量高分子碳氢化合物气体。这种气体混合物是一种很好的燃料，其热值可达 6390～10230kJ/kg（固体废物），在热解过程中维持分解过程连续进行所需要的热量约为 2560kJ/kg（固体废物），剩余的气体变成热解过程中有使用价值的产品。

b. 有机液体。有机液体是一复杂的化学混合物，常称为焦木酸（即木醋酸），此外尚有焦油和其他高分子烃类油等，也都是有使用价值的燃料。

c. 固体残渣。主要是炭黑。炭渣是轻质碳素物质，其发热值约为 12800～21700kJ/kg，含硫量很低，这种炭渣在制成煤球后也是一种好燃料。

热解产物的产量及成分与热解原料成分、热解温度、加热速率和反应时间等参数有关。以城市垃圾为例，其热解产品成分随热解温度不同而异，如表 7-2 所示。

表 7-2　垃圾热解生成产品成分所占份额　　　　　　　　单位：kg

温度/℃	垃圾	可燃气	焦木酸	固体	总产物
480	100	12.08	61.08	24.71	97.12
650	100	17.64	17.64	59.18	99.62

(2) 热解技术影响因素　影响热解过程的主要因素包括废物组成、物料预处理、物料含水率、反应温度和加热速度等。

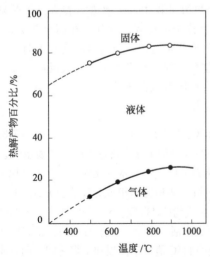

图 7-1　热解温度与产品产量的关系曲线

① 废物成分。由于废物的组分不同而致热解的起始温度各有差异，因此，对热解过程的产物成分及产率也有较大影响。通常城市固体废物比大多数工业固体废物更适合于用热解方法生产燃气、焦油及各种有机液体，但产生的固体残渣较多。

② 物料的预处理。若物料颗粒大，则传热速度及传质速度较慢、热解二次反应增多，对产物成分有不利影响。而颗粒较小将促进热量传递，从而使高温热解反应更容易进行。因此，有必要对热解原料进行适当破碎预处理，使其粒度既细小而又均匀。

③ 含水率。物料含水率对热解最终产物有直接影响，通常含水率越低，物料加热速度越快，越有利于得到较高产率的可燃性气体。

④ 反应温度。热解过程中，热解温度与气体产量成正比（如图 7-1 所示），而各种酸、焦油、固体残渣却随

分解温度的增加呈相应减少之势。固体废物热解产物收率（质量分数,%）可参见表7-3；分解温度不仅影响气体产量,也影响气体质量如表7-4所示。所以,应根据预期的回收目标确定控制适宜的热解温度。

表 7-3　固体废物热解产物收率额度　　　　　单位：%（质量分数）

产物成分	生活垃圾		工业垃圾	
	热解温度 750℃	热解温度 900℃	热解温度 750℃	热解温度 900℃
残留物	11.5	7.7	37.5	37.8
气体	23.7	39.5	22.8	29.5
焦油与油	2.1	0.2	1.6	0.8
氨	0.3	0.3	0.3	0.4
水溶液	55	47.8	30.6	21.8

表 7-4　温度对气体成分所产生的影响

气体成分	温度/℃			
	480	650	815	925
CO_2	44.77	31.78	20.59	17.31
CO	33.5	30.49	34.12	35.25
H_2	5.56	16.58	27.55	32.48
CH_4	12.43	15.91	13.73	10.45
C_2H_4	0.45	2.18	2.24	2.43
C_2H_6	3.03	3.06	0.77	1.07

⑤ 加热速率。气体产量随着加热速度的增加而增加,水分、有机液体含量及固体残渣则相应减少。加热速度对气体成分亦有影响。以高温热解破碎后旧报纸进行试验所得数据列于表7-5。

表 7-5　旧报纸高温热解时气体成分与加热速率的关系

气体成分	加热到 815℃ 时所需时间/min							
	1	6	10	21	30	40	60	70
CO_2	15.01	19.16	23.11	25.1	24.7	25.7	22.9	21.2
CO	42.6	39.59	35.20	36.3	31.3	30.4	30.1	29.5
O_2	0.92	1.61	1.80	2.5	2.3	2.1	1.3	1.1
H_2	19.93	9.85	12.15	10.0	15.0	13.7	15.9	22.0
CH_4	17.54	21.70	19.95	20.1	20.1	19.9	21.5	20.8
N_2	6.00	7.09	7.79	6.0	6.6	7.2	7.3	5.4
热值/(kJ/m³)	13870	14170	13230	13200	13200	12820	13680	14090

综合分析反应温度和加热速率的影响因素：在低温加热条件下,有机物分子有足够的时间在其最薄弱的接点处分解,并重新结合为热稳定性固体,而难以进一步分解,此时的固体产率增加；在高温、高速加热条件下,有机物分子结构发生全面热解,生成大范围的低分子有机物,产物中的气体组分有所增加。

7.1.3　热解工艺类型及其在固体废物处理中的应用

（1）热解工艺分类　适合城市垃圾热解处理的工艺较多。无论何种工艺,其热解产物的组成和数量基本上与物料构成特性、预处理程度、热解反应温度和物料停留时间等因素有关。热解的分类方式大体上可按热解温度、加热方式、反应压力、热解设备的类型分类。

① 按加热方式分类。热解反应一般是吸热反应，需要提供热源对物料进行加热。所谓热源是指提供给被热解的热量是被热解物（即所处理的废物）直接燃烧或者向热解反应器提供补充燃料时所产生的热。根据不同的加热法，可将热解分成间接加热和直接加热两类。

a. 间接加热法。此法是将物料与直接供热介质在热解反应器（或热解炉）中分开的一种热解过程。可利用间壁式导热或以一种中间介质（热砂料或熔化的某种金属床层）来传热。间壁式导热方式存在热阻大，熔渣可能会包覆传热壁面而产生腐蚀，故不能使用更高的热解温度。若采用后一种中间介质传热的方式，尽管有出现固体传热（或物料）与中间介质分离的可能，但两者综合比较，后者还是较间壁式导热方式要好一些。不过由于固体废物的热传导效率较差，间接加热的面积必须加大，因而使这种方法的应用仅局限于小规模处理的场合。

b. 直接加热法。由于燃烧需提供氧气，因而会使 CO_2、H_2O 等惰性气体混在用于热解的可燃气中，因而稀释了可燃气，其结果将使热解产气的热值有所降低。如果采用空气作氧化剂，热解气体中不仅有 CO_2、H_2O，而且含有大量的 N_2，更稀释了可燃气，使热解气的热值大有减少。因此，若采用的氧化剂分别为纯氧、富氧或空气时，其热解所产可燃气的热值是不相同的。根据美国有关的研究结果，如用空气作氧化剂，对混合城市垃圾进行热解时所得的可燃气，其热值一般只在 $5500kJ/m^3$ 左右，而采用纯氧作氧化剂的热解，其产气的热值可达 $11000kJ/m^3$。

② 按热解温度分类。根据所使用的不同温度区段，可将热解分为如下的三类。

a. 低温热解法。温度一般在 $600℃$ 以下。可采用这种方法将农业、林业和农业产品加工后的废物生产低硫低灰分的炭，根据其原料和加工的不同深度，可制成不同等级的活性炭或用作水煤气原料。

b. 中温热解法。温度一般在 $600\sim700℃$ 之间，主要用在比较单一的物料作能源和资源回收的工艺上，像废轮胎、废塑料转换成类重油物质的工艺。所得到的类重油物质既可作能源，亦可用作化工初级原料。

c. 高温热解法。热解温度一般都在 $1000℃$ 以上，固体废物的高温热解，主要为获得可燃气。例如，炼焦用煤在炭化室被间接加热，通过高温干馏炭化，得到焦炭和煤气的过程即属高温热解工艺。高温热解法采用的加热方式几乎都是直接加热法。如果采用高温纯氧热解工艺，反应器中的氧化-熔渣区段的温度可高达 $1500℃$，从而可将热解残留的惰性固体，如金属盐类及其氧化物和氧化硅等熔化，并将以液态渣的形式排出反应器，再经水淬冷却后而粒化。这样可大大降低固态残余物的处理困难，而且这种粒化的玻璃态渣可作建筑材料的骨料使用。

除以上分类之外，还可按热解反应系统压力分为：常压热解法和真空（减压）热解法。后者真空减压热解，可适当降低热解温度，有利于可燃气体的回收。但目前有关固体废物的热解处理大多仍采用常压系统。

(2) 固体废物的热解处理技术 固体废物热解的主要设备是热解装置，称为热解炉或反应床。城市垃圾的热解处理技术可依据其所使用热解装置的类型分为：固定床型热解、移动床型热解、回转窑热解、流化床式热解、多段竖炉式热解、管型炉瞬间热解、高温熔融炉热解。其中，回转窑热解和管型炉瞬间热解方式是最早开发的城市垃圾热解处理技术。立式多段竖炉型主要用于含水较高的有机污泥的处理。流化床方式有单塔式（热解和燃烧在一个塔炉内进行）和双塔式（热解和燃烧分开在两个塔炉内进行）两种，其中双塔式流化床应用较广泛，已达到工业化生产规模。此外，高温熔融炉方式是城市垃圾热解中最成熟的方法，代表性装置有新日铁、purox 和 Torrax 等系统。

① 固定床型热解系统。此型热解的代表性装置为立式炉偏心炉排法系统。该法工艺流程如图 7-2 所示。废物自炉顶投入，经炉排下部送入的重油、焦油等可燃物的燃烧气体干燥后进行热分解。炉排分为两层，在上层炉排之上为炭化物、未燃物和灰烬等，用螺旋推进器向左边推移落入下层炉排，在此，将未燃物完全燃烧。这种操作过程称为偏心炉排法。

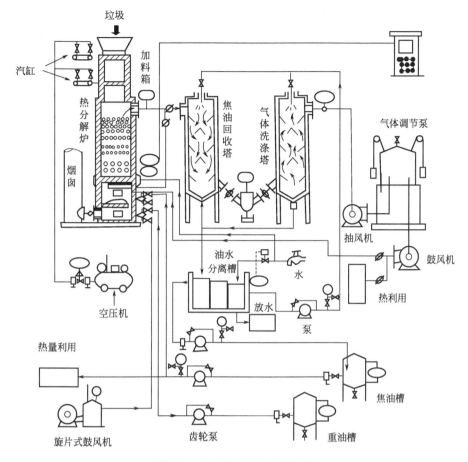

图 7-2 立式炉热分解系统流程

热解气体和燃烧气送入焦油回收塔、喷雾水冷却除去焦油后，经气体洗涤塔后用作热解助燃性气体，焦油则在油水分离器中回收。炉排上部的炭化物层温度为 500～600℃，热解炉出口温度为 300～400℃。废物加料口设置双重料斗，可以连续投料而又避免炉内气体逸出。

本方法适合于处理废塑料、废轮胎。由于干馏法处理能力小，用部分燃烧法可以提高处理速度。但当分解气体中混入燃烧废气时，其热值会降低，另外炭化物质将被烧掉一部分，其回收率也降低。根据热解不同目的，可对炉的结构、炉排、除灰口构造、空气入口位置、操作条件等加以适当的改变以适应工作需要。

② 移动床型热解系统。此型热解的代表性技术为 Battelle 法。简要的过程是先将城市垃圾适当破碎并除掉重质成分，然后经过带气封的给料器从塔顶加入热解气化炉内。该炉为立式装置（见图 7-3），从炉

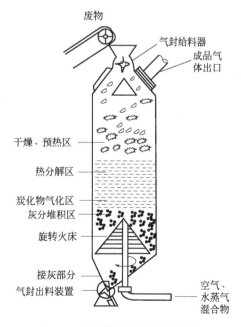

图 7-3 移动床型热分解装置工况

底供入 600℃空气和水蒸气，热气上升而垃圾自上向下移动，经此过程进行分解气化。气体从顶部取出，残渣则通过旋转炉床由炉底排出。

炉内压力为 700mm H_2O（6865Pa），生成气体组分：N_2，43%；H_2、CO 各 21%；CO_2，12%；CH_4，1.8%；C_2H_{16}、C_2H_4 等在 1% 以下。发热量为 3768～7536kJ/m^3。此法存在的问题是垃圾进料不均匀，有时会出现偏流、截流等现象，以及熔融渣出料较困难等。

③ 回转窑式热解系统。此项热解的代表性技术为以有机物气化为处理目标的 Landgard 工艺。其过程是先将城市垃圾用锤式剪切破碎机加工至 10cm 以下，在送进贮槽后，经油压式活塞给料器冲压将空气挤出并自动连续地送入回转窑内。该系统工艺流程如图 7-4 所示。在窑的出口设有燃烧器，喷出的燃烧气逆流直接加热垃圾，使其受热分解而气化。空气用量为理论完全燃烧用量的 40%，即仅使垃圾部分燃烧。燃气温度调节在 730～760℃，为了防止残渣熔融结焦，温度应控制在 1090℃ 以下。生成燃气量 1.5m^3/kg 垃圾，热值（4.6～5）×10^3kJ/m^3。热回收效率为垃圾和助燃料等输入热量的 68%，残渣落入水封槽内急剧冷却，从中可回收铁和玻璃质。

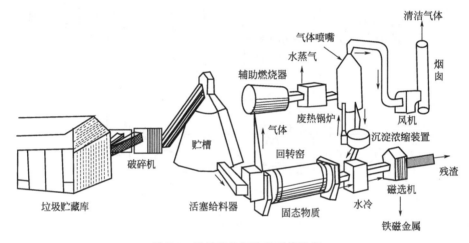

图 7-4　回转窑热解装置系统流程

在本技术的物料预处理中，由于只破碎而无分选工序，因此过程比较简单，对待处理的垃圾质量变化的适应性强，设备结构的可操作性较强。

美国巴尔的摩（Baltimore）市在 EPA 资助下，曾采用该系统在 1975 年建成了处理能力为 1000t/d 的生产性系统，可以处理该市居住区排出垃圾的 50% 左右，窑的长度 30m，直径 60cm，回转速度 2r/min。当时该系统居全美大型资源化方案的首位。

④ 管型炉瞬间热解（flash suspension pyrolysis）系统。此系统采用气流输送瞬间加热分解方式，其代表性技术之一为 Garrett 热解法，该法的热解装置系统如图 7-5 所示。在该系统中先将垃圾破碎为粒径 5cm 大小，经风选和过筛，除掉不燃物和水分，然后使不燃成分再经过磁选和浮选以回收玻璃和金属类。对其中的可燃性物质须再次破碎至 0.36mm 左右，在外部加热管型分解炉内通过常压、无催化及在 500℃ 的温度下进行热解。

该法的生成物大部分是油类（其发热量为 3.1×10^4kJ/L）、气体（热值为 1.86×10^4kJ/m^3）、烟尘（发热量为 2.1×10^4kJ/L）。回收效率为：油类，160L/t（垃圾）；铁质类，60kg/t（垃圾）；烟尘 70kg/t（垃圾）。本方法的预处理工序复杂，破碎的能耗高，难以长期稳定运行。

⑤ 高温熔融炉热解系统。在高温熔融炉内的热解过程也属于移动床型，这类方法除回收能源外，其残渣也可作为资源利用。其使用的方法较为成熟，应用面较广，所装设的系统也有多种，举例如下。

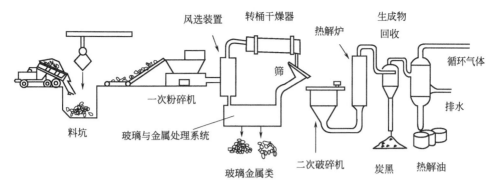

图 7-5　管型炉瞬间热解装置系统流程

a. Andco-Torrax 系统。本装设系统的特点是将烟尘用预热空气带至气化炉燃烧、热分解并能使惰性物质达到熔融的高温，其流程见图 7-6。垃圾不需预处理（粗大的垃圾需剪切到 1m 以下），直接用抓斗装入炉内。物料从上向下落降时受有逆向的高温气流加热，随即进行干燥和热分解而成为炭黑。最后炭黑通过燃烧成为 CO、CO_2 等，其中的惰性物质则熔融化。

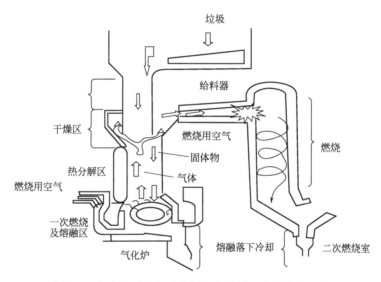

图 7-6　高温熔融热解法装置气化炉及二次燃烧炉工况

在该系统中所有垃圾的干燥、热解以及残渣的熔融等需要的热量均由气化炉内用于预热空气（温度 1000℃）燃烧炭黑的热源所提供。其炉内温度为 1650℃，热解所产生的气体和一次燃烧的生成气体，一并送到二次燃烧室和大致等量的空气混合，并在小于 1400℃ 的温度下燃烧。完全燃烧后排出废气的温度为 1150～1250℃。

高温废气的 15% 用以预热空气，85% 供废热锅炉。由于高温，使铁类玻璃等惰性物熔融而成熔渣，经连续落入水槽骤冷后，成为呈黑色豆粒状的熔块，可作建筑骨料或碎石代用品，其量仅占垃圾总量的 3%～5%。

该法优点是不需要炉床，故没有炉床操作的问题出现。装设的系统在操作上也容易进行自动化控制，但必须注意对高温空气预热器材质选用的适宜性。

最早的 Torrax 系统是 1971 年由 EPA 资助在纽约州的 Eire County 建造的处理能力为 68t/d 的中试装置，除了城市垃圾的处理以外，还进行过城市垃圾与污泥混合物的处理，包括废油、废轮胎和聚氯乙烯的热解处理试验。进入 20 世纪 80 年代，在美国的 Luxemburg 建设了处理能力为 180t/d 的生产性装置，并向欧洲推出了该项技术。从该系统的能量平衡来看，垃圾热值的大约 35％用于加热助燃空气和供应设施所需电力，提供给余热锅炉的热量达 57％，即相当于垃圾热值的 37％得以作为蒸汽回收。

b. 纯氧高温（UCC 法）热解系统。该法由美国 Union Carbide Corp 开发，简称 UCC 法，即纯氧高温热解法。其装设系统如图 7-7 所示。垃圾由炉顶加入并在炉内缓慢下移，同时完成垃圾的干燥和热解过程。从炉的移动床下面供给少量纯氧，使炉内的部分垃圾燃烧产生强热，利用这部分热量来分解炉上部垃圾中的有机物。热解温度高达 1650℃，生成金属块和其他无机物熔融的玻璃体。熔融渣由炉的底部连续排出，经水冷后形成坚硬的颗粒状物质。底部燃烧段产生的高温气体在炉内自下向上运动，经过在热解段和干燥段提供热量后，以 90℃的温度从炉顶排出，这时所生成的是一种清洁的气体燃料。

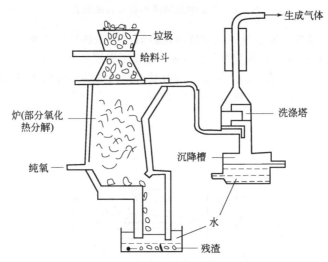

图 7-7　纯氧高温热解法装置系统

此项热解技术由于无供给空气进入炉内，因而 NO_x 发生量很少。此外，垃圾的减量比为 95％～98％。本法突出的优点是对垃圾只需（或不需）简单的破碎和分选加工，即简化了预处理工序。所需的氧气（纯氧）应能够廉价供给，否则将增大处理费用。

利用上述原理的热解系统也简称为 purox process，其工艺流程如图 7-8 所示。

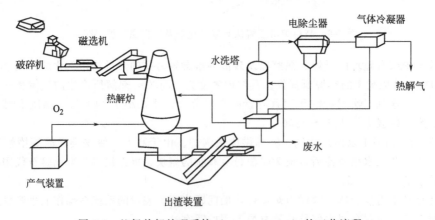

图 7-8　垃圾热解处理系统（purox process）的工艺流程

1970 年在纽约州的 Tarrytown 建成了处理能力为 4t/d 的中试装置，1974 年在西弗吉尼亚州的 South Charleston 建成了处理能力为 180t/d 的生产性装置。进入 20 世纪 80 年代，该公司又将该系统的单炉处理能力提高到 317t/d。该系统主要的能量消耗是垃圾破碎过程和 1t 垃圾热解需要制备 0.2t 的氧气。该系统每处理 1kg 垃圾可以产生热值为 11168kJ/m³（2669kcal/m³）的可燃性气体 0.712m³。该气体以 90% 的效率在锅炉中燃烧回收热量，系统总体的热效率为 58%。

7.2 固体废物熔融处理技术

7.2.1 概述

固体废物熔融处理技术的应用包括对危险废物、无机废物（如焚烧产生的灰渣）的熔融固化处理和对污泥、生活垃圾等的气化熔融处理。而对生活垃圾、污泥等进行熔融处理时，往往需要在熔融之前结合热解气化处理工艺，其原理主要是在贫氧条件下，首先对生活垃圾进行气化处理，生产可燃气体，含有较高可燃物的灰渣再经高温熔融固化处理后形成结构致密、浸出毒性低、性能稳定、可以作为建材利用的玻璃固化体。当然，若采用高温等离子体技术对生活垃圾、污泥等进行处理，气化和熔融可以在一个等离子体熔炉里完成。

在固体废物熔融处理中的主要设备为不同类型的熔融炉，在实际应用中可以根据熔融设备所利用的热源的不同，将其分为燃料热源熔融系统和电热源熔融系统两大类，同时，还可以根据所使用的炉型差异进一步分为不同的种类，如图 7-9 所示，其中等离子体熔融炉虽然也采用电热源，但由于其工艺上和其他熔融炉有很大差异，本书将其单列讨论。

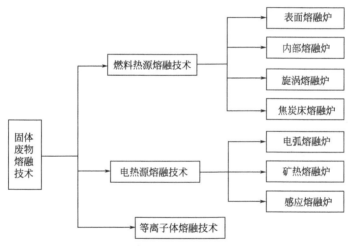

图 7-9 固体废物熔融技术分类体系

7.2.2 废物熔融技术工艺过程

固体废物熔融技术因处理对象的性质不同有微小的差异，但总的来说都包括以下几个工艺单元：前处理单元、熔融单元、废热回收单元、废气处理单元（或可燃气回收利用单元）以及熔渣形成单元。

（1）前处理单元 前处理单元的目的和方法如表 7-6。

表 7-6 熔融技术前处理单元的目的和方法

前处理过程的目的	前处理的方法	前处理过程的目的	前处理的方法
水分、粒度的调整 粒度调整	焚烧（热解气化），干燥 造粒，分级	成分调整	碱性调整等

表 7-6 中造粒及分级是进行水分、粒度调整的焚烧及干燥的后期阶段，是当熔融物质不适合熔融炉时所附加的。另外，成分调整是通过碱性调整使固体废物灰分的熔点下降，降低熔融所必需的炉内温度，或者是为了改善熔渣性质。这两种处理单元是否需要由废物的性质或炉型而定。另一方面，水分、粒度调整中的焚烧（或热解气化）或干燥，在进行废物熔融过程中有的必须相互配合进行。

作为前处理单元的焚烧或热解气化，从目前成功应用的工艺来看，焚烧方面有流化床焚烧熔融、多级炉排焚烧熔融等，热解气化方面有回转窑气化熔融、流化床气化熔融、高炉型固定床气化熔融等。

干燥是为了使投入熔融炉的固体废物含水率能够达到一个适当的范围而采取的一种方法。投入固体废物的含水率越低，对熔融越有利。但熔融炉构造及熔融机构不同，适于输送的含水率、粒度也不同。干燥时应使熔融炉内的温度保持在一定的高温。

前处理中，还有利用焚烧炉气化的方式。气化就是使废物中的水分、有机物的大部分气化分离出去，从而降低投入熔融炉中的垃圾、含碳灰渣、污泥等性质的变化，使垃圾、含碳灰渣、污泥的发热量用于水分的蒸发、有机物的气化以及熔融炉内的温度提高。

(2) 熔融单元 在熔融过程中，由于温度很高，需要使用耐热性很强的熔融炉。

(3) 废热回收单元 熔融工序是以高温热操作作为中心的工序，因此排出的废气中含有大量的热能，从节能的观点出发，回收热能的废热回收工序很重要。

热回收对象的热源，主要是燃烧废气和炉体的冷却媒介。从中所回收的热量基本上用于熔融过程利用，也可考虑用于熔融之外。

熔融炉的出口处废气温度高达 1200～1500℃，含有大量的热能。通过热交换器和废热锅炉的热量主要用于燃烧空气加热和废物干燥。另外，炉体冷却所产生的热量由于冷却媒介的不同，热量的用途也不一样。例如，用水作为冷却媒介，回收的热量可以用于蒸汽的预热干燥，使用空气冷却时，所回收的热量可以直接作为燃烧用空气加以利用。在熔融系统中，就可以有效地利用从废气和炉体冷却所回收的热量，从而可以控制系统中的燃料消耗量。

(4) 废气处理单元 在熔融过程中，废气主要来源于干燥与熔融两处。蒸汽间接干燥机的操作温度较低，因此不产生 SO_x、NO_x 和 HCl，主要处理烟灰和异味。这些物质由于干燥温度、干燥物质含水率等条件及废物性质不同而不同。废气在除湿塔中水洗、冷却后，大部分粉尘随除湿塔的废水排出。除湿后的废气，大部分作为干燥气体循环使用到干燥机中，一部分作为燃烧所需要的空气输入熔融炉。

7.2.3 燃料热源熔融技术

(1) 表面熔融炉 燃料源表面熔融炉是指用燃烧器燃烧燃料所放出的热量熔化废物（如焚烧灰渣）的熔融炉。按其结构的不同又可分为固定式表面熔融炉和回转式表面熔融炉两种。

固定式表面熔融炉主要由供给漏斗、燃烧室、二次燃烧室、熔融渣沉降室等所构成（其基本结构如图 7-10 所示）。燃烧室安装一个能力较大的燃烧器，该燃烧器能将燃烧室的温度加热到 1400～1500℃，灰渣燃烧室不供给燃料，只是供给助燃空气，其作用主要是使烟气中的可燃物在排放之前完全燃烧。此外，为了保证熔融渣沉降室的温度，保持熔融渣的良好流动性能，在熔融渣沉降室的上部安置一个辅助燃烧器。

回转式表面熔融炉的结构见图 7-11，进料在熔融炉内筒与外筒所形成的竖型空间中，依靠外筒的旋转作用使进料均匀分布，主要燃烧室顶部的圆筒可以上下移动来调整容积。炉内的温度维持在 1300～1400℃，至于热量的来源，除高热值的废弃物可自燃外，大多要使用重油或煤油作为辅助燃料。待处理的固体废弃物自表面依次熔融，产生的熔融液则持续落入淬冷槽，形成水冷式熔渣。当进料受热、水分蒸发及有机物分解后，产生的 CO_2 及 H_2O 自熔渣排出口处排出，进料中的无机物受炉顶及气体辐射热而熔融，并自排渣口流下。

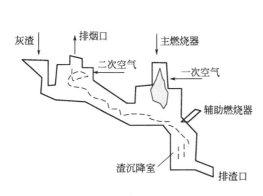

图 7-10　固定式表面熔融炉的结构示意

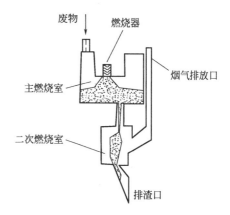

图 7-11　回转式表面熔融炉结构示意

表面熔融炉通常可用于处理含水率约在 20％ 以下的灰渣或污泥，除了具有高温熔融及减容（熔渣约为原焚烧灰渣的 40％）的效果外，包括以下特性：①可混合处理高热值的废弃物（如废轮胎、废橡胶、木屑等），并可节省辅助燃料的用量；②熔渣为连续排出，且启炉及停炉的操作简便；③可产生玻璃质态的熔渣，重金属不易溶出；④熔渣可作为路基的材料，具有资源再利用的价值；⑤可视状况添加 SiO_2 及硼酸，以增加熔融的发生。

（2）内部熔融炉　内部熔融炉主要以废物气化后灰渣中残留碳产生的燃烧热作为处理灰渣的热源，一般建于热解气化焚烧炉后燃烧段下方，熔融处理过程主要分为进料段、燃烧段、熔融段以及熔渣排出段等阶段（如图 7-12 所示）。热解气化后的高温灰渣（约含残留碳 10％～15％）进入熔融炉中，并由炉床喷嘴送入 500℃ 的预热空气，使残留碳维持燃烧状况，燃烧段借由电气加热器维持在 800～900℃，至于熔融段则维持在约 1300℃。

（3）焦炭床熔融炉　焦炭床熔融炉是根据炼铁炉的技术研发而成的。焦炭床熔融炉为钢皮制，其竖型圆筒下部呈管状，具有废弃物投入部及熔融段的凸出部（见图 7-13）。该型熔融炉一般适用于灰渣或含水率为 40％ 干燥污泥饼的熔融处理，为了产生较高品质的熔渣，可考虑添加石灰系物质如碎石（30～100mm）或高分子系物质（石灰石）等调整剂。干燥灰渣（或污泥）与焦炭自炉顶的进料斗一并投入后，灰渣（或污泥）经干燥升温，可燃部分先分解产生可燃性气体，于炉体的下部与一次空气接触后燃烧温度可达 1600℃，在二次空气进入后可达到完全燃烧，残余的灰烬则经由焦炭床成熔渣排出。

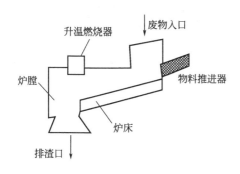

图 7-12　内部熔融炉结构示意

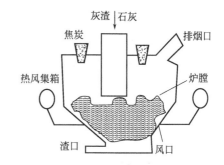

图 7-13　焦炭床熔融炉结构示意

（4）旋涡熔融炉　旋涡熔融炉的主体结构主要包括旋涡熔融段、熔渣分离段及熔渣排出段等部分，一般是以灰渣与一次空气均匀分散于炉体，二次空气吹入炉内造成回旋气流，再由燃烧器加热熔融，熔融液在炉内流动，并至炉底以熔渣形态排出。目前已开发的旋涡熔融炉包括立型、倾斜型及横型三种，其炉型构造及运转情况简述如下。

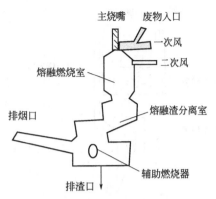

图 7-14 立型旋涡熔融炉示意

① 立型旋涡熔融炉。该型熔融炉的旋转圆筒呈纵立型，由上部的旋转熔渣部（一次燃烧室）、熔渣分离部（二次燃烧室）及熔渣排出部所构成（见图 7-14）。一次燃烧空气由炉顶送入，二次燃烧空气由炉侧供给，炉内采用耐高腐蚀性的耐火材料。干燥污泥（含水率 10％以下）或灰渣可与一次空气充分混合，以达炉内温度均匀的目标，并维持炉管温度高于废物的熔融温度，落入的废物在炉内呈很强的回旋流以达加热及熔融的效果，熔融后的熔渣由炉壁转至炉底排出。

② 倾斜型旋涡熔融炉。倾斜型旋涡熔融炉主要由倾斜的圆筒炉（一次燃烧室）、二次燃烧室、熔渣排出口等组成（见图 7-15）。在倾斜的圆筒炉的炉轴方向，有启动用点火器，而燃烧用空气则由数个喷入口喷入。二次燃烧室与一次燃烧室的排气相交，且二次燃烧室炉底有排渣口，周围倾斜以便使熔渣易于流出，炉壁一般采用水冷壁的构造。干燥污泥（含水率 10％以下）或灰渣在进料前，其粒径应先破碎至 1.5mm 以下，最适粒径范围在 0.7～1.0mm。进料方式系借气流输送至炉内形成旋转流，一次及二次空气注入于熔融炉中最适当的位置，以产生螺旋气体，炉内的熔融操作均可在短时间内完成，熔渣即可由倾斜的炉底排出。

③ 横型旋涡熔融炉。横型旋涡熔融炉由旋转熔融炉（一次燃烧室）及二次燃烧室所构成（见图 7-16）。二次燃烧室为纵型的燃烧炉，底部呈倒圆锥形。旋转熔融炉出口设有挡板，底部的中央配置有熔渣流出口。干燥污泥（含水率 10％以下）或灰渣与一次空气同时以高速注入，借高速气流使其在炉内部产生旋转流，灰渣或污泥在旋转运动中进行热分解及燃烧，熔渣则由流出口连续流出。

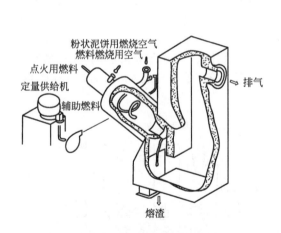

图 7-15 倾斜型旋涡熔融炉示意

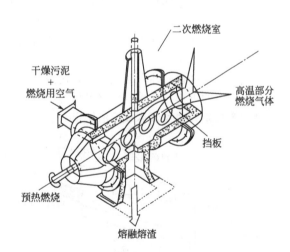

图 7-16 横型旋涡熔融炉示意

7.2.4 电热源熔融技术

(1) 电弧式熔融炉 电弧式熔融炉主要由炉体容器及供给电弧的电源设备所组成，炉体为钢板制成，炉室内配置了耐火砖，上部则有耐火炉盖。电极从炉盖贯穿进入炉内，电极可借升降机升降，成为良好的电弧结构，电弧式熔融炉如图 7-17 所示。熔融处理过程主要借着电极与炉床的卤素金属间产生的高温电弧（约 3000℃）使灰渣熔融。电弧式熔融炉处理灰渣的主要特性包括：由于温度较高，灰渣中的重金属可完全熔融；排放废气量较少，处理较为容易；需要较纯熟的操作技巧；电力需求量大，需配合垃圾焚化的发电设备；熔渣排出口易受损；产生的噪声较严重。

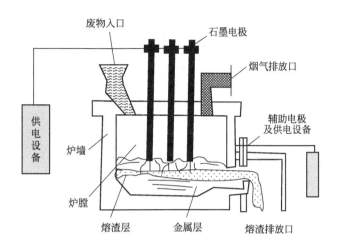

图 7-17　电弧式熔融炉示意

电弧式熔融炉目前日本已有实厂运转经验（2×250t/d），但由于耗电量大，一般较适用于具有废热发电（汽电共生）设备的大型垃圾焚化厂中。

(2) 电阻式熔融炉　电阻式熔融炉是在电极间通入电流，并利用被熔融物的电阻产生热能，以形成熔融现象。目前应用的电阻式熔融炉，主要是用以处理焚化灰渣及飞灰，一般焚烧灰渣及飞灰在常温状态下不导电，但在熔融状态下则易形成导体；因此，利用此特性分别研发适用于灰渣与飞灰的熔融炉，其设备构造如图 7-18 所示。灰渣电阻式熔融炉是由炉中心的巨盖顶，将电极表面浸渍于熔融液中，由于灰渣中重金属密度较大的关系，使得重金属较易于沉在炉底，而与无机熔融液分离，另一方面炉底的熔融物则缓慢冷却固化并间歇排出炉外。而飞灰电阻式熔融炉则以位于炉壁的电极置于熔融液中，借由交流电产生的热能，使飞灰产生熔融处理的效果。此型设备在日本主要由大同特殊钢株式会社发展。

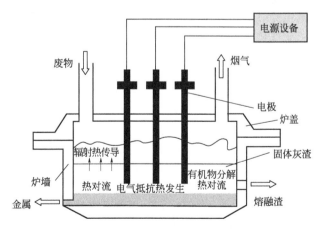

图 7-18　灰渣电阻式熔融炉

(3) 电热式熔融炉　电热式熔融炉主要是以电气加热器加热，利用其辐射热对焚烧灰渣或飞灰间接加热，以形成熔融现象。图 7-19 说明电热式熔融炉的设备构造，其中以加热单元及熔渣排出单元为主要架构。

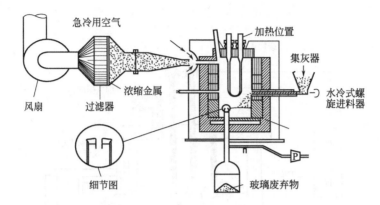

图 7-19 电热式熔融炉示意

（4）电热源熔融技术的应用及特点

① 技术应用。电热源技术的应用比较广泛，其处理对象包括可燃性固体物质、惰性固体物质、低和高热值的有机物、含水有机物以及污泥等废物。该技术获得的最终产物则包括玻璃固化体、净化过的燃气以及来自尾气净化系统的固态或液态废物。

② 电热源熔融技术优缺点。该技术的优点在于：适用于多种废物，分解率高；残渣被玻璃包裹而固定化；装置简单紧凑；尾气和粉尘少。

其不足是：水分多的废物必须事先干燥；重的固体物易沉积；废物中金属成分影响电极工作；能耗及安装费用高；存在 PCDDs 和 PCDFs 残留的问题。

7.2.5 高温等离子体熔融技术

垃圾焚烧具有回收热能和减量最彻底的特点，同时可以有效利用焚烧余热供暖或直接发电，从而使垃圾成为新的能源。但是随着焚烧技术应用的广泛和研究的深入，焚烧法处理固体废物的弊端也日益凸显，为解决焚烧法存在的缺点，近年来出现了高温等离子体技术处理固体废物的研究和应用。

（1）高温等离子体技术简介 气体分子以一定的方式在外部激励源的电场中被加速获能，当能量高于气体原子的电离电势时，电子与原子间的非弹性碰撞将导致电离而产生离子和电子，当气体的电离率足够大时，中性粒子的物理性质开始退居次要地位。整个系统受带电粒子的支配，此时电离的气体即为等离子体。

等离子体是由电子、离子、自由基和中性粒子组成的导电性流体，称为物质第四态。其主要特征是：从微观角度来看，带电粒子有正负带电粒子之分，且所有负粒子的电荷总量同所有正粒子的电荷总量相等，而又能在宏观尺度内呈电中性；带电粒子之间不存在净库仑力；它是一种优良导电流体，利用这一特征已实现磁流体发电；带电粒子之间无净磁力；电离气体具有一定的热效应。等离子体为化学反应提供必需的能量粒子和活性物种，在化学工业、材料工业、电子工业、机械工业、国防工业、生物医学和环境保护等方面有着广泛的应用。

按等离子体的热力学平衡状态，等离子体可分为平衡态等离子体（equilibrium plasma）与非平衡态等离子体（non-thermal equilibrium plasma）。所谓平衡态等离子体，其电子温度 T_e 和离子温度 T_i 相等时，等离子体在宏观上处于热力学平衡状态，因体系温度可达到上万摄氏度，故又称为高温等离子体（thermal plasma）。当电子温度 $T_e \gg$ 离子温度 T_i 时，其电子温度可达 10000℃以上，而离子和中性粒子的温度只有 300～500℃，因此，整个体系的表观温度还是很低，又称为低温等离子体（cold plasma）。

高温等离子体技术处理固体废物的主要原理为：高温等离子体的能量密度很高，离子温度与电子温度相近，整个体系的表观温度非常高，通常为 10000~20000℃，各种粒子的反应活性也都很高。在如此高的温度和反应活性粒子的作用下，污染物分子被彻底分解。在缺氧或无氧的状态下，有机物发生热解，生成 CO、H_2 等可燃气体；若有氧气存在，可发生燃烧反应，使污染物转变为 CO_2、H_2O 等简单化合物，从而达到去除污染物的目的，尤其是对难处理污染物及特殊要求的污染物，更具有其优点。

(2) 高温等离子体发生器类型　在高温等离子体熔炉中最关键的是等离子体发生器（等离子体炬）。目前用于环境污染物处理的等离子体发生器主要有三种类型：转移弧、非转移弧、电感耦合等离子体。

① 转移弧等离子体炬。转移弧等离子体炬的结构示意见图 7-20。在转移弧等离子系统中，待处理污染物作为电弧的一个电极，必须是可导电物质或在熔融状态下是可导电的，例如工业粉尘固体污染物等；转移弧等离子体的能量利用效率较高，但因处理对象的限制，在难处理环境污染物消解领域应用较少。

② 非转移弧等离子体炬。非转移弧等离子体炬的结构示意见图 7-21。非转移弧等离子体炬是目前发展得较成熟的一项技术，等离子体在炬体内的电极间发生，由氩气等工作气体吹出形成火炬，作用于待处理污染物，污染物也可由一导管吹入等离子体中心受热，该技术适用于固体、液体及气体污染物的处理。目前各种商业化等离子体体系多属于这种类型，该类型等离子体的能量利用效率约为 50%。

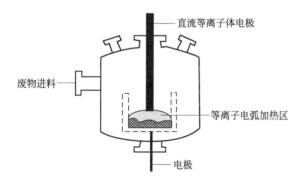

图 7-20　转移弧等离子体炬结构

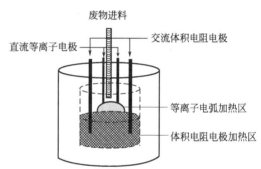

图 7-21　非转移弧等离子体炬结构

③ 电感耦合等离子体炬。电感耦合等离子体炬的结构示意见图 7-22。电感耦合等离子体炬具有特殊的环状加热结构，应用这一特性进行污染物处理尚处于技术研发阶段，具有无电极消耗、可应用氧气等优点，有很好的发展前景。在结构上它可以取代非转移弧等离子体，对污染物的处理可采用外加热式与注入式。自激式电感耦合等离子体发生器的功率利用效率约为 40%，他激式电感耦合等离子体发生器的理论能量利用效率可达 90% 以上，是将来污染物等离子体处理技术发展的一个重要方向。

(3) 等离子体技术处理固体废物的工艺流程　高温等离子体技术处理固体废物的工艺主要由进料系统、等离子处理室、熔化产物处理系统、合成气处理系统和公用设备系统组成。

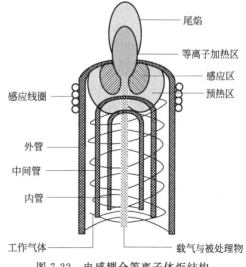

图 7-22　电感耦合等离子体炬结构

① 进料系统。等离子强化炉对处理废弃物适应性广,根据处理物料的不同,可以把不同种类和形状的物料加入处理室,一般把物料分成四类分别设计进料系统:进料槽/泵组合的液体或污水废物进料系统;配有气塞料斗连续螺旋送料机组合的疏松散装固体废物进料系统;一套冗余分批给料机装置可加预先包装好的废物或其他包装废物;通过重力固体连续给料机进料。

② 等离子处理室。等离子处理室是一个有水套、衬有耐火材料的不锈钢容器。容器的侧面使用空气冷却。处理室包含两个区域:熔化炉渣和熔化金属的熔化柜;在熔体上方的气室或蒸汽空间。

处理室的内衬由几种不同的耐火材料和绝缘材料组成,这些材料用来减少能量在水套的损失,以及用来容纳熔化玻璃和金属相。处理容器的气室区域衬有绝缘材料和保护钢壳使之不受腐蚀性进料和分解气体及蒸汽影响的材料。

③ 熔化产物处理系统。等离子处理室设计两个熔化产物清除系统:清渣用的真空辅助溢流堰;清除熔化金属的电感加热底部排放口。熔化产物被收集到处理容器中并可被冷却为固态,金属可回收利用,熔化的玻璃被用来生产陶瓷化抗渗耐用的玻璃制品。

④ 合成气处理系统。合成气(PCG)通过排风管排至一个绝缘的热滞留容器(TRC)进行蒸汽转化反应。合成气在等离子处理室和TRC的气室各自提供滞留2s的时间,处理室以及热滞留容器中合成气的温度与压力由指示器监控,处理室通过工艺通气系统保持低度真空,以保证未经处理的工艺气体或烟尘不从处理室中逸出。处理室也配备了一个应急废气出口,以防止在处理室的合成气系统下游发生堵塞时引起的处理室超高压。

合成气处理系统的设计包括三级工序,用来清除在合成气中的颗粒物质和酸气杂质,并把合成气转化为完全氧化的产品(主要为水和二氧化碳)。该净化工艺的第一级把合成气从大约800℃冷却至200℃,避免产生二噁英和呋喃,接着送进低温脉动式空气布袋收尘室清除$1\mu m$的微粒。第二级包括两台串联的喷射式文丘里洗涤器、一台除雾器、一台加热器,以及一台HEPA过滤器去除合成气的烟尘及酸气。第三级包括最终合成气的转化和大气的排放。

⑤ 公用设备系统。公用设备子系统包括服务/仪表气、氮气供应、工艺用水供应、去离子水供应、蒸汽、工艺冷却水以及冷水。整个子系统由一套监控器和报警器控制。

(4) 等离子体熔融技术的特点及其进展

① 高温等离子体熔融法与传统焚烧法比较。本质上,高温等离子体熔融技术与传统焚烧法一样,都是利用高温将污染物分解,但二者存在明显差异,主要差异如下。

a. 在产热方式上的差异。传统焚烧法是通过干燥、加热废弃物,使其达到着火点以上,与氧气发生剧烈的氧化反应,使有机污染物转化为CO_2、H_2O、HCl等简单化合物,无机物与重金属氧化物则形成灰渣。而高温等离子体熔融则利用电能将工作气体电离形成高温等离子体,将热量传递给固体废弃物使其熔融分解。

b. 在处理温度上的差异。传统焚烧法的温度一般为800~1000℃。而高温等离子体中心温度可达上万摄氏度,熔融炉内的温度可以达到3000℃。

c. 在进气量上的差异。传统焚烧法需要一个富氧气氛,并依靠气流实现紊流,增加传质,因此需要过量的空气;高温等离子体熔融在缺氧的还原气氛下工作,因此通气量大大降低。

d. 在处理对象上的差异。传统焚烧法对垃圾的热值有要求,即垃圾的热值不低于5000kJ/kg,而我国大多数城市新鲜垃圾的平均热值一般会低于该值,因此往往需要添加辅助燃料;高温等离子体熔融利用等离子气体的高温分解垃圾,因此对垃圾的适应性很强,可以处理气态、液态和固态废物,对热值的要求不高。而且高温等离子体熔融特别适合处理有毒有害废物与难处理危险废物,如:废弃电子线路板、废电池、含多氯联苯废物、医疗废物、农药废物、有机树脂类废物、含金属碳基化合物的废物、含有色金属和重金属废物、石棉废物、有机溶剂废物、放射性废物、爆炸性废物、生化武器的销毁等。

e. 在二噁英与呋喃控制上的差异。传统焚烧法由于不完全燃烧或焚烧的温度不高以及尾气处理过程中的再合成等都可能导致二噁英类物质的生成；高温等离子体的火焰温度高达 18000～20000℃，炉内燃烧部分的平均温度在 3000℃ 左右，可以将燃烧过程中产生的二噁英彻底地分解。此外由于二噁英及呋喃都是由氧原子键合的含氯苯环，如果在没有氧的环境下裂解，切断了二噁英及呋喃的再合成途径，在高温等离子体熔融的还原气氛下，二噁英及呋喃排放的浓度极低。

f. 在烟气产量上的差异。高温等离子体熔融法的产气量仅为焚烧法的 5%～10% 左右，是高热值可燃性气体，且很清洁，容易回收利用；烟气流速低，颗粒物含量极小，可以采用湿法骤冷和洗涤，能量损失小，设备和运行成本低。

g. 在资源利用上的差异。传统焚烧法产生的灰渣需要进行最终处置，资源利用效率低，高温烟气可通过热交换器回收一定的热量；高温等离子体熔融法的高温可以使固体废弃物中的无机成分熔融，并形成分层，分离得到重金属和致密的熔融玻璃体，而有机成分在还原氛围中热解生成 CO、H_2 等可燃气体，经过净化，可以作为燃料或者化学合成的原料，其资源化利用价值高得多。

② 高温等离子体技术的研究进展。作为一种新兴的处理技术，高温等离子体技术在固体废物处理方面的研究开展较少，工程应用经验也非常有限。已经有数套等离子体熔融处理装置在美国、日本等地建成并投入使用，主要包括：RICHLAD 10t/d 处置放射性和核废物；美国夏威夷 4t/d 处置医疗废物；日本富士集团 10t/d 处置工业废物；日本 4t/d PCB 示范装置；美国 IET 公司 0.5t/d 中试装置及一套 10t/d 原形装置。

目前国内外的研究主要在以下几个方面：高温等离子体技术处理固体废物的物理化学反应过程及机理研究，尤其是在电极附近发生的物理化学过程；高温等离子体技术应用研究，包括高温等离子体技术的操作条件、处理效果、影响因素、二次污染物控制技术等的研究；高温等离子体技术的处理产物利用研究，主要集中在利用高温等离子体热解产生小分子可燃性气体的研究；高温等离子体发生器、熔炉改进研究，主要集中在研发更加高效稳定的等离子发生器，延长电极使用寿命，如何增加处理能力与反应的稳定性，如何降低输入能量与运行成本。

等离子体技术作为一种高效率、低能耗，使用范围广、处理量大，操作简单的环保新技术而成为处理有毒及难降解物质的热点。国际上，等离子体技术处理废物主要在化学武器销毁、低放射性废物处理、焚烧飞灰处理等，近年来在医疗废物及生活垃圾的处理方面也有一定的应用。但是目前该项技术的实际工程经验还比较少，装置复杂，操作要求高，需要进一步深入研究和工程实践。

7.3 污泥热干化处理技术

7.3.1 概述

污泥经机械脱水后含水率可达 70%～80%，而污泥的填埋、堆肥和燃料化利用等都要求将其含水率降至 65% 以下，机械脱水工艺无法满足要求。将机械脱水后污泥的含水率进一步降低，称为污泥的干化。污泥干化技术按照干化原理的不同可分为石灰干化技术、生物干化技术和热干化技术三类。

(1) 污泥石灰干化技术 污泥石灰干化是一种向经机械脱水后的污泥中投加干燥生石灰 CaO 或熟石灰 $Ca(OH)_2$，利用石灰与水的反应和结合，同时使其 pH 值和温度升高，降低污泥含水率的技术。该技术利用强碱性和释放出的大量热能杀死病原微生物，降低污泥的恶臭，并钝化重金属。经过石灰干化后的污泥呈粉末状或块状，体积仅为原来 $1/5 \sim 1/4$。同时，微生物的活性受到抑制，避免了产品因为生物的作用而发霉、发臭，影响储藏和运输。石灰干化使污泥性能得到全面改善，产品用途广泛，可进行堆肥、焚烧及用于建材等。在污泥处置策略中，污泥石灰干化被认为是一种安全可靠的处置方式，该技术在欧洲乃至全世界的污泥处置中都占有较高的比例，是一种很有发展前途的污泥干化技术。

(2) 污泥生物干化技术 污泥生物干化是指在污泥中微生物的作用下产生较高的温度条件，对脱水污泥中的有机物进行生物降解，同时加快污泥中的水分散失，最终生成具有较低含水率的干化污泥的技术。该技术已在欧美等国有应用，作为污泥衍生燃料或焚烧的预处理手段。该技术干化时间长（$2 \sim 4$ 周）、污泥黏度大、难以达到较理想的通风效果；装置庞大，占地面积大，操作不便；存在渗滤液及臭气问题。这些都影响了该技术的推广应用。

(3) 污泥热干化技术 污泥热干化处理技术是利用热或压力破坏污泥胶体结构，并向污泥提供热能，使其中水分蒸发的技术。根据最终产品含水率的不同，又可分为半干化和全干化。半干化主要指终产品含固率在 $50\% \sim 65\%$ 之间的类型，而全干化指终产品含固率在 85% 以上的类型。

污泥热干化处理技术最初是从传统的食品化工等行业的热干燥技术演变而来，通过对设备及工艺的改造，使其更适合于干燥污泥，后来一些公司开发了专门针对污泥的干化设备。世界上最早将热干燥技术用于污泥处理的是英国的 Bradford 公司。1910 年，该公司首次开发了转窑式污泥干化机并将其应用于污泥干化实践。20 世纪 30 年代，闪蒸式干燥机、带式干燥机分别在美、英两国污水处理行业出现。20 世纪 60 ~ 70 年代，污泥热干化技术逐步得到了完善。1976 年，第一代转鼓干化机在英国的 Halifax 被用于污泥干化。20 世纪 90 年代，随着污泥在填埋、投海、农用等方面受到严格限制，同时随着与污泥干化特性相适应的干化设备的改造与完善，污泥热干化技术在欧洲多数国家得到大规模的应用，其中包括对污泥进行预干化用于焚烧以及将干化产品出售用做肥料等。欧盟在 1994 年底已有 110 家污泥热干化厂，并且有人预计在此后的短短数年中，污泥干化厂将增加至目前的 10 倍以上，采用热处理的污泥量将翻一番。

污泥热干化处理技术具有以下优点：污泥显著减容，体积可减少 $4 \sim 5$ 倍；形成颗粒或粉状稳定产品，污泥性状大大改善；干化产品的含水率控制在抑制污泥中微生物活动的水平，产品无臭且无病原体，减轻了污泥有关的负面效应，使处理后的污泥更易被接受；产品具有多种用途，如作肥料、土壤改良剂、替代能源等。

7.3.2　污泥干化特性及影响因素

(1) 污泥干化特性 在一定温度、湿度和流速的空气中进行干化，污泥的含水率随时间变化的曲线如图 7-23 所示。从图中可以看出，污泥干化过程中，存在着加速阶段、恒速阶段和减速阶段。在加速阶段，随着干化时间增加，污泥温度增加，使水分蒸发速率加快。当污泥温度增加到与加热介质空气相同时，温度开始保持恒定，此时，干化过程进入恒速阶段。此阶段中主要蒸发污泥中的非结合水。随着干化过程继续进行，污泥逐渐由浆状变成黏性很大的半固体状，再到块状，此时干化速率取决于固体内部水分的扩散。另外，由于污泥表面全部变成干区，水分汽化表面内移，使热量和水分传递途径增长。而当污泥中非结合水蒸发完全之后，所汽化的是结合水，平衡蒸汽压逐渐下降，传质推动力减小，这些原因都导致污泥干化速率降低。

图 7-24 是污泥干化能耗曲线。从图中可以看出，污泥由含水率 80% 干化到 60% 的过程是低能耗阶段；从 60% 干化到 35% 是高能耗阶段；低于 35% 是低能耗阶段。污泥含水率在 $35\% \sim 60\%$ 之间时，污泥处于胶结阶段，类似胶水，极易结块，形成表面坚硬、难以粉碎而内部仍为稀泥的颗粒，水分不易去除。这为污泥的进一步干燥和灭菌带来极大困难。所以在污泥干化过程中，要尽量避免这一阶段。

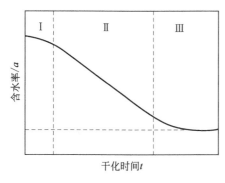

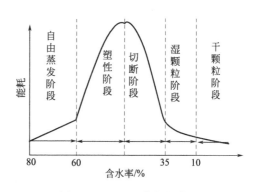

图 7-23　污泥含水率随干化时间变化曲线　　　　图 7-24　污泥干化能耗曲线

由于污泥具有高含水、高孔隙的特性，在干化过程中有较大变形，因此其干化特性比通常的固定骨架的多孔介质复杂得多，目前还很难理论求解。污泥干化特性的研究结果表明，污泥干化前后形貌变化极大，且其干化曲线与通常固定骨架的多孔介质有一定区别。污泥干化过程中由于收缩和开裂的共同作用，使污泥存在着急剧变形。可以大致把污泥的形变分成三个阶段。

① 裂缝生长段。在起初的一段时间内，污泥以表面开裂为主，且主要是裂缝在表面生长。这一段时间大致对应于干燥速度曲线的近似恒速段，直至裂缝不再生长。裂缝容易出现在两种地方：表面有缺陷或局部含水率较低之处。这两种地方的毛细水分散失较快，使此处由于毛细力引起的内部应力下降较多或消失，从而被两侧的应力拉开。一旦裂开，此处及邻近地区蒸发将更快，从而使裂缝生长、扩大。

② 裂块收缩段。在裂缝生长段后的很长的一段时间内，变形主要是收缩造成的，表现为每个裂块收缩，整体裂缝的扩大。在此期间较少产生新的裂缝，基本上在裂缝生长段生成裂块的基础上收缩。因此可以说，裂缝生长段的裂缝生长基本决定了污泥以后的形貌。这一阶段大致对应干燥曲线的减速干燥段，以干燥速度急剧降低为结束标志。这一段是污泥干燥最复杂的阶段，对应的干燥速度的波动也最大。这是因为裂缝的扩大固然有利于干燥的进行，但是此时干燥主要由表面转到了内部，裂块的收缩直接阻碍了内部的水分的蒸发。因此，在这两个复杂的因素影响下，整体干燥速度以较大的波动缓缓走低。

③ 整体收缩段。在临近结束前的一小段时间，对应于干燥曲线上干燥速度急剧下降后，较平缓的一段。污泥的变形表现为整体收缩，裂缝减小，各个裂块相互靠拢。这一现象是污泥特有的现象。

（2）污泥干化过程　污泥干化过程中水分的去除主要是通过表面水蒸发和内部水扩散两个过程来完成的。

① 水分蒸发。物料表面的水分汽化，由于物料表面的水蒸气压低于介质（气体）中的水蒸气分压，水分从物料表面移入介质。

② 扩散过程。是与汽化密切相关的传质过程。当物料表面水分被蒸发掉，形成物料表面的湿度低于物料内部湿度，此时，需要热量的推动力将水分从内部转移到表面。

一般来说，水分的扩散速度随着污泥颗粒的干燥度增加而不断降低，而表面水分的汽化速度则随着干燥度增加而增加。由于扩散速度主要是热能推动的，对于热对流系统来说，干化设备一般均采用并流工艺，多数工艺的热能供给是逐步下降的，这样就造成在后半段高干度产品干化时速度的减低。对热传导系统来说，当污泥的表面含湿量降低后，其换热效率急速下降，因此必须有更大的换热表面积才能完成最后一段水分的蒸发。污泥在不同的干化条件下失去水分的速率是不一样的，当含湿量高时失水速率高，相反则降低。大多数干化工艺需要 20～30min 才能将污泥从含固率 20% 干化至 90%。

(3) 影响污泥干化过程的因素 影响污泥干化工艺的因素主要包括两方面：一方面是污泥本身性质，包括絮凝剂种类及含量、污泥的黏度、污泥成分等，研究表明，不同污泥的干化曲线不同；另一方面是干化工艺参数，如干化温度、压力、干化过程中泥饼厚度等。多种因素的共同影响使得污泥的干化过程较为复杂，需要通过具体的实验来确定实际干化效果。

① 絮凝剂。图 7-25 分别为加入高分子絮凝剂和加入无机絮凝剂（铁盐）的污泥干化速度曲线。从图中可以看出，加入高分子絮凝剂的脱水污泥干化时没有明显的恒速干燥区，整个过程干燥速度都是随含水率的下降而减少，说明污泥内部水分的扩散是干燥过程的控制因素。而加入无机絮凝剂的脱水污泥有明显的恒速干燥区和减速干燥区。

② 泥饼厚度。图 7-26 表示了不同厚度泥饼的含水率随干化时间的变化曲线。从图中可以看出，泥饼厚度对污泥干化速率影响较大，厚度小的泥饼干化速率快。这是由于泥饼越薄，热量和水分的传递途径越短，干化速率越快。

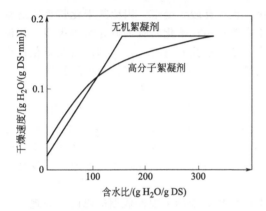

图 7-25　絮凝剂对污泥干化特性影响

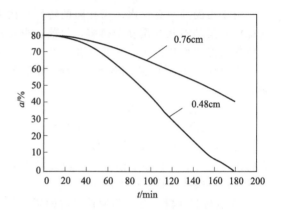

图 7-26　泥饼厚度对污泥干化特性的影响

③ 环境温度。环境温度会影响污泥干化特性，环境温度越高，污泥干化速率越快，环境温度对干化特性的影响如图 7-27 所示。

7.3.3　污泥干化工艺

(1) 热干化工艺类型 污泥干化工艺，按照最终产品的含水率可以分为干化和半干化；按照加热方式可以分为直接加热式、间接加热式、直接-间接联合式以及热辐射式；按照进料方式可以分为干料返混工艺和湿料直接干化。

① 按加热方式分。直接加热式干化工艺是将热介质（如热空气、燃气或蒸汽等）与污泥直接

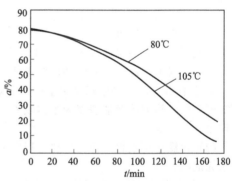

图 7-27　环境温度对污泥干化特性的影响

进行接触混合，热介质低速流过污泥层，在此过程中对污泥进行加热，使污泥中的水分得到蒸发。处理后的干污泥需与热介质进行分离。排出的废气一部分通过热量回收系统回到原系统中再用，剩余的部分经无害化处理后排放。此技术热传输效率及蒸发速率较高，可使污泥的含固率从 25％提高至 85％～95％。但由于与污泥直接接触，热介质将受到污染，排出的废水和水蒸气须经过无害化处理后才能排放；同时，热介质与干污泥需加以分离，给操作和管理带来一定的麻烦。

间接加热式污泥干化工艺是将燃烧炉产生的热气通过蒸汽、热油介质传递，干化器带有中空的转盘或桨叶，热介质在其中流动，加热器壁，从而使器壁另一侧的湿污泥受热、水分

蒸发。由于间接传热，该技术的热传输效率及蒸发速率均不如直接热干燥技术，但是省去了将热介质与污泥进行分离的步骤。污泥中蒸发出的水蒸气在一个独立的系统中收集和排放，不会对热介质造成污染。另外，由于污泥不需与热空气接触，也使系统的安全性有所提高。

直接-间接联合式干化工艺是将前面两种工艺结合在同一干化系统中，在采用热介质加热器壁的同时，向污泥区通入热介质使其直接与污泥接触。这种系统更为复杂。

② 按进料方式分。干料返混工艺是指湿污泥在进入干化设备前先与一定比例的干泥混合，产品为球状颗粒。因为城市污泥在含水率为 60% 左右时有一特殊的胶黏阶段，这一阶段不仅干化能耗高，更易使污泥黏结在器壁上从而对设备造成损害。干料返混工艺则克服了这一困难。干化器进料前先将一定比例含固率大于 90% 的干泥颗粒返回混合器（或称涂层机）与湿污泥混合，其过程中干粒起到如"珍珠核"的作用，湿污泥只是薄薄地包裹在干粒外面。控制混合的比例，使混合物的含水率降到 30%～40%，这样使污泥直接越过胶黏相，大大减轻了污泥在干化器内的黏结，干化时只需蒸发颗粒表层的水分，使干化容易进行，能耗降低。湿污泥直接进料工艺的产品多为粉末状。

(2) 干化热源　干化的主要成本在于热能，降低成本的关键在于选择和利用恰当的热源。一般来说，直接加热方式只可利用气态热介质，如烟气、热空气、蒸汽等；而间接加热方式几乎可以利用所有的热源，如烟气、导热油、蒸汽等，其利用的差别仅在温度、压力和效率。按照能源的成本从低到高，分列如下。

① 烟气。来自大型工业、环保基础设施（垃圾焚烧炉、电站、窑炉、化工设施）的废热烟气是零成本能源，如果能够加以利用，是热干化的最佳能源。温度必须高，地点必须近，否则难以利用。

② 燃煤。非常廉价的能源，以烟气加热导热油或蒸汽，可以获得较高的经济可行性；尾气处理方案是可行的。

③ 热干气。来自化工企业的废能。

④ 沼气。可以直接燃烧供热，价格低廉，也较清洁，但供应不稳定。

⑤ 蒸汽。清洁，较经济，可以直接全部利用，但是将降低系统效率，提高折旧比例；可以考虑部分利用的方案。

⑥ 燃油。较为经济，以烟气加热导热油或蒸汽，或直接加热利用。

⑦ 天然气。清洁能源，但是价格最高，以烟气加热导热油或蒸汽，或直接加热利用。

所有的干化系统都可以利用废热烟气来进行。其中，间接干化系统通过导热油进行换热，对烟气无限制性要求；而直接干化系统由于烟气与污泥直接接触，虽然换热效率高，但对烟气的质量具有一定要求，包括含硫量、含尘量、流速和气量等。

(3) 干化工艺系统　污泥干化工艺系统主要包括以下几个部分：进料及预处理设备、干化设备、热发生器、干化产物处理设备、尾气处理设备等。根据工艺流程的不同，系统设备组成及附属设备需求也不一样。

① 进料及预处理设备。不同进料方式所需的进料及预处理设备差别较大。对于湿污泥直接进料工艺，仅仅需要污泥输送机。而对于干料返混工艺，需要增加干料筛选、粉碎机以及物料混合器。有些工艺需要利用从干化机中出来的废气余热对污泥进行预热，因此，还需要增加污泥预热设备。

② 干化设备。干化设备是干化系统的核心，干化设备种类繁多。

③ 热发生器。热发生器为干化系统提供热源，因此，热发生器随所需热源的不同而不同。对于直接干化系统，热发生器通常是一个柱状的耐火室，在热发生器的前端有燃料燃烧器，通常采用空气燃烧。吹风机、燃烧器的控制装置也是热发生器的重要组成部分。燃烧产物的温度可以达到 1700～1800℃，对于直接干化系统，需要引入额外空气或废气，使进气温度降低到 370～450℃。对于间接干化系统，需要通过煤、气等的燃烧，加热蒸汽或热油，再将蒸汽或热油引入

干化设备。

④ 尾气处理设备。由于污泥中含有大量恶臭物质，这些物质在干化过程中随水蒸气挥发进入尾气中。因此，污泥干化系统中臭气的控制十分关键。一般来说可以通过化学法、生物法或二次燃烧对臭气进行处理。

⑤ 干化产物处理设备。干化产物被排出干化器后需要进行筛选，将把具有良好分离效果、尺寸合适的颗粒选出来，并进行冷却后贮存或装袋；将细小颗粒返回到混合器中，而将尺寸过大的颗粒先进行粉碎再返回混合器中。

⑥ 其他附属设备。如造粒机、料仓等。

7.3.4 污泥热干化设备

干化工艺是一种综合性、实验性和经验性很强的生产技术，其核心在于干化设备。污泥干化大多采用传统的干燥技术，根据污泥特性对传统干燥设备进行改造，使其更适用于污泥干化。目前，市场上的污泥干化设备主要有：转鼓干化机、流化床干化机、转盘式干化机、桨叶式干化机、多层台阶式干化机、带式干化机、离心干化机、太阳能污泥干化房等。近年来，一些新兴的干化技术也发展起来，如微波干化技术、红外辐射干化技术、过热蒸汽干化技术等。以下根据加热方式的不同进行介绍，包括：直接加热式、间接加热式、直接-间接联合式以及其他加热方式。

(1) 直接加热式

① 直接加热转鼓式干化机。转鼓式干化机也称回转圆筒干化机，包括直接加热式和间接加热式两种。自20世纪40年代以来，日本、欧洲和美国就采用直接加热式转鼓干化机来干化污泥。

a. 干燥设备及原理。转鼓干化机的主体是略带倾斜并能回转的圆筒体。湿物料从高端上部加入，经过圆筒内部时，与通过筒内的热风或加热壁面进行有效地接触而被干化，干化后的产品从右端下部收集。在干化过程中，物料借助于圆筒的缓慢的转动，在重力的作用下从较高一端向较低一端移动。筒体内壁上装有抄板，不断地把物料抄起又洒下，使物料的热接触表面增大，以提高干化速率并促使物料向前移动。

转鼓干化机是一种可处理大量物料的传统干燥设备，具有运转可靠、操作弹性大、适应性强、处理能力大等优点，目前仍被广泛使用于冶金、建材、化工等领域。然而，转鼓干化机设备庞大，物料在干化机内停留时间长，能耗大而且热效率不高，同时会产生大量尾气，后续处理负担较重。

三通式转鼓干化机与普通式工艺流程相似，后者能耗稍高。三通式转鼓干化机的结构如图7-28所示。内部有3个同心鼓，污泥在鼓的一端进入内通道至鼓的另一端折回到中间通道后，

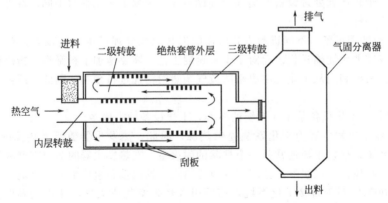

图7-28 直接加热式三通转鼓干化机构造示意

污泥运动到鼓的另一端再折回到外通道，干化污泥颗粒则从鼓的另一端排出，相当于通过 3 倍于转鼓长度的距离，因而大大缩小设备体积。

b. 典型工艺流程。由于转鼓干化机只能干化颗粒状物料，因此，使用转鼓干化机的污泥干化系统多采用干料返混工艺，干物料与污泥混合形成含水率达 30%～40% 的小球，从而产生可在转鼓里随意转动的小球颗粒。另外，也有少数公司采用湿污泥直接进料工艺，如日本的 Okawara 公司生产的干化器，采用转鼓里的高速刮削刀刮泥饼，以形成随意移动的产物，从而避免干料返混过程。

图 7-29 是澳大利亚的 Andritz 公司开发的直接加热转鼓干化系统流程（drum drying system，DDS）。脱水后的污泥从漏斗进入混合器，按一定比例（一般干湿污泥的比例大约为 1.5～2）与已经被干化的污泥混合，形成含水率为 30%～40% 的混合污泥，然后经螺旋输送机运到三通式转鼓干化器中。在转鼓内与同一端进入的流速为 1.2～1.3m/s、温度为 700℃ 左右的热气流接触（热空气进口温度为 650℃，热空气出口温度为 100℃），经 25min 左右的处理，烘干后的污泥被带计量装置的螺旋输送机送到分离器。在分离器中，干化的污泥和水汽进行分离。水汽被收集进入冷凝器（冷凝器冷却水入口温度为 20℃，出口温度为 55℃）进行热力回用，冷凝水排至污水处理厂，冷却后的气体则可以循环至空气燃烧系统燃烧或被送到生物过滤器处理达标后排放。从分离器中排出的干污泥其颗粒度可以被控制，再经过筛选器将满足要求的污泥颗粒送到贮藏仓。干化的污泥含固率达 92% 以上，颗粒直径 1～4mm。过大的颗粒经压碎后，与过细的颗粒一起进入混合器，与湿污泥进行混合。

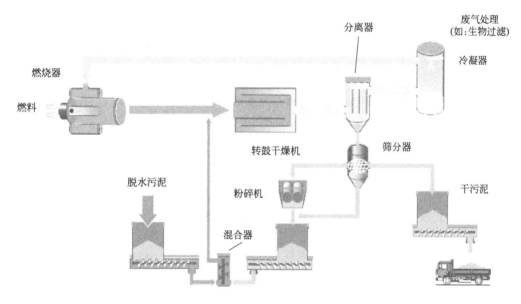

图 7-29　转鼓干化系统流程

该工艺具有以下一些特点：干料返混，干湿污泥的比例大约为 1.5～2，可得到稳定的球形颗粒产品，粒径可以控制；在无氧环境中操作，不产生灰尘，安全性高；采用气体循环回用设计减少了尾气的排放和处理成本；系统投资大；蒸发每公斤水需消耗 8170kJ 的热量。

② 带式干化机。带式干化机主要应用于精密化学以及食品工业，通过交叉或者是反向的热气流来实现间接热传导。热气是经过内置或外置的热交换器传热产生的，热交换器的传热媒介可以是导热油，也可以是蒸汽。热气流会携带一些灰尘，这些灰尘大都堆积在气流转向的地方，并会导致运行故障。带式干化机不能用于污泥的半干化工艺，仅适用于污泥全干化。

带式干化机由若干个独立的单元段组成（带式干化机的结构如图7-30所示）。每个单元段包括循环风机、加热装置、单独或公用的新鲜空气抽入系统和尾气排出系统。对干化介质数量、温度、湿度和尾气循环量操作参数，可进行独立控制，从而保证带式干化机工作的可靠性和操作条件的优化。带式干化机操作灵活，湿物进料，干化过程在完全密封的箱体内进行，劳动条件较好，避免粉尘的外泄。

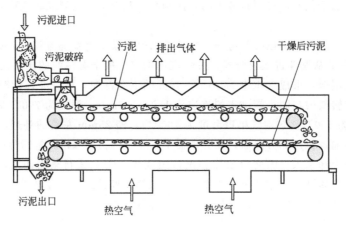

图 7-30　带式干化机结构示意

物料由加料器均匀地铺在网带上，网带采用12～60目不锈钢丝网，由传动装置拖动在干化机内移动。干化机由若干单元组成，每一单元热风独立循环，部分尾气由专门排湿风机排出，废气由调节阀控制，热气由下往上或由上往下穿过铺在网带上的物料，加热干化并带走水分。网带缓慢移动，运行速度可根据物料温度自由调节，干化后的成品连续落入收料器中。上下循环单元根据用户需要可灵活配备，单元数量可根据需要选取。

③ 离心干化机。即脱水干化一体机。稀污泥自浓缩池或消化池进入离心干化机，干化机内的离心机对污泥进行脱水，经机械离心脱水后的污泥呈细粉状从离心机卸料口高速排出，高热空气以适当的方式引入到离心干化机的内部，遇到细粉状的污泥并以最短的时间将其干化到含固率80%左右。干化后的污泥颗粒经气动方式以70℃的温度从干化机排出，并与湿废气一起进入旋流分离器进行分离。一部分湿废气进入洗涤塔中冷凝析出大部分水分，净化后的废气以40℃的温度离开洗涤塔。因为污泥不需要贮存，整个系统可以迅速地启动和关闭，而且干化和运输在几秒钟内即可完成，故在污泥进入系统后不久干化污泥颗粒就可从排料阀排出。与循环气体混在一起的燃料废气和低氧含量的干化废气需要连续不断地通过洗涤塔排气立管排出。其特点是流程简单，省去了污泥脱水机及从脱水机至干化机的存储、输送、运输装置。

④ 流化床污泥干化机

a. 干化设备及原理。这种类型干化机主要应用于化学工业、食品以及饲料工业。最近几年流化床干化机还被应用于褐煤干化，用于火力发电。流化床干化机不是完全的接触式干化机，因为热量的一部分也通过热蒸汽的再循环，以对流的形式传递。流化床干化机只适用于污泥全干化。

流化床污泥干化机从底部到顶部基本由三部分组成（其基本结构见图7-31），在干化机的最下面

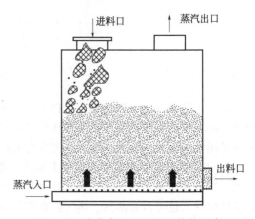

图 7-31　流化床污泥干化机结构示意

是风箱，用于将循环气体分送到流化床装置的不同区域，其底部装有一块特殊的气体分布板，用来分送惰性流化气体。在中间段，用于蒸发水的热量将通过加热热油送入流化床内。最上部为抽吸罩，用来使流化的干颗粒脱离循环气体，而循环气体带着污泥细粒和蒸发的水分离开干化机。在干化机内干化温度为85℃，产生的污泥颗粒被循环气体流化并产生激烈的混合。由于流化床内依靠其自身的热容量，滞留时间长和产品数量大，因此，即使供料的质量或水分有些波动也能确保干化均匀。

b. 典型工艺流程。图7-32为德国公司开发的流化床污泥干化系统工艺流程。脱水污泥送至污泥计量贮存仓，然后用污泥泵将污泥送至流化床污泥干化机中的进料口并将污泥进行分配，污泥在流化床内通过激烈的流态化运动形成均匀的颗粒。循环气体将污泥细粒和灰尘带出流化层，污泥颗粒通过旋转气锁阀送至冷却器，冷凝到低于40℃，通过输送机送至产品料仓。灰尘、污泥细粒与流化气体在旋风分离器分离，灰尘、污泥细粒通过计量螺旋输送机，从灰仓输送到螺旋混合器。在那里灰尘与脱水污泥混合并通过螺旋输送机再送回到流化床干化机。干化机系统和冷却器系统的流化气体均保持在一个封闭气体回路内。蒸发的水分以及其他循环气体从85℃左右冷却为60℃，然后在一个冷凝洗涤器内采用直接逆流喷水方式进行冷凝，冷凝下来的水离开循环气体回流到污水处理区，冷凝器中干净而冷却的流化气体又回到干化机，干化污泥由冷却回路气体冷却到低于40℃。

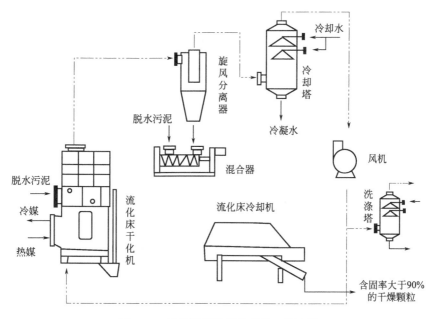

图7-32 流化床污泥干化系统工艺流程

该干化系统的特点是：无返料系统，间接加热，干化机本身无动部件，故几乎无需维修，但干化颗粒的粒径无法控制。

(2) 间接加热式

① 转盘式干化机。转盘式干化机也叫蝶式干化机，或间接加热式转鼓干化机，在几十年前就已经应用于化学工业、食品工业以及饲料工业。该干化机发明于1940年，用于处理污泥已有超过30年的历史，可将污泥全干化或半干化，用于制肥料或进行焚烧。

a. 干化设备及原理。图7-33为Atlas-Stord公司生产的转盘式干化机结构示意图。转盘式干化机主要是由定子（外壳），转子（转盘）和驱动装置组成。定子近似一个圆柱体外壳，上部高起，用于容纳污泥废蒸汽，并设有废蒸汽出口。转子中心轴是一个中空轴，所有的转盘焊接在这个中空轴上。每片转盘由两个对扣的圆盘焊接而成。中心轴内腔与所有转盘内腔相连通。为了提高转盘的坚固性，空心转盘内腔分布着许多支撑杆，支撑杆两端支撑着左右两个圆盘。转盘边缘装有推进/搅拌器，它们有两个功能：一是推进输送物料，二是搅拌混合物料。推进器的倾角是可以调整的。转盘的内腔可以通入中低压饱和蒸汽 [(4～11)×10⁵Pa，最大 12×10⁵Pa]、导热油或高压热水传递干化产品所需热量。

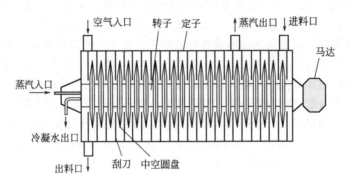

图 7-33　转盘式干化机结构示意

　　污泥从干化器上端进入，通过转盘边缘的推进/搅拌器的作用，被均匀缓慢地输送通过整个干化机，并通过与转盘的热接触被干化。在干化过程中，热蒸汽冷凝在转盘腔的内壁上，形成冷凝水。冷凝水通过一根管子被导入中心管，最终通过导出槽导出干化机。在每两片转盘之间装有刮刀，刮刀固定在外壳（定子）上。刮刀可以疏松盘片间的污泥，使废蒸汽快速离开污泥。也有一些干化机用导热油或水作为导热介质。采用导热油的干化机，进油温度介于 180～220℃，出油温度要降低 40℃ 左右。热水导热的干化机则主要用于热量过剩的系统。干化机负压运行（−400～−200Pa），因此干化过程中废蒸汽与臭味不会泄漏。

　　b. 典型工艺流程。转盘式干化机可以将污泥进行半干化或全干化处理，其产品成粉状。

　　图 7-34 为转盘式干化机半干化污泥工艺流程。干化后的污泥不经回流即可排出。所排放的废蒸汽不需除尘而可以直接导入尾汽冷凝液化站。半干化的转盘干化机经常与焚烧炉相配合，因为这种半干化的污泥都可以进行自给自足的焚烧，不需辅助热源。污泥焚烧产生的热能，又足以满足干化机供热——达到热能平衡与最佳利用。因为不需外加能量，整个系统运行费用非常低。

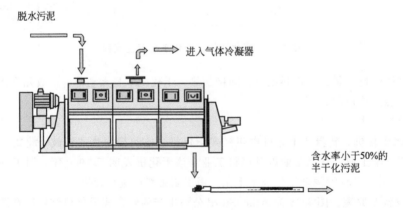

图 7-34　转盘式干化机半干化污泥工艺流程

图 7-35 为转盘式干化机全干化污泥工艺流程。采用干料返混工艺，一部分已烘干的污泥与湿污泥混合后再送入干化机。干化后产生的尾气需经除尘处理，再被冷凝液化。因为这种干化工艺需要的空气量少，相应的总含氧量也很少（约 2%），能够很好地预防粉尘爆炸。

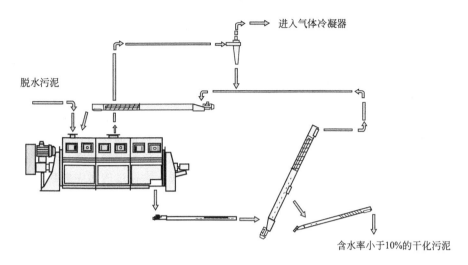

图 7-35　转盘式干化机全干化污泥工艺流程

② 桨叶式干化机。空心桨叶干化机主要由带有夹套的 W 形壳体和两根空心桨叶轴及传动装置组成。轴上排列着中空叶片，轴端装有热介质导入的旋转接头。干化水分所需的热量由带有夹套的 W 形槽的内壁和中空叶片壁传导给物料。物料在干化过程中，带有中空叶片的空心轴在给物料加热的同时又对物料进行搅拌，从而进行加热面的更新。这是一种连续传导加热干化机，加热介质为蒸汽、热水或导热油。加热介质通入壳体夹套内和两根空心桨叶轴中，以传导加热的方式对物料进行加热干化，不同的物料空心桨叶轴结构有所不同。如图 7-36 所示，物料由加料口加入，在两根空心桨叶轴内的搅拌作用下更新界面，同时推进物料至出料口，被干化的物料由出料口排出。桨叶式干化机需要由蒸汽或导热油提供热量，所以需要锅炉及锅炉房。另外其产品是粉状，对存储和使用不方便，在干化后需要进行造粒。其在小型废水处理厂得到广泛的应用。

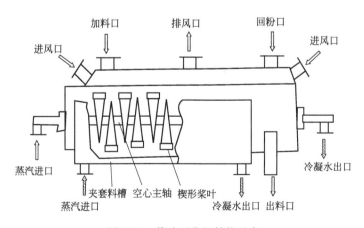

图 7-36　桨叶干化机结构示意

③ 多层台阶式干化机

a. 干化设备及原理。多层台阶式干化机原应用于化学工业、食品以及饲料工业，也被称为

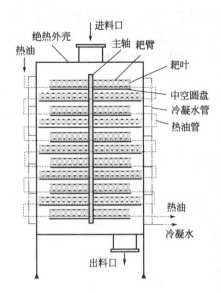

图 7-37　多层台阶式干化机结构示意

真空盘式干化机或间接加热式圆盘干化机，其结构如图 7-37 所示。传热系统通过导热油或蒸汽实现，传热介质在一个封闭的回路中被循环加热。因为这种干化机单位填充量（每平方米传热面积充泥量）比较小，所以不适用于少量污泥的干化。

多层式台阶干化机是间接、立式多级圆盘干化机，有中空的圆盘排列在圆柱形的壳中。该干化器最上面一层是小圆盘，第二层为大圆盘，中间有孔，而后小盘大盘依次交替排列。采用天然气或沼气，利用热油炉加热导热油（230～260℃），然后通过导热油在干化器圆盘和热油炉之间的循环，将热量间接传递给污泥颗粒，从而使污泥干化。循环的干化污泥颗粒在污泥涂层机中被涂覆上一层薄的湿污泥，涂覆过的污泥颗粒被倒入干化机上部的锥形分配器中，均匀地散在顶层圆盘上。污泥颗粒由与中心转轴相连的臂耙在上层圆盘上缓慢运动。颗粒被扫到圆盘的外沿，散落到第二层圆盘上。连续转动的耙臂将污泥颗粒从外沿逐渐扫到中心区域，散落到第三层。就这样，污泥颗粒从上一层圆盘运送到下一层圆盘，避免了粉尘的形成，直到造粒机底层圆盘。污泥干化过程中水分蒸发所需的能量来自于热油流经干化器内中空圆盘的传导热。热油由热油加热器燃烧天然气加热。干化污泥颗粒由造粒机底部排出再由斗式提升机送入分离漏斗。每个污泥颗粒平均循环 5～7 次，每次都有新的湿污泥层涂覆到输入的颗粒表面，最后形成一个坚硬的圆形颗粒。

b. 典型工艺流程。多层台阶式干化机仅用于污泥全干化。20 世纪 70 年代以来，此干化机就被用于污泥干化。图 7-38 是 Seghers 公司开发的多层台阶式干化工艺的流程，即珍珠工艺。

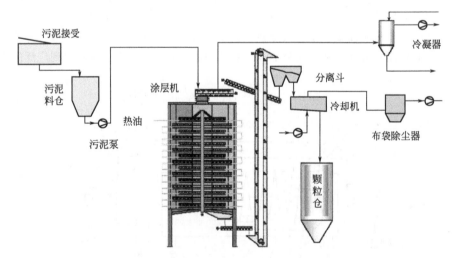

图 7-38　多层台阶式干化工艺（珍珠工艺）流程

从污水处理厂输送来的经机械脱水后的污泥（含水率 70%～80%）通过污泥泵或螺旋输送机输送至涂层机。在涂层机中，再循环的干污泥颗粒与进料的脱水污泥混合，涂覆了湿污泥的颗粒被送入多层台阶式干化机。干化污泥颗粒由底部排出再由斗式提升机送入分离漏斗。一部分分离后循环进入涂层机，其余部分经冷却器冷却后进入储料仓。干化颗粒温度约 90℃，经振动空气流化床系统冷却。流化床层保证了均质颗粒（含水率小于10％，粒径1~5mm）冷却至40℃以下。流化床出口处的有轻微气味的热空气经布袋除尘器除尘后，送入生物除臭器处理，达到大气排放标准后排入大气中。最后，干化得到的污泥颗粒被送入最终储料仓或装袋。

④ 薄膜干化机

a. 干化设备及原理。薄膜干化机有两种形式，间接干化式和直接-间接联合干化式。图7-39所示为间接干化式薄膜干化机。在圆柱形处理器内有与之同轴的转子，在转子的不同位置上装配有不同曲线的桨叶，转子通过处理器外的电机驱动，高速旋转，形成强烈涡流。物料在高速涡流的作用下，通过离心作用，在处理器内壁上形成一层物料薄层，该薄层以一定的速率从处理器的进料端向出料端做环形螺线移动，物料薄层与受热壁接触，处理器的衬套内循环有高温介质，如饱和蒸汽或导热油，使反应器的内壁得到均匀有效的加热，水分得以蒸发去除。在实际运用上，薄膜干化往往作为两阶段干化处理的第一级（后接转筒式或其他形式的干化机），而较少地作为唯一处理器来运用。联合式薄膜干化实质是间接式薄膜干化机的改进类型。它是在器壁传热的同时将气流直接输入半封闭状态的圆筒，从而使污泥得以迅速干化。意大利VOMM公司生产的薄膜干化机即属于此类型。其开发的涡轮薄层工艺是目前世界上唯一结合热传导和热对流两种热交换方式且两者并重的干化技术，可以获得很高的热效率，是目前热能消耗最低的工业方案之一，蒸发每公升水需680~720kcal热量（含干化系统内的热损耗，不含热源系统转换的损耗）。

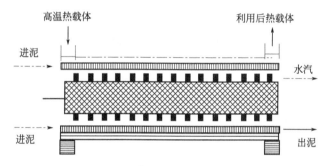

图7-39 薄膜干化机结构示意

b. 典型工艺流程。图7-40为意大利VOMM公司开发的涡轮干化技术标准工艺流程。机械

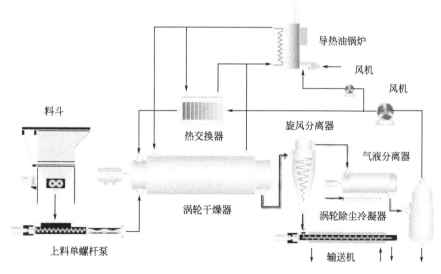

图7-40 薄膜干化机工艺流程

脱水后的污泥，通过螺杆泵或螺杆上料器进入涡轮干化器，处理器的衬套内循环有温度高达280~300℃的导热油，使反应器的内壁得到均匀有效的加热；与圆柱形反应器同轴的转子上在不同位置上装配有不同曲线的桨叶，含水污泥在并流循环的热工艺气体带动下，被高速旋转的转子带动桨叶所形成的涡流在反应器内壁上形成一层物料薄层，该薄层以一定的速率从反应器进料一侧向另一侧移动，从而完成接触、反应和干化；固态物料、灰分、蒸汽和其他气态物质等被涡流带入气旋分离器进行气固分离，固态物质（即干化后的污泥）被带有冷水套的螺杆装置冷却并排出；气态物质（含蒸汽、挥发物质、可燃气体）进入涡轮洗涤冷凝器，转子带动桨叶的高速旋转将热气体（蒸汽和其他气态物质）与分段喷入的洁净水进行充分混合冷凝；冷凝后的气体在气液分离器内进行分离，气体被风机吸出，其中的一部分不可凝气体或引入生物过滤器处理后排放，或引至热能装置烧掉，而大部分工艺气体经过热交换器的预热再次进入循环。气液分离器中沉降下来的冷凝水被收集起来再利用或回到污水处理厂进行处理。

该工艺为间接加热形式，可以采用多种能源供热导热油，包括废热烟气、废热蒸汽、燃煤、沼气、天然气、重油、柴油等，介质为耐高温油品。导热油作为热媒在涡轮干化器的外套内循环，同时也通过热交换器对工艺气体进行加热。

(3) 其他加热方式

① 太阳能污泥干化房。将脱水后的污泥放置于温室中，利用太阳能蒸发污泥中的水分即可获得 60%~80% 的干化污泥，运行中可利用搅拌轮将污泥翻转平铺在地板上或增加强制通风以提高蒸发效率。这种工艺设计简单，投资运行费用低，但需要很大的占地面积，适合于产泥量较低，污泥用作农业应用，并需长期贮存的场合。

② 燃气红外干化。红外辐射干化就是红外线以辐射形式直接传播电磁波对物料进行干化。物料潮湿部位比干化部位能更多地吸收辐射能，使得干化过程的辐射能可以自动调节，这是传导干化和对流干化所不具备的特点。图 7-41 即为污泥燃气红外干化机简图。污泥首先经过离心机脱水变成黏稠状物质，再由挤压机挤压成十几束条状物，在传送带传送到接收器过程中，污泥经过辐射器的加热干化，就可成为农用肥料。经样机实验，发现污泥内外干化均匀效果好，完全达到预先目的，并且投资成本低，运行费用少。

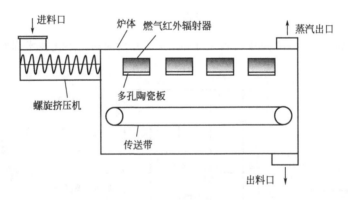

图 7-41　污泥燃气红外干化机

③ 过热蒸汽干化。过热蒸汽干化技术是指利用过热蒸汽直接与物料接触而去除水分的一种干化方式。与热空气干化相比，由于干化装置出口蒸汽可通过冷凝的方式回收潜热，因此热效率高（>90%）；由于蒸汽的热容量要大于空气，使干化介质的消耗量减少，降低单位热耗，因此是一种低耗高效的干化技术，而且由于干化介质为蒸汽，尾气脱臭处理容易，并且无爆炸等危险。

(4) 污泥热干化设备的应用实例　主要污泥干化设备的应用实例见表 7-7。

表 7-7 污泥热干化技术应用实例

名　称	国家	处理能力	主要设备	投产时间	最终处置
SNB 污泥干化焚烧站	荷兰	300tDS/d	转盘式干化机＋流化床焚烧炉	1997	建筑材料
多伦多市政污泥硬颗粒造粒厂	加拿大	25000tDS/a	多层台阶式干化机	2001	肥料
CONSORZIO CUOIO DEPUR S. P. A.	意大利	100tDS/d	涡轮薄膜干化机	一期 1996 二期 2001	填埋
PVS Wien	奥地利	115tDS/d	薄膜蒸发机＋带式干化机	2001	焚烧
Aquafin N. V. Dijkstraat 8-B-2630 Aartselaar	比利时	10000tDS/a	流化床	2001	焚烧
Aquafin N. V. Waterzuiveruing W. Z. K.	比利时	20000tDS/a	硬颗粒造粒机＋流化床焚烧炉	造粒机 2001 焚烧炉 1985	表面覆土
成都市第一城市污水污泥处理厂	中国	600tDS/d	薄层干化机＋鼓泡焚烧炉	一期 2011 二期 2020	焚烧
嘉兴热电协同污泥处置工程	中国	最大 1500tDS/d	圆盘式干化机＋循环流化床焚烧炉	2010	焚烧
上海白龙港污水处理厂	中国	600tDS/d	流化床干化＋鼓泡流化床	一期 2010 二期 2013	焚烧
北京市顺义区污水处理厂	中国	270tDS/d	桨叶干化＋流化床	2020	焚烧

7.3.5　污泥干化工艺中的安全问题

(1) 不安全因素

① 干化系统的安全余量。干化系统是以单位时间内的水蒸发能力来衡量的。蒸发能力一定，热量供给也确定了。而蒸发能力则由干化系统处理能力、进料及出料的含水率决定。对于按一定进出料含水率进行设计的干化系统，其安全余量可以通过下式进行计算：

$$SC = \frac{(1-WC) \times FWC}{1-FWC} \tag{7-4}$$

式中，SC 为干化系统的安全余量，即当系统蒸发能力一定时，进料含水率的可变动范围；WC 为进料含水率；FWC 为目标含水率。

假设一个每小时处理 1000kg 泥饼的设备，蒸发能力 750kg/h，泥饼含水率 80%，产品含水率 20%，正常工况下物料平衡如下：

干污泥 200kg＋水 800kg ——→ 干污泥 200kg＋水 50kg

对于泥饼含水率 80%、产品含水率 20% 的干化系统，其安全余量为 5%。如果由于某些特殊因素导致泥饼的含水率发生波动，而系统的进料速率未变，此时的含水率不再是 80%，而是 75%，则物料平衡如下：

干污泥 250kg＋水 750kg ——→ 干污泥 250kg＋水 0kg

此时，由于系统的蒸发能力一定，即热能供给不变，因此物料水分含量降低，导致系统内温度立即飞升，污泥颗粒严重过热，产生大量粉尘，这种情况仅需数秒钟，即可形成大量危险的粉

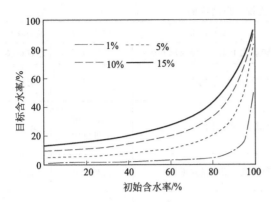

图 7-42 安全余量与进料含水率及
目标含水率的关系曲线

尘团。可见，进料污泥含水率的变化对于整个系统安全有着重要的影响，需要严格监测和控制。

图 7-42 表示了安全余量与进料含水率及目标含水率的关系曲线。从图中可以看出，当进料含水率一定时，目标含水率越高，干化系统的安全余量越大。目前的全干化系统，其要求出料含水率在 10% 以下，而根据计算，对于按进料含水率为 70%～80%、目标含水率为 10% 设计的干化系统，其安全余量仅为 2.22%～3.33%，即进料含水率的波动范围为 2.22%～3.33%；即使是干料返混工艺，其进料含水率约为 30%～40%、目标含水率为 10%，其安全余量仅为 6.67%～7.78%。若采用半干化系统，对于按进料含水率为 70%～80%，出料含水率为 35%～50% 设计的干化系统，其安全余量可达 10.77%～30%。因此，可以看出，干化系统的真正安全瓶颈在于最终含水率的设定，这是干化工艺最重要的参数，而半干化系统安全余量大大高于全干化系统，具有更高的安全性和适应性。

② 污泥粉尘的安全特性。表 7-8 列出了污泥粉尘的安全特性。污泥的粉尘最低爆炸浓度（MEC）经测量为 $60g/m^3$，而从图 7-42 中可以看出，对于不同的污泥样品，其 MEC 变化范围较大，因此，很难确定干化厂的粉尘浓度要求。

表 7-8　污泥粉尘的安全特性

项　　目	污泥样品 1	污泥样品 2	污泥样品 3	污泥样品 4	褐煤样品
20℃时,粉尘可燃性(级数)BZ	4	3～5			4
100℃时,粉尘可燃性(级数)BZ	4	3～5			4
粉尘层着火温度 LIT/℃	250	230～430	230～250	230～350	225～240
爆炸最大压力值 $p_{max}/10^5Pa$	7.7	6.6～6.7	6.4～7.1		9～10
粉尘爆炸常数 $K_{st}/(10^5Pa \cdot m/s)$	112～157	36～104	>88～97	100	150～176
粉尘爆炸最低浓度 MEC/(g/m^3)	125	60～500	60	750	30～40
含氧量限度 LOC(体积分数)/%	15	16～17	5～8	11～15	12
爆炸最低温度 MIT/℃	460	360～510		370～470	250～450
着火所需最小能量 MIE/mJ	420～1300	490～735			159～245

含氧量限度（LOC）从 5%～15% 不等。对于以烟气为热源的直接干化系统，正常运行条件下最低氧含量应少于 6%。对于转盘式间接干化系统，由于其热介质与污泥分离，理论上无需空气与污泥接触，但是由于实际运行过程中需要向设备中吹入少量气体以带出其中的水蒸气，一般来说，其蒸汽出口端的氧含量可能低于 1%。同属于间接加热方式的流化床工艺是所有工艺中气量最大的，由于其中物料的停留、翻动、搅拌均靠空气的动能实现，而大气量、高气速，均可能导致更多的粉尘，因此其氧含量要求更为严格，正常运行条件下最低氧含量可能少于 2%。涡轮薄层干化工艺由于其干物质总浓度可能低于爆炸下限，出口处气体含湿量高，因此其正常运行状态下的含氧量可控制在 10% 以内。

③ 安全隐患的不可预见性。污泥干化系统在开机、关机时易发生爆炸，另外一些干化过程中的偶然因素变化也会导致危险。开机时，大量热量的供给使系统温度迅速升高，导致设备中存留的少量干泥瞬间蒸发掉表面水分，干泥表面过热，形成粉尘。而此时干化设备中的氧含量接近于外部环境，因此，所形成的粉尘团极为危险。而关机时，由于不再进料，热量仍然大量存

在，也易形成危险的环境。

根据前面的分析，干化系统的安全余量有限，因此，某些偶然因素导致的污泥含水率突然下降，如絮凝剂增加、脱水机器运行异常、污水进水导致污泥性质变化等，都会对干化系统的安全性造成威胁。

（2）热干化安全隐患解决方案

① 惰性气体保护。在干化系统中设置氮气、蒸汽等保护装置，当系统发生异常时，向其中通入惰性气体，降低系统中的氧含量，从而避免爆炸；这种方法不可避免地会增加运行成本。

② 严密监测进料的含固率。干化系统中进料的含水率波动范围有限，因此，需要对进料的含水率严密监测，然而，对于其他一些偶然因素引起的局部过热现象，不可能通过控制进料含水率来避免，因此，这种方法并不能完全保证干化系统的安全性。

③ 选择更为安全的干化热源，如水蒸气。

④ 提高系统的安全余量。

⑤ 提高设备的安全级别。

讨论题

1. 请说明热解的定义、热解的主要产物及其影响因素。
2. 请简要分析热解工艺中间接加热法和直接加热法的优缺点。
3. 热解温度的不同对最终的热解产物有何影响？
4. 采用空气直接加热对垃圾进行热解处理时，提高氧气的含量有何好处？
5. 固体废物熔融处理的技术种类主要有哪些？
6. 固体废物熔融处理工艺的主要单元有哪些？
7. 固体废物高温等离子体熔融处理和焚烧处理的主要差异有哪些？
8. 高温等离子体处理固体废物的主要工艺过程有哪些？
9. 请根据理解，结合污泥特性、法律法规及其他污泥处理处置手段等，阐述对脱水污泥进行干化处理的必要性。
10. 简述污泥的干化特性。
11. 简述污泥干化工艺类型及其适用的干化设备，并进行比较。
12. 市政污水厂污泥具有胶黏性，从而影响干化效果、增加能耗，试从干化设备、干化工艺等角度分析解决该问题的办法，并举例说明。
13. 分析污泥干化系统中可能存在的问题及解决办法。
14. 某城市有三个污水处理厂，日产脱水污泥（污泥含水率在 $75\%\sim85\%$ 之间）600t/d，以往主要采用送往填埋场进行填埋处置，但目前填埋场已无法接受含水率如此高的污泥，拟考虑对污泥进行集中处理，请根据需要提出污泥干化（或半干化）的技术路线、设备选型及主要的考虑因素。

8

固体废物焚烧处理技术

8.1 焚烧技术及其发展

8.1.1 焚烧技术的定义及特点

固体废物的焚烧（Incineration 或 Combustion）是一种高温热处理技术，即以一定量的过剩空气与被处理的有机废物在焚烧炉内进行氧化燃烧反应，废物中的有害物质在高温下氧化、热解而被破坏，是一种可同时实现废物无害化、减量化、资源化的处理技术。焚烧的主要目的是尽可能焚毁废物，使被焚烧物质变为无害和最大限度地减容；尽量减少新的污染物质产生，避免造成二次污染。焚烧法适宜处理有机物多、热值高的废物，不但可以处理固体废物，而且还可以处理液体废物和气体废物；不但可以处理城市垃圾和一般工业废物，而且可以用于处理危险废物，危险废物中的有机固态、液态和气态废物，常常用焚烧来处理。在采用焚烧技术处理城市生活垃圾时，也常常将垃圾焚烧处理前暂时贮存过程中产生的渗滤液和臭气引入焚烧炉进行焚烧处理。

焚烧技术的最大优点在于大大减少了需最终处置的废物量，具有减容作用、去毒作用、资源和能量回收作用；另外，还能够减轻或消除后续处置过程对环境的二次污染和长期潜在风险。焚烧技术的缺点主要有投资和运行费用昂贵、操作运行复杂且严格；要求工作人员技术水平高；会产生二次污染物如 SO_2、NO_x、HCl、二噁英和焚烧飞灰等，需要严格控制二次污染物的排放；另外，建设过程中需要考虑公众反应。废物焚烧处理方式的选择原则如下。

① 对于易处理、数量少、种类单一的废物，选择间歇操作，处理工艺系统及焚烧炉本体尽量设计比较简单，不必设置废热回收设施；

② 对于数量大、并须连续进行焚烧处理的废物，焚烧炉设计要保证高温，除将废物焚毁外，应尽可能考虑废热回收措施，充分利用高温烟气的热能。

废物焚烧厂可以依据废物种类和服务范围分类。根据废物种类，焚烧厂分为生活垃圾焚烧厂、一般工业固体废物焚烧厂和危险废物焚烧厂。根据处理规模和服务范围，焚烧厂分为区域集中处理厂和就地分散处理厂。对于危险废物焚烧厂，需要满足的特殊要求如下。

① 危险废物焚烧设施从设计、建造、试烧到正常运行管理都必须遵循严格标准和申请手续；

② 应充分考虑废物种类众多、形态各异、成分及特性变化很大的特点，以最差的条件为设计的基准；

③ 废物进料及残渣排放的系统较为复杂；

④ 废气排放标准较严，尾气处理系统较一般焚烧炉复杂及昂贵；

⑤ 不宜采用焚烧处理的危险废物包括含有高浓度砷、汞、镉、氟、溴、碘、有机硅等危险废物，爆炸性废物；桶装废物，极易燃废物；

⑥ 危险废物进料需要预处理和配伍，使其热值、主要有机有害组分含量、有机氯含量、重金属含量、硫含量、水分和灰分满足焚烧处置设施的设计要求，并尽可能保证入炉废物理化性质的稳定性。

8.1.2　焚烧技术的历史及发展

焚烧的实践应用起源于火的发现和可燃性物质的产生，现代垃圾焚烧技术的历史可以追溯到 19 世纪的英国和美国，最早的固体废物焚烧装置是 1874 年和 1885 年分别建于英国和美国的间歇式固定床垃圾焚烧炉。随后，德国（1896）、法国（1898）、瑞士（1904）也相继建成。20 世纪初，欧美一些工业发达国家开始建造较大规模的连续式垃圾焚烧炉。

初期的垃圾焚烧炉结构上和砖瓦窑体基本一样，之后逐渐改良为机械炉排焚烧炉。随着废物性质的日趋复杂，同时又考虑到对环境的影响，空气污染控制系统已引入焚烧系统，以确保焚烧过程中产生的烟气的净化，防止对环境产生二次污染，因此引入了填料塔和文丘里除尘器除去污染气体或固体颗粒。伴随着能源和原材料的危机，废热和副产品的回收技术逐渐引入焚烧体系，带气体预热的焚烧系统、废物预浓缩的焚烧系统和带有废物预热和副产品回收的有机物焚烧系统。

现代化的焚烧系统已成了一个复杂的系统工程。废物焚烧的典型系统框图见图 8-1。

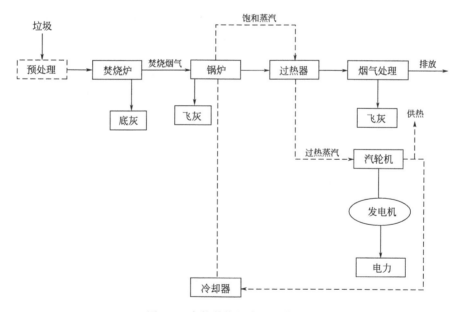

图 8-1　废物焚烧的典型系统框图

固体废物焚烧技术也和其他处理技术一样，经历了从简单到复杂、从小到大、从间歇式炉型到半连续炉型直至 24h 连续运行的高效炉型的发展过程。间歇式焚烧炉距今已有了近 140 年的历史，最早的半连续式机械炉从出现至今也已有 80 年。进入 20 世纪 60 年代，随着计算机技术和自动控制技术的进步，垃圾焚烧炉逐步发展成为集高新技术于一体的现代化工业装置。我国 2019 年建成了上海老港再生能源利用中心，处理能力为 6000t/d，单炉的最大处理能力已达 850t/d。

焚烧技术作为固体废物无害化、减量化和资源化的重要手段，在许多国家都得到广泛的应用。表 8-1 列出了 1995 年和 2007 年主要工业发达国家垃圾处理中焚烧所占的比例。

表 8-1 世界主要工业发达国家垃圾处理中焚烧所占比例　　　　单位：%

国家	美国	日本	新加坡	欧盟主要国家									
				英国	西班牙	意大利	奥地利	荷兰	比利时	德国	法国	瑞典	丹麦
1995 年	14	75	—	9	5	5	12	25	35	15	37	37	52
2007 年	15	77	41	9	10	12	30	32	32	34	35	46	53

新加坡、日本、瑞士、丹麦等国的垃圾焚烧处理比例较高，分别达到了 100%、70% 和 65%；美国由于地缘辽阔，垃圾焚烧处置率基本维持在 15% 左右。其他工业发达的欧美国家，大部分有机性危险废物（如 PCBs、有机溶剂等）也都采用焚烧法进行处理。特别是西欧的一些国家对于填埋制定了严格的法律规定，如德国规定，垃圾中 TOC 超过 3%～5%，不得进入填埋场进行填埋。可以预见焚烧技术将在今后的固体废物处理中占有更大的比例。

同时，随着社会经济的发展和生活水平的提高，城市垃圾中有机物含量越来越高，热值也逐年升高。在能源短缺的现代社会，城市垃圾作为一种新的能源开发途径，也日益受到人们的重视。在一些欧美工业发达国家，已经将垃圾焚烧提到废物能源工厂（waste-to-energy facility）的高度进行评价。据日本国内的统计，2018 年日本全国的垃圾产生量约为 8200 万吨/年，按垃圾的平均热值 1500kcal/kg 计，总潜在能量约为 1.23×10^{14} kcal，相当于日本一次能源供给量的 2.6%，实际的垃圾发电总量相当于日本全国总发电量的 13.5%。

长期以来，我国城市生活垃圾的处理处置主要采用简易填埋或卫生填埋的方法进行消纳。近年来，随着人口的增加和城市规模的迅速扩大，许多大中城市的填埋用地越来越紧张，各地市政部门也开始把目光转向减量化程度较大的焚烧后填埋的方式上来。1988 年深圳市首家引进了日本三菱重工生产的两台处理能力为 150t/d 的马丁式焚烧炉，随后全国各地相继建起了各种形式的垃圾焚烧炉，北京、上海、深圳等大城市已经建成或正在积极筹建大规模垃圾焚烧设施，同时单厂最大规模不断提高，从 2003 年的 319t/d 发展到 2018 年的 1101t/d。"十三五"期间是垃圾焚烧厂建设的高峰期。截至 2020 年，全国城市范围内已建成无害化处理场（厂）1287 座，较"十二五"末新增 397 座，增幅 44.6%；其中垃圾焚烧厂 463 座，较"十二五"末新增 240 座，增幅超 110%。从无害化处理能力建设方面，截至 2020 年，全国城市生活垃圾无害化处理能力达到 963460.15t/d，较"十二五"新增 67%；其中垃圾焚烧的处理能力较"十二五"新增约 159%，达到 567804.44t/d，占总处理能力的 58.9%。从无害化处理量方面，截至 2020 年，垃圾焚烧处理生活垃圾 14607.64 万吨，占处理总量的 62%。纵观"十三五"这五年的数据，卫生填埋和垃圾焚烧这两种生活垃圾处理的主要方式出现主次地位交替现象。在 2018 年前后，填埋处理能力趋向顶峰，之后基本持平并略有降低；而城市垃圾焚烧处理能力在"十三五"期间持续高速增长，在 2018 年经历持平之后超过填埋处理能力。

从长远来看，经济发展以及高人口密度是推动我国生活垃圾焚烧处理发展的内在因素，国家相关政策也鼓励土地资源紧缺、人口密度高的城市要优先采用焚烧处理技术。根据我国各地生活垃圾处理设施的需求规划，"十三五"期间，我国生活垃圾焚烧处理能力有望达到 57.5 万吨/d，我国生活垃圾焚烧处理比率也将会从 2016 年的 37.5% 提高到 2021 年的 62% 左右。我国许多省人口密度高于德国、日本，土地资源非常宝贵，生活垃圾填埋场场址选择越来越困难，生活垃圾处理成本也越来越高，从环境保护和社会可持续发展的需要，生活垃圾焚烧处理必然成为这些地区生活垃圾处理的重要手段。2010～2020 年我国城市生活垃圾无害化处理量变化如图 8-2 所示。

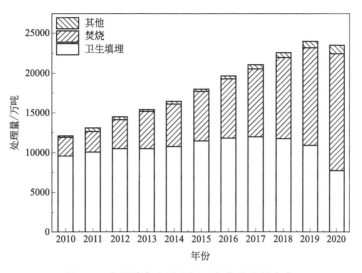

图 8-2　我国城市生活垃圾无害化处理量变化

8.1.3　固体废物焚烧厂选址

固体废物焚烧厂厂址选择是工程设计和建设的基础。工程选址的合适与否，将直接影响到焚烧厂的环境、运行管理、工程投资和运行费用等方面。固体废物焚烧厂的选址需要符合以下的原则。

① 符合城市总体发展规划和城市环境卫生专业规划要求。

② 应综合考虑生活垃圾焚烧厂的服务区域、转运能力、运输距离等因素。

③ 应选择避开生态资源、地面水系、机场、文化遗址、风景区等敏感目标。

焚烧厂厂址的条件应满足以下的要求。

① 厂址应满足工程建设的工程地质条件和水文地质条件，不应选在发震断层、滑坡、泥石流、沼泽、流砂及采矿陷落区等地区。

② 厂址不应受洪水、潮水或内涝的威胁，必须建在上述地区时，应有可靠的防洪、排涝措施。

③ 厂址与服务区之间应有良好的道路交通条件，应有满足生产、生活的供水水源和污水排放条件。

④ 厂址选择时应同时确定炉渣、飞灰处理与处置的场所。

⑤ 厂址附近应有必需的电力供应。对于利用垃圾热能发电的垃圾焚烧厂，其电能应易于接入地区电力网。

⑥ 应该取得选址周围居民的同意和支持。

生活垃圾焚烧炉烟囱高度设计应满足以下的原则。

① 当处理量小于 300t/d 时，烟囱最低允许高度为 45m；当处理量大于等于 300t/d 时，最低允许高度则为 60m。若在同一厂区内同时有多台焚烧炉，则以各焚烧炉处理能力的总和作为判断依据。

② 焚烧炉具体高度应根据环境影响评价结论确定，如果在烟囱周围 200m 半径内存在建筑物时，烟囱高度应至少高出这一区域内最高建筑物 3m 以上。

③ 每台焚烧炉必须设立独立烟气净化系统并安装在线烟气监测装置，处理后的烟气应采用独立的排气筒排放；多台生活垃圾焚烧炉的排气筒可以采用多筒集束式排放。

④ 对于危险废物和医疗废物焚烧炉烟囱高度设计，与废物焚烧量相关，具体如表 8-2 所示。

此外，若危险废物焚烧炉排气筒周围 200m 范围内有建筑物，排气筒高度必须高出建筑物 5m 以上；有多个排气源可集中到一个排气筒或采用多筒集合式排放；具体高度及设置应根据环境影响评价文件及其审批意见确定，不得低于规定的高度。

表 8-2 危险废物和医疗废物焚烧炉烟囱高度要求

焚烧量/(kg/h)		≤300	300～2000	2000～2500	≥2500
烟囱高度/m	危险废物焚烧炉	25	35	45	50
	医疗废物焚烧炉	20	35	45	50

8.2 固体废物的焚烧特性及原理

能否采用焚烧技术处理固体废物，主要取决于固体废物的燃烧特性。物质最主要的燃烧特性包括固体废物的组成和热值。

8.2.1 固体废物的三组分

固体废物的三组分，即水分、可燃分和灰分，是废物焚烧炉设计的关键因素。

（1）水分 水分含量是指干燥某固体废物样品时所失去的质量，与当地气候条件有密切的关系。水分含量是一个重要的燃料特性，因为物质含水率太高就无法点燃。与一般的燃料相比，家庭垃圾的水分含量高达 40%～70%。不同地区的城市生活垃圾水分含量不一样，例如：美国和西欧的城市垃圾含水率可达 25%～40%；日本和地中海国家的城市垃圾含水率可达 50% 或更高，而无烟煤和烟煤的含水率仅为 1.0%～2.2% 和 3.5%～12.4%。

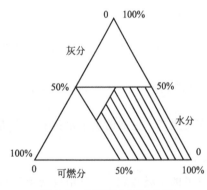

图 8-3 垃圾组分三元关系

（2）可燃分 通常，固体废物的可燃分包括挥发分和固定碳，挥发分定义为标准状态下加热废物所失去的质量分数，剩下部分为炭渣或固定碳。挥发分含量与燃烧时的火焰有密切关系，如焦炭和无烟煤含挥发分少，燃烧时没有火焰；相反，煤气和烟煤挥发分含量高，燃烧产生很大的火焰。

（3）灰分 固体废物灰分的变化很大，多含有惰性物质，如玻璃和金属。一般来说，灰分熔点介于 1050～2000℃，化合物的熔化有时也会发生在低温阶段。

根据固体废物三组分的定义，三组分之和在任何情况下都应为 100%，其关系可以用一个三元关系图来表示（见图 8-3），在斜线覆盖区近似为不用辅助燃料而能维持燃烧的废物组分，在这个区域界线上或以外的区域，表示废物水分太多或灰分含量太高，其燃烧必须掺加辅助燃料。

8.2.2 固体废物的热值

热值是设计固体废物焚烧处理设备最重要的指标之一。根据热值基本可以判断固体废物燃烧性的好坏，可以进行热平衡计算。如前所述，固体废物的热值有高位热值（H_H，kcal/kg）和低位热值（H_L，kcal/kg）之分，固体废物的低位热值为高位热值和水分凝结热之差，也可以下式计算：

$$H_L = H_H - 600 \times (9H + W) \tag{8-1}$$

式中，H_H 为废物的高位热值，kcal/kg；H_L 为废物的低位热值；H 为燃料中的氢含量（质量分数）；W 为燃料的水分（质量分数）。

高位发热量可以通过标准实验测定：一定量燃料样品在热弹中与氧完全燃烧，然后精确地测出所释放的热量，就是高位发热值。

低位发热值为燃料的较实际测试热值，因为它考虑了由于烟气中水蒸气的凝结而带走的一部分显热的热损失。

理论上，一般当固体废物热值高于 4000kJ/kg（约 950kcal/kg）时，可以不加辅助燃料直接燃烧，但在废物的实际焚烧过程中，需要的热值比该值要高。

8.2.3 固体废物焚烧和燃烧的关系

固体废物的焚烧是一个完全燃烧的过程，必须以良好的燃烧为基础，使可燃性废物与氧发生反应产生燃烧，固体废物经济有效地转换成燃烧气或少量稳定的残渣。虽然焚烧的固体废物的物理、化学特性十分复杂，但在机理上与一般固体燃料燃烧机理是一样的。

可燃性固体物质的燃烧是一个复杂的过程，通常由传热、传质、热分解、蒸发、气相化学反应和多相化学反应等组成。一般认为，固体物质的燃烧可以有以下几种形式。

① 蒸发燃烧。指类似石蜡的固体物质，受热后先融化为液体，进一步受热产生燃料蒸气，再与空气混合燃烧。这种燃烧的速度受物料的蒸发速度和空气中的氧与燃料蒸气之间的扩散速度控制。

② 分解燃烧。指木材、纸张等纤维素类物质，受热后分解为挥发性组分和固定炭，挥发性组分中可燃气体进行扩散燃烧，而炭则进行表面燃烧。在分解燃烧过程中，需要一定的热量和温度，物料中的传热速度是影响这种燃烧速度的主要因素。

③ 表面燃烧。指类似木炭、焦炭的固体物料，受热后不经过融化、蒸发、分解等过程，而直接燃烧。这种方式的燃烧速度受燃料表面的扩散速度和化学反应速度控制，表面燃烧又称为多相燃烧或置换燃烧。

当然，固体废物的焚烧与以加热为目的的燃料燃烧有所不同。焚烧的目的是侧重于减容、减量、解毒和残灰的安全稳定化，而燃烧的目的是获取能量。为了保持良好的燃烧状况，尽量实现完全燃烧，一般要求燃料与空气以适当比例混合，并迅速点火燃烧。这种条件对于气体、液体和固体燃料来说比较容易满足，但对于物理、化学性质复杂的固体废物，由于其组成、形状、热值和燃烧状况等随着时间和炉内燃烧区域的不同有较大的差异，并且燃烧所产生的废气及废渣性质也随之变化。

8.2.4 固体废物焚烧的原理

（1）废物理论焚烧时间计算 固体废物的焚烧过程：采用焚烧方法处理含有一定水分的固体废物时，一般都要经过干燥、热分解和燃烧三个阶段，最终生成气相产物和惰性固体残渣。在设计焚烧炉时，必须知道从废物受热开始，经过以上几个阶段，最终完成燃烧所需要的时间，即废物在炉膛内的停留时间。

固体废物理论燃烧时间的计算以可燃物燃烧动力学为计算基础，以单一颗粒为计算依据。其典型燃烧过程可分为热分解过程和燃烧过程，影响因素分别为热分解速度、热分解时间、燃烧时间和燃烧速度。

（2）热分解过程的计算

① 热分解速度。热分解一般包括 2 种反应过程，即吸热反应过程与放热反应过程，其中以吸热分解为主，包括传热过程和传质过程。因此，热分解速度是指包括传热和传质在内的总反应速度。该过程一般可视为一级反应，热分解总反应速度 v 计算如下：

$$v = \frac{dm}{dt} = km \qquad (8-2)$$

式中，m 为固体燃料的重量，g；k 为反应常数，s^{-1}。

反应常数 k 与温度的关系（Arrhenius 公式）如下：

$$k = a \exp\left(-\frac{E}{RT}\right) \qquad (8-3)$$

式中，a 为频率系数，s^{-1}；E 为活化能，cal/mol；R 为气体常数，cal/(mol·K)；T 为绝对温度，K。其中活化能 E 指分子从常态转变为容易发生化学反应的活跃状态所需要的能量。

燃料粒径对活化能 E 有很大的影响，在 300～400℃ 范围内，$a = 10^7 \sim 10^8 \, s^{-1}$；当燃料粒径大于 1cm 时，$E = 25 \sim 30 \text{kcal/mol}$；当燃料粒径小于 0.1cm 时，$E = 50 \sim 60 \text{kcal/mol}$。当温度大于 400℃ 时，$E$ 呈下降趋势。

总反应速度 v 随固体燃料的温度、粒度、加热速度和物质的种类而有较大差异，由于缺乏足够的实验数据，只能对热分解的总反应进行定性评价。

② 热分解时间。进行如下 3 点假设：a. 固体物料瞬间投入温度极高的炉膛中，热分解速度和热分解产物的扩散速度都非常快，即热分解速度等于加热速度；b. 辐射传热和固体物料间的导热可以忽略不计；c. 固体物料是平板或球形颗粒。

根据假设可知：热分解时间等于加热时间。加热时间 t_n 是指固体废物由初始温度加热到初始温度与周围气体介质温度之差的 95% 的温度所需的时间，并以这个加热时间作为热分解时间。加热时间可以由傅里叶（Fourier）准数（F_0）求出：

$$F_0 = \frac{a t_n}{r_0^2} \qquad (8-4)$$

式中，a 为热扩散系数（cm^2/s）；t_n 为加热时间（s）；F_0 为傅里叶准数；r_0 为球的半径或平板厚度的一半（cm）。

$$F_0 = f(B_i, N_u, x/D) \qquad (8-5)$$

式中，D 为球的直径或板的厚度，cm；x 为离开颗粒中心的距离，cm；B_i 为 Biot 准数；N_u 为 Nussel 准数。

$$B_i = \frac{h r_0}{K_s} \qquad (8-6)$$

式中，h 为从气体介质到废物表面的对流传热系数，W/(m^2·K)；r_0 为球的半径或平板厚度的一半，cm；K_s 为固体废物的导热系数，W/(m·K)。

$$N_u = \frac{h D}{K_g} \qquad (8-7)$$

式中，K_g 为气体介质的热导率，W/(m·K)。

(3) 燃烧过程的计算 进行如下 3 点假设：a. 如果把有机颗粒投入氧气浓度均匀的高温炉内，物料就会发生热分解而释放出挥发性气体，并从颗粒表面向外扩散；b. 在颗粒表面与空气形成混合气层；c. 一旦满足着火条件，就会产生火焰。

颗粒燃烧有以下 2 种情形：当可燃气体的挥发速度小于氧气的扩散速度，反应在固体表面上发生，进行多相燃烧和气相燃烧；当可燃气体的挥发速度大于氧气的扩散速度，反应将稳定在气相中，只发生气相燃烧反应。一般认为，固体废物焚烧时，同时发生多相燃烧和气相燃烧。

① 燃烧速度。固体燃料颗粒的表面燃烧，包括 3 个过程：氧向颗粒表面的扩散；氧吸附在颗粒表面氧化燃烧；燃烧产物从固体表面解析。

a. 氧向惰性气体和反应产物的扩散。氧向燃烧固体表面的扩散速度（N_S）为：

$$N_s = k_x (x_a - x_s) \qquad (8-8)$$

式中，k_x 为氧的扩散速率，mol/(cm^2·s)；x_a 为气体介质中氧的摩尔分率；x_s 为固体表面上氧的摩尔分率。

b. 氧以活化能 E_a 被吸附于固体燃料表面，滞留一定时间后，发生氧化反应。

氧的吸附为一级反应，吸附速度（R_a）为：

$$R_a = k_a x_S (1-\theta) \tag{8-9}$$

式中，k_a 为吸附速度常数，$\mathrm{mol/(cm^2 \cdot s)}$；$x_S$ 为固体表面上氧的摩尔分率；θ 为吸附氧占固体表面活性中心比率。

c. 反应产物以活化能 E_d 由固体表面解吸，燃烧产物向周围气体介质中扩散，完成燃烧。

产物的解吸为 0 级反应，解吸速度（R_d）为：

$$R_d = k_d \theta \tag{8-10}$$

式中，k_d 为解吸速度常数，$\mathrm{mol/(cm^2 \cdot s)}$。

总燃烧速度 R_s 在稳定状态下，存在如下关系：

$$R_a = R_d = N_s = R_s \tag{8-11}$$

消去 θ 后，可以得到：

$$R_s^2 - \left(k_x x_a + k_d + \frac{k_x k_d}{k_a} \right) R_s + k_x k_d x_a = 0 \tag{8-12}$$

解上式可以得到燃烧速度：

$$\frac{1}{R_s} = \frac{1}{2} \left(\frac{1}{k_x x_a} + \frac{1}{k_a x_a} + \frac{1}{k_d} \right) + \sqrt{\frac{1}{4} \left(\frac{1}{k_x x_a} + \frac{1}{k_a x_a} + \frac{1}{k_d} \right)^2 - \frac{1}{k_x k_d x_a}} \tag{8-13}$$

当 k_d 大时：$\dfrac{1}{R_s} = \dfrac{1}{k_x x_a} + \dfrac{1}{k_a x_a} = S_x + S_a$，扩散阻力 S_x 和吸附阻力 S_a 影响燃烧速度。

当 k_a 大时：$(R_s - k_d)(R_s - k_a x_a) = 0$，低温时，解吸为控制步骤；高温时，吸附为控制步骤。两者之间没有过渡区，从一种状态向另一种状态的变化是不连续的。

当 k_x 大时：$\dfrac{1}{R_s} = \dfrac{1}{k_a x_a} + \dfrac{1}{k_d} = S_a + S_d$ 以 x_s 代替 x_a，即可得到朗格缪尔吸附等温式。

② 燃烧时间。对于燃烧时间的计算，进行如下 2 点假设：a. 固体燃料在稳定状态下燃烧时，周围气体的温度、压力、氧浓度等都不发生变化；b. 燃烧速度可以用固体颗粒半径减少速度来表示：

$$R_s = -\rho_s \frac{dr}{dt} \tag{8-14}$$

式中，ρ_s 为固体颗粒的密度。

燃烧时间 T：

$$T = \int_0^t dt = \int_r^0 -\frac{\rho_s}{R_s} dr \tag{8-15}$$

8.3 焚烧效果的评价及影响因素

8.3.1 焚烧效果的评价指标

固体废物焚烧的目的主要有三点：①燃烧其中的可燃物质；②减少废物体积；③破坏和去除其中的有害组分。适合生活垃圾焚烧炉处置的一般固体废物有：混合生活垃圾；服装加工、食品加工等一般工业固体废物；垃圾堆肥筛上物，生化处理产生的固态残余组分；经破碎毁形和消毒处理的感染性废物。

为了验证焚烧是否可以达到预期的处理标准，美国环保局对危险废物特别制定了严格的试烧计划，挑选特殊化学物质来试烧，此种化学物质称为有机性有害成分（principal organic hazardous constituents，POHCs），这些物质可以在美国联邦法规（code of federal regulation，CFR）中查出，表8-3摘录了美国环保局对某些危险废物焚烧难易程度的排行。

表8-3 某些危险废物焚烧难易程度排行

NBS	物 质		NBS	物 质	
	英文名称	中文名称		英文名称	中文名称
1	hexachlorobenzene	六氯苯	20	dinitrobenzene	二硝基苯
2	pentachlorobenzene	五氯苯	21	trinitrobenzene	三硝基苯
3	chlorobenzene	氯苯	22	tribromomethane	三甲基溴
4	benzene	苯	23	hexachloropropene	六氯丙烯
5	naphthalene	萘	24	hexachloropentadiene	六氯戊烯
6	vinyl chloride	氯乙烯	25	bromoacetone	溴丙酮
7	chloromethane	氯甲烷	26	hydrazine	肼(联胺)
8	ethylenediamine	乙二胺	27	methylhydrazine	甲基肼
9	dichlorophenol	二氯苯酚	28	1,2-dichloroethane	1,2-二氯乙烷
10	resorcinol	间苯二酚	29	1,2-dichloropropane	1,2-二氯丙烷
11	chlorotoluene	氯甲苯	30	hexachlorocyclohexane	六六六
12	formaldehyde	甲醛	31	di-n-butyl phthalate	二-n-丁基邻苯二甲酸
13	acetaldehyde	乙醛	32	ethyl carbamate	氨基甲酸乙酯
14	acrolein	丙烯醛	33	1,2-dibromo-2-chloropropane	1,2-二溴-2-氯丙烷
15	dimethyl phthalate	邻苯二甲酸二甲酯	34	methyl iodide	碘代烷
16	methyl ethyl ketone	甲基乙基酮	35	1,2-diphenyl hydrazine	1,2-苯基联胺
17	allyl alcohol	烯丙醇	36	nitroglycerin	硝酸甘油
18	chloroform	氯仿	37	N-nitrosodiethylemine	N-硝基乙基胺
19	bromomethane	溴甲烷	38	2-butanone peroxide	2-丁酮过氧化氢

注：NBS排名中排名在前的表示难以焚烧。

在焚烧处理危险废物时，以有害物质破坏去除效率（destruction and removal efficiency，DRE），或焚毁去除率作为焚烧处理效果的评价指标。焚毁去除率是指某有机物经焚烧后减少的百分比，用以下公式表示：

$$DRE = \frac{W_i - W_o}{W_i} \times 100\%$$ (8-16)

式中，W_i为单位时间内被焚烧的特征有机化合物的总量，kg/(kg·h)；W_o为单位时间内随烟气排出的与W_i相应的特征有机化合物的总量，kg/(kg·h)。

在焚烧垃圾及一般性固体废物时，以燃烧效率（combustion efficiency，CE）（或焚烧效率）作为焚烧处理效果的评价指标。燃烧效率是指烟道排出气体中二氧化碳浓度与二氧化碳和一氧化碳浓度之和的百分比，用以下公式表示：

$$CE = \frac{[CO_2]}{[CO_2] + [CO]} \times 100\%$$ (8-17)

式中，$[CO]$及$[CO_2]$分别为燃烧后排气中CO和CO_2的浓度。

一般法律都对危险废物焚烧的破坏去除率要求非常严格，例如：美国资源保护及回收法（resource conservation & recovery act，RCRA）有关危险废物陆上焚烧的规定要求POHCs的破坏去除效率达到99.99%；二噁英和呋喃的破坏去除效率达到99.9999%。

在我国的焚烧污染控制标准中，还采用热灼减率反映灰渣中残留可焚烧物质的量。热灼减率

（灼烧损失量）是指焚烧残渣经灼烧减少的质量占原焚烧残渣质量的百分数，用以下公式表示：

$$P = \frac{A-B}{A} \times 100\%$$ (8-18)

式中，P 为热灼减率，%；A 为 110℃干燥 2h 后原始焚烧残渣在室温下的质量，g；B 为焚烧残渣经 600℃（±25℃）3h 灼烧后冷却至室温的质量，g。

表 8-4 是我国《生活垃圾焚烧污染控制标准》（GB 18485—2014）《危险废物焚烧污染控制标准》（GB 18484—2020）和《医疗废物处理处置污染控制标准》（GB 39707—2020）对焚烧炉焚烧效果的技术性能指标要求。

表 8-4　危险废物焚烧炉的技术性能指标

废物类型	焚烧炉高温段温度/℃	烟气停留时间/s	烟气含氧量（干烟气）/%	燃烧效率/%	焚毁去除率/%	焚烧残渣热灼减率/%
生活垃圾	≥850	≥2.0	6～12	—	—	<5
危险废物	≥1,100	≥2.0	6～15	≥99.9	≥99.99	<5
医疗废物	≥850	≥2.0	6～15	≥99.9	≥99.99	<5

8.3.2　影响焚烧效果的主要因素

根据固体物质的燃烧动力学，影响上述废物焚烧处理效果评价指标的因素可以归纳为以下几种：

（1）物料尺寸（size）　物料尺寸越小，所需加热和燃烧时间就越短。另外，尺寸越小，比表面积就越大，与空气的接触就越充分，有利于提高焚烧效率。一般来说，固体物质的燃烧时间与物料粒度的 1～2 次方成正比。

（2）停留时间（time）　停留时间是指废物（尤指焚烧尾气）在燃烧室与空气接触的时间，设计的目的在于能够达到完全燃烧，以避免产生有毒的产物；停留时间的长短，应根据废物本身的特性、燃烧温度、燃料颗粒大小以及搅动程度而定。为了保证物料的充分燃烧，需要在炉内停留一定时间，包括加热物料及氧化反应的时间。

（3）搅动（turbulence）　搅动的目的是促进空气和废物或辅助燃料或其焚烧尾气之间的混合，以期达到完全燃烧。设计上常借助炉床搅拌（机械法）以及控制助燃空气及焚烧尾气的流速或流向（气流动力法），以达到充分搅动的目的。

（4）焚烧温度（temperature）　焚烧温度取决于废物的燃烧特性（如热值、燃点、含水率）以及焚烧炉结构、空气量等。焚烧温度高低决定废物燃烧是否完全，在焚烧炉建造完成后，只有温度一项可由焚烧炉操作人员借助调整焚烧的废物进料量和空气量来加以控制。一般来说，焚烧温度越高，废物燃烧所需的停留时间就越短，焚烧效率也越高。但是，如果温度过高（高于1300℃），会对炉体内衬耐火材料产生影响，还可能发生炉排结焦等问题；如果温度太低（低于700℃），则易导致不完全燃烧，产生有毒的副产物。炉膛温度最低应保持在物料的燃点温度以上。表 8-5 列出了部分物质的燃点温度。表 8-6 是 20 种有害废物的燃点温度。

表 8-5　部分可燃性物质的燃点温度　　　　　　　　　　　单位：℃

物质	碳	氢	硫	甲烷	乙烯	一氧化碳	城市垃圾
燃点	410	575～590	240	630～750	480～550	610～660	260～370

物质	软质纸	硬质纸	皮革	纤维	木炭	混合厨余	
燃点	180～200	200～250	250～300	350～400	300～700	230～250	

表 8-6 20 种有害废物的燃点温度

物 质			温 度	
英文名称	中文名称	化学式	℉	℃
acetonitrile	乙腈	C_2H_3N	1400	760
tetrachloroethylene	四氯乙烯	C_2Cl_4	1220	660
acrylonitrile	丙烯腈	C_3H_3N	1200	650
methane	甲烷	CH_4	1220	660
hexachlorobenzene	六氯环己苯	C_6Cl_6	1200	650
1,2,3,4-tetrachlorobenzene	1,2,3,4-四氯苯	$C_6H_2Cl_4$	1220	660
pyridine	吡啶	C_5H_5N	1150	620
dichloromethane	二氯甲烷	CH_2Cl_2	1200	650
carbon tetrachloride	四氯化碳	CCl_4	1110	600
hexachlorobutadiene	六氯丁二烯	C_4Cl_6	1150	620
1,2,4-trichlorobenzene	1,2,4-三氯苯	$C_6H_3Cl_3$	1180	640
1,2-dichlorobenzene	1,2-二氯苯	$C_6H_4Cl_2$	1170	630
ethane	乙烷	C_2H_6	930	500
benzene	苯	C_6H_6	1170	630
aniline	苯胺	C_6H_7N	1150	620
monochlorobenzene	一氯苯	C_6H_5Cl	1000	540
nitrobenzene	硝基苯	$C_6H_5NO_2$	1060	570
hexachloroethane	六氯乙烷	C_2Cl_6	880	470
chloroform	氯仿	$CHCl_3$	770	410
1,1,1-trichloroethane	1,1,1-三氯乙烷	$C_2H_3Cl_3$	730	390

在进行危险废物焚烧处理时，一般需要根据所含有害物质的特性提出特殊要求，以达到规定的破坏去除率。如美国对 PCBs 的焚烧要求温度在 1200℃±100℃ 时，停留时间必须大于 2s，温度在 1600℃±100℃ 时，停留时间必须大于 1.5s。

(5) 过剩空气量（excess air） 为了保证氧化反应进行得完全，从化学反应的角度应提供足够的空气。但是，过剩空气的供给会导致燃烧温度的降低。因此，空气量与温度是两个相互矛盾的影响因素，在实际操作过程中，应根据废物特性、处理要求等加以适当调整。一般情况下，过剩空气量应控制在理论空气量的 1.7～2.5 倍。

总之，在焚烧炉的操作运行过程中，温度、停留时间、湍流程度和过剩空气量是四个最重要的影响因素，而且各因素间相互依赖，通常称"3T1E 原则"。

8.4 焚烧主要参数及热平衡计算

8.4.1 焚烧空气量及烟气量

设 1kg 燃料中含有碳 C(kg)、氢 H(kg)、氧 O(kg)、硫 S(kg)、氮 N(kg) 和水分 W(kg)，则该燃料完全燃烧可以由下列主要反应进行描述：

碳燃烧	$C+O_2 \longrightarrow CO_2$	$C/12×22.4$	(m^3)	(8-19a)
氢燃烧	$H_2+1/2O_2 \longrightarrow H_2O$	$H/2×(22.4/2)$	(m^3)	(8-19b)
硫燃烧	$S+O_2 \longrightarrow SO_2$	$S/32×22.4$	(m^3)	(8-19c)
燃料中的氧	$O \longrightarrow 1/2O_2$	$O/16×(22.4/2)$	(m^3)	(8-19d)

（1）理论需氧量　燃烧时理论需氧量可表达如下：

① 以体积表示

$$V_o = 22.4\left(\frac{C}{12} + \frac{H}{4} + \frac{S}{32} - \frac{O}{32}\right) = \frac{22.4}{12}C + \frac{22.4}{4}\left(H - \frac{O}{8}\right) + \frac{22.4}{32}S \quad (\text{m}^3/\text{kg}) \qquad (8\text{-}20\text{a})$$

② 以质量表示

$$V_o = 32\left(\frac{C}{12} + \frac{H}{4} + \frac{S}{32} - \frac{O}{32}\right) = \frac{32}{12}C + 8H + S - O \quad (\text{kg}/\text{kg}) \qquad (8\text{-}20\text{b})$$

（2）理论需空气量　空气中的氧含量若以体积计算为 21%，若以质量计算为 23%，所以燃烧的理论需空气量为：

① 以体积表示

$$V_a = \frac{1}{0.21}\left[1.867C + 5.6\left(H - \frac{O}{8}\right) + 0.7S\right] \quad (\text{m}^3/\text{kg}) \qquad (8\text{-}21\text{a})$$

② 以质量表示

$$V_a = \frac{1}{0.23}(2.67C + 8H - O + S) \quad (\text{kg}/\text{kg}) \qquad (8\text{-}21\text{b})$$

如果在垃圾焚烧时使用了辅助燃料（如天然气等），则可将其视为 CO、H_2、CH_4、C_2H_4、O_2 等的混合气体，可补充分析如下：

$$CO + \frac{1}{2}O_2 \longrightarrow CO_2 \qquad (8\text{-}22\text{a})$$

$$H_2 + \frac{1}{2}O_2 \longrightarrow H_2O \qquad (8\text{-}22\text{b})$$

$$CH_4 + 2O_2 \longrightarrow CO_2 + 2H_2O \qquad (8\text{-}22\text{c})$$

$$C_2H_4 + 3O_2 \longrightarrow 2CO_2 + 2H_2O \qquad (8\text{-}22\text{d})$$

理论需氧量为：

$$V_o = \frac{1}{2}(CO) + \frac{1}{2}(H_2) + 2(CH_4) + 3(C_2H_4) - (O_2) \quad (\text{m}^3/\text{m}^3) \qquad (8\text{-}23\text{a})$$

理论需空气量为：

$$V_a = \frac{1}{0.21}V_o \quad (\text{m}^3/\text{m}^3) \qquad (8\text{-}23\text{b})$$

（3）实际空气量　实际燃烧使用的空气量通常用理论空气量 V_a 的倍数 m 表示，称为空气比或过剩空气系数。

$$V_a' = mV_a \qquad (8\text{-}24)$$

废物完全燃烧的假设在仅供应理论需空气量的条件下是无法被满足的，因为氧化反应仅发生在垃圾的表面，需要充分的反应时间，因此需要超量供应助燃空气并加强搅拌能力。

过剩空气量通常占理论需氧量的 50%～90%，因此真正的助燃空气量 V_a' 为 $(1.5～1.9)V_a$。

（4）烟气量　若不考虑辅助燃料的影响，废气中各生成组分的体积可根据上述化学反应加以推求如下：

$$V_{CO_2} = 22.4\frac{C}{12} \quad (\text{m}^3/\text{kg})$$

$$V_{H_2O} = 22.4\left(\frac{H}{2} + \frac{W}{18}\right) \quad (\text{m}^3/\text{kg})$$

$$V_{SO_2} = 22.4\left(\frac{S}{32}\right) \quad (\text{m}^3/\text{kg})$$

$$V_{O_2} = 0.21(m-1)V_a = 0.21V_a - V_o \quad (\text{m}^3/\text{kg})$$

$$V_{N_2} = 0.79mV_a + 22.4\left(\frac{N}{28}\right) = 0.79V_a' + 22.4\left(\frac{N}{28}\right) \quad (\text{m}^3/\text{kg})$$

在上述方程式中，有几点假设，即物料中所有的 C 均氧化成 CO_2，所有的 S 均氧化成 SO_2，所有的 N 均以 N_2 存在于废气中，但实际情况并非如此，不完全燃烧将产生 CO，而少部分 N 会变成 NO_x，以及 Cl 有一部分会变成 HCl，在本估算中忽略其影响。

根据上述方程，总烟气量为：

$$V = V_{CO_2} + V_{SO_2} + V_{H_2O} + V_{N_2} + V_{O_2}$$

$$= (m - 0.21)V_a + \frac{22.4}{12}\left(C + 6H + \frac{2}{3}W + \frac{3}{8}S + \frac{3}{7}N\right) \quad (m^3/kg) \tag{8-25}$$

若不考虑烟气中的含水量，则总干烟气量为：

$$V_d = V_{CO_2} + V_{SO_2} + V_{N_2} + V_{O_2} \tag{8-26}$$

若使用辅助燃料时，则每立方米的气态燃料在 $V_a' = mV_a$ 的助燃空气供应下，会产生废气，组成如下：

$$V_{O_2} = 0.21(m-1)V_a + (O_2) \quad (m^3/m^3)$$

$$V_{N_2} = 0.79mV_a \quad (m^3/m^3)$$

$$V_{CO_2} = (CO_2) + (CO) + (CH_4) + 2(C_2H_4) \quad (m^3/m^3)$$

$$V_{H_2O} = (H_2) + 2(CH_4) + 2(C_2H_4) \quad (m^3/m^3)$$

则辅助燃料的总废气产量为：

$$V = V_{O_2} + V_{N_2} + V_{CO_2} + V_{H_2O}$$

$$= [(CO_2) + (CO) + (CH_4) + 2(C_2H_4)] + [(H_2) + 2(CH_4) + 2(C_2H_4)] +$$

$$(m - 0.21)V_a + (N_2) \quad (m^3/m^3) \tag{8-27}$$

通常空气污染防治法规对排放浓度标准均是以标准状态作为基准，因此要根据所求的废气中污染物浓度，并与相关法规比较，并进一步将实际量测的值作如下校正：

$$V[t(℃), p(mmHg)] = V(m^3)\left(\frac{273+t}{273}\right)\left(\frac{760}{p}\right) \quad (m^3) \tag{8-28}$$

式中，t 及 p 分别表示废气的温度及压力；V 为废气的体积。

(5) 过剩空气系数 m 在实际操作中，为了掌握燃烧状况，常常通过测定烟气组分求算过剩空气系数 m。烟气中各种组分的分量用 (CO_2)、(CO)、(N_2)、(O_2)、(SO_2) 表示，则实际供氧量 V_o' 和理论供氧量 V_o 可以用不参与燃烧反应的 N_2 为基准由下式给出：

$$V_o' = \frac{0.21}{0.79}\left[(N_2) - \frac{n}{14} \times \frac{22.4}{2V}\right]V$$

$$V_o = V_o' - [(O_2) - (O_2')]V$$

式中，V 为 1kg 燃料燃烧产生的烟气量；$\frac{n}{14} \times \frac{22.4}{2}$ 为燃料中的氮燃烧产生的氮气量；(O_2') 为烟气中未燃尽组分燃烧所需氧的分量，通常取 $(O_2') = 1/2(CO)$。

因此：

$$m = \frac{V_a'}{V_a} = \frac{V_o'}{V_o} = \frac{\dfrac{0.21}{0.79}\left[(N_2) - \dfrac{0.8n}{V_d}\right]}{\dfrac{0.21}{0.79}\left[(N_2) - \dfrac{0.8n}{V_d}\right] - [(O_2) - (O_2')]}$$

$$= \frac{(N_2) - \dfrac{0.8n}{V_d}}{(N_2) - 3.77\left[(O_2) - \dfrac{1}{2}(CO)\right] - \dfrac{0.8n}{V_d}}$$

燃料中氮含量较少时，$0.8n/V_d$ 可以忽略不计，

$$m=\cfrac{1}{1-\cfrac{3.77\left[(O_2)-\cfrac{1}{2}(CO)\right]}{(N_2)}}$$

正常燃烧情况下，可以假设 $(CO)\approx0$，$(N_2)\approx0.79$，则：

$$m\approx\frac{0.21}{0.21-(O_2)} \tag{8-29}$$

【例 8-1】 若已知某垃圾样品的三成分分析及元素分析资料如下，试求每单位质量垃圾的理论需空气量及燃烧后总烟气量。

垃圾样品三成分分析					垃圾样品元素分析		
项目	高	中	低		元素	全样品/%	可燃分/%
可燃分 B/%	42.3	37.5	33.7		C	20.33	53.9
灰分 A/%	16.0	15.9	12.4		H	2.80	7.4
水分 W/%	41.0	49.1	50.4		N	0.45	1.2
低位发热量/(kcal/kg)	1942	1672	1405		S	0.02	0.1
					Cl	0.34	0.9
					O	13.76	36.5
					总计	37.5	100

解：

若仅针对可燃分 B，则理论需空气量为：

$$V_a=\frac{1}{0.21}\left[1.864C+5.6\left(H-\frac{O}{8}+0.7S\right)\right]$$
$$=\frac{1}{0.21}\left[1.867\times0.539+5.6\times\left(0.074-\frac{0.365}{8}\right)+0.7\times0.001\right]=5.55 \quad (m^3/kg)$$

所以，针对单位垃圾样品，理论需空气量为：

$$V_a=5.55\frac{B}{100}=0.0555B \quad (m^3/kg)$$

实际需空气量为：

$$V_a'=mV_a=0.0555mB \quad (m^3/kg)$$

因此，当 $m=1$ 时，各种理论需空气量的状况可计算如下：

$$B=42.3, V_a=0.0555\times42.3=2.35 \quad (m^3/kg)$$
$$B=37.5, V_a=0.0555\times37.5=2.14 \quad (m^3/kg)$$
$$B=33.75, V_a=0.0555\times33.7=1.87 \quad (m^3/kg)$$

烟气量可由下式计算

$$V=(m-0.21)V_a+\frac{22.4}{12}\left(C+6H+\frac{2}{3}W+\frac{3}{8}S+\frac{3}{7}N\right)$$

所以：$V_a=0.0555B$，若 $B=37.5$，$m=1$，$W=49.1$

$$C=0.539\left(\frac{B}{100}\right), H=0.074\left(\frac{B}{100}\right), S=0.001\left(\frac{B}{100}\right), N=0.012\left(\frac{B}{100}\right)$$

所以：

$$V=(m-0.21)0.0555B+\frac{22.4}{12}\left\{\begin{array}{l}\left[0.539+6\times0.074+\left(\frac{3}{8}\right)\times0.001+\left(\frac{3}{7}\right)\times0.012\right]\frac{B}{100}+\\ \frac{2}{3}\frac{W}{100}\end{array}\right\}=2.55 \quad (m^3/kg)$$

8.4.2 焚烧烟气温度

燃料燃烧产生的热量绝大部分贮存在烟气中，因此掌握烟气的温度无论对于了解燃烧效率还是进行余热利用都是十分重要的。燃料与空气混合燃烧后，在没有任何热量损失的情况下，燃烧烟气所能达到的最高温度称为绝热火焰温度，决定火焰温度的关键因素是燃料的热值。由于燃烧过程中必然伴随部分热量损失，实际烟气温度总是低于绝热火焰温度。但绝热火焰温度可以给出理论上可以达到的最高烟气温度（即炉膛温度）。

理论燃烧温度（绝热火焰温度）可以通过下列近似方法求得：

$$H_L = VC_{pg}(T - T_0) \tag{8-30}$$

式中，H_L 为燃料的低热值，kJ/kg；C_{pg} 为废气在 T 及 T_0 间的平均比热容，在 0～100℃ 范围内，$C_{pg} \approx 1.254$kJ/(kg·℃)；T_0 为大气或助燃空气温度，℃；T 为最终废气温度，℃；V 为燃烧产生的废气体积，m³。

此时 T 可当成是近似的理论燃烧温度（绝热火焰温度），式(8-30) 可以变换为：

$$T = \frac{H_L}{VC_{pg}} + T_0 \tag{8-31}$$

若系统总热损失为 ΔH，则实际燃烧温度可由下式估算：

$$T = \frac{H_L - \Delta H}{VC_{pg}} + T_0 \tag{8-32}$$

【例 8-2】 若采用以下假设：①空气比 $m=2$；②废气平均比热 $C_{pg}=0.333$kcal/(m³·℃)；③大气温度为 20℃；④ $H_1=1488$kcal/kg。化学元素分析资料为：C=0.194kg/kg、H=0.027kg/kg、S=0.0004kg/kg、O=0.131kg/kg、W=0.5kg/kg、N=0.004kg/kg。试求烟气量及燃烧温度。

解：

理论需空气量为：

$$\begin{aligned}
V_a &= \frac{1}{0.21}\left[1.867C + 5.6\left(H - \frac{O}{8}\right) + 0.7S\right] \\
&= \frac{1}{0.21}\left[1.867 \times 0.194 + 5.6 \times \left(0.027 - \frac{0.131}{8}\right) + 0.7 \times 0.0004\right] \\
&= 2.01 \quad (m³/kg)
\end{aligned}$$

烟气量可计算如下：

$$\begin{aligned}
V &= (m - 0.21)V_a + \frac{22.4}{12}\left(C + 6H + \frac{2}{3}W + \frac{3}{8}S + \frac{3}{7}N\right) \\
&= (2 - 0.21) \times 2.01 + \frac{22.4}{12} \times \left(0.194 + 6 \times 0.027 + \frac{2}{3} \times 0.5 + \frac{3}{8} \times 0.0004 + \frac{3}{7} \times 0.004\right) \\
&= 3.60 + 1.29 = 4.89 \quad (m³/kg)
\end{aligned}$$

已知：$H_1 = 1488$kcal/kg；$V = 4.89$m³/kg；$C_{pg} = 0.333$kcal/(m³·℃)；$T_1 = 20$℃

则理论燃烧温度为：

$$t_2 = \frac{H_1}{VC_{pg}} + t_1 = \frac{1488}{4.89 \times 0.333} + 20 = 934 \quad (℃)$$

8.4.3 焚烧系统热平衡计算

固体废物焚烧系统中，输入系统的热量总和应等于输出系统的热量总和，此即热量平衡。在进行固体废物焚烧热量平衡计算时，需要确定基准温度，这个基准温度可以取为 0℃，也可以取为环境大气温度。

(1) 热量输入组成

① 燃料发热量 H_{i1}：

采用高热值时，$H_{i1} = H_h$ (kcal/kg)；

采用低热值时，$H_{i1} = H_1$ (kcal/kg)。

② 燃料显热 H_{i2}：

$$H_{i2} = C_f(\theta_f - \theta_0) \tag{8-33}$$

式中，C_f 为燃料比热，kcal/(kg·℃)，垃圾的 $C_f \approx 0.6 \sim 0.7$kcal/(kg·℃)；θ_f 为燃料温度，℃；θ_0 为基准温度，℃。

③ 助燃空气显热 H_{i3}：

$$H_{i3} = AC_a(\theta_a - \theta_0) \tag{8-34}$$

式中，A 为助燃空气量，kg/kg 或 m³/kg；C_a 为空气的等压比热容，kJ/(kg·℃) 或 kcal/(kg·℃)；θ_a 为空气入口温度，℃。

(2) 热量输出组成

① 烟气带走的热量 H_{o1}。以低热值计算：

$$H_{o1} = V_d C_g(\theta_g - \theta_0) + (V - V_d)C_s(\theta_g - \theta_0) \tag{8-35}$$

式中，C_g 为烟气平均等压比热；C_s 为水蒸气平均等压比热；θ_g 为烟气温度。

以高热值计算：

$$H_{oh} = V_d C_g(\theta_g - \theta_0) + (V - V_d)[C_s(\theta_g - \theta_0) + r] \tag{8-36}$$

式中，r 为水的蒸发潜热。

② 不完全燃烧造成的热损失 H_{o2}。该部分热损失主要包括底灰不完全燃烧造成的热损失和飞灰不完全燃烧造成的热损失，其计算分别见式(8-37) 和式(8-38)。

$$H_{o2}' = 6000 I_g a \ (\text{kcal/kg}) \tag{8-37}$$

式中，a 为灰分，kg/kg；I_g 为底灰中残留可燃物分量，约等于热灼减量；6000 为底灰中残留可燃物的热值，kcal/kg。

$$H_{o2}'' = 8000 d C_d \ (\text{kcal/kg}) \tag{8-38}$$

式中，d 为飞灰量，kg/kg；C_d 为飞灰中可燃物分量；8000 为飞灰中残留可燃物的热值，kcal/kg。

$$H_{o2} = H_{o2}' + H_{o2}'' \quad （约占总出热的 0.5\% \sim 2.0\%） \tag{8-39}$$

③ 焚烧灰带走的显热 H_{o3}：

$$H_{o3} = a C_{as}(\theta_{as} - \theta_0) \tag{8-40}$$

式中，C_{as} 为焚烧灰的比热容，kcal/kg，约等于 0.3；θ_{as} 为焚烧灰出口温度。

④ 炉壁散热损失 H_{o4}。通常由入热和出热的差值计算，需要单独计算时，单位时间炉壁的散热量可以表示为：

$$H_{o4}' = \sum h_e(\theta_s - \theta_a)F + 4.88\varepsilon\left[\left(\frac{T_s}{100}\right)^4 - \left(\frac{T_a}{100}\right)^4\right]F \tag{8-41}$$

式中，h_e 为对流传热系数；θ_s 为炉外壁表面温度，℃；T_s 为炉外壁表面温度，K；θ_a 为环境大气温度，℃；T_a 为环境电器温度，K；F 为炉外壁面积，m²；ε 为炉外壁表面辐射率。

H_{o4}' 也可以由下式求得：

$$H_{o4}' = \frac{\lambda(\theta_i - \theta_s)}{L}F \ (\text{kcal/h}) \tag{8-42}$$

式中，λ 为炉壁的导热系数；θ_i 为炉内壁温度；L 为壁厚，m。

换算成 1kg 燃料：

$$H_{o4} = \frac{H_{o4}'}{M} \tag{8-43}$$

式中，M 为单位时间的投料量，kg/h。

【例8-3】 已知垃圾样品的元素分析及三成分分析数据列于下表。焚烧系统中重要参数也已得到列于下表。假设焚烧厂内没有废热回收及冷却设备，试求各种热源及热损失的大小。

垃圾成分分析

热值 H_1/(kcal/kg)	元素分析/%						可燃分/%	灰分/%	水分/%
1400	C	O	H	N	S	Cl	38	10	52
	47.04	43.65	6.95	1.35	0.12	0.89			

焚烧系统的重要设计及操作参数

项目	符号	单位	数值	项目	符号	单位	数值
进料速率	F	t/h	8	废气产率	V	m³/kg	4.74
空气预热温度	t_1	℃	180	废气的平均定压比热容	C_{pg}	kcal/(m³·℃)	0.35
空气比	m	—	2.2	灰烬温度	t_a	℃	300
燃烧温度	t_2	℃	900	灰烬产量比例	K	%	10
灰烬中残碳量	n	%	1.00	灰烬比热容	S	kcal/(kg·℃)	0.2
理论需空气量	V_a	m³/kg	1.74				

解：

① 热源

a. 由垃圾的低位发热量所带来的热焓

$$H_1 = 1400 \times 8000 = 11200000 \ (kcal/h)$$

b. 由预热空气带的热焓

$$H_2 = mV_a t_1 C_{pg} F$$
$$= 2.2 \times 1.74 \times 180 \times 0.35 \times 8000$$
$$= 1708800 \ (kcal/h)$$

总进入热源 = 11200000 + 1708800 = 12908800 （kcal/h）

② 热损失

a. 废气余热排放所带走的热焓

$$H_3 = Vt_2 C_{pg} F$$
$$= 4.74 \times 900 \times 0.35 \times 8000$$
$$= 11944800 \ (kcal/h)$$

b. 灰烬余热所带走的热焓

已知灰烬温度300℃，产量为垃圾进料量的10%，比热容为0.2kcal/kg℃，则：

$$H_4 = 0.1 \times 0.2 \times 300 \times 8000 = 48000 \ (kcal/h)$$

c. 辐射热损失

假设辐射热损失为总进入热源5%，则：

$$H_5 = 12908800 \times 0.05 = 645440 \ (kcal/h)$$

d. 灰烬残碳量所带走的热焓

已知碳的热值为8100kcal/kg。

$$H_6 = 8100 \times 8000 \times 0.01 = 648000 \ (kcal/h)$$

e. 废气中CO排放所带走的热焓

因题目中未说明CO的浓度，已知燃烧碳变成CO与变成CO_2所产生的热焓的大小差异为5954kcal/kg，假设燃烧的垃圾含碳量为15.68%，而CO占CO_2约1%，则废气中CO排放所带走的热焓为：

$$H_7 = 0.01 \times (0.1568 - 0.01) \times 5954 \times 8000 = 69924 \text{ (kcal/h)}$$

因此，可以统计出总热损失：

$$总热损失 = H_3 + H_4 + H_5 + H_6 + H_7$$

$$= 11944800 + 48000 + 648000 + 69924 = 12710724 \text{ (kcal/h)}$$

入热与出热的差额可视为其他次要损失（小于总进入热量的 2%）。

所以，其他次要热损失 $= 12908800 - 12710724 = 198076$(kcal/h)

【例 8-4】 如果已知垃圾的低位发热量为 $H_L = 1500$kcal/kg，预热空气带来的热焓为未知数 X，但辐射热损失比率为 5%，损失热量为 90kcal/kg，假设该厂没有废热回收，预热空气温度为 200℃，假设主要热损失为辐射热，并假设大气温度为 20℃ 及废气平均定压比热 0.35kcal/(m³·℃)，废气产量为 5m³/kg，试推求预热空气带来的热焓及燃烧温度。

解：

已知辐射热损失为 90kcal/kg，占 5%，则总进入的热源为：90/0.05 = 1800(kcal/kg)。

因此由预热空气带来的热焓为 300kcal/kg。

可依简化的热平衡来计算燃烧温度如下：

$$1800 = 90 + 5 \times 0.35 \times (T - 20)$$

$$T = 997 \text{ （℃）}$$

【例 8-5】 若已知空气比为 $m = 2$，烟气平均定压比热为 0.333kcal/(m³·℃)，各种热损失 (ΔH) 共约 145kcal/kg，助燃空气温度为 20℃，垃圾样品的元素分析及成分分析资料如下表，试求垃圾的低位发热量，废气产率及燃烧温度。

垃圾组成分析

元素分析/%					可燃分/%	水分/%
C	H	O	N	S		
17.89	2.57	12.11	0.55	0.04	34.54	49.97

解：

① 求低位发热量

垃圾元素主要的燃烧反应如下：

$$C + O_2 \longrightarrow CO_2 + 97200 \text{ （cal/mol）} (8100\text{kcal/kg})$$

$$C + \frac{1}{2}O_2 \longrightarrow CO + 29620 \text{ （cal/mol）}$$

$$CO + \frac{1}{2}O_2 \longrightarrow CO_2 + 67580 \text{ （cal/mol）}$$

$$H_2 + \frac{1}{2}O_2 \longrightarrow H_2O_{(l)} + 68500 \text{ （cal/mol）} (34000\text{kcal/kg})$$

$$H_2 + \frac{1}{2}O_2 \longrightarrow H_2O_{(g)} + 57750 \text{ （cal/mol）}$$

$$S + O_2 \longrightarrow SO_2 + 70860 \text{ （cal/mol）} (2200\text{kcal/kg})$$

因此高位及低位发热量亦可表达为：

$$H_H = 8100C + 34000\left(H - \frac{O}{8}\right) + 2200S \text{ （kcal/kg）}$$

$$H_L = H_H - 600 \text{ （W} + 9H） \text{ （kcal/kg）}$$

则：

$$H_H = 8100 \times 0.1789 + 34000 \times \left(0.0257 - \frac{0.1211}{8}\right) + 2200 \times 0.0004 = 1890 \ (\text{kcal/kg})$$

$$\begin{aligned}
H_L &= H_H - 600(W + 9H) \\
&= 1890 - 600 \times (0.4997 + 9 \times 0.0257) \\
&= 1451 \ (\text{kcal/kg})
\end{aligned}$$

② 求废气产率

$$\begin{aligned}
V_a &= \frac{1}{0.21}\left[1.867 \times 0.1789 + 5.6 \times \left(0.0257 - \frac{0.1211}{8}\right) + 0.7 \times 0.0004\right] \\
&= 1.87 \ (\text{m}^3/\text{kg})
\end{aligned}$$

$$V = (2 - 0.21) \times 1.87 + \left(\frac{22.4}{12}\right) \times \left(0.1789 + 6 \times 0.0257 + \frac{2}{3} \times 0.4997 + \frac{3}{8} \times 0.0004 + \frac{3}{7} \times 0.0055\right)$$
$$= 4.60 \ (\text{m}^3/\text{kg})$$

③ 求燃烧温度

$$t = \frac{H_1 - \Delta H}{VC_{pg}} + 20 = \frac{1451 - 145}{4.60 \times 0.333} + 20 = 873 \ (℃)$$

8.5 典型焚烧系统及工作原理

本节将根据目前国际上常用的四大类焚烧系统进行介绍，包括机械炉床混烧式焚烧炉、旋转窑式焚烧炉、流化床式焚烧炉以及模组式焚烧炉，主要型号焚烧炉的优缺点列于表8-7。在实际应用中，可根据不同的处理对象和运行等所需要的条件加以选用。

表 8-7 主要型号焚烧炉的优缺点

焚烧炉种类	优 点	缺 点
机械炉床焚烧炉（混烧式焚烧炉）	适用大容量(单座容量 100～500t/d)；未燃分少，二次污染易控制；燃烧稳定；余热利用高	造价高；操作及维修费高；须连续运转；操作运转技术高
旋转窑式焚烧炉	垃圾搅拌及干燥性佳；可适用中、大容量(单座容量 100～400t/d)；残渣颗粒小	连接传动装置复杂；炉内的耐火材料易损坏
流化床式焚烧炉	适用中容量(单座容量 50～200t/d)；燃烧温度较低(750～850℃)；热传导性好；公害低；燃烧效率佳	操作运转技术高；燃料的种类受到限制；需添加载体(石英砂或石灰石)；进料颗粒较小(约 5cm 以下)；单位处理量所需动力高；炉床材料易冲蚀损坏
模组式固定床焚烧炉	适用小容量(单座容量 50t/d)；构造简单；装置可移动、机动性大	燃烧不安全，燃烧效率低；使用年限短；平均建造成本较高

8.5.1 机械炉床式焚烧炉

(1) 机械焚烧炉基本结构　完整的固体废物焚烧系统通常由许多装置和辅助系统组成，典型的此型垃圾焚烧系统如图 8-4 所示。在这个系统中包括核心设备的机械炉床焚烧炉主体以及其他作为辅助系统的原料贮存系统、加料系统、送风系统、灰渣处理系统、废水处理系统、尾气处理系统和余热回收系统等。大型机械炉床焚烧炉多使用于大城市的集中式废物处理系统中，全部装置均在现场建造和安装，工期较长，建造成本高，使用寿命较长，但操作复杂，整体系统相当于一座火力发电厂的构造。

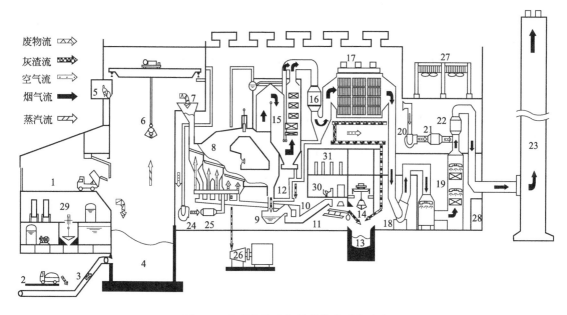

图 8-4 大型水墙式机械焚烧炉系统示意

1—大型车卸料平台；2—小型车卸料平台；3—垃圾输送带；4—垃圾槽；5—进料抓斗操作室；6—进料抓斗；
7—投料口；8—焚烧炉；9—出灰装置；10—灰渣输送带；11—金属回收装置；12—粉尘输送装置；13—灰槽；
14—灰渣抓斗；15—废热锅炉；16—节煤器；17—除尘器；18—引风机；19—气体净化装置；20—消除白烟用
风机；21—消除白烟用空气加热器；22—烟气加热器；23—烟囱；24—鼓风机；25—空气预热器；
26—蒸汽发电机；27—除湿冷却器；28—水银回收装置；29—污水处理装置；30—中央控制室；31—配电室

(2) 焚烧炉主要子系统

① 贮存及进料子系统。本系统由垃圾贮坑、抓斗、破碎机（有时可无）、进料斗及故障排除/监视设备组成，垃圾贮坑提供了垃圾暂时贮存、混合及破碎大件垃圾的场所，一座大型水墙式焚烧厂通常设有一座贮坑，负责替3~4座焚烧炉体进行供料的任务，每一座焚烧炉均有一进料斗，贮坑上方通常由1~2座吊车及抓斗负责供料，操作人员由监视荧幕或目视垃圾由进料斗滑入炉体内的速度决定进料频率。若有大型物卡住进料口，进料斗内的故障排除装置亦可将大型物顶出，落回贮坑。操作人员亦可指挥抓斗抓取大型物品，吊送到贮坑上方的破碎机破碎，以利进料。

② 焚烧子系统。贮存在废物贮槽的废物经加料斗进入炉膛，在炉排上连续、缓慢地向下移动，这期间通过与热风的对流传热和火焰及炉壁的辐射传热，完成干燥、点火、燃烧和后燃烧的过程，达到炉排（grate）底端时，废物中的有机成分基本燃尽，通过排渣装置进入灰渣处理系统。

a. 炉膛。焚烧炉的炉膛通常应设置成两个燃烧室（见图8-5）。第一燃烧室主要完成固体物料的燃烧和挥发组分的火焰燃烧，第二燃烧室主要对烟气中的未燃尽组分和悬浮颗粒进行燃烧。第一燃烧室通常内衬耐火材料，以尽量减少散热损失，当废物

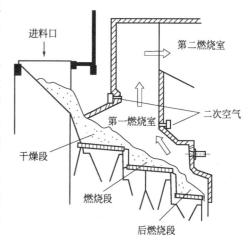

图 8-5 焚烧炉炉膛构造示意

热值较低或在低负荷运行时，也可以保证炉膛内实现稳定、良好的燃烧。第二燃烧室的设计必须考虑完成烟气中未燃尽组分燃烧所需要的空间以及保证二次空气与烟气充分混合的形状。采用废热锅炉式冷却装置处理高热值废物时，第二燃烧室通常采用水冷壁炉膛，以期实现有效的热吸收。在这种情况下，二燃室兼有燃烧和冷却空间的作用。这种类型的焚烧炉也称大型混烧水墙式机械焚烧炉（large scale mass burn waterwall incinerator），简称水墙式焚烧炉（waterwall incinerator）。

b. 炉排。废物的燃烧过程主要是在炉排上完成的，它也是构成焚烧炉燃烧室的最关键部件。炉排的作用主要有：通过炉膛输送废物及灰渣；搅拌和混合物料；使从炉排下方进入的一次空气顺利通过燃烧层。

根据对废物移送方式的不同，炉排可以分为多种形式，现代化的较典型的焚烧过程大都使用移动式炉排，有往复式炉排、马丁炉排、摇动式炉排、滚动炉排和旋转炉排等。其他的炉排还有摇滚窑、振动式炉排、摆动式炉排、反转往复式炉排、多级旋转鼓炉排、带手柄的旋转椎炉排。图 8-6 为几种常用的炉排形式。

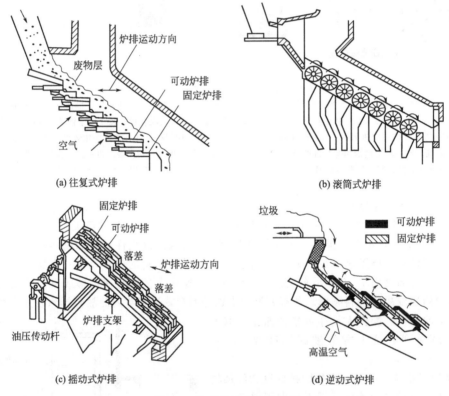

图 8-6　主要的机械炉排形式

移动式炉排是由一些连续移动的链带构成的，类似普通带式输送机。这些炉排由链轮驱动，由许多相分开的称为"楔"的相对较小的金属块覆盖，将废物输送通过炉子。通常两个炉排装设在不同高度上，燃烧的废物从一个炉排掉到另一个炉排上发生搅动，使废物焚烧强化。

往复式炉排系统类似屋顶补设的瓦片。这些炉排中有固定层板，还有往复移动层。这些层板形成交错层，往复运动推动废物沿炉排表面前进，炉排一般近于水平，稍向下倾斜。摇动式炉排依靠液压式或机械式推杆推动炉排向上运动，使炉排上废物向前运动穿过焚烧炉，两排炉排之间相对起落高度为 5~10cm。

c. 炉膛温度控制。助燃空气通过两种方式供给，火焰下空气（underfire air）和火焰上空气

（overfire air），也称一次空气（primary air）和二次空气（secondary air）。一次空气由炉排下方吹入，其作用是提供废物燃烧所需的氧气。由于废物含水量较大，城市垃圾的含水率通常在 $40\% \sim 60\%$，采用经预热的助燃空气不仅可以为废物干燥提供部分热量，而且有利于炉膛温度的提高。干燥垃圾的着火点为 200℃ 左右，向经干燥段干燥的垃圾层中通入 200℃ 的助燃空气，干燥垃圾即可自燃着火。一次空气的另一个作用是防止炉排过热，通常助燃空气的预热温度应控制在 250℃ 以下。二次空气从炉排上方吹入，其主要作用是使炉膛内气体产生扰动，造成良好的混合效果，同时为烟气中未燃尽可燃组分氧化分解所需的氧气。通常情况下，一次空气的供给量大于二次空气量。

炉膛内的温度一般应为 $700 \sim 1000℃$，最好控制在 $750 \sim 950℃$。炉膛温度下限的设置主要考虑两个原因：恶臭物质的氧化分解一般认为在 700℃ 以上时进行得比较完全；低温燃烧时容易产生剧毒物质二噁英，当温度高于 700℃ 时，二噁英则由生成转向分解。炉膛温度上限的确定主要考虑设备的腐蚀和灰渣的结焦（焚烧灰的熔融温度大约在 $1100 \sim 1200℃$ 之间），同时还可以减少烟气中 NO_x 的形成。

③ 废热回收子系统。此系统包括布置在燃烧室四周的锅炉炉管（即蒸发器）、过热器、节热器、炉管吹灰设备、蒸汽导管、安全阀等装置，由于蒸发器排列像水管墙，因此本型炉被称为水墙式焚烧炉。锅炉炉水循环系统为一封闭系统，炉水不断在锅炉管中循环，经由不同的热力学变化将能量释放给发电机。炉水每日需冲放以排出管内污垢，损失的水量可由水处理厂补充。

④ 发电子系统。锅炉产生的高温高压蒸汽，被导入发电机后，在急速冷凝的过程中推动了发电机的涡轮叶片，产生电力，并将未凝结的蒸汽导入冷却水塔，冷却后贮存在凝结水贮槽，经由给水系统再打入锅炉炉管中，进行下一循环的发电工作。在发电机中的蒸汽，亦可中途抽出一小部分作次级用途，例如助燃空气预热等。给水处理厂送来的补充水，注入给水系统前的除氧器中，除氧器则以特殊的机械构造将溶于水中的氧去除，以防炉管腐蚀。根据大型垃圾焚烧发电厂的运行经验，大约有 $20\% \sim 30\%$ 的电力用于焚烧厂的运行用电，多余的电力可以并入市政电网，是一种清洁的可再生能源。

⑤ 给水处理子系统。给水处理子系统主要作为处理外界送入的自来水或地下水，将其处理到纯水或超纯水的程度，再送入锅炉水循环系统，其处理方法为高级用水处理程序，一般包括活性炭吸附、离子交换及反渗透等单元。

⑥ 烟气处理子系统。废物焚烧产生的烟气由二燃室出口进入烟气冷却装置冷却至一定温度后，再经除尘、淋洗等尾气处理设施，由烟囱排入大气。早期常使用静电除尘器去除悬浮微粒，再用湿式洗烟塔去除酸性气体（如 HCl、SO_x、HF 等），近年来则多采用干式或半干式洗烟塔去除酸性气体，配合布袋除尘器去除悬浮微粒及其他重金属等物质。

烟气冷却装置是为保护后续的尾气净化装置而设置的，其冷却效果（即冷却后烟气的温度）应根据尾气净化装置材质的特性确定，通常要求控制在 $150 \sim 250℃$。低于 150℃ 时，烟气中的 HCl 及 SO_x 会在低温传热面上凝结为盐酸和硫酸，从而对设备造成严重的低温腐蚀；高于 300℃ 时，烟气中的 HCl 与堆积在传热面上的粉尘发生复杂反应，又会造成设备的高温腐蚀，管壁温度与腐蚀速度之间的关系如图 8-7 所示。$250 \sim 450℃$ 间也是焚烧烟气中二噁英类物质再合成的较为敏感的温度区间。

烟气的冷却方式有废热锅炉式、水冷式、空气混合式和间接空冷式等。其中废热锅炉式冷却装置对于处理高热值废物的大型焚烧炉应用较多，其主要优点在于可以有效地回收和利用废物焚烧产生的热量；水冷式主要用于小型焚烧炉；空气混合式和间接空冷式装置由于需要较大的通风设备，在实际装置中应用较少。

烟气在炉膛内的流动状态可以根据炉膛构造设计的不同分为：对流式（逆流式）、并流式（顺流式）、错流式（交流式）、二次回流式（复流式）四种情况（见图 8-8）。其目的都是使烟气与二次空气充分混合，在排出二燃室之前，使烟气中的未燃尽组分完全燃烧。

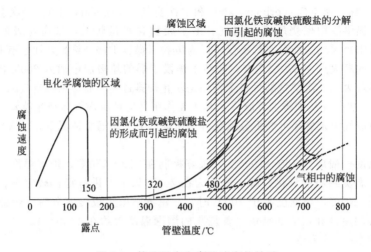

图 8-7　管壁温度和腐蚀速度的关系

图中露点温度因烟气中的水分含量和从 SO_x 转换为 SO_3（SO_3 浓度）的
转换率不同而异，150℃是水分 20%、SO_3 浓度 $20\mu l/L$ 的条件下的露点温度

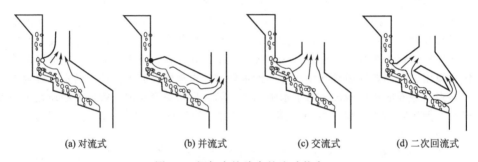

图 8-8　烟气在炉膛内的流动状态

⑦ 废水处理子系统。由锅炉排放的废水、员工生活废水、实验室废水或洗车废水所收集来的废水，可以综合在废水处理厂一起处理，达到排放标准后再放流或回收再利用。废水处理系统一般由不同功能的物理、化学及生物处理单元所组成。

⑧ 灰渣收集及处理子系统。由焚烧炉体产生的底灰及废气处理单元所产生的飞灰，由于含有不同种类的重金属或有机毒性物质，必须根据相应的法规标准进行处理以防止产生二次污染。由于处理标准上的差异，有些厂采用合并收集方式，有些则采用分开收集方式。

(3) 焚烧炉设计指标　以固体废物为处理对象的焚烧系统不同于以煤为燃料的燃烧系统，其主要目的是使废物中的有机物完全燃烧，从而最大限度地实现废物的无害化。因此，在设计焚烧炉时必须充分考虑以下因素：①废物的燃料特性随季节和区域的不同而有较大的变化；②废物中含有较多的水分；③废物中混有燃烧特性不同的物料；④废物的性状、大小不一，燃烧速度有较大的差异。

作为衡量焚烧炉处理能力的重要指标——燃烧室热负荷和炉排燃烧率——在设计中要求必须给出。前者决定燃烧室的大小，其定义为：燃烧室单位容积、单位时间燃烧的废物所产生的热量（低热值），单位是 $kcal/(m^3 \cdot h)$。燃烧室的容积是指保温材料所包围的空间，以空炉时炉排上方的容积计，但对于二燃室设置水冷壁的焚烧炉型，则只考虑水冷壁以下第一燃烧室的容积。当燃烧室热负荷设计过大时，燃烧室体积变小，炉膛温度升高，容易加速炉壁的损伤以及在炉排和炉壁上的结焦，同时，烟气在燃烧室的停留时间缩短，烟气中可燃组分燃烧不完全，甚至在后续烟道中再次燃烧造成事故；相反，当燃烧室热负荷设计过小时，燃烧室容积增大，炉壁的散热损失造成炉膛温度的降低，特别是当废物热值较低时，会使得燃烧不稳定，造成灰渣中热灼减量的增加。作为设计的参考值，对于间歇式焚烧炉通常为 $(4\sim10)\times10^4\mathrm{kcal/(m^3\cdot h)}$，对于连续式焚烧炉通常为 $(8\sim15)\times10^4\mathrm{kcal/(m^3\cdot h)}$。

炉排燃烧率 G 是指炉排单位面积、单位时间可以焚烧的废物量，即

$$G=\frac{W}{HA}\left[\mathrm{kg/(m^2\cdot h)}\right] \tag{8-44}$$

式中，A 为炉排面积，$\mathrm{m^2}$；H 为每天的运行时间，$\mathrm{h/d}$；W 为废物焚烧量，$\mathrm{kg/d}$。

根据上述定义，炉排燃烧率越大，说明焚烧炉的处理能力越大，焚烧炉的性能越好。而对于特定的焚烧炉（规格、大小一定），则废物热值越高、灰渣的热灼减量越大、助燃空气温度越高，炉排燃烧率就应取得越大。作为设计的参考值，对于间歇式焚烧炉通常取为 $120\sim160\mathrm{kg/(m^2\cdot h)}$，对于连续式焚烧炉通常取为 $200\mathrm{kg/(m^2\cdot h)}$。

8.5.2 旋转窑式焚烧炉

(1) 旋转窑式焚烧炉基本结构 旋转窑炉的主体设备是一个横置的滚筒式炉体，通过炉体的缓慢转动，对废物起到搅拌和移送的作用。旋转窑式焚烧炉通常包括滚筒式炉体、后燃烧炉排和二次燃烧室。炉体通常是一个钢制滚筒，内衬耐火材料，筒体主轴沿废物移动方向稍微倾斜。废物在炉内的移动过程中完成干燥、燃烧和后燃烧。旋转窑炉的燃烧室热负荷通常设计为 $(7\sim8)\times10^4\mathrm{kcal/(m^3\cdot h)}$。

由于旋转窑炉的结构简单，可以达到较高的炉膛温度，适于处理 PCBs 等危险废物和一般工业废物。用于处理城市生活垃圾时，则会由于动力消耗较大，而增加垃圾的处理成本。旋转窑式焚烧炉的构造示意图见图 8-9。

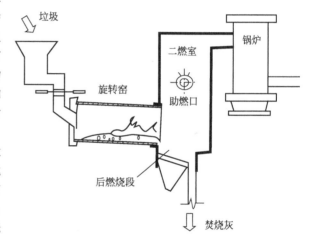

图 8-9 旋转窑式焚烧炉构造示意

旋转窑式焚烧炉采用二段式燃烧，第一段类似水泥的水平圆筒式燃烧室，以定速旋转达到垃圾的搅拌，垃圾可以从前端送入窑中，进行焚烧，若采用多用途式设计，废液及废气可以从前段、中段、后段同时配合助燃空气送入，甚至于整桶装的废物（如污泥），也可整桶送入第一燃烧室内燃烧。因此在备料及进料上较复杂，第一燃烧室燃烧完的废气及灰渣进入第二燃烧室，因废气中仍含有若干有机物，故须导入二次燃烧室，辅以助燃油及超量助燃空气达到完全燃烧的效果。经借助高温氧化进行二次燃烧后，再送入尾气污染控制系统，底灰及飞灰分别收集。旋转窑式焚烧炉系统的工艺流程如图 8-10 所示。

如果依照第一燃烧室的操作温度来区分，可以进一步将旋转窑式焚烧炉分成灰渣式旋转窑焚烧炉（ashing rotary kiln incinerator）或熔渣式旋转窑焚烧炉（slagging rotary kiln incinerator）。前者通常在 650～980℃之间操作，而后者的操作温度则在 1203～1430℃之间。在液体喷注时，须考虑其黏度与雾化效果，同时亦须考虑进料的相容性及腐蚀性，固、液、气三相并存时的热平衡现象也较复杂。第一、二燃烧室的内壁均须砌筑耐火砖，旋转时须保持适当倾斜度，以利固体物料下滑，旋转窑的转速及长径比控制了垃圾的停留时间，长径比（L/D 值）越高，停留时间越久，但成本也越高。但长径比不足时，则垃圾不能达到完全燃烧的效果；当转速越大时，垃圾越易下滑翻滚，虽搅拌能力增强，但停留时间则缩短。

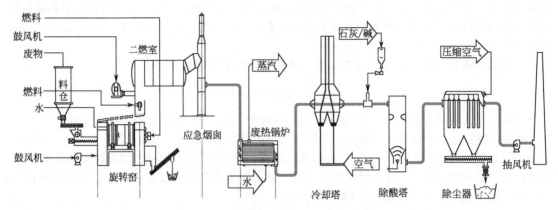

图 8-10　旋转窑式焚烧炉系统工艺流程

　　每一座旋转窑常配有1～2个燃烧器（见图8-11），可装在旋转窑的前端或后端，在启动时，经燃烧器将炉温升高到要求温度后才开始进料，其使用的燃料可包括燃料油、瓦斯或高热值的废液。进料方式多采用批式进料，以螺旋推进器配合旋转式的空气锁（air lock）。废液有时与垃圾混合后一起送入，或借助空气或蒸汽进行雾化后直接喷入。二次燃烧室通常也装有一个到数个燃烧器，整个空间约为第一燃烧室的30％～60％左右。有时也设有若干阻挡板（baffles）配合鼓风机以提升送入助燃空气的搅拌能力。根据相关法规，若是焚烧危险废物时，二次燃烧室的温度应不低于1100℃以及气体停留时间不少于2s。高温烟道气在通过二次燃烧室后，可以使用废热回收装置回收能源，或者经过冷却系统（水冷或气冷）冷却后再送入尾气污染控制系统处理。

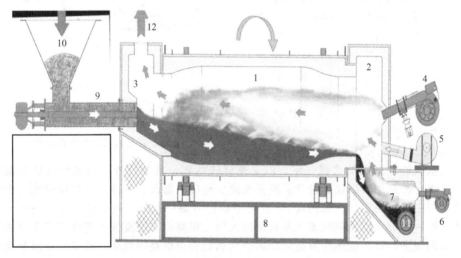

图 8-11　配有两套燃烧器的逆向式旋转窑焚烧炉

1—旋转窑炉；2—炉前端；3—炉后端；4—燃烧器；5——次风机；6—二次风机；7—自动灰渣燃烧器；
8—支架；9—进料器；10—固体、液体、污泥等危险废物进料斗；11—灰渣槽；12—气体去二燃室

　　底灰与飞灰须分别收集，若采用湿式洗烟，则飞灰多含在废水中，还须进一步絮凝沉淀后进行脱水处理。热灼减量的效果取决于垃圾的含水量及有机性挥发物质的含量，加大旋转窑的体积（即增大停留时间）对热灼减量有正面的效果。

　　(2) 旋转窑式焚烧炉类型　根据旋转窑本身的进料方式，可以分为同向式（concurrent）旋转窑焚烧炉 [图8-12(a)] 和逆向式（countercurrent）旋转窑焚烧炉 [图8-12(b)]。根据旋转窑内温度及灰渣状态，可以分为灰渣式旋转窑（ashing rotary kilns）和熔渣式旋转窑焚烧炉（slagging rotary kilns incinerator)。

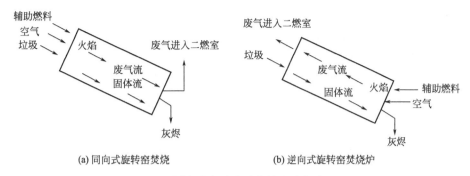

(a) 同向式旋转窑焚烧   (b) 逆向式旋转窑焚烧炉

图 8-12 同向式与逆向式旋转窑焚烧炉原理

  同向式旋转窑代表助燃空气、垃圾与辅助燃油均由旋转窑前方进入，逆向式旋转窑则代表助燃空气与辅助燃油由旋转窑后方加入。旋转窑焚烧炉采用同向式操作，其干燥、挥发、燃烧及后燃烧的阶段性现象非常明显，废气的温度与燃烧残灰的温度在旋转窑的尾端趋于接近，如图 8-13 所示。逆向式的安排可以减少燃烧室内的"冷点"（cold end），因此可增加燃烧效率，但烟气中的悬浮微粒将会增加，其温度分布如图 8-14 所示。

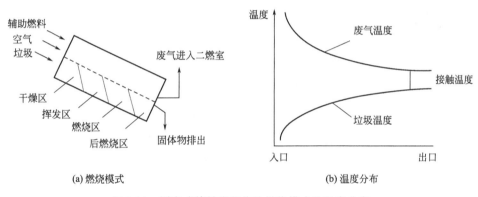

(a) 燃烧模式   (b) 温度分布

图 8-13 同向式旋转窑焚烧炉燃烧模式及温度分布

  灰渣式旋转窑焚烧炉通常在 650～980℃ 之间操作，废物尚未熔融仍为灰渣的形式；而熔渣式旋转窑焚烧炉的操作温度则在 1203～1430℃ 之间，因此，废物中的惰性物质除高熔点的金属及其化合物外，都呈熔融状态而达到较完全的焚烧。后者的耐火砖及燃烧室之间的接缝设计须特别加强。若桶装危险废物占大多数时，则须将旋转窑设计成熔渣式的状态，以达完全燃烧的效果，但熔渣式旋转窑焚烧炉平时也可操作在灰渣式的状态。此外，若进料以批式（batch）进行，则可称此种旋转窑为振动式旋转窑（rocking kilns）。

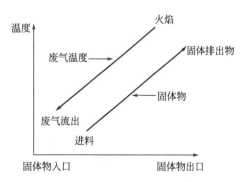

图 8-14 逆向式旋转窑焚烧炉温度分布

  旋转窑焚烧炉有时可以采用模组式来建造，所处理的对象可以包括废液、污泥及垃圾等，其进料器亦可采用螺旋进料器以便于输送。

  （3）旋转窑设计及操作参数 主要影响旋转窑焚烧炉焚烧效率的因素有：温度、停留时间、含氧量及气/固体混合程度。这些因素相互影响，如过剩空气量高可以加强燃烧速率及混合程度，但会降低燃烧温度及气体停留时间。旋转窑的转速降低会增长固体的停留时间，但也会影响固体、气体的接触，因此设计时须考虑这些因素的综合影响。

① 温度。灰渣式旋转窑焚烧炉的温度通常维持在 650~980℃ 之间，如果温度过高，窑内固体易于熔融，温度太低，反应速率慢，燃烧不易完全。熔渣式旋转窑焚烧炉的温度一般控制在 1200℃ 以上，二次燃烧室气体的温度控制在 1100℃ 以上，但不宜超过 1400℃，以免过量的氮氧化物产生。

② 氧含量。旋转窑所配置的废液燃烧器的过剩空气量一般控制在 10%~20% 之间，如果过剩空气量太低，火焰易产生烟雾，太高则火焰易被吹至喷嘴之外，有可能导致火焰中断。旋转窑中的总过剩空气量通常维持在 100%~150% 之间，以促进固体可燃物与氧气充分接触。二次燃烧室的过剩空气量一般在 80% 左右。

③ 固体停留时间。足够的固体停留时间也是保证废物完全燃烧的必要条件之一。如纸盒仅需 5min 即可烧完，一般垃圾约需 15min，车胎约 30min，而铁轨枕木则需 1h。固体在旋转窑内的停留时间可用下列公式计算：

$$T = 0.19 \times \frac{L}{D} \times \frac{F}{NS} \tag{8-45}$$

式中，T 为固体停留时间，min；L 为旋转窑长度，m；D 为旋转窑内直径，m；N 为旋转窑每分钟转速，r/min；S 为旋转窑倾斜度，%；F 为常数，未配置拦阻坝的焚烧炉为 1，配置拦阻坝的焚烧炉则大于 1。

旋转窑焚烧炉的进料设计约占内部总体积的 5%~10%，其停留时间一般在 1h 以下。炉体倾斜度越大越有利于物质的传送。对进料量较小的焚烧炉其炉体转速为 1~3r/min，对进料量较大的焚烧炉其炉体转速约为 0.5~1.0r/min。对于旋转窑炉体设计，有多种长度与直径比的组合，可实现设计停留时间的要求，如处理危险废物的旋转窑，其直径一般在 1m 以上，而长度与直径之比 （L/D) 通常在 （30∶1）~（10∶1） 之间。

④ 气体停留时间。一般有机蒸汽在 870℃ 以上的温度下在 1s 内就可完全反应，而一些有机氯化物则需在 1100℃ 下反应 1s 以上才可完全破坏，因此，一般旋转窑二次燃烧室体积设计须满足气体停留 2s 以上，这与焚烧尾气的流量有关，焚烧尾气的流量决定于燃料的燃烧、蒸汽及其他化学反应所产生的气体。

8.5.3 流化床式焚烧炉

(1) 流体化原理 当一流体由下往上通过固体颗粒层时，固体颗粒在流体的作用下呈现类似流体行为的现象，称为流体化，应用此原理，以带有一定压强的气流通过粒子床，当气体的上浮力超过粒子本身的重量，将使粒子移动并悬浮于气流中，此型设计称为流化床（fluidization）。

在流化床中，具有流体行为的固体粒子层会受到下方空气输送的快慢，而呈现不同的形态，当气体的流速极低时，粒子层呈静止态，气体从粒子的间隙通过，此操作区域称为固定层，或称为静床或固定床 （fixed bed），如图 8-15（a）所示。当气速逐渐增加，直到克服固体粒子本身重量时，粒子便开始移动并悬浮于气流中或随气体流动，使固体粒子变成具有流体行为，此时称为初期流化床，亦称为移动层，如图 8-15（b）所示。当速度超过流体化开始速度时，密度较床密度小的物体会浮于床表面，将床管倾斜，并使床壁开孔，但床表面仍保持水平，此时床内粒子会像水一般喷出，造成炉床搅动增大，粒子间发生气泡，粒子层呈沸腾状态，称为流动层，又称为气泡式流化床，如图 8-15（c）所示。当气速持续增加至高于粒子之终端速度时，粒子会被气体带离床面，随着气体飞散，床内的粒子行为如气相输送，所以称为夹带层 （entrained bed），或称为快速流化床 （fast fluidized bed），如图 8-15（d）及（e）所示。

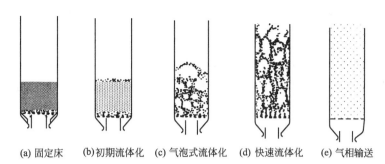

(a) 固定床   (b)初期流体化   (c) 气泡式流体化   (d) 快速流体化   (e) 气相输送

图 8-15　空气量与砂床流动状态

固定层、流动层及夹带层的形成与底部吹入的空气量有关，流体化速度与压力损失关系可参考图 8-16。一般流化床焚烧炉鼓风机的送风量是依燃烧所需的空气量决定，通常输送量控制在不发生气相输送状态的范围内。在一般的操作情况下，砂层是保持固定的高度，但有时随垃圾性质的变动，必须做适当的调整，此时可利用空气量的调节，达到维持砂床理想状态的目的。

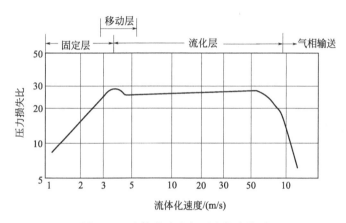

图 8-16　流体化速度与压力损失关系

（2）流化床焚烧炉的应用　流化床的燃烧原理是借助石英砂介质的均匀传热与蓄热效果以达完全燃烧，由于介质之间所能提供的空隙狭小，故无法接纳较大的颗粒，因此若是处理固体废物，则必须先破碎成小颗粒，以利于燃烧反应。助燃空气多由底部送入，如图 8-17 所示。

炉膛内可分为栅格区、气泡区、床表区及干舷区。向上的气流流速控制着颗粒流体化的程度如图 8-17 所示。有时气流流速过大时，会造成介质被上升气流带入空气污染控制系统，故可以外装一旋风除尘器，将大颗粒的介质捕集再返送回炉堂内。下游的空气污染控制系统中，通常只需装置静电除尘器或滤袋除尘器进行悬浮微粒的去除即可；若欲去除酸性气体，则可以在进料口加一些石灰粉或其他碱性物质，则酸性气体可以在流体化床内直接去除，此为流体化床的另一优点。

对于流化床焚烧炉来说，如何从流化床的流动载体中连续分离出不可燃灰渣是一个比较关键的问题，在焚烧炉设计中常采用以下几种方法解决：与热载体一起从底部取出，筛分后再将载体回流到炉内；在底部出渣口处，利用灰渣与载体密度的不同，采用气体分离的方式，将载体吹回炉内，使灰渣排出；采用旋流出渣方式，即将格板做成倾斜状，一次空气分别从几个气室以不同的风速吹入炉内，靠近出料口处风速最大，进口处风速最小。从另一端吹入二次空气以加强回旋气流。载体和废物在气流的作用下，在炉内做回旋运动，密度较大的灰渣在这个过程中被分离出来。

目前流化床焚烧炉的种类可分为四类，包括气泡式、循环式、压力式及涡流式（见图8-18），其中气泡式流化床与循环式流化床发展已臻成熟，这两种流化床焚烧炉主要的差异在于后者的流化床空气流速较高，会将固体粒子吹出燃烧室，然后利用热旋风分离器使粒子与气体分离，再让固体粒子回流至燃烧室。压力式流化床是气泡式流化床的改良式，在炉体结构及燃烧控制上没有多大的差异，其主要特点是能够提高总发电效率。涡流式流化床焚烧炉则为近期开发的技术，也是气泡式流化床焚烧炉改良后的产品，已经证明有提高燃烧效率、降低载体流失等多项优点。

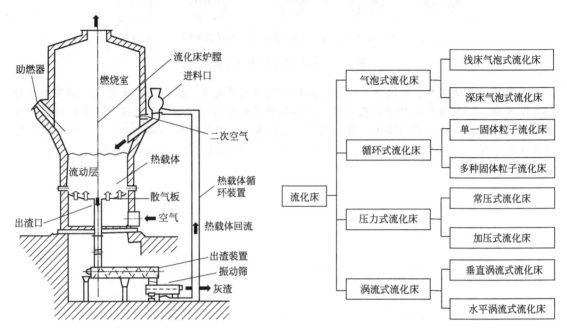

图 8-17　流化床焚烧炉构造示意　　　　　　图 8-18　流化床种类

在实际操作过程中，无论采用哪种方式都不可能将载体和灰渣完全分开，加上摩擦损耗，炉内的载体量会不断减少，运行过程中应注意不断补充，以维持足够的流化层厚度。为了保证燃烧完全，流化层内的温度通常维持在700～800℃，床层上空间的烟气温度通常为750～850℃。为了防止载体的熔融黏结，应注意流化层内的温度不宜过高。

流化床式焚烧炉适于处理多种废物，如城市生活垃圾、有机污泥、有机废液、化工废物等。对于城市垃圾为了保证在炉内的流化效果，焚烧前应破碎至一定尺寸。因此，与前述机械炉相比，预处理费用将占一定的比例。但由于物料混合均匀、传热、传质和燃烧速度快，单位面积的处理能力大于机械式焚烧炉，灰渣的热灼减量可以几乎为零。

流化床焚烧炉设计的重要参数：①燃烧室热负荷 $(8\sim15)\times10^4 kcal/(m^3 \cdot h)$；②炉排燃烧率（取流化床单位截面积）$400\sim600kg/(m^2 \cdot h)$；③流化风速通常取流化初始速度 u_{mf} 的2～8倍，以空塔风速计大约在 $0.5\sim1.5m/s$ 的范围。

8.5.4　模组式固定床焚烧炉（控气式焚烧炉）

(1) 模组式固定床焚烧炉的基本结构　模组式固定床焚烧炉亦称控气式焚烧炉（controlled air incinerator），或简称为模组式焚烧炉（modular incinerator）。该炉型先在工厂内铸造好，再运到现场组装即可使用，因此，施工工期短，但单位造价高，且使用寿命较短。一般模组式焚烧炉单炉的处理容量均不大，由每日处理数百公斤到每日处理数十吨，其构造如图8-19所示。

模组式固定床焚烧炉的进料方式可采用堆高机推送进料或槽车举升翻转方式，配合进料斗入料。其燃烧过程一般可在两个燃烧室进行，第一燃烧室常设计为缺空气系统，而第二燃烧室则设

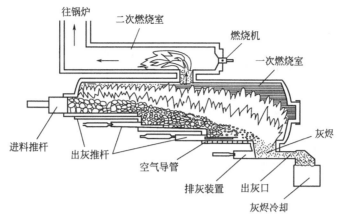

(a) 模组式焚烧炉构造

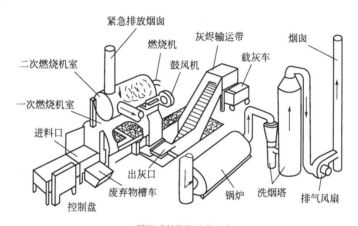

(b) 模组式焚烧炉流程示意

图 8-19　模组式焚烧炉的基本结构

计为过量空气系统。所谓缺空气即助燃空气未达理论需空气量,于是燃烧过程变成热解过程;而所谓超空气即供应的助燃空气超过理论需空气量,使进入二次燃烧室的废气能完全燃烧。模组式焚烧炉之所以要如此设计,主要是早期空气污染控制系统比较不发达,且小型炉也不易设置昂贵而复杂的空气污染控制系统,故在第一燃烧室先供以小风量在 700℃ 左右使垃圾热解,避免风量过大,将大量不完全燃烧的悬浮颗料带入第二燃烧室中,在第二燃烧室再以辅助燃油及超量助燃空气将燃烧温度提升到 1000℃ 以上,以完全氧化不完全燃烧的碳氢化合物。此外,在第一燃烧室的炉床设计上,模组式焚烧炉采用可水平移动的半固定床,定时往前推移,搅拌能力不大,故残灰中的含碳量较高,其空气污染控制系统以粒状污染物控制为主。

此型焚烧炉的两个燃烧室均须用耐火砖砌筑,外围以碳素钢覆面。废气由一次燃烧室进入二次燃烧室也有两种状况,一种为传统的直线式进入,另一种为改良的切线式进入。后一种状况进入时,可以增加废气的停留时间。

后期发展的模组式焚烧炉也有两个燃烧室,均采用过量空气系统来设计。在进料方式上,有以螺旋推进器连续进料,也有以推进臂配合进料斗进行批次进料。出灰时可采用连续式出灰系统,以水封阻隔燃烧室与集灰坑。

（2）模组式焚烧炉的特点　概括来说,模组式焚烧炉的优缺点可以整理如下。

① 优点。有能源回收的潜力;可以在不需大量辅助燃油的情况下进行垃圾焚烧;因为使用

的助燃空气较少，故热效率较高；减少空气污染物的排放（例如悬浮颗粒）；将有机碳氢化合物转变为气体，使其易于焚烧；不需垃圾前处理；建造成本较低。

② 缺点。因为在第一燃烧室采用氧气不足的方式燃烧，故有较高的不完全燃烧的碳氢化合物在残渣中；由于有不完全燃烧物的产生，若采用连续式进料，其产物易附着于炉壁，故一般均采用批式进料；对低热值的废液处理效果很差；如果进料的特性变化很大时，焚烧过程不易操控。

(3) 模组式焚烧炉的应用 模组式焚烧炉一般多在小乡镇、岛屿、医院、工厂内使用，操作简便，但须重点考虑其建造成本较高（平均单位造价约为大型炉的 1.5～2 倍），操作年限较短（一般约为 5～10 年）的特性。

在工程应用方面，模组式焚烧炉常用来处理乡镇垃圾及医疗垃圾，美国很多城市的医疗垃圾都采用模组式焚烧炉进行处理。焚烧厂接收到的医疗垃圾，多半已由塑胶桶封装或硬纸箱装好并密封，由于受到管理上的规定，每一个进料的桶或箱均有电脑条码，工作人员第一件事即检查电脑条码，以扫描器扫描并输入电脑，第二件事是检查是否有放射性物质，若探测器探测出有放射性物质则拒收退回。医疗废物进厂后，不立即处理的部分则贮存于冷冻库中，而立即进行处理部分则按序等待进料。在批次进料后，即进行焚烧，一次燃烧室温度约控制在 800℃，二次燃烧室则控制在 1000℃，阶梯式固定床每隔 7～8min 即往前推进一次，燃烧出来的飞灰则送入洗涤塔，洗涤后的废水，因含有很多固体颗粒，则送入污水处理厂进行化学混凝沉淀处理，沉淀污泥脱水后会同底灰一并送去填埋。在处理乡镇垃圾时则多将倾倒于地板上的垃圾以堆高机定时推进第一燃烧室焚烧，再将废气导入第二燃烧室进行完全燃烧后，送往锅炉进行废热回收，然后再进行废气处理。

8.6 焚烧烟气污染物及其控制

8.6.1 焚烧烟气组成及其控制标准

固体废物焚烧过程中排放的烟气组成包括：粒状污染物、一氧化碳（CO）、二氧化硫（SO_2）、三氧化硫（SO_3）、氮氧化物（NO_x）、氯化氢（HCl）、氟化氢（HF）、重金属（heavy metals）、二噁英/呋喃（PCDDs/PCDFs）、氮气（N_2）、二氧化碳（CO_2）、水汽（H_2O）等。在评价废气组成时，可分为干基与湿基两种标准，一般环保法规中，多以干基及某特定含氧量下标准状态来制定管制标准。但在实际工程规划时，则应采用湿基以符合实际情况。若已得知化学元素分析资料，一般理论上推求各主要污染物的方法如下：

$$CO_2 = 22.4 \frac{C}{12} \ (\text{m}^3/\text{kg})$$

$$SO_2 = 22.4 \frac{S}{32} \ (\text{m}^3/\text{kg})$$

$$HCl = 22.4 \frac{Cl}{35.5} \ (\text{m}^3/\text{kg})$$

$$H_2O = 22.4 \left(\frac{H}{2} + \frac{H_2O}{18} - \frac{Cl}{71} \right) \ (\text{m}^3/\text{kg})$$

$$N_2 = mA_0 (79\%) \ (\text{m}^3/\text{kg})$$

$$O_2 = (m-1)A_0 (21\%) \ (\text{m}^3/\text{kg})$$

式中，m 为空气比（过剩空气系数）；A_0 为完全燃烧的理论空气量。

表 8-8 为典型废物焚烧烟气中主要污染物浓度排放参考值。

表 8-8　典型废物焚烧烟气中主要污染物浓度排放参考值（标准状态，10%O$_2$ 干基）

名　称	城市垃圾		工业废物		化学废物	
	范　围	平均值	范　围	平均值	范　围	平均值
粒状污染物/(mg/m³)	2～10	6	10	10	0.1～15	5
HF/(μL/L)	5～15	10	50～550	275	0～3000	250
HCl/(mg/L)	350～1100	550	1800～6000	4000	60～24000	1200
SO$_2$/(mg/L)	70～350	150	520～1800	1100	0～7000	1700

　　为控制焚烧烟气污染物排放，焚烧烟气需要通过系列烟气污染控制设备实现稳定达标排放，焚烧烟气污染物控制主要工艺单元及流程如图 8-20 所示，表 8-9 为生活垃圾焚烧烟气中污染物排放限值。

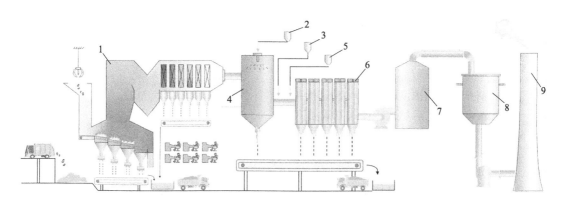

图 8-20　焚烧烟气污染物控制主要工艺单元及流程

1—炉膛及 SNCR；2—石灰料仓；3—干法脱酸塔；4—半干法脱酸塔；5—活性炭仓；
6—布袋除尘器；7—湿法脱酸塔；8—SCR 脱硝塔；9—烟囱

表 8-9　生活垃圾焚烧烟气中污染物排放限值

序号	项目	单位	数值含义	GB18485-2001 限值	GB18485-2014 限值	DB11/502-2008	DB31/768-2013	SZDBZ233-2017	欧盟2010
1	颗粒物	mg/m³	小时均值	80	30	30	10	8	5
2	一氧化碳	mg/m³	小时均值	150	100	55	100	50	50
3	氮氧化物	mg/m³	小时均值	400	300	250	250	80	120
4	二氧化硫	mg/m³	小时均值	260	100	200	100	80	30
5	氯化氢	mg/m³	小时均值	75	60	60	30	8	6
6	汞及其化合物	mg/m³	测定均值	0.2	0.05	0.2	0.05	0.05	0.05
7	镉/铊及其化合物	mg/m³	测定均值	0.1	0.1	0.1	0.05	0.05	0.02
8	锑/砷/铅/铜/镍及其化合物	mg/m³	测定均值	1.6	1.0	1.6	0.5	0.3	0.3
9	二噁英类	ngTEQ/ m³	测定均值	1.0	0.1	0.1	0.1	0.05	0.06

　　根据理想气体定律：$PV = nRT = \dfrac{M}{M_w}RT$

$$\text{体积分子率} = \frac{V_p}{V_t} = \frac{\dfrac{n_p RT}{P}}{\dfrac{n_t RT}{P}}$$

已知 M_w 为气体分子量，M_p 为气体质量，$n_p = \dfrac{M_p}{M_w}$

则

$$M_P = n_t \frac{V_p}{V_t} M_w = \left(\frac{PV_t}{RT}\right)\left(\frac{V_p}{V_t}\right) M_w$$

即

$$\frac{M_p}{V_t} = \left(\frac{P}{RT}\right)\left(\frac{V_p}{V_t}\right) M_w$$

设定 $\dfrac{M_p}{V_t}$ 单位为 $\mu g/m^3$，$\dfrac{V_p}{V_t}$ 单位为 mL/m^3，则换算公式为：

$$C_{mass}(\mu g/m^3) = 40.9 C(mL/m^3) M_w$$

【例 8-6】 若测得二氧化硫（SO_2）浓度为 $365\mu g/m^3$，试求出以 mL/m^3 为单位的二氧化硫浓度。

解：
$$C = \frac{365}{40.9 \times 64.0} = 0.139(mL/m^3)$$

因此在测量污染物浓度时应注明特定稀释气体（例如 O_2 或 CO_2）浓度，稀释气体浓度越高，污染物浓度经校正后越低。校正方式如下：

a. 以空气助燃时的校正方式：

$$C = \frac{21-O_n}{21-O_s} C_s \quad \text{或} \quad C = \frac{CO_{2n}}{CO_{2s}} C_s$$

式中，C 为经含氧量基准校正的污染物浓度；C_s 为根据测定方法，未经含氧量基准校正的污染物浓度；O_n 为含氧量校正基准，垃圾焚烧炉排气以 10% O_2 计；O_s 为排气中含氧百分比实测值；CO_{2n} 约为 20%$-O_n$ = 10%；CO_{2s} 为排气中含二氧化碳百分比实测值。

b. 以富氧助燃时的校正方式：

$$C = \frac{E-O_n}{E-O_s} C_s$$

式中，E 为输入燃烧室的富氧气体实际含氧百分比。

8.6.2 粒状污染物控制技术

固体废物焚烧系统中使用的除尘设备有静电除尘器、布袋除尘器、旋风除尘器及湿法除尘设备等。近年来，随着人们对二噁英问题的重视，作为除尘设备有以布袋除尘器代替静电除尘器的趋势。布袋除尘器的工作原理见图 8-21，其中活性炭的注入根据排放尾气的不同要求而选用。

8.6.3 氮氧化物控制技术

氮氧化物（NO_x）的形成主要与炉内温度的控制及废物化学成分有关。燃烧产生的 NO_x 可分成两大类：一类是空气中氮气氧化产生的热-NO_x(thermal NO_x)，通常火焰温度在 1000℃ 以上高温时会大量发生；另一类是燃料中氮的氧化而产生的燃料-NO_x(fuel NO_x)。由于废气中的氮氧化物大多以 NO 的形式存在，且不溶于水，无法通过洗烟塔加以去除，故必须有专门的处理办法。垃圾焚烧厂中氮氧化物形成的反应方程式如下：

$$O + N_2 \longrightarrow NO + N$$
$$N + O_2 \longrightarrow NO + O$$

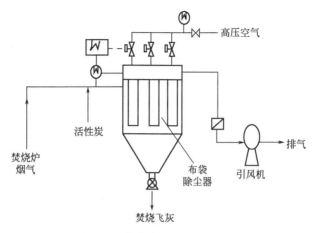

图 8-21 布袋除尘器的工作原理

一般而言，在 20％ 过剩空气量时，美国燃烧工程公司曾由实验测得，燃料氮转变成 NO 的比例小于 20％，燃烧过程中燃料氮转变成 NO_x 的比例如图 8-22 所示。

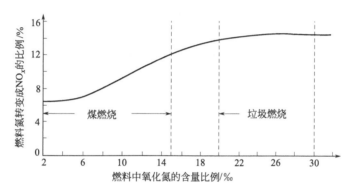

图 8-22   燃烧过程中燃料氮转变成 NO_x 的比例
本图代表过剩空气量在 20％ 的情况

降低废气中 NO_x 的方法可分成燃烧控制法、湿式法、选择性非催化还原法及选择性催化还原法。

(1) 燃烧控制法   燃烧控制法是通过调整焚烧炉内垃圾的燃烧条件，降低 NO_x 生成量的方法。狭义的燃烧控制法是指低氮燃烧法、两阶段燃烧法和抑制燃烧法，广义的燃烧控制法则包括喷水法及废气再循环法。以燃烧控制来降低 NO_x 生成量，主要是考虑发生自身脱硝作用，也即经燃烧垃圾生成的 NO_x，在炉内可被还原为氮气（N_2）。在此反应中作为还原性物质，一般认为是由炉内干燥区产生的氨气（NH_3）、一氧化碳（CO）及氰化氢（HCN）等热分解物质。要使这种反应能有效进行，除必须促进热分解气体的发生外，亦必须维持热分解气体与 NO_x 的接触，并使炉内处于低氧状况，以避免热分解气体发生急剧燃烧。

(2) 湿式法   去除 NO_x 的湿式法与去除 HCl 及 SO_2 的湿式法类似，但因占 NO_x 中大部分的一氧化氮（NO）不易被碱性溶液吸收，故需以臭氧（O_3）、次氯酸钠（NaOCl）、高锰酸钾（$KMnO_4$）等氧化剂将 NO 氧化成二氧化氮（NO_2）后，再以碱性液中和、吸收；此外，欧洲各国亦有利用 EDTA-Fe(II) 水溶液形成络合盐的方式吸收 NO_x。近年来也有欧洲国家发展湿式法同时脱硫及脱硝的技术，但是由于湿式法氧化剂的成本较贵以及排出液的处理较困难，故很少有被应用于处理垃圾焚烧厂废气的实例。

（3）选择性非催化还原法　选择性非催化还原法（selective non-catalytic reduction，SNCR）是将尿素或氨注入高温（900～1000℃）废气中，将氮氧化物还原成为氮气及水的方法。由于该法不需要催化的作用，所以可避免催化堵塞或毒化问题的发生。反应如下：

$$2NO+2NH_3+2O_2+3H_2 \longrightarrow 2N_2+6H_2O \tag{8-46}$$

该法去除效率受到药品与氮氧化物接触条件（如温度和反应时间）的影响而有很大的变化，因此喷嘴吹入口的位置必须根据炉体形式、构造及烟道形状设计。采用本法时对氮氧化物的去除效率约在60%以下，若为了提高氮氧化物的去除率而增加药剂喷入量，未反应的氨会残留在废气中，并使烟囱排气形成白烟。尽管如此，氨或尿素喷入法其设备及操作维护成本较催化还原法及湿式吸收法低廉得多，且无废水处理的问题，实际应用很多。

在设计氨注入法时，因还原反应对温度很敏感，故反应温度区间（temperature window）均选在950～1000℃之间，加药时化学计量比（stoichiometric ratio）多设定为2，去除效率多在60%以下。氨注入法的系统如图8-23。但剩余的氨在进入空气污染控制系统时废气温度若低于250℃，则会在热交换器表面（如节热器）形成泥垢（slime），影响操作，其反应式如下：

$$SO_3+H_2O+NH_3 \longrightarrow NH_4HSO_4 \tag{8-47}$$

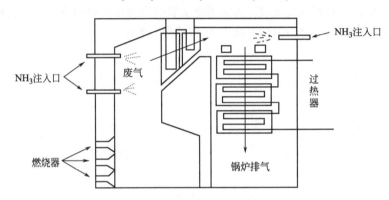

图 8-23　注入法系统示意

（4）选择性催化还原法　选择性催化还原法（selective catalytic reduction，SCR）是借助选择性催化剂的催化作用，使废气中的氮氧化物与注入的氨气发生还原反应，而产生无害的氮气与水。由于废气中硫氧化物可能造成催化活性降低及粒状物堆积于催化床易造成阻塞，因此催化反应塔一般多设置于除尘及除酸性气体设备之后，催化剂使用年限约3～5年，设计时应小心选用催化材质及催化形状。在垃圾焚烧厂中使用尾端脱硝流程（见图8-24）。一般在较低温度状态下操作（200～450℃），催化反应塔可使用 Pt/Al_2O_3、V_2O_5/TiO_2、$V_2O_5/WO_3/TiO_2$、Fe_2O_3/TiO_2、CrO_3/Al_2O_3、CuO/TiO_2 等金属氧化物作为催化剂，并以氨作为还原剂。因废气在经过除酸及除尘后温度多在200℃以下，在使用前，要将废气温度加热到350℃左右，由于催化剂的存在，使得氮氧化物无须高温即可有效进行还原反应，其反应式如下：

$$4NO+4NH_3+O_2 \longrightarrow 4N_2+6H_2O \tag{8-48}$$
$$NO+NO_2+2NH_3 \longrightarrow 2N_2+3H_2O \tag{8-49}$$

SCR法对氮氧化物的去除效率可达80%以上，且药品（如氨）消耗量较少，也无锅炉管线结垢的缺点，有些研究也显示催化剂同时具有去除二噁英的效果。但催化剂再生及更换成本昂贵，且此法多为日本的专利技术，使用时宜考虑。

8.6.4　酸性气体控制技术

当废物中含有 F、Cl 等卤族元素时，在燃烧过程中会产生 HF 和 HCl 等酸性气体。F 通常是微量元素，废物中的含量较少，而 Cl 则大量存在于废塑料中。另外，含氮和硫的物质燃烧后形

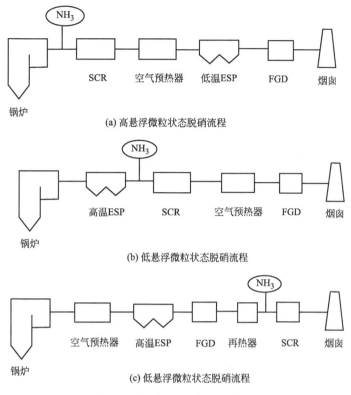

(a) 高悬浮微粒状态脱硝流程

(b) 低悬浮微粒状态脱硝流程

(c) 低悬浮微粒状态脱硝流程

图 8-24　尾端 SCR 脱硝系统流程

成的 NO_x 和 SO_x 也属于酸性气体。

这些酸性气体不仅污染环境，而且对焚烧设备及预热回收系统也有很强的腐蚀作用。在我国已颁布的焚烧炉烟气控制标准中，SO_2 和 HCl 的排放浓度分别为 $100mg/m^3$ 和 $60mg/m^3$。

废气排烟脱硫（flue gas desulphurization，FGD）技术已是一种发展成熟的技术，其主要目的是将废气中的 SO_2 酸性气体去除，同时也有效去除 HCl 及 HF 等酸性气体，在垃圾焚烧烟气中成功应用的技术有干式、半干式及湿式洗烟法等工艺。

（1）干式洗烟法　干式洗烟法（dry sorbent injection，DSI）是将消石灰粉直接通过压缩空气喷入烟管或烟管上某段反应器内，使碱性消石灰粉与酸性气体充分接触而达到中和及去除的目的。干式洗烟法处理流程见图 8-25。一般在应用干式洗烟法时，通常需要先加一个冷却塔（quencher）在前面，借助喷入的冷水先将废气温度降至 $150℃$，以提高酸性气体的去除效率。但

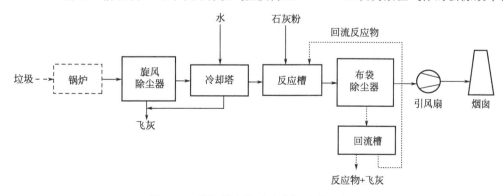

图 8-25　排烟脱硫的干式洗烟法处理流程

由于固相与气相的接触时间有限且传质效果不佳，故常须超量加药，干式洗烟法单独的去除率并不高（HCl仅60%，SO$_x$仅30%），而需借助后接的布袋除尘器进行二次反应方能达到排放标准，事实上干式洗烟塔搭配布袋除尘器已成为垃圾焚烧厂中典型的空气污染物去除流程。

整个系统最大的优点为设备简单、维修容易及造价便宜，且消石灰输送管线不易阻塞，但缺点是药剂的消耗量大，整体的去除效率较其他两种方法为低，产生的反应物及未反应物量亦较多。

(2) 半干式洗烟法 半干式洗烟法（semi-dry process或spray dryer adsorption，SDA）与干式洗烟法最大的不同在于喷入的碱性药剂为乳泥状（slurry），而非干粉，故需要有一组调药设备。半干式洗烟法处理流程见图8-26。

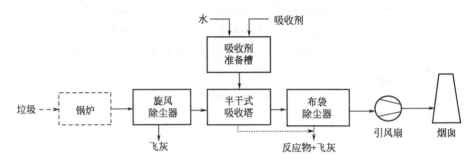

图8-26 排烟脱硫的半干式洗烟法处理流程

半干式洗烟法采用的碱性药剂一般均为石灰系物质，如颗粒状的生石灰（pebble lime）或粉状消石灰[Ca(OH)$_2$ powder]。若采用生石灰，首先需经过消化器（slaker）将其消化，再加水调整为乳剂；采用粉状消石灰则可直接加水调整，由于喷入的乳剂本身有降温作用，故其前不需如干式洗烟法加装冷却降温塔。喷入的方式是将消石灰泥浆与压缩空气借助喷嘴（nozzles）混合向上或向下喷入洗烟塔中，废气则与喷入的泥浆成同向流（co-current）或反向流（counter-current）的方式充分接触并产生中和作用，亦可将消石灰泥浆借助雾化转轮（atomizer）自塔顶喷入，以增加与同向流废气的中和反应，半干式洗烟塔如图8-27所示。在喷入的过程中，乳剂的水分可在喷雾干燥塔内完全蒸发，故不会有水滴流出。

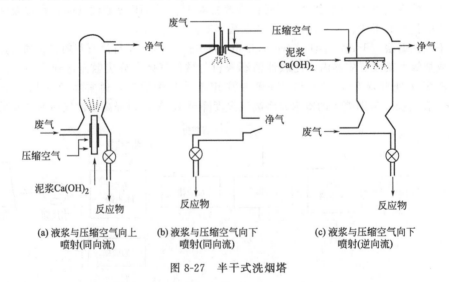

图8-27 半干式洗烟塔

乳剂喷入后与废气接触并进行中和作用，当单独使用时对酸性气体去除效率约在90%左右，通常其后需再接布袋除尘器，以提供反应药剂在滤布表面进行二次反应的机会，整体系统对酸性气体的去除效率亦随之提高（HCl 98%，SO_x 90%以上）。本法最大的特点是结合了干式法与湿式法的优点，较干式法的去除效率高，亦免除了湿式法产生过多废水的困扰，然而喷雾干燥塔的加水量多少需详细设计及操作，其化学方程式为：

$$CaO + H_2O \longrightarrow Ca(OH)_2$$
$$Ca(OH)_2 + SO_2 \longrightarrow CaSO_3 + H_2O$$
$$Ca(OH)_2 + 2HCl \longrightarrow CaCl_2 + 2H_2O$$
$$或 SO_2 + CaO + \frac{1}{2}H_2O \longrightarrow CaSO_3 \cdot \frac{1}{2}H_2O$$

半干式洗烟塔的雾化喷嘴可分为转盘式雾化器（rotary atomizer）及两相流喷嘴（two-phase pneumatic nozzle），前者只要转速及转盘直径不变，液滴尺寸就会保持一定，但构造较复杂，容易阻塞，多用在废气流量较大时（一般为 $Q > 340000m^3/h$）。后者构造简单不易阻塞，但液滴尺寸不均匀。

(3) 湿式洗烟法　湿式洗烟法的处理流程见图 8-28。通常接于静电除尘器或布袋除尘器之后，废气在粒状物质先被去除后，再进入湿式洗烟塔上端，首先需喷入足量的液体使废气降到饱和度，再使饱和的废气与喷入的碱性药剂在塔内的填充材料（packing）表面进行中和作用。

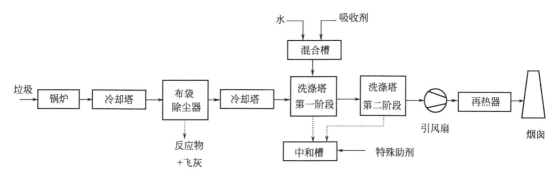

图 8-28　排烟脱硫的湿式处理流程

常用的碱性药剂有 NaOH 溶液或 $Ca(OH)_2$ 溶液，虽然苛性钠较消石灰为贵，但其去除效果较佳且用量较少，不会因 pH 值调节不当而产生管线结垢等问题，故一般均采用 NaOH 溶液为碱性中和剂。整个洗烟塔的中和剂喷入系统采用循环方式设计，当循环水的 pH 值或盐度超过一定标准时，即需排出，再补充新鲜的 NaOH 溶液，以维持一定的酸性气体去除效率，排出液中通常含有很多溶解性重金属盐类（如 $HgCl_2$、$PbCl_2$ 等），氯盐浓度亦高达 3%，必须予以适当处理。如果用石灰溶液洗烟，其化学方程式为：

$$2SO_2 + 2CaCO_3 + 4H_2O + O_2 \longrightarrow 2CaSO_4 \cdot 2H_2O + 2CO_2$$

其中，$CaSO_4 \cdot 2H_2O$ 可以回收再利用。

由于一般的湿式洗烟塔均采用充填吸收塔（absorption tower）的方式设计，故其对粒状物质的去除能力几乎可被忽略。湿式洗烟塔的最大优点是酸性气体的去除效率高，对 HCl 去除率为 98%，SO_x 去除率为 90%以上，并附带有去除高挥发性重金属物质（如汞）的潜力；其缺点是造价较高，用电量及用水量亦较高，此外为避免废气排放后产生白烟现象，需另加装废气再热器，废水亦需加以妥善处理。目前改良型湿式洗烟塔多分为两阶段洗烟，第一阶段针对 SO_2，第二阶段针对 HCl，主要原因是二者在最佳去除效率时的 pH 值不同。

8.6.5　重金属控制技术

垃圾中含有重金属的物质包括防腐剂、杀虫剂、印刷油墨等的废容器、温度计、灯管、颜料、金属板、电池、工业废物及医疗废物等，垃圾在焚烧过程中，为有效焚烧有机物质，需要相当高的温度，在温度升高的同时，亦会使垃圾中的部分重金属以气体形态附着于飞灰而随废气排出。一般而言，垃圾焚烧厂排放废气中所含重金属量的多少，与废物组成性质、重金属存在形态、焚烧炉的操作及空气污染控制方式有密切关系。

(1) 重金属物质焚烧后的特性 含重金属物质经高温焚烧后，一部分会因燃烧而挥发，其余部分则仍残留于灰渣中，而挥发与残留的比例则与各种重金属物质的饱和温度有关，饱和温度越高越易凝结，残留在灰渣内的比例亦随之增高。由于废物经焚烧后形成多种氧化物及氯化物，因挥发、热解、还原、氧化等作用，而可能进一步发生化学反应，其产物包括元素态重金属，重金属氧化物及重金属氯化物等。元素态重金属，重金属氧化物及重金属氯化物在废气中将以特定的平衡状态存在，且因其浓度各不相同，各自的饱和温度亦不相同，构成了复杂的连锁关系。

经挥发而存在于废气中的重金属物质（如镉及汞等），当废气通过热能回收设备及其他冷却设备后，部分重金属因凝结或吸附作用而易附着于细尘表面，可被后续的除尘设备去除，此种情形在废气通过除尘设备时的温度越低，去除效率越佳。此种去除作用主要依据以下三种反应机理。

① 重金属降温而达到饱和，经凝结成粒状物后被除尘设备收集去除。

② 饱和温度较低的重金属元素虽无法充分凝结，但会因飞灰表面的催化作用而形成饱和温度较高且较易凝结的氧化物或氯化物，而易于被除尘设备收集去除。

③ 仍以气态存在的重金属物质，因吸附于飞灰上或喷入的活性炭粉末上而被除尘设备一并收集去除。

此外，因部分重金属的氯化物为水溶性，即使无法在上述的凝结及吸附作用下去除，也可利用其溶于水的特性，经由湿式洗烟塔的洗涤液自废气中吸收下来。早期的垃圾焚烧厂采用湿式洗烟塔的主要原因即是为了去除此类重金属。

(2) 烟气中重金属物质的控制技术 垃圾焚烧厂典型的空气污染控制设备主要可分为干式、半干式和湿式三大类，其中最大的区别在于废气是否达到饱和状态，当将废气冷却至饱和露点以下时，即可归类为湿式处理流程。典型的干式处理流程由干式洗烟塔或半干式洗烟塔与静电除尘器或布袋除尘器相互组合而成；而典型的湿式处理流程则包括静电除尘器与湿式洗烟塔的组合。垃圾中含有的重金属物质经高温焚烧后，部分因挥发作用而以元素态形式及其氧化状态存在于废气中，构成废气中重金属污染物的主要来源；由于每种重金属及其化合物均有其特定的饱和温度（与其浓度有关），当废气通过废热回收设备及空气污染控制设备而被降温时，大部分呈挥发状态的重金属，可自行凝结成颗粒或于飞灰表面凝结而被除尘设备收集去除，但挥发性较高的铅、镉、汞等少数重金属则不易凝结。根据垃圾焚烧厂的运行经验可得以下几点。

① 单独使用静电除尘器时，对于重金属物质的去除效果较差，因为废气进入静电除尘器时的温度较高，重金属物质无法充分凝结，且重金属物质与飞灰间的接触时间亦不足，无法充分发挥飞灰的吸附作用。

② 布袋除尘器无论与干式洗烟塔还是半干式洗烟塔并用时，除了汞之外，对重金属的去除效果均十分优良；且进入除尘器的废气温度越低，去除效果越高；但为维持布袋除尘器的正常操作，废气温度不得降至露点以下，以免引起酸雾凝结，造成布袋腐蚀，或因水汽凝结而使整个布袋阻塞（blinding）。而汞金属由于其饱和蒸气压较高，不易凝结，其去除机理主要依赖布袋上的飞灰层对仍处于气态的汞金属进行吸附作用（adsorption），且此种吸附效果与废气中飞灰层的厚度有直接的关系。

③ 湿式处理流程中所采用的湿式洗烟塔，虽可降低废气温度至废气的饱和露点以下，但去除重金属物质的主要机理仍为吸收作用（absorption）。且因其设计成吸收塔，对粒状物质的去除效果甚低，即使废气的温度可使重金属凝结（汞除外），除非装设以去除颗粒状物为目的的高效率文式洗烟塔。当通过除尘设备后，废气中的汞金属大部分为汞的氯化物，由于其饱和蒸气压高，在洗烟塔内仍为气态，但当与洗涤液接触时，因其为水溶性，可因吸收作用而被洗涤下来，但由于其饱和蒸气压高，应避免其再挥发随废气（如 $HgCl_2$）释放出来。

（3）烟气中重金属物质去除效率的增强方式 为满足日趋严格的重金属排放标准，传统的尾气污染控制设备已无法符合需要，且由于重金属物质属不可破坏性，燃烧作用只不过改变其相的状态或形成其他化合物，故若欲降低重金属的排放浓度，仍须从改善尾气污染控制设备着手。目前已成熟的改善方式，是以增进干式处理流程的吸附作用或湿式处理流程的吸收作用为出发点。在干式处理流程中，于布袋除尘器前喷入活性炭或于尾气处理流程尾端使用活性炭滤床，除了加强对汞金属的吸附作用外，对尾气中的微量有机化合物如 PCDDs/PCDFs，亦有吸附去除的效果；在干式处理流程中亦可喷入化学药剂与汞金属反应，如喷入雾化的抗高温液体螯合剂可达到 50%～70% 的去除效果；或在布袋除尘器前喷入 Na_2S 药剂，使其与汞作用生成 HgS 颗粒而被除尘系统去除。在湿式处理流程中，于洗烟塔的洗涤液内添加催化剂（如 $CuCl_2$），促使更多水溶性的 $HgCl_2$ 生成，再以螯合剂固定已吸收汞的循环液，可确保吸收效果。图 8-29 说明了这两类方法的系统流程。

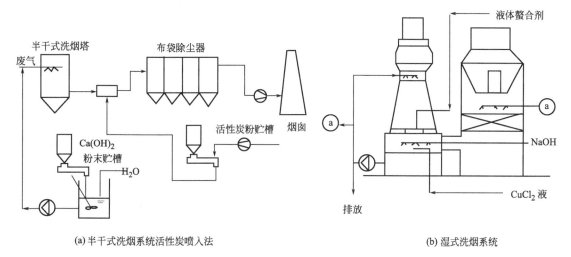

(a) 半干式洗烟系统活性炭喷入法　　　　　　　(b) 湿式洗烟系统

图 8-29　空气污染控制系统中除汞流程

8.6.6　二噁英和呋喃控制技术

（1）二噁英和呋喃的定义及其浓度表示方式 二噁英是一族多氯二苯二噁英化合物（polychlorinated dibenzodioxins，PCDDs）。它是含有两个氧键连接两个苯环的有机氯化合物，具有三环结构，其结构式如图 8-30（a）所示。呋喃是一族多氯二苯呋喃化合物（polychlorinated dibenzofurnan，PCDFs），其结构与 PCDD 不同的是只有一个氧原子连接苯环，其结构式见图 8-30（b）。

二噁英及呋喃按氯原子数目的不同（1～8 个），分别有 75 种及 135 种衍生物，其中具有 1～3 个氯的衍生物，因不具毒性，故一般述及 PCDDs/PCDFs 时均是指 4～8 个氯的 136 种衍生物，如果 2、3、7、8 位置

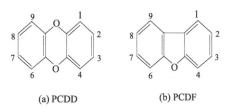

(a) PCDD　　　　　(b) PCDF

图 8-30　二噁英结构示意

上与 Cl 结合，则称为 2,3,7,8-TCDD，被认为是现有合成化合物中最毒的物质，其毒性比氰化物还要大 1000 倍。至于 PCDDs/PCDFs 浓度的表示方式主要有总量及毒性当量（toxic equivalent quantity，TEQ）两种。在分析含 PCDDs/PCDFs 的物质时，若将前述 136 种衍生物的浓度分别求出再加总即为总量浓度（以 ng/m^3、ng/kg 或 ng/L 表示），另若先将具毒性的各种衍生物按其个别的毒性当量系数（toxic equivalent factor，TEF）转换后再加总则为毒性当量浓度。其中

毒性当量系数的确定主要以毒性最强的 2,3,7,8-TCDD 为基准（系数为 1.0），其他衍生物则按其相对毒性强度以小数表示（以 ng/m^3、ng/kg 或 ng/L 表示），不同有机氯化物的国际毒性当量系数见表 8-10。

表 8-10 不同有机氯化物的国际毒性当量系数

同类化合物	TCDD	异构物	TCDF	异构物
2,3,7,8-四氯化	1.0	1	0.10	1
2,3,7,8-五氯化-(1,2,3,7,8)	0.50	1	0.05	1
2,3,7,8-五氯化-(2,3,4,7,8)	—	—	0.50	1
2,3,7,8-六氯化	0.10	3	0.10	4
2,3,7,8-七氯化	0.01	1	0.01	2
八氯化	0.001	1	0.001	1

(2) 焚烧过程中二噁英及呋喃的生成机制及排放水平 废物焚烧过程中，PCDDs/PCDFs 的产生主要来自废物成分、炉内形成及炉外低温再合成三方面。

① 废物成分。以家庭垃圾为例，其成分本已相当复杂，加上多使用杀虫剂、除草剂、防腐剂甚至农药及喷漆等有机溶剂，垃圾中即可能含有 PCDDs/PCDFs 等物质。国外数据显示，每公斤的家庭垃圾中，PCDDs/PCDFs 的含量约在 11～255ng（TEQ）左右，其中以塑胶类的含量较高，达 370ng（TEQ），至于工业废物中的 PCDDs/PCDFs 含量则更为复杂。由于 PCDDs/PCDFs 的破坏分解温度并不高（约 750～800℃），若能保持良好的燃烧状况，由废物本身所夹带的 PCDDs/PCDFs 物质，经焚烧后大部分应已破坏分解。根据欧洲各国的研究，垃圾中塑胶含量与焚烧炉烟道气中二噁英含量并无直接的统计关联性。

② 炉内形成。废物化学成分中 C、H、O、N、S、Cl 等元素，在焚烧过程中可能先形成部分不完全燃烧的碳氢化合物（C_xH_y），当 C_xH_y 因炉内燃烧状况不良（如氧气不足，缺乏充分混合及炉温太低等因素）而未及时分解为 CO_2 和 H_2O 时，可能与废物或废气中的氯化物（如 NaCl、HCl、Cl_2）结合形成 PCDDs/PCDFs、氯苯及氯酚等物质。其中氯苯及氯酚的破坏分解温度较 PCDDs/PCDFs 高出约 100℃ 左右，若炉内燃烧状况不良，尤其在二次燃烧段内混合程度不够或停留时间太短，更不易将其去除，因此可能成为炉外低温再合成 PCDDs/PCDFs 的前驱物质（precursor）。

③ 炉外低温再合成。由于完全燃烧并不容易达成，氯苯及氯酚等前驱物质随废气自燃烧室排出后，可能被废气中飞灰的碳元素所吸附，并在特定的温度范围（250～400℃，300℃ 时最明显），在飞灰颗粒所构成的活性接触面上，被金属氯化物（$CuCl_2$ 及 $FeCl_2$）催化反应生成 PCDDs/PCDFs。此种再合成反应（De Novo synthesis）的发生，除了须具备前述的特定温度范围内由飞灰所提供的碳元素、催化物质、活性接触面及前驱物质外，废气中充分的氧含量、重金属含量与水分含量也扮演着再合成重要的角色。在典型的混烧式垃圾焚烧厂中，因多是采用过氧燃烧，且由于垃圾中的水分含量较其他燃料高，再加上重金属物质经燃烧挥发多凝结于飞灰上，废气中亦含有多量的 HCl 气体，因此提供了符合 PCDDs/PCDFs 再合成的环境，而此种再合成反应也成为焚烧尾气中产生 PCDDs/PCDFs 的主要原因。

垃圾焚烧过程是全球二噁英排放的重要来源。我国长期监测了生活垃圾焚烧过程的二噁英排放水平，2004 年官方公布的二噁英排放清单显示，废弃物（生活垃圾、危废、医疗废物）焚烧产生的总二噁英排放量达 1757.6g I-TEQ/a，占据全国二噁英排放总量的 17.2%。2016 年，对 6 座配备有现代化烟气净化设施的生活垃圾焚烧炉研究表明，其尾部烟气排放的二噁英毒性当量浓度范围在 0.008～0.12ng I-TEQ/Nm³。同年，对北方 6 座生活垃圾焚烧炉的 57 组烟气样品检测中发现，尽管平均二噁英排放浓度在 0.007～0.059ng I-TEQ/Nm³ 范围内，但是最高的二噁英样品浓度值达 0.095ng I-TEQ/Nm³。综上，我国垃圾焚烧过程的二噁英排放仍存在平均排放高、运行工况差异大、不能稳定达标等显著问题。随着我国《生活垃圾焚烧污染控制标准（GB 18485—2014）》的全面实施，面对更加严格的二噁英排放标准（0.1ng I-TEQ/Nm³），面对民众日益增强的环保意识和健康需求，对于垃圾焚烧过程的二噁英排放控制将面临更加严峻的挑战。

（3）二噁英及呋喃的控制技术　为控制由焚烧厂所产生的 PCDDs/PCDFs，可由控制来源、减少炉内形成及避免炉外低温再合成三方面着手。

① 控制来源。由于废物的来源广、成分控制困难，避免含 PCDDs/PCDFs 物质、含氯成分高的物质（如 PVC 塑胶等）进入垃圾，可以降低 PCDDs/PCDFs 的生成；避免含 Cu 等重金属固废进入垃圾，可以降低焚烧过程中催化生成 PCDDs/PCDFs。目前，我国大力推广垃圾分类、加强资源回收，将有利于协同降低垃圾焚烧烟气污染排放。

② 减少炉内形成。为达到完全燃烧目标，不仅要分解破坏垃圾内含有的 PCDDs/PCDFs，也要避免氯苯及氯酚等前驱物质产生。目前，通过控制焚烧工况，即"3T+E"焚烧技术，是控制焚烧烟气中二噁英的最佳途径。为此，在燃烧室设计时应采取适当的炉体热负荷，以保持足够的燃烧温度及气体停留时间、燃烧段与后燃烧段不同燃烧空气量及预热温度的要求；炉床上的二次空气量要充足（约为全部空气量的40%），且应配合炉体形状于混合度最高处喷入（如二次空气入口上方），喷入的压力亦需能足够穿透及涵盖炉体的横断面，以增加混合效果；燃烧的气流模式宜采用顺流式，以避免在干燥阶段已挥发的物质未经完全燃烧即短流释出；高温阶段炉室体积应足够，以确保废气有足够的停留时间（＞2.0s）等。另外在操作上，应确保废气中具有适当的过氧浓度（最好在6%～12%之间），因为过氧浓度太高会造成炉温不足，太低则燃烧需氧量不足，同时亦须避免大幅变动负荷（最好在80%～110%之间）；在启炉、停炉与炉温不足时，应确保启动助燃器达到既定的炉温（850～1000℃）等。对于 CO 浓度（代表燃烧情况）、O_2 浓度、废气温度及蒸汽量（代表负荷状况）等均应连续监测，并借助自动燃烧控制系统（automatic combustion control，ACC）或模糊控制系统（fuzzy control system）回馈控制垃圾的进料量、炉床移动速度、空气量及一次空气温度等操作参数，以达到完全燃烧的目标。

对于危废焚烧系统或特定情况下的生活垃圾焚烧系统，通过喷入二噁英阻滞剂，能够进一步抑制二噁英在燃烧后低温区的再生成现象，降低后端烟气净化装置的运行压力。相较于活性炭喷射结合布袋除尘技术，二噁英抑制剂可以从根本上减少二噁英的生成量；相较于 SCR 反应器，二噁英抑制剂具有更低的投入成本，有利于广泛推行。抑制剂根据其化学组成及作用原理，可以分为硫基抑制剂、氮基抑制剂、碱性抑制剂、磷基抑制剂和复合抑制剂等。二噁英抑制剂的主要抑制原理可以概括为：a. 通过消耗氯源，或者改变氯源的形态降低二噁英生成量；b. 与金属催化剂反应、钝化催化效果，从而降低金属催化剂对二噁英形成的催化效率，该机制被认为是含硫或含氮抑制剂的主要作用原理；c. 与二噁英前驱物发生反应，阻碍前驱体反应生成二噁英；d. 改变飞灰表面的酸碱度，比如含氮化合物可以减少飞灰表面的酸催化位点数量，从而抑制二噁英的形成。

③ 避免炉外低温再合成。由于目前多数大型焚烧厂均设有锅炉回收热能，焚烧烟气在锅炉出口的温度约在220～250℃左右，因此前述的 PCDDs/PCDFs 炉外再合成现象，多发生在锅炉内（尤其在节热器的部位）或在粒状污染物控制设备前。有些研究指出，主要的生成机制为铜或铁的化合物在悬浮微粒的表面催化了二噁英的前驱物质。

在干式处理系统中，最简单的方法是喷入活性炭粉或焦炭粉，通过吸附作用以去除烟气中的 PCDDs/PCDFs，喷入的位置根据除尘设备的不同而异：当使用布袋除尘器时，因布袋能提供吸附物较长的停留时间，故将活性炭粉或焦炭粉直接喷入除尘器前的烟道内即可，吸附作用可发生在布袋的表面；当使用静电除尘器时，因缺少如布袋的停滞吸附效果，故活性炭喷入点应提前至半干式或干式洗烟塔内（或其前烟管内），以争取吸附作用时间。活性炭粉虽然单价较高，但因其活性大，用量较省，且蒸汽活化安全性高，同时对汞金属亦具较优的吸附功能，故应作为较佳的选择。

借助吸附作用去除 PCDDs/PCDFs 的方法，除活性炭粉喷入法外，也可在干式或半干式系统中直接于静电除尘器或布袋除尘器后端加设含有焦炭或活性炭的固定床吸附过滤器，但由于其过滤速度慢（0.1～0.2m/s），体积大，使用焦炭或活性炭滤层时有自燃或尘爆的危险，实际应用时应特别小心。

在湿式处理系统中，因湿式洗烟塔一般仅能吸收酸性气体，且因 PCDDs/PCDFs 的水溶性甚低，故其去除效果不大。但在不断循环的洗涤液中，氯离子浓度持续累积，造成毒性较低的 PCDDs/PCDFs（毒性仅为 2,3,7,8-TCDD 的 1/1000）占有率较高，虽对总浓度影响不大，也是一种控制 PCDDs/PCDFs 毒性当量浓度的方法。若欲进一步将 PCDDs/PCDFs 去除，可于洗烟塔的低温段加入驱除剂（dioxin-scavenging additives），但此种方法仍需进行进一步的研究。

在 SCR 脱硝系统中，V_2O_5-WO_3/TiO_2 催化剂在 200～250℃的温度范围内，能够协同催化 PCDDs/PCDFs 分解，对二噁英有明显去除效果。另外，具有较高毒性的低氯代 PCDDs/PCDFs 能够通过加氯反应转化为较低毒性的高氯代 PCDDs/PCDFs，从而降低烟气二噁英的当量浓度。但是，同时存在的从头合成反应也会一定程度提高 PCDDs/PCDFs 的质量浓度，且部分 PCDDs/PCDFs 也会在系统中累积，因此需要定期清理，更换系统中催化剂。

8.7　焚烧灰渣及其处理处置

8.7.1　焚烧产生灰渣的种类

焚烧系统所产生的固体灰渣，一般可分为以下四类。

（1）细渣（grate shifting）　细渣由炉床上炉条间的细缝落下，经由集灰斗槽收集，其成分有玻璃碎片、熔融的铝金属和其他金属。细渣一般可并入底灰收集处置。

（2）底灰（bottom ash）　底灰是焚烧后由炉床尾端排出的残余物，主要含有燃烧后的灰分及未燃尽的残余有机物（例如铁丝、玻璃、水泥块等），一般经过水冷却后再排出。

底灰中未燃尽有机物的量是衡量焚烧设备性能的一个重要指标。它可以用底灰燃尽指数（ash burnout index，ABI）或热灼减率（P）来表示，其计算公式如下：

$$ABI = \left(1 - \frac{a-b}{a}\right) \times 100\% \tag{8-50}$$

$$P = \left(\frac{a-b}{a}\right) \times 100\% \tag{8-51}$$

式中，a 为底灰原质量，g；b 为底灰经灼热燃烧后的质量，g。

美国多采用 ABI，对于运行良好的焚烧系统，该值应达到 95%～99%。我国标准采用热灼减率 P，要求生活垃圾焚烧系统产生底灰的热灼减量≤5%。

由于底灰中可能含有重金属等毒性物质，很多国家都要求焚烧底灰在处置前应进行浸出毒性检验，对于浸出毒性超过入场控制标准的，必须经相应的预处理达标后才能进行填埋处置。对于底灰的处理和再利用要求，我国目前还没有相关的标准，随着垃圾焚烧规模越来越大，应加快制定焚烧底灰处理和再利用的标准。

（3）锅炉灰（boiler ash）　锅炉灰是焚烧尾气中悬浮颗粒被锅炉管阻挡而掉落于集灰斗或黏附于锅炉管上，再被吹灰器吹落。锅炉灰可单独收集，或并入飞灰一起收集。

（4）飞灰（fly ash）　飞灰是指由焚烧尾气污染控制设备所收集的细微颗粒，一般是通过除尘设备如旋风除尘器、静电除尘器、布袋除尘器等所收集的中和反应物（如 $CaCl_2$、$CaSO_4$ 等）及未完全反应的碱剂 [如 $Ca(OH)_2$] 等细微颗粒。

由于焚烧时炉膛温度高于大多数重金属的气化温度，因此，飞灰中的重金属含量较高，有些国家已将垃圾焚烧飞灰确定为危险废物。我国《生活垃圾焚烧污染控制标准》(GB 18485—2014)也明确规定，将焚烧飞灰划入危险废物的范畴，并对焚烧飞灰收集、贮存、运输、处理和处置过程的污染控制技术制定了管理标准，管理标准可参考《生活垃圾焚烧飞灰污染控制技术规范（试行）》(HJ 1134—2020)。

8.7.2 焚烧灰渣的收集及输送

焚烧产生的灰渣和飞灰，一般经灰渣漏斗或滑槽收集，在设计时除须避免形成架桥等阻塞问题，还须严防空气漏入。焚烧灰渣由炉床尾端排出时温度可高达 400～500℃左右，一般底灰收集后多采用冷却降温法，而飞灰若与底灰分开收集，则运出前可用回用水充分润湿。对底灰进行冷却多在炉床尾端排出口处进行，冷却水槽除具有冷却底灰温度外，还具有阻断炉内废气及火焰外泄的功能。

(1) 飞灰输送系统 飞灰冷却前的输送设备一般可分为五种类型。

① 螺旋式输送带。此种输送带仅适用于 5m 内的短程输送情况（如平底式静电除尘器的底部）。

② 刮板式输送带。其为链条上附刮板的简单结构，使用时要注意滚轮旋转时由飞灰造成的磨损，当飞灰含水率较高时，应防止空气进入而导致温度下降，使得飞灰固结在输送设备上。

③ 链条式输送带。利用飞灰与连接物的摩擦力来排出飞灰。

④ 空气式输送管（带）。利用空气流动的方式来运送飞灰，空气流动的方式有压缩空气式和真空吸引式两种。

⑤ 水力输送管（带）。将飞灰用水流来输送，类似于空气式输送管，具有自由选择输送路径的优点，但会产生大量污水。

由于焚烧厂烟囱处引风机会形成负压，飞灰排出装置的出口常有空气泄入的问题，因此，应加强飞灰排出口与输送带连接部位的密封性。此外，若将飞灰单独收集时，为防止其于贮槽内飞散，应设置飞灰润湿装置，并添加约飞灰量 10% 的水分，予以均匀混合后排出，所选用混合设备的材质须具有防止被飞灰腐蚀的功能。

(2) 底灰输送系统 一般机械炉床焚烧炉，其炉床末端可连续排出焚烧灰渣，由于底灰温度很高（约 400℃），必须通过冷却设备使其浸水以完全灭火。底灰冷却的方法可分为湿式和半湿式法两种。相对于湿式法，半湿式法在水槽内设有灰渣推出装置，而不设置刮板输送带，其故障频率较小。半湿式法在操作时，先在水槽内将灰渣灭火冷却，再由灰渣推出装置将冷却后的灰渣沿滑槽向上推出，以充分沥干水分，一般情况下，半湿式法推出的灰渣含水量较湿式法为少。

冷却后的底灰，在运送至贮存槽（斗）时可采用推送器或滑槽输送至附近贮槽内，或使用输送带运送，后者共有四种形式：带式、斗式、振动式和刮板式。在四种输送带中，除刮板式输送带外，均不适用于输送水分较高的灰渣。

8.7.3 焚烧灰渣的处理处置及再利用

焚烧灰渣的处理、处置和再利用技术是近年来发展迅速的一门新兴研究课题，西方各国都有针对国情制定的灰渣处理处置及再利用的技术政策。在我国，对于生活垃圾焚烧飞灰和医疗废物焚烧残渣（包括飞灰、底渣），在进入生活垃圾填埋场处置前必须进行固化/稳定化处理，参考《生活垃圾填埋场污染控制标准》(GB 16889—2008)；需满足的条件包括：①含水质量分数＜30%；②二噁英含量低于 $3\mu g TEQ/kg$；③按照《固体废物浸出毒性浸出方法 醋酸缓冲溶液法》(HJ/T 300—2007) 制备的浸出液中有毒成分浓度低于规定限值。

飞灰固化/稳定化预处理应当遵循以下原则：①安全性，经过预处理的废物浸出毒性必须要达到《生活垃圾填埋场污染控制标准》(GB 16889—2008) 要求，存量处理飞灰达到危险废物填埋场入场控制标准，参考《危险废物鉴别标准 浸出毒性鉴别》（GB 5085.3—2007）；②经济性，在满足安全性条件下，预处理以及后续填埋处置的费用应该尽量低；③节约库容，预处理技术会导致一定增容，但过度增容将占用有限的填埋场库容。

综合各国的情况，典型的焚烧灰渣处理处置的技术种类可以归纳为图8-31。而目前已从防止二次公害的角度逐渐演变为再资源化的角度，针对焚烧灰渣所开发的各种资源化技术也快速发展，典型的焚烧灰渣再利用技术如图8-32所示。

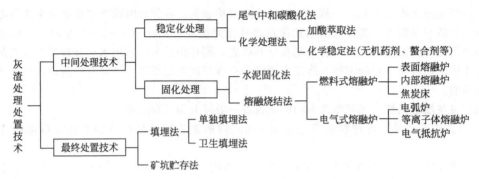

图 8-31 典型的焚烧灰渣处理处置技术种类

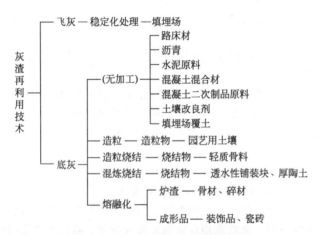

图 8-32 典型的焚烧灰渣再利用技术

8.8 垃圾焚烧系统信息化

8.8.1 信息化在垃圾焚烧厂的应用

信息化技术在电力行业的应用起始于 20 世纪 60 年代初，其发展可划分为三个阶段，分别为生产过程自动化、专项业务应用和管理信息系统阶段。作为电力行业中的新兴业务，垃圾焚烧发电具有设备资产数量大、品种多、自动化程度高等特点，属于资产密集型流程型产业，对设备安全性、可靠性、可利用性要求较高。同时，由于焚烧发电过程中会产生大量有毒有害物质，因此加强垃圾焚烧发电的生产过程管理也成为各焚烧发电企业的关注重点。信息化管理系统从设备资产的全寿命周期管理出发，支撑发电企业安全生产管理的主线，对发电企业人力、资金、材料、设备、技术、信息、时间等各种资源进行了综合平衡与优化，为发电企业的生产、运行提供方便快捷的信息处理手段，同时为各级主管部门提供有效的管理和决策支持工具，进而优化企业资源配置，提高管理和生产效率。信息化管理系统在垃圾焚烧厂中的应用主要有以下方面。

(1) 入炉焚烧量管理子系统 实现垃圾抓斗入炉量的精确管理，包括入炉量数据采集传输管理、在线查询、统计分析三大功能。

(2) 辅助喷油管理 实现辅助燃料系统喷油状况的实时监控，通过配备辅助燃料系统智能监控主机，对实时状况进行远程监控，对在炉温低于规定温度下未启动辅助燃料情况进行在线预警，并定期生成统计报表。

(3) 炉温实时管理 炉温实时监控系统实现垃圾焚烧炉实时温度的监控，系统通过曲线图方式动态展现焚烧炉炉温变化情况，对炉温低于规定阈值情况下喷油未启动状况进行在线监控，可通过短信方式发送到相关责任人，同时自动记录并生成预警报表。

(4) 烟气指标实时管理 实现对垃圾焚烧产生烟气中的 12 个重要指标进行在线监控，具体包括烟尘浓度、烟气湿度（体积分数）、HCl 浓度、SO_2 浓度、NO_x 浓度、CO 浓度、NH_3 浓度、CO_2 浓度、HF 浓度、烟气温度、烟气压力、烟气流量。

(5) 垃圾池渗滤液管理 主要实现垃圾池渗滤液水量、水质状况的实时监控，排放超标状况的在线预警等功能。通过设定水质及水量阈值，对垃圾池实时渗滤液状况进行安全管理，超标时自动提醒，从而提高垃圾池安全运营指数。

(6) 辅料投放量管理 主要实现垃圾焚烧过程中石灰、活性炭投放量精确化管理和统计。

(7) 焚烧厂视频监控 通过与焚烧厂现有视频资源无缝对接，在监控中心可在线调用焚烧厂区任一管理点位的视频画面，达到远程可视化管理。监控点主要包括地磅出入口、卸料车间、焚烧炉、烟囱、垃圾池等。

8.8.2 垃圾焚烧厂的信息化系统构架

垃圾焚烧厂的信息化系统主要包括 SIS 系统和 MIS 系统两大主要子系统。

(1) SIS 系统 厂级监控信息系统（supervisory information system，SIS）是为垃圾焚烧发电厂全厂实时生产过程综合优化服务的厂级监控管理信息系统。作为面向生产过程的信息系统，SIS 系统与发电厂的单元机组分布式控制系统以及其他控制系统联网，以实现全厂生产过程的信息共享与统一管理，提高安全、经济运行的水平，可完成包括数据实时采集、过程监视、运行参数趋势分析、数据归类统计、自动报表、报警管理、数据回放、运行考核等功能。

SIS 系统能够对机组运行中重要参数进行越限监视，并能统计越限的时间、幅值等，针对机组的安全和经济性进行必要的提示。

SIS 系统能够提供专业的性能计算及分析模型，通过准确的实时监视，能够清晰地看到机组循环系统流程、实时参数、所有经济指标计算的显示，为性能计算提供可靠的数据基础。

经济指标考核系统能够自动采集其他业务系统的考核数据，自动完成计算、分析、统计功能，从而大大降低了现有绩效管理的管理成本，全面提高管理水平。

(2) MIS 系统 管理信息系统（management information system，MIS）是以生产管理和经营管理为中心的综合管理系统，能够辅助完成成本控制，提高经济效益，实现现代化管理，能够为企业提供辅助决策信息，实现企业的生产、物资、人员、资金的优化管理，达到安全经济生产的预期目标。

生产管理系统是以设备为主线的管理系统，其围绕设备台账，以设备编码为标识，以工单为主线，采用成熟的设备点检定修策略和检修成本控制体系，对设备的基础数据、备品备件、设备维修和维护成本等进行综合管理，帮助电厂建立可持续改进的电厂设备管理知识库，确保发电设备安全稳定运行。报表管理系统可根据需要方便灵活地生成各种生产报表，并提供快捷的查询、显示以及打印功能。设备管理系统通过建立电厂全部设备的整体框架和各类设备管理台账，对设备的基础信息、检修历史、成本信息、备件清单等信息进行综合管理。通过设备数据库形成设备知识库，并构建树状结构，可以快速地查询、显示有关设备的运行状况、检修历史、异动状况等信息，能够及时采取措施，保障正常安全生产，从而使设备管理达到自动化、信息化、智能化，以满足多方工作需求。

经营管理系统是以预算为源头的厂级管理系统，主要包括预算管理、合同管理、计划任务管理等。全面预算管理系统对全厂发电生产、设备维护、物资采购、燃料供应等生产经营活动确定明确的经济目标，按照焚烧厂、项目、供应商、客户、部门等精细化核算，将预算控制点前移，实现事前预算、事中控制、事后分析考核。固化流程、规范管理，集成闭环的预算管理体系，为发电成本分析提供准确和实时的数据，提高成本预算的及时性和准确性，实现电厂生产经营的精细化成本核算。

8.8.3 生活垃圾焚烧烟气排放连续监测系统

烟气排放连续监测系统（continuous emission monitoring systems for flue gas，CEMS）是指对大气污染源排放的气态污染物和颗粒物进行浓度和排放总量连续监测并将信息实时传输到主管部门的装置。CEMS 烟气采样方式可分为直接抽取法、稀释抽取法和现场法，其各自特点如表 8-11 所示。目前国内垃圾焚烧厂 CEMS 主要采用直接抽取法采样方式。

表 8-11　烟气排放连续监测系统烟气采样方式特点

采样方式	抽取法		现场法
	直接抽取法	稀释抽取法	
特点	① 分析仪可单独进行标准气体校正； ② 不需要稀释，因此可准确测量气体浓度； ③ 一台测量装置即可对几个测试点切换测试； ④ 探头结构简单，保养容易； ⑤ 需加热导管（以防止 SO_2 损失、水蒸气凝结）	① 每个成分各需一台分析仪； ② 稀释探头的结构比直接方式复杂，保养困难； ③ 必须有稀释气体的供气系统（随时供应零气）； ④ 校正时，必须从探头流出标准气体，难以 2 点测试； ⑤ 气体的前处理简单	① 不能进行标准气体校正； ② 必须修正烟道压力； ③ 必须除去烟尘和水分的影响； ④ 需在烟道上进行保养； ⑤ 气体需要前处理； ⑥ 可测试烟道内气体的平均浓度

根据朗伯-比尔（Lambert-Beer）定律，样品气体吸收的红外线与其浓度成正比，所以测量样品气体吸收的红外线即可得到样品气体的浓度。符合以下方程：

$$I_2 = I_1 \exp[-\varepsilon(\lambda)\rho L] \tag{8-52}$$

式中，I_1 为入射光强，cd；I_2 为出射光强，cd；ρ 为样品气体密度，g/L；L 为测量池长度，cm；$\varepsilon(\lambda)$ 为由红外波长决定的常数，L/(g·cm)。

颗粒物排放浓度监测子系统主要对烟气排放中的烟尘含量进行测量，其监测设备为光透式烟尘计，利用双光束法测量烟道中的烟尘浓度。当烟气通过光束时，由于粒子的吸收和散射的结果，光亮衰减，光衰减的程度与烟尘浓度符合朗伯-比尔定律，通过确定吸收系数 K 值就能计算出烟尘浓度，计算公式如下：

$$A = \lg\left(\frac{1}{T}\right) = Kbc \tag{8-53}$$

式中，A 为吸光度；T 为透射比，%；K 为吸收系数，L/(g·cm)；b 为烟道的测定光路长，cm；c 为烟尘浓度，g/L。

烟气排放参数监测子系统主要对排放烟气的温度、压力、湿度、含氧量和烟气流量参数进行监测，用以将污染物浓度换算成标准干烟气状态下的浓度，符合环保计量要求及污染物排放量的计算。

(1) 温度、压力监测　经典方法采用热电阻和压力变送器，方便、可靠且稳定。

(2) 湿度监测　对烟道中的氧（湿测试）以及采样除湿后的氧（干测试）进行测定，利用浓度差计算烟气含水率。湿氧浓度由氧化锆测得，干氧浓度与 NO_x/SO_2 一样是由设置在气体测试装置内的分析仪测试。

各个测定值通过 DAS（直接附加存储）传送到数据处理计算机而算出烟气含水率。其公式为：

$$H_2O\% = 100 \times \left(1 - \frac{O_2\ \text{湿}\%}{O_2\ \text{干}\%}\right) \tag{8-54}$$

(3) 含氧量监测　氧化锆氧量分析仪用于测量烟道中烟气的含氧浓度。在传感器内温度恒定的电化学电池产生一个毫伏电势，这个电势直接反映出烟气中含氧浓度值。在额定的温度下，电池输出电势用下式计算：

$$E = \left(\frac{RT}{4F}\right)\ln\left(\frac{P_1}{P_2}\right) + C \tag{8-55}$$

式中，E 为电池输出电势，mV；R 为气体常数，J/(mol·K)，取 8.3143J/(mol·K)；T 为热力学温度，K；F 为法拉第常数，C/mol，取 96485C/mol；P_1 为在电池内侧参比气体（如空气）的氧分压，Pa；P_2 为在电池外侧被测气体（如烟气）的氧分压，Pa；C 为电池常数，mV。

在参比气体侧与被测气体侧氧浓度不同时，氧离子从浓度高的一侧迁移到低的一侧，电池输出就以对数的规律反映出被测气体中的氧浓度值。

(4) 烟气流量监测　皮托管流量计用于测量烟道中烟气的流量，在皮托管头部迎流方向开有一个小孔，称为总压孔，在该处形成驻点，在距头部一定距离处开有若干垂直于流体流向的静压孔。各静压孔所测静压在均压室均压后输出，由于流体的总压和静压之差与被测流体的流速有确定的数值关系，因此可用皮托管测得流体流速，从而计算出被测流量的大小，公式如下：

$$\Delta P = P_m - P_s \tag{8-56a}$$

$$Q = Av = Ak\left(2\frac{\Delta P}{\rho_9}\right)^{\frac{1}{2}} \tag{8-56b}$$

式中，ΔP 为压差，Pa；P_m 为动压，Pa；P_s 为静压，Pa；Q 为流量，m³/h；A 为烟道的截面积，m²；v 为流速，m/h；k 为相关系数；ρ_9 为标准状态下的气体密度，kg/m³。

讨论题

1. 固体废物热处理技术的定义是什么？它主要有哪些特点？在固体废物处理领域应用热处理的技术种类有哪些？

2. 含挥发分很高的固体废物（如干化污泥）适合于采用何种焚烧方式进行处理？若需要采用炉排炉进行焚烧处理，需要对这类废物采取哪些预处理方法？

3. 在焚烧过程中，控制废物在炉排上的停留时间和控制烟气在二燃室的停留时间的目的一样吗？为什么？

4. 为控制废物焚烧中供给的空气量，测定排放烟气中的剩余氧量在 10%～13% 之间，请计算该焚烧系统的过剩空气系数，并判断能否满足一般的垃圾焚烧对氧气的要求。

5. 有机垃圾厌氧发酵产生的沼气组分为：CH_4 54%，CO_2 43%，H_2 1.5%，CO 1.5%，现对此进行焚烧发电，若过剩空气系数 $m=2.1$，请计算处理 1t 沼气的：理论需氧量、理论需空气量、实际需氧量、实际需空气量、干烟气量和总烟气量。

6. 生活垃圾和污水处理厂污泥中 N 的含量分别为 0.7% 和 2.2%，请计算采用焚烧技术进行处理时，这两种原料生成的燃料型 NO_x 的量分别为多少？为减少污泥焚烧排放的燃料型 NO_x，请提出 2～3 种有效的控制措施。

7. 请简要介绍垃圾焚烧中控制酸性气体产生的技术途径。

8. 请介绍几种控制焚烧烟气中重金属含量的方法。

9. 二噁英和呋喃分别指什么物质？二噁英类物质的当量浓度是如何定义的，其当量浓度和总浓度的关系是什么？

10. 大型垃圾焚烧系统主要包括哪些子系统？各个子系统的特点是什么？

11. 旋转窑式焚烧炉的结构特点是什么？它主要适合于处理哪些种类的废物？

12. 拟采用旋转窑焚烧炉处理医疗废物，旋转窑的直径1m，其长度为15m，窑体倾斜度可调节范围控制在10%～20%之间，请计算废物的停留时间。

13. 流化床焚烧炉适合在1000℃以上的温度下焚烧处理废物吗？为什么？

14. 为保证灰渣的热灼减率满足国家标准，在采用模组式焚烧炉处理生活垃圾时能采用一燃室缺空气系统吗？为什么？

15. 某酸性气体控制设备位于布袋除尘器之后，能初步判断出该酸性气体控制采用的何技术吗？为什么？

16. 请简要分析二噁英类物质在焚烧过程中的产生机理，并提出控制二噁英类物质排放量的具体措施。

17. 采用普通布袋除尘设备能否降低排放烟气中气态二噁英类物质的排放量？为什么？

18. 氮氧化物也应该是酸性气体，为什么不把其控制放在酸性气体的控制技术里讨论？

19. 固体废物焚烧飞灰属于危险废物，在产生后如何使其满足安全处置的要求？飞灰能否和底灰混合后降低重金属的浸出毒性而达到安全填埋的入场控制标准，为什么？

20. 在文献调研的基础上，请提出集中焚烧灰渣利用的技术途径，并做简单介绍。

21. 对于厨余垃圾含量较高的生活垃圾，在采用焚烧技术进行处理时，有哪些办法可以提高焚烧的效率，请根据你所学知识进行分析。

22. 某污泥（污水处理厂剩余污泥）焚烧处理厂拟采用的烟气处理主工艺为：电除尘-NaOH湿法除酸-布袋除尘，请你根据所学知识，对该烟气处理工艺的合理性进行分析并说明理由，有更合适的工艺也请提出。

23. 某小区日产生活垃圾20t，垃圾平均含水率35%，经采样分析知：垃圾中有机废物的量占50%，有机废物的化学组成式为 $[C_6H_7O_2(OH)_3]_5$。拟采用焚烧处理，计算焚烧产生的实际干烟气量和实际湿烟气量，并提出合理的焚烧尾气处理方案。要求烟气中剩余氧气量在6%～11%之间，空气中水蒸气含量5%。

9 固体废物填埋处置技术

9.1 填埋处置技术及其发展

9.1.1 固体废物处置的定义

对固体废物实行污染控制的目标是尽量减少或避免其产生，并对已经产生的废物实行资源化、减量化和无害化管理。但是，就目前世界各国的技术水平来看，无论采用任何先进的污染控制技术，都不可能对固体废物实现百分之百的回收利用，最终必将产生一部分无法进一步处理或利用的废物。为了防止日益增多的各种固体废物对环境和人类健康造成危害，需要给这些废物提供一条最终出路，即解决固体废物的处置问题。

对于处置的概念，不同时期、不同文件其定义也不尽相同。其关键在于与处理一词的关系。在我国已出版的许多著作中认为，处理（treatment）是指通过物理、化学或生物的方法，将废物转化为便于运输、贮存、利用和处置形式的过程。换言之，处理是再生利用或处置的预处理过程；而对"处置"（disposal）的理解基本上等同于最终处置。

《控制危险废物越境迁移及其处置巴塞尔公约》将处置分为两部分。A部分是指那些不能导致资源回收、再循环、直接利用或其他用途的作业方式，包括填埋、生物降解、注井灌注、排海、永久贮存等，同时也包括为此进行的部分预处理过程，如掺混、重新包装、暂存等；B部分是指可能导致资源回收、再循环、直接利用或其他用途的作业方式，包括作为燃料、溶剂、金属和金属化合物、催化剂等形式的回收利用以及废物交换等。这两部分都不包括对固体废物的减量、减容、减少或消除其危险成分的处理手段。

我国2020年第3次修订后的《固废法》对处置的定义为：处置是指将固体废物焚烧和用其他改变固体废物的物理、化学、生物特性的方法，达到减少已产生的固体废物数量、缩小固体废物体积、减少或者消除其危险成分的活动，或者将固体废物最终置于符合环境保护规定要求的填埋场的活动。根据这个定义，处置的范围实际上包括了大多数人过去所理解的处理与处置的全部内容。本章主要讨论固体废物的最终处置。固体废物的处置方法包括以下几点。

（1）管理处置 对暂时难以处置或尚需对其处置方案进一步判断的废物，可做暂时安全储存；

（2）回收处置 对某一地区或生产过程的废物，可能通过交换或处理成为其他地区或其他生产过程的原料；

（3）排放处置 对气态或水溶性的污染物，经稀释扩散达到规定标准后，直接排放到环境中；

（4）永久性隔离处置 最终处置的主要方式，采用各种天然和人工屏障将有害物质与生物圈作最大限度的隔离，包括各种形式的陆地处置、海洋处置等。

海洋处置是利用海洋巨大的稀释能力和净化能力来消纳废物的方法，包括深海投弃和海上焚烧。陆地处置大致分为土地处置和安全储存两种类型：土地处置包括废物的土地利用、深地层储存和土地填埋；安全储存主要用于目前暂不符合其他处置要求，而又不适于采用焚烧等方法处理的废物。

9.1.2　固体废物最终处置原则

固体废物最终处置的目的是使固体废物最大限度地与生物圈隔离，阻断处置场内废物与生态环境相联系的通道，以保证其有害物质不对人类及环境的现在和将来造成不可接受的危害。从这个意义上来说，最终处置是固体废物全面管理的最终环节，它解决的是固体废物最终归宿的问题。固体废物最终处置原则主要包括以下几点。

(1) 分类管理和处置原则　固体废物种类繁多，危害特性和方式、处置要求及所要求的安全处置年限各有不同。就固体废物最终处置的安全要求而言，可根据所处置的固体废物对环境危害程度的大小和危害时间的长短进行分类管理，一般可分为以下六类：对环境无有害影响的惰性固体废物，如建筑废物、相对熔融状态的矿物材料等，即使在水的长期作用后对周围环境也无有害影响；对环境有轻微、暂时影响的固体废物，如矿业固体废物、粉煤灰等，废物对周围环境的污染是轻微的、暂时的；在一定时间内对环境有较大影响的固体废物，如生活垃圾，其有机组分在稳定化前会不断产生渗滤液和释放有害气体，对环境有较大影响；在较长时间内对环境有较大影响的固体废物，如大部分工业固体废物；在很长时间内对环境有严重影响的固体废物，如危险废物；在很长时间内对环境和人体健康有严重影响的废物，如特殊废物、高水平放射性废物等。

(2) 最大限度与生物圈相隔离原则　固体废物特别是危险废物和放射性废物，其最终处置的基本原则是合理地、最大限度地使其与自然和人类环境隔离，减少有毒有害物质释放进入环境的速率和总量，将其在长期处置过程中对环境的影响减至最小程度。

(3) 集中处置原则　《固废法》把推行危险废物的集中处置作为防治危险废物污染的重要措施和原则。对危险废物实行集中处置，不仅可以节约人力、物力、财力，利于监督管理，也是有效控制乃至消除危险废物污染危害的重要形式和主要的技术手段。

9.1.3　填埋处置的历史与发展

(1) 历史沿革　固体废物的土地填埋是从传统的废物堆填发展起来的一项最终处置技术。早在公元前3000~1000年古希腊米诺文明时期，克里特岛的首府康诺索斯就曾把垃圾填入低凹的大坑中，并进行分层覆土。第一个城市垃圾填埋场于1904年在美国伊利诺伊州的香潘市建成，其后俄亥俄州的丹顿（1906年）、艾奥瓦州的达文波特（1916年）等地也相继建成和运行了城市垃圾填埋场。这些垃圾填埋场的建设和运行奠定了土地填埋处置的最早期技术基础。其经验证明，将垃圾埋入地下会大大减少因垃圾敞开堆放所带来的滋生害虫、散发臭气等问题。但是，这种早期的土地填埋方式也引起一些其他的环境问题，如：由于降水的淋洗及地下水的浸泡，垃圾中的有害物质溶出并污染地表水和地下水；垃圾中的有机物在厌氧微生物的作用下产生以 CH_4 为主的可燃性气体，从而引发填埋场的火灾或爆炸等。

这些问题逐渐为人们所认识。美国纽约州的腊芙河谷由于历史上不合理填埋危险废物而导致了严重公害事件以后，美国开始逐渐抛弃和改进上述传统的填埋方式。从20世纪60年代后，美国及其他一些国家相继制定法律、法规强化固体废物的管理，改进废物的土地填埋处置技术。例如，美国在1976年修订并颁布了《资源保护和回收法》，正式禁止继续使用传统的填埋方法。英国也于1977年实行了《填埋场地许可标准法》，用以促进传统填埋方法的完善和改进。目前填埋处置在大多数国家仍旧是固体废物最终处置的主要方式。在技术上已经逐渐形成了国际上较为公认的准则。根据被处置废物的种类所导致的技术要求上的差异，逐渐形成目前通常所指的两大类土地填埋技术和方式：即以生活垃圾类废物为对象的土地卫生填埋和以工业废物及危险废物为对象的土地安全填埋。

（2）土地填埋技术的发展　在目前各国固体废物填埋场的设计标准不尽相同。对于卫生填埋场与安全填埋场各自的设计的要求也不完全一致。这些差别主要反映在对于防渗层、覆盖层的要求以及对渗滤液的收集与处理方面的差别上。大体上可以认为安全填埋是卫生填埋的改进和严格化。例如，对于天然土壤防渗层的渗透系数由卫生填埋的 $10^{-7}\,\mathrm{cm/s}$ 提高为安全填埋的 $10^{-8}\,\mathrm{cm/s}$，安全填埋对防渗系统的设计要求全部采用双层人工合成材料防渗和双渗滤液收集与排放系统等。然而，几十年的运转经验证明，安全土地填埋也仍然不是绝对安全的。这是因为所有的防渗层或防渗材料都具有一定的工作寿命。例如，当以土壤作为天然防渗层时，在其吸附和离子交换能力被有害物质饱和并穿透以后，就基本失去了作为屏障的作用。而使用高分子合成材料（如高密度聚乙烯）作为防渗材料时，则由于各种因素所导致的老化作用，会使得材料的机械性能逐渐恶化，最终出现渗漏。各国在提高合成材料的工作寿命方面都做了大量的工作。

城市垃圾的卫生填埋可以使用厌氧方式，也可以使用好氧方式。在以往所进行的卫生填埋大多数属于厌氧填埋。其主要优点是结构简单，操作方便，可以回收一部分可燃性气体。但由于传统厌氧分解的速率很慢，通常在封场以后需要经过很长的时间（例如 30～40 年），废物中的有机物才能降解完毕。在此期间，很难对土地充分利用。与之相反，好氧填埋是利用改良填埋场的设计和采用人工通风的方法，使垃圾进行好氧分解，从而在封场以后的很短的数年时间以内，即可以将有机物降解完毕，从而大大提高土地的利用率。该反应与堆肥化相近，因此可以产生 60℃以上的高温，对于消灭大肠杆菌等致病细菌十分有利。由于可以减少降解产生的水分，对地下水污染的威胁也较小。不过由于要进行人工通风，使得填埋场的结构较为复杂，造价和运行费用过高，不利于填埋场的大型化。因此，到目前尚未得到广泛应用。近年来，出现了一种在此二者之间的准好氧填埋方式。它是在设计填埋场时，有意识地提高渗滤液收集和排放系统的砾石排水层和管路的尺寸，从而形成管道中渗滤液的半流状态。通过较强的空气扩散作用使填埋的垃圾得到近似的好氧分解环境。该法的分解速率处于好氧和厌氧分解之间，由于取消了人工通风，所以比好氧填埋大大降低了运行费用。其缺点是需要留出一部分空间贮存空气，所以在一定程度上减小了废物填埋的空间利用率。该法在当前世界上所有大城市的土地都逐步趋向紧张的形势下，已经受到注意。

（3）土地填埋处置在固体废物管理中的地位　土地填埋作为固体废物的常用处置方法，在20 世纪初就已开始使用。虽然在早些时间，人们曾认为处置城市固体废物的主要方法有焚烧、堆肥和土地填埋三种，但从近代的观点看来，这些废物在经过焚烧和堆肥化处理以后，仍然产生为数相当大的灰分、残渣和不可利用的部分需要在最终进行填埋。随着人们对土地填埋的环境影响认识的不断加深，废物的填埋实际上已经成为唯一现实可行的、可以普遍采用的最终处置途径。

由于技术、经济和国土面积等的差异，土地填埋在每个国家的废物处置中所占的比例不同，但对于所有国家，包括那些人口密度极大的工业发达国家在内，废物的填埋处置都是不可避免的。图 9-1 列出了部分工业发达国家 1995 年和 2006 年生活垃圾填埋处置的百分比及变化情况。

从图中可以看出，相对于1995 年，几乎所有国家的生活垃圾填埋百分比都在降低，欧洲国家中德国、荷兰和瑞典的变化尤其明显，这与 1999 年欧盟颁布的《欧盟垃圾填埋指南》（CD1999/31/EU/1999）限制有机垃圾进入填埋场的规定有关。即使这样，美国、英国、西班牙等工业化国家，目前仍有 50%～60% 的城市生活垃圾直接进行土地填埋。从国外固体废物管理的发展趋势看，随着技术进步、经济实力的增强和可利用土地的逐渐减少，焚烧、堆肥和土地填埋技术在固体废物处理处置中所占的比重正在发生变化。

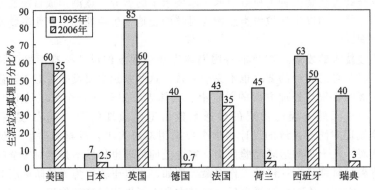

图 9-1　部分发达国家生活垃圾填埋处置百分比及变化情况

2020 年全国城市范围内拥有垃圾填埋场 644 座，填埋场数量与 2015 年末基本持平，垃圾填埋设施已处于相对饱和阶段，因此在无害化处理能力建设方面，2020 年我国垃圾填埋处理能力与"十二五"末基本持平。从无害化处理量上来看，2015 年卫生填埋处理生活垃圾 11483.14 万吨、占比 64%，而 2020 年卫生填埋处理生活垃圾大幅下降至 7771.54 万吨、且比例下降至33%，具体数据见图 1-4 和图 8-2。

9.1.4　填埋处置的目的及特点

(1) 填埋处置的主要功能　废物经适当的填埋处置后，尤其是对于卫生填埋，因废物本身的特性与土壤、微生物的物理及生化反应，形成稳定的固体（类土质、腐殖质等）、液体（有机性废水、无机性废水等）及气体（甲烷、二氧化碳、硫化氢等）等产物，其体积则逐渐减少而性质趋于稳定。因此，填埋法的最终目的是将废物妥善贮存，并利用自然界的净化能力，使废物稳定化、卫生化及减量化。因此，填埋场应具备下列功能。

① 贮存功能。具有适当的空间以填埋、贮存废物。

② 阻断功能。以适当的设施将填埋的废物及其产生的渗滤液、废气等与周围的环境隔绝，避免其污染环境。

③ 处理功能。具有适当的设备以有效且安全的方式使废物趋于稳定。

④ 土地利用功能。借助填埋利用低洼地、荒地或贫瘠的农地等，以增加可利用的土地。

(2) 固体废物填埋处置的目的

① 废物和环境隔离。尽量做到使所处置的废物与生态环境相隔离，阻断处置场内废物与生态环境相联系的通道。

② 避免水分进入处置场。尽量避免生态环境中的水分等物质进入处置场引发所处置废物产生生物、化学和物理变化而导致产生渗滤液和气体。

③ 减少二次污染物的释放。避免所产生的渗滤液和气体中的迁移性污染物质释放到生态环境中。

(3) 废物填埋处置的多重屏障原则

① 废物屏障系统。根据填埋的固体废物性质进行预处理，如危险废物固化或稳定化。

② 工程屏障系统。利用人为的工程措施将废物封闭，使废物渗滤液尽量少突破密封屏障，向外溢出。其密封效果取决于密封材料品质、设计水平和施工质量保证。

③ 地质屏障系统。包括场地的地质基础、外围和区域综合地质技术条件。地质屏障的防护作用取决于地质介质对污染物质的阻滞性能和污染物质在地质介质中的降解性能。

(4) 固体废物填埋处置的特点　填埋处理法与其他方法比较，其优缺点可以概括为以下几个方面。

① 土地填埋有以下优点。a. 与其他处理方法比较，只需较少的设备与管理费，如推土机、压实机、填土机等，而焚化与堆肥，则需庞大的设备费及维持费；b. 处理量较具有弹性，对于突然的废物量增加，只需增加少数的作业员与工具设备或延长操作时间；c. 操作很容易，维持费用较低，在装备上和土地不会有很大的损失；d. 比露天弃置所需的土地少，因为垃圾在填埋时经压缩后体积只有原来的30%～50%，而覆盖土量与垃圾量的比是1∶4，所以所需土地较少；e. 能够处理各种不同类型的垃圾，减少收集时分类的需要性；f. 比其他方法施工期较短；g. 填埋后的土地，有更大的经济价值，如作为运动或休憩场所。

② 土地填埋有以下缺点。a. 需要大量的土地供填埋废物用，这在高度工业化地区或人口密度大的都市，土地取得明显很困难，尤其在经济运输距离之内更不易寻得合适土地；b. 填埋场的渗滤液处理费极高；c. 填埋地在城市以外或郊区，则常受到行政辖区因素限制，故运输费用往往是此处理法的缺点之一；d. 冬天或不良气候，如雨季操作较困难；e. 需每日覆土，若覆土不当易造成污染问题，如露天弃置；f. 良质覆土材料不易取得。

9.1.5　生物反应器填埋场及其发展

生物反应器填埋场是对传统填埋场运行方式的改进，通过控制填埋场内部湿度和营养状况，提高场内微生物活性，从而控制垃圾稳定化进程。根据操作方式不同，生物反应器填埋场可分为厌氧型（anaerobic）、好氧型（aerobic or aerox）、混合型（hybrid or anaerobic-aerobic）、兼氧型（facultative），以及准好氧型（semi-aerobic）即福冈模式（Fukuoka Method）等。

目前广泛采用的是操作简便的厌氧型生物反应器填埋场，其主要组成和运行方式如图9-2(a)所示。该模式主要包括：可控制的渗滤液收集、存储、回灌及后续处理系统；填埋场防渗系统；填埋气体收集、净化或综合利用系统；以及环境监测、填埋作业、覆盖、排水系统等几部分。

好氧型生物反应器填埋场在回灌渗滤液的同时鼓入空气，使填埋场内部保持有氧反应的状态，可以加快填埋场的稳定化进程。但其能耗和成本很高，也没有对垃圾中有机组分的生物质能进行利用，因而应用和研究得相对较少。好氧型生物反应器填埋场的组成和运行方式如图9-2(b)所示。

混合型生物反应器填埋场综合了厌氧型操作的简便性和好氧型快速降解垃圾的特点，即向最上层垃圾鼓入空气，下层垃圾注入渗滤液等液体并收集填埋气体加以利用，这种序批式的处理方法，可以有效地减轻或消除厌氧条件下有机酸累积对产甲烷菌的危害，同时有利于去除垃圾中的挥发性有机物。

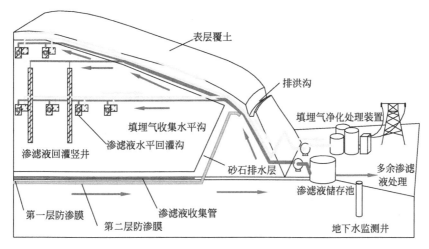

（a）厌氧型生物反应器填埋场概念图

图 9-2

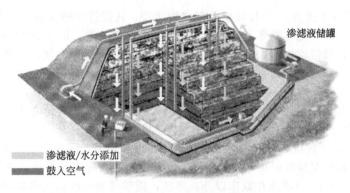

渗滤液储罐

▬ 渗滤液/水分添加
▬ 鼓入空气

(b) 好氧型生物反应器填埋场概念图

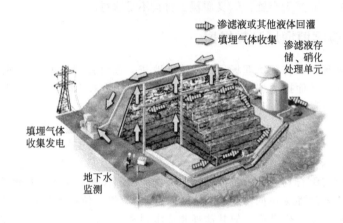

⇨ 渗滤液或其他液体回灌
⇨ 填埋气体收集

渗滤液存储、硝化处理单元

填埋气体
收集发电

地下水
监测

(c) 兼氧型生物反应器填埋场概念图

图 9-2　生物反应器填埋场概念图

　　准好氧填埋场的设计思想又有所不同：不用动力供氧，而是利用渗滤液收集管道的不满流（50%）设计，使空气在垃圾堆体发酵产生温差的推动下自然通入，使填埋场内部存在一定的好氧区域，可以加快填埋垃圾和渗滤液的降解、稳定速度。

　　出于脱氮的考虑，兼氧型生物反应器填埋场应运而生，即在厌氧填埋的基础上，将渗滤液预先硝化处理后再回灌［见图 9-2(c)］，以硝态氮充当电子供体，促进氨氮转化为无害的 N_2，加速垃圾体和渗滤液的稳定化。

　　早在 1970 年，Pohland 等提出了利用渗滤液回灌控制填埋场稳定化进程的方法，并通过实验室试验验证了回灌的效果。从 80 年代开始，这种方法得到了广泛重视，由实验室规模实验走向中试规模实验和全规模实验，并开始得到实际应用，截至 1993 年，在美国、德国、英国和瑞典，已经有接近 20 个生物反应器填埋场。根据北美固体废弃物组织 1997 年的调查结果，在美国境内，已经有超过 130 个填埋场实行了渗滤液回灌，积累了相当丰富的运行管理经验。

　　此外，欧盟也在 1999 年提出，建设生物反应器填埋场是实现废物最优化处置的可行策略之一。现在很多其他地区的国家也开始关注这一技术，澳大利亚、加拿大、南美、南非、日本和新西兰等都有关于生物反应器填埋场的研究报道。

　　我国从 1990 年末也开始对生物反应器填埋技术的相关研究，如渗滤液回灌过程中的水质变化规律或垃圾填埋层对渗滤液的处理效果、加速填埋场气体（LFG）或 CH_4 产出和垃圾稳定化的效果及影响因素、好氧/准好氧操作方式或填埋场空气状况对含氮物质降解和垃圾稳定化过程的促进或影响，以及回灌出水中 NH_4^+-N、难降解有机物的深度处理工艺等，但大多局限于试验室规模，缺乏现场规模的试验数据和工程应用。

国内外众多研究和实践证明，渗滤液或其他水分的引入能加大生物反应的活度，以厌氧型生物反应器填埋场为例，如果操作得当，相对传统卫生填埋场，主要有以下一些优势：

① 减少了渗滤液处理负担。通过简单的回灌，能够使渗滤液中的有机物浓度更快降低，减少了渗滤液储存和处理的负荷及成本。

② 增大了填埋气体产生速率。使填埋气体的产生在有控制的条件下进行，改善了填埋气体的质量，充分利用了渗滤液中的有机物质，使填埋气体的利用更具经济性。

③ 减小了环境影响。通过对渗滤液和填埋气体的有效控制、收集和净化，减少了对地下水、地表水和周围环境的影响，并可降低温室气体的排放。

④ 提高了填埋场空间利用率和使用寿命。利用生物反应器工艺，填埋场一般能增加15%～50%的库容，提高了土地利用效率和填埋场寿命。

⑤ 减小了填埋场长期潜在隐患和封场维护。生物反应器填埋场能在比较短的时间内达到深层次的稳定状态，缩短了填埋场封场维护期和长期的监测负担。

目前，生物反应器填埋场仍存在或潜在着一些问题需要解决，如有机酸或氨氮的累积、未知的填埋气体释放和臭气的增加、填埋场防渗衬垫系统的失效、填埋场或垃圾堆体的不稳定性等。

我国在应用渗滤液回灌技术时，尤其要做好充分的技术和管理准备。例如，国内填埋场很少采用双衬层结构，防渗层的安全性不够，对防渗层上水位也往往缺乏监测，再加上操作不当对底层防渗的破坏作用，如果盲目地进行渗滤液回灌，极易污染地下水，因而存在极大的风险性。目前，我国已经有一些填埋场在进行渗滤液回灌的试验，如上海老港垃圾填埋场、北京北神树垃圾填埋场、深圳下坪垃圾填埋场和广州李坑垃圾填埋场，但均没有严格地按照生物反应器填埋场的方法来设计和运行，其长期性能有待进一步验证或提高。

9.2　填埋处置技术分类

到目前为止，土地填埋仍然是应用最广泛的固体废物的最终处置方法。现行的土地填埋技术有不同的分类方法。例如，根据废物填埋的深度可以分为浅地层填埋和深地层填埋；根据填埋场地形特征可以分为山谷型填埋、平地型填埋、废矿坑填埋和滩涂型填埋；根据填埋场地水文气象条件可以分为干式填埋、湿式填埋和干湿式混合填埋；根据处置对象的性质和填埋场的结构形式可以分为惰性填埋、卫生填埋和安全填埋等。但目前被普遍承认的分类法是将其分为卫生填埋和安全填埋两种。前者主要处置城市垃圾等一般固体废物，而后者则主要以危险废物为处置对象。这两种处置方式的基本原则是相同的，事实上安全填埋在技术上完全可以包含卫生填埋的内容。对于一般工业固体废物贮存和处置场的建设，根据产生的工业固体废物的性质差异，又可以分为Ⅰ类和Ⅱ类贮存和处置场。

9.2.1　惰性填埋法

惰性填埋法指将原本已稳定的废物，如玻璃、陶瓷及建筑废料等，置于填埋场，表面覆以土壤的处理方法。本质上惰性填埋法着重其对废物的贮存功能，而不在于污染的防治（或阻断）功能。

由于惰性填埋场所处置的废物都是性质已稳定的废物，因此该填埋方法极为简单。图 9-3 为惰性填埋场的构造示意图，其填埋所需遵循的基本原则如下：

① 根据估算的废物处理量，构筑适当大小的填埋空间，并须筑有挡土墙。

② 在入口处竖立标示牌，标示废物种类、使用期限及管理人。

③ 在填埋场周围设有转篱或障碍物。

④ 填埋场终止使用时，应覆盖至少 15cm 的土壤。

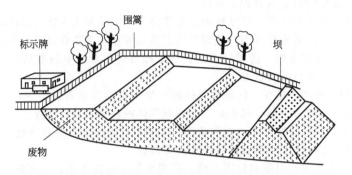

图 9-3 惰性填埋场构造示意

9.2.2 生活垃圾卫生填埋法

卫生填埋法指将一般废物（如生活垃圾）填埋于不透水材质或低渗水性土壤内，并设有渗滤液、填埋气体收集或处理设施及地下水监测装置的填埋场的处理方法，即填埋处置无须稳定化预处理的非稳定性的废物，最常用于生活垃圾填埋。此方法也是最普遍的填埋处理法。

（1）卫生填埋场基本结构 图 9-4 是卫生填埋场基本结构示意图，其填埋方法所需遵循的基本原则如下。

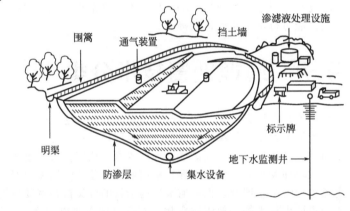

(a) 构造示意

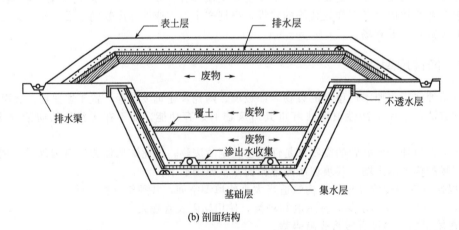

(b) 剖面结构

图 9-4 卫生填埋场基本结构

① 根据估算的废物处理量，构筑适当大小的填埋空间，并须筑有挡土墙。

② 在入口处竖立标示牌，标示废物种类、使用期限及管理人。

③ 在填埋场周围设有转篱或障碍物。

④ 填埋场须构筑防止地层下陷及设施沉陷的措施。

⑤ 填埋场应铺设进场道路。

⑥ 应有防止地表水流入及雨水渗入设施。

⑦ 卫生填埋场防渗层要求见下。

⑧ 须根据场址地下水流向在填埋场的上下游各设置一个以上监测井。

⑨ 除填埋物属不可燃者外，须设置灭火器或其他有效消防设备。

⑩ 应有收集或处理渗滤液的设施。

⑪ 应有填埋气体收集和处理设施。

⑫ 填埋场在每工作日结束时，应覆盖 15cm 以上的黏土，予以压实；在终止使用时，覆盖 50cm 以上的细土。

(2) 卫生填埋场防渗结构 为保证生活垃圾卫生填埋场（以下简称卫生填埋场）防渗系统工程的建设水平、可靠性和安全性，防止垃圾渗滤液渗漏对周围环境造成污染和损害，国家住建部先后颁布了行业标准《生活垃圾卫生填埋技术规范》（GB 50869—2013）和《生活垃圾卫生填埋场防渗系统工程技术规范》（GB/T 51403—2021），对卫生填埋场防渗系统工程的设计、施工、验收及维护等进行了规定，要求卫生填埋场基础必须具有足够的承载能力，且应采取有效措施防止基础层失稳，卫生填埋场的场地和四周边坡必须满足整体及局部稳定性的要求，防渗系统工程应在填埋场的使用期限和封场后的稳定期限内有效地发挥其功能。在进行防渗系统工程设计时应依据填埋场分区进行设计，填埋场场底的纵、横坡度不宜小于 2%，垃圾填埋场渗滤液处理设施必须进行防渗处理。

《生活垃圾卫生填埋场防渗系统工程技术规范》（GB/T 51403—2021）要求卫生填埋场防渗系统的设计应符合下列要求：选用可靠的防渗材料及相应的保护层；设置渗滤液收集导排系统；垃圾填埋场工程应根据水文地质条件的情况，设置地下水收集导排系统，以防止地下水对防渗系统造成危害和破坏；地下水收集导排系统应具有长期的导排性能。防渗结构的类型应分为单层防渗结构、复合防渗结构和双层防渗结构，复合防渗结构是目前最常采用的卫生填埋场防渗结构型式。

无论采用单层防渗层结构还是复合防渗层结构，其防渗结构并无显著差异，只是防渗的性能有所差异，其结构层次从上至下分别为：渗滤液收集导排系统、防渗层（含防渗材料及保护材料）、基础层、地下水收集导排系统。根据所使用的防渗材料的不同，可以分为天然黏土防渗和人工材料防渗；根据起防渗作用的材料层而言，采用一层防渗材料的形成单层防渗层，采用两层或几层紧密接触的防渗材料的形成复合防渗层。双层防渗结构是在单层防渗结构基础上又增加了一个防渗层和一个渗漏检测层。双层防渗结构中的主防渗层和次防渗层分别可以是单层防渗层或复合防渗层。

① 单层防渗层结构

a. 压实黏土单层防渗。采用黏土类衬层（自然防渗）的填埋场，天然黏土类衬层的渗透系数不应大于 1.0×10^{-7} cm/s，场底及四壁衬层厚度不应小于 2m，或者改良土衬层性能应达到黏土类防渗性能。其结构示意见图 9-5(a)。当填埋场不具备黏土类衬层或改良土衬层防渗要求时，宜采用自然和人工结合的防渗技术措施。

b. HDPE 膜单层防渗。该防渗结构的 HDPE(high density polyethylene) 膜上应采用非织造土工布（geo-textile）作为保护层，规格不得小于 $600g/m^2$；HDPE 膜的厚度不应小于 1.5mm

并应具有较大延伸率，膜的焊（粘）接处应通过试验、检验；HDPE 膜下应采用压实土壤作为保护层，压实土壤渗透系数不得大于 1×10^{-5} cm/s，厚度不得小于 750mm。其结构示意见图 9-5(b)。

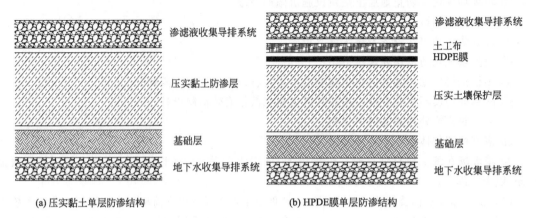

(a) 压实黏土单层防渗结构   (b) HPDE膜单层防渗结构

图 9-5 卫生填埋场单层防渗层结构（GB/T 51403—2021）

② 复合防渗层结构。

a. HDPE 膜和压实土壤的复合防渗层。HDPE 膜上应采用非织造土工布作为保护层，规格不得小于 600g/m²；HDPE 膜的厚度不应小于 1.5mm；压实土壤渗透系数不得大于 1×10^{-7} cm/s，厚度不得小于 750mm。其结构示意见图 9-6(a)。

b. HDPE 膜和 GCL 的复合防渗层。HDPE 膜上应采用非织造土工布作为保护层，规格不得小于 600g/m²；HDPE 膜的厚度不应小于 1.5mm；GCL(geo-clay liner) 渗透系数不得大于 5×10^{-9} cm/s，规格不得低于 4800g/m²；GCL 下应采用一定厚度的压实土壤作为保护层，压实土壤渗透系数不得大于 1×10^{-5} cm/s。其结构示意见图 9-6(b)。

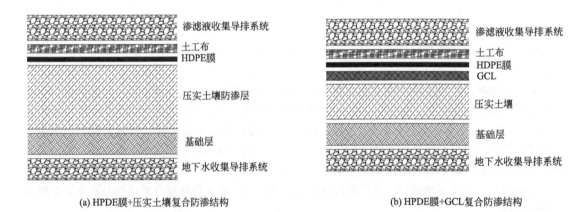

(a) HPDE膜+压实土壤复合防渗结构   (b) HPDE膜+GCL复合防渗结构

图 9-6 卫生填埋场复合防渗层结构（GB/T 51403—2021）

③ 双层防渗结构。该层次从上至下为渗滤液收集导排系统、主防渗层（含防渗材料及保护材料）、渗漏检测层、次防渗层（含防渗材料及保护材料）、基础层、地下水收集导排系统。双层防渗结构的防渗层设计应符合下列规定：主防渗层和次防渗层均应采用 HDPE 膜作为防渗材料，HDPE 膜厚度不应小于 1.5mm；主防渗层 HDPE 膜上应采用非织造土工布作为保护层，规格不得小于 600g/m²；HDPE 膜下宜采用非织造土工布作为保护层；次防渗层 HDPE 膜上宜采用非织造土工布作为保护层，HDPE 膜下应采用压实土壤作为保护层，压实土壤渗透系数不得大于

$1 \times 10^{-5}\,cm/s$，厚度不宜小于 750mm；主防渗层和次防渗层之间的排水层宜采用复合土工排水网（geo-net）。其结构示意见图 9-7。

④ 填埋场基础层。基础层应平整、压实、无裂缝、无松土，表面应无积水、石块、树根及尖锐杂物。防渗系统的场底基础层应根据渗滤液收集导排要求设计纵、横坡度，且向边坡基础层平缓过渡，压实度不得小于 93%。防渗系统的四周边坡基础层应结构稳定，压实度不得小于 90%。边坡坡度陡于 1：2 时，应做出边坡稳定性分析。场底地基应是具有承载能力的自然土层或经过碾压、夯实的平稳层，且不应因填埋垃圾的沉陷而使场底变形、断裂。场底应有纵、横坡度。纵横坡度宜在 2% 以上，以利于渗滤液的导流。黏土表面经碾压后，方可在其上铺设人工衬层。铺设人工衬层材料应

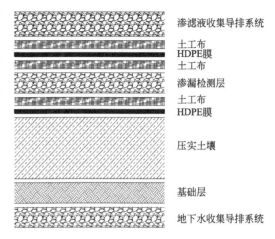

渗滤液收集导排系统
土工布
HDPE膜
土工布
渗漏检测层
土工布
HDPE膜

压实土壤

基础层
地下水收集导排系统

图 9-7　卫生填埋场双层防渗结构
（GB/T 51403—2021）

焊接牢固，达到强度要求，局部不应产生下沉拉断现象。在大坡度斜面铺设时。应设锚定平台。

(3) 卫生填埋场的封场

① 卫生填埋场的封场工作应按设计进行施工，并应在专业人员现场监督指导下进行。

② 卫生填埋场最后封场应在填埋场上覆盖黏土或人工合成材料。黏土的渗透系数应小于 $1.0 \times 10^{-7}\,cm/s$，厚度为 20~30cm；其上再覆盖 20~30cm 的自然土，并均匀压实。采用 HDPE 人工材料覆盖，厚度不应小于 1mm；膜下采用黏土保护层，膜上采用粗粒或多孔材料保护、排水，厚度宜在 20~30cm。

③ 填埋场封场后应覆盖植被。根据种植植物的根系深浅而确定。覆盖营养土层厚度，不应小于 20cm，总覆盖土应在 80cm 以上。

④ 填埋场封场应充分考虑堆体的稳定性和可操作性。封场坡度宜为 5%。

⑤ 封场应考虑地表水径流、排水防渗、覆盖层渗透性和填埋气体对覆盖层的顶托力等因素，使最终覆盖层安全长效。

9.2.3　一般工业固体废物贮存和填埋场

一般工业固体废物根据其特性又可分为第Ⅰ类一般工业固体废物和第Ⅱ类一般工业固体废物。堆放第Ⅰ类一般工业固体废物的贮存、处置场为第一类，简称Ⅰ类场。堆放第Ⅱ类一般工业固体废物的贮存、处置场为第二类，简称Ⅱ类场。

(1) 场址选择　根据《一般工业固体废物贮存和填埋污染控制标准》（GB 18599—2020）的要求，一般工业固体废物贮存、处置场所选场址应符合当地城乡建设总体规划要求；应选在工业区和居民集中区主导风向下风侧，厂界距居民集中区 500m 以外；应选在满足承载力要求的地基上，以避免地基下沉的影响，特别是不均匀或局部下沉的影响；应避开断层、断层破碎带、溶洞区，以及天然滑坡或泥石流影响区；禁止选在江河、湖泊、水库最高水位线以下的滩地和洪泛区；禁止选在自然保护区、风景名胜区和其他需要特别保护的区域。此外，Ⅰ类场应优先选用废弃的采矿坑、塌陷区。Ⅱ类场应避开地下水主要补给区和饮用水源含水层，应选在防渗性能好的地基上，天然基础层地表距地下水位的距离不得小于 1.5m。

(2) 贮存和填埋场结构要求　一般工业固体废物贮存、处置场的建设类型，必须与将要堆放的一般工业固体废物的类别相一致。贮存、处置场应采取防止粉尘污染的措施。为防止雨水径流进入贮存、处置场内，避免渗滤液量增加和滑坡，贮存、处置场周边应设置导流渠。应设计渗滤

液集排水设施。

为防止一般工业固体废物和渗滤液的流失，应构筑堤、坝、挡土墙等设施。为保障设施、设备正常运营，必要时应采取措施防止地基下沉，尤其是防止不均匀或局部下沉。含硫量大于1.5%的煤矸石，必须采取措施防止自燃。为加强监督管理，贮存、处置场应按标准要求设置环境保护图形标志。

对于Ⅱ类场的建设，当天然基础层的渗透系数大于 $1.0 \times 10^{-7}\,cm/s$ 时，应采用天然或人工材料构筑防渗层，防渗层的厚度应相当于渗透系数 $1.0 \times 10^{-7}\,cm/s$ 和厚度 1.5m 的黏土层的防渗性能。必要时应设计渗滤液处理设施，对渗滤液进行处理。另外，为监控渗滤液对地下水污染，贮存、处置场周边至少应设置三口地下水质监控井。第一口井沿地下水流向设在贮存、处置场上游，作为对照井；第二口井沿地下水流向设在贮存、处置场下游，作为污染监视监测井；第三口井设在最可能出现扩散影响的贮存、处置场周边，作为污染扩散监测井。当地质和水文地质资料表明含水层埋藏较深，经论证认定地下水不会被污染时，可以不设置地下水质监控井。

(3) 贮存和填埋场关闭和封场　当贮存、处置场服务期满或因故不再承担新的贮存、处置任务时，应分别予以关闭或封场。关闭或封场时，表面坡度一般不超过33%。标高每升高 3～5m，须建造一个台阶。台阶应有不小于1m 的宽度、2%～3%的坡度和能经受暴雨冲刷的强度。

关闭或封场后，仍需继续维护管理，直到稳定为止。以防止覆土层下沉、开裂，致使渗滤液量增加，防止一般工业固体废物堆体失稳而造成滑坡等事故。关闭或封场后，应设置标志物，注明关闭或封场时间，以及使用该土地时应注意的事项。

对于Ⅰ类场，为利于恢复植被，关闭时表面一般应覆一层天然土壤，其厚度视固体废物的颗粒度大小和拟种植物种类确定。对于Ⅱ类场，为防止固体废物直接暴露和雨水渗入堆体内，封场时表面应覆土两层。第一层为阻隔层，覆 20～45cm 厚的黏土并压实，防止雨水渗入固体废物堆体内；第二层为覆盖层，覆天然土壤，以利植物生长，其厚度视栽种植物种类而定。Ⅱ类场封场后，渗滤液及其处理后的排放水的监测系统应继续维持正常运转，直至水质稳定为止。地下水监测系统应继续维持正常运转。

9.2.4　危险废物安全填埋法

安全填埋法指将危险废物填埋于抗压及双层不透水材质所构筑并设有阻止污染物外泄及地下水监测装置的填埋场的一种处理方法。安全填埋场专门用于处理危险废物，危险废物进行安全填埋处置前需经过固化稳定化预处理。

(1) 安全填埋场结构　安全填埋主要用于处理危险废物，因此不单填埋场地构筑较前两种方法复杂，且对处理人员的操作要求也更加严格。其填埋方法所应遵循的基本原则如下。

① 根据估算的废物处理量，构筑适当大小的填埋空间，并须筑有挡土墙。

② 在入口处竖立标示牌，标示废物种类、使用期限及管理人。

③ 在填埋场周围设有转篱或障碍物。

④ 填埋场须构筑防止地层下陷及设施沉陷的措施。

⑤ 须根据场址地下水流向在填埋场的上下游各设置一个以上监测井。

⑥ 除填埋物属不可燃者外，须设置灭火器或其他有效消防设备。

⑦ 填埋场应有抗压及抗震的设施。

⑧ 填埋场应铺设进场道路。

⑨ 应有防止地表水流入及雨水渗入设施。

⑩ 分级危险废物的种类、特性及填埋场土壤性质，采取防腐蚀、防渗漏措施。

⑪ 填埋场衬层系统设置见下。

⑫ 应有收集或处理渗滤液的设施。

⑬ 当填埋场处置的废物数量达到填埋场设计容量时，应实行填埋封场，封场要求见危险废

物封场设计。

需要强调的是，有些国家要求安全填埋场将废物填埋于具有刚性结构的填埋场内，其目的是借助此刚性体保护所填埋的废物，以避免因地层变动、地震或水压、土压等应力作用破坏填埋场，而导致废物的失散及渗滤液的外泄。图 9-8 为安全填埋场的构造示意图。刚性体安全填埋场构造示意图如图 9-9 所示。

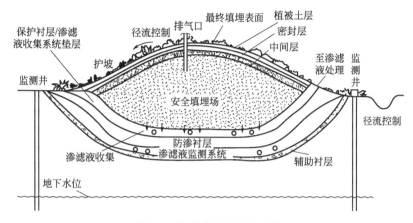

图 9-8　安全填埋场构造示意

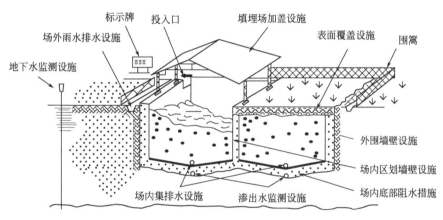

图 9-9　刚性结构安全填埋场构造示意

采用刚性结构的安全填埋场其刚性体的设计需遵循以下设计要求。

① 材质。人工材料如混凝土、钢筋混凝土等结构，自然地质可资利用的天然岩磐或岩石。

② 强度。应具有单轴压缩强度在 245kgf/cm² 以上（1kgf=9.80665N）。

③ 厚度。作为填埋场周围的边界墙厚度至少达 15cm 厚；单体间的隔墙厚度至少达 10cm 厚。

④ 面积。每单体的填埋面积以不超过 50m² 为原则。

⑤ 体积。每单体的填埋容积以不超过 250m³ 为原则。

⑥ 在无遮雨设备的条件下，废物在实施安全填埋作业时，以一次完成一个填埋单体为原则；为避免产生巨大冲击力，填埋时应以抓吊方式作业，当贮存区饱和后，即实施刚性体的封顶工程。

(2) 安全填埋场防渗层结构　根据《危险废物填埋污染控制标准》（GB 18598—2019），安全填埋场防渗层的结构设计根据柔性填埋场和刚性填埋场分别要求，其结构示意见图 9-10。

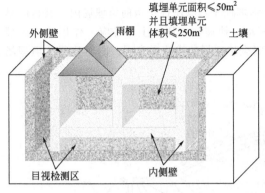
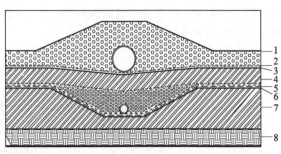

(a) 刚性填埋场示意图（地下）　　　　　(b) 双人工复合衬层系统

图 9-10　安全填埋场衬层系统结构示意（GB 18598—2019）

1—渗滤液导排层；2—保护层；3—主人工衬层（HDPE）；4，7—压实黏土衬层；
5—渗漏检测层；6—次人工衬层（HDPE）；8—基础层

① 柔性填埋场设计规定。柔性填埋场应采用双人工复合衬层作为防渗层。双人工复合衬层中的人工合成材料采用高密度聚乙烯膜时应满足 CJ/T 234 规定的技术指标要求，并且厚度不小于 2.0mm。双人工复合衬层中的黏土衬层应满足下列条件。

a. 主衬层应具有厚度不小于 0.3m，且经过压实、人工改性等措施后的饱和渗透系数小于 1.0×10^{-7}cm/s 的黏土衬层；

b. 次衬层应具有厚度不小于 0.5m，且经过压实、人工改性等措施后的饱和渗透系数小于 1.0×10^{-7}cm/s 的黏土衬层。

黏土衬层施工过程应充分考虑压实度与含水率对其饱和渗透系数的影响，并满足下列条件。

a. 每平方米黏土层高度差不得大于 2cm；

b. 黏土的细粒含量（粒径小于 0.075mm）应大于 20%，塑性指数应大于 10%，不应含有粒径大于 5mm 的尖锐颗粒物；

c. 黏土衬层的施工不应对渗滤液收集和导排系统、人工合成材料衬层、渗漏检测层造成破坏。

柔性填埋场应设置两层人工复合衬层之间的渗漏检测层，包括双人工复合衬层之间的导排介质、集排水管道和集水井，并应分区设置。检测层渗透系数应大于 0.1cm/s。

② 刚性填埋场设计规定。刚性填埋场设计应符合以下规定。

a. 刚性填埋场钢筋混凝土的设计应符合 GB 50010 的相关规定，防水等级应符合 GB 50108 一级防水标准；

b. 钢筋混凝土与废物接触面上应覆有防渗、防腐材料；

c. 钢筋混凝土抗压强度不低于 25N/mm²，厚度不小于 35cm；

d. 应设计成若干独立对称的填埋单元，每个填埋单元面积不得超过 50m² 且容积不得超过 250m³；

e. 填埋结构应设置雨棚，杜绝雨水进入；

f. 在人工目视条件下能观察到填埋单元的破损和渗漏情况，并能及时进行修补。

(3) 封场结构　安全填埋场的最终覆盖层应为多层结构，应包括下列部分。

① 底层（兼作导气层）。厚度不应小于 20cm，倾斜度不小于 2%，由透气性好的颗粒物质组成。

② 防渗层。天然材料防渗层厚度不应小于 50cm，渗透系数不大于 1.0×10^{-7}cm/s；若采用

复合防渗层，人工合成材料层厚度不应小于 1.0mm，天然材料层厚度不应小于 30cm。其他设计要求同衬层。

③ 排水层及排水管网。排水层和排水系统的要求同底部渗滤液及排水系统，设计时采用的暴雨强度不应小于 50 年。

④ 保护层。保护层厚度不应小于 20cm，由粗砥性坚硬鹅卵石组成。

⑤ 植被恢复层。植被层厚度一般不应小于 60cm，其土质应有利于植物生长和场地恢复，同时植被层的坡度不应超过 33%。在坡度超过 10% 的地方，须建造水平台阶；坡度小于 20% 时，标高每升高 3m，建造一个台阶；坡度大于 20% 时，标高每升高 2m，建造一个台阶。台阶应有足够的宽度和坡度，要能经受暴雨的冲刷。

⑥ 封场后还应继续进行以下工作，并持续到封场后 30 年：维护最终覆盖层的完整性和有效性；维护和监测检漏系统；继续进行渗滤液的收集和处理；继续监测地下水水质的变化。

⑦ 当发现场址或处置系统的设计有不可改正的错误，或发生严重事故及发生不可预见的自然灾害使得填埋场不能继续运行时，填埋场应实行非正常封场。非正常封场应预先作出相应补救计划，防止污染扩散。

9.3 填埋场总体规划及场址选择

9.3.1 填埋场总体规划

在对填埋场进行规划与设计时，首先应该考虑以下基本问题。

(1) 相关的环境法规 必须满足所有相关的环境法规。

(2) 城市总体规划 填埋场的规划与设计必须注意与城市的总体规划保持一致，以保证城市社会经济与环境的协调发展。

(3) 场址周围环境 应对选定场址周围的环境进行充分的调查，其中包括场址及周围地区的地形、周围地区的土地处置情况、现有的排水系统及今后的布局、植被生长情况、建筑和道路情况等。

(4) 水文和气象条件 要全面了解当地详细的水文和气象条件，如地表水及地下水的流向和流速、地下水埋深及补给情况、地下水水质、现有排水系统的容量、对附近水源保护区的影响、降水量、蒸发量、风向及风速等。这些条件直接影响渗滤液的产生，进而影响填埋场构造的选择与设计。

(5) 入场废物性质 应充分掌握入场废物的性质，从而在设计过程中确定必要的环境保护措施。对于进入柔性安全填埋场的危险废物，需要满足下列条件或经预处理满足下列条件才能进入柔性填埋场处置：①根据 HJ/T 299 制备的浸出液中有害成分浓度不超过表 9-1 中允许填埋控制限值的废物；②根据 GB/T 15555.12 测得浸出液 pH 值在 7.0~12.0 之间的废物；③含水率低于60% 的废物；④水溶性盐总量小于 10% 的废物，测定方法按照 NY/T 1121.16 执行；⑤有机质含量小于 5% 的废物，测定方法按照 HJ 761 执行；⑥不再具有反应性、易燃性的废物。此外，不具有反应性、易燃性或经预处理不再具有反应性、易燃性的废物，可进入刚性填埋场；砷含量大于 5% 的废物，应进入刚性填埋场处置。

表 9-1 危险废物允许进入填埋区的控制限值

序号	项目	稳定化控制限值/(mg/L)	检测方法
1	有机汞	不得检出	GB/T 14204
2	汞及其化合物(以总汞计)	0.12	GB/T 15555.1、HJ 702

序号	项目	稳定化控制限值/(mg/L)	检测方法
3	铅(以总铅计)	1.2	HJ 766、HJ 781、HJ 786、HJ 787
4	镉(以总镉计)	0.6	HJ 766、HJ 781、HJ 786、HJ 787
5	总铬	15	GB/T 15555.5、HJ 749、HJ 750
6	六价铬	6	GB/T 15555.4、GB/T 15555.7、HJ 687
7	铜及其化合物(以总铜计)	120	HJ 751、HJ 752、HJ 766、HJ 781
8	锌及其化合物(以总锌计)	120	HJ 766、HJ 781、HJ 786
9	铍及其化合物(以总铍计)	0.20	HJ 752、HJ 766、HJ 781
10	钡及其化合物(以总钡计)	85	HJ 766、HJ 767、HJ 781
11	镍及其化合物(以总镍计)	2	GB/T 15555.10、HJ 751、HJ 752、HJ 766、HJ 781
12	砷及其化合物(以总砷计)	1.2	GB/T 15555.3、HJ 702、HJ 766
13	无机氟化物(不包括氟化钙)	120	GB/T 15555.11、HJ 999
14	氰化物(以CN⁻计)	6	暂时按照 GB 5085.3 附录 G 方法执行

(6) 工程地质条件　应对选定场址的岩层位置与特性、现场土壤的土质及分布情况、周围可能的土源分布等工程地质条件进行详细的调查，为填埋场的构造设计提供依据。

(7) 封场后景观恢复及土地利用规划　应在设计之前对填埋场封场后的景观恢复和土地利用情况进行规划，提出合理的土地利用方案，实现环境设施与城市发展的协调。

9.3.2　填埋场选址的依据、原则和要求

(1) 填埋场选址依据　填埋场选址是建设填埋场最重要的一步，一般情况下很难得到各种条件最优的填埋场，因此填埋场的选址一般采用综合评定方法。选址是一个涉及多学科的课题，因此在做决定和调查研究时应由不同学科的专业人员组成选址小组。小组中应有地质学家、水文学家、土木工程师、交通专家、风景园林建筑师、垃圾处理专家以及管理学专家等方面的代表参加。

填埋场作为固体废物消纳场地，直接为城市或企业服务。因此，填埋场的选址要符合城市总体规划、环境卫生专业规划以及环境规划的要求，并满足国家标准《生活垃圾填埋场污染控制标准》（GB 16889—2008）《危险废物填埋污染控制标准》（GB 18598—2019）《生活垃圾卫生填埋处理技术规范》（GB 50869—2013）《城市生活垃圾卫生填埋处理工程项目建设标准》《危险废物安全填埋处置工程建设技术要求》中对不同类型填埋场选址作出具体规定的要求。

(2) 填埋场选址应遵循的原则　场址的选择是填埋场全面规划设计的第一步。影响选址的因素很多，主要遵循以下原则。

① 环境保护原则。环境保护原则是填埋场选址的基本原则，应确保其周边生态环境、水环境、大气环境以及人类的生存环境等的安全，尤其是防止垃圾渗滤液的释出对地下水的污染，是场址选择时考虑的重点。

② 经济原则。合理、科学地选择，能够达到降低工程造价、提高资金使用效率的目的。但是，场地的经济问题是一个比较复杂的问题，涉及场地的规模、征用费用、运输费等多种因素。

③ 法律及社会支持原则。场址的选择，不能破坏和改变周围居民的生产、生活基本条件，要得到公众的大力支持。

④ 工程学及安全生产原则。必须综合考虑场址的地形、地貌、水文与工程地质条件、场址抗震防灾要求等安全生产各要素，以及交通运输、覆盖土土源、文物保护、国防设施保护等因素。

(3) 填埋场选址的基本要求　在进行填埋场的场址选择时，主要应从社会、环境、工程和经济等几个方面的因素来考虑。

① 社会因素

a. 立法/法规。要同时满足国家和地方的所有法规及标准。

b. 公众/政治。要征得地方政府和公众的同意。

c. 文化/生态。要避开珍贵动植物保护区和国家自然保护区；要避开公园、风景、游览区、文物古迹区、考古学、历史学和生物学研究考察区；避开军事要地、基地，军工基地和国家保密地区。

② 环境因素

a. 地表水/地下水。场址要选择在百年洪泛区之外，不直接与通航水体和饮用水源连通，填埋场底部必须在地下水位之上。

卫生填埋场距离河流和湖泊宜在50m以上，安全填埋场距离地表水水域不应低于150m。填埋场还应位于地下水饮用水水源地主要补给区范围之外，且下游无集中供水井；对于安全填埋场地下水位应在防渗层3m以下。

b. 空气/噪声。尽量避开人口密集区、公园和风景区，减少气体的无组织排放和恶臭对周围的影响，严格控制运输及施工机械的噪声。

卫生填埋区域距居民居住区或人畜供水点应在500m以上，安全填埋场的选址应距居民区在800m以上，并保证在当地气象条件下对附近居民区大气环境不产生影响。

c. 土地处置。要结合城市的总体规划，综合考虑封场后的景观恢复和土地处置，使之与城市的发展保持协调一致。

③ 工程因素

a. 工程规模。要保证有足够的容积，以容纳规划区域内在有效服务期间所产生的所有废物。对于卫生填埋场其使用年限宜在10年以上，特殊情况下，不应低于8年。对于安全填埋场场址必须有足够大的可使用面积以保证填埋场建成后具有10年或更长的使用期，在使用期内能充分接纳所产生的危险废物。

b. 场地的力学特性。场址要具有良好的力学特性，填埋场选址应避开下列区域，以保证在施工和运行、管理过程中，填埋场设施及填埋废物保持良好的稳定性：破坏性地震及活动构造区；海啸及涌浪影响区；湿地和低洼汇水处；地应力高度集中，地面抬升或沉降速率快的地区；石灰岩溶洞发育带；废弃矿区或塌陷区；崩塌、岩堆、滑坡区；山洪、泥石流地区；活动沙丘区；尚未稳定的冲积扇及冲沟地区；高压缩性淤泥、泥炭及软土区以及其他可能危及填埋场安全的区域。

c. 施工特性。要充分利用当地的自然条件，确保取土和弃土地点，减少土石方运输量，并保证土木机械的施工效率。

d. 交通道路。要保证拥有全天候公路，并有足够的车辆通行能力，不易发生交通堵塞。

④ 经济因素

a. 运输费用。在符合有关法规和保证环境安全的前提下，尽量靠近废物产生源，以减少管理和运输费用。

b. 施工费用。包括挖掘、平整、筑路、设施建设及其他施工费用。

c. 运行费用。劳务费、管理费、维修费、能源消耗及其他费用。

d. 征地费用。实际土地费用加上其他相关费用。

在填埋场规划和设计之前必须充分考虑以上这些因素，并尽量保证所选场址能够满足这些条件。如果由于当地的自然、社会、经济等条件的限制，不能充分满足这些条件时，必须采取相应的工程措施加以弥补，并应对其措施加以严格地论证。在实际工程应用方面，填埋场选址还应满足不同类型填埋场的相关标准和规范。

9.3.3 填埋场选址步骤

填埋场场址选择要分以下几个阶段进行。

① 阐明填埋场场址的鉴定标准依据，给每项标准规定出适当的等级以及场址排除在外的条件（排除标准）。

② 把所有那些按入选标准不适于选作填埋场的地址登记在册（否定法）。例如，属于排除的地点有地下水保护区、居民区、自然保护区等。

③ 在采用否定法筛选剩余下来的地点中，根据环境条件找出有可能适合的地址（肯定法）。环境条件是指比如道路连接情况、地域大小、地形情况等。

④ 根据其他环境条件（如与居民区的距离）或者说是根据初评的最重要标准审视选出的场址。

⑤ 把初评出来的2~3个地址为备选的填埋场场址进一步的评估，其间需要做专门的工作，比如地形测量、工程地质与水文地质勘察、社会调查等。

⑥ 对备选场址根据初步勘探、社会调查的结果编写场址可行性报告，并通过审查。

9.3.4 填埋场库容和规模的确定

填埋场库容和规模的设计除了需要考虑废物的数量以外，还与废物的填埋方式、填埋高度、废物的压实密度、覆盖材料的比率等有关。一般情况下，城市生活垃圾填埋场的使用年限以8~20年为宜。工程上，可以通过下列方式进行估算，而危险废物填埋场的库容和规模应根据需填埋处置的危险废物产生量和使用年限确定。

(1) 填埋库容 通常合理的填埋场一般依据场址所在地的自然人文环境与投资额度规划其总容量（total amount），也即填埋场的总库容，此值是指填埋开始至计划目标年（通常是8~20年）为止所欲填埋的总废物量加上所需的覆土容量。为精确估算此值，尽管须考虑诸多因素，但工程上往往采用以下近似计算法即可满足设计的需求：

$$V_n = 填埋垃圾量 + 覆盖土量 = \frac{365W}{\rho} \times (1-f) + \frac{365W}{\rho} \times \varphi \tag{9-1}$$

$$V_t = \sum_{n=1}^{N} V_n \tag{9-2}$$

式中，V_t 为填埋总容量，m^3；V_n 为第 n 年垃圾填埋容量，m^3/a；N 为规划填埋场使用年数，a；f 为体积减少率，主要指垃圾在填埋场中降解减少的量，一般取0.15~0.25，与垃圾的组分有关；W 为每日计划填埋废物量，kg/d；φ 为填埋时覆土体积占废物的比率，约0.15~0.25；ρ 为废物的平均体密度（bulk density），在填埋场中压实后垃圾的密度可达750~950kg/m^3。

(2) 填埋场规模 通常表示一座填埋场的规模（scale）均以填埋场的总面积为准。从式(9-1)所得结果可知填埋总容量，再根据场址当地的自然及地下水文状况，计算填埋场最大深度，其值可由下式估算：

$$A = (1.05 \sim 1.20) \times \frac{V_t}{H} \tag{9-3}$$

式中，A 为场址总面积，m^2；H 为场址最大深度，m；1.05~1.20为修正系数，决定于两个因素，即填埋场地面下的方形度与周边设施占地大小，因实际用于填埋地面下的容积通常非方体，侧面大都为斜坡度。

当填埋场的服务年限较长时，应充分考虑人口的增长率与垃圾产率的变化。前者需要根据相应地区在最近10年中的人口增长率取值；而后者则应根据该地区的经济发展规划，参考以往的产率数据取值。

9.4 填埋场防渗系统

9.4.1 填埋场防渗技术类型

防渗工程是固体废物填埋场最重要的工程之一，其作用是将填埋场内外隔绝，防止渗滤液进入地下水；阻止场外地表水、地下水进入垃圾填埋体以减少渗滤液产生量；同时也有利于填埋气体的收集和利用。

根据《生活垃圾卫生填埋处理技术规范》（GB 50869—2013）的要求，填埋场必须进行防渗处理，防止对地下水和地表水的污染，同时还应防止地下水进入填埋区。无论是天然的还是人工的，其水平、垂直两个方向的渗透率均必须小于 $1.0 \times 10^{-7} \mathrm{cm/s}$；防渗方式有多种，一般分为天然防渗和人工防渗，人工防渗又分为垂直防渗和水平防渗。

(1) 天然防渗 天然防渗是指在填埋场填埋库区，具有天然防渗层，其隔水性能完全达到填埋场防渗要求，不需要采用人工合成材料进行防渗，该类型的填埋场场地一般位于黏土和膨润土的土层中。

许多土壤天然具有相对的不透水性。黏土状土壤就是天然不透水材料的很好例子。由于黏土矿物的微小颗粒和表面化学特性，环境里的黏土堆积物极大地限制了水分迁移的速率。天然的黏土堆积物有时被用作填埋场防渗层。然而，在大多数卫生填埋场，黏土衬层的建造是通过添加水分和机械压实以改变黏土结构来满足其最佳工程特性。

很多特性都使得压实黏土符合于作为填埋场防渗系统的材料。这些特性包括黏土的力学特性例如剪力强度，但最重要的是黏土对水的低渗透性。描述多孔介质对水流的渗透性的工程参数是水力传导率（hydraulic conductivity）。大多数工程黏土衬层必须满足水力传导率小于 $10^{-7} \mathrm{cm/s}$ 的基本要求。压实黏土的水力传导率和其他一些参数，必须在土壤衬层建设期间作例行测定。

(2) 人工防渗 当填埋场不具备黏土类衬里或改良土衬里防渗要求时，宜采取自然和人工结合的防渗技术措施。大多数填埋场的地理、地质条件都很难满足自然防渗的条件，现在的卫生填埋场一般都采用人工防渗。填埋场的人工防渗措施一般有垂直防渗、水平防渗和垂直与水平防渗相结合三类，具体采用何种防渗措施（或上述几种的结合），则主要取决于填埋场的工程地质和水文地质以及当地经济条件等。

水平防渗主要有压实黏土、人工合成材料衬垫等；垂直防渗主要有帷幕灌浆、防渗墙和HDPE膜垂直帷幕防渗。表 9-2 为水平防渗与垂直防渗技术比较。根据《生活垃圾卫生填埋处理技术规范》（GB 50869—2013）的规定，填埋场必须防止对地下水的污染，不具备自然防渗条件的填埋场和因填埋垃圾可能引起污染地下水的填埋场，必须进行人工防渗，即场底及四壁用防渗材料作防渗处理。防渗层的渗透率不大于 $10^{-7} \mathrm{cm/s}$。这也是世界上绝大多数国家的最低标准。

表 9-2 水平防渗与垂直防渗技术比较

工程措施	渗透率 $K < 10^{-7} \mathrm{cm/s}$	深层地下水防渗效果	浅层地下水防渗效果	能否阻止地下水位过高引起的污染
垂直防渗	很难达到	无效	有效	不能阻止
水平防渗	能达到	有效	有效	能阻止

① 垂直防渗技术。垂直防渗技术是在填埋场区为一相对独立的水文地质单元的前提下，采用的一种比较经济且施工简便的防渗工程措施，也适合于废弃物简易堆放场地的污染阻断。该技术通常是在场区地下水径流通道出口处设置垂直的防渗设施，即将防渗帷幕布置于上游垃圾坝轴线附近，自谷底向两岸延伸（如防渗墙、防渗板、注浆帷幕等）来阻拦渗滤液向下游的渗漏，从

而达到防止污染下游地下水的目的。通常，垂直防渗工程设施的设计漏失量（或单位吸水量）必须小于有关技术标准或规范所规定的允许值，即漏失量小于场区防渗层渗透系数为 1.0×10^{-7} cm/s、厚度为 2m 时渗滤液的漏失量；单位吸水量小于 0.1MPa 压力作用下 1m 长钻孔的吸水量。

垂直防渗工程设施采用比较多的是帷幕灌浆，其长度和深度应根据填埋场区的工程地质和水位地质条件来确定。灌浆孔一般由单排或双排灌浆孔构成，为保证灌浆质量，通常在帷幕的顶部设 2～3m 厚的灌浆盖层。灌浆采用的浆液主要有水泥浆、黏土加水泥浆、化学药剂加水泥浆、膨润土加水泥浆等。

帷幕灌浆在施工时钻孔和灌浆通常在坝体内特设的廊道内进行，靠近岸坡处也可在坝顶、岸坡或平洞内进行，平洞还可起到排水的作用，有利于岸坡的稳定。钻孔方向一般垂直于基岩面，必要时也可有一定斜度，以便穿过主节理裂隙，但角度不宜太大，一般在 10° 以内，以便施工。

施工可采用固结灌浆法，即孔距与排距一般从 10～20m 开始，采用内拖逐步加密的方法，最终约为 1.5～4m，孔深 8～15m。帷幕上游区孔深一般为 15～30m，甚至达 50m。根据防渗要求和坝轴处基岩的工程地质、水文地质情况可确定帷幕的深度，通常为坝高的 0.3～0.7 倍，要求单位吸水量 $\omega < 0.01$ L/(min·m)。当相对隔水层距地面不远时，帷幕应伸入岸坡与该层相衔接。当相对隔水层埋藏很深时，可以伸到原地下水位线与垃圾堆体最高水位的交点处。

② 水平防渗技术。水平防渗技术是目前国内外使用最广泛也是最有效的填埋场防渗技术，主要包括场地平整、防渗衬里材料的选择和防渗层结构设置等内容。同时，还要考虑与其上部的渗漏导排系统以及下部的地下水导排系统的结合问题。以下相关内容主要介绍填埋场水平防渗技术。

9.4.2 国内外填埋场防渗层典型结构

(1) 我国填埋场防渗层典型设计 封闭型填埋一般采用垂直防渗（帷幕灌浆）或水平防渗（符合要求的自然黏土层和人工合成材料隔离层）。垂直防渗的造价较低，在国内较多的填埋场中已得到应用。

人工水平防渗在国外是较为先进和成功的技术，水平防渗层是以极低渗水性的化学合成材料（如 HDPE 膜）为核心，组成全封闭的非透水隔离层；在隔离防渗层的上面进行垃圾渗滤液的收集和排放，隔离层之下进行地下水的导排，即实现清污分流，避免地下水位上升而造成隔离层的失效。我国《生活垃圾卫生填埋处理技术规范》（GB 50869—2013）和《危险废物填埋污染控制标准》（GB 18598—2019）对卫生填埋场和安全填埋场的防渗层结构分别有相应规定，参见图 9-4～图 9-7 和图 9-10。防渗层主要结构单元包括：防渗系统、保护层、过滤层和渗滤液收集系统等。防渗衬层系统结构类型包括：单层衬层系统、复合衬层系统、双层衬层系统、多层衬层系统等。

HDPE 膜必须具有相当的承载能力，并有抗压性、抗拉性、抗刺性、抗蚀性、耐久性，且不因负荷而发生沉陷、变形、破损等特性，其主要性能指标见表 9-3。

表 9-3 HDPE 防渗膜物理力学性能指标

	性能指标	单位	标准值	检验标准
物理特性	厚度	mm	2.0	ASTM D1593
	密度	g/mL	0.94	ASTM D1505
	熔化指标	g/10min	≤1.0	ASTM D1238-E
	尺寸稳定性	%	≤±2	ASTM D1204
	炭黑含量	%	2.5	ASTM D1603

性能指标		单位	标准值	检验标准
力学特性	极限抗拉强度	N/mm	≥50	ASTM D638
	屈服抗拉强度	N/mm	≥36	ASTM D638
	极限伸长率	%	≥700	ASTM D638
	屈服伸长率	%	≥13	ASTM D638
	弹性模量	MPa	≥600	ASTM D638
	撕裂强度	N	>300	ASTM D1004
	刺破强度	N	>500	FTMS101
	环境应力断裂	h	>2500	ASTM D1693
水学特性	渗透系数	cm/s	≤2.2×10⁻¹⁰	ASTM E96
	水吸附性	%	≤0.1	ASTM D570
幅宽		m	≥10.5	

设计者必须首先知道垃圾压实后的容重（这与压实力学性能以及垃圾成分有关）、垃圾的填埋高度、垃圾最终沉降量、HDPE 膜的容重、屈服抗拉强度、屈服延伸率、断裂抗拉强度、断裂延伸率、撕裂强度和抗穿刺强度，以及 HDPE 膜与支持层之间的摩擦力，才能选择合适厚度的 HDPE 膜。一般来说垃圾填埋高度不大时可采用厚度为 1.5mm 厚的 HDPE 膜，垃圾填埋高度较大时宜选用 2.0～2.5mm 厚的 HDPE 膜，顶部封场时可采用厚度为 0.5mm 的 HDPE 膜。

(2) 国外填埋场防渗层的结构设计 国外常用的人工水平防渗层的几种结构设计类型如图 9-11 所示，其中每个衬层都具有其特殊的作用，分别说明如下。

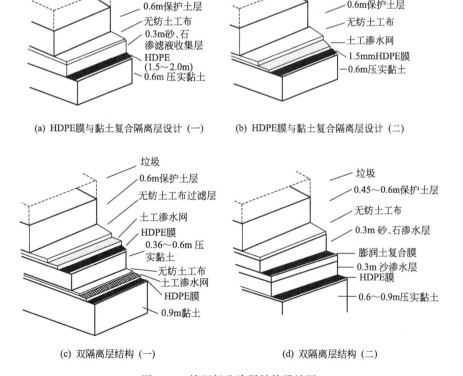

图 9-11　填埋场防渗层结构设计图

图 9-11(a) 中的黏土层和高密度聚乙烯膜组成了防止渗滤液的渗漏和气体迁移的复合隔离层，它比采用单一衬层具有较好的阻水作用。砂、石层的作用是收集和排放垃圾体中产生的渗滤液；无纺土工布是为了分隔砂、石和土层，使其不致混合，降低砂石的渗透系数，无纺土工布织物性能指标见表 9-4；最上面的黏土层起到保护砂石层和隔离层的作用，使之不被长条尖锐物刺穿，也不会被填埋作业机械损坏。

表 9-4　无纺土工布织物性能指标

性 能 指 标			单位	220	400	检验标准
物理特性	单位面积质量		g/m²	220	400	GB/T 13761—2009
	厚度(2kPa)		mm	≥2.2	≥3.4	GB/T 13761—2009
	孔隙率		%	≥90	≥90	
力学特性	窄条样拉伸	断裂强度 纵 横	N/5cm	＞500 ＞500	＞580 ＞580	GB/3923.1—2013 GB/3923.1—2013
		断裂伸长率 纵 横	%	(50±10) (50±10)	(70±10) (70±10)	GB/3923.1—2013 GB/3923.1—2013
	梯形撕裂强度	纵 横	N	＞450 ＞450	＞400 ＞400	GB/T 13763—2010 GB/T 13763—2010
	圆球顶破强度		N	＞900	＞1200	ASTM D3787
	CBR 顶破强度		N	＞1900	＞2000	GB/T 14800—2010
水学特性	垂直渗透系数		cm/s	＞0.4	＞0.2	NHRI—89
	透水率		L/(s·m²)	＞120	＞120	ASTM D4491
	等效孔径 O_{95}		mm	0.09	0.1	GB/T 14799—2005
幅宽			m	≥4.5	≥5.2	
材料成分				长丝涤纶	涤纶	

图 9-11(b) 的防渗层是一种特别的设计，在夯实的黏土层上依次是高密度聚乙烯膜、土工塑料渗水网、无纺土工布和保护土层。由无纺土工布和土工塑料网组成的渗水层，把渗滤液排除到收集系统中。这种结构的渗水性和粗砂层相同，但存在被阻塞的可能，很多设计者更喜欢采用砂或者碎石作为渗水层。

图 9-11(c) 是一种双隔离防渗层。第 1 层 HDPE 膜的主要作用是隔离并收集渗滤液，第 2 层 HDPE 膜是强化防渗和检查第 1 层的渗漏情况。这是一种改进的复合防渗层，与图 9-11(b) 一样，由土工塑料网代替了砂层排放渗滤液。

图 9-11(d) 也是一种双隔离层结构。与图 9-11(c) 不同的是，第 1 隔离层被高密度聚乙烯膜和膨润土复合膜（GCL）所替代。

9.4.3　填埋场防渗层铺装及质量控制

填埋场防渗层的铺设安装有着严格的质量要求，其中人工材料 HDPE 土工膜和膨润土防渗卷材 GCL 是人工水平防渗技术采用的关键性材料，在施工过程中，除需保证其焊接质量外，在与其相关层进行施工时，还须注意保护，避免对其造成损坏。其铺装程序和要求如下。

(1) 施工前的检查　场地基础层应平整、压实、无裂缝、无松土，表面应无积水、石块、树根及尖锐杂物。

用于填埋场防渗系统工程的 HDPE 膜厚度不应小于 1.5mm、膜的幅宽不宜小于 6.5m，膜平直、无明显锯齿现象，不允许有穿孔修复点、气泡和杂质，不允许有裂纹、分层和接头，无机械加工划痕，糙面膜外观均匀，不应有结块、缺损等现象。

用于填埋场防渗工程的 GCL 材料应表面平整，厚度均匀，无破洞、破边现象，针刺类产品针刺均匀密实，应无残留断针，GCL 单位面积总质量不应小于 4800g/m²，其中单位面积膨润土质量不应小于 4500g/m²。

土工布各项性能指标应符合国家现行相关标准的要求，应具有良好耐久性能，土工布用作 HDPE 膜保护材料时，应采用非织造土工布，规格不应小于 600g/m²，土工布用于盲沟和渗滤液收集导排层的反滤材料时，规格不宜小于 150g/m²。

用于填埋场防渗系统的土工复合排水网各项性能指标应符合国家现行相关标准的要求，土工复合排水网的土工网宜使用 HDPE 材质，纵向抗拉强度应大于 8kN/m，横向抗拉强度应大于 3kN/m，土工网和土工布应预先黏合，且黏合强度应大于 0.17kN/m。

(2) 土工布的铺设　当 HDPE 膜采用土工布作保护层时，应合理布局每片材料的位置，力求接缝最少，并合理选择铺设方向，减少接缝受力。一般，织造土工布和非织造土工布采用缝合连接时，其搭接宽度为 75mm±15mm，而非织造土工布采用热黏连接时，其搭接宽度为 200mm±25mm。

(3) 防渗膜的铺设　铺膜及焊接顺序是从填埋场高处往低处延伸，HDPE 土工膜采用热压熔焊接（热熔焊接）时其搭接宽度以 100mm±20mm 为宜，采用双轨热熔焊接（挤出焊接）时其搭接宽度以 75mm±20mm 为宜。GCL 材料一般采用自然搭接，其搭接宽度以 250mm±50mm 为宜。HDPE 土工膜接头必须干净，不得有油污、尘土等污染物存在；天气应当良好，下雨、大风、雾天等不良气候不得进行焊接，以免影响焊接质量。两焊缝的交点采用手提热压焊机加强（或加层）焊补。

(4) 防渗膜的锚固　为保证防渗膜在边坡的稳定，垃圾填埋场四周边坡的坡高与坡长有限值要求，边坡坡度一般在（1∶2）～（1∶5）之间，限制坡高一般为 15m，限制坡长在 40～55m 之间，达到限制要求时需要设置锚固沟。HDPE 膜的锚固有三种方法，即沟槽锚固、射钉锚固和膨胀螺栓锚固。

采用沟槽锚固时应根据垫衬使用条件和受力情况计算锚固沟的尺寸，锚固沟距离边坡边缘不宜小于 800mm，防渗系统工程材料转折处不得存在直角的刚性结构，均应做成弧形结构，锚固沟断面应根据锚固形式，结合实际情况计算，并不宜小于 800mm×800mm。典型锚固沟结构形式见图 9-12。

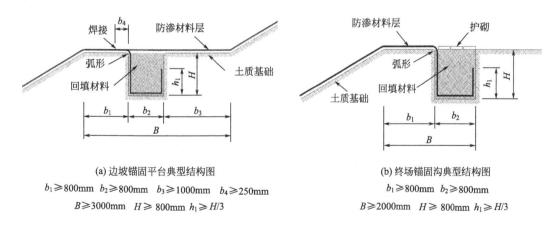

(a) 边坡锚固平台典型结构图
$b_1 \geq 800mm$　$b_2 \geq 800mm$　$b_3 \geq 1000mm$　$b_4 \geq 250mm$
$B \geq 3000mm$　$H \geq 800mm$　$h_1 \geq H/3$

(b) 终场锚固沟典型结构图
$b_1 \geq 800mm$　$b_2 \geq 800mm$
$B \geq 2000mm$　$H \geq 800mm$　$h_1 \geq H/3$

图 9-12　典型锚固沟结构形式

采用射钉锚固时，压条宽度不得小于 20mm，厚度不得小于 2mm，橡皮垫条宽度应与压条一致，厚度不小于 1mm，射钉间距应小于 400mm，压条和射钉应有防腐能力，一般情况下采用不锈钢材质。

采用膨胀螺栓锚固时，螺栓直径不得小于 4mm，间距不应大于 500mm，膨胀螺栓材质为不锈钢。

(5) 防渗膜的焊接　高密度聚乙烯膜的焊接方式主要有热压熔焊接（又分为挤压平焊和挤压角焊）和双轨热熔焊接（又称热楔焊）之分（见图 9-13）。其中挤压平焊应用最广，这种方法具有较大的剪切强度和拉伸强度，焊接速度较快，焊缝均匀，温度、速度和压力易调节，易操作，可实现大面积快速自动焊接等优点。为有效控制质量，一方面宜选用焊接经验丰富的人员施工；另一方面在每次焊接（相隔时间为 2~4h）之前进行试焊。同时必须对焊缝作破坏性检测和非破坏性检验。

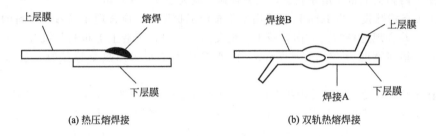

(a) 热压熔焊接　　　　　　　　　　(b) 双轨热熔焊接

图 9-13　高密度聚乙烯的主要焊接方式

非破坏性检验是对已施工的每条焊缝进行气压试验和真空皂泡试验。在进行气压检验时，先将双轨热熔焊缝的两端孔封闭，用气压泵对焊接形成的空隙加压 207~276kPa。若其气压在 5~10min 内下降不超过 34kPa，则焊缝合格。真空皂泡试验是在热压熔焊表面涂上皂液后用真空箱抽气，抽气压力在 16~32kPa。若 5~10min 内焊缝表面不产生气泡则焊缝合格。当检验发现焊缝不合格时，必须加以重焊，并重做检测试验。

破坏性检验是指对已施工的焊缝每 600m 取一个样，送往专业检测单位进行剥离强度和剪切强度测试。若剥离强度低于 30N/mm 或剪切强度低于 34N/mm，则该试样对应的焊缝为不合格，需对其进行重新焊接，并重新取样测试。

(6) 防渗膜焊接的质量检查　焊接结束后，应严格检查焊缝质量，如有漏焊、小洞或虚焊等现象，应坚决返工，不得马虎。根据国外 20 多年的实践经验，防渗层的泄漏或破坏现象，大多出现在接缝上，因此应用真空气泡测试薄膜之间的黏接性，用破坏性试验测试焊缝强度，每天每台机至少测试一次，以保证合格的施工质量。

为了保证 HDPE 土工膜长期安全使用，保证不受填埋垃圾物的损伤，薄膜上面必须铺盖一层土工布，也可以铺 300~500mm 的黏土，铺平拍实，作为防渗保护衬层；而在大斜坡面上可铺设一层废旧轮胎或砂包。

9.5　地表水和地下水控制系统

最终处置技术的核心是防止填埋废物中的有害物质对处置场周围的环境造成污染。其中，最主要的因素是雨水、地下水、地表径流以及废物自身分解产生的水分溶解废物中有害组分所形成的渗滤液对地下水及地表水造成的污染。可以说，水的控制是解决填埋场环境污染的关键所在。在填埋场设计中需要对其重点考虑的有三部分，即地表水、地下水和渗滤液。本节主要说明地表水和地下水控制系统，有关渗滤液的产生和控制系统在 9.7 节介绍。

9.5.1 地表水控制系统构成及要求

地表水作为渗滤液的主要来源，对它的有效控制实际上也成为填埋场周围水环境污染的首要控制措施，对整个填埋场的建造和运行费用产生较大的影响。

(1) 地表水控制系统构成 在设计地表水控制系统时，首先应对填埋场所在地点的总体流域情况有全面的了解。图 9-14 是典型的填埋场流域示意图。填埋场所在位置的流域分水岭以内包括：上游流域、下游流域、填埋场和洪水调节池。其地表水控制系统的组成见图 9-15。

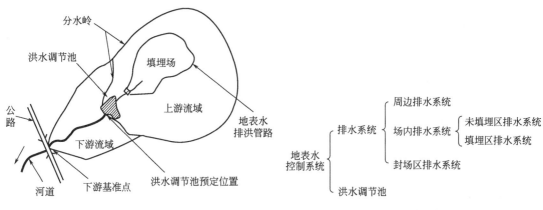

图 9-14 典型填埋场流域   图 9-15 填埋场地表水控制系统的组成

周边排水系统主要由设置在填埋场四周的排水沟组成，其作用是收集填埋场上游流域的降水，并排向洪水调节池，防止进入填埋场区域，从而达到减少渗滤液产生量的目的。在最终封场后往往还需加建填埋场表面的排水系统。

在填埋场作业期间的场内排水系统包括填埋区排水系统和未填埋区排水系统，其目的都是将降水在未与填埋废物接触之前，迅速将其排出场外。因此，在作业过程中对填埋场进行分区填埋和实施逐日覆土，对体现场内排水系统的功能和减少渗滤液产生量是至关重要的。封场区排水系统的作用是排除封场表面的降水，减少其向废物层的入渗。

(2) 地表水控制标准及要求 洪雨水导排系统的设计原则：雨、污分流；场外和场内未作业区域的汇水应分别直接排放，尽量减少洪雨水侵入垃圾堆体；排水能力应满足防洪标准要求。

卫生填埋场洪雨水导排系统的防洪标准应符合国家《防洪标准》（GB 50201—2014）和《城市防洪工程设计规范》（GB/T 50805—2012）的技术要求；防洪标准不得低于该城市的防洪标准；防洪标准应同时满足表 9-5 的要求。

表 9-5 不同规模卫生填埋场洪雨水导排系统的防洪标准

防洪等级	填埋场规模类型	防洪标准(重现期)/a	
		设计	校核
Ⅲ	Ⅰ类、Ⅱ类	50	100
Ⅴ	Ⅲ类、Ⅳ类	20	50

《填埋场设计技术规范》要求填埋场地表水导排系统应考虑填埋分区的未作业区和已封场区的汇水直接排放，截洪沟、溢洪道、排水沟、导流渠、导流坝、垃圾坝等工程应满足清、污分流要求。填埋场防洪应符合表 9-6 的规定要求，并不得低于当地的防洪标准。

表 9-6 填埋场防洪要求

填埋场建设规模总容量/$10^4 m^3$	防洪标准(重现期)/a	
	设计	校核
>500	50	100
200~500	20	50

9.5.2 地表水排洪系统设计

首先根据填埋场容积确定防洪标准，再根据防洪标准确定的降水强度和作用面积计算降水量，由降水量确定排水沟渠断面。

(1) 截洪沟流量计算

① 推理公式。地表水控制系统的设计流量随降水强度、汇水面积、地形及地表状况的不同而有所差异，通常可以由下列推理公式计算：

$$Q = \phi q F \tag{9-4}$$

式中，Q 为截洪沟设计流量，m^3/s；ϕ 为地表径流系数；q 为流域降水强度，$m^3/(s \cdot hm^2)$；F 为截洪沟汇水流域面积，hm^2。

将式(9-4)中暴雨强度 q 值单位由 $m^3/(s \cdot hm^2)$ 化为 $L/(s \cdot hm^2)$，可为：

$$Q = 1000^{-1} \phi q F \tag{9-5}$$

地表径流系数 ϕ 值，指地表径流的水量占总降水量的百分数，与地表植被、坡度、土质性质、土壤墒情等因素有关，见表9-7。

表 9-7 Salato 等估计填埋场使用的地表径流系数 ϕ 值（1971 年）

地表条件	坡度/%	地表径流系数 ϕ 值		
		亚砂土	亚黏土	黏土
草地(表面有植被覆盖)	0~5(平坦)	0.10	0.30	0.40
	0~5(起伏)	0.16	0.36	0.55
	0~5(陡坡)	0.22	0.42	0.60
裸露土层(表面无植被覆盖)	0~5(平坦)	0.30	0.50	0.60
	0~5(起伏)	0.40	0.60	0.70
	0~5(陡坡)	0.55	0.72	0.82

② 经验公式。公路科学研究所曾给出小流域面积（<$10km^2$）汇流产生的流量，可用如下的经验公式计算：

$$Q = KF^n \tag{9-6}$$

式中，Q 为截洪沟设计流量，m^3/s；K 为径流量模数，按表9-8选用；n 为流域面积参数；F 为截洪沟所涉及的流域面积，km^2。对于 n 值的取用，当 $F = 1km^2$ 时，取 $n = 1$；当 $1 < F < 10km^2$ 时，按表9-9选用。

表 9-8 式(9-6)中径流量模数 K 取值表

重现期/a	地 区					
	华北	东北	东南沿海	西南	华中	黄土高原
2	8.1	8.0	11.0	9.0	10.0	5.5
5	13.0	11.5	15.0	12.0	14.0	6.0
10	16.5	13.5	18.0	14.0	17.0	7.5

重现期/a	地 区					
	华北	东北	东南沿海	西南	华中	黄土高原
15	18.0	14.6	19.5	14.5	18.0	7.7
25	19.5	15.8	22.0	16.0	19.6	8.5

注：重现期 50a 时，可用 25a 的 K 值乘以 1.20。

表 9-9 式(9-6) 中流域面积参数 n 取值表

地区	华北	东北	东南沿海	西南	华中	黄土高原
n	0.75	0.85	0.75	0.85	0.75	0.80

注：当 $F<1km^2$ 时，$n=1$，其中新疆、西藏及西北部分地区以及海南诸岛等由于缺乏资料，K 值及 n 值待补。

(2) 截洪沟的平面布置和断面选择

① 截洪沟平面布置。截洪沟平面布置原则上以垃圾填埋体与山体的交线的走向为走向。

在实际施工中，若以垃圾填埋体与山体的交线为中心线，新建工程拟放在垃圾填埋体外侧，基础坐落在岩体或土基上。若基础坐落在土基上，尤其在坡积土层上，则应进行压实处理。按规范规定，对于黏性土，压实的相对密度为 0.93～0.96，对于无黏性土，压实相对密度为 0.70～0.75。对于改建或封场工程拟放在垃圾填埋堆体内侧。基础大部分应坐落在垃圾体上，以适应垃圾填埋堆体的沉降而同步沉降。若基础坐落在垃圾体上，亦应进行压实处理；如是建筑垃圾，基础压实相对密度能达到 0.70～0.75；如是生活垃圾，在基础以下应换土，换土深度视具体情况而定，一般情况下，以换土 1m 深度为宜。换土以后，应层填层夯，压实相对密度，对于黏性土为 0.93 左右，对于无黏性土为 0.70 左右。

应当指出，截洪沟应排出的地面径流包括：截洪沟流域范围内的山坡径流和垃圾填埋体的径流两部分。当垃圾填埋体年久沉降后，垃圾填埋体的径流不能进入截洪沟时，应采取两种措施：其一是及时填平沉降部分，恢复原来 5% 的排水坡度，并按水土保持标准绿化植被后使用；其二是在截洪沟适当位置，设置子埝，并在截洪沟一侧边墙开一缺口，将垃圾体径流导入截洪沟，见图 9-16。措施二是在措施一无法进行的情况下采取的，虽是不得已而为之，却也是行之有效的方

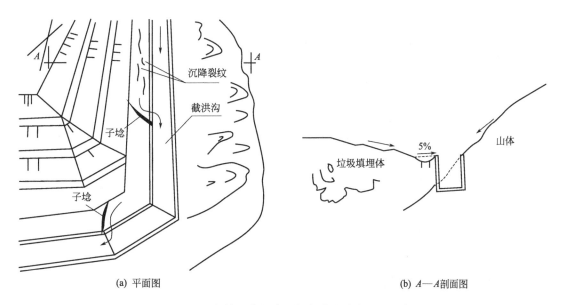

(a) 平面图　　　　　　　　　　　　　(b) A—A剖面图

图 9-16　垃圾填埋体沉降后与截洪沟分离状况示意

法。尽管如此，也需考虑有效的水土保持措施。

② 截洪沟断面设计。截洪沟按清水渠道设计，流量小，纵坡大，运行中不至于淤积，防冲并以护砌加以保护。过水断面形式选用等腰梯形或矩形，见图 9-17。

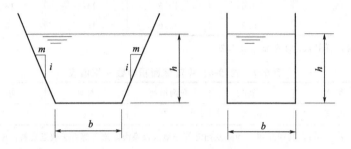

图 9-17 截洪沟典型断面

截洪沟的平均流速可以曼宁公式计算：

$$V = \frac{1}{n} R^{\frac{2}{3}} i^{\frac{1}{2}}$$ (9-7)

式中，V 为截洪沟的平均流速，m/s；R 为断面水力半径，m；i 为渠底纵坡；n 为糙率系数。

截洪沟的流量则可以下式计算：

$$Q = AV$$ (9-8)

式中，Q 为截洪沟的流量，m^3/h；A 为截洪沟的过水断面面积，m^2。

根据上式，对于梯形断面，经公式推导，可得：

$$Q = \frac{\left[(b+mh)h\right]^{\frac{5}{3}}}{n(b+2h\sqrt{1+m^2})^{\frac{2}{3}}} \sqrt{i}$$ (9-9)

对于矩形断面（$m=0$），可得：

$$Q = \frac{(bh)^{\frac{5}{3}}}{n(b+2h)^{\frac{2}{3}}} \sqrt{i}$$ (9-10)

式中，Q 为截洪沟的流量，m^3/h；i 为截洪沟的纵向底坡；n 为截洪沟的糙率系数；b 为截洪沟过水断面底宽，m；h 为截洪沟过水断面水深，m；m 为截洪沟过水断面边坡系数。

上式包含流量 Q、边坡系数 m、糙率 n、纵向底坡 i、底宽 b 和水深 h 六个水力要素，只要确定其中的五个，就可求出其余的一个。

实际遇到的问题是已知 Q、m、n、i、b，求均匀流水深 h（也叫正常水深）；或已知 Q、m、n、i、h，求底宽 b。这两类问题可由上式用试算法求解。

【例 9-1】 在图 9-8 所示流域中建设一个填埋场，其填埋场面积为 $8.1hm^2$，上游流域面积 $28.3hm^2$，下游流域面积 $17.5hm^2$。试计算其地表水排洪系统。

解：

① 径流系数

已知未开发山地的径流系数 $\phi_1 = 0.8$，相应的未开发区面积用 A_1；开发区填埋场表面的径流系数 $C_2 = 1.0$，相应的开发区面积用 A_2 表示。考虑地表水控制系统的最大流量应发生在填埋场全面封场后，取 $A_2 = 8.1hm^2$。

平均径流系数

$$\overline{\phi} = \frac{F_1 \times 0.8 + F_2 \times 1.0}{F_1 + F_2}$$

计算结果：

地区	调节池以上区域				基准点以上区域			
参数	F_1	F_2	F	$\bar{\phi}$	F_1	F_2	F'	$\bar{\phi}$
开发前	36.4	—	36.4	0.8	53.9	—	53.9	0.8
开发后	28.3	8.1	36.4	0.845	45.8	8.1	53.9	0.830

② 调节池上游区域洪峰流量

降水强度取 30 年一遇的概率降水强度 $q=104$（mm/h）

$$Q=3.6\times10^{-6}(\bar{\phi}qF)=3.6\times10^{-6}\times0.845\times104\times36.4\times10^4=8.9 \text{（m}^3/\text{s）}$$

③ 下游河道过水能力（取 $n=0.035$，$T=1/90$）

根据曼宁公式：

$$V=\frac{1}{n}R^{\frac{2}{3}}T^{\frac{1}{2}}=\frac{1}{0.035}\times\left(\frac{1}{90}\right)^{\frac{1}{2}}\times0.881^{\frac{2}{3}}=2.768 \text{（m/s）}$$

过水能力： $Q=AV=6.356\times2.768=17.6$（m^3/s）

④ 洪水调节池的容许最大排水量 Q_{pc}

$$Q_{pc}=Q\frac{A}{A'}=17.6\times\frac{36.4}{53.9}=11.9 \text{（m}^3/\text{s）}$$

9.5.3 地下水控制系统

如果填埋场选址地下水位较高，或在某一季节地下水位升高，就有可能形成涌水，直接危及填埋场的安全，在这种情况下，需要在衬层下修筑地下水集排水系统。

地下水集排水系统的组成、材料和构造同渗滤液收集系统的组成、材料和构造。地下水导排系统的设计原则是：尽量将未被污染的地下水导出，减少地下水侵入垃圾堆体和对防渗层产生不良的顶托压力，排水能力应与地下水产生量相匹配。

对地下水进行控制的目的主要有两个：①保持地下水水位与废物层有足够的安全距离，以防止地下水受到渗滤液下渗的污染，地下水收集导排系统顶部距防渗系统基础层底部不得小于1000mm；②防止地下水向场内的入渗，减少渗滤液的产生量。地下水控制系统示意见图 9-18。

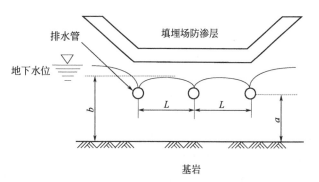

图 9-18　地下水控制系统示意

地下水排水管的管间距可以由 Donnan 公式计算，在稳定状态下：

$$L^2=\frac{4K(b^2-a^2)}{Q_d} \qquad (9\text{-}11a)$$

式中，L 为排水管间距，m；K 为土壤渗透系数，m/d；a 为管道与基础隔水层之间的距离，m；b 为距基础隔水层的最高允许水位，m；Q_d 为补给率，m^3/（m^2·d）。

正常运行的填埋场渗滤液渗漏对地下水的补给可以忽略不计：

$$Q_d=Ki \qquad\qquad (9\text{-}12)$$

式中，i 为地下水的水力梯度。

将其代入上式可简化为：

$$L^2 = \frac{4(b^2 - a^2)}{i} \tag{9-11b}$$

9.6 填埋气体的产生、迁移及控制

9.6.1 废物稳定化基本原理

废物填埋的最大目的是使废物在隔离环境下，借助自然行为降低其危害环境的活性，而最终成为环境稳定的废物。然而由于填埋处置的废物种类不同，其稳定化机理也迥然不同，例如危险废物在安全填埋场与城市垃圾在卫生填埋场中的稳定化过程就有很大的差异。本书所强调的基本原理只是针对卫生填埋场中废物的稳定化过程。

填埋层内废物稳定化的基本原理属于一种微生物的分解作用，也就是填埋是利用微生物需要生长（或代谢）分解废物中可资利用的成分以达成废物稳定化的目的。而作为微生物代谢作用的基本元素和物质，可分为主要元素、次要元素、生长元素等。主要元素（major elements）包括碳、氢、氧、氮和磷；次要元素（minor elements）主要包括铁、锰、钴、铜、硼、锌、钼和铝；生长元素则是指控制细胞合成的微量基本物质，包括维生素（vitamins）、基本氨基酸（essential amino acids）及作为基本氨基酸合成的前驱物质（precursors）。而这些物质大都可在填埋中的废物内获得，因此微生物能进行一连串的代谢与生殖作用。微生物依呼吸作用的需要性可分为好氧菌（aerobes）、兼性厌氧菌（facultative anaerobes）及厌氧菌（anaerobes）。微生物在生活过程中，由呼吸作用产生能源，并由细胞内酶作用，将废物中氢的供给物质移去氢，此过程称为被氧化。移去的氢原子被水中氢的接受者所吸收，称为被还原。在好氧呼吸作用（aerobic respiration）中，氢的接受者为分子氧，其最终产物为水。在厌氧呼吸作用（anaerobic respiration）中，氢的接受者通常为结合氧，如 CO_3^{2-}、NO_3^-、SO_4^{2-} 或有机化合物，其最终产物为 CH_4、NH_3、H_2S 或被还原的有机化合物。兼氧菌于环境中存有分子氧时采用好氧呼吸，若分子氧缺乏时则采用厌氧呼吸。

当废物填埋之后，随之发生生物、物理、化学反应，其中与气体产生有关的以好氧或厌氧生物分解作用为主，其作用过程首先是微生物的适应期，接着第二阶段是好氧分解阶段，可以延长数天至数月，在此期间内好氧微生物非常活跃，分解有机物，当微生物消耗完所有可利用的氧（来自自由氧分子的供应）时，即开始进入厌氧分解阶段。厌氧刚开始时，酸形成菌先占优势，故造成 CO_2 的累积，此阶段与环境条件息息相关；随后甲烷形成菌取得优势，甲烷气产量大增，同时填埋场温度上升到 55℃左右；最后 CO_2 及 CH_4 的比例将维持一定，微生物的活动也达到稳定，即为稳定状态阶段（steady-state stage）。因此填埋过程可依微生物的分解分为适应阶段、过渡阶段、酸化阶段、甲烷发酵阶段和稳定化阶段等五个阶段。各阶段的特点分别说明如下。

(1) 适应阶段 废物中的可降解有机组分在置入填埋场后很快会发生微生物分解反应。此阶段是在生化分解好氧条件下发生的，原因是有一定数量的空气随废物夹带进入填埋场内。使废物分解的好氧和厌氧微生物主要来源于逐日覆盖层和最终覆盖层土壤、填埋场接纳的废水处理消化污泥，以及再循环的渗滤液等。

在经填埋起始阶段后（填埋后数十日内）或在填埋场中加设通气设施者，土壤微生物中的好氧性细菌和填埋层中的氧气，在适当的含水情况下，将废物中部分的有机物质分解成水及二氧化碳等稳定性物质。同时亦产生二氧化碳、水及能量，直到所有氧气用尽为止。此阶段的化学变化为：

$$(CH_2O)_nN + O_2 \longrightarrow 微生物细胞 + CO_2 + H_2O + NH_3 \tag{9-13a}$$

或：

$$\left(\frac{废物}{有机物}\right) + [氧] \xrightarrow{好氧性细菌} [稳定细胞质] + [二氧化碳] + [水] + [氨] \tag{9-13b}$$

（2）过渡阶段 此阶段的特点是氧气逐渐被消耗，而厌氧条件开始形成并逐步发展。当填埋场变为厌氧环境时，可作为电子接受体的硝酸盐和硫酸盐常被还原为氮气和硫化氢气体。测量废物的氧化还原电势可监测厌氧条件的突变点。足以使硝酸盐和硫酸盐还原的还原条件出现在氧化还原电势在−50～−100mV。甲烷生成开始于−150～−300mV氧化还原电势值。随着氧化还原电势继续降低，将所填埋处置废物中可降解有机物质转化为甲烷和二氧化碳的微生物群落开始进入第三步过程，将复杂的有机物质转化为第三阶段描述的有机酸和其他中间产物。在第三阶段，由于存在有机酸和填埋场内气体中二氧化碳浓度升高的影响，如有渗滤液产生，则其pH值开始急剧下降。

（3）酸化阶段 在此阶段，起源于第三阶段的微生物活动明显加快，产生大量的有机酸和少量氢气。三步法中的第一步涉及高分子量化合物（如类脂物、多糖、蛋白质和核酸）的中间酶转化（水解），为适于微生物用作能源和脱硫源的化合物。第二步涉及第一步产生的化合物被微生物转化为低分子量的中间有机化合物，典型的中间产物有甲酸、富里酸或其他更复杂的有机酸。二氧化碳是在第三阶段产生的主要气体，少量的氢气也会在此阶段产生。在此转化阶段所涉及的微生物总称为非产甲烷菌，由兼性厌氧菌和专性厌氧菌组成。在工程文献中，这些微生物常被称为产酸菌。

由于本阶段有机酸存在且填埋场内二氧化碳浓度升高，以及有机酸溶解于渗滤液的缘故，所产生的渗滤液的pH值常会下降到5以下，其生化需氧量（BOD_5）、化学需氧量（COD）和电导在此阶段会显著上升，一些无机组分（主要是重金属）在此阶段将会溶解进入渗滤液。假如渗滤液不循环使用，系统将会损失基本的营养物质；但如在此阶段渗滤液没有形成，则转化产物将浓集于废物所含水分中和被废物吸附，从而保存在填埋场内。

（4）甲烷发酵阶段 此阶段约发生于填埋200～500d之后，此时，甲烷生成菌将前一阶段所产生的有机酸分解为稳定的细胞质、甲烷气、二氧化碳及能量，直至填埋层内部的温度达到55℃左右，且温度不再升高为止。此时填埋层中的二氧化碳生成量逐渐降低，甲烷气的生成量则渐次增加。即此阶段在缺乏或无氧的环境条件下，厌氧性微生物群中的甲烷生成菌将中间生成物再分解成甲烷、二氧化碳及水等最终产物。

$$\begin{bmatrix} 有机酸 \\ 其他中间生成物 \\ 稳定细胞质 \end{bmatrix} \xrightarrow{甲烷生成菌} \begin{bmatrix} 甲烷、二氧化碳、 \\ 水、氨、硫化氢 \\ 稳定细胞质 \end{bmatrix}$$

由于产酸菌产生的有机酸和氢气被转化为甲烷和二氧化碳，填埋场中的pH值将会升高到6.8～8的中性值范围内。因此，如有渗滤液产生，则其pH值将上升，而BOD_5、COD及其电导将下降。在较高的pH值时，很少有无机组分能保持在溶液中，故渗滤液中的重金属浓度也将降低。

（5）稳定化阶段 在废物中的可降解有机物被转化为甲烷和二氧化碳之后，填埋废物进入成熟阶段，或称为稳定化阶段。虽然所剩余的、不可利用的可生化分解有机物，在水分不断通过废物层向下运移时仍将会被转化，但填埋场气体（LFG）的产生速率将明显下降。原因是大多数可利用的营养物质在前面阶段已从系统中去除，而仍保持在填埋场内的给养基生化降解慢。在此阶段所产生的 LFG 是甲烷和二氧化碳。但由于各填埋场的封场措施不同，某些填埋场的 LFG 中也可能会存在少量的氮气和氧气。

在此阶段产生的渗滤液常含有腐殖酸和富里酸，很难用生化方法加以进一步处理。

由于填埋方式的差异所造成废物分解作用不尽相同，其所产生的废气特性也有所差别，图 9-19 表示各填埋阶段产气组成的变化曲线，表 9-10 表示某垃圾填埋场的填埋气体的主要组成。因此填埋场可以产生填埋气体的量及特性根据废物成分及填埋操作方式的不同而有所变化。除 CH_4、CO_2、N_2、O_2 以外，还有 H_2、NH_3、H_2S、CH_3SH、CO 及 C_xH_y 等多种微量组分的气体。

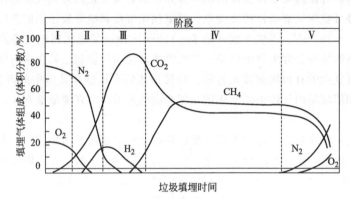

图 9-19 填埋气体组分变化规律

Ⅰ—适应阶段；Ⅱ—过渡阶段；Ⅲ—酸化阶段；Ⅳ—甲烷发酵阶段；Ⅴ—稳定化阶段

表 9-10 填埋气体组成在不同时期的变化值

填埋后时间/月	体积分数/%			填埋后时间/月	体积分数/%		
	CH_4	CO_2	N_2		CH_4	CO_2	N_2
0～3	5	88	5.2	24～30	48	52	0.2
3～6	21	76	3.8	30～36	51	46	1.3
6～12	29	65	0.4	36～42	47	50	0.9
12～18	40	52	1.1	42～48	48	51	0.4
18～24	47	53	0.4				

9.6.2 填埋气体的组成特性

填埋场气体主要有两类：一类是填埋场主要气体，另一类是填埋场微量气体。填埋场微量气体虽然含量很小，但其毒性大，对公众健康具有危害性。

（1）主要填埋气体组成 填埋场的主要气体是填埋废物中的有机组分通过生化分解所产生，其中主要含有氨、二氧化碳、一氧化碳、氢、硫化氢、甲烷、氮和氧等。它的典型特征为：温度达 43～49℃，相对密度约 1.02～1.06，为水蒸气所饱和，高位热值在 15630～19537kJ/m³。表 9-11 给出了城市垃圾卫生填埋场中存在气体的典型组分及含量。表 9-12 主要气体组分的物理参数。

表 9-11 填埋气体的典型组分及含量　　　　单位：%（体积分数）

甲烷	二氧化碳	氮气	氧气	硫化物	氨气	氢气	一氧化碳	微量组分
45～50	40～60	2～5	0.1～1.0	0～1.0	0.1～1.0	0～0.2	0～0.2	0.01～0.6

注：以干体积为基准。

表 9-12　主要气体组分的物理参数

气　体	分子式	相对分子质量	密度/(g/L)	气　体	分子式	相对分子质量	密度/(g/L)
空气		28.97	1.2928	硫化氢	H_2S	34.08	1.5392
氨	NH_3	17.03	0.7708	甲烷	CH_4	16.03	0.7167
二氧化碳	CO_2	44.00	1.9768	氮	N_2	28.02	1.2507
一氧化碳	CO	28.00	1.2501	氧	O_2	32.00	1.4289
氢	H_2	2.016	0.0898				

注：标准状态下的物理参数（0℃，101325Pa）。

甲烷和二氧化碳是填埋场气体中的主要气体。当甲烷在空气中的浓度在 5%～15% 之间时，会发生爆炸。由于甲烷浓度达到这个临界水平时，只有有限量的气体存在于填埋场内，故在填埋场内几乎没有发生爆炸的危险。不过，假如 LFG 迁移扩散到远离场址处并与空气混合，则会形成浓度在爆炸范围内的甲烷混合气体。这些气体的浓度及与渗滤液相接触的气相的浓度，可用亨利定律来估算。因为二氧化碳会影响渗滤液的 pH 值，故还可用碳酸盐平衡常数来估算渗滤液的 pH 值。

(2) 微量填埋气体组成　表 9-13 是美国研究者从 66 个填埋场取得的气体样品分析得出的典型微量组分的浓度数据。英国从三个不同填埋场采集的气体样品中发现有 116 种有机化合物存在，其中许多化合物是挥发性有机化合物（VOCs）。这些微量有机化合物是否存在于填埋场渗滤液中，取决于填埋场内与渗滤液接触的气体中浓度，可以用亨利定律来进行估算。应该指出，国外所发现的 LFG 中挥发性有机化合物浓度较高的填埋场，往往是接受含有挥发性有机物的工业废物的老填埋场。在一些新填埋场，其 LFG 中的挥发性有机物的浓度均较低。

表 9-13　填埋气体中典型微量组分的浓度

化　合　物		浓度/(mg/m³)	
英文名称	中文名称	最大值	平均值
acetone	丙酮	240000	6838
benzene	苯	39000	2057
chlorobenzene	氯苯	1640	82
chloroform	氯仿	12000	245
1,1-dichloroethane	1,1-二氯乙烷	36000	2801
dichloromethane	二氯甲烷	620000	25694
1,1-dichloroethene	1,1-二氯乙烯	4000	130
diethylene chloride	氯化二乙基	20000	2835
trans-1,2-dichloroethane	反-1,2-二氯乙烷	850	36
2,3-dichloropropane	2,3-二氯丙烷	0	0
1,2-dichloropropane	1,2-二氯丙烷	0	0
ethylene bromide	溴乙烯	0	0
ethylene dichloride	二氯乙烯	2100	59
ethylene oxide	环氧乙烯	0	0
ethyl benzene	乙基苯	87500	7334
methyl ethyl ketone	甲基乙基酮	130000	3092
1,1,2-trichloroethane	1,1,2-三氯乙烷	0	0
1,1,1-trichloroethane	1,1,1-三氯乙烷	14500	615
trichloroethylene	三氯乙烯	32000	2079
toluene	甲苯	280000	34907
1,1,2,2-tetrachloroethane	1,1,2,2-四氯乙烷	16000	246

化 合 物		浓度/(mg/m³)	
英文名称	中文名称	最 大 值	平 均 值
tetrachloroethylene	四氯乙烯	180000	5244
vinyl chloride	氯乙烯	32000	3508
styrenes	苯乙烯	87000	1517
vinyl acetate	乙酸乙烯酯	240000	5663
xylenes	二甲苯	38000	2651

9.6.3 填埋气体产生量计算

由于影响填埋场释放气体产生量的因素比较复杂，填埋气体产生量的精确值很难计算得出。为此，国外从 20 世纪 70 年代初就发展了许多不同的理论或实际估算垃圾填埋场产甲烷量的方法：①评价填埋场物理特征和操作背景；②利用废物量、堆放历史和分解过程建立的数学模型；③现场测试。本书主要介绍利用化学计量法和 COD 法估算填埋废物的潜在产气量（即理论产气量），利用产气速率模型确定填埋气体的实际产生速率和产生量。

(1) 化学计量法　理论上，由废物的有机组分可以进一步推论出各种废物在厌氧条件下完全分解的反应方程式计算理论甲烷产气量：

$$CH_aO_bN_c + \frac{1}{4}(4-a-2b+3c)H_2O \longrightarrow \frac{1}{8}(4-a+2b+2c)CO_2 + \frac{1}{8}(4+a-2b-2c)CH_4 + cNH_3$$

$$(9\text{-}14)$$

式中，a、b、c 与废物的元素组成有关。

【例 9-2】　设某废物的有机组成部分 [占 65％（质量分数）] 可以 $C_5H_{10}O_2N_2$ 表示，试估计每千克该废物可生成多少立方米的甲烷气与氨气 [另 35％（质量分数）为无机物与水分]？

解：

设取 1.0kg 的废物，其相对分子质量为：

$$C_5H_{10}O_2N_2 \text{ 相对分子质量} = (5\times12)+10+(16\times2)+(14\times2)=130$$

即每千克的物质的量 $= \frac{1000}{130} \times 0.65 = 5$ （mol）

利用 $CH_aO_bN_c + \frac{1}{4}(4-a-2b+2c)H_2O \longrightarrow \frac{1}{8}(4-a+2b+2c)CO_2 + \frac{1}{8}(4+a-2b-2c)CH_4 + cNH_3$

已知 $a=2$，$b=0.4$，$c=0.4$

故每一个分子的 $CH_2O_{0.4}N_{0.4}$ 可产生 $\frac{1}{8}$ （4+2-2×0.4-2×0.4）个分子的甲烷与 0.4 个分子的氨气，而每一分子废物相当于 5 个分子的 $CH_2O_{0.4}N_{0.4}$（实为废物的化学简式），因此每千克废物可产生：

甲烷：$5 \times 5 \times \frac{1}{8}$ （4+2-2×0.4-2×0.4）=12.5 （mol）

氨气：$5 \times 5 \times 0.4 = 10$ （mol）

换算成常态的体积为：

甲烷：$12.5 \times 22.4 \times 10^{-3} = 0.308$ （m³/kg）

氨气：$10 \times 22.4 \times 10^{-3} = 0.224$ （m³/kg）

(2) COD 法 假设：填埋释放气体产生过程中无能量损失；有机物全部分解，生成 CH_4 和 CO_2。则据能量守恒定理，有机物所含能量均转化为 CH_4 所含能量，这样，如果知道单位质量城市垃圾的 COD 以及总填埋废物量，就可以估算出填埋场理论产气量：

$$V = W(1-\eta)\eta_{有机物} C_{COD} V_{COD} \beta_{有机物} \xi_{有机物} \tag{9-15}$$

式中，V 为填埋废物的理论产气量，m^3；W 为废物质量，kg；η 为垃圾的含水率（质量分数），%；C_{COD} 为单位质量废物的 COD，kg/kg，厨余含量高的垃圾可取 $1.2kg/kg$；V_{COD} 为单位 COD 相当的填埋场产气量，m^3/kg；$\eta_{有机物}$ 为垃圾中的有机物含量（质量分数），%（干基）；$\beta_{有机物}$ 为有机废物中可生物降解部分所占比例；$\xi_{有机物}$ 为在填埋场内因随渗滤液等而损失的可溶性有机物所占比例。

用化学需氧量法计算我国城市垃圾中厨渣、纸和果皮的单位质量干废物的产气量分别为 $0.43m^3/kg$、$0.46m^3/kg$ 和 $0.5m^3/kg$。

(3) 产气速率模型计算法 在实际的填埋场中，垃圾是分批填埋的，一般按照填埋的年份来区分这些垃圾。填埋场中的实际产气速率是填埋场中所有垃圾（历年填埋垃圾）的总产气速率。在同一时刻，不同年份填埋的混合垃圾中，所含各垃圾成分的生物降解性不同，各种垃圾的降解速率不同，产气规律有较大差异：有的垃圾很快就达到最大产气率，并在较短时间内完全降解；有的垃圾则要经过较长时间才能达到最大产气速率并完全降解。因此，用一个简单模型很难描述出这种不同。

为此，可以将填埋场一年填埋的垃圾定义为单堆垃圾，将填埋混合垃圾中具有相似生物降解特性的一类垃圾有机组分定义为单类垃圾，分为易降解、中等程度降解和难降解三类。首先研究确定单类单堆垃圾的产气速率模型进行叠加得到单堆混合垃圾的产气速率模型；其次，再按填埋年份及每年的填埋量对单堆混合垃圾的填埋产气速率模型进行叠加，就可得到填埋场的填埋产气速率模型。图 9-20 给出了产气速率模型建立思路的示意图。

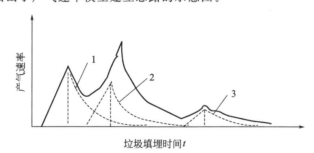

(a)单堆混合垃圾填埋产气速率变化示意
1—易降解有机废物的产气速率模型；2—中等降解有机废物的产气速率模型；
3—难降解有机废物的产气速率模型

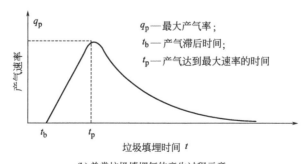

(b)单类垃圾填埋气体产生过程示意

图 9-20 产气速率模型建立思路示意

① 单堆单类垃圾填埋产气速率模型。对于降解特性相同、一次填埋的单位质量的垃圾（即单堆单类垃圾），假设：垃圾从产气到达到产气速率峰值之间的产气速率符合线性规律；垃圾产气达到峰值后的产气规律符合一级反应速率表达式。则描述其产气规律的微分方程可写为：

a. 第一阶段。产气速率与时间成正比，采用直线关系描述。

$$q=\frac{\mathrm{d}G}{\mathrm{d}t}=k_1(t-t_\mathrm{b}) \tag{9-16}$$

b. 第二阶段。此阶段的总潜在产气量应变为第二阶段总产气量 Y_2，时间 t 应变为产气速率达最大以后的产气时间 $t-t_\mathrm{p}$，采用指数衰减模型描述。

$$q=\frac{\mathrm{d}G}{\mathrm{d}t}=k_2Y_2\mathrm{e}^{-k_2(t-t_\mathrm{p})} \tag{9-17}$$

式中，q 为产气速率，m^3/h；G 为 t 时刻的总产气量，m^3；t 为填埋时间，a；t_b 为开始产气之前的停滞时间，a；t_p 为产气速率达到最大的时间，a；k_1 为第一阶段产气速率常数，a^{-1}；k_2 为第二阶段产气速率常数，a^{-1}。

由于 $t=t_\mathrm{b}$ 时 $q=0$、$t=t_\mathrm{p}$ 时 $q=q_\mathrm{p}$，故可由式（9-16）得到：

$$k_1=\frac{q_\mathrm{p}}{t_\mathrm{p}-t_\mathrm{b}} \tag{9-18}$$

同时，可由式（9-17）求出第二阶段总产气量 Y_2 与产气速率常数 k_2 和峰值产气速率 q_p 的关系：

$$Y_2=\frac{q_\mathrm{p}}{k_2} \tag{9-19}$$

将所导出的式（9-18）和式（9-19）代入式（9-16）和式（9-17），得到单堆单类垃圾填埋产气速率的基本模型为：

$$q=\begin{cases}0 & t<t_\mathrm{b}\\ \left[\dfrac{(t-t_\mathrm{b})}{(t_\mathrm{p}-t_\mathrm{b})}\right]q_\mathrm{p} & t_\mathrm{b}<t\leqslant t_\mathrm{p}\\ q_\mathrm{p}\exp[-k_2(t-t_\mathrm{p})] & t\geqslant t_\mathrm{p}\end{cases} \tag{9-20}$$

式中，q_p 为产气峰值速率，$\mathrm{m}^3/(\mathrm{t}\cdot\mathrm{a})$。

峰值产气速率 q_p 可用所填埋垃圾的潜在产气量来表示。根据质量守恒定律，填埋产气二阶段产气量之和等于所填埋垃圾的潜在产气量，即为

$$Y_0=Y_1+Y_2 \tag{9-21}$$

式中，Y_1 和 Y_2 可分别为产气第一阶段和第二阶段产气量。Y_1 可表示为：

$$Y_1=0.5(t_\mathrm{p}-t_\mathrm{b})q_\mathrm{p} \tag{9-22}$$

将式（9-19）式（9-22）代入式（9-21）并解方程得到：

$$q_\mathrm{p}=\frac{Y_0}{\dfrac{t_\mathrm{p}-t_\mathrm{b}}{2}+\dfrac{1}{k_2}} \tag{9-23}$$

代入式（9-20），可得单堆单类垃圾填埋产气速率基本表达式为：

$$q=\begin{cases}0 & t<t_\mathrm{b}\\ \dfrac{2k_2(t_\mathrm{p}-t_\mathrm{b})Y_0}{k_2(t-t_\mathrm{b})^2+2(t_\mathrm{p}-t_\mathrm{b})} & t_\mathrm{b}<t\leqslant t_\mathrm{p}\\ \dfrac{2k_2Y_0}{k_2(t_\mathrm{p}-t_\mathrm{b})+2}\exp[-k_2(t-t_\mathrm{p})] & t\geqslant t_\mathrm{p}\end{cases} \tag{9-24}$$

因此模型中只有一个速率常数 k_2，改用 k 代替，并将此模型简化为：

$$q=f(t_\mathrm{b},t_\mathrm{p},Y,k_0) \tag{9-25}$$

② 单堆垃圾填埋产气速率模型。式(9-25)表达的填埋产气速率模型既适用于单类单堆垃圾产气速率的模拟，也适用于单堆混合垃圾的模拟。如果将单堆垃圾分为 i 类，则单堆垃圾产气速率由单类单堆模型按比例叠加而成：

$$q_r = \sum_{i=1}^{n} q_i \eta_i \tag{9-26}$$

式中，q_r 为第 r 年混合垃圾产气速率，$m^3/(t \cdot a)$；q_i 为第 i 类垃圾的产气速率，$m^3/(t \cdot a)$；n 为垃圾分类数目；η_i 为第 i 类垃圾所占比例。

③ 填埋场气体总产气速率。对于一个实际填埋场，每年均有垃圾入场填埋，假设每年进入填埋场填埋处置的垃圾量相同，其质量为 M(t/a)，则填埋场气体产生速率 Q（m^3/a）的表达式应为：

$$Q = \sum_{r=1}^{t} M(r) q_r \tag{9-27}$$

不同组分垃圾的 t_b、t_p、$t_{\frac{1}{2}}$ 的典型值列于表 9-14，其中 $t_{\frac{1}{2}}$ 是指一半垃圾降解所需要的时间。一般情况下，k 与垃圾含水率有关，其变化范围从 $0.1 \sim 0.35$ 不等，k 越大，垃圾降解越快。

表 9-14 填埋场产气速率模型参数典型值

垃圾种类	t_b/a	t_p/a	$t_{\frac{1}{2}}/a$	k/a^{-1}	$Y_0/(m^3/t)$	$\eta/\%$
易降解垃圾	0.5	1	3	0.231		
中等降解垃圾	1	5	10	0.069		
难降解垃圾	5	20	25	0.028		
混合垃圾	1.25	4.61	7.70	0.09	170.2	100

9.6.4 填埋场气体的迁移

(1) 填埋气体迁移模型 在正常情况下，产生在土壤中的气体要通过分子扩散的方式释放到大气圈中。就正在运行中的填埋场而言，其内部压力通常要高于大气压，填埋气体将通过对流和扩散两种方式释放。影响填埋气体迁移的其他因素还包括气体吸附进入液体和固体组分中，通过化学反应和生物活动的产生和消耗等。式(9-28) 将这些因素联系在垂向一维的控制体积单元中（图 9-21）。

$$\alpha(1+R_d)\frac{\partial C_A}{\partial t} = -v_z \frac{\partial C_A}{\partial z} + D_z \frac{\partial C_A}{\partial z} + G \tag{9-28}$$

式中，α 为孔隙度；R_d 为与吸附和相变有关的滞后因子；C_A 为 A 组分的浓度，g/cm^3；v_z 为垂向对流速度，cm/s；D_z 为有效扩散系数，cm^2/s；G 为源汇项，用于产生源和消耗汇，g/cm^3；z 为垂向距离，cm。

根据达西定律，垂向对流速度（v_z）可表示为：

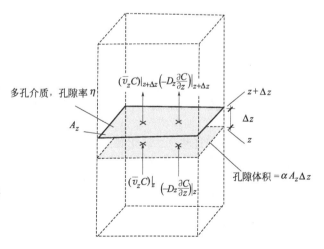

图 9-21 气体在土壤中的迁移模型

$$v_z = -\frac{k}{\mu} \times \frac{\mathrm{d}p}{\mathrm{d}z} \qquad (9\text{-}29)$$

式中，k 为介质渗透率，m^2；μ 为气体的混合黏滞系数，$\mathrm{N} \cdot \mathrm{s/m}^2$；$p$ 为压力，$\mathrm{N/m}^2$。

填埋场主要气体的典型对流速度在 $1 \sim 15\mathrm{cm/d}$ 的量级。常用高速运算的计算机采用有限差或者有限元数值方法求解上述方程。假设方程中的吸附和源汇可以忽略，这样方程转化为稳定方程：

$$0 = -v_z \frac{\mathrm{d}C_\mathrm{A}}{\mathrm{d}z} + D_z \frac{\mathrm{d}^2 C_\mathrm{A}}{\mathrm{d}z^2} \qquad (9\text{-}30)$$

如果填埋场中不再有大量气体产生，则方程只剩下扩散项，积分可得下式：

$$N_\mathrm{A} = -D_z \frac{\mathrm{d}C_\mathrm{A}}{\mathrm{d}z} \qquad (9\text{-}31)$$

式中，N_A 为气体通量，$\mathrm{g/(cm}^2 \cdot \mathrm{s)}$。

有效扩散系数是分子扩散和土壤孔隙度的函数。以下经验公式是由 Lindane 气体通过土壤迁移得出的：

$$D_z = D \frac{\eta_{\mathrm{ac}}^{\frac{10}{3}}}{\eta_\mathrm{t}^2} \qquad (9\text{-}32\mathrm{a})$$

式中，D_z 为有效扩散系数，cm^2/s；D 为扩散系数，cm^2/s；η_{ac} 为气体充填孔隙度，$\mathrm{cm}^3/\mathrm{cm}^3$；$\eta_\mathrm{t}$ 为总孔隙度，$\mathrm{cm}^3/\mathrm{cm}^3$。

有效扩散系数的另一种计算公式是：

$$D_z = D\eta_\mathrm{t}\tau \qquad (9\text{-}32\mathrm{b})$$

式中，τ 为弯曲因子，通常取 0.67。

(2) 主要气体的迁移　填埋场主要气体的运动与填埋场的构造及环境地质条件有关，其运动方向除向上迁移扩散外，还可能向下或在地下横向运动。

① 填埋气体向上迁移。填埋场中的二氧化碳和甲烷可以通过对流和扩散释放到大气圈中。通过覆盖层的扩散可以用式(9-30) 和式(9-31) 计算。假设浓度梯度是线性的，土壤是干的，则 $\alpha_{\mathrm{ac}} = \alpha$。假设土壤是干的引入了一个安全因子，因为只要有水入渗进入填埋场覆盖层就降低了气体充填孔隙度，从而降低了填埋场的过流气体通量。

$$N_\mathrm{A} = -\frac{D\eta_\mathrm{t}^{\frac{4}{3}}(C_{\mathrm{A2}} - C_{\mathrm{A1}})}{L} \qquad (9\text{-}33)$$

式中，N_A 为气体 A 通量，$\mathrm{cm}^3/\mathrm{cm}^3$；$D$ 为扩散系数，cm^2/s；η_t 为总孔隙度，$\mathrm{cm}^3/\mathrm{cm}^3$；$C_{\mathrm{A1}}$ 为覆盖层底面气体 A 的浓度，$\mathrm{g/cm}^3$；C_{A2} 为覆盖层表面气体 A 的浓度，$\mathrm{g/cm}^3$；L 为盖层厚度，m。

② 填埋气体向下迁移。二氧化碳的密度是空气的 1.5 倍，甲烷的 2.8 倍，有向填埋场底部运动的趋势，最终可能在填埋场的底部聚集。对于采用天然土壤衬层的填埋场，二氧化碳可能通过扩散作用通过衬层，从填埋场底部向下运动，并通过下伏地层最终扩散进入并溶于地下水，与水反应生成碳酸，结果使地下水 pH 值降低，并通过溶解作用增加地下水的硬度和矿化度。例如，如果土壤结构中有钙碳酸盐岩，碳酸将与其发生反应生成可溶的重碳酸钙。镁碳酸盐的情况也一样。对于给定碳酸盐浓度，上述反应将一直进行下去，直到达到反应平衡为止。因此，溶液中任何自由二氧化碳的增加都将引起钙碳酸盐的溶解。造成硬度增加是水中二氧化碳的主要作用。填埋场中主要气体的水溶解度可以使用 Henry 定律进行计算，二氧化碳对渗滤液 pH 值的作用可以用碳酸一级分解常数来估计。

③ 填埋气体的地下迁移。填埋气体通过填埋场周边可渗透地质介质的横向水平迁移，可使填埋气体迁移到离填埋场较远的地方才释放进入大气，或通过树根造成的裂痕、人造或风化或侵

蚀造成的洞穴、疏松层、旧通风道和公共线路组成的人造管道、地下公共管道以及地表径流造成的地表裂缝等途径，迁移和释放到环境，有时会进入建筑物。在未封衬的填埋场外400m仍发现甲烷和二氧化碳的浓度高达40％。对于非均匀填埋场，这种横向迁移的范围随覆盖层物质的特征和周围土壤的特征而变化。如果对甲烷不加控制而任其释放，则它可以在填埋场附近的建筑物或者其他封闭空间中聚集（因为甲烷的密度比空气小）。

（3）微量气体的迁移　填埋场微量气体通过覆盖层运动示意图如图 9-22 所示。

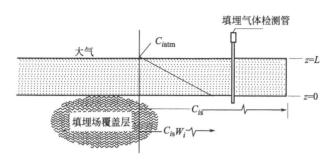

图 9-22　填埋场微量气体通过覆盖层运动示意

为估算填埋场微量气体通过覆盖层的释放速率，可将式（9-33）修改为：

$$N_i = -\frac{D\eta_t^{\frac{4}{3}}(C_{iatm} - C_{is}W_i)}{L} \tag{9-34}$$

式中，N_i 为组分 i 的蒸气通量，$g/(cm^2 \cdot s)$；D 为弥散系数，cm^2/s；η_t 为土壤的总孔隙度，cm^3/cm^3；C_{iatm} 为组分 i 在填埋场覆盖层顶的浓度，g/cm^3；C_{is} 为组分 i 的饱和蒸气浓度，g/cm^3；W_i 为废物中微量组分 i 的实际比例的比例因子；$C_{is}W_i$ 为组分 i 在填埋场覆盖层底的实际浓度，g/cm^3；L 为填埋场覆盖层的厚度，cm。

可以假设式（9-34）中的 C_{iatm} 为零，因为微量组分在到达地表以后，由于风吹和向空气中扩散，使其浓度迅速降低。假设 C_{iatm} 为零的计算结果是保守的，因为增大 C_{iatm} 将使质量通量降低。假设 C_{iatm} 为零后，式（9-34）简化为

$$N_i = \frac{D\eta_t^{\frac{4}{3}}(C_{is}W_i)}{L} \tag{9-35}$$

填埋场中12种微量气体组分的弥散系数 D 值可以从附录3中查出。如果要进行野外测量，则要把气体探针从填埋场的顶部插入，探针头正好到达覆盖层的底部。既要测量组分的浓度，又要测量测量点的温度。获得实际野外测量资料后，就可以很容易计算气体的平均释放率。

【例 9-3】　填埋场微量气体的迁移。某填埋场采用黏土覆盖，其覆盖材料的孔隙率为0.20，覆盖层厚度为0.6m。假设：填埋层下微量气体实际组分的比例因子为0.001，试计算在温度30℃时从填埋场表面释放的甲苯、1,1,1-三氯乙烷和氯乙烯的量。

解：

① 计算填埋场覆盖层下各化合物的浓度。由附录3，甲苯、1,1,1-三氯乙烷和氯乙烯三种化合物的饱和浓度分别为 $180.4 \times 10^{-6} g/cm^3$、$1081 \times 10^{-6} g/cm^3$ 和 $11090 \times 10^{-6} g/cm^3$。

填埋场覆盖层下各化合物的饱和浓度乘以实际组分的比例因子0.001得出各组分在覆盖层的实际浓度 $C_{is}W_i$ 分别为 $180.4 \times 10^{-9} g/cm^3$、$1081 \times 10^{-9} g/cm^3$ 和 $11090 \times 10^{-9} g/cm^3$。

② 用式（9-35）计算各组分的释放率，弥散系数参见附录3。

a. 甲苯：

$$N_i = \frac{D\eta_t^{\frac{4}{3}}(C_{is}W_i)}{L}$$

$$N_i = \frac{(0.068\,\text{cm}^2/\text{s})(0.20)^{\frac{4}{3}}(180.4\times10^{-9}\,\text{g/cm}^3)}{60\,\text{cm}} = 2.39\times10^{-11}\,[\text{g}/(\text{cm}^2 \cdot \text{s})]$$

b. 1,1,1-三氯乙烷：

$$N_i = \frac{(0.071\,\text{cm}^2/\text{s})(0.20)^{\frac{4}{3}}(1801\times10^{-9}\,\text{g/cm}^3)}{60\,\text{cm}} = 1.5\times10^{-11}\,[\text{g}/(\text{cm}^2 \cdot \text{s})]$$

c. 氯乙烯：

$$N_i = \frac{(0.098\,\text{cm}^2/\text{s})(0.20)^{\frac{4}{3}}(11090\times10^{-9}\,\text{g/cm}^3)}{60\,\text{cm}} = 2.12\times10^{-11}\,[\text{g}/(\text{cm}^2 \cdot \text{s})]$$

9.6.5 填埋气体收集系统

填埋气体收集系统的作用是控制填埋气体在无控状态下的迁移和释放，以减少填埋气体向大气的排放量和向地层的迁移，并为填埋气体的回收利用做准备。常用的收集系统可分为主动集气系统和被动集气系统，被动集气系统利用填埋场内气体产生的压力进行迁移，主动集气系统则采用抽真空的方法来控制气体的运动。

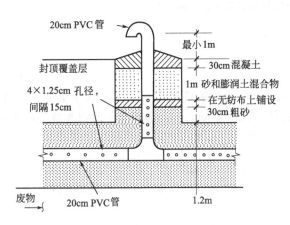

图 9-23　被动集气系统典型详图

(1) 被动集气系统　填埋场被动集气系统无需外加动力系统，结构简单，投资少，适于垃圾填埋量小、填埋深度浅、产气量低的小型垃圾填埋场。被动集气系统包括排气井、水平管道等设施。被动集气系统典型详图如图 9-23 所示。

① 集气井。在填埋场覆盖层安装的连通到垃圾体的集气井，通常每隔 50m 布置一个，最好将所有排气井用穿孔管连接起来，当填埋气体中甲烷浓度足够高时，则可装上燃烧器将填埋气体燃烧处理。

② 周边碎石沟渠。由砾石充填的盲沟和埋在砾石中的穿孔管所组成的周边拦截沟渠，可有效阻止填埋气体的横向迁移，并可通过与穿孔管道连接的纵向管道收集填埋气体，将其排放大气中。为有效收集填埋气体并控制填埋气体的横向迁移，在沟渠外侧需铺设防渗衬层。

③ 周边屏障沟渠或泥浆墙。填有渗透性相对较差的膨润土或黏土的阻截沟渠，是填埋气体横向迁移的物理阻截屏障，有利于在屏障内侧用抽气井或砾石沟渠导排填埋气体。

④ 填埋场防渗层。填埋场的防渗衬层可控制填埋气体的向下运动。但是，填埋气体仍可以通过黏土衬层向下扩散，只有采用人工衬层的填埋场才能阻止填埋气体的向下迁移。

⑤ 微量气体吸收屏障。填埋场微量气体的浓度变化很大，浓度梯度也很大，导致微量气体的扩散迁移活动剧烈，即使在填埋场主要气体的对流迁移活动很微弱时也是如此。微量气体吸收屏障有利于控制填埋场微量气体的无序迁移，并减少微量气体的排放量。

(2) 主动集气系统　填埋场主动集气系统需要配备抽气动力系统，结构相对复杂，投资较大，适于大中型垃圾填埋场气体的收集。主动集气系统包括填埋气体内部收集系统和控制填埋气体横向迁移的边缘收集系统。

① 填埋气体内部收集系统。内部收集系统由抽气井、集气输送管道、抽风机、冷凝液收集装置、气体净化设备及发电机组组成，常用来回收利用填埋气体，控制臭味和填埋气体的无序排放。主动集气系统如图 9-24 所示。

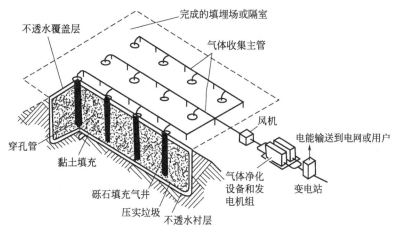

图 9-24 填埋气体主动集气系统

　　a. 抽气井。抽气井常按三角形布置,影响半径应通过现场实验确定。另外,由于抽气井会影响集气输送管道的布置,在布置抽气井时应根据现场条件和实际限制因素进行适当调整。同时,抽气井的位置还需要根据钻井过程中遇到的实际情况作相应调整。

　　b. 集气输送管。通常采用 15~20cm 直径的 PE 管连接抽气井与引风机,为减少因摩擦产生的压头损失,管道的直径可以增大。集气输送管埋设在填有砂子的管沟中,多为 PVC 或 HDPE 穿孔管。由于孔隙的压头损失系数较大,在抽气量没有很大提高时,引风机的能力应显著增大。

　　c. 抽风机。抽风机应安装在房间或集装箱内,其标高要略高于收集管网末端标高,以便于冷凝液的下滴。风机型号应根据总负压头和需要抽取气体的体积来选择。

　　② 填埋气体边缘收集系统。边缘收集系统由周边抽气井和沟渠组成,其功能是回收填埋气体,并控制填埋气体的横向迁移。由于填埋场边缘的填埋气体质量较差,有时需与内部收集系统收集的填埋气体混合后才能回收利用,如果填埋气体没有足够的数量和较好的质量,则需要补充燃料以便燃烧处理填埋气体。边缘填埋气体主动集气系统如图 9-25 所示。

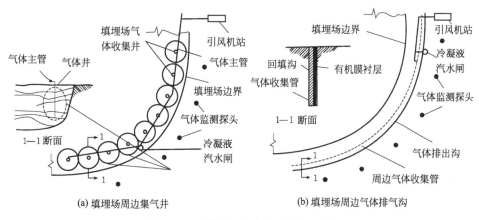

(a) 填埋场周边集气井　　　　　(b) 填埋场周边气体排气沟

图 9-25 边缘填埋气体主动集气系统

　　a. 周边抽气井。周边抽气井常用于填埋深度大于 8m,与附近开发区相对较近的填埋场。其设置通常是在填埋场内沿周边布置一系列的垂直井,并通过共有集气输送管将各抽气井连接中心抽气站,中心抽气站通过真空的方法在共用集气输送管和每口抽气井中开成真空抽力。这样在每口抽气井周围就形成一个影响带,其影响半径内的气体被抽到井中,然后由集气输送管送往中心抽气站处理后回收利用。

b. 周边抽气沟渠。如果填埋场周边为天然土壤，则可使用周边抽气沟渠导排填埋气体。周边抽气沟渠常用于填埋深度比较浅的填埋场，深度一般小于 8m。抽气沟渠挖到垃圾中，也可以一直挖到地下水位以下。抽到沟渠中的填埋气体通过穿孔管进入集气输送管和抽气站，并最终在抽气站回收利用或燃烧处理。

c. 周边注气井系统（空气屏障系统）。周边注气系统井由一系列垂直井组成，设置在填埋场边界与要防止填埋气体入侵的设施之间的土壤中，通过形成空气屏障来阻止填埋气体向设施迁移扩散。周边注气井系统通常适用于深度大于 6m 的填埋场，同时又有设施需要防护的地方。

(3) 填埋气体收集井 填埋场主动集气系统和被动集气系统都需要设置相当数量的填埋气体收集井。填埋气体收集井主要有垂直抽气井和水平集气管两种。

① 垂直抽气井。垂直抽气井是填埋场采用最普遍的抽气井，其典型结构如图 9-26 所示。通常用于已经封顶的填埋场或已完工的填埋区域，也可用于仍在运行的填埋场。

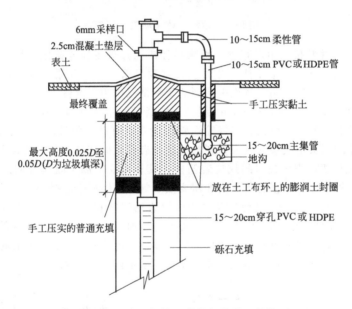

图 9-26　填埋气体垂直抽气井典型结构

垂直抽气井在设计和布置时应考虑最大限度可利用真空度和每口井的抽气量。典型的垂直井建造是先用螺旋式或料斗式钻头钻入垃圾体中，形成孔径约 900mm 的空洞，然后在洞内安装直径 100～200mm 的 HDPE 管或无缝钢管，从管底部到距填埋场表面 3～5m 处的管壁上开启小孔或小缝，最后在井管四周环状空间装填直径 40mm 的碎石，井口依次用熟垃圾、膨润土、黏土封口，井头上安装填埋气体监测口（便于监测浓度、温度、流量、静压、液位）和流量控制阀。

垂直抽气井的影响半径是指气体能被抽吸到抽气井的距离，即在此半径范围内的所有填埋场气体都能被抽吸到这个抽气井里来，它是一个假想的概念。影响半径与填埋垃圾类型、压实程度、填埋深度和覆盖层类型等因素有关，应通过现场实验确定。在缺少实验数据的情况下，影响半径通常采用 45m。

抽气井之间的间距一般根据抽气井的影响半径按相互重叠原则来选定，即各抽气井之间的距离要使其影响区相互交叠。一般来说，对于深度大并有人工膜的混合覆盖层的填埋场，常用的井间距为 45～60m；对于使用黏土或天然土壤作为覆盖层材料的填埋场，则应采用小一些的间距，如 30m，以防将大气中的空气抽入填埋气体收集系统中。

② 水平集气管。水平集气管一般用于仍在运行的填埋场，其基本构造见图 9-27。水平集气管一般由带孔管道或不同直径的管道相互连接而成，通常先在填埋场底层铺设填埋气体收集管道系统，然后在 2～3 个填埋单元层上铺设水平集气井。水平集气井的具体做法是先在所填埋垃圾上开挖水平管沟，然后用砾石回填至管沟高度的一半，再放入穿孔开放式连接管道，最后回填砾石并用垃圾填满管沟。这种方法的优点是，即使

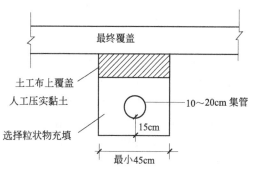

图 9-27　填埋气体水平集气管基本构造

填埋场出现不均匀沉降，水平集气井仍能发挥其功效。在终场设计高位置开凿水平集气井时，必须考虑如何保护水平集气井免遭最大承载力的影响。由于水平集气井有可能与道路交叉，因此安装时必须考虑动荷载和静荷载、埋设深度、管道密封以及冷凝水外排等问题。

水平集气管在垂直和水平方向上的间距随着填埋场地形、覆盖层以及现场条件而变，通常，垂直间距范围是 2.4～18m 或 1～2 层垃圾的高度，水平间距范围为 30～120m。

9.6.6　填埋气体处理和利用

(1) 焚烧处理　在填埋气体不具备回收利用条件时，应考虑将填埋气体集中收集后燃烧处理，使甲烷和其他微量气体转变为二氧化碳、二氧化硫、氮氧化物和其他气体，防止填埋气体无控制排放。

典型的填埋气体焚烧系统如图 9-28 所示，主要包括风机、自动调节阀、火焰捕集器、点火装置、燃烧器等。

图 9-28　填埋气体焚烧系统示意

(2) 填埋气体回收利用　填埋气体由于富含甲烷组分（40%～60%）具有相当高的热值，且大中型填埋场在运行阶段和封场后相当一段时间会保持较高的填埋气体产生量，因此，可根据当地及周围地区对能源需求及使用条件而采用适当的技术加以利用。填埋气体的利用可以选择作为燃料、发电或回收有用组分等。在对填埋气体进行回收利用前，一般要经过加压、脱水、脱硫等预处理，图 9-29 是填埋气体预处理工艺流程。

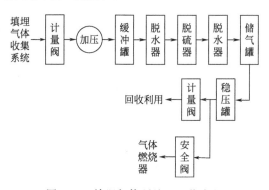

图 9-29　填埋气体预处理工艺流程

① 直接作为燃料使用。填埋气体最直接的回收利用方法是将收集的填埋气体送到附近的工业企业作为工业燃料使用。在送到用户前，填埋气体必须经干燥、过滤等处理，去除其中的冷凝水、粉尘和部分微量气体，使之达到清洁能源的要求后才能使用。

如果将填埋气体作为民用燃料使用，则必须经过严格的净化提纯处理，去除其中的二氧化碳和微量杂质，使其各项指标都符合我国民用燃料的使用标准。填埋气体作为民用燃料使用的条件是附近居民多，其价格比液化石油气有明显优势。

② 发电。利用填埋气体发电是比较普遍采用的、经济效益比较明显的回收利用方式。填埋气体发电厂主要包括填埋气体收集系统、气体净化系统、压缩系统、燃气发电机组系统、控制系统和并网送电系统。

发电机组多采用内燃机组或汽轮机组。内燃机发电可靠、高效，启动和停机容易，不仅适合间歇性发电，也适合向电网连续送电。但是，由于填埋气体含有杂质，可能腐蚀内燃机。汽轮机可以使用中等质量气体发电，所需的气流速度比内燃机的大，一般适用于大型填埋场。

③ 回收有用组分。填埋气体中的二氧化碳和甲烷是常用的化工原料，可通过水洗法、变压吸附法、化学吸附法和膜分离法把它们分离出来，作为化工或其他工业的原料使用。

9.7 填埋场渗滤液的产生及控制

9.7.1 渗滤液产生量计算

为实施对填埋场渗滤液的管理，需要建设渗滤液水量调节设施和渗滤液处理设施。而要确定渗滤液处理设施的处理能力和渗滤液调节池的容量，需要对垃圾填埋过程中渗滤液的产生量进行准确的预测。

影响渗滤液产生量的主要因素有：降水、场址类型、地下水渗入、废物成分和含水量、废物预处理方式（压实、破碎等）、覆盖方式、废物填埋深度、气候条件、蒸发量、填埋气体产生量、废物密度等。当废物吸水达到饱和之后，渗滤液就会持续产生。渗滤液产量和场址有关，在干旱的地区，产生量可能为零；在潮湿地区的填埋作业区，则可能达到降水的 100%。新建填埋场的渗滤液产生量相对较少，随着废物量的增加和填埋面积的增大而增加。渗滤液产生量在封场前会达到峰值，在有表面分区、临时覆盖或最终覆盖层时，其产生量会显著减少。

利用数学模型来预测渗滤液的产生是一种常用的方法，最常用的模型是商品化的填埋场性能水文评估模型（HELP）。该模型是一个准二维水力模型，根据场址的水文信息进行水量平衡，可以模拟水流入、流出和穿过填埋场的运动情况。该模型需要提供详细的水文数据，包括降水量、蒸发量、温度、风速、渗入率和面积、密封性、坡度、洼地贮存量等参数。该模型能够模拟不同植被、覆盖层、填埋单元、中间含水层、衬层组合系统的多种填埋场。HELP 模型适用于长期渗滤液产量的预测和不同设计方案之间的比较。对于渗滤液日产生量的估算，HELP 模型是十分不准确的。除此之外，渗滤液产生量的估算也有多种方法，其中最常用的是水量平衡法，以下重点介绍。

(1) 填埋场水量平衡 填埋场的水量平衡关系见图 9-30。

Δt 时间内，流入和流出填埋场的水量为：

$$流入水量 = \frac{IA}{1000} + S_i + G + W \tag{9-36a}$$

$$流出水量 = \frac{EA}{1000} + S_o + Q \tag{9-36b}$$

式中，I 为大气降水量，mm；A 为填埋场汇水面积，m^2，IA 为直接降入场区的雨水量；

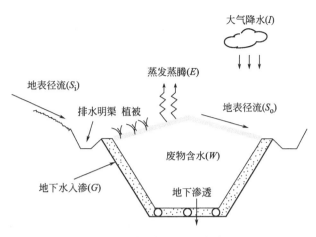

图 9-30　填埋场水量平衡关系

E 为蒸发蒸腾量，mm，即覆土或垃圾表层的水分由于日晒、风吹的蒸发量及通过植物的蒸腾量；S_i 为场外径流进入填埋场的水量，m^3，通常会被降水集排水设施截流；S_o 为降入填埋场的降水在接触垃圾前被排出场外的水量，m^3，在封场区域这部分降水通常被集排水设施所排除；G 为渗入填埋场的地下水量，m^3，在铺设有防渗层的填埋场可以忽略不计；Q 为渗滤液产生量，m^3；W 为 Δt 时间内随垃圾和覆土带入填埋场的水量，m^3。

以上水量均为一定时间 Δt 内的发生量，Δt 根据需要进行水量平衡的时间加以确定。

Δt 时间内，覆土中的水分变化为 ΔC_w，垃圾中的水分变化为 ΔR_w，填埋场的水量平衡可以用下式表示：

$$S_i+G+W-(S_o+Q)+\frac{(I-E)A}{1000}=\Delta C_w+\Delta R_w \tag{9-37a}$$

该式构成了计算填埋场渗滤液量的基本公式。

对于铺设有防渗层的填埋场 $G=0$；场外径流被集排水系统排除的情况下 $S_i=0$；废物和覆土本身的含水量 W，相对于填埋期间进入填埋场的降水量忽略不计；当 Δt 足够长，废物层含水量的变化 ΔC_w 和 ΔR_w 也可以忽略不计时，上式可以简化为：

$$\frac{(I-E)A}{1000}-S_o=Q \tag{9-37b}$$

（2）渗滤液产生量计算模型　渗滤液产生量可通过式(9-37a)准确计算，但是由于蒸发量、径流量的计算过程中不确定参数较多，在实际计算中难以得到满意的结果。这里，我们采用在实际填埋场设计和施工中得到大量验证的经验模型——合理式来预测填埋场渗滤液产生量。

渗滤液产生量的合理式模型：

$$Q=\frac{1}{1000}CIA \tag{9-38}$$

式中，Q 为渗滤液水量，m^3/d；I 为降水量，mm/d；C 为浸出系数；A 为填埋面积，m^2。

由于填埋场中填埋施工区域和填埋完成后封场区域的地表状况不尽相同，因而浸出系数 C 值也有较大的差异。设填埋区的面积为 A_1，浸出系数为 C_1，封场区的面积为 A_2，浸出系数为 C_2，则：

$$Q=Q_1+Q_2=\frac{1}{1000}I(C_1A_1+C_2A_2) \tag{9-39}$$

将降水量代入上式，即可求得渗滤液水量。式中的 A_1、A_2 随填埋施工的进行其数值是不断变化的，在设计时应取不同 A_1、A_2 组合中最大的渗滤液水量作为设计值。浸出系数 C_1、C_2 则应参考以下方法取值。

① 填埋区浸出系数 C_1 的确定。由于降入填埋施工区的降水无法排出场外，根据式(9-37b)，其渗滤液量 Q_1 可以表示为：

$$Q_1 = \frac{(I - E_1)A_1}{1000} \tag{9-40a}$$

式中，E_1 为填埋施工区蒸发蒸腾量，mm。

根据式(9-38)，Q_1 也可以表示为：

$$Q_1 = \frac{1}{1000}C_1 I A_1 \tag{9-40b}$$

两式合并，得到：

$$C_1 = 1 - \frac{E_1}{I} \tag{9-41}$$

② 封场区浸出系数 C_2 的确定。由于降入封场区的降水可以通过表面排水系统排出场外，其渗滤液量 Q_2 可以直接用式(9-37) 表示：

$$Q_2 = \frac{(I - E_2)A_2}{1000} - S_o \tag{9-42a}$$

式中，E_2 为封场区蒸发蒸腾量，mm。

根据式(9-38)，Q_2 也可以表示为：

$$Q_2 = \frac{1}{1000}C_2 I A_2 \tag{9-42b}$$

两式合并，得到：

$$C_2 = 1 - \frac{E_2 + \dfrac{1000S_o}{A_2}}{I} \tag{9-43}$$

由式(9-41) 和式(9-43)，得到：

$$C_2 = C_1 \left(1 - \frac{E_2 - E_1 + \dfrac{1000S_o}{A_2}}{I - E_1} \right) \tag{9-44a}$$

与 $1000S_o/A_2$ 相比，$E_2 - E_1$ 可以忽略不计，即

$$C_2 = C_1 \left(1 - \frac{\dfrac{1000S_o}{A_2}}{I - E_1} \right) \tag{9-44b}$$

上式中的 $\dfrac{\dfrac{1000S_o}{A_2}}{I - E_1}$ 随封场构造的不同而有差异，在设计中需对不同的封场方式选取不同的数值。根据现场测试和施工经验，通常取约 0.4。这时的浸出系数为：

$$C_2 \approx C_1(1 - 0.4) = 0.6C_1 \tag{9-45}$$

渗滤液产生量随降水量的不同会发生较大的变化，其变化可以通过污水调节池的容量进行调节，以保证水处理设施的水力负荷维持一定。一般情况下，可以通过预测渗滤液产生量，确定污水调节池容积和污水处理设施水力负荷的方法。

在使用式(9-39) 计算渗滤液水量时，通常需要计算出平均渗滤液量和最大渗滤液量。前者使用平均日降水量（mm/d），后者使用最大月降水量的日换算值（mm/d）。气象数据原则上应使用当地 20 年以上的观测数据。

9.7.2 渗滤液水质特性

填埋场渗滤液的产生主要来自三部分，即降水入渗、废物含水量及废物分解产生的水量。其

中降水入渗对渗滤液产生量的贡献最大。雨水进入填埋场后，经与废物接触，使其中的可溶性污染物由固相进入液相，废物中的有机物在微生物的作用下分解产生的可溶性有机物（如挥发性脂肪酸等）也同时进入渗滤液，使得渗滤液中含有大量有机和无机污染物。渗滤液中污染物的含量与成分取决于废物的种类、填埋时间、填埋构造及降水量等。

与城市污水和工业废水相比，垃圾填埋场渗滤液具有更为明显的水质水量变化大且变化呈非周期性的特点，这些特点无疑给其有效而稳定的处理带来较大的困难。因而，掌握渗滤液的特性对科学合理地确定其处理工艺方法是十分必要的。

(1) 水量变化问题　渗滤液的产生受众多因素的影响，不仅水量变化大，而且其变化呈明显的非周期性。水量的变化则引起了水质的大幅度变化。由于垃圾填埋场是一个敞开的作业系统，因而其渗滤液的产生量受气候和季节变化的特征极为明显。为保证渗滤液处理系统（无论是采用物化处理还是生物处理）正常运行，必须考虑设置容积足够的调节池，以满足最大渗滤液量的贮存调节之需。如苏州七子山垃圾填埋场设置了一容积为 2.5 万立方米渗滤液池；杭州天子岭垃圾填埋场设置了一可满足 10 年一遇暴雨产生量、非常容积可满足 30 年一遇暴雨时渗滤液产生量贮存的渗滤液池，深圳市下坪垃圾填埋场也建有容积为 3.0 万立方米的渗滤液调节池。实际上，这种大容积的贮存池虽对于渗滤液的收集贮存来讲是必需的，其功效也是不言而喻的，但对于渗滤液的处理工艺系统而言，其功效则仅表现在补充不足、贮存盈余的调节和在一定程度上的短时期内水质均化作用。

(2) 水质变化问题　就渗滤液的性质而言，属于高浓度有机废水，但实际上它含有多种有机和无机及有毒有害成分，因而其水质是相当复杂的。其污染物成分及其变化的复杂性主要表现在：污染物种类多；污染物浓度存在短期波动和长期变化的复杂性；不同国家和地区、不同垃圾成分及不同的填埋方式所产生的渗滤液特性的不同等。其水质变化趋势见图 9-31。其水质特性可概括如下。

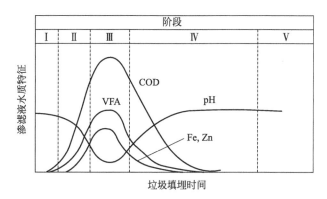

图 9-31　浸出液水质变化趋势示意
Ⅰ—适应阶段；Ⅱ—过渡阶段；
Ⅲ—酸化阶段；Ⅳ—甲烷发酵阶段；Ⅴ—稳定化阶段

① BOD_5/COD 比值变化。在垃圾填埋或填埋场运行的初期，渗滤液的 BOD_5/COD 较高，表明其可生化性良好，因而可采用生物的方法对其进行处理；而当填埋场达到一定的稳定化程度或进入老龄阶段时，其渗滤液的 BOD_5/COD 明显降低，生物处理方法就难以奏效，而须考虑采用物化或物化与生物连用的工艺进行处理，但此时在选择处理工艺时，还须考虑以下问题。

② $NH_4^+\text{-}N$ 浓度问题。渗滤液中高浓度的 $NH_4^+\text{-}N$ 是导致其处理难度增大的一个重要原因。自进入产甲烷阶段，填埋场渗滤液中的 $NH_4^+\text{-}N$ 浓度不断上升，直至最后封场。据资料表明，$NH_4^+\text{-}N$ 的浓度可高达 10000mg/L。渗滤液中高浓度的 $NH_4^+\text{-}N$ 及其随时间的变化，不仅加重了其对受纳水体的污染程度与性质，也给其处理工艺的选择带来了困难，增加了复杂性。由于

NH_4^+-N 浓度过高，使得渗滤液的 C/N 比过低。过高的 NH_4^+-N 要求进行脱氮处理，而过低的 C/N 比则对常规的生物处理有抑制作用，而且有机碳源缺乏，难以进行有效的反硝化。

③ 金属离子问题。在渗滤液的多种污染物中，金属离子（尤其是重金属离子）的问题因其对环境特殊的危害性和对生物处理工艺的影响而比较引人注意。渗滤液中含有的多种重金属离子，由于其物理（淋溶）、化学（主要是生物化学作用，即因微生物对有机物的水解酸化使 pH 值下降以及在厌氧条件下形成的还原环境）而使垃圾中的高价不溶性金属转化为可溶性金属离子而溶于渗滤液中，因而，对处于产酸阶段的填埋场而言往往含有较多的上述离子，在处理过程中必须考虑对它们的去除。

④ 其他问题。与渗滤液水质有关的问题还有磷的不足、碱度较高、无机盐含量高等，在处理过程中应予以足够的重视。

了解和掌握渗滤液的成分及浓度，不仅对于填埋场防渗系统、集排水系统的设计至关重要，同时也是渗滤液处理系统设计及操作运行的必不可少的参数。曾经有许多学者对渗滤液浓度的预测进行过研究，但由于影响因素太多，至今没有开发出有一定精度的、具有广泛应用范围的渗滤液浓度预测模型。通常情况下，需要通过实验或现场监测来确定渗滤液浓度，为填埋场及渗滤液处理系统的设计提供参数。

表 9-15 中列出了典型卫生填埋场渗滤液污染物代表浓度及范围。

表 9-15　典型卫生填埋场渗滤液污染物浓度　　　　　　单位：mg/L

成　　分	美　　国		日　　本		中　　国	
	范围	典型值	范围	典型值	范围	典型值
BOD	2000~30000	1000	10000~30000	12000	1660~24300	9000
TOC	1500~20000	6000	13000~20000	18000	3095~22230	7500
COD	3000~45000	18000	20000~45000	22000	5020~43300	15000
SS	200~1000	500	500~1000	800	6740~48400	1100
有机氮	10~600	200	25~600	250	46~816	250
氨氮	10~800	200	500~800	1000	941~2850	1200
硝酸盐	5~40	25	10~40	35	6~85	30
总磷	1~70	30	10~70	25	7~44	25
正磷	1~50	20	—	—	—	—
碱度	1000~10000	3000	—	—	5000~11000	3500
pH 值	5.3~8.5	6	6.0±1.0	6.0	6.51~8.25	6.89
总硬度	300~10000	3500	500~10000	3200	300~5400	2100
钙	200~3000	1000	200~3000	1100	100~4000	900
镁	50~1500	250	—	—	—	—
钾	200~2000	300	—	—	200~1500	300
钠	200~2000	500	—	—	300~1500	200
氯盐	100~3000	500	300~3000	750	500~3000	600
硫酸盐	100~1500	300	50~1500	100	3~370	35
总铁	50~600	60	10.5~600	85	5.2~78.6	20

一般来说，废物本身的特性对渗滤液浓度及成分的影响最大，我国生活垃圾中厨房垃圾含量较高，可堆腐性强，渗滤液水质通常较差；厌氧填埋构造比好氧填埋构造产生的渗滤液水质差，而且持续时间长。这是因为在厌氧状态下，有机物分解周期长，在液化和酸化阶段会有挥发性脂肪酸等溶解性有机物积累；渗滤液水质还随填埋时间的增加而逐渐递减。

渗滤液的污染程度若以其所含的 COD 浓度来表示，则可用以下的数学模式来预测，以此决定控制参数的选择。设填埋层中的固体有机物因分解或其他因素所造成的变化速率为：

$$\frac{\mathrm{d}\rho_s}{\mathrm{d}t} = -K_s\rho_s \tag{9-46}$$

式中，t 为时间，s；ρ_s 为固体有机物的密度，kg/m^3；K_s 为固体有机物的分解速率常数，s^{-1}。

渗滤液的 COD 可以质量平衡（mass balance）取微分对象为：

[浓度对时间的变化速率]＝[扩散造成的浓度变化]＋[对流造成的浓度变化]＋

　　　　　　　[固体有机物的溶解速率]－[COD 分解速率] (9-47a)

即：

$$\frac{\partial C}{\partial t} = D\frac{\partial^2 C}{\partial x^2} + u\frac{\partial C}{\partial x} + \frac{\beta}{\omega}K_s\rho_s - K_d C \tag{9-47b}$$

式中：t 为时间，s；C 为 COD 浓度，kg/m^3；u 为渗滤液的线性流速，m/s；x 为于填埋层中选定坐标位置，m；D 为扩散系数，m^2/s；β 为固体有机物以 COD 表示的换算比值；ω 为填埋层的含水率，m^3/m^3；K_s 为固体有机物的分解速率常数，s^{-1}；K_d 为溶解性 COD 的分解速率常数，s^{-1}；ρ_s 为固体有机物的密度，kg/m^3。

9.7.3 渗滤液调节池

一旦填埋正式运行，中间覆盖层或最终覆盖层的表面应保持一定的坡度以使大部分的降水流入雨水控制系统，以尽量减少渗滤液的产生。有些情况下，塑料膜也可被用作暂时的覆盖物质以减少入渗量。但不管在填埋场运行的初期，还是在填埋单元封场以后尚未稳定化之前，在暴雨期，渗滤液调节池对于渗滤液的管理都是至关重要的。

(1) 调节池容积　为保证渗滤液的有效管理，渗滤液调节池应具有足够的调节容量，我国各填埋场渗滤液调节池的容积设置差异较大，没有明确的标准，但为保证较好的渗滤液调节功能，一般设计渗滤液调节池的容积应能够贮存该填埋场 1～3 个月的渗滤液量为宜。在国外有些地方则有明确的标准，如美国纽约环境保护署要求调节池的容积应满足贮存 3 个月的渗滤液产生量。

调节池的建设必须能够保证在降雨期间容纳所产生的全部渗滤液。同时为了保证能以一个有效的回灌速率进行渗滤液的回灌或满足渗滤液处理设施的要求，也要求调节池必须贮存一定数量的渗滤液。湿润地区的填埋场的调节池，单位场区面积的调节容积必须大于 $700m^3/hm^2$。当降雨量超过设计值时，就需要对整个渗滤液控制系统进行适当调整，以使超过调节能力的那部分渗滤液能及时排出填埋场，并在外部处理设施处理后排放。但是，实际运行的调节池的调节能力往往是不足的，而且正是这个原因会导致渗滤液积存厚度过大、边坡渗漏以及高额的渗滤液处理费用等一系列问题。

(2) 调节池类型　渗滤液调节池的类型随填埋场的不同而有所不同，包括钢制高位调节池、混凝土调节池、地下式调节池和具有衬层的池塘。建筑材料必须能经受渗滤液的腐蚀作用。通常这些调节池都是加盖的，以尽量减少雨水的进入。然而，与此同时，加盖会不利于渗滤液的蒸发。

9.7.4 渗滤液处理技术

虽然渗滤液的处理作为水处理技术研究的一个独立分支，与常规的废水处理方法有相通之处，但有其不同于常规废水处理工艺的特殊之处。由于渗滤液水质的时间和地域变化性，不仅采用单一的处理方法不能满足其处理要求，需要通过不同方法的优化组合与灵活应用才能进行有效的处理，而且适用于某一填埋场或某一区域填埋场渗滤液处理的工艺方法往往并不是普遍使用的技术，需要因地制宜采用不同的工艺。此外，由于渗滤液的污染负荷很高，处理难度较大，不仅需要处理工艺的有效和稳定性，还须考虑其处理工艺的经济合理性。渗滤液处理的这些突出的特性，也是其处理工艺设计和运行较为困难的原因所在。以下把适用于渗滤液处理的技术作一简单总结。

(1) 渗滤液回灌处理 渗滤液回灌是一种较为有效的处理方案。通过回灌可提高垃圾层的含水率（由 20％～25％提高到 60％～70％），增加垃圾的湿度，增强垃圾中微生物的活性，加快产甲烷的速率、垃圾中污染物的溶出及有机物的分解。其次，通过渗滤液回灌，不仅可降低渗滤液的污染物浓度，还可因回灌过程中水分挥发等作用而减少渗滤液的产生量，对水量和水质起稳定化的作用，有利于废水处理系统的运行，节省费用。有研究表明，将渗滤液收集并通过回灌使之回到填埋场，除有上述作用外，还可以加速垃圾中有机物的分解，缩短填埋垃圾的稳定化进程（使原需 15～20 年的稳定过程缩短至 2～3 年）。Chian 等报道，通过渗滤液回灌处理，渗滤液的 BOD_5 和 COD 可分别降至 30～350mg/L 和 70～500mg/L。北英格兰的 Seamer Garr 垃圾填埋场将一部分渗滤液回灌，20 个月后回灌区渗滤液 COD 值有明显的降低、金属浓度则大幅度下降，NH_3-N 浓度基本保持不变，说明金属离子浓度的下降不仅由稀释作用引起，垃圾中无机物的吸除作用也不可忽视。

在采用回灌处理方案时，必须注意回灌的方式和回灌量。一方面，回灌的渗滤液量应根据垃圾的稳定化进程而逐步提高。一般在填埋场处于产酸阶段早期时，回灌的渗滤液量宜少不宜多，在产气阶段可以逐渐增加，由于垃圾填埋场本身是一个生物反应器，因而回灌的渗滤液量除可根据其最佳运行的负荷要求确定外，还可以根据填埋场的产气情况来确定。另一方面，填埋场内不同位置的垃圾可能处于不同的稳定化阶段，因而为保证回灌的应有效果，应将稳定化程度高的垃圾层区（产甲烷区）所排出的渗滤液回灌至新填入的垃圾层（产酸区），而将新垃圾层所产生的渗滤液回灌至老的稳定化区，这样有利于加速污染物的溶出和有机污染的分解，同时加速垃圾层的稳定化进程。

渗滤液回灌处理法的提出已有多年，但其实际应用则是近 20 年的事。该方法除具有加速垃圾的稳定化、减少渗滤液的场外处理量、降低渗滤液污染物浓度等优点外，还有比其他处理方案更为节省的经济效益。

虽然回灌处理法有前述诸多优点，但对于渗滤液产生量大的填埋场至少还存在以下两个问题：①不能完全消除渗滤液，由于回灌的渗滤液量受填埋场特性的限制，因而仍有大部分渗滤液须外排处理；②通过回灌后的渗滤液仍需进行处理方能排放，尤其是由于渗滤液在垃圾层中的循环，导致其 NH_4^+-N 不断积累，甚至最终使其浓度远高于其在非循环渗滤液中的浓度。第一个问题是由此方法的特性决定的。针对第二个问题，如将含高浓度 NH_4^+-N 的渗滤液作场外处理，则有增加额外处理费用的问题。为解决此问题，研究者根据硝化（N）和反硝化（DN）原理及渗滤液回灌后在垃圾层中的流态，提出了缺氧（An)→好氧（O)→缺氧（An）的三组分模拟垃圾填埋系统。该模型运行时，通过渗滤液的循环，将脱氮过程所需的碳源和硝态氮从底部的好氧区送至顶部的缺氧区而厌氧区中残留的 C 和 N 则相应地送至好氧区，从而实现硝化和反硝化，NH_4^+-N 的转化率达 95％。同时，渗滤液中硫化物也可得到有效地去除。

(2) 渗滤液的生物处理 就渗滤液的性质而言，属于高浓度有机废水，可以采用活性污泥法、氧化塘、氧化沟、生物转盘及接触氧化等好氧和厌氧生物处理技术进行处理，在国内外均有取得良好效果的研究报道，但在生产实践中的成功应用的报道尚不多见。

(3) 渗滤液的物化处理 物化处理的目的主要是去除渗滤液中的有毒有害重金属离子及氨氮，为渗滤液达标排放和生物处理系统有效运行创造良好的条件。无论是好氧处理还是厌氧处理，若采用预处理-合并处理或独立完全处理的方式，为减少合并处理时冲击负荷及有毒有害物的影响，保证生物处理的效果，都需要进行物化预处理。虽然物化法不能完全代替生化法，但某些方法（如混凝、吸附、吹脱和氧化等）则可作为预处理后（深度）处理而减轻生物处理的负荷、冲击作用或进一步提高出水水质。渗滤液的物化处理有以下几种方法。

① 化学氧化法。氯、臭氧、过氧化氢、高锰酸钾和次氯酸钙等是常用的氧化剂。其作用主要去除渗滤液中的色度和硫化物，对 COD 的去除率通常为 20％～50％。

② 化学沉淀法。$Ca(OH)_2$ 是最常用的药剂。对渗滤液处理而言，其投量通常在 $1\sim15g/L$ 之间，可获得 $20\%\sim40\%$ 的 COD 去除率，$90\%\sim99\%$ 的重金属离子去除率，$70\%\sim90\%$ 的色度、浊度及 SS 等的去除率。

③ 吸附。除颗粒活性炭和粉末活性炭作为主要的吸附剂外，还有粉煤灰、高岭土、泥炭、膨润土、蛭石、伊利石和活化铝等。活性炭用于渗滤液的处理时可获得 $50\%\sim70\%$ 的 COD 和 NH_4^+-N 去除率。

④ 混凝。硫酸铝 $[Al_2(SO_4)_3]$、硫酸亚铁（$FeSO_4$）、三氯化铁（$FeCl_3$）和聚合氯化铁等都是常用的混凝剂。对渗滤液而言，铁盐的处理效果要优于铝盐。研究表明，对于 BOD_5/COD 较高的"年轻"填埋场的渗滤液而言，混凝对 COD 和总有机碳（TOC）的去除率较低，通常为 $10\%\sim25\%$，而对于 BOD_5/COD 较低的"老年"填埋场或经生物处理后的渗滤液而言，COD 和 TOC 的去除率则可达 $50\%\sim65\%$。在混凝过程中投加非离子、阳离子及阴离子高分子助凝剂可改善絮体的沉降性能，但无助于提高浊度的去除率。

⑤ 膜分离。微孔膜、超滤膜和反渗透膜在渗滤液深度（精）处理中应用研究也有较多的报道，其对 COD 和 SS 的去除率均可达 95%。但膜分离方法费用昂贵，尤其对于浓度较高的渗滤液而言，其处理费用是相当高的，因而也是我国目前较难加以实际应用的。

⑥ 吹脱。渗滤液中含有高浓度的 NH_4^+-N，常需在生物处理前通过此方法加以去除。

(4) 渗滤液排放浓度限制 根据《生活垃圾填埋场污染控制标准》（GB 16889—2008）要求，生活垃圾填埋场应设置污水处理装置，生活垃圾渗滤液（含调节池废水）等污水经处理并符合表 9-16 排放限值要求后可直接排放。在土地开发密度已经较高、环境承载力开始减弱，或环境容量较小、生态环境较脆弱，容易发生严重环境污染问题而需要采取特别保护措施的地区，执行特别排放限值要求。

表 9-16 生活垃圾填埋场水污染物排放质量浓度限值和特别排放限值

控制污染物	排放质量浓度限值	特别排放限值
色度(稀释倍数)	40	30
化学需氧量(COD_{Cr})/(mg/L)	100	60
生化需氧量(BOD_5)/(mg/L)	30	20
悬浮物/(mg/L)	30	30
总氮/(mg/L)	40	20
氨氮/(mg/L)	25	8
总磷/(mg/L)	3	1.5
粪大肠菌群数/(个/L)	10000	10000
总汞/(mg/L)	0.001	0.001
总镉/(mg/L)	0.01	0.01
总铬/(mg/L)	0.1	0.1
六价铬/(mg/L)	0.05	0.05
总砷/(mg/L)	0.1	0.1
总铅/(mg/L)	0.1	0.1

9.7.5 填埋场中水及污染物的迁移

(1) 填埋场中的水运移 了解和掌握水在填埋场中的行为，并对其加以控制是保证填埋场长期安全性、防止环境污染的重要环节。这是因为污染物在填埋场内的迁移及向周围环境的扩散主要是通过水介质的运移完成的。

水在填埋场中的运移可以看作在多孔介质中的运移，其行为可以用达西定律描述。根据达西定律，通过多孔介质的水通量 q，即水力梯度方向上、单位时间、通过单位断面的水容积与水力梯度 $\dfrac{dH}{dZ}$ 成正比。

$$q = -K_s \frac{dH}{dZ} \qquad (9\text{-}48a)$$

式中，q 为通过多孔介质的水通量；K_s 为饱和渗透系数（或导水率），即单位水力梯度的水通量；$\dfrac{dH}{dZ}$ 为水力梯度。

当填埋场采用黏土（或改性黏土）作为防渗层时，设填埋场内积水厚度为 H，防渗层厚度为 L，则：

$$\frac{dH}{dZ} = \frac{H+L}{L}$$

代入式(9-48a) 得：

$$q = K_s \frac{H+L}{L} \qquad (9\text{-}48b)$$

式中，H 为填埋场内的积水厚度，m；L 为防渗层的厚度，m。

通常情况下，要求场内积水厚度 H 要足够低，即 $\dfrac{H+L}{L} \approx 1$，因此

$$q \approx K_s \qquad (9\text{-}49)$$

在进行填埋场防渗层设计时，除了需要知道下渗水量外，还需要了解渗滤液穿透防渗层的速度。水在多孔介质中的流动速度通常用孔隙平均速度（v_p）表示，即水在单位时间内通过土层或废物层的直线长度，而不考虑孔隙形态造成的弯曲途径。

对于非饱和土壤，孔隙平均速度可以下式表示：

$$v_p = \frac{q}{\theta} \qquad (9\text{-}50)$$

式中，θ 为土壤的体积含水率，%。

对于饱和土壤，孔隙平均速度可以下式表示：

$$v_p = \frac{q}{\eta_e} \qquad (9\text{-}51)$$

式中，η_e 为土壤的有效孔隙率，%。

土壤的体积含水率 θ 和土壤的有效孔隙率 η_e 之间的关系可以表示为：

$$\theta = \eta - \eta_e \qquad (9\text{-}52)$$

式中，η 为土壤的总孔隙率，%。

【例 9-4】 某填埋场底部黏土衬层厚度为 1.0m，$K_s = 1 \times 10^{-7} \text{cm/s}$。计算渗滤液穿透防渗层所需的时间。设防渗层的有效孔隙率 $\eta_e = 6\%$。

解：

渗滤液排水系统有效作用时，$-\dfrac{dH}{dZ} = 1$

$$q = K_s = 1 \times 10^{-7} \ (\text{cm/s})$$

$$v_p = \frac{q}{\eta_e}$$

穿透时间：$t = \dfrac{L}{v_p} = \dfrac{L\eta_e}{q} = \dfrac{100 \times 0.06}{1 \times 10^{-7}} = 6 \times 10^7 \ (\text{s}) = 1.9 \ (\text{a})$

(2) 污染物的迁移　渗滤液中的污染物随水向衬层及衬层下土层迁移过程中，会受到土壤介

质的吸附、滞留、弥散、稀释和降解作用，其浓度不断减小。污染物的这种迁移过程可以用以下的一维迁移方程来描述。

$$\frac{\partial c}{\partial t}-\frac{D_1}{R_d}\times\frac{\partial^2 v}{\partial x^2}-\frac{D_t}{R_d}\times\frac{\partial^2 c}{\partial y^2}+\frac{v}{R_d}\times\frac{\partial c}{\partial x}+\lambda c=0 \tag{9-53}$$

式中，v 为地下水实际流速，方向与 x 轴一致，cm/m；D_1、D_t 分别表示 x，y 方向上的弥散系数，cm/s；c 为溶质的浓度，mg/L；t 为时间，s；R_d 为滞留因子（无量纲）；λ 为污染物衰变常数。

式中各项的物理意义按顺序分别为：浓度变化项、x 方向弥散项、y 方向弥散项、x 方向滞后项、降解项。

(3) 填埋场渗滤液渗漏量的计算

① 黏土单衬层系统。对于填埋场采用黏土作为防渗材料的单衬层系统，由于黏土的渗透性，会有一定量的渗滤液渗漏，其渗滤液渗漏量 Q 与根据达西定律计算的水通量 q ［见式（9-48b）］和填埋场底面积 A 有关，计算如下：

$$Q=qA=K_s\frac{H+L}{L}A \tag{9-54}$$

式中，Q 为渗滤液渗漏量，cm³/s；K_s 为饱和渗透系数（或导水率），cm/s；H 为填埋场底部积水厚度，m；L 为防渗层的厚度，m；A 为填埋场底部防渗层面积，m²。

② HDPE 地膜单衬层系统。对于采用 HDPE 地膜作为防渗材料的防渗系统，由于 HDPE 地膜不透水，即使制造中不可避免有微孔存在，但其水渗透系数通常也会达到 10^{-12} cm/s，具有很好的防渗效果，此时，其渗滤液渗漏量计算也可采用公式（9-54）。

通常情况下，HDPE 地膜在运输、施工过程和填埋场运行过程中，容易受机械损伤，会出现针孔和裂缝，此时渗滤液通过 HDPE 地膜的泄漏不能用渗透来描述，而是服从小孔出流的规律，一般采用如下伯努利方程估算单孔或裂缝的渗滤液渗漏量：

$$Q=\xi a\sqrt{2gH} \tag{9-55}$$

式中，Q 为渗滤液渗漏量，cm³/s；ξ 为孔或裂缝的渗流系数（无量纲）；a 为 HDPE 土工膜上一个圆孔或裂缝的面积，cm²；g 为重力加速度，981cm/s²；H 为填埋场内的积水厚度，m。

③ 地膜/黏土或黏土/地膜复合衬层系统。HDPE 地膜和黏土组成的复合衬层，具有 HDPE 地膜和黏土衬层的优点，当发生破裂和出孔眼时，黏土会自动愈合，使泄漏处水流通过黏土层渗流，此时，渗滤液通过复合衬层系统的渗漏量估算如下：

$$Q=qA'=K_s\frac{H+L}{L}A' \tag{9-56}$$

$$A'=\zeta A \tag{9-57}$$

式中，Q 为渗滤液渗漏量，cm³/s；K_s 为饱和渗透系数（或导水率），cm/s；H 为填埋场底部积水厚度，m；L 为防渗层的厚度，m；A' 为填埋场底部 HDPE 地膜破损面积，m²；A 为填埋场底部防渗层面积，m²；ζ 为填埋场底部 HDPE 土工膜破损率（无量纲）。

【例 9-5】 某垃圾填埋场库区底部拟采用复合衬垫防渗层，膜下防渗保护层黏土厚度110cm，采用的 HDPE 地膜厚度为 1.6mm，平均每 4047m² 有一个破损孔（圆形），单孔面积为1cm²，防渗衬垫上渗滤液水头高度为30cm。请计算：①若填埋场底部防渗层面积为 40500m²，在未铺设 HDPE 地膜，渗透系数符合标准最低规定时，该黏土防渗层的渗滤液渗漏量。②若地膜破损小孔渗流系数取 0.6，计算 HDPE 地膜的渗漏率 ［m³/(m²·d)］。

解：

① 根据题意，该系统为黏土单衬层系统，黏土衬层符合标准要求的渗透系数应该不大于 10^{-7} cm/s，因此，其渗滤液渗漏量根据式（9-54）计算如下：

$$Q = qA = K_s \times \frac{H+L}{L} \times A$$
$$= 10^{-7} \times \frac{0.3+1.1}{1.1} \times 40500 \times 10^4$$
$$= 51.55 \ (cm^3/s)$$

② 根据题意，该系统为 HDPE 地膜单衬层系统，根据式（9-55）的伯努利方程可以计算渗滤液的渗流量如下：

$$Q = \xi a \sqrt{2gH}$$
$$= 0.6 \times 1 \times \sqrt{2 \times 981 \times 30}$$
$$= 145.57 \ (cm^3/s)(合 12.58 m^3/d)$$

HDPE 地膜的渗漏率为单位面积土工膜的渗漏量，计算如下：

$$\eta = \frac{Q}{A}$$
$$= \frac{12.58}{4047} = 3.11 \times 10^{-3} \ [m^3/(m^2 \cdot d)]$$

9.8 填埋场封场及运行管理

9.8.1 填埋场终场覆盖与场址修复

一般封闭性垃圾填埋场在封场后 30～50 年才能完全稳定，达到无害化，规范的封场覆盖（表面密封）、场址修复以及严格的封场管理是保证填埋场安全运行的关键因素，因而已成为城市垃圾填埋场设计、建设和管理中的重要环节。填埋场终场覆盖和场址修复一般应包括以下几个方面。

(1) 终场覆盖 垃圾填埋场的终场覆盖系统须考虑雨水的浸渗及渗滤液的控制、垃圾堆体的沉降及稳定、填埋气体的迁移、植被根系的侵入及动物的破坏、终场后的土地恢复利用等；整形后的垃圾堆体应有利于水流的收集、导排和填埋气体的安全控制与导排，应尽量减少垃圾渗滤液的产生。

根据《生活垃圾卫生填埋处理技术规范》（GB 50869—2013）的要求，终场覆盖包括黏土覆盖和人工材料覆盖两种，其基本结构见图 9-32。

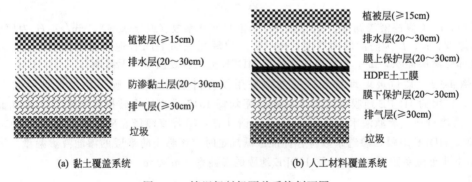

(a) 黏土覆盖系统　　　　　　　　　(b) 人工材料覆盖系统

图 9-32　填埋场封场覆盖系统剖面图

植被层为填埋场最终的生态恢复层，考虑到覆盖层的厚度，植被层选择浅根系植物。耕植土层为植被层提供营养，由有机质含量大于 5％的土壤构成，厚度一般为 0.5m，耕植土可利用城市污水处理厂的剩余污泥或近海淤泥。在满足要求的情况下，也可以就地取土。导流层厚度为 0.15m，由渗透系数大于 10^{-5}m/s 的粗砂和碎石构成。覆盖系统的防水层采用厚度大于 6mm 的膨润土复合防水垫（GCL 防水垫），其断裂强度大于 10kN/m，CBR 顶破强度大于 1.2kN，断裂伸长率 6％，垂直渗透系数小于 $5×10^{-9}$cm/s，指示流量小于 $5×10^{-8}$cm/s，完全满足规范所要求。基础层由 0.2m 厚的压实黏土层构成，黏土密实度为 90％～95％。

（2）雨水收集与导排 终场覆盖后，需要排除覆盖层表面雨水径流以及周边山体进入场区的水流，以减少由于雨水下渗而增加垃圾渗滤液的产生。整个雨水收集与导排系统设计需基于整个填埋场封场后的地形地貌，防止雨水对覆盖层局部的冲刷破坏，从而影响整个填埋场的封场。填埋场截洪沟宜按梯形断面设计，并根据截洪沟所在位置的不同采用不同的结构。

垃圾填埋场周边、地质基础较好，截洪沟按图 9-33(a) 设计；垃圾堆体上的截洪沟按图 9-33(b) 设计。

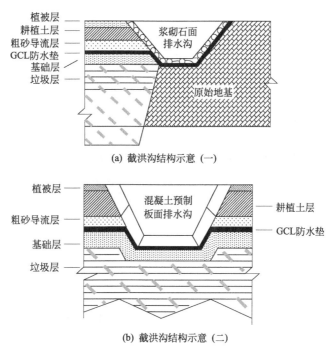

(a) 截洪沟结构示意 （一）

(b) 截洪沟结构示意 （二）

图 9-33 填埋场截洪沟工程结构示意

（3）填埋气体导排与处理 考虑到填埋场的规模、附近环境及经济因素，对小型填埋场填埋气体可采用聚乙烯（HDPE）管统一收集后用密封火炬就地燃烧处理。填埋气体收集管的结构见图 9-34。

填埋气体在压力的作用下迁移至穿孔竖管，沿竖管排出垃圾堆体。竖管长度可按垃圾堆体的深度确定，一般按垃圾堆体深度的 2/3。但不宜超过 15m，直径 100mm，梅花形开孔，孔径 10mm，穿孔率在保证管道机械强度的前提下应尽量提高。竖管穿孔段外填 300mm 厚卵石层，卵石直径 25～55mm。为防止垃圾堵塞孔洞，卵石外包裹钢丝网，将卵石与管道固定在一起。

（4）渗滤液收集与处理 渗滤液收集井用穿孔预制钢筋混凝土管制作（梅花形开孔，孔径为 150mm，穿孔率在保证管道机械强度的前提下应尽量提高）。收集井穿孔段外填 400mm 厚卵石层，卵石直径 180～200mm。渗滤液收集后经处理达标排放。

（5）气体及渗滤液监测井 垃圾填埋场封场后，在填埋场的上游及下游分别设置气体及渗滤

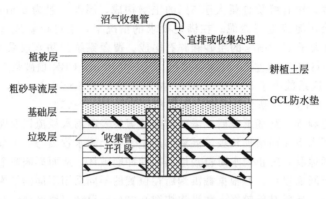

图 9-34　封场填埋场填埋气体收集管结构示意

液监测井，定期取样，监测填埋气及渗滤液的迁移情况，确保封场后最大限度地减少对周围环境的污染。

(6) 填埋场封场后土地利用　填埋场封场后的土地利用是填埋场后期管理的重要内容参考《生活垃圾填埋场稳定化场地利用技术要求》（GB/T 25179—2010）执行，如表 9-17 所示。对填埋场的土地利用一般可分为以下三个层次：①高度利用，建设住宅、工厂等长期有人员生活或工作的场所；②中等利用，建造仓库及室外运动场所等；③低度利用，进行植被恢复或建造公园等。而采取何种利用方式的主要判断指标是填埋场的稳定化程度，填埋场稳定化程度不同其可采用的利用方式也不同。判断填埋场稳定化的主要指标有填埋场表面沉降速度、渗滤液水质、填埋气体释放的速率和组分、垃圾堆体的温度、填埋垃圾的矿化度等。

表 9-17　填埋场场地稳定化利用的判断要求

利用方式	低度利用	中度利用	高度利用
利用范围	草地、农田、森林	公园	一般仓储或工业厂房
封场年限	较短，≥3	稍长，≥5	长，≥10
封场有机质含量	较高，<20%	较低，<16%	低，<9%
地表水水质	满足 GB 3838 相关要求		
堆体中填埋气	不影响植物生长，甲烷浓度≤5%	甲烷浓度 5%~1%	甲烷浓度<1%；二氧化碳浓度<1.5%
场地区域大气质量	—	达到 GB 3095 三级标准	
恶臭指标	—	达到 GB 14554 三级标准	
堆体沉降	大，>35cm/a	不均匀，(10~30)cm/a	小，(1~5)cm/a
植被恢复	恢复初期	恢复中期	恢复后期

大型垃圾填埋场多采取区域性单元操作方式运行管理，将整个场区分为数个单元，从开始填埋到全部封场要经过几十年的时间。因此，可根据垃圾稳定化程度的不同，对填埋场的不同单元分别进行开发利用。

为保证封场后填埋场的长期安全，还需要制定周密的计划和方案，对填埋场进行例行检查、设施维护和环境监测等。

9.8.2　填埋场环境保护措施

(1) 废气收集与处理　填埋区设置垂直排气石笼（兼排渗滤液）加导气管，导气管服务半径为 25m，从而控制气体横向迁移，初期收集的气体通过排放管直接排放或燃烧后排放。填埋作业过程中的尘土可以通过渗滤液的回灌来控制。

（2）污水处理 管理区的生活污水、填埋区的渗滤液经输送管送至污水调节池，然后处理。

（3）固体废物处理

① 填埋区轻物质和尘土控制。为了防止在强风天气中垃圾飞散，除了采取覆盖措施外，还需考虑设置移动式栅栏，防止轻物质飞散。可以采用钢丝编织网。另外，为防止填埋作业尘土飞扬，可利用垃圾渗滤液进行喷洒。

② 防止垃圾运输过程中产生的污染。建设填埋场专用道路，采用密闭垃圾运输车运输垃圾，保证沿途环境不受污染。

（4）噪声控制 处理场大部分机器设备噪声在选型上均控制在 85dB 以下。对噪声较大的机具设备，可以采取消音、隔音和减振措施，这样可以减少机具和设备的噪声污染。

（5）臭气控制 填埋场封场后垃圾堆体中产生的气体由导气系统排出，早期收集后集中点燃，后期加以利用。

（6）保证场内环境质量 填埋区的垃圾填埋应严格按填埋工艺要求进行，每天填埋的垃圾必须当天覆盖完毕，以减少蚊蝇的孳生和老鼠的繁殖以及尘土飞扬和臭气四逸。封场时最终覆土厚度不小于 1.0m，其中 0.5m 为渗透系数小于 10^{-7}cm/s 的黏土，防止雨水入渗，减少渗滤液量，其余为营养土。

对于厂外带进的或厂内产生的蚊、蝇、鼠类带菌体，一方面组织人员喷药杀灭，另一方面加强生产管理，消除厂内积滞污水的地带，及时清扫散落的垃圾。填埋区和生活区都应当进行绿化，以减少灰尘及杂物的飘散，改善场区生活生产环境。

9.8.3 填埋场环境监测

填埋场环境监测是填埋场管理的重要组成部分，是确保填埋场正常运行和进行环境评价的重要手段。对填埋场的监督性监测的项目和频率应按照有关环境监测技术规范进行，监测结果应定期报送当地环保部门，并接受当地环保部门的监督检查。

（1）填埋场渗滤液监测 利用填埋场的每个集水井进行水位和水质监测。

采样频率：应根据填埋物特性、覆盖层和降水等条件加以确定，应能充分反映填埋场渗滤液变化情况。渗滤液水质和水位监测频率应至少每月一次。

（2）地下水监测 地下水监测井布设应满足下列要求：在填埋场上游应设置一眼监测井，以取得背景水源数值。在下游至少设置三眼井，组成三维监测点，以适应于下游地下水的羽流几何型流向；监测井应设在填埋场的实际最近距离上，并且位于地下水上下游相同水力坡度上；监测井深度应足以采取具有代表性的样品。

取样频率：填埋场运行的第一年，应每月至少取样一次；在正常情况下，取样频率为每季度至少一次。发现地下水水质出现变坏现象时，应加大取样频率，并根据实际情况增加监测项目，查出原因以便进行补救。

（3）地表水监测 地表水监测是对填埋场附近的地表水进行监测，其目的是为了确定地表水体是否受到填埋场的污染。地表水监测主要是在靠近填埋场的河流、湖泊中采样进行分析。采样频率和监测项目根据场地的监测计划和环保部门的要求确定。

（4）气体监测 填埋场气体监测包括场区大气监测和填埋气体监测，其目的是为了了解填埋气体的排出情况和周围大气的质量状况。

采样点布设及采样方法按照《大气污染物综合排放标准》（GB 16297—1996）的规定执行。污染源下风方向应为主要监测范围。超标地区、人口密度大和距工业区近的地区加大采样点密度。采样频率：填埋场运行期间，应每月取样一次，如出现异常，取样频率应适当增加。

9.8.4 填埋场信息化管理

随着科技的发展以及信息化手段的不断运用，与垃圾焚烧系统相似，垃圾填埋系统的信息化过程也在大力推进，能够大大提高垃圾的处理速率以及管理效率，降低工作人员的劳动强度。信息化管理系统在垃圾填埋场中的应用主要包括以下方面。

(1) 进出场计量监控 对所有进出填埋场作业车辆进行双向称重计量，计量数据实时传输到监控中心，保证垃圾重量数据的准确性，便于政府部门的经费核算。

(2) 安全监控 对填埋场内重点作业区域进行实时视频监控，包括进出场区大门、上山公路、填埋区、渗滤液池等。

(3) 库容管理 判断填埋场填埋量趋势、评估填埋密度、预测堆体库容。

(4) 臭气管理 收集场界臭气监测数据以及结合气象数据，建立臭气影响模型，对臭气的影响范围、程度等进行智能评价。

(5) 填埋气体监测 对收集到的填埋气体的甲烷浓度、氧气浓度、管道压力、气体温度、管道流量等数据进行实时监控，从而评估填埋气体处理规模。

(6) 渗滤液监测 在填埋场区域下方，运用地下水监测传感器实时监测地下水中填埋场渗滤液的典型污染物浓度，便于评估污水处理规模。

(7) 作业面控制 通过手持终端GPS定位并上传到系统，系统根据定位信息智能分析测算作业面的面积；根据当天的垃圾量，测算出囤量比，让管理人员根据数据提前判断和决策下一步的堆体走向；管理人员可以通过安装在作业面附近的摄像头实时了解作业情况，有效提高日常监管力度。

(8) 日常管理控制 日常管理数据库包括日常操作规范、维护维修操作规范及周期、耗材的入库与出库等。执行良好的日常维护与管理，可以降低设备的故障，延长设备的使用寿命，从而降低维修费用。

(9) 建立和积累维修数据库 维修数据库保存了大量维修案例，可以成为生产设备维修的知识库和专家库，同时使生产设备的平均故障间隔、平均修复时间等分析手段成为可能，为生产设备的采购提供准确的参考。

讨论题

1. 请简要说明固体废物最终处置的概念及其多重屏障原则。

2. 生活垃圾卫生填埋场运行过程中的主要环境影响有哪些？可以采取怎样的措施减少这些影响？

3. 危险废物安全填埋场和生活垃圾卫生填埋场的主要区别有哪些？

4. 某城市2020年人口规模为35.3万人，人口发展预测为：2030年为52.5万人，2040年为69.3万人。该城市2020年人均日产垃圾量为0.87kg/(人·d)。根据国内同类城市的经验，城市垃圾人均产量以年增长率2%的增长速度进行估算；根据国内外经验，当人均城市垃圾产生量达到1.0kg/(人·d)时，垃圾产生量保持不变。考虑垃圾填埋压实后的密度为800kg/m³，垃圾资源化和填埋期间的自然降解对垃圾的减容率为20%，覆盖土容积按填埋垃圾量的10%计。试计算服务年限为14年的填埋场的库容及覆盖土量，考虑建设期，填埋场从2022年开始正式运行。

5. 生活垃圾在卫生填埋场主要降解过程可以分为几个阶段？各个阶段的主要特点有哪些？

6. 填埋场面积8hm²，上游流域面积30hm²，下游流域面积0.75hm²，径流系数0.4，按20年一遇的降雨重现期计算降雨强度，排洪沟 $n=0.0225$，$i=0.002$。请计算该填埋场排洪沟的尺寸。

7. 某垃圾填埋场自2005年运行，2015年关闭，期间填埋垃圾总量约173万立方米，填埋场占地8.15hm²。现欲对此进行封场，请制定填埋气体和渗滤液的控制方案。

8. 某城市拟建设一使用年限为5年的填埋场进行垃圾处置，请计算该填埋场在使用期间及封场后填埋气体的产生量情况。①垃圾中有机物含量为79.5%，其中难降解组分占7%，中等降解组分占12.4%，易降解组分占60.1%；②易降解组分和中等降解组分的干基重分别为44.8%和7.3%；③易降解组分中75%

可完全生物分解，中等降解组分中 50％可完全生物分解；④易降解组分和中等降解组分中可生物降解组分的产气潜能分别为 $0.87m^3/kg$（$14ft^3/lb$）和 $1m^3/kg$（$16ft^3/lb$）；⑤易降解组分和中等降解组分降解持续时间分别为 5 年和 15 年；⑥假设垃圾产气规律符合三角形气体产生量模型，易降解组分和中等降解组分的最大产气量分别发生在开始产气的第 1 年末和第 5 年末。

9. 请简要分析不同的阶段的卫生填埋场产生渗滤液的主要特点，渗滤液的处理技术有哪些？

10. 某填埋场底部黏土衬层厚度为 1.0m，$K_s = 1 \times 10^{-7}cm/s$。计算渗滤液穿透防渗层所需的时间，若采用膨润土改性黏土防渗，防渗层厚度应多厚。设防渗层的有效孔隙率 $\eta_e = 6\%$，防渗层上渗滤液积水厚度不超过 1m，膨润土改性黏土 $K_s = 5 \times 10^{-9}cm/s$。

11. 请简要说明填埋场选址应遵循的主要原则和选址的步骤。

12. 《城市生活垃圾卫生填埋处理技术规范》（GB 50869—2013）对填埋场采用自然防渗和人工防渗规定应符合下列要求：黏土类衬里（自然防渗）的填埋场，天然黏土类衬里的渗透系数不应大于 1.0×10^{-7} cm/s，场底及四壁衬里厚度不应小于 2m；改良土衬里的防渗性能应达到黏土类防渗性能。经勘探分析表明，某拟选填埋场场址现场黏土 $K_s = 1 \times 10^{-5}cm/s$，厚度平均为 5m。设防渗层的有效孔隙率 $\eta_e = 6\%$，防渗层上填埋垃圾渗滤液积水厚度不超过 2m。试计算：①若以现场黏土作为填埋场防渗层，渗滤液穿透该防渗层所需的时间，该地质条件能否满足 GB 50869—2013 的要求，若要满足，黏土层至少多厚。②若采用膨润土改性黏土防渗，防渗层厚度应多厚才能满足规定要求。膨润土改性黏土 $K_s = 5 \times 10^{-9}cm/s$。③请再提出一种以上的防渗措施，使该场址满足 GB 50869—2013 标准的要求。

附　录

附录1　单位换算

1. 体积单位换算

$1m^3$（立方米）$=1000L=35.3147ft^3$（立方英尺）$=61023.802in^3$（立方英寸）$=1.3080yd^3$（立方码）$=219.9692gallons$（加仑，英制）$=264.1722gallons$（加仑，美制）

2. 压强单位换算

$1kPa=10mbar=0.145psi=0.0102at=0.0099atm=7.5mm\ Hg=102mm\ H_2O=7.5Torr$

3. 流量单位换算

$1m^3/min=1000L/min=16.6667L/s=35.3107cfm$

4. 功和功率单位换算

$1kW \cdot h=367000kpm=860kcal=3600kJ$

$1kW=1.36PS=1.341hp=102kpm/s=239cal/s=860kcal/h$

附录2　典型难溶化合物的溶度积

化　合　物	温度/℃	溶　度　积	化　合　物	温度/℃	溶　度　积
AgBr	15	1.48×10^{-13}	$BaCO_3$	16	7×10^{-9}
AgBr	25	5.20×10^{-13}	$BaCO_3$	25	8.1×10^{-9}
$AgBrO_3$	25	5.77×10^{-5}	BaC_2O_4	20	1.7×10^{-7}
Ag_2CO_3	25	6.15×10^{-12}	$BaCrO_4$	18	1.6×10^{-10}
CH_3COOAg	16	3.8×10^{-4}	$BaCrO_4$	28	2.4×10^{-10}
$Ag_2C_2O_4$	25	1.1×10^{-11}	BaF_2	18	1.7×10^{-6}
AgCN	20	1.48×10^{-13}	BaF_2	25.8	1.73×10^{-6}
AgCNO	20	5.20×10^{-13}	$Ba(IO_3)_2$	10	8.4×10^{-11}
AgCl	5	2.6×10^{-11}	$Ba(IO_3)_2$	25	6.5×10^{-10}
AgCl	25	1.78×10^{-10}	$BaMoO_4$	—	3.4×10^{-8}
AgCl	45	9.35×10^{-10}	$BaMoO_4$	25	2.5×10^{-10}
Ag_2CrO_4	15	1.2×10^{-12}	$BaSO_4$	18	8.7×10^{-11}
Ag_2CrO_4	25	4.1×10^{-12}	$BaSO_4$	25	$(1.1\sim2)\times10^{-10}$
$Ag_2Cr_2O_7$	20	2.7×10^{-11}	$BaSO_4$	50	1.98×10^{-10}
AgI	13	3.2×10^{-17}	$BiCl(OH)_2$	18.5	2.7×10^{-31}
AgI	25	1.5×10^{-16}	$BiPO_4$	22	1.3×10^{-23}
$AgIO_3$	20	2.3×10^{-8}	Bi_2S_3	25	1.6×10^{-72}
Ag_2MoO_4	18	3.1×10^{-11}	$CaCO_3$	15	9.9×10^{-9}
$AgNO_2$	25	5.86×10^{-4}	$CaC_2O_4 \cdot H_2O$	18	1.78×10^{-9}
AgOH	20	1.52×10^{-8}	$CaC_2O_4 \cdot H_2O$	25	2.6×10^{-9}
Ag_2O	25	3.1×10^{-8}	CaF_2	18	3.4×10^{-11}
Ag_2PO_4	22	1.3×10^{-20}	CaF_2	25	3.95×10^{-11}
Ag_2S	18	1.6×10^{-49}	$Ca(IO_3)_2 \cdot 6H_2O$	20	6.5×10^{-7}
Ag_2S	20	5.7×10^{-51}	$Ca(IO_3)_2 \cdot 6H_2O$	25	1.9×10^{-6}
Ag_2SO_4	18	5×10^{-5}	$Ca(OH)_2$	18	5.47×10^{-6}
$Al(OH)_3$	18	1.1×10^{-15}	$Ca_3(PO_4)_2$	25	2.0×10^{-29}
$Al(OH)_3$	22	3.7×10^{-15}	$CaSO_4$	10	6.1×10^{-5}
$Al(OH)_3$	25	4.8×10^{-15}	$CdCO_3$	25	3.5×10^{-12}
$AlPO_4$	22	5.8×10^{-19}	$CdC_2O_4 \cdot 3H_2O$	18	1.53×10^{-8}

化 合 物	温度/℃	溶 度 积	化 合 物	温度/℃	溶 度 积
$Cd(IO_3)_2$	25	2.3×10^{-8}	$Hg(OH)_2$	18	1×10^{-26}
$Cd(OH)_2$	20	1.7×10^{-13}	Hg_2S	25	5×10^{-45}
$Cd(OH)_2$(活性)	25	6.45×10^{-14}	Hg_2SO_4	25	4.8×10^{-7}
$Cd(OH)_2$(非活性)	25	1.66×10^{-14}	$MgCO_3$	12	2.6×10^{-5}
CdS	18	3.6×10^{-29}	MgC_2O_4	18	8.6×10^{-6}
CdS	25	$(0.7\sim1)\times10^{-28}$	MgF_2	18	7.1×10^{-9}
$Co(OH)_2$	18	1.6×10^{-18}	$MgNH_4PO_4$	25	2.5×10^{-13}
$Co(OH)_3$	19	3.2×10^{-45}	$Mg(OH)_2$	18	1.2×10^{-11}
CoS	18	3×10^{-26}	$MnCO_3$	18	8.8×10^{-11}
$CoS(\alpha)$	25	7×10^{-23}	MnS	18	7×10^{-16}
$CoS(\beta)$	25	2×10^{-27}	$Mn(OH)_2$	18	4×10^{-14}
$Cr(OH)_2$	20	2.0×10^{-20}	$Ni(OH)_2$	18	8.7×10^{-19}
$CrPO_4$(绿)	$18\sim22$	2.4×10^{-23}	NiS	18	1.4×10^{-24}
$CrPO_4$(紫)	$18\sim22$	1.0×10^{-17}	$NiS(\alpha)$	25	3×10^{-21}
$CuBr$	$18\sim20$	4.15×10^{-8}	$NiS(\beta)$	25	1×10^{-26}
$CuCN$	25	3.2×10^{-20}	$NiS(\gamma)$	25	1×10^{-28}
CuC_2O_4	25	2.87×10^{-8}	$PbBr_2$	20	7.9×10^{-5}
$CuCl$	$18\sim20$	1.02×10^{-6}	$PbCO_3$	18	3.3×10^{-14}
$CuCrO_4$	25	3.6×10^{-6}	PbC_2O_4	18	2.7×10^{-11}
CuI	18	5.0×10^{-12}	$PbCl_2$	25	1.0×10^{-4}
$Cu(IO_3)_2$	25	1.4×10^{-7}	$PbCl_2$	18	2.4×10^{-4}
$Cu(OH)_2$	—	$(4\sim5)\times10^{-19}$	$PbCrO_4$	18	1.8×10^{-14}
Cu_2S	18	2×10^{-47}	PbF_2	18	3.2×10^{-8}
CuS	18	约8.5×10^{-45}	PbI_2	25	7.5×10^{-9}
CuS	25	4×10^{-38}	$Pb(IO_3)_2$	18	1.2×10^{-13}
$CuSCN$	18	1.6×10^{-11}	$Pb(IO_3)_2$	26	2.6×10^{-13}
FeC_2O_4	25	2.1×10^{-7}	$Pb(OH)_2$	25	2.8×10^{-16}
$Fe(OH)_2$	18	1.64×10^{-14}	$PbHPO_4$	$18\sim22$	1.4×10^{-10}
$Fe(OH)_3$	25	1.1×10^{-36}	$Pb_3(PO_4)_2$	18	1.5×10^{-32}
$FePO_4$	$18\sim22$	1.3×10^{-22}	PbS	18	3.4×10^{-28}
FeS	18	3.7×10^{-19}	$PbSO_4$	0	9.7×10^{-9}
FeS	25	5×10^{-18}	$PbSO_4$	18	1.1×10^{-8}
$Ga(OH)_3$	25	约10^{-35}	$PbSO_4$	50	2.35×10^{-8}
$Gd(OH)_3$	25	2.1×10^{-22}	$SrCO_3$	25	1.6×10^{-9}
Hg_2Br_2	25	1.3×10^{-21}	SrC_2O_4	18	5.6×10^{-8}
$HgBr$	19	2.7×10^{-23}	$SrCrO_4$	18	3.6×10^{-5}
$HgBr_2$	25	8×10^{-20}	SrF_2	18	2.5×10^{-9}
$HgCN$	25	4.6×10^{-40}	$SrSO_4$	18	2.8×10^{-7}
$Hg_2C_2O_4$	18	3×10^{-14}	$ZnCO_3$	25	9.0×10^{-11}
Hg_2Cl_2	25	2.0×10^{-18}	$ZnC_2O_4\cdot2H_2O$	18	1.4×10^{-9}
$HgCl_2$	25	2.6×10^{-15}	$Zn(OH)_2$	18	1.0×10^{-8}
$HgCl$	25	1.2×10^{-28}	$Zn_3(PO_4)_2$	$18\sim22$	9.1×10^{-33}
Hg_2CrO_4	—	1.6×10^{-9}	ZnS	18	1.2×10^{-23}
$Hg_2(OH)_2$	18	7.8×10^{-24}			

附录3 填埋场中12种微量气体组分的物理特性参数

化 合 物	0℃			10℃			20℃		
	D	v_p	C_s	D	v_p	C_s	D	v_p	C_s
乙基苯	0.052	2.0	12.48	0.055	3.9	23.47	0.059	7.3	42.44
甲苯	0.056	6.7	36.26	0.060	12	62.65	0.064	22	110.9
四氯乙烯	0.053	4.1	38.95	0.057	7.9	74.27	0.061	15.6	127.1
苯	0.066	27	123.9	0.070	47	208.1	0.075	76	325.0
1,2-二氯乙烷	0.063	24	138.6	0.068	41	230.0	0.072	62	363.0
三氯乙烯	0.059	20	154.5	0.063	36	268.4	0.067	60	424.8
1,1,1-三氯乙烷	0.058	36	282.2	0.062	61	461.3	0.067	100	715.9
四氯化碳	0.058	32	288.3	0.062	54	470.9	0.066	90	741.2
三氯甲烷	0.065	61	427.9	0.070	100	676.7	0.075	160	1026
1,2-二氯乙烯	0.077	110	626.7	0.082	175	961.8	0.087	269	1428
三氯乙烷	0.074	155	773.6	0.080	242	1165	0.085	349	1702
氯乙烯	0.080	1280	4701	0.085	1810	6413	0.091	2548	8521
乙基苯	0.062	13	73.08	0.066	22	118.7	0.069	36	188.9
甲苯	0.068	37	180.4	0.073	59	278.5	0.077	92	420.9
四氯乙烯	0.065	24	210.7	0.069	40	340.0	0.073	63	581.9
苯	0.081	122	504.6	0.086	185	740.7	0.091	274	1063
1,2-二氯乙烷	0.077	107	560.7	0.082	164	831.9	0.088	243	1194
三氯乙烯	0.072	94	654.5	0.077	146	984.1	0.082	217	1417
1,1,1-三氯乙烷	0.071	153	1081	0.076	231	1580	0.081	338	2240
四氯化碳	0.071	138	1124	0.075	209	1648	0.080	308	2353
三氯甲烷	0.080	240	1517	0.085	354	2166	0.090	508	3012
1,2-二氯乙烯	0.092	399	2048	0.097	576	2862	0.102	810	3901
三氯乙烷	0.091	536	2410	0.097	763	3322	0.103	1060	4472
氯乙烯	0.098	3350	11090	0.104	4410	14130	0.110	5690	17660

注：D 为弥散系数，cm^2/s；v_p 为蒸气压，$mm\ Hg$；C_s 为饱和浓度，g/m^3。

附录4 在298K时各主要物质的生成热

化学符号	英文名称	物质状态	$\Delta H_f^\ominus$ /(kcal/mol)	$\Delta h_f^\ominus$ /(kcal/g)	化学符号	英文名称	物质状态	$\Delta H_f^\ominus$ /(kcal/mol)	$\Delta h_f^\ominus$ /(kcal/g)
C	Carbon	蒸汽	126.36	10.530	NH_3	Ammonia	气体	−11.04	−0.649
N	Nitrogen atom	气体	112.97	7.069	C_2H_4O	Ethylene oxide	气体	−12.19	−0.277
O	Oxgen atom	气体	59.56	3.723	CH_4	Methane	气体	−17.89	−1.118
C_2H_2	Acetylene	气体	54.19	2.084	C_2H_6	Ethane	气体	−20.24	−0.675
H	Hydrogen atom	气体	52.09	52.090	CO	Carbon monoxide	气体	−26.42	−0.944
O_3	Ozone	气体	34.00	0.708	C_4H_{10}	Butane	气体	−29.81	−0.518
NO	Nitric oxide	气体	21.60	0.720	CH_3OH	Methanol	气体	−47.10	−1.503
C_6H_6	Benzene	气体	19.80	0.254	CH_3OH	Methanol	气体	−57.04	−1.83
C_6H_6	Benzene	气体	11.71	0.150	H_2O	Water	气体	−57.80	−3.211
C_2H_4	Ethene	气体	12.50	0.446	C_8H_{18}	Octane	气体	−59.74	−0.524
N_2H_4	Hydoxyl radical	气体	12.05	0.377	H_2O	Water	气体	−67.32	−3.796
OH	Hydroxyl radical	气体	10.06	0.592	SO_2	Sulfur dioxide	气体	−71.00	−1.108
O_2	Oxygen	气体	0	0	$C_{12}H_{26}$	Dodecane	气体	−83.00	−0.519
N_2	Nitrgen	气体	0	0	CO_2	Carbon dioxide	气体	−94.05	−2.138
H_2	Hydrogen	气体	0	0	SO_3	Sulfur trioxide	气体	−94.45	−1.180
C	Carbon	气体	0	0					

单位：J/ (kg·℃)

温度/℃	H_2	N_2	空气中N_2	O_2	CO	H_2O	H_2S	CO_2	SO_2	空气	CH_4	C_2H_4	C_2H_6	C_3H_8	C_4H_{10}
1	0.305	0.3311	0.309	0.312	0.311	0.341	0.366	0.387	0.424	0.310	0.370	0.450	0.457	0.707	0.886
100	0.307	0.311	0.310	0.315	0.312	0.344	0.373	0.412	0.445	0.310	0.396	0.507	0.496	0.802	1.011
200	0.309	0.312	0.311	0.320	0.313	0.348	0.381	0.432	0.464	0.311	0.423	0.560	0.527	0.898	1.135
300	0.609	0.313	0.312	0.325	0.315	0.352	0.389	0.450	0.481	0.312	0.453	0.609	0.553	0.993	1.260
400	0.310	0.316	0.315	0.330	0.318	0.357	0.398	0.466	0.494	0.315	0.483	0.655	0.573	1.089	1.384
500	0.311	0.319	0.317	0.344	0.321	0.363	0.406	0.480	0.507	0.318	0.513	0.696	0.591	1.184	1.509
600	0.312	0.321	0.320	0.339	0.325	0.369	0.416	0.494	0.518	0.321	0.542	0.734	0.603	1.280	1.633
700	0.313	0.325	0.324	0.343	0.329	0.375	0.425	0.504	0.527	0.324	0.570	0.768	0.623	1.375	1.758
800	0.314	0.329	0.327	0.347	0.332	0.381	0.434	0.515	0.535	0.328	0.596	0.805	0.637	1.471	1.882
900	0.316	0.331	0.330	0.351	0.335	0.387	0.442	0.523	0.542	0.331	0.620	0.830	0.650	1.566	2.007
1000	0.317	0.334	0.333	0.354	0.338	0.393	0.450	0.532	0.548	0.334	0.644	0.858	0.662	1.662	2.131
1100	0.319	0.338	0.336	0.356	0.341	0.400	0.457	0.540	0.554	0.338	0.666				
1200	0.321	0.340	0.338	0.359	0.344	0.406	0.464	0.547	0.559	0.340	0.686				
1300	0.323	0.342	0.341	0.362	0.346	0.411	0.471	0.553	0.563	0.343					
1400	0.325	0.345	0.344	0.364	0.348	0.418	0.476	0.559	0.567	0.345					
1500	0.326	0.347	0.346	0.366	0.351	0.423	0.482	0.565	0.570	0.348					
1600	0.328	0.350	0.348	0.368	0.353	0.428	0.488	0.570	0.573	0.350					
1700	0.330	0.351	0.350	0.370	0.355	0.433	0.493	0.575	0.576	0.353					
1800	0.332	0.353	0.352	0.372	0.357	0.439	0.498	0.579	0.579	0.356					
1900	0.334	0.354	0.354	0.374	0.358	0.443	0.502	0.583	0.581	0.358					
2000	0.336	0.356	0.355	0.376	0.360	0.448	0.506	0.587	0.583	0.359					

参 考 文 献

[1] 蒋建国. 固体废物处理处置工程. 北京：化学工业出版社，2005.

[2] George Tchobanoglous, Hilary Theisen, Samuel Vigil. Integrated solid waste management-Engineering principles and management issues, Mcgraw-Hill, 1993.

[3] 聂永丰. 三废处理工程技术手册. 固体废物卷. 北京：化学工业出版社，2000.

[4] 李国鼎. 环境工程手册. 固体废物污染防治卷. 北京：高等教育出版社，2003.

[5] 蒋建国. 固体废物处置与资源化. 2版. 北京：化学工业出版社，2012.

[6] 章裕民. 废物处理. 3版. 台北：新文京开发出版有限公司，2003.

[7] 蒋建国. 城市环境卫生基础设施建设与管理. 北京：化学工业出版社，2005.

[8] 张乃斌. 垃圾焚化厂系统工程规划与设计（上册）. 台北：茂昌图书有限公司，2001.

[9] 张乃斌. 垃圾焚化厂系统工程规划与设计（下册）. 台北：茂昌图书有限公司，2001.

[10] 张自杰，顾夏声. 排水工程（下册）. 3版. 北京：中国建筑工业出版社，1996.

[11] 王建龙译. 环境工程导论. 3版. 北京：清华大学出版社，2002.

[12] 廖利. 城市垃圾清运处理设施规划. 北京：科学出版社，1999.

[13] Jesse R Connerd. Chemical fixation and solidification of hazardous waste. Chemical Waste Management, Inc.

[14] Arthur H Benedict, Eliot Epstein. Composting municipal sludge: a technology evaluation. Park Ridge, N. J., USA: Noyes Data Corp., 1988.

[15] David A Tillman, Amadeo J Rossi. Incineration of municipal and hazardous solid wastes. San Diego: Academic Press, 1989.

[16] John F Crawford and Paul G Smith. Landfill technology.

[17] Reinhart D R, Townsend T G. Landfill Bioreactor Design & Operation. Boca Raton, FL: Lewis Publishers, 1998.

[18] 杨慧芬，张强. 固体废物资源化. 北京：化学工业出版社，2004.

[19] 李建政，汪群慧. 废物资源化与生物能源. 北京：化学工业出版社，2004.

[20] 国家环境保护局规划与财务司编. 危险废物和医疗费物处置设施建设手册. 北京：中国环境科学出版社，2004.

[21] Scheper T, Ahring B K. Biomethanation Ⅰ. Springer-Verlag Berlin Heidelberg, 2003.

[22] Scheper T, Ahring B K. Biomethanation Ⅱ. Springer-Verlag Berlin Heidelberg, 2003.

[23] 李秀金. 固体废物工程. 北京：中国环境科学出版社，2003.

[24] 张益，陶华. 垃圾处理处置技术及工程实例. 北京：化学工业出版社，2002.

[25] 龚佰勋. 环保设备设计手册——固体废物处理设备. 北京：化学工业出版社，2004.

[26] 国家环境保护总局环境工程评估中心编. 环境影响评价相关法律法规. 北京：中国环境科学出版社，2005.

[27] 蒋建国. 注册环保工程师专业考试复习教材——第4篇 固体废物处理处置与资源化工程基础与实践. 北京：中国环境科学出版社，2007.

[28] 尹军，谭学军. 污水污泥处理处置与资源化利用. 北京：化学工业出版社，2005.

[29] 朱开金，马忠亮. 污泥处理技术及资源化利用. 北京：化学工业出版社，2007.

[30] 张辰. 污泥处理处置技术研究进展. 北京：化学工业出版社，2005.

[31] 张辰. 污泥处理处置技术与工程实例. 北京：化学工业出版社，2006.

[32] 赵庆祥. 污泥资源化技术. 北京：化学工业出版社，2002.

[33] 何品晶，顾国维，李笃中，等. 城市污泥处理与利用. 北京：科学出版社，2003.

[34] 李国鼎. 固体废物处理与资源化. 北京：清华大学出版社，1990.

[35] 赵庆祥. 污泥资源化技术. 北京：化学工业出版社，2002.

[36] 上海市政工程设计研究院. 污泥处理处置技术研究进展. 北京：化学工业出版社，2005.

[37] 何品晶. 固体废物处理与资源化技术. 北京：高等教育出版社，2011.

[38] 赵由才，牛冬杰，柴晓利. 固体废物处理与资源化. 3版. 北京：化学工业出版社，2019.

[39] 赵由才，周涛. 固体废物处理与资源化原理及技术. 北京：化学工业出版社，2021.

[40] Silpa Kaza, Lisa Yao, Perinaz Bhada-Tata, et al. A global snapshot of solid waste management to 2050, World Band Group, 2018.

[41] 蒋建国. 固体废物处理处置工程技术与实战（上册）. 北京：中国环境科学出版社，2017.

[42] 蒋建国. 固体废物处理处置工程技术与实战（下册）. 北京：中国环境科学出版社，2017.